全国计算机技术与软件专业技术资格(水平)考试指定用书

网络工程师教程

第5版

雷震甲 主编 严体华 景为 副主编

清华大学出版社

北京

内 容 简 介

本书是全国计算机技术与软件专业技术资格（水平）考试指定用书。作者在前 4 版的基础上，根据网络工程师新版大纲的要求，针对考试的重点内容做了较大篇幅的修订，书中主要内容包括数据通信、广域通信网、局域网、城域网、因特网、网络安全、网络操作系统与应用服务器配置、组网技术、网络管理、网络规划和设计。

本书是参加本考试的必备教材，也可作为网络工程从业人员学习网络技术的教材或日常工作的参考用书。

本书扉页为防伪页，封面贴有清华大学出版社防伪标签，无上述标识者不得销售。

版权所有，侵权必究。举报：010-62782989，beiqinquan@tup.tsinghua.edu.cn。

图书在版编目（CIP）数据

网络工程师教程/雷震甲主编. —5 版. —北京：清华大学出版社，2018（2024.7重印）
（全国计算机技术与软件专业技术资格（水平）考试指定用书）
ISBN 978-7-302-49223-8

Ⅰ. ①网… Ⅱ. ①雷… Ⅲ. ①计算机网络-资格考核-教材 Ⅳ. ①TP393

中国版本图书馆 CIP 数据核字（2017）第 331861 号

责任编辑：杨如林 柴文强
封面设计：常雪影
责任校对：徐俊伟
责任印制：沈 露

出版发行：清华大学出版社
　　　网　　址：https://www.tup.com.cn，https://www.wqxuetang.com
　　　地　　址：北京清华大学学研大厦 A 座　　　邮　　编：100084
　　　社 总 机：010-83470000　　　邮　　购：010-62786544
　　　投稿与读者服务：010-62776969，c-service@tup.tsinghua.edu.cn
　　　质量反馈：010-62772015，zhiliang@tup.tsinghua.edu.cn
印 装 者：三河市铭诚印务有限公司
经　　销：全国新华书店
开　　本：185mm×230mm　　印 张：45　　防伪页：1　　字　数：977 千字
版　　次：2004 年 7 月第 1 版　　2018 年 2 月第 5 版　　印 次：2024 年 7 月第 20 次印刷
定　　价：128.00 元

产品编号：075521-01

第 5 版前言

　　考虑到交换机与路由器设备在市场上的占有率以及服务器操作系统的升级换代，本次修编对交换机和路由器的配置以及服务器操作系统及配置进行了替换。第 1 章由雷震甲、张凡编写；第 2 章由吴小葵、杨俊卿编写；第 3 章由严体华、刘伟编写；第 4 章由张永刚、王亚平编写；第 5 章由雷震甲编写；第 6 章由高悦、刘强编写；第 7 章由吴振强、武波编写；第 8 章由高振江、王黎明编写；第 9 章由张武军、张志钦编写；第 10 章由景为、宋胜利编写；第 11 章由谢志诚、霍秋艳编写；第 12 章由曹燕龙、褚华编写。

作者
2018 年 1 月

第 4 版前言

考虑到无线互联网和 IPv6 技术的应用已经普及, 所以这次修订把无线通信网和下一代互联网的有关内容独立出来, 经扩充后成为单独的两章, 全书增加到 12 章。各章的作者如下: 雷震甲编写了第 1 章、第 5 章和第 6 章; 张淑平编写了第 2 章; 严体华编写了第 3 章和第 9 章, 高振江编写了第 4 章; 吴晓葵编写了第 7 章和第 10 章; 张志钦编写了第 8 章; 张武军编写了第 11 章; 曹艳龙编写了第 12 章。

作者
2014 年 4 月

第 3 版（修订版）前言

根据新的网络工程师考试大纲，这次再版时对本书内容进行了比较大的调整，对基础知识部分进行了简化，对应用技术部分进行了改写，突出了网络服务器的配置、路由器和交换机的配置，以及网络安全和网络管理等实用技术。在适当调整后，全书分为 10 章，其主要内容介绍如下。

第 1 章介绍计算机网络的基本概念，这一章最主要的内容是计算机网络的体系结构——ISO 开放系统互连参考模型，其中的基本概念，例如协议实体、协议数据单元、服务数据单元、面向连接的服务和无连接的服务、服务原语、服务访问点、相邻层之间的多路复用，以及各个协议层的功能特性等，都是进行网络分析的理论基础，是网络工程技术人员应该掌握的基础知识。

第 2 章讲述数据通信的基础知识，这一章主要是属于物理层的内容。网络工程师除了熟悉网络协议的工作原理、能够操作网络互连设备之外，也应该掌握数据通信方面的基础知识，这样，在进行网络故障分析和故障排除时才能做到有的放矢，事半功倍地解决问题。

第 3 章介绍电话网、数据通信网、帧中继网和综合业务数字网等广域通信网方面的基础知识，这些网络都是进行网络互连时必须要用到的基础设施，这方面的基础知识可以帮助网络工程师根据已有的条件选择网络互连设备。

第 4 章详细介绍局域网和城域网方面的主要技术。这次修改时突出了快速以太网技术，删去了较少使用的令牌环网等，丰富了无线局域网和城域网方面的内容。这一章是网络工程师应该掌握的最重要的基础知识。

第 5 章讨论了网络互连的基本原理，深入讲解了 Internet 协议及其提供的网络服务。这一章也是网络工程师应该掌握的重要的基础知识。

第 6 章包含了网络安全方面的基础知识和应用技术。读者应该掌握诸如数据加密、报文认证、数字签名等基本理论，在此基础上深入理解网络安全协议的工作原理，并能够针对具体的网络系统设计和实现简单的安全解决方案。

第 7 章介绍了 Windows 和 Linux 操作系统的基础知识，并详细讲述了常用的各种服务器的配置方法。这一章的内容主要是在具体操作方面，网络工程师要能够熟练地配置各种网络服务器，排除网络服务器中出现的故障。

第 8 章是有关网络互连设备操作方面的基础知识和实用技术，这一章也是要求能够熟练地操作，重点是 VLAN 和动态路由配置。要求网络工程师能够熟悉网络互连设备的工作原理，掌握路由器和交换机的配置命令，能够排除网络互连设备的故障。

第 9 章是网络管理，读者除了要熟悉 SNMP 协议的体系结构和操作原理之外，还要能实际操作网络管理系统，熟练地使用常见的网络管理命令，针对具体的网络给出实用的网络管理解决方案。

第 10 章讲述网络规划与设计。网络工程师应该能够根据网络的设计目标，按照系统工程的方法给出解决方案，写出规范的设计和实施文档。另外，这一章还给出了网络规划和设计的案例，作为学习时的参考。

新大纲增加了 IPv6、802.11x、MPLS、光纤主干网等新技术，希望读者给予注意。

编者

2009 年 4 月

目 录

第 1 章　计算机网络概论

　　计算机网络是计算机技术与通信技术相结合的产物。计算机网络是信息收集、分发、存储、处理和消费的重要载体。计算机网络作为一种生产和生活工具被人们广泛接纳和使用之后，对人类社会的经济、政治和文化生活产生了重大影响。本章讲述计算机网络的基本概念和发展简史，以及国际标准化组织定义的开放系统互连参考模型，后者是分析和认识计算机网络的理论基础。

1.1　计算机网络的形成和发展

1. 早期的计算机网络

　　自从有了计算机，就有了计算机技术与通信技术的结合。早在 1951 年，美国麻省理工学院林肯实验室就开始为美国空军设计称为 SAGE 的半自动化地面防空系统，该系统最终于 1963 年建成，被认为是计算机和通信技术结合的先驱。

　　计算机通信技术应用于民用系统方面，最早的当数美国航空公司与 IBM 公司在 20 世纪 50 年代初开始联合研究、60 年代初投入使用的飞机订票系统 SABRE-I。美国通用电气公司的信息服务系统则是世界上最大的商用数据处理网络，其地理范围从美国本土延伸到欧洲、澳洲和亚洲的日本。该系统于 1968 年投入运行，具有交互式处理和批处理能力，由于地理范围大，可以利用时差达到资源的充分利用。

　　在这一类早期的计算机通信网络中，为了提高通信线路的利用率并减轻主机的负担，已经使用了多点通信线路、终端集中器以及前端处理机等现代通信技术。这些技术对以后计算机网络的发展有着深刻的影响。以多点线路连接的终端和主机间的通信建立过程，可以用主机对各终端轮询或是由各终端连接成雏菊链的形式实现。考虑到远程通信的特殊情况，对传输的信息还要按照一定的通信规程进行特别的处理。

2. 现代计算机网络的发展

　　20 世纪 60 年代中期出现了大型主机，同时也出现了对大型主机资源远程共享的要求。以程控交换为特征的电信技术的发展则为这种远程通信需求提供了实现的手段。现代意义上的计算机网络是从 1969 年美国国防部高级研究计划局（DARPA）建成的 ARPANET 实验网开始的。

该网络当时只有 4 个节点，以电话线路作为主干通信网络，两年后，建成 15 个节点，进入工作阶段。此后，ARPANET 的规模不断扩大。到了 20 世纪 70 年代后期，网络节点超过 60 个，主机 100 多台，地理范围跨越了美洲大陆，连通了美国东部和西部的许多大学和研究机构，而且通过通信卫星与夏威夷和欧洲地区的计算机网络相互连通。

ARPANET 的主要特点如下。

（1）资源共享；

（2）分散控制；

（3）分组交换；

（4）采用专门的通信控制处理机；

（5）分层的网络协议。

这些特点被认为是现代计算机网络的一般特征。

20 世纪 70 年代中后期是广域通信网大发展的时期。各发达国家的政府部门、研究机构和电报电话公司都在发展分组交换网络。例如，英国邮政局的 EPSS 公用分组交换网络（1973）、法国信息与自动化研究所（IRIA）的 CYCLADES 分布式数据处理网络（1975）、加拿大的 DATAPAC 公用分组交换网（1976）以及日本电报电话公司的 DDX-3 公用数据网（1979）等。这些网络都以实现计算机之间的远程数据传输和信息共享为主要目的，通信线路大多采用租用电话线路，少数铺设专用线路，数据传输速率在 50Kbps 左右。这一时期的网络被称为第二代网络，以远程大规模互连为其主要特点。

3. 计算机网络标准化阶段

经过 20 世纪六七十年代前期的发展，人们对组网的技术、方法和理论的研究日趋成熟。为了促进网络产品的开发，各大计算机公司纷纷制定自己的网络技术标准。IBM 首先于 1974 年推出了该公司的系统网络体系结构（System Network Architecture，SNA），为用户提供能够互连互通的成套通信产品；1975 年，DEC 公司宣布了自己的数字网络体系结构（Digital Network Architecture，DNA）；1976 年，UNIVAC 宣布了该公司的分布式通信体系结构（Distributed Communication Architecture）。这些网络技术标准只是在一个公司范围内有效，遵从某种标准的、能够互连的网络通信产品，只是同一公司生产的同构型设备。网络通信市场这种各自为政的状况使得用户在投资方向上无所适从，也不利于多厂商之间的公平竞争。1977 年，国际标准化组织（ISO）的 TC97 信息处理系统技术委员会 SC16 分技术委员会开始着手制定开放系统互连参考模型 OSI/RM。作为国际标准，OSI 规定了可以互连的计算机系统之间的通信协议，遵从 OSI 协议的网络通信产品都是所谓的"开放系统"。今天，几乎所有的网络产品厂商都声称自己的产品是开放系统，不遵从国际标准的产品逐渐失去了市场。这种统一的、标准化产品互相竞争的市场进一步促进了网络技术的发展。

4．微型机局域网的发展时期

20 世纪 80 年代初期出现了微型计算机，这种更适合办公室环境和家庭使用的新机种对社会生活的各个方面都产生了深刻的影响。1972 年，Xerox 公司发明了以太网，以太网与微型机的结合使得微型机局域网得到了快速的发展。在一个单位内部的微型计算机和智能设备互相连接起来，提供了办公自动化的环境和信息共享的平台。1980 年 2 月，IEEE 组织了一个 802 委员会，开始制定局域网标准。局域网的发展道路不同于广域网，局域网厂商从一开始就按照标准化、互相兼容的方式展开竞争。用户在建设自己的局域网时选择面更宽，设备更新更快。

5．国际因特网的发展时期

1985 年，美国国家科学基金会（National Science Foundation，NSF）利用 ARPANET 协议建立了用于科学研究和教育的骨干网络 NSFnet。1990 年，NSFnet 代替 ARPANET 成为美国国家骨干网，并且走出了大学和研究机构进入社会。从此，网上的电子邮件、文件下载和消息传输受到越来越多人的欢迎并被广泛使用。1992 年，Internet 学会成立，该学会把 Internet 定义为"组织松散的、独立的国际合作互联网络""通过自主遵守计算协议和过程支持主机对主机的通信"。1993 年，美国伊利诺斯大学国家超级计算中心开发成功了网上浏览工具 Mosaic（后来发展成 Netscape），使得各种信息都可以方便地在网上交流。浏览工具的实现引发了 Internet 发展和普及的高潮。上网不再是网络操作人员和科学研究人员的专利，而成为一般人进行远程通信和交流的工具。在这种形势下，美国总统克林顿于 1993 年宣布正式实施国家信息基础设施（National Information Infrastructure，NII）计划，从此在世界范围内展开了争夺信息化社会领导权和制高点的竞争。与此同时，NSF 不再向 Internet 注入资金，使其完全进入商业化运作。到了 20 世纪 90 年代后期，Internet 以惊人的高速度发展，网上的主机数量、上网人数、网络的信息流量每年都在成倍地增长。

1.2　计算机网络的分类和应用

1.2.1　计算机网络的分类

"计算机网络"这一术语是指由通信线路互相连接的许多自主工作的计算机构成的集合体。这里强调构成网络的计算机是自主工作的，这是为了和多终端分时系统相区别。在后一种系统中，终端无论是本地的还是远程的，只是主机和用户之间的接口，它本身并不拥有计算资源，全部资源集中在主机中。主机以自己拥有的资源分时地为各终端用户服务。在计算机网络中的各个计算机（工作站）本身拥有计算资源，能独立工作，能完成一定的计算任务。同时，用户还可以共享网络中其他计算机的资源（CPU、大容量外存或信息等）。

比计算机网络更高级的系统是分布式系统。分布式系统在计算机网络基础上为用户提供了透明的集成应用环境。用户可以用名字或命令调用网络中的任何资源或进行远程的数据处理，不必考虑这些资源或数据的地理位置。

与计算机网络类似的另一种系统是多机系统。多机系统专指同一机房中的许多大型主机互连组成的功能强大、能高速并行处理的计算机系统。对这种系统互连的要求是高带宽和连通的多样性。计算机网络中的信息传输开销很大，实际的有效数据速率比通信线路能够提供的带宽要小得多。同时，由于距离的原因，在计算机网络终端系统是通过交换设备互连的，这种有限互连的方式不能适应高速并行计算的要求。

计算机网络的组成元素可以分为两大类，即网络节点和通信链路。网络节点又分为端节点和转发节点。端节点指信源和信宿节点，例如用户主机和用户终端；转发节点指网络通信过程中控制和转发信息的节点，例如交换机、集线器、接口信息处理机等。通信链路是指传输信息的信道，可以是电话线、同轴电缆、无线电线路、卫星线路、微波中继线路和光纤缆线等。网络节点通过通信链路连接成的计算机网络如图 1-1 所示。

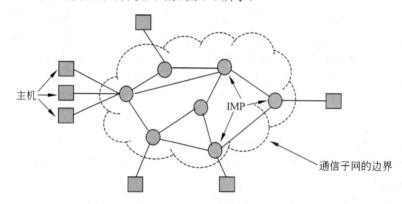

图 1-1　通信子网与资源子网

在图 1-1 中，虚线框外的部分称为资源子网。资源子网中包括拥有资源的用户主机和请求资源的用户终端，它们都是端节点。虚线框内的部分叫作通信子网，其任务是在端节点之间传送由信息组成的报文，主要由转发节点和通信链路组成。在图 1-1 中，按照 ARPA 网络的术语把转发节点统称为接口信息处理机（Interface Message Processor，IMP）。IMP 是一种专用于通信的计算机，有些 IMP 之间直接相连，有些 IMP 之间必须经过其他 IMP 才能相连。当 IMP 收到一个报文后要根据报文的目标地址决定把该报文提交给与它相连的主机还是转发到下一个IMP，这种通信方式叫作存储-转发通信。在广域网中的通信一般都采用这种方式。另外一种通信方式是广播通信方式，主要用于局域网中。局域网中的 IMP 简化为一个微处理器芯片，每台主机或工作站中都设置一个 IMP。在广播通信系统中，唯一的信道为所有主机所共享，任何主机发出的信息所有主机都能收到。信息包中的目标地址则指明特定的接收站。在需要时可以用一个特殊的目标地址（例如全 1 地址）表示该信息包是发给所有站的，这叫作多目标发送。

通信子网中转发节点的互连模式叫作子网的拓扑结构。图 1-2 中列出了可能有的几种拓扑结构，其中全连接型对于点对点的通信是最理想的，但由于连接数接近节点数的平方倍，所以实际上是行不通的。在广域网中常见的互连拓扑是树型和不规则型，而在局域网中则常用星型、环型、总线型等规则型拓扑结构。

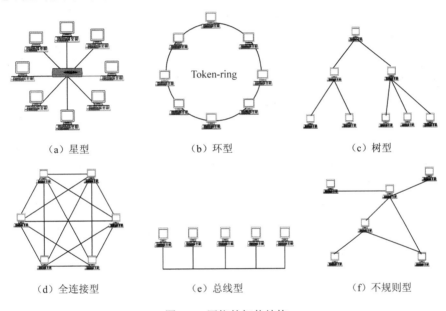

（a）星型　　　　　　　（b）环型　　　　　　　（c）树型

（d）全连接型　　　　　（e）总线型　　　　　　（f）不规则型

图 1-2　网络的拓扑结构

可以按照不同的方法对计算机网络进行分类。按照互连规模和通信方式，可以把网络分为局域网（LAN）、城域网（MAN）和广域网（WAN），这 3 种网络的比较如表 1-1 所示。

表 1-1　LAN、MAN 和 WAN 的比较

	局　域　网	城　域　网	广　域　网
地理范围	室内，校园内部	建筑物之间，城区内	国内，国际
所有者和运营者	单位所有和运营	几个单位共有或公用	通信运营公司所有
互联和通信方式	共享介质，分组广播	共享介质，分组广播	共享介质，分组交换
数据速率	每秒几十兆位至每秒几百兆位	每秒几兆位至每秒几十兆位	每秒几十千位

续表

	局　域　网	城　域　网	广　域　网
误码率	最小	中	较大
拓扑结构	规则结构：总线型、星型和环型	规则结构：总线型、星型和环型	不规则的网状结构
主要应用	分布式数据处理 办公自动化	LAN 互联，综合声音、视频和数据业务	远程数据传输

　　按照使用方式可以把计算机网络分为校园网（Campus Network）和企业网（Enterprise Network），前者用于学校内部的教学科研信息的交换和共享，后者用于企业管理和办公自动化。一个校园网或企业网可以由内联网（Intranet）和外联网（Extranet）组成。内联网是采用 Internet 技术（TCP/IP 协议和 B/S 结构）建立的校园网或企业网，用防火墙限制与外部的信息交换，以确保内部的信息安全。外联网是校园网或企业网的一部分，通过 Internet 上的安全通道与内部网进行通信。按照网络服务的范围可以把网络分为公用网与专用网。公用网是通信公司建立和经营的网络，向社会提供有偿的通信和信息服务。专用网一般是建立在公用网上的虚拟网络，仅限于一定范围的用户之间的通信，或者对一定范围的通信设备实施特殊的管理。网络按照提供的服务可以分为通信网和信息网。通信网提供远程连网服务，各种校园网和企业网通过远程连接形成 Internet，提供互连服务的供应商叫作 ISP（Internet Service Provider）。信息网提供 Web 信息浏览、文件下载和电子邮件传送等信息服务，提供网络信息服务的供应商叫作 ICP（Internet Content Provider）。

1.2.2　计算机网络的应用

　　计算机网络的应用涉及社会生活的各个方面。当前对经济和文化生活影响最大的网络应用列举如下。

　　（1）办公自动化。网络化办公系统的主要功能是实现信息共享和公文流转。其功能包括领导办公、电子签名、公文处理、日程安排、会议管理、档案管理、财务报销、信访管理、信息发布和全文检索等模块，以解决各种类型的无纸化办公问题。这种系统应该简单、可靠、安全、易用、容易安装和普遍适用。在目前大力推广政府上网、企业上网的情况下，办公软件具有越来越广阔的应用环境。但是，现在的大多数办公产品只能实现部分功能，集成性较差。形成这种状况的主要原因是没有统一的标准和规范，产品之间缺乏兼容性，难以形成整体产业优势。

　　（2）电子数据交换。电子数据交换（Electronic Data Interchange，EDI）是一种新型的电子贸易工具，是计算机、通信和现代管理技术相结合的产物。它通过计算机通信网络将贸易、运输、保险、银行和海关等行业信息表现为国际公信的标准格式，实现公司之间的数据交换和处理，并完成以贸易为中心的整个交易过程。由于使用 EDI 可以减少甚至消除贸易过程中的纸质文件，因此又被通俗地称为"无纸贸易"。EDI 传输的文件具有跟踪、确认、防篡改、防冒领功能，以及一系列安全保密功能，并具有法律效力。中国公用电子数据交换业务网（CHINAEDI）是面向社会各行业开放的公用 EDI 网络，其应用范围涉及电子报关、电子报税、银行托收、港口集装箱运输和铁路货运，以及制造业和商业订单的处理等。

（3）远程教育。远程网络教学是利用因特网技术，与教育资源相结合，在计算机网络上进行的教学方式。通过网络进行教育最明显的优势是可以使有限的教育资源成为近乎无限的、不受时空和资金限制的、人人可以享受的全民教育资源。网络教学利用现代通信技术实施远程交互作用，学习者可以与远地的教师通过电子邮件、BBS 等建立交互联系，学员之间也可进行类似的交流和互助学习。网络教学可采用多种多样的教学形式，可以进行个别化教学，也可以进行小组协作学习，还可以接受远程广播教育。

（4）电子银行。电子银行是一种在线服务系统，它以因特网为媒介，为客户提供银行账户信息查询、转账付款、在线支付和代理业务等自助金融服务。这种系统需要采用高强度加密算法，客户的资料和信用卡信息才不会被外界获取。电子银行的出现标志着人类的交换方式已经从物物交换、货币交换发展到了信息交换的新阶段。一般商业银行开办的网上银行都提供信用卡账务信息查询、转账、基金业务、外汇买卖、在线支付、异地汇款、代缴各种费用以及个人理财等金融服务。

（5）证券和期货交易。证券和期货交易是一种高利润、高风险的投资方式，由于行情变化很快，所以投资者更加依赖于及时准确的交易信息。证券和期货市场通过计算机网络提供行情分析和预测、资金管理和投资计划等服务。还可以通过无线网络将各机构相连，利用手持通信设备输入交易信息，通过无线网络迅速传递到计算机、报价服务系统和交易大厅的显示板。管理员、经纪人和交易者也可以迅速利用手持通信设备直接进行交易，避免了由于时间延误所造成的损失。

（6）娱乐和在线游戏。随着宽带通信与视频演播的快速发展，网络在线游戏正在逐步成为因特网娱乐的重要组成部分，也是互联网最富群众性和最有潜力的赢利点。一般而言，计算机游戏可以分为 3 类：完全不具备联网功能的单机游戏、具备局域网联网功能的多人联网游戏以及基于因特网的多用户游戏。最后一种游戏有大型的客户端软件和复杂的后台服务器系统。目前世界各地大批的网络游戏犹如雨后春笋般涌现出来，已经成为网络经济新的增长点。

1.3　我国互联网的发展

我国互联网的发展始于 20 世纪 80 年代末。1987 年 9 月 20 日，钱天白教授通过意大利公用分组交换网 ITAPAC 设在北京的 PAD 发出我国的第一封电子邮件，与德国卡尔斯鲁厄大学进行通信，揭开了中国人使用 Internet 的序幕。

1989 年 9 月，国家计委组织建立中关村地区教育与科研示范网络（NCFC）。立项的主要目标是在北京大学、清华大学和中科院 3 个单位间建设高速互联网络，并建立一个超级计算中心，这个项目于 1992 年建设完成。

1990 年 10 月，中国正式在 DDN-NIC 注册登记了我国的顶级域名 CN。1993 年 4 月，中国科学院计算机网络信息中心召集部分网络专家调查了各国的域名系统，据此提出了我国的域名体系。

1994 年 1 月 4 日，NCFC 工程通过美国 Sprint 公司连入 Internet 的 64k 国际专线开通，实现了与 Internet 的全功能连接，从此我国正式成为有 Internet 的国家。此事被国家统计公报列为 1994 年重大科技成就之一。

从 1994 年开始，分别由国家计委、邮电部、国教教委和中科院主持，建成了我国的四大因特网，即中国金桥信息网、中国公用计算机互联网、中国教育科研网和中国科技网。在短短几年间，这些主干网络就投入使用，形成了国家主干网的基础。

1996 年以后，我国互联网的发展进入应用平台建设和增值业务开发阶段。中国互联网进入了空前活跃的高速发展时期。一大批中文网站，包括综合性的"门户"网站和各种专业性的网站纷纷出现，提供新闻报道、技术咨询、软件下载和休闲娱乐等 ICP 服务，以及虚拟主机、域名注册、免费空间等技术支持服务。与此同时，各种增值服务也逐步展开，其中主要有电子商务、IP 电话、视频点播和无线上网等。在互联网的应用面扩宽和普及率快速增长的前提下，一些中国互联网公司开始进军海外股市纳斯达克，成为世纪之交中国新经济发展的重要标志。

1997 年 6 月 3 日，根据国务院信息化工作领导小组办公室的决定，中国科学院网络信息中心组建了中国互联网络信息中心（CNNIC），同时，国务院信息化工作领导小组办公室宣布成立中国互联网络信息中心工作委员会。

1997 年 11 月，CNNIC 发布了第 1 次《中国 Internet 发展状况统计报告》。截止到 1997 年 10 月 31 日，我国共有上网计算机 29.9 万台，上网用户 62 万人，CN 下注册的域名 4066 个，WWW 站点 1500 个，国际出口带宽为 18.64Mbps。

2017 年 1 月 22 日下午，中国互联网络信息中心（CNNIC）发布第 39 次《中国互联网络发展状况统计报告》。截至 2016 年 12 月，中国网民规模达 7.31 亿，相当于欧洲人口总量，互联网普及率达到 53.2%，超过全球平均水平 3.1 个百分点，超过亚洲平均水平 7.6 个百分点。截至 2016 年 12 月，我国手机网民规模达 6.95 亿，增长率连续三年超过 10%。台式电脑、笔记本电脑的使用率均出现下降，手机不断挤占其他个人上网设备的使用。

1.4　计算机网络体系结构

计算机网络发展到今天，已经演变成一种复杂而庞大的系统。在计算机专业人员中，对付这种复杂系统的常规方法就是把系统组织成分层的体系结构，即把很多相关的功能分解开来，逐个予以解释和实现。读者以后会看到，在分层的体系结构中，每一层都是一些明确定义的相互作用的集合，即对等协议；层之间的界限是另外一些相互作用的集合，称为做接口协议。下面首先通过一个简单的例子说明计算机网络应该提供的各种功能。

1.4.1　计算机网络的功能特性

研究计算机网络的基本方法是全面深入地了解计算机网络的功能特性，即计算机网络是怎样在两个端用户之间提供访问通路的。理解了计算机网络的功能特性才能够掌握各种网络的特点，才能了解网络运行的原理。

首先，计算机网络应该在源节点和目标节点之间提供传输线路，这种传输线路可能要经过一些中间节点。如果是远程联网，则要通过电信公司提供的公用通信线路，这些通信线路可能是地面链路，也可能是卫星链路。如果电信公司提供的通信线路是模拟的，还必须用 Modem进行信号变换，因而网络应该提供与 Modem 的物理的和电气的接口。

计算机通信有一个特点，即间歇性或突发性。人们打电话时信息流是平稳而连续的，速率也不太高。然而计算机之间的通信不是这样。当用户坐在终端前思考时，线路中没有信息流过。当用户发出文件传输命令时，突然来到的数据需要迅速地发送，然后又沉默一段时间。因而计算机之间的通信链路要有较高的带宽，同时由许多节点共享高速线路，以获得合理经济的使用效率。计算机网络的设计者发明了一些新的交换技术来满足这种特殊的通信要求，例如报文交换和分组交换技术。计算机网络的功能之一是对传输的信息流进行分组，加入控制信息，并把分组正确地传送到目的地。

加入分组的控制信息主要有两种：一种是接收端用于验证是否正确接收的差错控制信息；另一种是指明数据包的发送端和接收端的地址信息。因而，网络必须具有差错控制功能和寻址功能。另外，当多个节点同时要求发送分组时，网络还必须通过某种冲突仲裁过程决定谁先发送，谁后发送。所有这些带有控制信息的数据包在网络中通过一个个节点正确地向前传送的功能叫作数据链路控制（Data Link Control，DLC）功能。

关于寻址功能，还有更复杂的一面。如果网络有多个转发节点，则当转发节点收到数据包时必须确定下一个转发的对象，因此每一个转发节点都要有根据网络配置和交通情况决定路由的能力。

　　复杂网络中的通信类似于道路系统中的交通情况，弄得不好会导致交通拥挤、阻塞，甚至完全瘫痪，所以计算机网络要有流量控制和拥塞控制功能。当网络中的通信量达到一定程度时必须限制进入网络中的分组数，以免造成死锁。万一交通完全阻塞，也要有解除阻塞的办法。

　　两个用户通过计算机网络会话时，不仅开始时要有会话建立的过程，结束时还要有会话终止的过程。同时它们之间的双向通信也需要进行管理，以确定什么时候该谁说，什么时候该谁听。一旦发生差错，该从哪儿说起。

　　最后，通信双方可能各有一些特殊性需要统一，才能彼此理解。例如，用户使用的终端不同，字符集和数据格式各异，甚至它们之间还可能使用某种安全保密措施，这些都需要规定统一的协议，以消除不同系统之间的差别。这样，才能保证用户使用计算机网络进行正常的通信。

　　由上面的介绍可知，网络中的通信是相当复杂的，涉及一系列相互作用的功能过程。用户与远地应用程序通信的过程可以用图 1-3 表示，以上提到的主要功能过程按顺序列在图中。用户输入的字符流按标准协议进行转换，然后加入各种控制位和顺序号用于进行会话管理，再进行分组，加入地址字段和校验字段等。上述信息经过 Modem 的变换，送入公共载波线路传送。在接收端进行相反的处理，就可得到发送的信息。值得注意的是，整个通信过程经过这样的功能分解后，得到的功能元素总是成对地出现。例如，一对 Modem，一对数据链路控制元素等。每一对功能元素互相通信，它们之间的协议不涉及相邻层次的功能。例如，一对 Modem 之间的对话不涉及传输线路的细节，也不必了解它们传输的比特流的意义。而数据链路控制功能则与Modem 的调制与解调功能无关，也与数据帧中信息字段的内容无关，DLC 元素的作用只是把数据帧从发送节点正确地传送到接收节点。这样，把一对功能元素从整个功能过程中孤立出来，就形成了分层的体系结构。

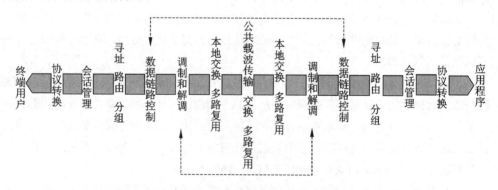

图 1-3　用户与应用程序通信的过程

　　可以把这些功能层按作用范围分类。Modem 和数据链路控制功能是相邻节点间的作用，与同一线路上的其他节点无关；协议转换、会话管理和打包/拆包功能涉及一对端节点，与端节点之间的转发节点无关。然而，寻址和路由功能则涉及多个节点，完成这样的功能要考虑到网络中的所有节点，以便数据包可以沿着一条最佳线路逐个节点地向前传送，最后到达目的地。

　　也可以从另一个角度看待这种分层结构，寻址—路由—数据分组之上的功能层次对端用户隐藏了通信网络的细节，因而这些功能层次叫作高层功能，它们下边的功能层次叫作低层功能。这样的功能分解与图 1-1 中把整个计算机网络划分为资源子网和通信子网是一致的。

　　以上功能分解描绘出一幅规整的图画。事实上，情况远不是如此简单。首先，有些功能会出现在一个以上的层次。例如多路复用功能，即几个信息流交叉地通过同一线路的功能，会出现在数据链路控制过程中，也会出现在公共载波传输系统中。其次，几个端用户可能会多路访问同一通路，当一个用户的数据包从端节点出发进入更下面的功能层次时，就存在选择在哪一层与其他用户的信息流合并的问题。

　　问题的复杂性还在于同一节点中的层次之间还有控制信息的通信。例如在一个中间节点上，路由功能必须给 DLC 功能提供地址，以便 DLC 能把数据包转发到适当的中间节点上。还需指出的是，有些功能层可能很简单，甚至完全没有。例如，在局域网中就不需要路由功能；对于租用线路，则没有物理层。

　　用"接口"来描述相邻层之间的相互作用。在两个相邻层之间，下层为上层提供服务，上层利用下层提供的服务实现规定给自己的功能，这种服务和被服务的关系就是人们所说的接口关系。例如，Modem 和 DLC 之间必须按规定的电气接口相互作用；用户程序和网络之间也应规定统一的接口关系，以便于程序的移植。

　　至此，已引入了功能层次的概念。对等层之间按规定的协议通信，相邻层之间按接口关系提供服务和接受服务。把实现复杂的网络通信过程的各种功能划分成这样的层次结构，就是网络的分层体系结构。

1.4.2　开放系统互连参考模型的基本概念

　　所谓开放系统，是指遵从国际标准的、能够通过互连而相互作用的系统。显然，系统之间的相互作用只涉及系统的外部行为，与系统内部的结构和功能无关。因而，关于互连系统的任何标准都只是关于系统外部特性的规定。1979 年，ISO 公布了开放系统互连参考模型（Open System Interconnection/Reference Model，OSI/RM）。同时，CCITT（Consultative Committee of International Telegraph and Telephone）认可并采纳了这一国际标准的建议文本（称为 X.200）。OSI/RM 为开放系统互连提供了一种功能结构的框架，ISO 7498 文件对它做了详细的规定和描述。

OSI/RM 是一种分层的体系结构。从逻辑功能看，每一个开放系统都是由一些连续的子系统组成，这些子系统处于各个开放系统和分层的交叉点上，一个层次由所有互连系统的同一行上的子系统组成，如图 1-4 所示。例如，每一个互连系统逻辑上是由物理电路控制子系统、分组交换子系统和传输控制子系统等组成，而所有互连系统中的传输控制子系统共同形成了传输层。

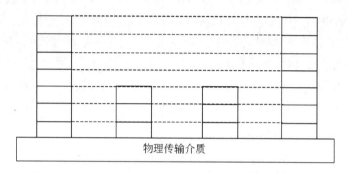

图 1-4　开放系统的分层体系结构

开放系统的每一个层次由一些实体组成。实体是软件元素（如进程等）或硬件元素（如智能 I/O 芯片等）的抽象。处于同一层中的实体叫对等实体，一个层次由多个实体组成，这一点正说明了层次的分布处理特征。另一方面，处于同一开放系统中各个层次的实体则代表了系统的协议处理能力，即由其他开放系统所看到的外部功能特性。

为了叙述上的方便，任何层都可以称为（N）层，它的上下邻层分别称为（$N+1$）层和（$N–1$）层。同样的提法可以应用于所有和层次有关的概念，例如，（N）层的实体称（N）实体，如此等等。

分层的基本想法是每一层都在它的下层提供的服务基础上提供更高级的增值服务，而最高层提供能运行分布式应用程序的服务。这样，分层的方法就把复杂问题分解开了。分层的另外一个目的是保持层次之间的独立性，其方法就是用原语操作定义每一层为上层提供的服务，而不考虑这些服务是如何实现的，即允许一个层次或层次的集合改变其运行的方式，只要它能为上层提供同样的服务就行。除最高层外，在互连的各个开放系统中分布的所有（N）实体协同工作，为所有（$N+1$）实体提供服务。也可以说，所有（N）实体在（$N–1$）层提供的服务的基础上向（$N+1$）层提供增值服务，如图 1-5 所示。例如，网络层在数据链路层提供的点到点通信服务的基础上增加了中继功能。类似地，传输层在网络层服务的基础上增加了端到端的控制功能。

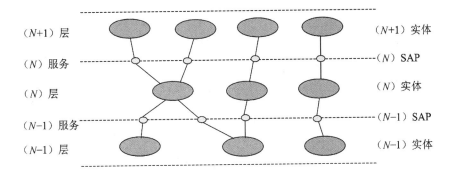

图 1-5　实体、服务访问点和协议

（N）实体之间的通信只使用（N–1）服务。最低层实体之间通过 OSI 规定的物理介质通信，物理介质形成了 OSI 体系结构中的（0）层。（N）实体之间的合作关系由（N）协议来规范。（N）协议是由公式和规则组成的集合，它精确地定义了（N）实体如何协同工作，利用（N–1）服务去完成（N）功能，以便向（N+1）实体提供服务。例如，传输层协议定义了传输站如何协同工作，利用网络服务向会话实体提供传输服务。同一个开放系统中的（N）实体之间的直接通信对外部是不可见的，因而不包含在 OSI 体系结构中。

（N+1）实体从（N）服务访问点（Service Access Point，SAP）获得（N）服务。（N）SAP表示（N）实体与（N+1）实体之间的逻辑接口。一个（N）SAP 只能由一个（N）实体提供，也只能被一个（N+1）实体所使用。然而，一个（N）实体可以提供几个（N）SAP，一个（N+1）实体也可能利用几个（N）SAP 为其服务。事实上，（N）SAP 只是代表了（N）实体和（N+1）实体建立服务关系的手段。

OSI/RM 用抽象的服务原语说明一个功能层提供的服务，这些服务原语采用了过程调用的形式。服务可以看作是层间的接口，OSI 只为特定层协议的运行定义了所需的原语和参数，而互连系统内部层次之间的局部流控所需的原语和参数，以及层次之间交换状态信息的原语和参数都不包括在 OSI 服务的定义之中。

服务分为面向连接的服务和无连接的服务。对于面向连接的服务，有 4 种形式的服务原语，即请求原语、指示原语、响应原语和确认原语，如图 1-6 所示。（N）层提供（N）SAP 之间的连接，这种连接是（N）服务的组成部分。最通常的连接是点到点的连接。但是也可以在多个端点之间建立连接，多点连接和实际网络中的广播通信相对应。（N）连接的两端叫作（N）连接端点（Connection End Point，CEP），（N）实体用本地的 CEP 来标识它建立的各个连接。另外，在网络服务中还有一种叫作数据报的无连接的通信，它对面向事务处理的应用很重要，所以后来也增添到 OSI/RM 中。

下面说明几个与连接有关的概念。

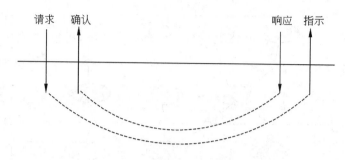

图1-6　抽象的服务原语

1．连接的建立和释放

当某个（$N+1$）实体要求建立与远方的（$N+1$）实体的连接时，它必须给当地的（N）SAP提供远方（N）SAP的地址。（N）连接建立后，（$N+1$）实体就可以用它们自己一端的（N）CEP来引用该连接。例如，会话实体A要求和远方的会话实体B连接，则它必须知道B的传输地址TA（B）。为了建立这个连接，会话实体A请求传输层建立地址为TA（A）的SAP和远方的地址为TA（B）的SAP的连接。该连接建立后，会话实体A和B都可以用它们自己一端的传输层CEP标识符来引用它。

（N）连接的建立和释放是在（$N–1$）连接之上动态地进行的。（N）连接的建立意味着两个实体间的（$N–1$）连接可以利用，如果（$N–1$）连接不存在，则必须预先建立或同时建立（$N–1$）连接，而这又要求（$N–2$）连接可用。依此类推，直到最底层连接可用。显然，最底层的物理线路连接必须存在，所有上层连接的建立才有物理基础。

2．多路复用和分流

在（$N–1$）连接之上可以构造出3种具体的（N）连接。

（1）一一对应式：每一个（N）连接建立在一个（$N–1$）连接之上。

（2）多路复用式：几个（N）连接多路访问同一个（$N–1$）连接。

（3）分流式：一个（N）连接建立在几个（$N–1$）连接之上。这样，（N）连接上的通信被分配到几个（$N–1$）连接上进行传输。

邻层连接之间的3种对应关系在实际应用中都是可能的。例如，单独一个终端连接到X.25公共数据网上，则在一个网络连接（虚电路）上只实现一个传输连接。如果使用了终端集中器，则各个终端上的传输连接被多路复用到一个网络连接上，这样就降低了通信费用。相反，如果把一个传输连接分流到几个网络连接上传输，则可以得到更高的吞吐率，并提高传输的可靠性。

3．数据传输

各个实体之间的信息传输是由各种数据单元实现的，这些数据单元如图1-7所示。

	控　制	数　据	结　合
(N)–(N) 对等实体	(N) 协议控制信息	(N) 用户数据	(N) 协议数据单元
(N)–(N+1) 邻层实体	(N) 接口控制信息	(N) 接口数据	(N) 接口数据单元

图 1-7　各种数据单元

（N）协议控制信息通过（N–1）连接在两个（N）实体之间交换，用于协调（N）实体之间的合作关系。例如，HDLC 的帧头和帧尾。（N）用户数据来自上层的（N+1）实体。这种数据也在两个（N）实体之间传送，但（N）实体并不了解也不解释其内容。例如，网络实体的数据被包装在 HDLC 信息帧中由两个数据链路实体透明地传输。（N）协议数据单元包含（N）协议控制信息，也可能包含（N）用户数据。例如 HDLC 帧。

（N）接口控制信息是在（N+1）实体和（N）实体之间交换的信息，用于协调两个实体间的合作。例如，在网络实体和数据链路实体间交换的系统专用控制信息：缓冲区地址和长度、最大等待时间等。（N）接口数据是（N+1）实体交给（N）实体发往远端的信息，或者是（N）实体收到的、由远端（N+1）实体发来的信息。例如，由数据链路实体透明传输的一段文字。（N）接口数据单元是（N+1）实体和（N）实体在一次交互作用中通过服务访问点传送的信息单位，由（N）接口控制信息和（N）接口数据组成。一个（N）连接两端传送的（N）接口数据单元的大小可以不同，例如，网络实体和为之服务的数据链路实体可以在一次交互作用中传送一个数据块。

（N）服务数据单元是通过（N）连接从一端传送到另一端的数据的集合，这个集合在传送期间保持其标识不变。（N）服务数据单元可能通过一个或多个（N）协议数据单元传送，并在到达接收端后完整地交给上层的（N+1）实体。

OSI/RM 的网络体系结构如图 1-8 所示，下面简要说明 OSI/RM 七层协议的主要功能。

1）应用层

这是 OSI 的最高层。这一层的协议直接为端用户服务，提供分布式处理环境。应用层管理开放系统的互连，包括系统的启动、维持和终止，并保持应用进程间建立连接所需的数据记录，其他层都是为支持这一层的功能而存在的。

一个应用是由一些合作的应用进程组成的，这些应用进程根据应用层协议互相通信。应用进程是数据交换的源和宿，也可以被看作是应用层的实体。应用进程可以是任何形式的操作过程，例如，手工的、计算机化的或工业和物理过程等。这一层协议的例子有在不同系统间传输文件的协议、电子邮件协议和远程作业输入协议等。

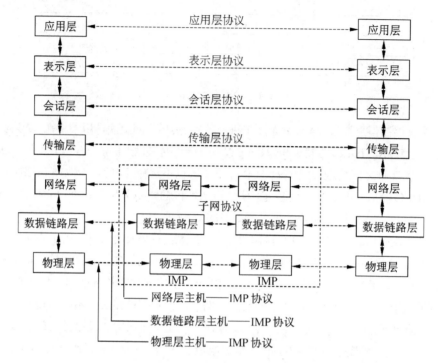

图 1-8 OSI 模型的网络体系结构

2）表示层

表示层的用途是提供一个可供应用层选择的服务的集合，使得应用层可以根据这些服务功能解释数据的含义。表示层以下各层只关心如何可靠地传输数据，而表示层关心的是所传输数据的表现方式、它的语法和语义。表示服务的例子有统一的数据编码、数据压缩格式和加密技术等。

3）会话层

会话层支持两个表示层实体之间的交互作用。它提供的会话服务可分为以下两类。

（1）把两个表示实体结合在一起，或者把它们分开，这叫会话管理。

（2）控制两个表示实体间的数据交换过程，例如分段、同步等，这一类叫会话服务。

通过计算机网络的会话和人们打电话不一样，更和人们当面谈话的情况不一样。对话的管理包括决定该谁说，该谁听。长的对话（例如传输一个长文件）需要分段，一段一段地进行，如果一段传错了，可以回到分界线的地方重新传输。所有这些功能都需要专门的协议支持。

4）传输层

这一层在低层服务的基础上提供一种通用的传输服务。会话实体利用这种透明的数据传输服务而不必考虑下层通信网络的工作细节，并使数据传输能高效地进行。传输层用多路复用或分流的方式优化网络的传输效率。当会话实体要求建立一条传输连接时，传输层要求建立一个对应的网络连接。如果要求较高的吞吐率，传输层可能为其建立多个网络连接；如果要求的传输速率不是很高，单独创建和维持一个网络连接不合算，传输层可以考虑把几个传输连接多路复用到一个网络连接上。这样的多路复用和分流对传输层以上是透明的。

传输层的服务可以提供一条无差错按顺序的端到端连接，也可能提供不保证顺序的独立报文传输，或多目标报文广播。这些服务可由会话实体根据具体情况选用。传输连接在其两端进行流量控制，以免高速主机发送的信息流"淹没"低速主机。传输层协议是真正的源端到目标端的协议，它由传输连接两端的传输实体处理。传输层下面的功能层协议都是通信子网中的协议。

5）网络层

这一层的功能属于通信子网，它通过网络连接交换传输层实体发出的数据。网络层把上层传来的数据组织成分组在通信子网的节点之间交换传送。交换过程中要解决的关键问题是选择路径，路径既可以是固定不变的，也可以是根据网络的负载情况动态变化的。另外一个要解决的问题是防止网络中出现局部的拥挤或全面的阻塞。此外，网络层还应有记账功能，以便根据通信过程中交换的分组数（或字符数、位数）收费。

当传送的分组跨越一个网络的边界时，网络层应该对不同网络中分组的长度、寻址方式、通信协议进行变换，使得异构型网络能够互联互通。

6）数据链路层

这一层的功能是建立、维持和释放网络实体之间的数据链路，这种数据链路对网络层表现为一条无差错的信道。相邻节点之间的数据交换是分帧进行的，各帧按顺序传送，并通过接收端的校验检查和应答保证可靠的传输。数据链路层对损坏、丢失和重复的帧应能进行处理，这种处理过程对网络层是透明的。相邻节点之间的数据传输也有流量控制的问题，数据链路层把流量控制和差错控制合在一起进行。两个节点之间传输数据帧和发回应答帧的双向通信问题要有特殊的解决办法，有时由反向传输的数据帧"捎带"应答信息，这是一种极巧妙而又高效率的控制机制。

7）物理层

这一层规定通信设备机械的、电气的、功能的和过程的特性，用于建立、维持和释放数据链路实体间的连接。具体地说，这一层的规定都与电路上传输的原始位有关，它涉及什么信号代表 1，什么信号代表 0；一位持续多少时间；传输是双向的，还是单向的；一次通信中发送方和接收方如何应答；设备之间连接件的尺寸和接头数；以及每根连线的用途等。

1.5 几种商用网络的体系结构

这一节介绍几种商用网络的体系结构。这些网络体系结构严格定义了对等层之间的协议、它们的语法（命令和响应的格式）和语义（对协议的解释），而把相邻层之间的接口留给实现者决定。

1.5.1 SNA

1974 年，IBM 公司推出了系统网络体系结构，这是一种以大型主机为中心的集中式网络。在 SNA 中，主机运行 ACF/VTAM（Advanced Communication Facility/Virtual Telecommunication Access Method）服务，所有的系统资源都是由 ACF/VTAM 定义的。SNA 协议分为 7 层，如图 1-9 所示，各层的功能简述如下。

（1）物理层。这一层与物理传输介质的机械、电气、功能和过程特性有关，提供了传输介质的接口。SNA 没有定义这一层的专门协议，准备采用其他国际标准。

（2）数据链路控制层。这一层的功能是把原始的比特流组织成帧，使之无损伤地沿着噪音信道从主站传送到次站。SNA 定义了串行数据链路控制协议 SDLC，同时也支持 IBM 令牌环网或其他局域网协议。

（3）路径控制层（PC）。这一层的功能是在源节点和目标节点之间建立一条逻辑通路。PC 层也对数据报进行分段和重装配，以便提高传输效率。在一对节点之间可以提供 8 条虚电路，每一条虚电路都有流控功能。

（4）传输控制层（TC）。提供端到端的面向连接的服务，不支持无连接的通信，可以为上层提供一条无差错的信道。TC 也完成加/解密功能。

（5）数据流控制层（DFC）。这一层根据用户的请求和响应对会话方式和会话过程进行管理，决定数据通信的方向、数据通信方式、数据流的中断和恢复等。

（6）表示服务层（PS）。这一层定义数据编码和数据格式，也负责资源的共享和操作的同步，使得网络入口处的多个用户可以并发地操作。

（7）事务处理服务层（TS）。这一层以特权程序的形式为用户提供应用服务。例如，SNA/DS（SNA Distribution Service）就是 SNA 提供的一种异步分布处理系统。

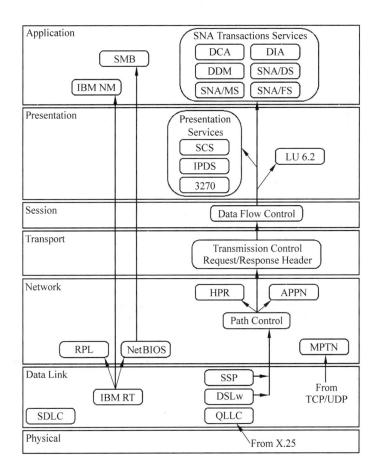

图 1-9　SNA 的体系结构

随着微型计算机局域网的广泛使用，IBM 推出了第二代的高级点对点网络（Advanced Peer-to-Peer Networking，APPN），使得 SNA 由集中式网络演变成点对点的网络环境。在 APPN 网络环境中有下面 3 类节点。

- 低级入口节点（Low-Entry Node，LEN）。这种节点只能利用与其相连的网络节点提供的服务进行会话。
- 端节点（End Node，EN）。这种节点包含 APPN 的部分功能，还具有路由能力，能够通过网络节点与其他端节点建立会话。
- 网络节点（Network Node，NN）。这种节点包含APPN的全部功能，其中的控制点（Control

Point，CP）功能管理着 NN 的全部资源，能够建立 CP-to-CP 会话，维护网络的拓扑结构，并提供目录服务。

图 1-10 展示了由这几种节点组成的 APPN 网络的拓扑结构。

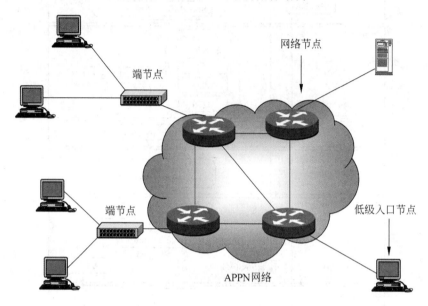

图 1-10　APPN 网络的拓扑结构

1.5.2　X.25

X.25 协议如图 1-11 所示，它是 CCITT 在 1976 年公布的公用数据网（Public Data Network，PDN）标准，后来又经过了两次修订。X.25 包括了通信子网最下边的 3 个逻辑功能层，即物理层、链路层和网络层，与 SNA 下面的 3 层是对应的。

最低层用 X.21 作为用户节点（DTE）和通信子网之间建立电气连接的对等协议。在图 1-11 中，数据分组 P1 和 P3 是送往站 2 的，而分组 P2 是送往其他站的。链路层协议使用 HDLC 的全双工异步平衡方式进行通信，管理分组序列的无差错传输。

虚电路连接（VC）的建立和释放既关系到端对端的功能特性，也关系到端节点对网络的功能特性。例如，建立 VC 时，一端的用户必须知道另一端用户的地址，这显然是端对端的功能特性。然而，VC 建立后的寻址功能是针对网络中的每一个交换节点的，而不是在两端节点中寻址。

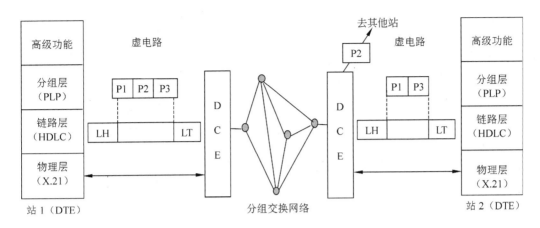

图 1-11　X.25 的分层协议和虚电路

1.5.3　Novell NetWare

Novell 公司的 NetWare 3.11 在 20 世纪 80 年代曾非常流行，后来随着 Internet 的兴起和 Windows NT 的出现而衰落了。但是它并没有完全退出市场，2003 年，Novell 公司推出了 NetWare 6.5，全面支持"开放源代码"和一系列新技术。NetWare 6.5 的优点是具有安全可靠性而且管理成本低，随着新版本的推出，Novell 公司可能会重新夺回一部分失去的市场份额。

目前市场上流行的版本是 NetWare 4.2，这个系统的体系结构如图 1-12 所示。Novell 公司的专用通信协议是 IPX/SPX。IPX（Internet Protocol Exchange）是 Novell 公司按照 Xerox 公司的 IDP 协议（Internet Datagram Protocol）实现的网络层协议，提供无连接的数据报服务，用于在工作站和服务器之间传送数据。SPX（Sequential Packet Exchange）是 Novell 公司的传输层协议，在分布式应用之间提供顺序提交服务。另外，NetWare 也支持 TCP/IP 协议和 Windows 协议，可以和 Internet 直接相连。

同时，还需要其他协议的配合，网络层才能完成传送数据报的任务。RIPX 是 Novell 公司的路由信息协议，用于在网关之间收集和交换路由信息。BCAST（Broadcast）是广播协议，用于向用户广播消息。DIAG（Diagnostic）是诊断协议，在局域网中用于连接测试和配置信息的收集。WDOG（Watchdog）协议监视工作站的活动，当连接断开时向服务器发出通知。

NetWare 中有两个会话层协议。服务公告协议把网络中所有服务器的信息发送给客户端，这样客户端才能向特定的服务器发送消息。通常网络中有多种服务器，包括文件服务器、打印服务器、访问服务器和远程控制服务器等。另外，Novell 还重新实现了 NetBIOS，作为会话层编程平台。

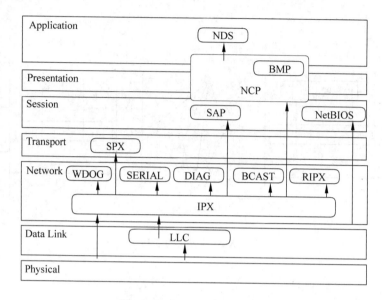

图 1-12　NetWare 的体系结构

　　NetWare 核心协议（NetWare Core Protocol，NCP）管理服务器资源，它向服务器发出过程调用来使用文件和打印资源。突发模式协议（Burst Mode Protocol，BMP）是为提高文件传输的效率而设计的。用突发模式通信，允许对一个请求发回多个响应包。NetWare 目录服务（NetWare Directory Services，NDS）是一个分布式网络数据库。在基于 NDS 的网络中，仅需一次登录就可以访问所有的服务器，而以前基于装订库（Bindery）的网络则需要在不同的服务器之间不断切换。

1.6　OSI 协议集

　　国际标准化组织除定义了 OSI 参考模型之外，还开发了实现 7 个功能层次的各种协议和服务标准，这些协议和服务统称为"OSI 协议"。OSI 协议是一些已有的协议和 ISO 新开发的协议的混合体，例如，大部分物理层和数据链路层协议是采用了现有的协议，而数据链路层以上的协议是 ISO 自行起草的。产生 OSI 协议的目的是提出能满足所有组网需求的国际标准，但是到目前为止，实现情况离这一目标还很遥远。

　　虽然 OSI 协议集的实现缺乏商业动力，但是 OSI/RM 作为网络系统的知识框架，对于学习和理解网络标准还是有用的。全国计算机与信息处理标准化技术委员会开放系统互连分技术委员会负责把 ISO/TC95/SC21 标准采纳为国家标准，它制定的"开放系统互连—基本参考模型"

与 ISO OSI/RM 相同。

　　和其他的协议集一样，OSI 协议是实现某些功能的过程的描述和说明。每一个 OSI 协议都详细地规定了特定层次的功能特性。OSI 协议集如图 1-13 所示。下面分别说明对应 OSI 参考模型 7 个功能层次的各种协议。

应用层	VT	DS	FTMA	CNIP/CMIS		MHS	ASN.1
表示层	ACSE、RTSE、ROSE、CCR						
	OSI 表示层协议						
会话层	OSI 会话层协议						
传输层	TP0、TP1、TP2、TP3、TP4						
网络层	ES-IS　IS-IS						
	X.25 PLP			CLNP			
数据链路层	IEEE 802.2			HDLC　LAP-B			
物理层	802.3　802.4　802.5 FDDI			RS-232　RS-449　X.21 V.35　ISDN			

图 1-13　OSI 协议集

1．物理层协议

　　在物理层，OSI 采用了各种现成的协议，其中有 RS-232、RS-449、X.21、V.35、ISDN，以及 FDDI、IEEE 802.3、IEEE 802.4 和 IEEE 802.5 的物理层协议，将在后面的有关章节介绍这些协议。

2．数据链路层协议

　　在数据链路层，OSI 的协议集也是采用了当前流行的协议，其中包括 HDLC、LAP-B 以及 IEEE 802 的数据链路层协议（ISO 8802）。数据链路层协议和服务与具体的物理传输技术有关。虽然上面的功能层一般是每层对应一个协议，而在数据链路层却不是这样，为了有效地利用各种传输技术，数据链路层用不同的协议满足不同的技术要求。

3．网络层协议

　　网络层提供两种服务，即面向连接的服务和无连接的服务。ISO 8348 文件定义了面向连接的服务（CONS），与此对应的协议是 CCITT X.213，这两个文件的规定与 X.25 分组级协议（PLP）一致。ISO 8473 文件定义了无连接的网络服务 CLNS。在 OSI 参考模型中，各个层次除了服务定义文件外，还有定义该功能的协议规范文件，但是在网络层没有相应的协议规范文件。原因是通信网络一般是由 PTT（Post Telephone ＆ Telegraph）提供的，网络的提供者或者按照其原有的规定建网，或者按照 CCITT 的建议提供服务，因而对网络功能的标准化并不感兴趣。

ISO 8878 文件（或 X.223）类似于网络层的协议规范，它规定了从 X.213 服务原语到 X.25 分组协议的映像关系。按照这个映像，每一个 X.213 原语对应一个或两个 X.25 PLP 功能。实现两种网络服务的基础网络是多种多样的，对于有些网络来说，必须增加软件功能，提供附加的功能，才能转向 OSI 的标准形式。例如，非 X.25 网络可能没有分组排序功能，当这种网络要转向 X.213 服务时必须增加软件排序功能。因而 OSI 网络层又分成了 3 个子层，ISO 8648 文件描述了网络层内部的组织，给出了 3 个子层的协议。最上面的子层完成与子网无关的会聚功能（SNIC），相当于网际协议；中间一个子层实现与子网相关的会聚功能（SNDC），它的作用是把一个具体的网络服务改造得适合于网络子层的需要；最下面的子层利用数据链路服务，实现子网访问功能（SNAC）。3 个子层是任选的，对于不同的基础网络，可以选用或完全不用 3 个子层协议。

另外，关于网络互连，ISO 9542 描述了端系统和中间系统（ES-IS）之间的通信协议，ISO 10589 描述了中间系统与中间系统（IS-IS）之间的通信协议。这两个文件是 ISO 8473 的补充。

4．传输层协议

传输层和网络层之间的界面是用户和通信子网的界面。传输层的任务是在子网服务的基础上提供完整的数据传送，因而在原来的 OSI 协议集中，传输层的功能是提供面向连接的服务，无连接的服务是后来增加的。OSI 传输服务定义文件是 ISO 8072，传输层协议规范文件是 ISO 8073（连接模式）和 ISO 8602（无连接模式）。

无连接传输远没有面向连接的传输应用得广泛。由于各种通信子网在服务模式、残留错误率以及是否发生网络复位等方面有很大差别，所以要实现面向连接的传输服务，对不同的子网所需完成的传输功能也不同。因而，面向连接的传输协议分为 5 类，即 TP0、TP1、TP2、TP3 和 TP4。这 5 类传输协议在不同的通信子网服务的基础上都能提供完整的数据传送，组网时可根据子网的情况选用。

5．会话层协议

通常把第 5 层以上的各层协议叫作高层协议，这些协议都是 ISO 制定的，目的是为应用程序提供各种不同的服务。OSI 高层协议一般都有对应的 CCITT 建议。会话层在传输层提供的完整的数据传送平台上提供应用进程之间组织和构造交互作用的机制，这种机制表现在会话层服务定义文件 ISO 8326（CCITT X.215）和协议规范文件 ISO 8327（CCITT X.225）中。

OSI 会话层协议是在 ECMA（European Computer Manufacturers Association）提供的会话协议和 CCITT 的 T.62（Teletex）建议的基础上制定的，它既包含了面向计算机应用的功能，也包含了与智能用户电报（Teletex）兼容的功能。这个协议集像个大工具箱，每种工具叫作一个功能单元。在一次会话中要使用哪些功能单元，在建立会话连接时要进行协商。由于有些功能单元可直接作用于应用程序，因而使人们怀疑是否有必要保留会话层。不过会话层协议毕竟作为标准公布了，组网中是否实现会话层可由用户决定。

6. 表示层协议

表示层协议也是 OSI 制定的，但它出现得很晚，以至于在早期的 OSI 实现中完全没有这一层。表示层原来的用途是规定用户信息的表现方式，例如与显示屏幕有关的字符集、行的长度和行结束符等。后来把这些与终端和文件传输有关的功能划分到了应用层，所以表示层的功能就只剩下了关于数据表示的约定。

各种计算机内部的数据表示可能不同，例如，整数可能是 1 的补码或者是 2 的补码，浮点数的格式可能不同，字节的顺序可能不一样（高位字节在前，或低位字节在前）等，这些方面的差别在网络传输时需要统一。OSI 处理这个问题的方法类似于在程序设计语言（例如 PASCAL 或 C）中用基本数据类型构造复杂数据结构的方法，其主要思想是用一种抽象语法表示用户的数据。应用层的协议数据单元（APDU）向下送到表示层时，表示层用抽象语法表示它的结构，传送到对方表示层时，也应用同样的抽象语法解释它。OSI 的第一个抽象语法是 ASN.1（Abstract Syntax Notation 1），它记录在 ISO 8824（CCITT X.208）文件中。文件 ISO 8825（CCITT X.209）描述了一种具体的编码规则，叫作传送语法。OSI 表示层服务定义文件是 ISO 8822（CCITT X.216），协议规范文件是 ISO 8823（CCITT X.226）。表示层过程用于建立连接、控制数据的发送和同步。它只是个很简单的相邻层之间的"过路"协议。

7. 应用层协议

应用层是 OSI 的最高层，这一层的协议都与应用进程间的通信有关。现在，针对各种应用已经定义了大量的协议，还有很多应用协议正在制定之中。

分布式应用是多种多样的，所以 OSI 提出了应用服务元素（Application Service Element，ASE）的概念。ASE 是建立应用程序和通信网络联系的构件，这些构件对大部分应用程序是通用的。最主要的 ASE 有 4 种，即联系控制服务元素（Association Control Service Element，ACSE）、可靠传输服务元素（Reliable Transfer Service Element，RTSE）、远程操作服务元素（Remote Operations Service Element，ROSE）以及提交、并发和恢复（Commitment Concurrency and Recovery，CCR）服务元素。

ACSE 提供建立和释放应用层连接的基本功能。RTSE 提供用户数据的可靠传输，"可靠"是指系统通信可以从崩溃中恢复。ROSE 提供一种远程过程调用，这种远程传输可以在两个方向上传送大量数据。CCR 提供了保证分布式操作准确、完整、恰好一次性实现的机制。定义这 4 种应用服务元素的 ISO 和 CCITT 文件如表 1-2 所示。

表 1-2 应用服务元素标准

服 务 定 义	协 议 规 范
ISO 8649 ACSE CCITT X.217	ISO 8650 CCITT X.227
ISO 9066 RTSE CCITT X.218	ISO 9066-2 CCITT X.228
ISO 9072-1 ROSE CCITT X.219	ISO 9072-2 CCITT X.229
ISO 9804 CCR CCITT X.237	ISO 9805 CCITT X.247

已经定义的 OSI 应用层协议主要有 5 种，其中，OSI 的电子邮件标准（ISO 10021）叫作 MOTIS（Message-Oriented Text Interchange System），它是根据 CCITT 的 X.400 建议制定的；OSI 的文件传输协议（ISO 8571 和 ISO 8572）叫作 FTAM（File Transfer Access and Management），这是一个适用于各种文件类型（包括远程数据库文件访问）的功能很强的文件访问协议；OSI 的目录服务（Directory Service，DS）协议（ISO 9594）来源于 CCITTR X.500 系列建议，提供分布式数据库功能；OSI 的虚拟终端（Virtual Terminal，VT）协议（ISO 9040 和 ISO 9041）定义了表示实际终端抽象状态的数据结构，用于解决各种终端不兼容的问题；关于网络管理，OSI 制定了公共管理信息协议（Common Management Information Protocol，CMIP）和公共管理信息服务（Common Management Information Service，CMIS），CMIP/CMIS 建立在一个大的管理信息数据库上，对网络中的资源、交通和安全等进行管理，它们包含在 ISO 9595 和 ISO 9596 两个文件中。

第 2 章　数据通信基础

计算机网络采用数据通信方式传输数据。数据通信和电话网络中的语音通信不同，也和无线电广播通信不同，它有其自身的规律和特点。数据通信技术的发展与计算机技术的发展密切相关，又互相影响，形成了一门独立的学科。这门学科主要研究对计算机中的二进制数据进行传输、交换和处理的理论、方法以及实现技术。本章讲述数据通信的基本理论和基础知识，为学习以后各章内容做好准备。

2.1　数据通信的基本概念

通信的目的就是传递信息。通信中产生和发送信息的一端叫作信源，接收信息的一端叫作信宿，信源和信宿之间的通信线路称为信道。信息在进入信道时要变换为适合信道传输的形式，在进入信宿时又要变换为适合信宿接收的形式。信道的物理性质不同，对通信的速率和传输质量的影响也不同。另外，信息在传输过程中可能会受到外界的干扰，把这种干扰称为噪声。不同的物理信道受各种干扰的影响不同，例如，如果信道上传输的是电信号，就会受到外界电磁场的干扰，光纤信道则基本不受电磁场干扰。以上描述的通信模式忽略了具体通信中的物理过程和技术细节，得到如图 2-1 所示的通信系统模型。

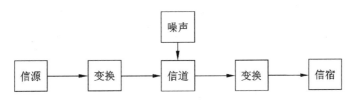

图 2-1　通信系统模型

作为一般的通信系统，信源产生的信息可能是模拟数据，也可能是数字数据。模拟数据取连续值，而数字数据取离散值。在数据进入信道之前要变成适合传输的电磁信号，这些信号也可以是模拟的或数字的。模拟信号是随时间连续变化的信号，这种信号的某种参量（如幅度、相位和频率等）可以表示要传送的信息。电话机送话器输出的话音信号、电视摄像机产生的图像信号等都是模拟信号。数字信号只取有限个离散值，而且数字信号之间的转换几乎是瞬时的，数字信号以某一瞬间的状态表示它们传送的信息。

　　如果信源产生的是模拟数据并以模拟信道传输，则叫作模拟通信；如果信源发出的是模拟数据且以数字信号的形式传输，那么这种通信方式叫数字通信。如果信源发出的是数字数据，当然也可以有两种传输方式，这时无论是用模拟信号传输或是用数字信号传输都叫作数据通信。可见，数据通信是专指信源和信宿中数据的形式是数字的，在信道中传输时可以根据需要采用模拟传输方式或数字传输方式。

　　在模拟传输方式中，数据进入信道之前要经过调制，变换为模拟的调制信号。由于调制信号的频谱较窄，因此信道的利用率较高。模拟信号在传输过程中会衰减，还会受到噪声的干扰，如果用放大器将信号放大，混入的噪声也被放大了，这是模拟传输的缺点。在数字传输方式中，可以直接传输二进制数据或经过二进制编码的数据，也可以传输数字化了的模拟信号。因为数字信号只取有限个离散值，在传输过程中即使受到噪声的干扰，只要没有畸变到不可辨认的程度，就可以用信号再生的方法进行恢复，对某些数码的差错也可以用差错控制技术加以消除。所以，数字传输对于信号不失真地传送是非常有好处的。另外，数字设备可以大规模集成，比复杂的模拟设备便宜得多。然而，传输数字信号比传输模拟信号所要求的频带要宽得多，因而信道利用率较低。

2.2　信道特性

2.2.1　信道带宽

　　模拟信道的带宽如图 2-2 所示。信道带宽 $W=f_2-f_1$，其中，f_1 是信道能通过的最低频率，f_2 是信道能通过的最高频率，两者都是由信道的物理特性决定的。当组成信道的电路制成了，信道的带宽就决定了。为了使信号传输中的失真小一些，信道要有足够的带宽。

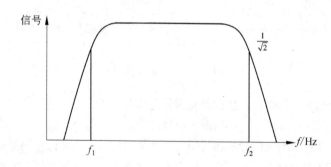

图 2-2　模拟信道的带宽

数字信道是一种离散信道，它只能传送取离散值的数字信号。信道的带宽决定了信道中能不失真地传输的脉冲序列的最高速率。一个数字脉冲称为一个码元，用码元速率表示单位时间内信号波形的变换次数，即单位时间内通过信道传输的码元个数。若信号码元宽度为 T 秒，则码元速率 $B=1/T$。码元速率的单位叫波特（Baud），所以码元速率也叫波特率。早在 1924 年，贝尔实验室的研究员亨利·奈奎斯特（Harry Nyquist）就推导出了有限带宽无噪声信道的极限波特率，称为奈奎斯特定理。若信道带宽为 W，则奈奎斯特定理指出最大码元速率为

$$B=2W（\text{Baud}）$$

奈奎斯特定理指定的信道容量也叫作奈奎斯特极限，这是由信道的物理特性决定的。超过奈奎斯特极限传送脉冲信号是不可能的，所以要进一步提高波特率必须改善信道带宽。

码元携带的信息量由码元取的离散值的个数决定。若码元取两个离散值，则一个码元携带 1 位信息。若码元可取 4 种离散值，则一个码元携带两位信息。总之，一个码元携带的信息量 n（位）与码元的种类数 N 有如下关系

$$n=\log_2 N \quad （N=2^n）$$

单位时间内在信道上传送的信息量（位数）称为数据速率。在一定的波特率下提高速率的途径是用一个码元表示更多的位数。如果把两位编码为一个码元，则数据速率可成倍提高。有公式

$$R=B \log_2 N=2W \log_2 N（\text{bps}）$$

其中，R 表示数据速率，单位是每秒位（bps 或 b/s）。

数据速率和波特率是两个不同的概念。仅当码元取两个离散值时两者的数值才相等。对于普通电话线路，带宽为 3000Hz，最高波特率为 6000Baud，最高数据速率可随着调制方式的不同而取不同的值。这些都是在无噪声的理想情况下的极限值。实际信道会受到各种噪声的干扰，因而远远达不到按奈奎斯特定理计算出的数据传送速率。香农（Shannon）的研究表明，有噪声信道的极限数据速率可由下面的公式计算

$$C = W \log_2 \left(1+\frac{S}{N}\right)$$

这个公式叫作香农定理，其中，W 为信道带宽，S 为信号的平均功率，N 为噪声平均功率，S/N 叫作信噪比。由于在实际使用中 S 与 N 的比值太大，故常取其分贝数（dB）。分贝与信噪比的关系为

$$\text{dB}=10\log_{10}\frac{S}{N}$$

例如，当 $S/N=1000$ 时，信噪比为 30dB。这个公式与信号取的离散值的个数无关，也就是说，无论用什么方式调制，只要给定了信噪比，则单位时间内最大的信息传输量就确定了。例如，信道带宽为 3000Hz，信噪比为 30dB，则最大数据速率为

$$C=3000\log_2(1+1000)\approx 3000\times 9.97\approx 30\ 000\text{bps}$$

这是极限值，只有理论上的意义。实际上，在 3000Hz 带宽的电话线上数据速率能达到 9600bps 就很不错了。

综上所述，有两种带宽的概念，在模拟信道，带宽按照公式 $W=f_2-f_1$ 计算，例如 CATV 电缆的带宽为 600MHz 或 1000MHz；数字信道的带宽为信道能够达到的最大数据速率，例如以太网的带宽为 10Mbps 或 100Mbps。两者可互相转换。

2.2.2 误码率

在有噪声的信道中，数据速率的增加意味着传输中出现差错的概率增加。用误码率来表示传输二进制位时出现差错的概率。误码率可用下式表示

$$P_c = \frac{N_e\,(出错的位数)}{N\,(传送的总位数)}$$

在计算机通信网络中，误码率一般要求低于 10^{-6}，即平均每传送 1 兆位才允许错 1 位。在误码率低于一定的数值时，可以用差错控制的办法进行检查和纠正。

2.2.3 信道延迟

信号在信道中传播，从源端到达宿端需要一定的时间。这个时间与源端和宿端的距离有关，也与具体信道中的信号传播速度有关。以后考虑的信号主要是电信号，这种信号一般以接近光速的速度（300m/μs）传播，但随传输介质的不同而略有差别。例如，在电缆中的传播速度一般为光速的 77%，即 200m/μs 左右。

一般来说，考虑信号从源端到达宿端的时间是没有意义的，但对于一种具体的网络，我们经常对该网络中相距最远的两个站之间的传播时延感兴趣。这时除了要计算信号传播速度外，还要知道网络通信线路的最大长度。例如，500m 同轴电缆的时延大约是 2.5μs，而卫星信道的时延大约是 270ms。时延的大小对某些网络应用（例如交互式应用）有很大影响。

2.3 传输介质

计算机网络中可以使用各种传输介质来组成物理信道。这些传输介质的特性不同，因而使用的网络技术不同，应用的场合也不同。下面简要介绍各种常用的传输介质的特点。

2.3.1 双绞线

双绞线由粗约 1mm 的互相绝缘的一对铜导线绞扭在一起组成，对称均匀地绞扭可以减少线对之间的电磁干扰。这种双绞线大量使用在传统的电话系统中，适用于短距离传输，若超过几千米，就要加入中继器。在局域网中可以使用双绞线作为传输介质，如果选用高质量的芯线，

采用适当的驱动和接收技术，安装时避开噪声源，在几百米之内数据的传输速率可达每秒几十兆位。

　　双绞线分为屏蔽双绞线和无屏蔽双绞线，如图 2-3 所示。常用的无屏蔽双绞线电缆（Unshielded Twisted Pair，UTP）由不同颜色的（橙、绿、蓝、棕）4 对双绞线组成。屏蔽双绞线（Shielded Twisted Pair，STP）电缆的外层由铝箔包裹着，价格相对高一些，并且需要支持屏蔽功能的特殊连接器和适当的安装技术，但是传输速率比相应的无屏蔽双绞线高。国际电气工业协会（EIA）定义了双绞线电缆各种不同的型号，计算机综合布线使用的双绞线种类如表 2-1 所示。

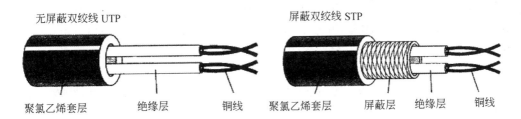

无屏蔽双绞线 UTP　　　　　　　　　屏蔽双绞线 STP

聚氯乙烯套层　　绝缘层　　铜线　　　　聚氯乙烯套层　　屏蔽层　　绝缘层　　铜线

图 2-3　无屏蔽双绞线和屏蔽双绞线

表 2-1　计算机综合布线使用的双绞线

双绞线种类	类　　型	带宽/Mbps
屏蔽双绞线	3 类	16
	5 类	100
无屏蔽双绞线	3 类	16
	4 类	20
	5 类	100
	超 5 类	155
	6 类	200

　　由于双绞线价格便宜，安装容易，适用于结构化综合布线，所以得到了广泛使用。通常在局域网中使用的无屏蔽双绞线的传送速率是 10Mbps 或 100Mbps，随着网卡技术的发展，短距离甚至可以达到 1000Mbps。

2.3.2　同轴电缆

　　同轴电缆的芯线为铜质导线，外包一层绝缘材料，再外面是由细铜丝组成的网状外导体，最外面加一层绝缘塑料保护层，如图 2-4 所示。芯线与网状导体同轴，故名同轴电缆。同轴电缆的这种结构，使它具有高带宽和极好的噪声抑制特性。

图 2-4　同轴电缆

在局域网中常用的同轴电缆有两种，一种是特性阻抗为 50Ω 的同轴电缆，用于传输数字信号，例如 RG-8 或 RG-11 粗缆和 RG-58 细缆。粗同轴电缆适用于大型局域网，它的传输距离长，可靠性高，安装时不需要切断电缆，用夹板装置夹在计算机需要连接的位置。但粗缆必须安装外收发器，安装难度大，总体造价高。细缆则容易安装，造价低，但安装时要切断电缆，装上 BNC 接头，然后连接在 T 型连接器两端，所以容易产生接触不良或接头短路的隐患，这是以太网运行中常见的故障。

通常把表示数字信号的方波所固有的频带称为基带，所以这种电缆也叫基带同轴电缆，直接传输方波信号称为基带传输。由于计算机产生的数字信号不适合长距离传输，所以在信号进入信道前要经过编码器进行编码，变成适合于传输的电磁代码。经过编码的数字信号到达接收端，再经译码器恢复为原来的二进制数字数据。基带系统的优点是安装简单而且价格便宜，但由于在传输过程中基带信号容易发生畸变和衰减，所以传输距离不能太长。一般在 1 km 以内，典型的数据速率是 10Mbps 或 100Mbps。

常用的另一种同轴电缆是特性阻抗为 75Ω 的 CATV 电缆（RG-59），用于传输模拟信号，这种电缆也叫宽带同轴电缆。所谓宽带，在电话行业中是指比 4 kHz 更宽的频带，而这里是泛指模拟传输的电缆网络。要把计算机产生的比特流变成模拟信号在 CATV 电缆上传输，在发送端和接收端要分别加入调制器和解调器。采用适当的调制技术，一个 6MHz 的视频信道的数据速率可以达到 36Mbps。通常采用频分多路技术（FDM），把整个 CATV 电缆的带宽（1000MHz）划分为多个独立的信道，分别传输数据、声音和视频信号，实现多种通信业务。这种传输方式称为综合传输，适合于在办公自动化环境中应用。

宽带系统与基带系统的主要区别是模拟信号经过放大器后只能单向传输。为了实现网络节点间的相互连通，有时要把整个带宽划分为两个频段，分别在两个方向上传送信号，这叫分裂配置。有时用两根电缆分别在两个方向上传送，这叫双缆配置。虽然两根电缆比单根电缆的价格要贵一些（大约贵 15%），但信道容量却提高 1 倍多。无论是分裂配置还是双缆配置都要使用一个叫作端头（headend）的设备。该设备安装在网络的一端，它从一个频率（或一根电缆）接收所有站发出的信号，然后用另一个频率（或电缆）发送出去。

宽带系统的优点是传输距离远，可达几十千米，而且可同时提供多个信道。然而和基带系统相比，它的技术更复杂，需要专门的射频技术人员安装和维护，宽带系统的接口设备也更昂贵。

2.3.3　光缆

　　光缆由能传送光波的超细玻璃纤维制成，外包一层比玻璃折射率低的材料。进入光纤的光波在两种材料的界面上形成全反射，从而不断地向前传播，如图 2-5 所示。

　　光纤信道中的光源可以是发光二极管（Light Emitting Diode，LED）或注入式激光二极管（Injection Laser Diode，ILD）。这两种器件在有电流通过时都能发出光脉冲，光脉冲通过光导纤维传播到达接收端。接收端有一个光检测器——光电二极管，它遇光时产生电信号，这样就形成了一个单向的光传输系统，类似于单向传输模拟信号的宽带系统。如果采用另外的互连方式，把所有的通信节点通过光缆连接成一个环，环上的信号虽然是单向传播，但任一节点发出的信息其他节点都能收到，从而也达到了互相通信的目的，如图 2-6 所示。

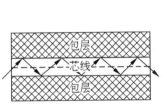

图 2-5　光纤的传输原理

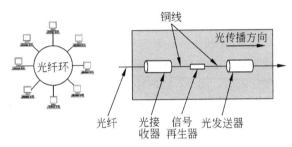

图 2-6　光纤环网

　　光波在光导纤维中以多种模式传播，不同的传播模式有不同的电磁场分布和不同的传播路径，这样的光纤叫多模光纤（如图 2-7（a）所示）。光波在光纤中以什么模式传播，这与芯线和包层的相对折射率、芯线的直径以及工作波长有关。如果芯线的直径小到光波波长大小，则光纤就成为波导，光在其中无反射地沿直线传播，这种光纤叫单模光纤（如图 2-7（b）所示）。单模光纤比多模光纤的价格更贵。

（a）多模光纤　　　　　　　　　　　　　（b）单模光纤

图 2-7　多模光纤与单模光纤

　　光导纤维作为传输介质，其优点是很多的。首先是它具有很高的数据速率、极宽的频带、低误码率和低延迟。数据传输速率可达1000Mbps，甚至更高，而误码率比同轴电缆可低两个数量级，只有10^{-9}。其次是光传输不受电磁干扰，不可能被偷听，因而安全和保密性能好。最后，光纤重量轻、体积小、铺设容易。

2.3.4　无线信道

前面提到的由双绞线、同轴电缆和光纤等传输介质组成的信道可统称为有线信道。这里要讲到的信道都是通过空间传播信号，称之为无线信道。无线信道包括微波、红外和短波信道，下面简略介绍这 3 种信道的特点。

微波通信系统可分为地面微波系统和卫星微波系统，两者的功能相似，但通信能力有很大的差别。地面微波系统由视距范围内的两个互相对准方向的抛物面天线组成，长距离通信则需要多个中继站组成微波中继链路。在计算机网络中使用地面微波系统可以扩展有线信道的连通范围，例如在大楼顶上安装微波天线，使得两个大楼中的局域网互相连通，这可能比挖地沟埋电缆的花费更少。

通信卫星可看作是悬在太空中的微波中继站。卫星上的转发器把波束对准地球上的一定区域，在此区域中的卫星地面站之间就可互相通信。地面站以一定的频率向卫星发送信息（称为上行频段），卫星上的转发器将接收到的信号放大并变换到另一个频段上（称下行频段）发回地面接收站。这样的卫星通信系统可以在一定的区域内组成广播式通信网络，特别适合于海上、空中、矿山、油田等经常移动的工作环境。卫星传输供应商可以将卫星信道划分成许多子信道出租给商业用户，用户安装甚小孔径终端系统（VSAT）组成卫星专用网，地面上的集中站作为收发中心与用户交换信息。

微波通信的频率段为吉兆段的低端，一般是 1～11GHz，因而它具有带宽高、容量大的特点。由于使用了高频率，因此可使用小型天线，便于安装和移动。不过微波信号容易受到电磁干扰，地面微波通信也会造成相互之间的干扰，大气层中的雨雪会大量吸收微波信号，当长距离传输时会使得信号衰减以至无法接收。另外，通信卫星为了保持与地球自转同步，一般停在 36 000km 的高空。这样长的距离会造成 240～280ms 的时延，在利用卫星信道组网时，这样长的时延是必须考虑的因素。

最新采用的无线传输介质要算红外线了（如图 2-8 所示）。红外传输系统利用墙壁或屋顶反射红外线从而形成整个房间内的广播通信系统。这种系统所用的红外光发射器和接收器常见于电视机的遥控装置中。红外通信的设备相对便宜，可获得高的带宽，这是这种通信方式的优点。其缺点是传输距离有限，而且易受室内空气状态（例如有烟雾等）的影响。

无线电短波通信早已用在计算机网络中了，已经建成的无线通信局域网使用了甚高频（30～300MHz）和超高频（300～3000MHz）的电视广播频段，这个频段的电磁波是以直线方式在视距范围内传播的，所以用作局部地区的通信是适宜的。早期的无线电局域网（例如 ALOHA 系统）是中心式结构——有一个类似于通信卫星那样的中心站，每一个主机节点都把天线对准中心站，并以频率 f_1 向中心站发送信息，这就是上行线路；中心站向各主机节点发送信息时采用另外一个频率 f_2 进行广播，这叫下行线路。采用这种网络通信方式要解决好上行线路中由于两个以上的站同时发送信息而发生冲突的问题。后来的无线电局域网采用分布式结构——没有中心站，节点机的天线是没有方向的，每个节点机都可以发送或接收信息。这种通信方式适合于由微机工作站组成的资源分布系统，在不便于建设有线通信线路的地方可以快速建成计算机网络。短波通信设备比较便宜，便于移动，没有像地面微波站那样的方向性，并且中继站可以传送很远的距离。但是，这种情况容易受到电磁干扰和地形地貌的影响，而且带宽比微波通信要小。

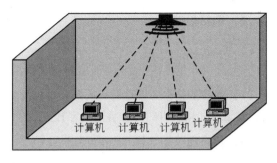

图 2-8　红外传输

2.4　数据编码

二进制数字信息在传输过程中可以采用不同的代码，各种代码的抗噪声特性和定时功能各不相同，实现费用也不一样。下面介绍几种常用的编码方案，如图 2-9 所示。

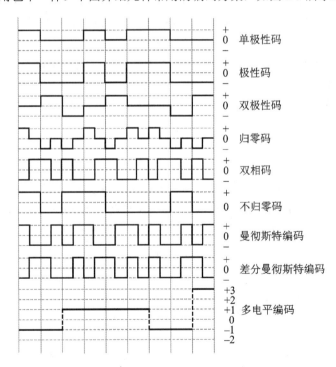

图 2-9　常用编码方案

1．单极性码

在这种编码方案中，只用正的（或负的）电压表示数据。例如，在图 2-9 中用+3V 表示二进制数字"0"，用 0 V 表示二进制数字"1"。单极性码用在电传打字机（TTY）接口以及 PC 与 TTY 兼容的接口中，这种代码需要单独的时钟信号配合定时，否则，当传送一长串 0 或 1 时，发送机和接收机的时钟将无法定时，单极性码的抗噪声特性也不好。

2．极性码

在这种编码方案中，分别用正电压和负电压表示二进制数"0"和"1"。例如，在图 2-9 中用+3V 表示二进制数字"0"，用–3V 表示二进制数字"1"。这种代码的电平差比单极码大，因而抗干扰特性好，但仍然需要另外的时钟信号。

3．双极性码

在双极性编码方案中，信号在 3 个电平（正、负、零）之间变化。一种典型的双极性码就是所谓的信号交替反转编码（Alternate Mark Inversion，AMI）。在 AMI 信号中，数据流中遇到"1"时使电平在正和负之间交替翻转，而遇到"0"时则保持零电平。双极性是三进制信号编码方法，它与二进制编码相比抗噪声特性更好。AMI 有其内在的检错能力，当正负脉冲交替出现的规律被打乱时容易识别出来，这种情况叫 AMI 违例。这种编码方案的缺点是当传送长串"0"时会失去位同步信息。对此稍加改进的一种方案是"6 零取代"双极性码 B6ZS，即把连续 6 个"0"用一组代码代替。这一组代码中若含有 AMI 违例，便可以被接收机识别出来。

4．归零码

在归零码（Return to Zero，RZ）中，码元中间的信号回归到零电平，因此，任意两个码元之间被零电平隔开。与以上仅在码元之间有电平转换的编码方案相比，这种编码方案有更好的噪声抑制特性。因为噪声对电平的干扰比对电平转换的干扰要强，而这种编码方案是以识别电平转换边来判别"0"和"1"信号的。图 2-9 中表示出的是一种双极性归零码。可以看出，从正电平到零电平的转换边表示码元"0"，从负电平到零电平的转换边表示码元"1"，同时每一位码元中间都有电平转换，使得这种编码成为自定时的编码。

5．双相码

双相码要求每一位中都要有一个电平转换。因而这种代码的最大优点是自定时，同时双相码也有检测错误的功能，如果某一位中间缺少了电平翻转，则被认为是违例代码。

6．不归零码

图 2-9 中所示的不归零码（Not Return to Zero，NRZ）的规律是当"1"出现时电平翻转，当"0"出现时电平不翻转。因而数据"1"和"0"的区别不是高低电平，而是电平是否转换。这种代码也叫差分码，用在终端到调制解调器的接口中。这种编码的特点是实现起来简单而且费用低，但不是自定时的。

7．曼彻斯特编码

曼彻斯特编码（Manchester Code）是一种双相码。在图 2-9 中，用高电平到低电平的转换边表示"0"，用低电平到高电平的转换边表示"1"，相反的表示也是允许的。位中间的电平转换边既表示了数据代码，同时也作为定时信号使用。曼彻斯特编码用在以太网中。

8．差分曼彻斯特编码

这种编码也是一种双相码，和曼彻斯特编码不同的是，这种码元中间的电平转换边只作为定时信号，不表示数据。数据的表示在于每一位开始处是否有电平转换：有电平转换表示"0"，无电平转换表示"1"。差分曼彻斯特编码用在令牌环网中。

从曼彻斯特码和差分曼彻斯特码的图形中可以看出，这两种双相码的每一个码元都要调制为两个不同的电平，因而调制速率是码元速率的 2 倍。这对信道的带宽提出了更高的要求，所以实现起来更困难也更昂贵。但由于其良好的抗噪声特性和自定时功能，在局域网中仍被广泛使用。

9．多电平编码

这种编码的码元可取多个电平之一，每个码元可代表几个二进制位。例如，令 $M=2^n$，设 $M=4$，则 $n=2$。若表示码元的脉冲取 4 个电平之一，则一个码元可表示两个二进制位。与双相码相反，多电平码的数据速率大于波特率，因而可提高频带的利用率。但是这种代码的抗噪声特性不好，在传输过程中信号容易畸变到无法区分。

在数据通信中，选择什么样的数据编码要根据传输的速度、信道的带宽、线路的质量以及实现的价格等因素综合考虑。

10．4B/5B 编码

在曼彻斯特编码和差分曼彻斯特编码中，每位中间都有一次电平跳变，因此波特率是数据速率的两倍。对于 100Mbps 的高速网络，如果采用这类编码方法，就需要 200 兆的波特率，其硬件成本是 100 兆波特率硬件成本的 5～10 倍。

为了提高编码的效率，降低电路成本，可以采用 4B/5B 编码。这种编码方法的原理如图 2-10 所示。

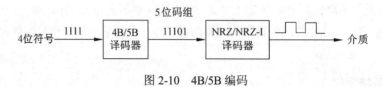

图 2-10   4B/5B 编码

这实际上是一种两级编码方案。系统中使用不归零码，在发送到传输介质之前要变成见 1 就翻不归零码（NRZ-I）。NRZ-I 代码序列中 1 的个数越多，越能提供同步定时信息，但如果遇到长串的 0，则不能提供同步信息。所以在发送到介质之前还需经过一次 4B/5B 编码，发送器扫描要发送的位序列，4 位分为一组，然后按照表 2-2 的对应规则变换成 5 位的代码。

表 2-2   4B/5B 编码规则

十六进制数	4 位二进制数	4B/5B 编码	十六进制数	4 位二进制数	4B/5B 编码
0	0000	11110	8	1000	10010
1	0001	01001	9	1001	10011
2	0010	10100	A	1010	10110
3	0011	10101	B	1011	10111
4	0100	01010	C	1100	11010
5	0101	01011	D	1101	11011
6	0110	01110	E	1110	11100
7	0111	01111	F	1111	11101

5 位二进制代码的状态共有 32 种，在表 2-2 中选用的 5 位代码中 1 的个数都不少于两个。这就保证了在介质上传输的代码能提供足够多的同步信息。另外，还有 8B/10B 编码等方法，其原理是类似的。

2.5   数字调制技术

数字数据不仅可以用方波脉冲传输，也可以用模拟信号传输。用数字数据调制模拟信号叫作数字调制。这一节讲述简单的数字调制技术。

可以调制模拟载波信号的 3 个参数——幅度、频移和相移来表示数字数据。在电话系统中就是传输这种经过调制的模拟载波信号的。3 种基本模拟调制方式如图 2-11 所示。

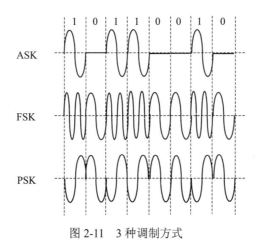

图 2-11　3 种调制方式

1. 幅度键控（ASK）

按照这种调制方式，载波的幅度受到数字数据的调制而取不同的值，例如对应二进制"0"，载波振幅为"0"；对应二进制"1"，载波振幅取"1"。调幅技术虽然实现起来简单，但抗干扰性能较差。

2. 频移键控（FSK）

按照数字数据的值调制载波的频率叫作频移键控。例如，对应二进制"0"的载波频率为 f_1，对应二进制"1"的载波频率为 f_2。这种调制技术的抗干扰性能好，但占用的带宽较大。在有些低速调制解调器中，用这种调制技术把数字数据变成模拟音频信号传送。

3. 相移键控（PSK）

用数字数据的值调制载波相位，这就是相移键控。例如，用 180 相移表示"1"；用 0 相移表示 0。这种调制方式抗干扰性能好，而且相位的变化也可以作为定时信息来同步发送机和接收机的时钟。码元只取两个相位值叫 2 相调制，码元可取 4 个相位值叫 4 相调制。4 相调制时，一个码元代表两位二进制数（如表 2-3 所示）。采用 4 相或更多相的调制能提供较高的数据速率，但实现技术更复杂。

表 2-3　4 相调制方案

位 AB	方案 1	方案 2	位 AB	方案 1	方案 2
00	0°	45°	10	180°	225°
01	90°	135°	11	270°	315°

可见，数字调制的结果是模拟信号的某个参量（幅度、频率或相位）取离散值。这些值与传输的数字数据是对应的，这是数字调制与传统的模拟调制不同的地方。

4．正交幅度调制

所谓正交幅度调制（Quadrature Amplitude Modulation，QAM）就是把两个幅度相同但相位相差 90° 的模拟信号合成为一个模拟信号。表 2-4 的例子是把 ASK 和 PSK 技术结合起来，形成幅度相位复合调制，这也是一种正交幅度调制技术。由于形成了 16 种不同的码元，所以每一个码元可以表示 4 位二进制数据，使得数据速率大大提高。

表 2-4　幅度相位复合调制

二 进 制 数	码 元 幅 度	码 元 相 位	二 进 制 数	码 元 幅 度	码 元 相 位
0000	$\sqrt{2}$	45°	1000	$3\sqrt{2}$	45°
0001	3	0°	1001	5	0°
0010	3	90°	1010	5	90°
0011	$\sqrt{2}$	135°	1011	$3\sqrt{2}$	135°
0100	3	270°	1100	5	270°
0101	$\sqrt{2}$	315°	1101	$3\sqrt{2}$	315°
1010	$\sqrt{2}$	225°	1110	$3\sqrt{2}$	225°
0111	3	180°	1111	5	180°

2.6　脉冲编码调制

模拟数据通过数字信道传输时效率高、失真小，而且可以开发新的通信业务，例如，在数字电话系统中可以提供语音信箱功能。把模拟数据转化成数字信号，要使用叫作编码解码器（Codec）的设备。这种设备的作用和调制解调器的作用相反，它是把模拟数据（例如声音、图像等）变换成数字信号，经传输到达接收端再解码还原为模拟数据。用编码解码器把模拟数据变换为数字信号的过程叫模拟数据的数字化。常用的数字化技术就是脉冲编码调制技术（Pulse Code Modulation，PCM），简称脉码调制。

2.6.1　取样

每隔一定的时间，取模拟信号的当前值作为样本，该样本代表了模拟信号在某一时刻的瞬时值。一系列连续的样本可用来代表模拟信号在某一区间随时间变化的值。以什么样的频率取样，才能得到近似于原信号的样本空间呢？奈奎斯特取样定理告诉我们：如果取样速率大于模拟信号最高频率的两倍，则可以用得到的样本空间恢复原来的模拟信号，即

$$f = \frac{1}{T} > 2f_{\max}$$

其中，f 为取样频率，T 为取样周期，$f_{\max}$ 为信号的最高频率。

2.6.2　量化

取样后得到的样本是连续值，这些样本必须量化为离散值，离散值的个数决定了量化的精度。在图 2-12 中，把量化的等级分为 16 级，用 0000～1111 这 16 个二进制数分别代表 0.1～1.6 这 16 个不同的电平幅度。

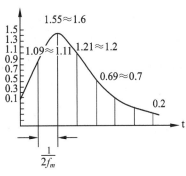

图 2-12　脉冲编码调制

2.6.3　编码

把量化后的样本值变成相应的二进制代码，可以得到相应的二进制代码序列，其中每个二进制代码都可用一个脉冲串（4 位）来表示，这 4 位一组的脉冲序列就代表了经 PCM 编码的模拟信号。

由上述脉码调制的原理可以看出，取样的速率是由模拟信号的最高频率决定的，而量化级的多少则决定了取样的精度。在实际使用中，希望取样的速率不要太高，以免编码解码器的工作频率太快；也希望量化的等级不要太多，能满足需要就行了，以免得到的数据量太大，所以这些参数都取下限值。例如，对声音信号数字化时，由于话音的最高频率是 4kHz，所以取样速率是 8kHz。对话音样本用 128 个等级量化，因而每个样本用 7 位二进制数字表示。在数字信道上传输这种数字化了的话音信号的速率是 7×8000=56kbps。如果对电视信号数字化，由于视频信号的带宽更大（6MHz），取样速率就要求更高，假若量化等级更多，对数据速率的要求也就更高了。

2.7　通信方式和交换方式

2.7.1　数据通信方式

1. 通信方向

按数据传输的方向分，可以有下面 3 种不同的通信方式。

（1）单工通信。在单工信道上，信息只能在一个方向传送，发送方不能接收，接收方也不

能发送。信道的全部带宽都用于由发送方到接收方的数据传送。无线电广播和电视广播都是单工通信的例子。

（2）半双工通信。在半双工信道上，通信的双方可交替发送和接收信息，但不能同时发送和接收。在一段时间内，信道的全部带宽用于在一个方向上传送信息，航空和航海无线电台以及无线对讲机等都是以这种方式通信的。这种方式要求通信双方都有发送和接收能力，因而比单工通信设备昂贵，但比全双工设备便宜。在要求不是很高的场合，多采用这种通信方式，虽然转换传送方向会带来额外的开销。

（3）全双工通信。这是一种可同时进行双向信息传送的通信方式，例如现代的电话通信就是这样的。全双工通信不仅要求通信双方都有发送和接收设备，而且要求信道能提供双向传输的双倍带宽，所以全双工通信设备最昂贵。

2．同步方式

在通信过程中，发送方和接收方必须在时间上保持同步才能准确地传送信息。前面曾提到过信号编码的同步作用，这叫码元同步。另外，在传送由多个码元组成的字符以及由许多字符组成的数据块时，通信双方也要就信息的起止时间取得一致。这种同步作用有两种不同的方式，因而对应了两种不同的传输方式。

（1）异步传输。即把各个字符分开传输，字符之间插入同步信息。这种方式也叫起止式，即在字符的前后分别插入起始位（"0"）和停止位（"1"），如图 2-13 所示。起始位对接收方的时钟起置位作用。接收方时钟置位后只要在 8～11 位的传送时间内准确，就能正确接收一个字符。最后的停止位告诉接收方该字符传送结束，然后接收方就可以检测后续字符的起始位了。当没有字符传送时，连续传送停止位。

起始位	字　　符	校验位	停止位
1 位	7 位	1 位	1 位

图 2-13　异步传输

加入校验位的目的是检查传输中的错误，一般使用奇偶校验。异步传输的优点是简单，但是由于起止位和检验位的加入会引入 20%～30%的开销，传输的速率也不会很高。

（2）同步传输。异步传输不适合于传送大的数据块（例如磁盘文件），同步传输在传送连续的数据块时比异步传输更有效。按照这种方式，发送方在发送数据之前先发送一串同步字符 SYNC，接收方只要检测到连续两个以上 SYNC 字符就确认已进入同步状态，准备接收信息。

随后的传送过程中双方以同一频率工作（信号编码的定时作用也表现在这里），直到传送完指示数据结束的控制字符。这种同步方式仅在数据块的前后加入控制字符 SYNC，所以效率更高。在短距离高速数据传输中，多采用同步传输方式。

2.7.2　交换方式

一个通信网络由许多交换节点互连而成。信息在这样的网络中传输就像火车在铁路网络中运行一样，经过一系列交换节点（车站），从一条线路交换到另一条线路，最后才能到达目的地。交换节点转发信息的方式可分为电路交换、报文交换和分组交换 3 种。

1．电路交换

这种交换方式把发送方和接收方用一系列链路直接连通（如图 2-14 所示）。电话交换系统就是采用这种交换方式。当交换机收到一个呼叫后就在网络中寻找一条临时通路供两端的用户通话，这条临时通路可能要经过若干个交换局的转接，并且一旦建立连接就成为这一对用户之间的临时专用通路，其他用户不能打断，直到通话结束才拆除连接。

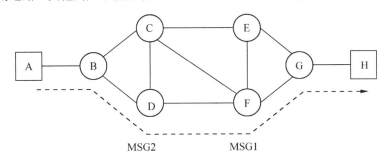

图 2-14　电路交换

早期的电路交换机采用空分交换技术。图 2-15 表示由 n 条全双工输入输出线路组成的纵横交换矩阵，在输入线路和输出线路的交叉点处有接触开关。每个站点分别与一条输入线路和一条输出线路相连，只要适当控制这些交叉触点的通断，就可以控制任意两个站点之间的数据交换。这种交换机的开关数量与站点数的平方成正比，成本高，可靠性差，已经被更先进的时分交换技术取代了。

时分交换是时分多路复用技术在交换机中的应用。图 2-16 所示为常见的 TDM 总线交换，每个站点都通过全双工线路与交换机相连，当交换机中的某个控制开关接通时该线路获得一个时槽，线路上的数据被输出到总线上。在数字总线的另一端按照同样的方法接收各个时槽上的数据。

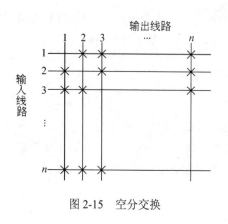

图 2-15   空分交换

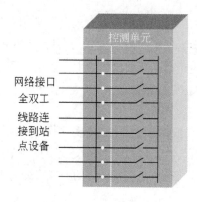

图 2-16   时分交换

电路交换的特点是建立连接需要等待较长的时间。由于连接建立后通路是专用的，因而不会有其他用户的干扰，不再有等待延迟。这种交换方式适合于传输大量的数据，传输少量信息时效率不高。

2．报文交换

这种方式不要求在两个通信节点之间建立专用通路。节点把要发送的信息组织成一个数据包——报文，该报文中含有目标节点的地址，完整的报文在网络中一站一站地向前传送。每一个节点接收整个报文，检查目标节点地址，然后根据网络中的"交通情况"在适当的时候转发到下一个节点。经过多次的存储—转发，最后到达目标节点（如图 2-17 所示），因而这样的网络叫存储-转发网络。其中的交换节点要有足够大的存储空间（一般是磁盘），用于缓冲接收到的长报文。交换节点对各个方向上收到的报文排队，寻找下一个转发节点，然后再转发出去，这些都带来了排队等待延迟。报文交换的优点是不建立专用链路，线路是共享的，因而利用率较高，这是由通信中的等待时延换来的。

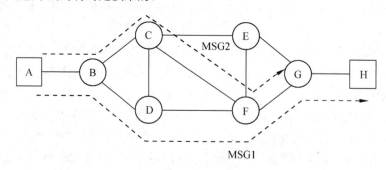

图 2-17   报文交换

3．分组交换

在这种交换方式中数据包有固定的长度，因而交换节点只要在内存中开辟一个小的缓冲区就可以了。在进行分组交换时，发送节点先要对传送的信息分组，对各个分组编号，加上源地址和目标地址以及约定的分组头信息，这个过程叫作信息的打包。一次通信中的所有分组在网络中传播又有两种方式，一种叫数据报（Datagram），另一种叫虚电路（Virtual Circuit），下面分别介绍。

（1）数据报。类似于报文交换，每个分组在网络中的传播路径完全是由网络当时的状况随机决定的。因为每个分组都有完整的地址信息，如果不出意外都可以到达目的地。但是，到达目的地的顺序可能和发送的顺序不一致。有些早发的分组可能在中间某段交通拥挤的链路上耽搁了，比后发的分组到得迟，目标主机必须对收到的分组重新排序才能恢复原来的信息。一般来说，在发送端要有一个设备对信息进行分组和编号，在接收端也要有一个设备对收到的分组拆去头、尾并重排顺序，具有这些功能的设备叫分组拆装设备（Packet Assembly and Disassembly device，PAD），通信双方各有一个。

（2）虚电路。类似于电路交换，这种方式要求在发送端和接收端之间建立一条逻辑连接。在会话开始时，发送端先发送建立连接的请求消息，这个请求消息在网络中传播，途中的各个交换节点根据当时的交通状况决定取哪条线路来响应这一请求，最后到达目的端。如果目的端给予肯定的回答，则逻辑连接就建立了。以后发送端发出的一系列分组都走这一条通路，直到会话结束，拆除连接。与电路交换不同的是，逻辑连接的建立并不意味着其他通信不能使用这条线路，它仍然具有链路共享的优点。

按虚电路方式通信，接收方要对正确收到的分组给予回答确认，通信双方要进行流量控制和差错控制，以保证按顺序正确接收，所以虚电路意味着可靠的通信。当然，它涉及更多的技术，需要更大的开销。也就是说，它没有数据报方式灵活，效率不如数据报方式高。

虚电路可以是暂时的，即会话开始建立，会话结束拆除，这叫作虚呼叫；也可以是永久的，即通信双方一开机就自动建立连接，直到一方请求释放才断开连接，这叫作永久虚电路。

虚电路适合于交互式通信，这是它从电路交换那里继承的优点。数据报方式更适合于单向地传送短消息，采用固定的、短的分组相对于报文交换是一个重要的优点。除了交换节点的存储缓冲区可以小一些外，也带来了传播时延的减小。分组交换也意味着按分组纠错，发现错误只需重发出错的分组，使通信效率提高。广域网络一般都采用分组交换方式，按交换的分组数收费，而不是像电话网那样按通话时间收费，这当然更适合计算机通信的突发式特点。有些网络同时提供数据报和虚电路两种服务，用户可根据需要选用。

2.8 多路复用技术

多路复用技术是把多个低速信道组合成一个高速信道的技术。这种技术要用到两个设备，其中，多路复用器（Multiplexer）在发送端根据某种约定的规则把多个低带宽的信号复合成一个高带宽的信号；多路分配器（Demultiplexer）在接收端根据同一规则把高带宽信号分解成多个低带宽信号。多路复用器和多路分配器统称多路器，简写为 MUX，如图 2-18 所示。

图 2-18　多路复用

只要带宽允许，在已有的高速线路上采用多路复用技术可以省去安装新线路的大笔费用，因而现今的公共交换电话网（PSTN）都使用这种技术，有效地利用了高速干线的通信能力。

当然，也可以相反地使用多路复用技术，即把一个高带宽的信号分解到几个低速线路上同时传输，然后在接收端合成为原来的高带宽信号。例如，两个主机可以通过若干条低速线路连接，以满足主机间高速通信的要求。

2.8.1 频分多路复用

频分多路复用是在一条传输介质上使用多个频率不同的模拟载波信号进行多路传输，这些载波可以进行任何方式的调制，如 ASK、FSK、PSK 以及它们的组合。每一个载波信号形成了一个子信道，各个子信道的中心频率不相重合，子信道之间留有一定宽度的隔离频带（如图 2-19 所示）。

频分多路技术早已用在无线电广播系统中，在有线电视系统（CATV）中也使用频分多路技术。一根 CATV 电缆的带宽大约是 1 000MHz，可传送多个频道的电视节目，每个频道 6.5MHz 的带宽中又划分为声音子通道、视频子通道以及彩色子通道。每个频道两边都留有一定的警戒频带，防止相互串扰。

FDM 也用在宽带局域网中。电缆带宽至少要划分为不同方向上的两个子频带，甚至还可以分出一定带宽用于某些工作站之间的专用连接。

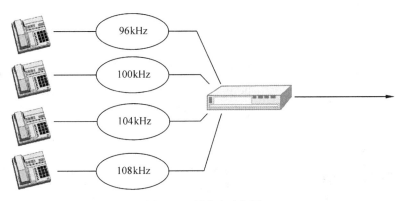

图 2-19　频分多路复用

2.8.2　时分多路复用

时分多路复用（Time Division Multiplexing，TDM）要求各个子通道按时间片轮流地占用整个带宽（如图 2-20 所示）。时间片的大小可以按一次传送一位、一个字节或一个固定大小的数据块所需的时间来确定。

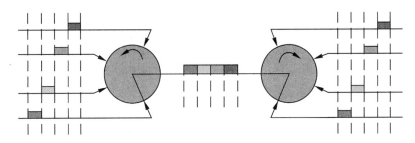

图 2-20　时分多路复用

时分多路技术可以用在宽带系统中，也可以用在频分制下的某个子通道上。时分制按照子通道的动态利用情况又可分为两种，即同步时分和统计时分。在同步时分制下，整个传输时间被划分为固定大小的周期。每个周期内，各子通道都在固定位置占有一个时槽。这样，在接收端可以按约定的时间关系恢复各子通道的信息流。当某个子通道的时槽来到时，如果没有信息要传送，这一部分带宽就浪费了。统计时分制是对同步时分制的改进，特别把统计时分制下的多路复用器称为集中器，以强调它的工作特点。在发送端，集中器依次循环扫描各个子通道。若某个子通道有信息要发送则为它分配一个时槽，若没有就跳过，这样就没有空槽在线路上传播了。然而，需要在每个时槽加入一个控制字段，以便接收端可以确定该时槽是属于哪个子通道的。

2.8.3　波分多路复用

波分多路复用（Wave Division Multiplexing，WDM）使用在光纤通信中，不同的子信道用不同波长的光波承载，多路复用信道同时传送所有子信道的波长。这种技术在网络中要使用能够对光波进行分解和合成的多路器，如图 2-21 所示。

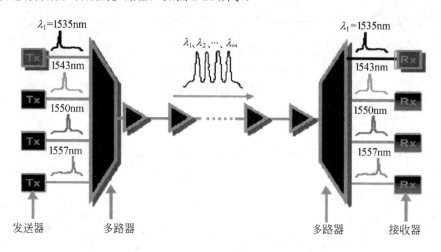

图 2-21　波分多路复用

2.8.4　数字传输系统

在介绍脉码调制时曾提到，对 4kHz 的话音信道按 8kHz 的速率采样，128 级量化，则每个话音信道的比特率是 56kbps。为每一个这样的低速信道安装一条通信线路太不划算了，所以在实际中要利用多路复用技术建立更高效的通信线路。在美国和日本使用很广的一种通信标准是贝尔系统的 T_1 载波（如图 2-22 所示）。

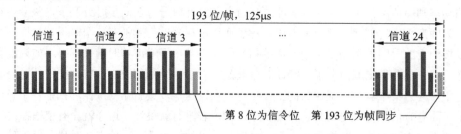

图 2-22　贝尔系统的 T_1 载波

T_1 载波也叫一次群，它把 24 路话音信道按时分多路的原理复合在一条 1.544Mbps 的高速信道上。该系统的工作是这样的，用一个编码解码器轮流对 24 路话音信道取样、量化和编码，将一个取样周期中（125μs）得到的 7 位一组的数字合成一串，共 7×24 位长。这样的数字串在送入高速信道前要在每一个 7 位组的后面插入一个信令位，于是变成了 8×24=192 位长的数字串。这 192 位数字组成一帧，最后再加入一个帧同步位，故帧长为 193 位。每 125μs 传送一帧，其中包含了各路话音信道的一组数字，还包含了总共 24 位的控制信息以及 1 位帧同步信息。这样，不难算出 T_1 载波的各项比特率。对每一路话音信道来说，传输数据的比特率为 7b/125μs=56 kbps，传输控制信息的比特率为 1 b/125μs=8 kbps，总的比特率为 193 b/125μs=1.544 Mbps。

T_1 载波还可以多路复用到更高级的载波上，如图 2-23 所示。4 个 1.544 Mbps 的 T_1 信道结合成 1 个 6.312Mbps 的 T_2 信道，多增加的位（6.312–4×1.544=0.136）是为了组帧和差错恢复。与此类似，7 个 T_2 信道组合成 1 个 T_3 信道，6 个 T_3 信道组合成 1 个 T_4 信道。

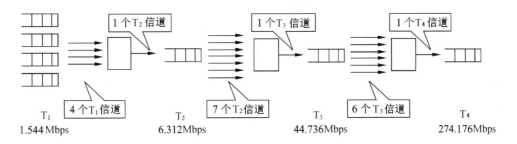

图 2-23　多路复用

ITU-T 的 E1 信道的数据速率是 2.048Mbps（如图 2-24 所示）。这种载波把 32 个 8 位一组的数据样本组合成 125μs 的基本帧，其中 30 个子信道用于话音传送数据，两个子信道（CH0 和 CH16）用于传送控制信令，每 4 帧能提供 64 个控制位。除了北美和亚洲的日本外，E1 载波在其他地区得到了广泛使用。

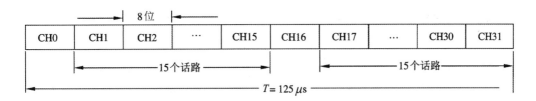

图 2-24　E1 帧

按照 ITU-T 的多路复用标准，E2 载波由 4 个 E1 载波组成，数据速率为 8.448Mbps。E3 载波由 4 个 E2 载波组成，数据速率为 34.368Mbps。E4 载波由 4 个 E3 载波组成，数据速率为 139.264Mbps。E5 载波由 4 个 E4 载波组成，数据速率为 565.148Mbps。

2.8.5　同步数字系列

光纤线路的多路复用标准有两个，美国标准叫作同步光纤网络（Synchronous Optical Network，SONET）；ITU-T 以 SONET 为基础制订出的国际标准叫作同步数字系列（Synchronous Digital Hierarchy，SDH）。SDH 的基本速率是 155.52Mbps，称为第 1 级同步传递模块（Synchronous Transfer Module），即 STM-1，相当于 SONET 体系中的 OC-3 速率，如表 2-5 所示。

表 2-5　SONET 多路复用的速率

光纤级	STS 级	链路速率 /Mbps	有效载荷 /Mbps	负载 /Mbps	SDH 对应	常用近似值
OC-1	STS-1	51.840	50.112	1.728	-	
OC-3	STS-3	155.520	150.336	5.184	STM-1	155Mbps
OC-9	STS-9	466.560	451.008	15.552	STM-3	
OC-12	STS-12	622.080	601.344	20.736	STM-4	622Mbps
OC-18	STS-18	933.120	902.016	31.104	STM-6	
OC-24	STS-24	1 244.160	1 202.688	41.472	STM-8	
OC-36	STS-36	1 866.240	1 804.032	62.208	STM-13	
OC-48	STS-48	2 488.320	2 405.376	82.944	STM-16	2.5Gbps
OC-96	STS-96	4 976.640	4 810.752	165.888	STM-32	
OC-192	STS-192	9 953.280	9 621.504	331.776	STM-64	10Gbps

2.9　差错控制

无论通信系统如何可靠，都不能做到完美无缺。因此，必须考虑怎样发现和纠正信号传输中的差错。这一节从应用角度介绍差错控制的基本原理和方法。

通信过程中出现的差错可大致分为两类：一类是由热噪声引起的随机错误；另一类是由冲击噪声引起的突发错误。通信线路中的热噪声是由电子的热运动产生的，香农关于噪声信道传输速率的结论就是针对这种噪声的。热噪声时刻存在，具有很宽的频谱，且幅度较小。通信线路的信噪比越高，热噪声引起的差错越少。这种差错具有随机性，影响个别位。

冲击噪声源是外界的电磁干扰，例如打雷闪电时产生的电磁干扰，电焊机引起的电压波动等。冲击噪声持续的时间短而幅度大，往往引起一个位串出错。根据它的特点，称其为突发性差错。

此外，由于信号幅度和传播速率与相位、频率有关而引起的信号失真，以及相邻线路之间发生串音等都会产生差错，这些差错也具有突发性的特点。

突发性差错影响局部，而随机性差错总是断续存在，影响全局。所以要尽量提高通信设备的信噪比，以满足要求的差错率。此外，要进一步提高传输质量，就需要采用有效的差错控制办法。这一节介绍的检错和纠错码只是可靠性技术中的一种，它广泛地使用在数据通信中。

2.9.1 检错码

奇偶校验是最常用的检错方法，其原理是在 7 位的 ASCII 代码后增加一位，使码字中 1 的个数成奇数（奇校验）或偶数（偶校验）。经过传输后，如果其中一位（甚至奇数个位）出错，则接收端按同样的规则就能发现错误。这种方法简单实用，但只能对付少量的随机性错误。

为了能检测突发性的位串出错，可以使用校验和的方法。这种方法把数据块中的每个字节当作一个二进制整数，在发送过程中按模 256 相加。数据块发送完后，把得到的和作为校验字节发送出去。接收端在接收过程中进行同样的加法，数据块加完后用自己得到的校验和与接收到的校验和比较，从而发现是否出错。实现时可以用更简单的办法，例如在校验字节发送前，对累加器中的数取 2 的补码。这样，如果不出错，接收端在加完整个数据块以及校验和后累加器中是 0。这种方法的好处是由于进位的关系，一个错误可以影响到更高的位，从而使出错位对校验字节的影响扩大了。可以粗略地认为，随机的突发性错误对校验和的影响也是随机的。出现突发错误而得到正确的校验字节的概率是 1/256，于是就有 255∶1 的机会能检查出任何错误。

2.9.2 海明码

1950 年，海明（Hamming）研究了用冗余数据位来检测和纠正代码差错的理论和方法。按照海明的理论，可以在数据代码上添加若干冗余位组成码字。码字之间的海明距离是一个码字要变成另一个码字时必须改变的最小位数。例如，7 位 ASCII 码增加一位奇偶位成为 8 位的码字，这 128 个 8 位的码字之间的海明距离是 2。所以，当其中一位出错时便能检测出来。两位出错时就变成另外一个码字了。

海明用数学分析的方法说明了海明距离的几何意义，n 位的码字可以用 n 维空间的超立方体的一个顶点来表示。两个码字之间的海明距离就是超立方体的两个对应顶点之间的一条边，而且这是两顶点（两个码字）之间的最短距离，出错的位数小于这个距离都可以被判断为就近的码字。这就是海明码纠错的原理，它用码位的增加（因而通信量增加）来换取正确率的提高。

按照海明的理论，纠错码的编码就是要把所有合法的码字尽量安排在 n 维超立方体的顶点上，使得任意一对码字之间的距离尽可能大。如果任意两个码字之间的海明距离是 d，则所有小于等于 d–1 位的错误都可以检查出来，所有小于 $d/2$ 位的错误都可以纠正。一个自然的推论是，对于某种长度的错误串，要纠正它就要用比仅仅检测它多一倍的冗余位。

如果对于 m 位的数据增加 k 位冗余位，则组成 $n=m+k$ 位的纠错码。对于 2^m 个有效码字中的每一个，都有 n 个无效但可以纠错的码字。这些可纠错的码字与有效码字的距离是 1，含单个错误位。这样，对于一个有效的消息总共有 $n+1$ 个可识别的码字。这 $n+1$ 个码字相对于其他 2^m–1 个有效消息的距离都大于 1。这意味着总共有 $2^m(n+1)$ 个有效的或者可纠错的码字。显然，这个数应小于等于码字的所有可能的个数，即 2^n。于是，有

$$2^m(n+1)<2^n$$

因为 $n=m+k$，得出

$$m+k+1<2^k$$

对于给定的数据位 m，上式给出了 k 的下界，即要纠正单个错误，k 必须取的最小值。海明建议了一种方案可以达到这个下界，并能直接指出错在哪一位。首先把码字的位从 1 到 n 编号，并把这个编号表示成二进制数，即 2 的幂之和。然后对 2 的每一个幂设置一个奇偶位。例如，对于 6 号位，由于 6=110（二进制），所以 6 号位参加第 2 位和第 4 位的奇偶校验，而不参加第 1 位的奇偶校验。类似地，9 号位参加第 1 位和第 8 位的校验而不参加第 2 位或第 4 位的校验。海明把奇偶校验分配在 1、2、4、8 等位置上，其他位放置数据。下面根据图 2-25 举例说明编码的方法。

图 2-25　海明编码的例子

假设传送的信息为 1001011，把各个数据放在 3、5、6、7、9、10、11 等位置上，1、2、4、8 位留作校验位。

1	2	3	4	5	6	7	8	9	10	11
		1		0	0	1		0	1	1

根据图 2-25，3、5、7、9、11 的二进制编码的第一位为 1，所以 3、5、7、9、11 号位参

加第 1 位校验，若按偶校验计算，1 号位应为 1。

1		1		0	0	1		0	1	1
1	2	3	4	5	6	7	8	9	10	11

类似地，3、6、7、10、11 号位参加 2 位校验，5、6、7 号位参加 4 位校验，9、10 和 11 号位参加 8 位校验，全部按偶校验计算，最终得到：

1	0	1	1	0	0	1	0	0	1	1
1	2	3	4	5	6	7	8	9	10	11

如果这个码字传输中出错，比如说 6 号位出错，即变成：

√	×		×				√			
1	0	1	1	0	1	1	0	0	1	1
1	2	3	4	5	6	7	8	9	10	11

当接收端按照同样的规则计算奇偶位时，发现 1 和 8 号位的奇偶性正确，2 和 4 号位的奇偶性不对，于是 2+4=6，立即可确认错在 6 号位。

在上例中，$k=4$，因而 $m<2^4-4-1=11$，即数据位可用到 11 位，共组成 15 位的码字，可检测出单个位的错误。

2.9.3 循环冗余校验码

所谓循环码是这样一组代码，其中任一有效码字经过循环移位后得到的码字仍然是有效码字，不论是右移或左移，也不论移多少位。例如，若（$a_{n-1} a_{n-2} \cdots a_1 a_0$）是有效码字，则（$a_{n-2} a_{n-3} \cdots a_0 a_{n-1}$），（$a_{n-3} a_{n-4} \cdots a_{n-1} a_{n-2}$）等都是有效码字。循环冗余校验码（Cyclic Redundancy Check，CRC）是一种循环码，它有很强的检错能力，而且容易用硬件实现，在局域网中有广泛应用。

首先介绍 CRC 怎样实现，然后对它进行一些数学分析，最后说明 CRC 的检错能力。CRC 可以用图 2-26 所示的移位寄存器实现。移位寄存器由 k 位组成，还有几个异或门和一条反馈回路。图 2-26 所示的移位寄存器可以按 CCITT-CRC 标准生成 16 位的校验和。寄存器被初始化为 0，数据从右向左逐位输入。当一位从最左边移出寄存器时就通过反馈回路进入异或门和后续进来的位以及左移的位进行异或运算。当所有 m 位数据从右边输入完后再输入 k 个 0（本例中 $k=16$）。最后，当这一过程结束时，移位寄存器中就形成了校验和。k 位的校验和跟在数据位后边发送，接收端可以按同样的过程计算校验和并与接收到的校验和比较，以检测传输中的差错。

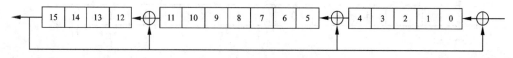

图 2-26　CRC 的实现

以上描述的计算校验和方法可以用一种特殊的多项式除法进行分析。m 个数据位可以看作 $m-1$ 阶多项式的系数。例如，数据码字 00101011 可以组成的多项式是 x^5+x^3+x+1。图 2-26 中表示的反馈回路可表示成另外一个多项式 $x^{16}+x^{12}+x^5+1$，这就是所谓的生成多项式。所有的运算都按模 2 进行，即

$$1x^a+1x^a=0x^a,\quad 0x^a+1x^a=1,\quad 1x^a+0x^a=1x^a,\quad 0x^a+0x^a=0x^a,\quad -1x^a=1x^a$$

显然，在这种代数系统中，加法和减法一样，都是异或运算。用 x 乘一个多项式等于把多项式的系数左移一位。可以看出，按图 2-26 的反馈回路把一个向左移出寄存器的数据位反馈回去与寄存器中的数据进行异或运算，等同于在数据多项式上加上生成多项式，因而也等同于从数据多项式中减去生成多项式。以上给出的例子，对应于下面的长除法：

```
     0010  1011  0000  0000  0000  0000
  -    10  0010  0000  0100  001
     ─────────────────────────────────
     00  1001  0000  0100  0010  0000
  -         1000  1000  0001  0000  1
     ─────────────────────────────────
       0001  1000  0101  0010  1000
  -        1  0001  0000  0010  0001
     ─────────────────────────────────
       0  1001  0101  0000  1001（余数）
```

得到的校验和是 9509H。于是看到，移位寄存器中的过程和以上长除法在原理上是相同的，因而可以用多项式理论来分析 CRC 代码，这就使得这种检错码有了严格的数学基础。

把数据码字形成的多项式叫数据多项式 $D(x)$，按照一定的要求可给出生成多项式 $G(x)$。用 $G(x)$ 除 $x^k D(x)$ 可得到商多项式 $Q(x)$ 和余多项式 $R(x)$，实际传送的码字多项式是

$$F(x)=x^k D(x)+R(x)$$

由于使用了模 2 算术，$+R(x)=-R(x)$，于是接收端对 $F(x)$ 计算的校验和应为 0。如果有差错，则接收到的码字多项式包含某些出错位 E，可表示成

$$H(x)=F(x)+E(x)$$

由于 $F(x)$ 可以被 $G(x)$ 整除，如果 $H(x)$ 不能被 $G(x)$ 整除，则说明 $E(x)\neq 0$，即有错误出现。然而，若 $E(x)$ 也能被 $G(x)$ 整除，则有差错而检测不到。

数学分析表明，$G(x)$ 应该有某些简单的特性，才能检测出各种错误。例如，若 $G(x)$ 包含的项数大于 1，则可以检测单个错；若 $G(x)$ 含有因子 $x+1$，则可检测出所有奇数个错。最后得出

的最重要的结论是：具有 r 个校验位的多项式能检测出所有长度小于等于 r 的突发性差错。

　　为了能对不同场合下的各种错误模式进行校验，已经研究出了几种 CRC 生成多项式的国际标准。

CRC-CCITT　　$G(x) = x^{16} + x^{12} + x^5 + 1$

CRC-16　　$G(x) = x^{16} + x^{15} + x^2 + 1$

CRC-12　　$G(x) = x^{12} + x^{11} + x^3 + x^2 + x + 1$

CRC-32　　$G(x) = x^{32} + x^{26} + x^{23} + x^{22} + x^{16} + x^{12} + x^{11} + x^{10} + x^8 + x^7 + x^5 + x^4 + x^2 + x + 1$

其中，CRC-32 被用在许多局域网中。

第 3 章　广域通信网

　　广域网是通信公司建立和运营的网络，覆盖的地理范围大，可以跨越国界，到达世界上任何地方。通信公司把它的网络分次（拨号线路）或分块（租用专线）地出租给用户以收取服务费用。计算机连网时，如果距离遥远，需要通过广域网进行转接。最早出现的也是普及面最广的通信网是公共交换电话网，后来出现了各种公用数据网。这些网络在因特网中都起着重要作用，本章主要讲述的是广域网技术。

3.1　公共交换电话网

　　公共交换电话网（Public Switched Telephone Network，PSTN）是为了话音通信而建立的网络，从 20 世纪 60 年代开始又被用于数据传输。虽然各种专用的计算机网络和公用数据网已经迅速发展起来，能够提供更好的服务质量和更多样的通信业务，但是 PSTN 的覆盖面更广，联网费用更低，因而在有些地方用户仍然通过电话线拨号上网。

3.1.1　电话系统的结构

　　电话系统是一个高度冗余的分级网络。图 3-1 所示为一个简化了的电话网。用户电话通过一对铜线连接到最近的端局，这个距离通常是 1～10km，并且只能传送模拟信号。虽然电话局间干线是传输数字信号的光纤，但是在用电话线连网时需要在发送端把数字信号变换为模拟信号，在接收端再把模拟信号变换为数字信号。由电话公司提供的公共载体典型的带宽是 4000 Hz，称其为话音信道。这种信道的电气特性并不完全适合数据通信的要求，在线路质量太差时还需采取一定的均衡措施，方能减小传输过程中的失真。

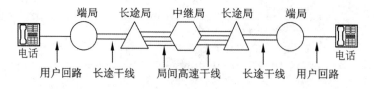

图 3-1　电话系统示意图

　　公用电话网由本地网和长途网组成，本地网覆盖市内电话、市郊电话以及周围城镇和农村的电话用户，形成属于同一长途区号的局部公共网络。长途网提供各个本地网之间的长话业务，包括国际和国内的长途电话服务。我国的固定电话网采用 4 级汇接辐射式结构。最高一级有 8 个大区中心局,包括北京、上海、广州、南京、沈阳、西安、武汉和成都。这些中心局互相连接,形成网状结构。第二级共有 22 个省中心局,包括各个省会城市。第三级共有 300 多个地区中心局。第四级是县中心局。大区中心局之间都有直达线路,以下各级汇接至上一级中心局,并辅助一定数量的直达线路,形成如图 3-2 所示的 4 级汇接辐射式长话网。

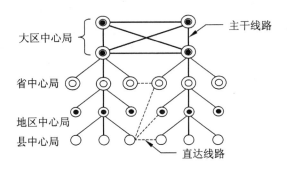

图 3-2　4 级汇接辐射式长话结构示意图

3.1.2　本地回路

用户把计算机连接到电话网上就可以进行通信。按照CCITT 的术语,用户计算机叫作数据终端设备(Data Terminal Equipment,DTE),因为这种设备代表通信链路的端点。在通信网络一边,有一个设备用于管理网络的接口,这个设备叫数据电路设备(Data Circuit Equipment,DCE)。DCE 通常指调制解调器、数传机、基带传输器、信号变换器、自动呼叫和应答设备等。它们提供波形变换和编码功能,以及建立、维持和释放连接的功能。物理层协议与设备之间(DTE/DCE)的物理接口以及传送位的规则有关。物理介质的各种机械的、电磁的特性由物理层和物理介质之间的界线确定。实际设备和 OSI 概念之间的关系如图 3-3 所示。

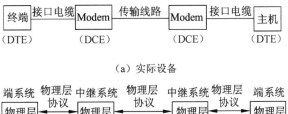

(a)实际设备

(b)OSI 逻辑表示

图 3-3　实际设备和 OSI 逻辑表示之间的关系

图 3-3（a）中的传输线路可以是公共交换网或专用线。在通信线路采用公共交换网的情况下，正式进行数据传输之前，DTE 和 DCE 之间先要交换一些控制信号以建立数据通路（即逻辑连接）；在数据传输完成后，还要交换控制信号断开数据通路。交换控制信号的过程就是所谓的"握手"过程，这个过程和 DTE/DCE 之间的接插方式、引线分配、电气特性和应答信号等有关。在数据传输过程中，DTE 和 DCE 之间要以一定的速率和同步方式识别每一个信号元素（1或 0）。对于这些与设备之间通信有关的技术细节，CCITT 和 ISO 用 4 个技术特性来描述，并给出了适应不同情况的各种标准和规范。这 4 个技术特性是机械特性、电气特性、功能特性和过程特性。下面以 EIA（Electronic Industries Association）制定的 RS-232-C 接口为例说明这 4 个技术特性。

1. 机械特性

机械特性描述 DTE 和 DCE 之间物理上的分界线，规定连接器的几何形状、尺寸大小、引线数、引线排列方式以及锁定装置等。RS-232-C 没有正式规定连接器的标准，只是在其附录中建议使用 25 针的 D 型连接器（如图 3-4 所示）。当然，也有很多 RS-232-C 设备使用其他形式的连接器，特别是在微型机的 RS-232-C 串行接口上大多使用 9 针连接器。

2. 电气特性

图 3-4　D 型连接器

DTE 与 DCE 之间有多条信号线，除了地线之外，每根信号线都有其驱动器和接收器。电气特性规定这些信号的连接方式以及驱动器和接收器的电气参数，并给出有关互连电缆方面的技术指导。

图 3-5（a）给出了 RS-232-C 采用的 V.28 标准电路。V.28 的驱动器是单端信号源，所有信号共用一根公共地线。信号源产生 3～15 V 的信号，正负 3V 之间是信号电平过渡区，如图 3-6 所示。当接口点的电平处于过渡区时，信号的状态是不确定的；当接口点的电平处于正负信号区间时，对于不同的信号线代表的意义不一样，如表 3-1 所示。

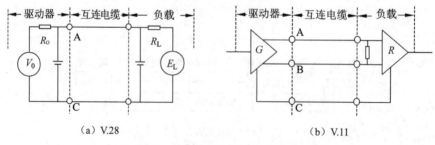

（a）V.28　　　　　　　　　　　　（b）V.11

图 3-5　CCITT 建议的接口电路

```
+15V  ----------------
                正信号区间
+3V   ----------------
                过渡区间
-3V   ----------------
                负信号区间
-15V  ----------------
```

图 3-6 接口电路的信号区间

表 3-1 接口电平的含义

类　型	-3～-15V	+3～+15V
数据线	1	0
控制线和定时线	OFF	ON

另外两种常用的电气特性标准是 V.10 和 V.11。V.11 是一种平衡接口，每个接口电路都用一对平衡电缆构成各自的信号回路（如图 3-5（b）所示）。这种连接方式减小了信号线之间的串音。V.10 的发送端是非平衡输出，接收端则是平衡输入，用于以上两种电路之间的转接。

3．功能特性

功能特性对接口连线的功能给出确切的定义。从大的方面，接口线的功能可分为数据线、控制线、定时线和地线。有的接口可能需要两个信道，因而接口线又可分为主信道线和辅助信道线。

RS-232-C 采用的标准是 V.24。V.24 为 DTE/DCE 接口定义了 44 条连线，为 DTE/ACE 定义了 12 条连线。ACE 为自动呼叫设备，有时和 Modem 做在一起。按照 V.24 的命名方法，DTE/DCE 连线用"1"开头的三位数字命名，例如 103、115 等，称为 100 系列接口线。DTE/ACE 连线用"2"开头的三位数字命名，例如 201、202 等，称为 200 系列接口线。

RS-232-C 定义了 21 根接口连线的功能，按照 RS-232-C 的术语，接口连线叫作互换电路。表 3-2 给出了 RS-232-C 互换电路的功能定义，同时列出了 V.24 对应的线号。表中对每一条互换电路的功能进行了简要的描述，也说明了电路的信号方向。关于这些互换电路的使用方法则属于下面要讨论的过程特性。

表 3-2 RS-232-C 的互换电路功能

管脚	RS-232-C 电路	V.24 等价电路	描　述	地	数据 DTE	数据 DCE	控制 DTE	控制 DCE	定时 DTE	定时 DCE	测试 DTE	测试 DCE
1	AA	101	保护地	×								
7	AB	103/2	信号地	×								
2	BA	103	发送数据			×						
3	BB	104	接收数据		×							

续表

管脚	RS-232-C 电路	V.24 等价电路	描　述	地	数据		控制		定时		测试	
					DTE	DCE	DTE	DCE	DTE	DCE	DTE	DCE
4	CA	105	请求发送				×					
5	CB	106	允许发送				×					
6	CC	107	数传机就绪				×	×				
20	CD	108/2	数据终端就绪				×					
22	CE	125	振铃指示				×	×				
8	CF	109	接收线路信号检测				×					
21	CG	110	信号质量检测				×					
23	CH	111	数据信号速率选择（DTE）				×	×				
23	CI	112	数据信号速率选择（DCE）									
24	DA	113	发送器码元定时（DTE）						×			
15	DB	114	发送器码元定时（DCE）							×		
17	DC	115	接收器码元定时（DCE）							×		
14	SBA	118	辅助信道发送数据			×						
16	SBB	119	辅助信道接收数据		×							
19	SCA	120	辅助信道请求发送					×				
13	SCB	121	辅助信道准备发送				×					
12	SCF	122	辅助信道接收信号检测				×					
8			保留电路，用于测试									×
9			保留电路，用于测试								×	
18	(LL)	(RS-232-D)	（本地回路）									×
25	(TM)	(RS-232-D)	（测试模式）								×	

图 3-7 所示为计算机（异步终端设备）和异步 Modem 连接的方法，这里只需要 9 根连线，保护接地和信号地线只用一根连线同时接在 1 和 7 两个管脚上。

4．过程特性

物理层接口的过程特性规定了使用接口线实现数据传输的操作过程，这些操作过程可能涉及高层的功能，因而对于物理层操作过程和高层功能过程之间的划分是有争议的。另一方面，对于不同的网络、不同的通信设备、不同的通信方式、不同的应用，各有不同的操作过程。下面举例说明利用 RS-232-C 进行异步通信的操作过程。

RS-232-C 控制信号之间的相互关系是根据互连设备的操作特性随时间而变化的。图 3-8 给出了计算机端口和 Modem 之间控制信号的定时关系。假定 Modem 打开电源后升起 DSR 信号，随后从线路上传来两次振铃信号 RI，计算机在响应第一次振铃信号后升起它的数据终端就绪信号 DTR。DTR 信号和第二次振铃信号 RI 配合，使得 Modem 回答呼叫并升起载波检测信号 DCD。

如果计算机中的进程需要发送信息，就会升起请求发送信号 RTS，Modem 通过升起允许发送信号 CTS 予以响应，之后计算机端口就可以开始传送数据。

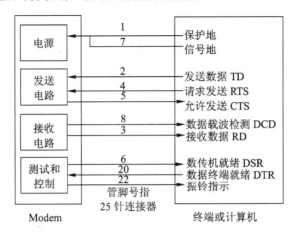

图 3-7　异步通信时 DTE/DCE 的连接

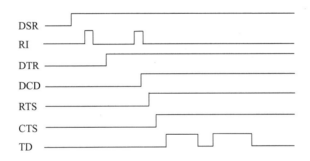

图 3-8　异步通信时控制信号的定时关系

3.1.3　调制解调器

调制解调器（Modulation and Demodulation，Modem）通常由电源、发送电路和接收电路组成。电源提供 Modem 工作所需要的电压；发送电路中包括调制器、放大器，以及滤波、整形和信号控制电路，它的功能是把计算机产生的数字脉冲转换为已调制的模拟信号；接收电路包括解调器以及有关的电路，它的作用是把模拟信号变成计算机能接收的数字脉冲。Modem 的组成原理如图 3-9 所示，图中上半部分是发送电路，下半部分是接收电路，图中的虚线框用在同步 Modem 中。

现代的高速 Modem 采用格码调制（Trellis Coded Modulation，TCM）技术。这种技术在编码过程中插入一个冗余位进行纠错，从而减小了误码率。按照 CCITT 的 V.32 建议，调制器的输入数据流被分成 4 位的位组，4 位组经过卷积编码产生了第 5 个冗余校验位。包括冗余位的 5 位组在复平面上的分布表示在图 3-10 的星座图中，每个码点最左边的位是冗余位。

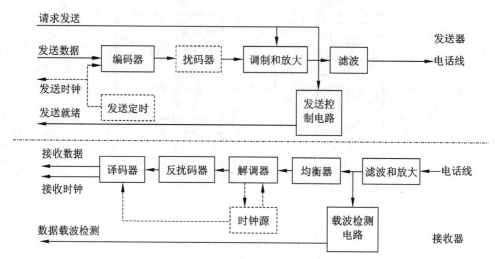

图 3-9　Modem 设备的组成原理框图

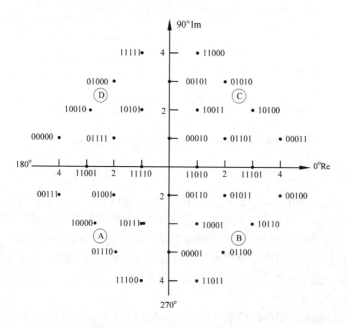

图 3-10　V.32 格码调制的星座图

接收 Modem 检测这种格码调制信号时使用维特比（Viturbi）译码器，这种译码器不像通常的"硬比特"检测器那样一位一位地进行判断，而是对多达 32 位的一组位进行比较，判断出每一位的正确值。做出判断的过程是按照形似网格的决策树进行的，因而这种调制技术叫网格编码调制，简称格码调制。使用格码调制技术的 V.32Modem 可以在公共交换网上实现 9600bps 的高速传输。

进一步提高传输速度还可以在其他技术方面寻求解决办法，例如采用数据压缩技术。有一种 V.29 Modem，虽然工作在 9600 bps，但是由于使用的数据压缩算法可达到 2:1 的压缩比，所以数据发送速率理论上可达到 19 200 bps。

另外一种高速 Modem 采用了高速微处理器和大约 70 000 行指令，由于采用多个音频组成的载波群对数据进行分组传输，因而叫作分组集群式 Modem。这种 Modem 的工作过程是这样的：首先原发方 Modem 同时发送 512 个音频载波信号，接收 Modem 对收到的所有载波信号进行评价，向原发 Modem 报告哪些频率可用，哪些频率不能使用。然后原发方 Modem 根据侦察到的线路情况确定最适合的调制方式，可能是 2 位、4 位或 6 位的 QAM 信号。例如，若 400 个音频载波可用，调制方案为 6 位 QAM，则 400×6=2 400，即可同时传送 2400 位。如果每种载波都是一秒钟变化 4 次，则可得到约 10 000bps 的数据速率。

1996 年出现了 56kbps 的 Modem，并于 1998 年形成了 ITU 的 V.90 建议。这种 Modem 采用非对称的工作方式，从客户端向服务器端发送称为上行信道，其数据速率为 28.8kbps 或 33.6kbps；从服务器端向客户端发送称为下行信道，其数据速率可以达到 56kbps。其之所以采用非对称的工作方式，是因为客户端发送数据时要采用模数转换，会出现量化噪声，使得 Modem 的数据速率受到限制。ISP 一端的服务器采用数字干线连接，无须模数转换，不会出现量化噪声，因而可以用到 PCM 编码调制的最高数据速率 56kbps。这种技术的出现适应了通过电话线实现准高速连接 Internet 的需求，成为因特网用户首选的连网技术。

3.2 X.25 公共数据网

公共数据网是在一个国家或全世界范围内提供公共电信服务的数据通信网。CCITT 于 1974 年提出了访问分组交换网的协议标准，即 X.25 建议，后来又进行了多次修订。这个标准分为 3 个协议层，即物理层、链路层和分组层，分别对应于 ISO/OSI 参考模型的低三层。

物理层规定用户终端与网络之间的物理接口，这一层协议采用 X.21 或 X.21bis 建议。链路层提供可靠的数据传输功能，这一层的标准叫作 LAP-B（Link Access Procedure-Balanced），它是 HDLC 的子集。分组层提供外部虚电路服务，这一层协议是 X.25 建议的核心，特别称为 X.25 PLP 协议（Packet Layer Protocol）。图 3-11 给出了这三层之间的关系。

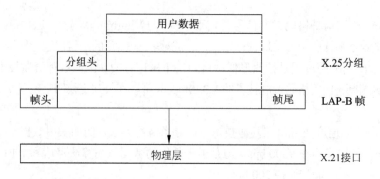

图 3-11   X.25 的分层结构

3.2.1   流量控制和差错控制

流量控制是一种协调发送站和接收站工作步调的技术，其目的是避免由于发送速度过快，使得接收站来不及处理而丢失数据。通常，接收站有一定大小的接收缓冲区，当接收到的数据进入缓冲区后，接收器要进行简单的处理，然后才能清除缓冲区，再开始接收下一批数据。如果发送得过快，缓冲区就会溢出，从而引起数据的丢失。通过流控机制可以避免这种情况的发生。

首先讨论没有传输错误的流控技术，即传输过程中不会丢失帧，接收到的帧都是正确的，无须重传，并且所有发出的帧都能按顺序到达接收端。

1．停等协议

最简单的流控协议是停等协议。它的工作原理是：发送站发出一帧，然后等待应答信号到达后再发送下一帧；接收站每收到一帧后送回一个应答信号（ACK），表示愿意接收下一帧，如果接收站不送回应答，则发送站必须等待。这样，在源和目标之间的数据流动是由接收站控制的。

假设在半双工的点对点链路上，S_1 站向 S_2 站发送数据帧，S_1 每发出一个帧就等待 S_2 送回应答信号。根据图 3-12 所示，发送一帧的时间为

$$T_{FA} = 2\,t_p + t_f$$

其中，t_p 为传播延迟，t_f 为发送一帧的时间（称为一帧时）。

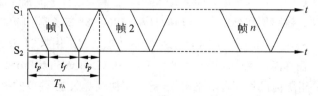

图 3-12   停等协议的效率

于是线路的利用率为

$$E = \frac{t_f}{2t_p + t_f} \tag{3.1}$$

定义 $a = t_p / t_f$，则

$$E = \frac{1}{2a+1} \tag{3.2}$$

这是在停等协议下线路的最高利用率，也可以认为是停等协议的效率。事实上，数据帧中还包含一些控制信息，例如地址信息及校验和等，再加上已忽略了的某些时间开销，因而实际的线路利用率更低。

为了更深入地理解式（3.2）的含义，对 a 进行一些分析。由于 a 是线路传播延迟和一个帧时的比，故在线路长度和帧长固定的情况下 a 是一个常数。又由于线路传播延迟是线路长度 d 和信号传播速度 v 的比值，而一帧时是帧长 L 和数据速率 R 的比，因而有

$$a = \frac{d/v}{L/R} = \frac{Rd/v}{L} \tag{3.3}$$

式（3.3）的分子 Rd/v 的单位为位，其物理意义是线路上能容纳的最大位数，即线路的位长度，它是由线路的物理特性决定的。因而，a 可理解为线路位长和帧长的比，或者说线路的帧计数长度。

考虑下面的例子。通常卫星信道的传播延迟是 270ms，假设数据速率是 64kbps，帧长是 4000 位。对于卫星链路可得

$$a = 64 \times 270 / 4000 = 4.32 > 1$$

根据式（3.2），卫星链路的利用率为

$$E = \frac{1}{2a+1} = \frac{1}{2 \times 4.32 + 1} = \frac{1}{9.64} = 0.104$$

可见卫星链路的利用率仅为 1/10 左右，大量的时间用在等待应答信号上了。

按照最新的传输技术，传送一帧的时间会降到 6ms，甚至 125μs。这样 a 的值将是 45～2160，在应用停等协议的情况下，链路的利用率可能只有 0.0002。

另外一个例子是局域网，线路长度 d 一般为 0.1～10km，传播速度 $v = 200$m/μs。设数据速率 $R = 10$Mbps，帧长 $L = 500$ 位，则 a 的取值范围为 10^{-5}～1。如果取 $a = 0.1$，则链路的利用率为 0.83；如果取 $a = 0.01$，则链路的利用率为 0.98。可见，在局域网上利用简单的停等协议时效率要高得多。

2. 滑动窗口协议

滑动窗口协议的主要思想是允许连续发送多个帧而无须等待应答。如图 3-13 所示，假设站

S_1 和 S_2 通过全双工链路连接，S_2 维持能容纳 6 个帧的缓冲区（$W_{收}$=6）。这样，S_1 就可以连续发送 6 个帧而不必等待应答信号（$W_{发}$=6）。为了使 S_2 能够表示哪些帧已被成功地接收，每个帧都给予一个顺序编号。如果帧编号字段为 k 位，则帧以 2^k 为模连续编号。S_2 发出一个应答信号 $ACKi$，并把窗口滑动到 $i\sim W-i+1$ 的位置，表明 i 之前的帧已正确接收，期望接收后续的 W 个帧。由于随着数据传送过程的进展窗口向前滑动，因而取名为滑动窗口协议。

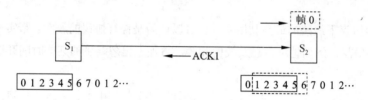

图 3-13　滑动窗口协议的效率

现在考查窗口大小（W）对协议效率的影响。按照图 3-13，假设 S_1 向 S_2 发出 0 号帧，S_2 收到 0 号帧后返回应答帧 ACK1，并把窗口滑动到图中虚线的位置。根据前面的分析，从 0 号帧开始发送到 ACK1 到达 S_1 的时间是 $2t_p+t_f$。在这段时间内，S_1 可连续发送 W 个帧，它的工作时间是 $W\times t_f$。所以协议的效率为

$$E = \frac{W\times t_f}{2t_p+t_f} = \frac{W}{2a+1} \tag{3.4}$$

在以上讨论中，都假定发送应答信号的时间可忽略。其实应答信号是用专门的控制帧传输的，也需要一定的时间来发送和处理。在利用全双工线路进行双向通信的情况下，应答信号可以放在 S_2 到 S_1 方向发送的数据帧中，这种技术叫"捎带应答"。如果应答信号被捎带送回发送站，则应答信号的传送时间可计入反向发送数据帧的时间中，因而上面的假定是符合实际情况的。

3．差错控制

差错控制是检测和纠正传输错误的机制。前面假定没有传输错误，但实际情况不是这样。在数据传输过程中有的帧可能丢失，有的帧可能包含错误的位，这样的帧经接收器校验后会被拒绝。通常，应付传输差错的办法如下。

（1）肯定应答。接收器对收到的帧校验无误后送回肯定应答信号 ACK，发送器收到肯定应答信号后可继续发送后续帧。

（2）否定应答重发。接收器收到一个帧后经校验发现错误，则送回一个否定应答信号 NAK，发送器必须重新发送出错帧。

（3）超时重发。发送器从发送一个帧时就开始计时，在一定的时间间隔内若没有收到关于该帧的应答信号，则认为该帧丢失并重新发送。

这种技术的主要思想是利用差错检测技术自动地对丢失帧和错误帧请求重发，因而叫作 ARQ（Automatic Repeat reQuest）技术。结合前面讲的流控技术，可以组成 3 种形式的 ARQ 协议。

1）停等 ARQ 协议

停等 ARQ 协议是停等流控技术和自动请求重发技术的结合。根据停等 ARQ 协议，发送站发出一帧后必须等待应答信号，收到肯定应答信号 ACK 后继续发送下一帧；收到否定应答信号 NAK 后重发该帧；若在一定的时间间隔内没有收到应答信号也必须重发。最后一种情况值得注意，没有收到应答信号的原因可能是帧丢失了，也可能是应答信号丢失了。无论哪一种原因，发送站都必须重新发送原来的帧。发送站必须有一个重发计时器，每发送一帧就开始计时。计时长度不能小于信号在线路上一个来回的时间。另外在停等 ARQ 协议中，只要能区分两个相邻的帧是否重复就可以了，因此只用 0 和 1 两个编号，即帧编号字段长度为 1 位。图 3-14 表示出了各种可能的传送情况。

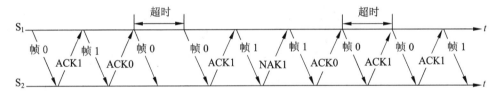

图 3-14　停等 ARQ 协议

2）选择重发 ARQ 协议

下面介绍的协议是滑动窗口技术和自动请求重发技术的结合。由于窗口尺寸开到足够大时，帧在线路上可以连续地流动，因此又称其为连续 ARQ 协议。根据出错帧和丢失帧处理上的不同，连续 ARQ 协议分为选择重发 ARQ 协议和后退 N 帧 ARQ 协议。

图 3-15 为两种连续 ARQ 协议的例子，图 3-15（a）是在全双工线路上应用选择重发 ARQ 协议时帧的流动情况。其中第 2 帧出错，随后的 3、4、5 帧被缓存。当发送站接收到 NAK2 时，重发第 2 帧。值得强调的是，虽然在选择重发的情况下接收器可以不按顺序接收，但接收站的链路层向网络层仍是按顺序提交的。

对于选择重发 ARQ 协议，窗口的大小有一定的限制。假设帧编号为 3 位，发送和接收窗口大小都是 7，考虑下面的情况。

（1）发送窗口和接收窗口中的帧编号都是 0～6。

（2）发送站发出 0～6 号帧，但尚未得到肯定应答，窗口不能向前滑动。

（3）接收站正确地接收了 0～6 号帧，发出 ACK7，接收窗口向前滑动，新窗口中的帧编号为 7、0、1、2、3、4、5。

（4）ACK7 丢失，发送站定时器超时，重发 0 号帧。

（5）接收站收到 0 号帧，看到该帧编号落在接收窗口内，以为是新的 0 号帧而保存起来，这样协议就出错了。

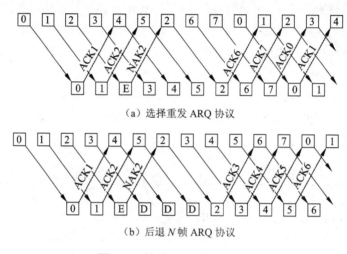

（a）选择重发 ARQ 协议

（b）后退 N 帧 ARQ 协议

图 3-15　连续 ARQ 协议的例子

协议失败的原因是由于发送窗口没有向前滑动，接收窗口向前滑动了最大的距离，而新的接收窗口和原来的发送窗口中仍有相同的帧编号，造成了接收器误把重发的帧当作新到帧。避免这种错误的办法就是缩小窗口，使得接收窗口向前滑动最大距离后不再与旧的接收窗口重叠。显然，当窗口大小为帧编号数的一半时就可以达到这个效果，所以采用选择重发 ARQ 协议时窗口的最大值应为帧编号数的一半，即 $W_{发}=W_{收} \leqslant 2^{k-1}$。

4．后退 N 帧 ARQ 协议

后退 N 帧 ARQ 协议就是从出错处重发已发出过的 N 个帧。在图 3-15（b）中，接收窗口的大小为 1，因而接收器必须按顺序接收，当第 2 帧出错时，2、3、4、5 号帧都必须重发。

再一次强调在全双工通信中应答信号可以由反方向传送的数据帧"捎带"送回，这种机制进一步减小了通信开销，然而也带来了一定的问题。在很多捎带方案中，反向数据帧中的应答字段总是捎带一个应答信号，这样就可能出现对同一个帧的重复应答。假定帧编号字段为 3 位长，发送窗口大小为 8。当发送器收到第一个 ACK1 后把窗口推进到后沿为 1、前沿为 0 的位置，即发送窗口现在包含的帧编号为 1、2、3、4、5、6、7、0。如果这时又收到一个捎带回的 ACK1，发送器如何做呢？后一个 ACK1 可能表示窗口中的所有帧都未曾接收，也可能意味着窗口中的帧已正确接收。然而，如果规定窗口的大小为 7，则可以避免这种二义性。所以，在后退 N 帧协议中必须限制发送窗口大小 $W \leqslant 2^k - 1$。

3.2.2　HDLC 协议

数据链路控制协议可分为两大类：面向字符的协议和面向位的协议。面向字符的协议以字符作为传输的基本单位，并用10个专用字符控制传输过程。这类协议发展较早，至今仍在使用。面向位的协议以位作为传输的基本单位，它的传输效率高，已广泛地应用于公共数据网上。这一小节介绍一种面向位的数据链路控制协议。

HDLC（High Level Data Link Control，高级数据链路控制）协议是国际标准化组织根据 IBM 公司的 SDLC（Synchronous Data Link Control）协议扩充开发而成的。美国国家标准化协会（ANSI）则根据 SDLC 开发出类似的协议，叫作 ADCCP 协议（Advanced Data Communication Control Procedure）。以下的讨论都是基于 HDLC。

1. HDLC 的基本配置

HDLC 定义了 3 种类型的站、两种链路配置和 3 种数据传输方式。3 种站分别如下。

（1）主站。对链路进行控制，主站发出的帧叫命令帧。

（2）从站。在主站控制下进行操作，从站发出的帧叫响应帧。

（3）复合站。具有主站和从站的双重功能。复合站既可以发送命令帧也可以发出响应帧。

两种链路配置如下。

（1）不平衡配置。适用于点对点和点对多点链路。这种链路由一个主站和一个或多个从站组成，支持全双工或半双工传输。

（2）平衡配置。仅用于点对点链路。这种配置由两个复合站组成，支持全双工或半双工传输。

3 种数据传输方式如下。

（1）正常响应方式（Normal Response Mode，NRM）。适用于不平衡配置，只有主站能启动数据传输过程，从站收到主站的询问命令时才能发送数据。

（2）异步平衡方式（Asynchronous Balanced Mode，ABM）。适用于平衡配置，任何一个复

合站都无须取得另一个复合站的允许就可以启动数据传输过程。

（3）异步响应方式（Asynchronous Response Mode，ARM）。适用于不平衡配置，从站无须取得主站的明确指示就可以启动数据传输，主站的责任只是对线路进行管理。

正常响应方式可用于计算机和多个终端相连的多点线路上，计算机对各个终端进行轮询以实现数据输入。正常响应方式也可以用于点对点的链路上，例如计算机和一个外设相连的情况。异步平衡方式能有效地利用点对点全双工链路的带宽，因为这种方式没有轮询的开销。异步响应方式的特点是各个从站轮流询问中心站，这种传输方式很少使用。

2．HDLC 帧结构

HDLC 使用统一的帧结构进行同步传输，图 3-16 所示为 HDLC 的帧结构。从图中可以看出，HDLC 帧由 6 个字段组成。以两端的标志字段（F）作为帧的边界，在信息字段（INFO）中包含了要传输的数据。下面对 HDLC 帧的各个字段分别予以解释。

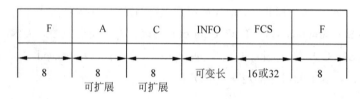

图 3-16　HDLC 帧结构

（1）帧标志 F。HDLC 用一种特殊的位模式 01111110 作为帧的边界标志。链路上所有的站都在不断地探索标志模式，一旦得到一个标志就开始接收帧。在接收帧的过程中如果发现一个标志，则认为该帧结束了。由于帧中间出现位模式 01111110 时也会被当作标志，从而破坏了帧的同步，所以要使用位填充技术。发送站的数据位序列中一旦发现 0 后有 5 个 1，则在第 7 位插入一个 0，这样就保证了传输的数据中不会出现与帧标志相同的位模式。接收站则进行相反的操作：在接收的位序列中如果发现 0 后有 5 个 1，则检查第 7 位，若第 7 位为 0 则删除；若第 7 位是 1 且第 8 位是 0，则认为是检测到帧尾的标志；若第 7 位和第 8 位都是 1，则认为是发送站的停止信号。有了位填充技术，任意的位模式都可以出现在数据帧中，这个特点叫作透明的数据传输。

（2）地址字段 A。地址字段用于标识从站的地址，用在点对多点链路中。地址通常是 8 位长，然而经过协商之后，也可以采用更长的扩展地址。扩展的地址字段如图 3-17 所示，可以看出，它是 8 位组的整数倍。每一个 8 位组的最低位表示该 8 位组是否是地址字段的结尾：若为 1，表示是最后的 8 位组；若为 0，则不是。所有 8 位组的其余 7 位组成了整个扩展地址字段。

全为 1 的 8 位组（11111111）表示广播地址。

0	7 位地址	0	7 位地址		1	7 位地址

图 3-17　HDLC 扩展地址

（3）控制字段 C。HDLC 定义了 3 种帧，可根据控制字段的格式区分。信息帧（I 帧）承载着要传送的数据，此外还捎带着流量控制和差错控制的应答信号。管理帧（S 帧）用于提供 ARQ 控制信息，当不使用捎带机制时要用管理帧控制传输过程。无编号帧提供建立、释放等链路控制功能，以及少量信息的无连接传送功能。控制字段第 1 位或前两位用于区别 3 种不同格式的帧，如图 3-18 所示。基本的控制字段是 8 位长，扩展的控制字段为 16 位长。

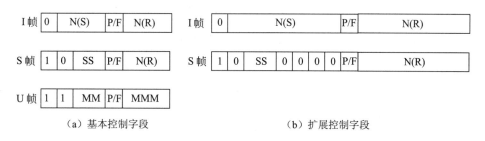

（a）基本控制字段　　　　　　　　　　　　　　（b）扩展控制字段

图 3-18　控制字段格式

（4）信息字段 INFO。只有 I 帧和某些无编号帧含有信息字段。这个字段可含有用于表示用户数据的任何序列，其长度没有规定，但具体的实现往往限定了最大帧长。

（5）帧校验序列 FCS。FCS 中含有各个字段的校验（标志字段除外）。通常使用 CRC-CCITT 标准产生 16 位校验序列，有时也使用 CRC-32 产生 32 位校验序列。

3．HDLC 帧类型

HDLC 协议的帧类型如表 3-3 所示。下面结合 HDLC 的操作介绍这些帧的作用。

表 3-3　HDLC 协议的帧类型

名　字	功　能	描　述
信息帧（I）	命令/响应	交换用户数据
管理帧（S）		
接收就绪（RR）	命令/响应	肯定应答，可以接收第 i 帧
接收未就绪（RNR）	命令/响应	肯定应答，不能继续接收

名　字	功　能	描　述
拒绝接收（REJ）	命令/响应	否定应答，后退 N 帧重发
选择性拒绝接收（SREJ）	命令/响应	否定应答，选择重发
无编号帧（U）		
置正常响应方式（SNRM）	命令	置数据传输方式 NRM
置扩展的正常响应方式（SNRME）	命令	置数据传输方式为扩展的 NRM
置异步响应方式（SARM）	命令	置数据传输方式 ARM
置扩展的异步响应方式（SARME）	命令	置数据传输方式为扩展的 ARM
置异步平衡方式（SABM）	命令	置数据传输方式 ABM
置扩展的异步平衡方式（SABME）	命令	置数据传输方式为扩展的 ABM
置初始化方式（SIM）	命令	由接收站启动数据链路控制过程
拆除连接（DISC）	命令	拆除逻辑连接
无编号应答（UA）	响应	对置方式命令的肯定应答
非连接方式（DM）	响应	从站处于逻辑上断开的状态
请求拆除连接（RD）	响应	请求断开逻辑连接
请求初始化方式（RIM）	响应	请求发送 SIM 命令，启动初始化过程
无编号信息（UI）	命令/响应	交换控制信息
无编号询问（UP）	命令	请求发送控制信息
复位（RSET）	命令	用于复位，重置 N（R），N（S）
交换标识（XID）	命令/响应	交换标识和状态
测试（TEST）	命令/响应	交换用于测试的信息字段
帧拒绝（FRMR）	响应	报告接收到不能接收的帧

（1）信息帧。信息帧除承载用户数据之外还包含该帧的编号 N(S)，以及捎带的肯定应答顺序号 N(R)。I 帧还包含一个 P/F 位，在主站发出的命令帧中这一位表示 P，即轮询（polling）；在从站发出的响应帧中这一位是 F 位，即终止位（final）。在正常响应方式下，主站发出的 I 格式命令帧中的 P/F 位置 1，表示该帧是询问帧，允许从站发送数据。从站响应主站的询问，可以发送多个响应帧，其中仅最后一个响应帧的 P/F 位置 1，表示一批数据发送完毕。在异步响应方式和异步平衡方式下，P/F 位用于控制 S 帧和 U 帧的交换过程。

（2）管理帧。管理帧用于进行流量和差错控制，当没有足够多的信息帧捎带管理命令/响应时，要发送专门的管理帧来实现控制。从表 3-3 看出，有 4 种管理帧可以用控制字段中的两个 S 位来区分。RR 帧表示接收就绪，它既是对 N(R)之前帧的确认，也是准备接收 N(R)及其后续帧的肯定应答。RNR 帧表示接收未就绪，在对 N(R)之前的帧给予肯定应答的同时，拒绝进一步接收后续帧。REJ 帧表示拒绝接收 N(R)帧，要求重发 N(R)帧及其后续帧。显然，REJ 用于后退 N 帧 ARQ 流控方案中。类似地，SREJ 帧用于选择重发 ARQ 流控方案中。

管理帧中 P/F 位的作用如下所述：主站发送 P 位置 1 的 RR 帧询问从站，是否有数据要发送。如果从站有数据要发送，则以信息帧响应；否则从站以 F 位置 1 的 RR 帧响应，表示没有数据可发送。另外，主站也可以发送 P 位置 1 的 RNR 帧询问从站的状态。如果从站可以接收信息帧，则以 F 位置 1 的 RR 帧响应；反之，如果从站忙，则以 F 位置 1 的 RNR 帧响应。

（3）无编号帧。无编号帧用于链路控制。这类帧不包含编号字段，也不改变信息帧流动的顺序。无编号帧按其控制功能可分为以下几个子类。

- 设置数据传输方式的命令和响应帧。
- 传输信息的命令和响应帧。
- 用于链路恢复的命令和响应帧。
- 其他命令和响应帧。

设置数据传输方式的命令帧由主站发送给从站，表示设置或改变数据传输方式。SNRM、SARM 和 SABM 分别对应 3 种数据传输方式。SNRME、SARME 和 SABME 也是设置数据传输方式的命令帧，然而这 3 种传输方式使用两个字节的控制域。从站接收了设置传输方式的命令帧后以无编号应答帧（UA）响应。一种传输方式建立后一直保持有效，直到另外的设置方式命令改变了当前的传输方式。

主站向从站发送置初始化方式命令（SIM），使得接收该命令的从站启动一个建立链路的过程。在初始化方式下，两个站用无编号信息帧（UI）交换数据和命令。释放连接命令（DISC）用于通知对方链路已经释放，对方站以 UA 帧响应，链路随之断开。

除 UA 帧之外，还有几种响应帧与传输方式的设置有关。非连接方式帧（DM）可用于响应所有的置传输方式命令，表示响应的站处于逻辑上断开的状态，即拒绝建立指定的传输方式。请求初始化方式帧（RIM）也可用于响应置传输方式命令，表示响应站没有准备好接收命令，或正在进行初始化。请求释放连接帧（RD）则表示响应站要求断开逻辑连接。信息传输的命令和响应用于两个站之间交换信息。无编号信息帧（UI）既可作为命令帧，也可作为响应帧。UI 帧传送的信息可以是高层的状态、操作中断状态、时间、链路初始化参数等。主站/复合站可发送无编号询问命令（UP）请求接收站送回无编号响应帧，以了解它的状态。

链路恢复命令和响应用于 ARQ 机制不能正常工作的情况下。接收站可用帧拒绝响应（FRMR）表示接收的帧中有错误。例如，控制字段无效、信息字段太长、帧类型不允许携带信息以及捎带的 N(R)无效等。

复位命令（RSET）表示发送站正在重新设置发送顺序号，这时接收站也应该重新设置接收顺序号。

还有两种命令和响应不能归入以上几类。交换标识（XID）帧用于在两个站之间交换它们的标识和特征，实际交换的信息依赖于具体的实现。测试命令帧（TEST）用于测试链路和接收站是否正常工作。接收站收到测试命令后要尽快以测试帧响应。

4. HDLC 的操作

下面通过图 3-19 的例子说明 HDLC 的操作过程，这些例子虽然不能囊括实际运作中的所有情况，但是可以帮助读者理解各种命令和响应的使用方法。由于 HDLC 定义的命令和响应非常多，可以实现各种应用环境的所有要求，所以对于任何一种特定的应用，只要实现一个子集就可以了，以下给出的例子都是实际应用中的典型情况。

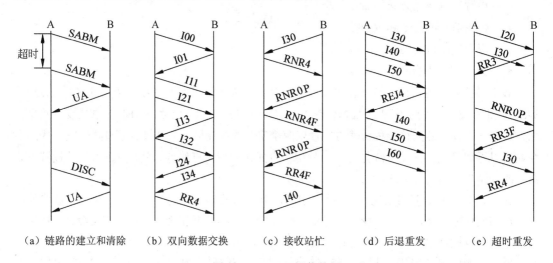

图 3-19　HDLC 操作的例

在图 3-19 中，用 I 表示信息帧，I 后面的两个数字分别表示信息帧中的 N(S) 和 N(R) 值。管理帧和无编号帧都直接给出帧名字，管理帧后的数字则表示帧中的 N(R) 值，P 和 F 表示该帧中的 P/F 位置 1，没有 P 和 F 表示这一位置 0。

图 3-19（a）说明了链路建立和释放的过程。A 站发出 SABM 命令并启动定时器，在一定的时间内没有得到应答后重发同一命令。B 站以 UA 帧响应，并对本站的局部变量和计数器进行初始化。A 站收到应答后也对本站的局部变量和计数器进行初始化，并停止计时，这时逻辑链路就建立起来了。释放链路的过程由双方交换一对命令 DISC 和响应 UA 完成。在实际使用中可能出现链路不能建立的情况，B 站以 DM 响应 A 站的 SABM 命令，或者 A 站重复发送 SABM 命令预定的次数后放弃建立连接，向上层实体报告链接失败。

图 3-19（b）说明了全双工交换信息帧的过程。每个信息帧中用 N(S) 指明发送顺序号，用

N(R)指明接收顺序号。当一个站连续发送了若干帧而没有收到对方发来的信息帧时，N(R)字段只能简单地重复，例如，A 发给 B 的 I11 和 I21。最后 A 站没有信息帧要发时用一个管理帧 RR4 对 B 站给予应答。图中也表示出了肯定应答的积累效应，例如 A 站发出的 RR4 帧一次应答了 B 站的两个数据帧。

图3-19（c）画出了接收站忙的情况。出现这种情况的原因可能是接收站数据链路层缓冲区溢出，也可能是接收站上层实体来不及处理接收到的数据。图中 A 站以 RNR4 响应 B 站的 I30 帧，表示 A 站对第 3 帧之前的帧已正确接收，但不能继续接收下一个帧。B 站接收到 RNR4 后每隔一定时间以 P 位置 1 的 RNR 命令询问接收站的状态。接收站 A 如果保持忙则以 F 位置 1 的 RNR 帧响应；如果忙状态解除，则以 F 位置 1 的 RR 帧响应，于是数据传送从 RR 应答中的接收序号恢复发送。

图 3-19（d）描述了使用 REJ 命令的例子。A 站发出了第 3、4、5 信息帧，其中第 4 帧出错。接收站检出错误帧后发出 REJ4 命令，发送站返回到出错帧重发。这是使用后退 N 帧 ARQ 技术的典型情况。

图 3-19（e）表示的是超时重发的例子。A 站发出的第 3 帧出错，B 站检测到错误后丢弃了它。但是，B 站不能发出 REJ 命令，因为 B 站无法判断这是一个 I 帧。A 站超时后发出 P 位置 1 的 RNR 命令询问 B 站的状态。B 站以 RR3F 响应，于是数据传送从断点处恢复。

3.2.3　X.25 PLP 协议

X.25 的分组层提供虚电路服务，共有两种形式的虚电路：一种是交换虚电路（Switched Virtual Circuit，SVC），一种是永久虚电路（Permanent Virtual Circuit，PVC）。交换虚电路是动态建立的虚电路，包含呼叫建立、数据传送和呼叫清除等几个过程。永久虚电路是网络指定的固定虚电路，像专用线一样，无须建立和清除连接，可直接传送数据。

无论是交换虚电路还是永久虚电路，都是由几条"虚拟"连接共享一条物理信道。一对分组交换机之间至少有一条物理链路，几条虚电路可以共享该物理链路。每一条虚电路由相邻节点之间的一对缓冲区实现，这些缓冲区被分配给不同的虚电路代号以示区别。建立虚电路的过程就是在沿线各节点上分配缓冲区和虚电路代号的过程。

图 3-20 是一个简单的例子，用来说明虚电路是如何实现的。图中有 A、B、C、D、E 和 F 共 6 个分组交换机。假定每个交换机可以支持 4 条虚电路，所以需要 4 对缓冲区。图 3-20 建立了 6 条虚电路，其中一条是"③ 1-BCD-2"，它从 B 节点开始，经过 C 节点，到达 D 节点连接的主机。根据图上的表示，对于 B 节点连接的主机来说，给它分配的是 1 号虚电路；对于 D 节点上的主机来说，它连接的是 2 号虚电路。可见，连接在同一虚电路上的一对主机看到的虚电路号不一样。

图 3-21 为通过两次握手建立和释放虚电路连接的例子。连网的两个 DTE 通过交换 Call Request、Incoming Call、Call Accepted 和 Call Connected 建立连接，并协商连接的参数。释放

虚电路则交换 Clear Request、Clear Indication、Clear Response 和 Clear Confirm 这 4 个分组。

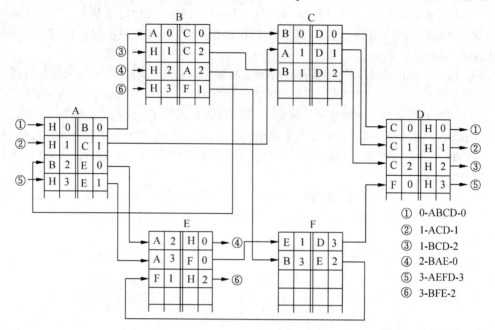

图 3-20　虚电路表的例子

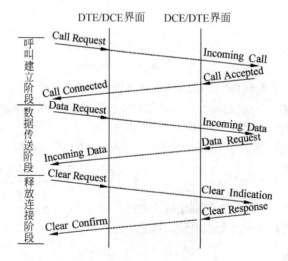

图 3-21　X.25 虚电路的建立和释放

X.25 PLP 层使用的各种分组的格式大同小异，如图 3-22 所示。

（a）数据分组，3 位顺序号

（b）数据分组，7 位顺序号

（c）控制分组，3 位顺序号　　　（d）控制分组，7 位顺序号　　　（e）Call Request 分组

图 3-22　X.25 分组格式

PLP 协议把用户数据分成一定大小的块（一般为 128 字节），再加 24 位或 32 位的分组头组成数据分组。分组头中第 3 个字节的最低位用来区分数据分组和其他的控制分组。对数据分组，这一位为 0，其他分组的这一位为 1。分组头中包含 12 位的虚电路号，这 12 位划分为组号和信道号。P(R) 和 P(S) 字段分别表示接收和发送顺序号，用于支持流量控制和差错控制，这两个字段可以是 3 位或 7 位长。在分组头的第一个字节中有两位用来区分两种不同的格式：3 位顺序号格式对应 01，7 位顺序号格式对应 10。Q 位在标准中没有定义，可由上层软件使用，用来区分不同的数据。M 位和 D 位用在分组排序中。

X.25 的流控和差错控制机制与 HDLC 类似。每个数据分组都包含发送顺序号 P(S) 和接收顺序号 P(R)，默认的顺序号为 3 位，但是可以在建立虚电路时通过特别业务机制要求使用 7 位顺序号。P(S) 字段由发送 DTE 按递增的次序指定给每个发出的数据分组，P(R) 字段捎带了 DTE 期望从另一端接收的下一个分组的序号。如果一端没有数据分组要发送，则可以用 RR（接收就绪）或 RNR（接收未就绪）控制分组回送应答信息。X.25 默认的窗口大小是 2，但是对于 3 位顺序号窗口最大可设置为 7，对于 7 位顺序号窗口最大可设置为 127。这也是在建立虚电路时通过协商决定的。

X.25 的差错控制采用后退 N 帧 ARQ 协议。如果节点收到否定应答 REJ，则重传 P(R) 字段指明的分组及其之后的所有分组。

3.3   帧中继网

帧中继最初是作为 ISDN 的一种承载业务而定义的。按照 ISDN 的体系结构，用户与网络的接口分成两个平面，其目的是把信令和用户数据分开，如图 3-23 所示。控制平面在用户和网络之间建立和释放逻辑连接，而用户平面在两个端系统之间传送数据。

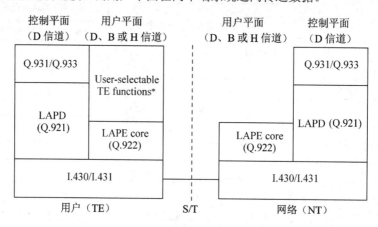

图 3-23   用户与网络接口协议的体系结构

帧中继在第二层建立虚电路，用帧方式承载数据业务，因而第三层就被简化掉了。同时，FR 的帧层也比 HDLC 操作简单，只做检错，不再重传，没有滑动窗口式的流控，只有拥塞控制。

3.3.1   帧中继业务

帧中继网络提供虚电路业务。虚电路是端到端的连接，不同的数据链路连接标识符（Data Link Connection Identifier，DLCI）代表不同的虚电路。在用户—网络接口（UNI）上的 DLCI 用于区分用户建立的不同虚电路，在网络—网络接口（NNI）上的 DLCI 用于区分网络之间的不同虚电路。DLCI 的作用范围仅限于本地的链路段，如图 3-24 所示。

虚电路分为永久虚电路和交换虚电路。PVC 是在两个端用户之间建立的固定逻辑连接，为用户提供约定的服务。帧中继交换设备根据预先配置的 DLCI 表把数据帧从一段链路交换到另外一段链路，最终传送到接收的用户。SVC 是使用 ISDN 信令协议 Q.931 临时建立的逻辑连接，它要以呼叫的形式通过信令来建立和释放。有的帧中继网络只提供 PVC 业务，而不提供 SVC 业务。

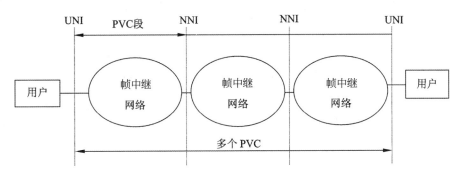

图 3-24　用户—网络接口与网络—网络接口

在帧中继的虚电路上可以提供不同的服务质量，服务质量参数有下面这些。

- 接入速率（AR）：指 DTE 可以获得的最大数据速率，实际上就是用户—网络接口的物理速率。
- 约定突发量（B_c）：指在 T_c（时间间隔）内允许用户发送的数据量。
- 超突发量（B_e）：指在 T_c 内超过 B_c 部分的数据量，对这部分数据网络将尽力传送。
- 约定数据速率（CIR）：指正常状态下的数据速率，取 T_c 内的平均值。
- 扩展的数据速率（EIR）：指允许用户增加的数据速率。
- 约定速率测量时间（T_c）：指测量 B_c 和 B_e 的时间间隔。
- 信息字段最大长度：指每个帧中包含的信息字段的最大字节数，默认为 1600 字节。

这些参数之间有如下关系：

$$B_c = T_c \times CIR$$
$$B_e = T_c \times EIR$$

在用户—网络接口上对这些参数进行管理。在两个不同的传输方向上，这些参数可以不同，以适应两个传输方向业务量不同的应用。网络应该可靠地保证用户以等于或低于 CIR 的速率传送数据。对于超过 CIR 的 B_c 部分，在正常情况下也能可靠地传送，但是若出现网络拥塞，则会被优先丢弃。对于 B_e 部分的数据，网络将尽量传送，但不保证传送成功。对于超过 B_c+B_e 的部分，网络拒绝接收，如图 3-25 所示。这是在保证用户正常通信的前提下防止网络拥塞的重要手段，对各种数据通信业务（流式的和突发的）有很强的适应能力。

在帧中继网上，用户的数据速率可以在一定的范围内变化，从而既可以适应流式业务，又可以适应突发式业务，这使得帧中继成为远程传输的理想形式，如图 3-26 所示。

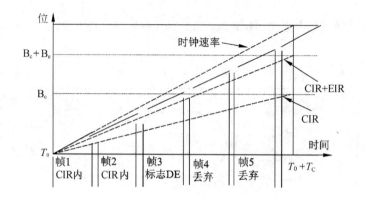

图 3-25　用户数据速率控制

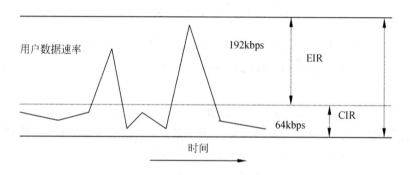

图 3-26　用户数据速率的变化

3.3.2　帧中继协议

与 HDLC 一样，帧中继采用帧作为传输的基本单位。帧中继协议叫作 LAP-D（Q.921），它比 LAP-B 简单，省去了控制字段，帧格式如图 3-27 所示。

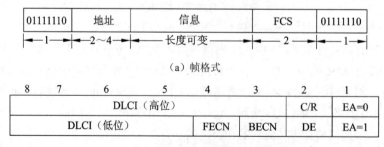

01111110	地址	信息	FCS	01111110
1	2～4	长度可变	2	1

（a）帧格式

8	7	6	5	4	3	2	1
DLCI（高位）						C/R	EA=0
DLCI（低位）				FECN	BECN	DE	EA=1

（b）2 字节地址格式

图 3-27　帧中继的帧格式

从图 3-27（a）看出，帧头和帧尾都是一个字节的帧标志字段，编码为 01111110，与 HDLC 一样。信息字段长度可变，1600 字节是默认的最大长度。帧校验序列也与 HDLC 相同。地址字段的格式如图 3-27（b）所示。其中各参数的含义如下。

- EA：地址扩展位，该位为 0 时表示地址向后扩展一个字节，为 1 时表示最后一个字节。
- C/R：命令/响应位，协议本身不使用这个位，用户可以用这个位区分不同的帧。
- FECN：向前拥塞位，若网络设备置该位为 1，则表示在帧的传送方向上出现了拥塞，该帧到达接收端后，接收方可据此调整发送方的数据速率。
- BECN：向后拥塞位，若网络设备置该位为 1，则表示在与帧传送相反的方向上出现了拥塞，该帧到达发送端后，发送方可据此调整发送数据速率。
- DE：优先丢弃位，当网络发生拥塞时，DE 为 1 的帧被优先丢弃。
- DC：该位仅在地址字段为 3 或 4 字节时使用。一般情况下 DC 为 0，若 DC 为 1，则表示最后一个字节的 3～8 位不再解释为 DLCI 的低位，而被数据链路核心控制使用。
- DLCI：数据链路连接标识符，在 3 种不同的地址格式中分别是 10、16 和 23 位。它们的取值范围和用途各不相同，有的虚电路传送数据，有的虚电路传送信令，还有的用于强化链路层管理。

关于 FECN 和 BECN 的用法如图 3-28 所示，这个叫作显式拥塞控制。另外，用户终端可以根据 ISDN 上层建立的序列号检测帧丢失的概率，一旦帧的丢失超过一定程度，用户终端要自动地降低发送的速率，这个叫隐式流控。在这种没有流量控制的网络中，对于拥塞的控制需要用户和网络共同完成。

强化链路层管理（Consolidated Link Layer Management，CLLM）是另外一种拥塞控制的方法。这种 CLLM 消息通过第二层管理连接（DLCI 1007）成批地传送拥塞信息，其中包含受拥塞影响的 DLCI 清单以及出现拥塞的原因等。收到 CLLM 消息的终端可以采取相应的行动（例如减少发送的数据量）以缓解拥塞。

图 3-28　向前拥塞和向后拥塞

综上所述，LAP-D 帧具有下列作用。

（1）通过帧标志字节对帧进行封装，通过 0 位插入技术做到透明地传输。

（2）利用地址字段实现对物理链路的多路复用。

（3）利用帧校验和检查传输错误，丢弃出错的帧。

（4）检查帧的长度在 0 位插入之前或删除之后是否为整数个字节，丢弃长度出错的帧。

（5）检查太长（超过约定的长度）和太短（少于 1600 字节）的帧并丢弃。

（6）对网络拥塞进行控制。

3.3.3　帧中继的应用

帧中继原来是作为 ISDN 的承载业务而定义的，后来许多组织看到了这种协议在广域连网中的巨大优势，所以对帧中继技术进行了广泛的研究。这里有产业界成立的帧中继论坛（Frame Relay Forum），也有国际和地区的标准化组织，都在从事非 ISTN 的独立帧中继标准的开发（例如 ITU-T X.36）。这些标准删除了依赖于 ISDN 的成分，提供了通用的帧中继连网功能。同时主要的网络设备制造商（例如 CISCO、3COM 等）都支持帧中继远程网络，它们的路由器都提供了 FR 接口。图 3-29 是通过帧中继连接局域网的例子。

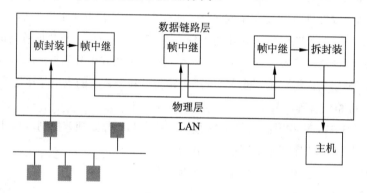

图 3-29　帧中继连接局域网

帧中继远程连网的主要优点如下。

（1）基于分组（帧）交换的透明传输，可提供面向连接的服务。

（2）帧长可变，长度可达 1600～4096 字节，可以承载各种局域网的数据帧。

（3）可以达到很高的数据速率，2～45Mbps。

（4）既可以按需要提供带宽，也可以应付突发的数据传输。

（5）没有流控和重传机制，开销很少。

帧中继协议在第二层实现，没有定义专门的物理层接口，可以用 X.21、V.35、G.703 或 G.704 接口协议。用户在 UNI 接口上可以连接 976 条 PVC（DLCI=16～991）。在帧中继之上不仅可以承载 IP 数据报，而且其他的协议（例如 LLC、SNAP、IPX、ARP 和 RARP 等）甚至远程网桥协议都可以在帧中继上透明地传输。帧中继论坛已经公布了多种协议通过帧中继传送的标准（例如 IP over RF）。

建立专用的广域网可以租用专线,也可以租用 PVC。帧中继相对于租用专线也有许多优点,例如下面这些。

(1)由于使用了虚电路,所以减少了用户设备的端口数。特别是对于星型拓扑结构(一个主机连接多个终端),这个优点很重要。对于网状拓扑结构,如果有 N 台机器相连,利用帧中继可以提供 $N(N–1)/2$ 条虚拟连接,而不是 $N(N–1)$ 个端口。

(2)提供备份线路成为运营商的责任,而不需要端用户处理。备份连接成为对用户透明的交换功能。

(3)采用 CIR+EIR 的形式可以提供很高的峰值速率,同时在正常情况下使用较低的 CIR,可以实现经济的数据传输。

(4)利用帧中继可以建立全国范围的虚拟专用网,既简化了路由又增加了安全性。

(5)使用帧中继通过一点连接到 Internet,既经济又安全。

帧中继的缺点如下。

(1)不适合对延迟敏感的应用(例如声音、视频)。

(2)不保证可靠的提交。

(3)数据的丢失与否依赖于运营商对虚电路的配置。

3.4　ISDN 和 ATM

随着技术的进步,新的通信业务不断涌现,新的通信网络也应运而生。在今天的通信领域有各种各样的网络,如用户电报网、固定电话网、移动电话网、电路交换数据网、分组交换数据网、租用线路网、局域网和城域网等。为了开发一种通用的电信网络,实现全方位的通信服务,电信工程师们提出了综合业务数字网。

3.4.1　综合业务数字网

ISDN 分为窄带 ISDN(Narrowband Integrated Service Digital Network,N-ISDN)和宽带 ISDN(Broadband Integrated Service Digital Network,B-ISDN)。N-ISDN 是 20 世纪 70 年代开发的网络技术,开发它的目的是以数字系统代替模拟电话系统,把音频、视频和数据业务放在一个网络上统一传输。从用户的角度看,ISDN 的体系结构如图 3-30 所示。

用户通过本地的接口设备访问 N-ISDN 提供的数字管道(digital pipe),数字管道以固定的位速率提供电路交换服务、分组交换服务或其他服务。为了提供不同的服务,ISDN 需要复杂的信令系统来控制各种信息的流动,同时按照用户使用的实际速率进行收费,这与电话系统根据连接时间收费是不同的。

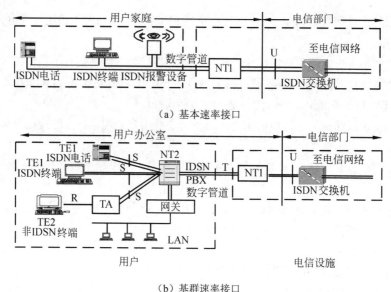

（a）基本速率接口

（b）基群速率接口

图 3-30　N-ISDN 用户接口

1. ISDN 用户接口

ISDN 系统主要提供两种用户接口：基本速率 2B+D 和基群速率 30B+D。B 信道是 64kbps 的话音或数据信道，而 D 信道是 16kbps 或 64kbps 的信令信道。对于家庭用户，通信公司在用户住所安装一个第一类网络终接设备 NT1。用户可以在连接 NT1 的总线上最多挂接 8 台设备共享 2B+D 的 144kbps 信道，如图 3-30（a）所示。NT1 的另一端通过长达数千米的双绞线连接到 ISDN 交换局。通常家庭连网使用这种方式。

大型商业用户则要通过第二类网络终接设备 NT2 连接 ISDN，如图 3-30（b）所示。这种接入方式可以提供 30B+D（接近 2.048Mbps）的接口速率，甚至更高。所谓 NT2，就是一台专用小交换机（Private Branch eXchange，PBX），它结合了数字数据交换和模拟电话交换的功能，可以对数据和话音混合传输，与 ISDN 交换局的交换机功能差不多，只是规模小一些。

用户设备分为两种类型：1 型终端设备（TE1）符合 ISDN 接口标准，可通过数字管道直接连接 ISDN，例如数字电话、数字传真机等；2 型终端设备（TE2）是非标准的用户设备，必须通过终端适配器（TA）才能连接 ISDN。通常的 PC 就是 TE2 设备，需要插入一个 ISDN 适配卡才能接入 ISDN。

2. B-ISDN 体系结构

窄带 ISDN 的缺点是数据速率太低，不适合视频信息等需要高带宽的应用，它仍然是一种基于电路交换网的技术。20 世纪 80 年代，ITU-T 成立了专门的研究组织，开发宽带 ISDN 技术，后来在 I.321 建议中提出了 B-ISDN 体系结构和基于分组交换的 ATM 技术，如图 3-31 所示。B-ISDN 模型采用了与 OSI 参考模型同样的分层概念，同时还以不同的平面来区分用户信息、控制信息和管理信息。

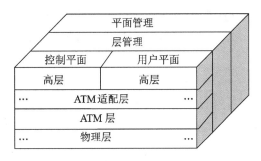

图 3-31　B-ISDN 参考模型

　　用户平面提供与用户数据传送有关的流量控制和差错检测功能。控制平面主要用于连接和信令信息的管理。管理平面支持网络管理和维护功能。每一个平面划分为相对独立的协议层，共有 4 个层次，各层又根据需要分为若干子层，其功能如表 3-4 所示。

表 3-4　B-ISDN 各层的功能

层　　次	子　　层	功　　能	与 OSI 的对应
高层		对用户数据的控制	高层
ATM 适配层	汇聚子层	为高层数据提供统一接口	第四层
	拆装子层	分割和合并用户数据	
ATM 层		虚通路和虚信道的管理 信元头的组装和拆分 信元的多路复用 流量控制	第三层
物理层	传输汇聚子层	信元校验和速率控制 数据帧的组装和拆分	第二层
	物理介质子层	位定时 物理网络接入	第一层

　　B-ISDN 的关键技术是异步传输模式，采用 5 类双绞线或光纤传输，数据速率可达 155Mbps，可以传输无压缩的高清晰度电视（HTV）。这种高速网络有广泛的应用领域和广阔的发展前途。下面首先介绍 ATM 的基本概念。

3．同步传输和异步传输

电路交换网络按照时分多路的原理将信息从一个节点传送到另外一个节点，这种技术叫作同步传输模式（Synchronous Transfer Mode，STM），即根据要求的数据速率为每一逻辑信道分配一个或几个时槽。在连接存在期间，时槽是固定分配的；当连接释放时，时槽就被分配给其他连接。例如在 T_1 载波中，每一话路可以在 T_1 帧中占用一个时槽，每个时槽包含 8 位，如图3-32 所示。

图 3-32　同步传输模式的例子

异步传输模式（Asynchronous Transfer Mode，ATM）与前一种分配时槽的方法不同。它把用户数据组织成 53 字节长的信元（cell），从各种数据源随机到达的信元没有预定的顺序，而且信元之间可以有间隙，信元只要准备好就可以进入信道。在没有数据时，向信道发送空信元，或者发送 OAM（Operation And Maintenance）信元，如图 3-33 所示。图中的信元排列是不固定的，这就是它的异步性，也叫作统计时分复用。所以，ATM 就是以信元为传输单位的统计时分复用技术。

图 3-33　异步传输模式的例子

信元不仅是传输的信息单位，而且也是交换的信息单位。在 ATM 交换机中，根据已经建立的逻辑连接，把信元从入端链路交换到出端链路，如图 3-34 所示。由于信元是 53 字节的固定长度，所以可以高速地进行处理和交换，这正是 ATM 区别于一般的分组交换的特点，也是它的优点。

ATM 的典型数据速率为 150Mbps。通过计算150M/8/53=360 000，即每秒钟每个信道上有 36 万个

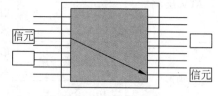

图 3-34　ATM 交换

信元来到，所以每个信元的处理周期仅为 2.7μs。商用 ATM 交换机可以连接 16～1024 个逻辑信道，于是每个周期中要处理 16～1024 个信元。短的、固定长度的信元为使用硬件进行高速交换创造了条件。

由于 ATM 是面向连接的，所以 ATM 交换机在高速交换中要尽量减少信元的丢失，同时保

证同一虚电路上的信元顺序不能改变。这是 ATM 交换机设计中要解决的关键问题。

3.4.2　ATM 虚电路

ATM 的网络层以虚电路提供面向连接的服务。ATM 支持两级连接,即虚通路(Virtual Path)和虚信道(Virtual Channel)。虚信道相当于 X.25 的虚电路,一组虚信道捆绑在一起形成虚通路,如图 3-35 所示。这样的两级连接提供了更好的调度性能。

图 3-35　ATM 的虚通路和虚信道

ATM 虚电路具有下列特点。

(1)ATM 是面向连接的(提供面向连接的服务,内部操作也是面向连接的),在源和目标之间建立虚电路(即虚信道)。

(2)ATM 不提供应答,因为光纤通信是可靠的,只有很少的错误可以留给高层处理。

(3)由于 ATM 的目的是实现实时通信(例如话音和视频),所以偶然的错误信元不必重传。

虚电路中传送的协议数据单元叫作 ATM 信元。ATM 信元包含 5 个字节的信元头和 48 个字节的数据。信元头的结构如图 3-36 所示。可以看出,在 UNI 接口和 NNI 接口上的信元是不一样的。

图 3-36　ATM 的信元头结构

下面分别介绍各个字段的含义。

- GFC(General Flow Control):4 位,主机和网络之间的信元才有这个字段,可用于主机和网络之间的流控或优先级控制,经过第一个交换机时被重写为 VPI 的一部分。这个字段不会传送到目标主机。

- VPI（虚通路标识符）：有 8 位（UNI）或 12 位（NNI）之分。
- VCI（虚信道标识符）：16 位，理论上每个主机都有 256 个虚通路，每个虚通路包含 65 536 个虚信道。实际上，部分虚信道用于控制功能（例如建立虚电路），并不传送用户数据。
- PTI（Payload Type）：负载类型（3 位），表 3-5 说明了这 3 位的含义，其中的 0 型或 1 型信元是用户提供的，用于区分不同的用户信息，而拥塞信息是网络提供的。

表 3-5　负载类型

PTI 值	含　义	PTI 值	含　义
000	用户数据，无拥塞，0 型信元	100	相邻交换机之间的维护信息
001	用户数据，无拥塞，1 型信元	101	源和目标交换机之间的维护信息
010	用户数据，有拥塞，0 型信元	110	源管理信元
011	用户数据，有拥塞，1 型信元	111	保留

- CLP（Cell Loss Priority）：这一位用于区分信息的优先级，如果出现拥塞，交换机优先丢弃 CLP 被设置为 1 的信元。
- HEC（Header Error Check）：8 位的头校验和，将信元位形成的多项式乘以 2^8，然后除以 x^8+x^2+x+1，就形成了 8 位的 CRC 校验和。

3.4.3　ATM 高层

这是与业务相关的高层。ATM 4.0 规定的用户业务分为 4 类，如表 3-6 所示。

表 3-6　高层协议

服 　务 　类	CBR	RT-VBR	NRT-VBR	ABR	UBR
保证带宽	√	√	√	任选	×
实时通信	√	√	×	×	×
突发通信	×	×	√	√	√
拥塞反馈	×	×	×	√	×

这 4 类业务介绍如下。

（1）CBR（Constant Bit Rate）。固定比特率业务，用于模拟铜线和光纤信道，没有错误检查，没有流控，也没有其他处理。这种业务使得当前的电话系统可以平滑地转换到 B-ISDN，也适合于交互式话音和视频流。

（2）VBR（Variable Bit Rate）。可变比特率业务，又分为以下两类。

- 实时性：例如交互式压缩视频信号（MPEG）就属于这一类业务，其特点是传输速率变化很大，但是信元的到达模式不应有任何抖动，即对信元的延迟和延迟变化要加强控制。
- 非实时性：这一类通信要求按时提交，但一定程度的抖动是允许的，例如多媒体电子邮件就属于这一类业务。由于多媒体电子邮件在显示之前已经存入了接收者的磁盘，所以信元的延迟抖动在显示之前已经被排除了。

（3）ABR（Available Bit Rate）。有效比特率业务，用于突发式通信。如果一个公司通过租用线路连接它的各个办公室，就可以使用这一类业务。公司可以选择足够的线路容量来处理峰值负载，但是经常会有大量的线路容量空闲；或者公司选择的线路容量只能够处理最小的负载，在负载大时会经受拥塞的困扰。例如，平时线路保证 5Mbps，峰值时可能会达到 10Mbps。

（4）UBR（Unspecified Bit Rate）。不定比特率通信，可用于传送 IP 分组。因为 IP 协议不保证提交，如果发生拥塞，信元可以被丢弃。文件传输、电子邮件和 USENET 新闻是这类业务潜在的应用领域。

3.4.4 ATM 适配层

ATM 适配层（ATM Adaptation Layer）负责处理高层来的信息，发送方把高层来的数据分割成 48 字节长的 ATM 负载，接收方把 ATM 信元的有效负载重新组装成用户数据包。ATM 适配层分为以下两个子层。

- CS（Convergence）子层：提供标准的接口。
- SAR（Segmentation and Reassembly）子层：对数据进行分段和重装配。

这两个子层与相邻层的关系如图 3-37 所示。

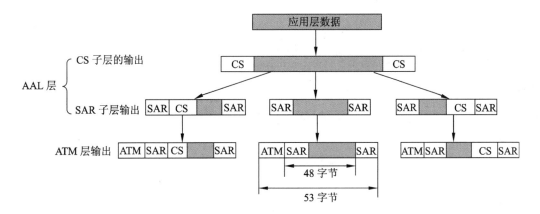

图 3-37 AAL 层与相邻层的关系

AAL 又分为 4 种类型，对应于 A、B、C、D 4 种业务（如表 3-7 所示），这 4 种业务是定义 AAL 层时的目标业务。

表 3-7　高层协议

服 务 类 型	A 类	B 类	C 类	D 类
端到端定时	要求		不要求	
比特率	恒定	可变		
连接模式	面向连接			无连接

- AAL1：对应于 A 类业务。CS 子层检测丢失和误插入的信元，平滑进来的数据，提供固定速率的输出，并且进行分段。SAR 子层加上信元顺序号和及其检查和，以及奇偶效验位等。

- AAL2：对应于 B 类业务，用于传输面向连接的实时数据流。无错误检测，只检查顺序。

- AAL3/4：对应于 C/D 类业务，原来 ITU-T 有两个不同的协议分别用于 C 类和 D 类业务，后来合并为一个协议。该协议用于面向连接的和无连接的服务，对信元错误和丢失敏感，但是与时间无关。

- AAL5：对应于 C/D 类业务，这是计算机行业提出的协议。与 AAL3/4 不同之处是在 CS 子层加长了检查和字段，减少了 SAR 子层，只有分段和重组功能，因而效率更高。图 3-38 表示 AAL5 的两个子层的功能，其中的 PAD 为填充字段，使其成为 48 字节的整数倍；UU 字段供高层用户使用，例如作为顺序号或多路复用，AAL 层不用；Len 字段代表有效负载的长度；CRC 字段为 32 位校验和，对高层数据提供保护。AAL5 多用在局域网中，实现 ATM 局域网仿真（LANE）。

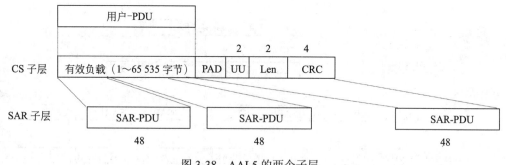

图 3-38　AAL5 的两个子层

3.4.5　ATM 通信管理

ATM 网络是一种高速网络，ATM 通信覆盖了实时的和非实时的、高速的和低速的（从每秒数千位到数百兆位）、固定比特率和可变比特率等多种模式，因而对拥塞控制提出了很高的要求。然而，在 ATM 信元中可用于通信控制的开销位非常有限，所以对信元流的控制必须由另外的机制来实施。ITU-T 基于简化控制机制和提高传输效率的目的定义了基本的通信管理功能（I.371 建议），同时 ATM 论坛又提出了更高级的通信和拥塞控制机制（Traffic Management Specification 4.0），所有这些控制功能的主要目标都是避免或者减小网络拥塞，保证 ATM 网络的服务质量（QoS）。这一节讨论 ATM 网络的通信管理和拥塞控制机制。

1．连接准入控制

连接准入控制是防止网络因超载而出现拥塞的第一道防线。用户在请求建立一个 VPC 或 VCC 时，必须说明通信流的特征，从网络提供的各种 QoS 参数类中选择适合自己需求的类别。当且仅当网络在维护已有的连接正常运行的前提下能够满足用户的需求时才接受新的连接请求，这时网络与用户之间就建立了一个通信合约，只要用户在通信过程中遵守合约，就应该得到需要的服务质量。通信合约可以用以下 4 个参数表示。

- 峰值信元速率：提供给 ATM 连接的最大通信速率。
- 信元时延变化：在测量点上观察到的信元到达模式相对于峰值速率变化的上限。
- 可持续信元速率：在 ATM 连接持续时间可获得的平均速率的上限。
- 突发容限：在测量点上观察到的信元到达模式相对于可持续信元速率变化的上限。

前两个参数适用于 CBR 和 VBR 通信，后两个参数仅适用于 VBR 通信。虽然 CBR 通信源是以固定的峰值速率生成信元，但是由于种种原因（例如，不同速率的多个通信流复用 ATM 信道而引起的排队延迟，插入 OAM 信元引起的时延，物理层插入控制位引起的滞后效应等）会引起信元到达时间出现偏差，信元堆积时意味着峰值速率增加，信元之间出现间隙则意味着峰值速率减少。在网络为一个连接分配资源时不仅要考虑其峰值速率，而且要考虑以上因素引起的信元速率变化。特别是对于 VBR 通信，还要考虑可持续信元速率和突发容限，这样才能更有效地使用网络资源。例如，如果多个 VCC 统计时分多路复用一个 VPC，若根据峰值速率和平均速率综合考虑，则为 VPC 分配的缓冲区才能得到有效的利用，同时还不会丢失信元。用户和网络之间可以用不同的方式建立通信合约。

- 隐含说明通信参数。可以由网络操作员规定一个参数值的集合，用户从默认的集合中选择符合自己需要的参数值，所有的或同类型的连接被赋予同样的参数值，提供同样的服务质量。
- 显式说明通信参数。用户提出连接请求时说明需要的通信参数，网络操作员为特定的用户提供特定的参数值。对于固定虚电路，在连接建立时通过网络管理系统设定所有的通信参数；对于交换虚电路，用户与网络通过 ATM 信令来协商连接的通信参数。

2. 使用参数控制

连接一旦建立，网络必须监控用户是否遵守通信合约，避免由于用户滥用资源而引起网络拥塞。使用参数控制可以在 VPC 和 VCC 两级实施，但主要还是监控 VPC 的使用参数，因为网络资源毕竟是在 VPC 基础上分配的，包含其中的所有 VCC 共享分配给 VPC 的资源。

对于信元峰值速率（R）和信元时延变化的监控适用下面的算法。如果没有时延变化，则信元到达的间隔时间 $T=1/R$；如果出现时延变化，T 值就不固定了。网络监控所有的信元到达时间，对于 $T \leqslant \tau$ 的信元，网络放行；对于 $T > \tau$ 的信元，可置其 CLP=1，在后续的监控点如果出现拥塞，则会被优先丢弃，这里 τ 是网络规定的时延变化容限。对于可持续信元速率和突发容限，可以用类似的算法进行监控。

3. 通信量整形

通信量整形用于平滑通信流，减少信元的堆积，公平地分配资源，缩小平均延迟时间。有一种令牌桶算法如图 3-39 所示，这种算法不是监视和丢弃违反通信合约的信元，而是规范信元的行为，使其符合通信合约的规定。

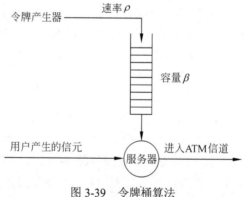

图 3-39　令牌桶算法

在图 3-39 中，令牌产生器每秒钟生产 ρ 个令牌，并把它们放入容量为 β 的令牌桶中，如果令牌桶放满了，多余的令牌将被丢弃。用户发出的信元经过服务器转发进入 ATM 信道。服务器的服务规则是每传送一个信元必须从令牌桶中取出并消耗掉一个令牌，如果令牌能充分供应，则服务器可以连续转发；如果令牌供应不及时，服务器就暂停转发，并等待获取新的令牌。按照这个算法，信元离开服务器进入 ATM 信道的平均速率不能大于令牌产生的速率（ρ），但是可以有一定的突发性，在短时间内消耗掉令牌桶中积压的所有令牌。

第 4 章　局域网与城域网

传统局域网（Local Area Networks，LAN）是分组广播式网络，这是与分组交换式的广域网的主要区别。在广播网络中，所有工作站都连接到共享的传输介质上，共享信道的分配技术是局域网的核心技术，而这一技术又与网络的拓扑结构和传输介质有关。地理范围介于局域网与广域网之间的是城域网（Metropolitan Area Networks，MAN），城域网采用的技术与局域网类似，两种网络协议都包含在 IEEE LAN/MAN 委员会制定的标准中。本章介绍几种常见的局域网和城域网的有关国际标准，以及工作原理和性能分析方法。

4.1　局域网技术概论

拓扑结构和传输介质决定了各种 LAN 的特点，决定了它们的数据速率和通信效率，也决定了适合于传输的数据类型，甚至决定了网络的应用领域。首先概述各种局域网使用的拓扑结构和传输介质，同时介绍两种不同的数据传输系统，最后引导出根据以上特点制定的 IEEE 802 标准。

4.1.1　拓扑结构和传输介质

1．总线型拓扑

总线（如图 4-1（a）所示）是一种多点广播介质，所有的站点都通过接口硬件连接到总线上。工作站发出的数据组织成帧，数据帧沿着总线向两端传播，到达末端的信号被终端匹配器吸收。数据帧中含有源地址和目标地址，每个工作站都监视总线上的信号，并复制发给自己的数据帧。由于总线是共享介质，多个站点同时发送数据时会发生冲突，因而需要一种分解冲突的介质访问控制协议。传统的轮询方式不适合分布式控制，总线网的研究者开发了一种分布式竞争发送的访问控制方法，本章将介绍这种协议。

适用于总线型拓扑的传输介质主要是同轴电缆，分为基带同轴电缆和宽带同轴电缆，这两种传输介质的比较如表 4-1 所示。

表 4-1　总线网的传输介质

传 输 介 质	数据速率/Mbps	传输距离/km	站　点　数
基带同轴电缆	10，50（限制距离和节点数）	<3	100
宽带同轴电缆	500 个信道，每个信道 20	<30	1000

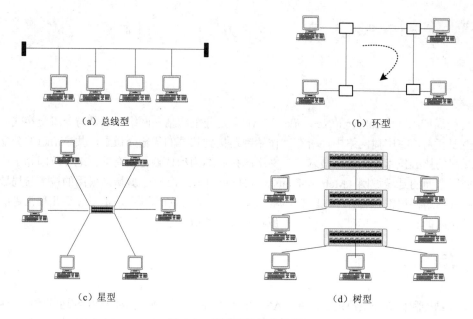

(a) 总线型　　　　　　　　　　　　　　(b) 环型

(c) 星型　　　　　　　　　　　　　　(d) 树型

图 4-1　局域网的拓扑结构

对于总线这种多点介质，必须考虑信号平衡问题。任意一对设备之间传输的信号强度必须调整到一定的范围：一方面，发送器发出的信号不能太大，否则会产生有害的谐波，使得接收电路无法工作；另一方面，经过一定距离的传播衰减后，到达接收端的信号必须足够大，能驱动接收器电路，还要有一定的信噪比。如果总线上的任何一个设备都可以向其他设备发送数据，对于一个不太大的网络，譬如 200 个站点，则设备配对数是 39 800。因此，要同时考虑这么多对设备之间的信号平衡问题，从而设计出适用的发送器和接收器是不可能的。在制定网络标准时，考虑到这一问题的复杂性，所以把总线划分成一定长度的网段，并限制每个网段接入的站点数。

同轴电缆分为传播数字信号的基带同轴电缆和传播模拟信号的宽带同轴电缆。宽带电缆比基带电缆传输的距离更远，还可以使用频分多路技术提供多个信道和多种数据传输业务，主要用在城域网中；而基带系统则主要用于室内或建筑物内部连网。

1）基带系统

数字信号是一种电压脉冲，它从发送处沿着基带电缆向两端均匀传播，这种情况就像光波在（物理学家们杜撰的）以太介质中各向同性地均匀传播一样，所以总线网的发明者把这种网络称为以太网。以太网使用特性阻抗为 50Ω 的同轴电缆，这种电缆具有较小的低频电噪声，在接头处产生的反射也较小。

一般来说，传输系统的数据速率与电缆长度、接头数量以及发送和接收电路的电气特性有关。当脉冲信号沿电缆传播时，会发生衰减和畸变，还会受到噪音和其他不利因素的影响。传播距离越长，这种影响越大，增加了出错的机会。如果数据速率较小，脉冲宽度就比较宽，比高速的窄脉冲更容易恢复，因而抗噪声特性更好。基带系统的设计需要在数据速率、传播距离、站点数量之间进行权衡。一般来说，数据速率越小，传输的距离越远；传输系统（收发器和电缆）的电气特性越好，可连接的站点数就越多。表 4-2 列出了 IEEE 802.3 标准中对两种基带电缆的规定。这两种系统的数据速率都是10Mbps，但传输距离和可连接的站点数不同，这是因为直径为 0.4 英寸的电缆比直径为 0.25 英寸的电缆性能更好，当然价格也较昂贵。

表 4-2　IEEE 802.3 中两种基带电缆的规定

参　　　数	10Base 5	10Base 2
电缆直径	0.4in（RG-11）	0.25in（RG-58）
数据速率	10Mbps	10Mbps
最大段长	500m	185m
传播距离	2 500m	1 000m
每段节点数	100	30
节点距离	2.5m	0.5m

若要扩展网络的长度，可以用中继器把多个网络段连接起来，如图 4-2 所示。中继器可以接收一个网段上的信号，经再生后发送到另一个网段上去。然而由于网络的定时特性，不能无限制地使用中继器，表 4-2 中的两个标准都限制中继器的数目为 4 个，即最大网络由 5 段组成。

2）宽带系统

宽带系统是指采用频分多路技术传播模拟信号的系统。不同频率的信道可分别支持数据通信、TV 和 CD 质量的音频信号。模拟信号比数字脉冲受噪声和衰减的影响更小，可以传播更远的距离，甚至达到 100km。

宽带系统使用特性阻抗为 75Ω 的 CATV 电缆。根据系统中数/模转换设备采用的调制技术的不同，1bps 的数据速率可能需要 1～4Hz 的带宽，而支持 150Mbps 的数据速率可能需要 300MHz 的带宽。

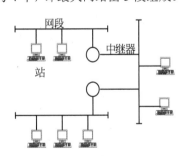

图 4-2　由中继器互连的网络

由于宽带系统中需要模拟放大器，而这种放大器只能单方向工作，所以加在宽带电缆上的信号只能单方向传播，这种方向性决定了在同一条电缆上只能由"上游站"发送，而"下游站"接收，相反方向的通信则必须采用特殊的技术。有两种技术可提供双向传输：一种是双缆配置，即用两根电缆分别提供两个方向不同的通路（如图 4-3（a）所示）；另一种是分裂配置，即把单根电缆的频带分裂为两个频率不同的子通道，分别传输两个方向相反的信号（如图 4-3（b）

所示）。双缆配置可提供双倍的带宽，而分裂配置比双缆配置可节约大约 15%的费用。

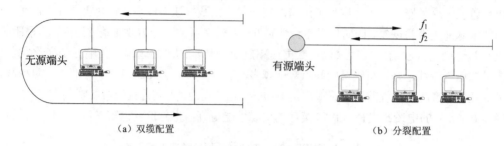

（a）双缆配置   （b）分裂配置

图 4-3   宽带系统的两种配置

两种电路配置都需要"端头"来连接两个方向不同的通路。双缆配置中的端头是无源端头，朝向端头的通路称为"入径"，离开端头的通路称为"出径"。所有的站向入径上发送信号，经端头转接后发向出径，各个站从出径上接收数据。入径和出径上的信号使用相同的频率。

在分裂配置中使用有源端头，也叫频率变换端头。所有的站以频率 f_1 向端头发送数据，经端头转换后以频率 f_2 向总线上广播，目标站以 f_2 接收数据。

2．环型拓扑

环型拓扑由一系列首尾相接的中继器组成，每个中继器连接一个工作站（如图 4-1（b）所示）。中继器是一种简单的设备，它能从一端接收数据，然后在另一端发出数据。整个环路是单向传输的。

工作站发出的数据组织成帧。在数据帧的帧头部分含有源地址和目的地址字段，以及其他控制信息。数据帧在环上循环传播时被目标站复制，返回发送站后被回收。由于多个站共享环上的传输介质，所以需要某种访问逻辑来控制各个站的发送顺序。例如，用一种特殊的控制帧——令牌来代表发送的权利，令牌在网上循环流动，谁得到令牌就可以发送数据帧。

由于环网是一系列点对点链路串接起来的，所以可使用任何传输介质。最常用的介质是双绞线，因为它们价格较低。使用同轴电缆可得到较高的带宽，而光纤则能提供更大的数据速率。表 4-3 中列出了常用的几种传播介质的有关参数。

表 4-3   环网的传输介质

传 输 介 质	数据速率/Mbps	中继器之间的距离/km	中继器个数
无屏蔽双绞线	4	0.1	72
屏蔽双绞线	16	0.3	250
基带同轴电缆	16	1.0	250
光纤	100	2.0	240

3．星型拓扑

星型拓扑中有一个中心节点，所有站点都连接到中心节点上。电话系统就采用了这种拓扑结构，多终端联机通信系统也是星型结构的例子。中心节点在星型网络中起到了控制和交换的作用，是网络中的关键设备。星型拓扑的网络布局如图 4-1（c）所示。

用星型拓扑结构也可以构成分组广播式的局域网。在这种网络中，每个站都用两对专线连接到中心节点上，一对用于发送，一对用于接收。中心节点叫作集线器（Hub）。Hub 接收工作站发来的数据帧，然后向所有的输出链路广播出去。当有多个站同时向 Hub 发送数据时就会产生冲突，这种情况和总线拓扑中的竞争发送一样，因而总线网的介质访问控制方法也适用于星型网。

Hub 有两种形式，一种是有源 Hub，另一种是无源 Hub。有源 Hub 中配置了信号再生逻辑，这种电路可以接收输入链路上的信号，经再生后向所有输出链路发送。如果多个输出链路同时有信号输入，则向所有输出链路发送冲突信号。

无源 Hub 中没有信号再生电路，这种 Hub 只是把输入链路上的信号分配到所有的输出链路上。如果使用的介质是光纤，则可以把所有的输入光纤熔焊到玻璃柱的两端，如图 4-4 所示。当有光信号从输入端进来时就照亮了玻璃柱，从而也照亮了所有输出光纤，这样就起到了光信号的分配作用。

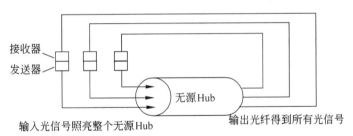

图 4-4　无源星型光纤网

任何有线传输介质都可以使用有源 Hub，也可以使用无源 Hub。为了达到较高的数据速率，必须限制工作站到中心节点的距离和连接的站点数。一般来说，无源 Hub 用于光纤或同轴电缆网络，有源 Hub 则用于无屏蔽双绞线网络。表 4-4 列出了有代表性的网络参数。

表 4-4　星型网的传输介质

传 输 介 质	数据速率/Mbps	从站到中心节点的距离/km	站　　数
无屏蔽双绞线	1～10	0.5（1Mbps），0.1（10Mbps）	几十个
基带同轴电缆	70	<1	几十个
光纤	10～20	<1	几十个

　　为了延长星型网络的传输距离和扩大网络的规模，可以把多个 Hub 级连起来，组成树型结构，如图 4-1（d）所示。这棵树的根是头 Hub，其他节点叫中间 Hub，每个 Hub 都可以连接多个工作站和其他 Hub，所有的叶子节点都是工作站。图 4-5 抽象地表示出头 Hub 和中间 Hub 的区别。头 Hub 可以完成上述 Hub 的基本功能，然而中间 Hub 的作用是把任何输入链路上送来的信号向上级 Hub 传送，同时把上级送来的信号向所有的输出链路广播。这样，整棵 Hub 树就完成了单个 Hub 同样的功能：一个站发出的信号经 Hub 转接，所有的站都能收到。如果有两个站同时发送，头 Hub 会检测到冲突，并向所有的中间 Hub 和工作站发送冲突信号。

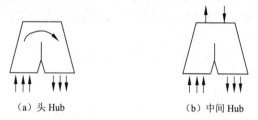

（a）头 Hub　　　　　　　　（b）中间 Hub

图 4-5　头 Hub 和中间 Hub

4.1.2　LAN/MAN 的 IEEE 802 标准

　　IEEE 802 委员会的任务是制定局域网和城域网标准，目前有 20 多个分委员会，它们研究的内容如下。

　　（1）802.1 研究局域网体系结构、寻址、网络互联和网络管理。

　　（2）802.2 研究逻辑链路控制子层（LLC）的定义。

　　（3）802.3 研究以太网介质访问控制协议 CSMA/CD 及物理层技术规范。

　　（4）802.4 研究令牌总线网（Token-Bus）的介质访问控制协议及物理层技术规范。

　　（5）802.5 研究令牌环网（Token-Ring）的介质访问控制协议及物理层技术规范。

　　（6）802.6 研究城域网介质访问控制协议 DQDB 及物理层技术规范。

　　（7）802.7 宽带技术咨询组，提供有关宽带联网的技术咨询。

　　（8）802.8 光纤技术咨询组，提供有关光纤联网的技术咨询。

　　（9）802.9 研究综合声音数据的局域网（IVD LAN）介质访问控制协议及物理层技术规范。

　　（10）802.10 网络安全技术咨询组，定义了网络互操作的认证和加密方法。

　　（11）802.11 研究无线局域网（WLAN）的介质访问控制协议及物理层技术规范。

　　（12）802.12 研究需求优先的介质访问控制协议（100VG-AnyLAN）。

　　（13）802.14 研究采用线缆调制解调器（Cable Modem）的交互式电视介质访问控制协议及物理层技术规范。

（14）802.15 研究采用蓝牙技术的无线个人网（Wireless Personal Area Network，WPAN）技术规范。

（15）802.16 宽带无线接入工作组，开发 2～66GHz 的无线接入系统空中接口。

（16）802.17 弹性分组环（RPR）工作组，制定了弹性分组环网访问控制协议及有关标准。

（17）802.18 宽带无线局域网技术咨询组（Radio Regulatory）。

（18）802.19 多重虚拟局域网共存（Coexistence）技术咨询组。

（19）802.20 移动宽带无线接入（MBWA）工作组，正在制定宽带无线接入网的解决方案。

（20）802.21 研究各种无线网络之间的切换问题，正在制定与介质无关的切换业务（MIH）标准。

（21）802.22 无线区域网（Wireless Regional Area Network，WRAN）工作组，正在制定利用感知无线电技术，在广播电视频段的空白频道进行无干扰无线广播的技术标准。

由于局域网是分组广播式网络，网络层的路由功能是不需要的，所以在 IEEE 802 标准中，网络层简化成了上层协议的服务访问点 SAP。又由于局域网使用多种传输介质，而介质访问控制协议与具体的传输介质和拓扑结构有关，所以，IEEE 802 标准把数据链路层划分成了两个子层。与物理介质相关的部分叫作介质访问控制（Medium Access Control，MAC）子层，与物理介质无关的部分叫作逻辑链路控制（Logical Link Control，LLC）子层。LLC 提供标准的 OSI 数据链路层服务，这使得任何高层协议（例如 TCP/IP、SNA 或有关的 OSI 标准）都可运行于局域网标准之上。局域网的物理层规定了传输介质及其接口的电气特性、机械特性、接口电路的功能，以及信令方式和信号速率等。整个局域网的标准以及与 OSI 参考模型的对应关系如图 4-6 所示。

从图 4-6 中可以看出，局域网标准没有规定高层的功能，高层功能往往与具体的实现有关，包含在网络操作系统（NOS）中，而且大部分 NOS 的功能都是与 OSI/RM 或通行的工业标准协议兼容的。

局域网的体系结构说明，在数据链路层应当有两种不同的协议数据单元：LLC 帧和 MAC 帧，这两种帧的关系如图 4-7 所示。从高层来的数据加上 LLC 的帧头就成为 LLC 帧，再向下传

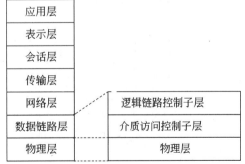

图 4-6　局域网体系结构与 OSI/RM 的对应关系

送到 MAC 子层加上 MAC 的帧头和帧尾，组成 MAC 帧。物理层则把 MAC 帧当作比特流透明地在数据链路实体间传送。

图 4-7　LLC 帧和 MAC 帧的关系

4.2　逻辑链路控制子层

逻辑链路控制子层规范包含在 IEEE 802.2 标准中。这个标准与 HDLC 是兼容的，但使用的帧格式有所不同。这是由于 HDLC 的标志和位填充技术不适合局域网，因而被排除，而且帧校验序列由 MAC 子层实现，因而也不包含在 LLC 帧结构中。另外，为了适合局域网中的寻址，地址字段也有所改变，同时提供目标地址和源地址。LLC 帧格式如图 4-8 所示，帧的类型如表 4-5 所示。

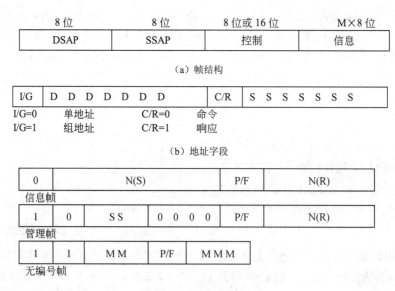

图 4-8　LLC 帧格式

表 4-5　LLC 帧类型

	控制字段编码	命　　令	响　　应
1. 无确认无连接服务			
无编号帧	1100*000	UI　　无编号信息	XID　　交换标识
	1111*101	XID　　交换标识	TEST　测试
	1100*111	TEST　测试	
2. 连接方式服务			
信息帧	0-N(S)-*N(R)	I　　　信息	I　　　信息
管理帧	10000000*N(R)	RR　　接收准备好	RR　　接收准备好
	10100000*N(R)	RNR　接收未准备好	RNR　接收未准备好
	10010000*N(R)	REJ　　拒绝	REJ　　拒绝
无编号帧	1111*110	SABME　置扩充异步平衡方式	
	1100*010	DISC　断开	
	1100*110		UA　　无编号确认
	1111*000		DM　　断开方式
	1110*001		FRMR　帧拒绝
3. 有确认无连接服务			
无编号帧	1110*110	AC0　　无连接确认	AC1　　无连接确认
	1110*111	AC1　　无连接确认	AC0　　无连接确认

4.2.1　LLC 地址

LLC 地址是 LLC 层服务访问点。IEEE 802 局域网中的地址分两级表示，主机的地址是 MAC 地址，LLC 地址实际上是主机中上层协议实体的地址。一个主机可以同时拥有多个上层协议进程，因而就有多个服务访问点。IEEE 802.2 中的地址字段分别用 DSAP 和 SSAP 表示目标地址和源地址（如图 4-8 所示），这两个地址都是 7 位长，相当于 HDLC 中的扩展地址格式。另外增加的一种功能是可提供组地址，如图中的 I/G 位所示。组地址表示一组用户，而全 1 地址表示所有用户。在源地址字段中的控制位 C/R 用于区分命令帧和响应帧。

4.2.2　LLC 服务

LLC 提供了以下 3 种服务。

（1）无确认无连接的服务。这是数据报类型的服务，这种服务因其简单而不涉及任何流控和差错控制功能，因而也不保证可靠地提交。使用这种服务的设备必须在高层软件中处理可靠性问题。

（2）连接方式的服务。这种服务类似于 HDLC 提供的服务，在有数据交换的用户之间要建立连接，同时也通过连接提供流控和差错控制功能。

（3）有确认无连接的服务。这种服务与前面两种服务有所交叉，它提供有确认的数据报，但不建立连接。

这 3 种服务是可选择的。用户可根据应用程序的需要选择其中一种或多种服务。一般来说，无确认无连接的服务用在以下两种情况：一种是高层软件具有流控和差错控制机制，因而 LLC 子层就不必提供重复的功能，例如 TCP 或 ISO 的 TP4 传输协议就是这样的；另一种情况是连接的建立和维护机制会引起不必要的开销，因而必须简化控制。例如，周期性的数据采集或网络管理等应用场合，偶然的数据丢失是允许的，随后来到的数据可以弥补前面的损失，所以不必保证每一个数据都能可靠地提交。

连接方式的服务可以用在简单设备中，例如终端控制器，它只有很简单的上层协议软件，因而由数据链路层硬件实现流控和差错控制功能。

有确认无连接的服务有高效而可靠的特点，适合于传送少量的重要数据。例如，在过程控制和工厂自动化环境中，中心站需要向大量的处理机或可编程控制器发送控制指令。由于控制指令的重要性，所以需要确认。但如果采用连接方式的服务，则中心站必然要建立大量的连接，数据链路层软件也要为建立连接、跟踪连接的状态而设置和维护大量的表格。这种情况下使用有确认无连接的服务更有效。另外一个例子是传送重要而时间紧迫的告警或紧急控制信号。由于重要，所以需要确认；由于紧急，所以要省去建立连接的时间开销。

4.2.3　LLC 协议

LLC 协议与 HDLC 协议兼容（如表 4-5 所示），它们之间的差别如下。

（1）LLC 用无编号信息帧支持无连接的服务，这叫 LLC 1 型操作。

（2）LLC 用 HDLC 的异步平衡方式支持 LLC 的连接方式服务，这种操作叫 LLC 2 型操作。LLC 不支持 HDLC 的其他操作。

（3）LLC 用两种新的无编号帧支持有确认无连接的服务，这叫 LLC 3 型操作。

（4）通过 LLC 服务访问点支持多路复用，即一对 LLC 实体间可建立多个连接。

这 3 类 LLC 操作都使用同样的帧格式，如图 4-8 所示。LLC 控制字段使用 LLC 的扩展格式。

LLC 1 型操作支持无确认无连接的服务。无编号信息帧（UI）用于传送用户数据。这里没有流控和差错控制，差错控制由 MAC 子层完成。另外，有两种帧 XID 和 TEST 用于支持与 3 种协议都有关的管理功能。XID 帧用于交换两类信息：LLC 实体支持的操作和窗口大小；而 TEST 帧用于进行两个 LLC 实体间的通路测试。当一个 LLC 实体收到 TEST 命令帧后，应尽快发回 TEST 响应帧。

　　LLC 2 型操作支持连接方式的服务。当 LLC 实体得到用户的要求后可发出置扩展的异步平衡方式帧 SABME，另一个站的 LLC 实体请求建立连接。如果目标 LLC 实体同意建立连接，则以无编号应答帧 UA 回答，否则以断开连接应答帧 DM 回答。建立的连接由两端的服务访问点唯一地标识。

　　连接建立后，使用 I 帧传送数据。I 帧包含发送/接收顺序号，用于流控和捎带应答。另外，还有管理帧辅助进行流控和差错控制。数据发送完成后，任何一端的 LLC 实体都可发出断连帧 DISC 来终止连接。这些与 HDLC 是完全相同的。

　　LLC 3 型操作支持有确认无连接的服务，要求每个帧都要应答。这里使用了一种新的无连接应答帧 AC（Acknowledged Connectionless）。信息通过 AC 命令帧发送，接收方以 AC 响应帧回答。为了防止帧的丢失，使用了 1 位序列号。发送者交替在 AC 命令帧中使用 0 和 1，接收者以相反序号的 AC 帧回答，这类似于停等协议中发生的过程。

4.3　IEEE 802.3 标准

　　对总线型、星型和树型拓扑最适合的介质访问控制协议是 CSMA/CD（Carrier Sense Multiple Access/Collision Detection）。早期对 CSMA/CD 协议有较大影响的是 20 世纪 70 年代美国夏威夷大学建立的 ALOHA 网络，其中运行的 ALOHA 协议的效率只有 0.184，即使是经过改进的分槽的 ALOHA 协议效率也只有 0.368，大部分时间都被工作站之间的竞争发送浪费了，后来制定的 CSMA/CD 协议效率则要高得多，详见下面的分析。

4.3.1　CSMA/CD 协议

　　ALOHA 系统效率不高，主要缺点是各个工作站独立地决定发送的时刻，使得冲突概率很高，信道利用率下降。如果各个站在发送之前先监听信道上的发送情况，信道忙时后退一段时间再发送，就可大大减少冲突概率。这就是在局域网上广泛采用的载波监听多路访问（CSMA）协议。对于局域网，监听是很容易做到的。在局域网中，最远两个站之间的传播时延很小，只有几微秒，只要有站在发送，别的站很快就会听到，从而可避免与正在发送的站产生冲突。同时，帧的发送时间 t_f 相对于网络延迟要大得多，一个帧一旦开始成功地发送，则在较长一段时间内可保持网络中有效地传输，从而大大提高了信道利用率。

　　CSMA 的基本原理是：站在发送数据之前，先监听信道上是否有别的站发送的载波信号。若有，说明信道正忙，否则说明信道是空闲的，然后根据预定的策略决定：

　　（1）若信道空闲，是否立即发送。

　　（2）若信道忙，是否继续监听。

即使信道空闲，若立即发送仍然会发生冲突。一种情况是远端的站刚开始发送，载波信号尚未到达监听站，这时监听站若立即发送，就会和远端的站发生冲突；另一种情况是虽然暂时没有站发送，但碰巧两个站同时开始监听，如果它们都立即发送，也会发生冲突。所以，上面的控制策略的第（1）点就是想要避免这种虽然稀少、但仍可能发生的冲突。若信道忙时，如果坚持监听，发送的站一旦停止就可立即抢占信道。但是，有可能几个站同时都在监听，同时都抢占信道，从而发生冲突。以上控制策略的第（2）点就是进一步优化监听算法，使得有些监听站或所有监听站都后退一段随机时间再监听，以避免冲突。

1．监听算法

监听算法并不能完全避免发送冲突，但若对以上两种控制策略进行精心设计，则可以把冲突概率减到最小。据此，有以下 3 种监听算法（如图 4-9 所示）。

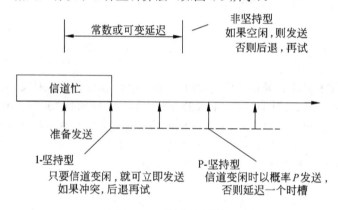

图 4-9　三种监听算法

（1）非坚持型监听算法。这种算法可描述如下：当一个站准备好帧，发送之前先监听信道。

① 若信道空闲，立即发送，否则转②。

② 若信道忙，则后退一个随机时间，重复①。

由于随机时延后退，从而减少了冲突的概率。然而，可能出现的问题是因为后退而使信道闲置一段时间，这使信道的利用率降低，而且增加了发送时延。

（2）1-坚持型监听算法。这种算法可描述如下：当一个站准备好帧，发送之前先监听信道。

① 若信道空闲，立即发送，否则转②。

② 若信道忙，继续监听，直到信道空闲后立即发送。

这种算法的优缺点与前一种正好相反：有利于抢占信道，减少信道空闲时间。但是，多个站同时都在监听信道时必然会发生冲突。

（3）P-坚持型监听算法。这种算法汲取了以上两种算法的优点，但较为复杂。这种算法描述如下。

① 若信道空闲，以概率 P 发送，以概率（1–P）延迟一个时间单位。一个时间单位等于网络传输时延 τ。

② 若信道忙，继续监听直到信道空闲，转①。

③ 如果发送延迟一个时间单位 τ，则重复①。

困难的问题是决定概率 P 的值，P 的取值应在重负载下能使网络有效地工作。为了说明 P 的取值对网络性能的影响，假设有 n 个站正在等待发送，与此同时，有一个站正在发送。当这个站发送停止时，实际要发送的站数等于 nP。若 nP 大于 1，则必有多个站同时发送，这必然会发生冲突。这些站感觉到冲突后若重新发送，就会再一次发生冲突。更糟的是其他站还可能产生新帧，与这些未发出的帧竞争，更加剧了网上的冲突。极端情况下会使网络吞吐率下降到 0。若要避免这种灾难，对于某种 n 的峰值，nP 必须小于 1。然而，若 P 值太小，发送站就要等待较长的时间。在轻负载的情况下，这意味着较大的发送时延。例如，只有一个站有帧要发送，若 P=0.1，则以上算法的第①步重复的平均次数为 1/P=10，也就是说，这个站平均多等待 9 倍的时间单位 τ。

各种监听算法以及 ALOHA 算法中网络负载和信道利用率的关系曲线如图 4-10 所示。可以看出，P 值小的监听算法对信道的利用率有利，但是引入了较大的发送时延。

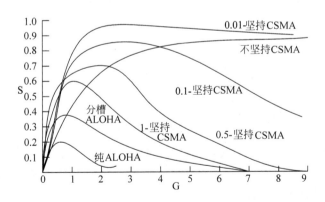

图 4-10　各种随机访问协议的 G-S 曲线

2．冲突检测原理

载波监听只能减小冲突的概率，不能完全避免冲突。当两个帧发生冲突后，若继续发送，将会浪费网络带宽。如果帧比较长，对带宽的浪费就大了。为了进一步改进带宽的利用率，发送站应采取边发边听的冲突检测方法，即：

（1）发送期间同时接收，并把接收的数据与站中存储的数据进行比较。

（2）若比较结果一致，说明没有冲突，重复（1）。

（3）若比较结果不一致，说明发生了冲突，立即停止发送，并发送一个简短的干扰信号（Jamming），使所有站都停止发送。

（4）发送 Jamming 信号后，等待一段随机长的时间，重新监听，再试着发送。

带冲突检测的监听算法把浪费带宽的时间减少到检测冲突的时间。对局域网来说，这个时间是很短的。在图 4-11 中画出了基带系统中检测冲突需要的最长时间。这个时间发生在网络中相距最远的两个站（A 和 D）之间。在 t_0 时刻，A 开始发送。假设经过一段时间 τ（网络最大传播时延）后，D 开始发送。D 立即就会检测到冲突，并能很快停止。但 A 仍然感觉不到冲突，并继续发送。再经过一段时间 τ，A 才会收到冲突信号，从而停止发送。可见，在基带系统中检测冲突的最长时间是网络传播延迟的两倍，把这个时间叫作冲突窗口。

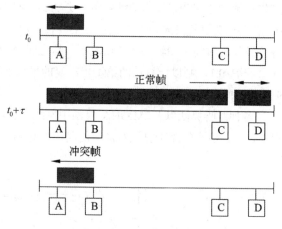

图 4-11　以太网中的冲突时间

与冲突窗口相关的参数是最小帧长。设想图 4-11 中的 A 站发送的帧较短，在 2τ 时间内已经发送完毕，这样 A 站在整个发送期间将检测不到冲突。为了避免这种情况，网络标准中根据设计的数据速率和最大网段长度规定了最小帧长 $L_{\min}$。

$$L_{\min} = 2R \times d / v \tag{4.1}$$

这里 R 是网络数据速率，d 为最大段长，v 是信号传播速度。有了最小帧长的限制，发送站必须对较短的帧增加填充位，使其等于最小帧长。接收站对收到的帧要检查长度，小于最小帧长的帧被认为是冲突碎片而丢弃。

3．二进制指数后退算法

上文提到，检测到冲突发送干扰信号后退一段时间重新发送。后退时间的多少对网络的稳定工作有很大影响。特别是在负载很重的情况下，为了避免很多站连续发生冲突，需要设计有效的后退算法。按照二进制指数后退算法，后退时延的取值范围与重发次数 n 形成二进制指数关系。或者说，随着重发次数 n 的增加，后退时延 t_ξ 的取值范围按 2 的指数增大。即第一次试发送时 n 的值为 0，每冲突一次 n 的值加 1，并按下式计算后退时延。

$$\begin{cases} \xi=\text{random}[0,2^n] \\ t_\xi = \xi\tau \end{cases} \tag{4.2}$$

其中，第一式是在区间 $[0,2^n]$ 中取一均匀分布的随机整数 ξ，第二式是计算出随机后退时延。为了避免无限制的重发，要对重发次数 n 进行限制，这种情况往往是信道故障引起的。通常当 n 增加到某一最大值（例如 16）时，停止发送，并向上层协议报告发送错误。

当然，还可以用其他的后退算法，但二进制指数后退法考虑了网络负载的变化情况。事实上，后退次数的多少往往与负载大小有关，二进制指数后退算法的优点正是把后退时延的平均取值与负载的大小联系了起来。

4．CSMA/CD 协议的实现

对于基带总线和宽带总线，CSMA/CD 的实现基本上是相同的，但也有一些差别。差别之一是载波监听的实现。对于基带系统，是检测电压脉冲序列。由于以太网上的编码采用 Manchester 编码，这种编码的特点是每位中间都有电压跳变，监听站可以把这种跳变信号当作代表信道忙的载波信号。对于宽带系统，监听站接收 RF 载波以判断信道是否空闲。

差别之二是冲突检测的实现。对于基带系统，是把直流电压加到信号上来检测冲突的。每个站都测量总线上的直流电平，由于冲突而迭加的直流电平比单个站发出的信号强，所以 IEEE 802 标准规定，如果发送站电缆接头处的信号强度超过了单个站发送的最大信号强度，则说明检测到了冲突。然而，信号在电缆上传播时会有衰减，如果电缆太长，就会使冲突信号到达远端时的幅度小于规定的 CD 门限值。为此，标准限制了电缆长度（500m 或 200m）。

对于宽带系统，有几种检测冲突的方法。方法之一是把接收的数据与发送的数据逐位比较。当一个站向入径上发送时，同时（考虑了传播和端头的延迟后）从出径上接收数据，通过比较发现是否有冲突；另外一种方法用于分裂配置，由端头检查是否有破坏了的数据，这种数据的频率与正常数据的频率不同。

对于双绞线星型网，冲突检测的方法更简单（如图 4-12 所示）。在这种情况下，Hub 监视输入端的活动，若有两处以上的输入端出现信号，则认为发生冲突，并立即产生一个"冲突出现"的特殊信号 CP，向所有输出端广播。图 4-12（a）是无冲突的情况。在图 4-12（b）中连接 A 站的 IHub 检测到了冲突，CP 信号被向上传到了 HHub，并广播到所有的站。图 4-12（c）表示的是三方冲突的例子。

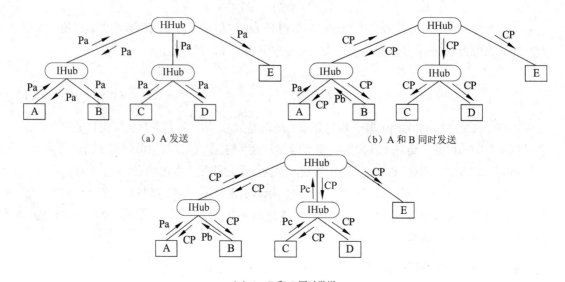

（a）A 发送   （b）A 和 B 同时发送

（c）A、B 和 C 同时发送

图 4-12   星型网的冲突检测

4.3.2   CSMA/CD 协议的性能分析

下面分析传播延迟和数据速率对网络性能的影响。

吞吐率是单位时间内实际传送的位数。假设网上的站都有数据要发送，没有竞争冲突，各站轮流发送数据，则传送一个长度为 L 的帧的周期为 t_p+t_f，如图 4-13 所示。由此可得出最大吞吐率为

$$T = \frac{L}{t_p + t_f} = \frac{L}{d/v + L/R} \qquad (4.3)$$

其中，d 表示网段长度，v 为信号在铜线中的传播速度（光速的 65%～77%），R 为网络提供的数据速率，或者称为网络容量。

同时可得出网络利用率

$$E = \frac{T}{R} = \frac{L/R}{d/v + L/R} = \frac{t_f}{t_p + t_f} \qquad (4.4)$$

利用 $a=t_p/t_f$ 得

$$E = \frac{1}{a+1} \qquad (4.5)$$

这里假定是全双工信道，MAC 子层可以不要应答，而由 LLC 子层进行捎带应答。得出的结论是：a（或者 Rd 的乘积）越大，信道利用率越低。表 4-6 列出了 LAN 中 a 值的典型情况。可以看出，对于大的高速网络，利用率是很低的。所以在跨度大的城域网中，同时传送的不只

是一个帧，这样才可以提高网络效率。值得指出的是，以上分析假定没有竞争，没有开销，是最大吞吐率和最大效率。实际网络中发生的情况更差，详见下面的讨论。

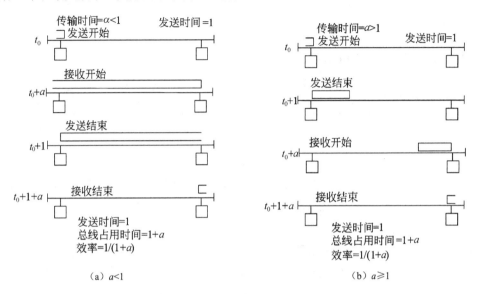

图 4-13 *a* 对网络利用率的影响

表 4-6 *a* 值和网络利用率

数据速率/Mbps	帧长/位	网络跨度/km	*a*	1/(1+ *a*)
1	100	1	0.05	0.95
1	1 000	10	0.05	0.95
1	100	10	0.5	0.67
10	100	1	0.5	0.67
10	1 000	1	0.05	0.95
10	1 000	10	0.5	0.67
10	10 000	10	0.05	0.95
100	35 000	200	2.8	0.26
100	1 000	50	25	0.04

4.3.3 MAC 和 PHY 规范

最早采用 CSMA/CD 协议的网络是 Xerox 公司的以太网。1981 年，DEC、Intel 和 Xerox 三家公司制定了 DIX 以太网标准，使这一技术得到越来越广泛的应用。IEEE 802 委员会制定局域网标准时参考了以太网标准，并增加了几种新的传输介质。读者下面会看到，以太网只是802.3标准中的一种。

1. MAC 帧结构

802.3 的帧结构如图 4-14 所示。

字节数	7	1	2 或 6	2 或 6	2	0~1500	0~46	4
	前导字段	帧起始符	目的地址	源地址	长度	数据	填充	校验和

图 4-14   802.3 的帧格式

每个帧以 7 个字节的前导字段开头，其值为 10101010，这种模式的曼彻斯特编码产生 10MHz、持续 9.6μs 的方波，作为接收器的同步信号。帧起始符的代码为 10101011，它标志着一个帧的开始。

帧内的源地址和目标地址可以是 6 字节或 2 字节长，10Mbps 的基带网使用 6 字节地址。目标地址最高位为 0 时表示普通地址，为 1 时表示组地址，向一组站发送称为组播（Multicast）。全 1 的目标地址是广播地址，所有站都接收这种帧。次最高位（第 46 位）用于区分局部地址或全局地址。局部地址仅在本地网络中有效，全局地址由 IEEE 指定，全世界没有全局地址相同的站。IEEE 为每个硬件制造商指定网卡（NIC）地址的前 3 个字节，后 3 个字节由制造商自己编码。

长度字段说明数据字段的长度。数据字段可以为 0，这时帧中不包含上层协议的数据。为了保证帧发送期间能检测到冲突，802.3 规定最小帧为 64 字节。这个帧长是指从目标地址到校验和的长度。由于前导字段和帧起始符是在物理层加上的，所以不包括在帧长中，也不参加帧校验。如果帧的长度不足 64 字节，要加入最多 46 字节的填充位。

早期的 802.3 帧格式与 DIX 以太网不同，DIX 以太网用类型字段指示封装的上层协议，而 IEEE 802.3 为了通过 LLC 实现向上复用，用长度字段取代了类型字段。实际上，这两种格式可以并存，两个字节可表示的数字值范围是 0~65 535，长度字段的最大值是 1500，因此 1501~65 535 之间的值都可以用来标识协议类型。事实上，这个字段的 1536~65 535（0x0600~0xFFFF）之间的值都被保留作为类型值，而 0~1500 则被用作长度的值。许多高层协议（例如 TCP/IP、IPX、DECnet 4）使用 DIX 以太网帧格式，而 IEEE 802.3/LLC 在 Apple Talk-2 和 NetBIOS 中得到应用。

IEEE 802.3x 工作组为了支持全双工操作开发了流量控制算法，这使得帧格式出现了一些变化，新的 MAC 协议使用类型字段来区分 MAC 控制帧和其他类型的帧。IEEE 802.3x 在 1997 年 2 月成为正式标准，使得原来的"以太网使用类型字段而 IEEE 802.3 使用长度字段"的差别消失。

2．CSMA/CD 协议的实现

IEEE 802.3 采用 CSMA/CD 协议，这个协议的载波监听、冲突检测、冲突强化和二进制数后退等功能都由硬件实现。这些硬件逻辑电路包含在网卡中。网卡上的主要器件是以太网数据链路控制器（Ethernet Data Link Controller，EDLC）。这个器件中有两套独立的系统，分别用于发送和接收，它的主要功能如图 4-15 所示。

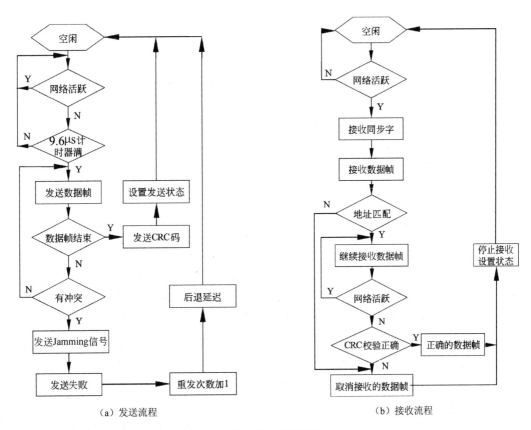

（a）发送流程　　　　　　　　　　　　（b）接收流程

图 4-15　EDLC 的工作流程

IEEE 802.3 使用 1-坚持型监听算法，因为这个算法可及时抢占信道，减少空闲期，同时实现也较简单。在监听到网络由活动变成安静后，并不能立即开始发送，还要等待一个最小帧间隔时间，只有在此期间网络持续平静，才能开始试发送。最小帧间隔时间规定为 9.6μs。

在发送过程中继续监听。若检测到冲突，发送 8 个十六进制数的序列 55555555，这就是协议规定的阻塞信号。

接收站要对收到的帧进行校验。除 CRC 校验之外还要检查帧的长度。短于最小长度的帧被认为是冲突碎片而丢弃，帧长与数据长度不一致的帧以及长度不是整数字节的帧也被丢弃。

另外，网卡上还有物理层的部分设备，例如 Manchester 编码器与译码器，存储网卡地址的 ROM，与传输介质连接的收发器，以及与主机总线的接口电路等。随着 VLSI 集成度的提高，网卡技术发展很快，网卡上的器件数量越来越少，功能越来越强。

3．物理层规范

802.3 最初的标准规定了 6 种物理层传输介质，这些传输介质的主要参考数如表 4-7 所示。

表 4-7　802.3 的传输介质

属性	Ethernet	10Base 5	10Base 2	1Base 5	10Base-T	10Broad 36	10Base-F
拓扑结构	总线型	总线型	总线型	星型	星型	总线型	星型
数据速率 Mbps	10	10	10	1	10	10	10
信号类型	基带曼码	基带曼码	基带曼码	基带曼码	基带曼码	宽带 DPSK	基带曼码
最大段长 /m	500	500	185	250	100	3 600	500 或 2 000
传输介质	粗同轴电缆	粗同轴电缆	细同轴电缆	UTP	UTP	CATV 电缆	光纤

由表 4-7 可知，Ethernet 规范与 10Base 5 相同。这里的 10 表示数据速率为 10 Mbps，Base 表示基带，5 表示最大段长为 500m。其他几种标准的命名方法是类似的。

10Base 5 采用特性阻抗为 50Ω 的粗同轴电缆。这种网络的收发器不在网卡上，而是直接与电缆相连，称为外收发器，如图 4-16 所示。收发器电缆最长为 15m，电缆段最长为 500m，最大节点数限于 100 个工作站。分接头之间的距离为 2.5m 的整数倍，这样的间隔保证从相邻分接头处反射回来的信号不会叠加。如果通信距离较远，可以用中继器（repeater）把两个网络段连接在一起。标准规定网络最大跨度为 2.5km，由 5 段组成，最多含 4 个中继器，其中 3 段为同轴电缆，其余为链路段，不含工作站。

10Base 2 标准可组成一种廉价网络，这是因为电缆较细，容易安装，收发器包含在工作站内的网卡上，使用 T 型连接器和 BNC 接头直接与电缆相连，如图 4-17 所示。由于数据速率相同，10Base 2 网段和 10Base 5 网段可用中继器混合连接。这两种标准的主要参数对比如表 4-8 所示。

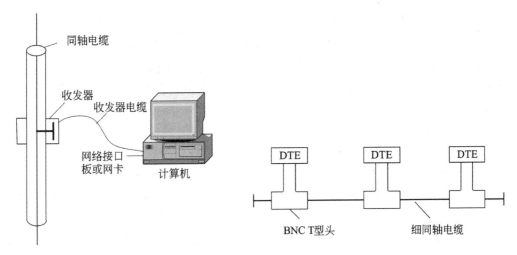

图 4-16　10Base 5 的收发器　　　　　　　　图 4-17　10Base 2 的配置

表 4-8　10Base 5 和 10Base 2 的标准参数

参　　数	10Base 5	10Base 2
传输介质	同轴电缆（50Ω）	同轴电缆（50Ω）
信令技术	基带曼码	基带曼码
数据速率/Mbps	10	10
最大段长/m	500	185
网络跨度/m	2500	1000
每段节点数	100	30
节点距离/m	2.5	0.5
电缆直径/mm	10	5
时槽/位	512	512
帧间隔/μs	9.6	9.6
最大重传次数	16	16
最大后退时槽数	10	10
阻塞信号（Jam）长度/位	32	32
最大帧长/8 位组	1518	1518
最小帧长/8 位组	64	64

　　1Base 5 和 10Base-T 采用无屏蔽双绞线（Unshilded Twisted Pair）和星型拓扑结构。这两种网络的段长是指从工作站到 Hub 的距离。AT&T 开发的 1Base 5 网络叫作 StarLAN。10Base-T 是早期

市场上最常见的 LAN 产品，现在已经被更快的 100Base-T 产品代替了。

10Broad 36 是一种宽带 LAN，采用双缆或分裂配置。单个网段的长度为1800m，最大端到端的距离是 3600m。这种网络可与基带系统兼容，方法是把基带曼码经过差分相移键控（DPSK）调制后发送到宽带电缆上。还有一种叫作 10Base-F 的网络，F 代表光纤介质，可用同步有源星型或无源星型结构实现，数据速率都是 10Mbps，网络长度分别为 500m 和 2000m。

4.3.4　交换式以太网

在重负载下，以太网的吞吐率大大下降。实际的通信速率比网络提供的带宽低得多，这是因为所有的站竞争同一信道所引起的。使用交换技术可以改善这种情况，交换式以太网就是802.3 标准的改进，下面简述这种技术的基本原理。

交换式以太网的核心部件是交换机，这种设备有一个高速底板（工作速率为 1Gbps）。底板上有 4～32 个插槽，每个插槽可连接一块插入卡，卡上有 1～8 个连接器，用于连接带有 10Base-T 网卡的主机，如图 4-18 所示。

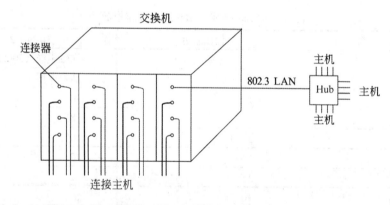

图 4-18　交换式以太网

连接器接收主机发来的帧。插入卡判断目标地址，如果目标站是同一卡上的主机，则把帧转发到相应的连接器端口，否则就转发给高速底板。底板根据专用的协议进一步转发，送达目标站。

当同一插入卡上有两个以上的站发送帧时就发生冲突。分解冲突的方法取决于插入卡的逻辑结构。一种方法是同一卡上的所有端口连接在一起形成一个冲突域，卡上的冲突分解方法与通常的 CSMA/CD 协议一样处理。这样，一个卡上同时只能有一个站发送，但整个交换机中有多个插入卡，因而有多个站可同时发送。对整个网络的带宽提高的倍数等于插入卡的数量。

另外一种方法是把来自主机的输入由卡上的存储器缓冲，这种设计允许卡上同时有多个端口发送帧。对于存储的帧的处理方法仍然是适时转发，这样就不存在冲突了。这种技术可以把标准以太网的带宽提高一到两个数量级。

进一步扩展联网范围的方法是把 10Base-T 的 Hub 连接在交换机上。这样的交换机相当于网桥，它提供 10Base-T LAN 之间的互连，并根据目标地址进行帧转发。

4.3.5　高速以太网

1．快速以太网

1995 年 100Mbps 的快速以太网标准 IEEE 802.3u 正式颁布，这是基于 10Base-T 和 10Base-F 技术，在基本布线系统不变的情况下开发的高速局域网标准。快速以太网使用的传输介质如表 4-9 所示，其中多模光纤的芯线直径为 62.5μm，包层直径为 125μm；单模光纤的芯线直径为 8μm，包层直径也是 125μm。

表 4-9　快速以太网物理层规范

标　　准	传　输　介　质	特　性　阻　抗	最　大　段　长
100Base-TX	两对 5 类 UTP	100Ω	100m
	两对 STP	150Ω	
100Base-FX	一对多模光纤 MMF	62.5/125μm	2km
	一对单模光纤 SMF	8/125μm	40km
100Base-T4	四对 3 类 UTP	100Ω	100m
100Base-T2	两对 3 类 UTP	100Ω	100m

快速以太网使用的集线器可以是共享型或交换型，也可以通过堆叠多个集线器来扩大端口数量。互相连接的集线器起到了中继的作用，扩大了网络的跨距。快速以太网使用的中继器分为两类，其中，I 类中继器中包含了编码/译码功能，它的延迟比 II 类中继器大，如图 4-19 所示。

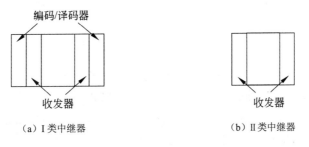

（a）I 类中继器　　　　　　　　　　（b）II 类中继器

图 4-19　I 类和 II 类中继器

与 10Mbps 以太网一样，快速以太网也要考虑冲突时槽和最小帧长问题。快速以太网的数据速率提高了 10 倍，而最小帧长没有变，所以冲突时槽缩小为 5.12μs，有

$$slot = 2S / 0.7C + 2t_{phy} \tag{4.6}$$

其中，S 表示网络的跨距，$0.7C$ 是 0.7 倍光速，t_{phy} 是工作站物理层时延。由于进出发送站都会产生时延，所以取其两倍值。

按照式（4.6），可得到计算快速以太网跨距的公式

$$S = 0.35C(L_{min} / R - 2t_{phy}) \tag{4.7}$$

按照这个公式，结合表 4-10 中关于段长的规定，可以得到图 4-20 所示的各种连接方式。

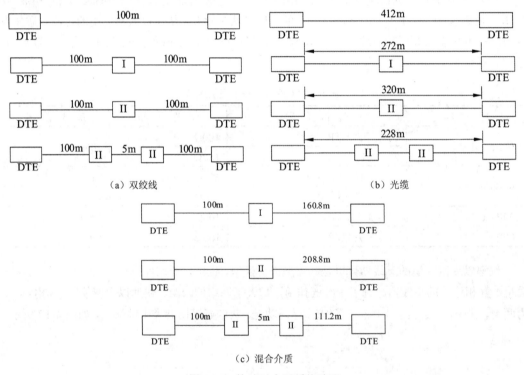

图 4-20   快速以太网系统跨距

在 IEEE 802.3u 的补充条款中说明了 10Mbps 和 100Mbps 兼容的自动协商功能。当系统加电后网卡就开始发送快速链路脉冲（Fast Link Pulse，FLP），这是 33 位二进制脉冲串，前 17 位为同步信号，后 16 位表示自动协商的最佳工作模式信息。原来的 10Mbps 网卡发出的是正常链路脉冲（Normal Link Pulse，NLP），自适应网卡也能识别这种脉冲，从而决定适当的发送速率。

2．千兆以太网

1000Mbps 以太网的传输速率更快，作为主干网提供无阻塞的数据传输服务。1996 年 3 月，IEEE 成立了 802.3z 工作组，开始制定 1000Mbps 以太网标准。后来又成立了有 100 多家公司参加的千兆以太网联盟（Gibabit Ethernet Alliance，GEA），支持 IEEE 802.3z 工作组的各项活动。1998 年 6 月公布的 IEEE 802.3z 和 1999 年 6 月公布的 IEEE 802.3ab 已经成为千兆以太网的正式标准。它们规定了 4 种传输介质，如表 4-10 所示。

表 4-10　千兆以太网标准

标　准	名　　称	电　缆	最大段长	特　点
IEEE 802.3z	1000Base-SX	光纤（短波 770～860nm）	550m	多模光纤（50，62.5μm）
	1000Base-LX	光纤（长波 1270～1355nm）	5000m	单模（10μm）或多模光纤（50，62.5μm）
	1000Base-CX	两对 STP	25m	屏蔽双绞线，同一房间内的设备之间
IEEE 802.3ab	1000Base-T	四对 UTP	100m	5 类无屏蔽双绞线，8B/10B 编码

实现千兆数据速率需要采用新的数据处理技术。首先是最小帧长需要扩展，以便在半双工的情况下增加跨距。另外，802.3z 还定义了一种帧突发方式（frame bursting），使得一个站可以连续发送多个帧。最后，物理层编码也采用了与 10Mbps 不同的编码方法，即 4B/5B 或 8B/9B 编码法。

千兆以太网标准适用于已安装的综合布线基础之上，以保护用户的投资。

3．万兆以太网

2002 年 6 月，IEEE 802.3ae 标准发布，支持 10Gbps 的传输速率，规定的几种传输介质如表 4-11 所示。传统以太网采用 CSMA/CD 协议，即带冲突检测的载波监听多路访问技术。与千兆以太网一样，万兆以太网基本应用于点到点线路，不再共享带宽，没有冲突检测，载波监听和多路访问技术也不再重要。千兆以太网和万兆以太网采用与传统以太网同样的帧结构。

表 4-11　IEEE 802.3ae 万兆以太网标准

名　称	电　缆	最大段长	特　点
10GBase-S（Short）	50μm 的多模光纤	300m	850nm 串行
	62.5μm 的多模光纤	65m	
10GBase-L（Long）	单模光纤	10km	1 310nm 串行
10GBase-E（Extended）	单模光纤	40km	1 550nm 串行

续表

名　称	电　缆	最大段长	特　点
10GBase-LX4	单模光纤	10km	1 310nm
	50μm 的多模光纤	300m	4×2.5Gbps
	62.5μm 的多模光纤	300m	波分多路复用（WDM）

4.3.6　虚拟局域网

虚拟局域网（Virtual Local Area Network，VLAN）是根据管理功能、组织机构或应用类型对交换局域网进行分段而形成的逻辑网络。虚拟局域网与物理局域网具有同样的属性，然而其中的工作站可以不属于同一个物理网段。任何交换端口都可以分配给某个 VLAN，属于同一个 VLAN 的所有端口构成一个广播域。每一个 VLAN 都是一个逻辑网络，发往 VLAN 之外的分组必须通过路由器进行转发。图 4-21 为一个 VLAN 设计的实例，其中为每个部门定义了一个 VLAN，3 个 VLAN 分布在不同位置的 3 台交换机上。

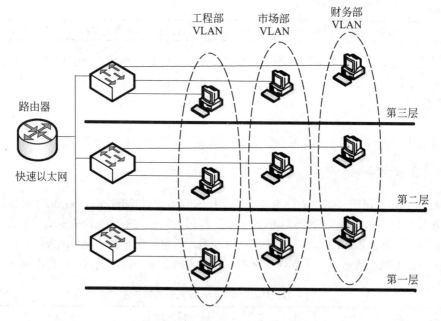

图 4-21　把交换局域网划分成 VLAN

在交换机上实现 VLAN，可以采用静态的或动态的方法。

（1）静态分配 VLAN。为交换机的各个端口指定所属的 VLAN。这种基于端口的划分方法是把各个端口固定地分配给不同的 VLAN，任何连接到交换机的设备都属于接入端口所在的 VLAN。

（2）动态分配 VLAN。动态 VLAN 通过网络管理软件包来创建，可以根据设备的 MAC 地址、网络层协议、网络层地址、IP 广播域或管理策略来划分 VLAN。根据 MAC 地址划分 VLAN 的方法应用最多，一般交换机都支持这种方法。无论一台设备连接到交换网络的什么地方，接入交换机根据设备的 MAC 地址就可以确定该设备的 VLAN 成员身份。这种方法使得用户可以在交换网络中改变接入位置，而仍能访问所属的 VLAN。但是，当用户数量很多时，对每个用户设备分配 VLAN 的工作量是很大的管理负担。

把物理网络划分成 VLAN 的好处如下。

（1）控制网络流量。一个 VLAN 内部的通信（包括广播通信）不会转发到其他 VLAN 中去，从而有助于控制广播风暴，减小冲突域，提高网络带宽的利用率。

（2）提高网络的安全性。可以通过配置 VLAN 之间的路由来提供广播过滤、安全和流量控制等功能。不同 VLAN 之间的通信受到限制，提高了企业网络的安全性。

（3）灵活的网络管理。VLAN 机制使得工作组可以突破地理位置的限制而根据管理功能来划分。如果根据 MAC 地址划分 VLAN，用户可以在任何地方接入交换网络，实现移动办公。

在划分成 VLAN 的交换网络中，交换机端口之间的连接分为两种：接入链路连接（Access-Link Connection）和中继链路连接（Trunk-Link Connection）。接入链路只能连接具有标准以太网卡的设备，也只能传送属于单个 VLAN 的数据包。任何连接到接入链路的设备都属于同一个广播域，这意味着，如果有 10 个用户连接到一个集线器，而集线器被插入到交换机的接入链路端口，则这 10 个用户都属于该端口规定的 VLAN。

中继链路是在一条物理连接上生成多个逻辑连接，每个逻辑连接属于一个 VLAN。在进入中继端口时，交换机在数据包中加入 VLAN 标记。这样，在中继链路另一端的交换机就不仅要根据目标地址，而且要根据数据包所属的 VLAN 进行转发决策。在图 4-22 中用不同的颜色表示不同 VLAN 的帧，这些帧共享同一条中继链路。

图 4-22 接入链路和中继链路

为了与接入链路设备兼容，在数据包进入接入链路连接的设备时，交换机要删除 VLAN 标记，恢复原来的帧结构。添加和删除 VLAN 标记的过程是由交换机中的专用硬件自动实现的，处理速度很快，不会引入太大的延迟。从用户角度看，数据源产生标准的以太帧，目标接收的也是标准的以太帧，VLAN 标记对用户是透明的。

IEEE 802.1q 定义了 VLAN 帧标记的格式，在原来的以太帧中增加了 4 个字节的标记（Tag）字段，如图 4-23 所示。其中，标记控制信息（Tag Control Information，TCI）包含 Priority、CFI 和 VID 3 个部分，各个字段的含义如表 4-12 所示。

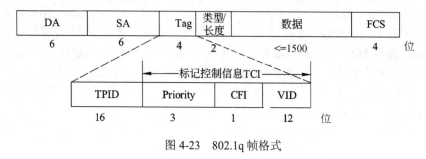

图 4-23　802.1q 帧格式

表 4-12　802.1q 帧标记

字　　段	长度/位	意　　义
TPID	16	标记协议标识符（Tag Protocol Identifier），设定为 0x8100，表示该帧包含 802.1q 标记
Priority	3	提供 8 个优先级（由 802.1q 定义）。当有多个帧等待发送时，按优先级发送数据包
CFI	1	规范格式指示（Canonical Format Indicator），0 表示以太网，1 表示 FDDI 和令牌环网。这一位在以太网与 FDDI 和令牌环网交换数据帧时使用
VID	12	VLAN 标识符（0～4095），其中 VID 0 用于识别优先级，VID 4095 保留未用，所以最多可配置 4094 个 VLAN

4.4　局域网互连

局域网通过网桥互连。IEEE 802 标准中有两种关于网桥的规范：一种是 802.1d 定义的透明网桥，另一种是 802.5 标准中定义的源路由网桥。本节首先介绍网桥协议的体系结构，然后分别介绍两种 IEEE 802 网桥的原理。

4.4.1　网桥协议的体系结构

在 IEEE 802 体系结构中，站地址是由 MAC 子层协议说明的，网桥在 MAC 子层起中继作用。图 4-24 表示了由一个网桥连接两个 LAN 的情况，这两个 LAN 运行相同的 MAC 和 LLC 协议。当 MAC 帧的目标地址和源地址属于不同的 LAN 时，该帧被网桥捕获、暂时缓冲，然后传送到另一个 LAN。当两个站之间有通信时，两个站中的对等 LLC 实体之间就有对话，但是网桥不需要知道 LLC 地址，只是传输 MAC 帧。

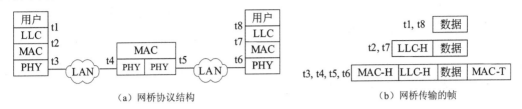

（a）网桥协议结构　　　　　　　　　　　（b）网桥传输的帧

图 4-24　用网桥连接两个 LAN

图 4-24（b）表示网桥传输的数据帧。数据由 LLC 用户提供，LLC 实体对用户数据附加上帧头后传送给本地的 MAC 实体，MAC 实体再加上 MAC 帧头和帧尾，从而形成 MAC 帧。由于 MAC 帧头中包含了目标站地址，所以网桥可以识别 MAC 帧的传输方向。网桥并不剥掉 MAC 帧头和帧尾，它只是把 MAC 帧完整地传送到目标 LAN。当 MAC 帧到达目标 LAN 后才可能被目标站捕获。

　　MAC 中继桥的概念并不限于用一个网桥连接两个邻近的 LAN。如果两个 LAN 相距较远，可以用两个网桥分别连接一个 LAN，两个网桥之间再用通信线路相连。图 4-25 表示两个网桥之间用点对点链路连接的情况，当一个网桥捕获了目标地址为远端 LAN 的帧时，就加上链路层（例如 HDLC）的帧头和帧尾，并把它发送到远端的另一个网桥，目标网桥剥掉链路层字段使其恢复为原来的 MAC 帧，这样，MAC 帧可最后到达目标站。

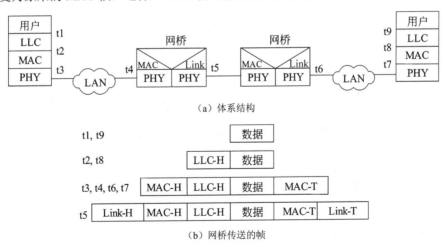

（a）体系结构

（b）网桥传送的帧

图 4-25　远程网桥通过点对点线路相连

　　两个远程网桥之间的通信设施也可以是其他网络，例如广域分组交换网，如图 4-26 所示。

在这种情况下，网桥仍然是起到 MAC 帧中继的作用，但它的结构更复杂。假定两个网桥之间是通过 X.25 虚电路连接，并且两个端系统之间建立了直接的逻辑关系，没有其他 LLC 实体，这样，X.25 分组层工作于 802 LLC 层之下。为了使 MAC 帧能完整地在两个端系统之间传送，源端网桥接收到 MAC 帧后，要给它附加上 X.25 分组头和 X.25 数据链路层的帧头和帧尾，然后发送给直接相连的 DCE。这种 X.25 数据链路帧在广域网中传播，到达目标网桥并剥掉 X.25 字段，恢复为原来的 MAC 帧，然后发送给目标站。

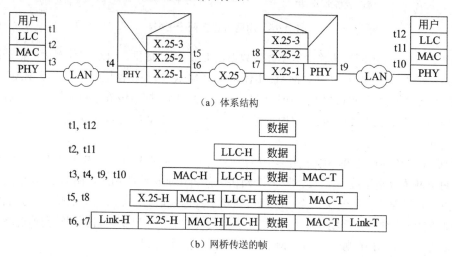

（a）体系结构

t1, t12				数据		
t2, t11			LLC-H	数据		
t3, t4, t9, t10		MAC-H	LLC-H	数据	MAC-T	
t5, t8	X.25-H	MAC-H	LLC-H	数据	MAC-T	
t6, t7	Link-H	X.25-H	MAC-H	LLC-H	数据	MAC-T	Link-T

（b）网桥传送的帧

图 4-26　两个网桥通过 X.25 网络相连

在简单的情况下（例如，一个网桥连接两个 LAN），网桥的工作只是根据 MAC 地址决定是否转发帧，但是在更复杂的情况下，网桥必须具有路由选择的功能。例如在图 4-27 中，假定站 1 给站 6 发送一个帧，这个帧同时被网桥 101 和 102 捕获，而这两个网桥直接相连的 LAN 都不含目标站。这时网桥必须做出决定是否转发这个帧，使其最后能到达站 6。显然，网桥 102 应该做这个工作，把收到的帧转发到 LAN C，然后再经网桥 104 转发到目标站。可见，网桥要有做出路由决策的能力，特别是当一个网桥连接两个以上的网络时，不仅要决定是否转发，还要决定转发到哪个端口上去。

网桥的路由选择算法可能很复杂。在图 4-28 中，网桥 105 直接连接 LAN A 和 LAN E，从而构成了从 LAN A 到 LAN E 之间的冗余通路。如果站 1 向站 5 发送一个帧，该帧既可以经网桥 101 和网桥 103 到达站 5，也可以只经过网桥 105 直接到达站 5。在实际通信过程中，可以根据网络的交通情况决定传输路线。另外，当网络配置改变时（例如网桥 105 失效），网桥的路由选择算法也要随之改变。考虑了这些因素后，网桥的路由选择功能就与网络层的路由选择功能类似了。在最复杂的情况下，所有网络层的路由技术在网桥中都能用得上。当然，一般由网桥互连局域网的情况远没有广域网中的网络层复杂，所以有必要研究更适合于网桥的路由技术。

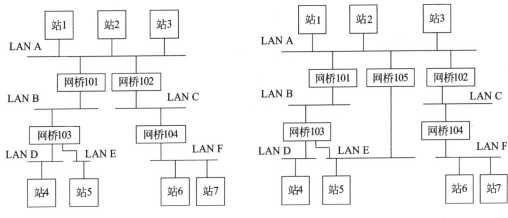

图 4-27　由网桥互连的多个 LAN　　　图 4-28　有冗余通路的互连

为了对网桥的路由选择提供支持，MAC 层地址最好是分为两部分：网络地址部分（标识因特网中唯一的 LAN）和站地址部分（标识某 LAN 中唯一的工作站）。IEEE 802.5 标准建议：16 位的 MAC 地址应分成 7 位的 LAN 编号和 8 位的工作站编号，而 48 位的 MAC 地址应分成 14 位的 LAN 编号和 32 位的工作站编号，其余位用于区分组地址/单地址以及局部地址/全局地址。

在网桥中使用的路由选择技术可以是固定路由技术。像网络层使用的那样，每个网桥中存储一张固定路由表，网桥根据目标站地址查表选取转发的方向，选取的原则可以是某种既定的最短通路算法。当然，在网络配置改变时，路由表要重新计算。

固定式路由策略适合小型和配置稳定的互连网络。除此之外，IEEE 802 委员会开发了两种路由策略规范：IEEE 802.1d 标准是基于生成树算法的，可实现透明网桥；伴随 IEEE 802.5 标准的是源路由网桥规范。下面分别介绍这两种网桥标准。

4.4.2　生成树网桥

生成树（Spanning Tree）网桥是一种完全透明的网桥，这种网桥插入电缆后就可以自动完成路由选择的功能，无须由用户装入路由表或设置参数，网桥的功能是自己学习获得的。以下从帧转发、地址学习和环路分解 3 个方面讲述这种网桥的工作原理。

1．帧转发

网桥为了能够决定是否转发一个帧，必须为每个转发端口保存一个转发数据库，数据库中保存着必须通过该端口转发的所有站的地址。可以通过图 4-27 说明这种转发机制。图 4-27 中的网桥 102 把所有互联网中的站分为两类，分别对应它的两个端口：在 LAN A、B、D 和 E 上的站在网桥 102 的 LAN A 端口一边，这些站的地址列在一个数据库中；在 LAN C 和 F 中的站在网桥 102 的 LAN C 端口一边，这些站的地址列在另一个数据库中。当网桥收到一个帧时，就可以根据目标地址和这两个数据库的内容决定是否把它从一个端口转发到另一个端口。作为一般情况，假定网桥从端口 X 收到一个 MAC 帧，则它按以下算法进行路由决策（如图 4-29 所示）。

（1）查找除 X 端口之外的其他转发数据库。

（2）如果没有发现目标地址，则丢弃帧。

（3）如果在某个端口 Y 的转发数据库中发现目标地址，并且 Y 端口没有阻塞（阻塞的原因下面讲述），则把收到的 MAC 帧从 Y 端口发送出去；若 Y 端口阻塞，则丢弃该帧。

2．地址学习

以上转发方案假定网桥已经装入了转发数据库。如果采用静态路由策略，转发信息可以预先装入网桥。然而，还有一种更有效的自动学习机制，可以使网桥从无到有地自行决定每一个站的转发方向。获取转发信息的一种简单方案利用了 MAC 帧中的源地址字段，下面简述这种学习机制。

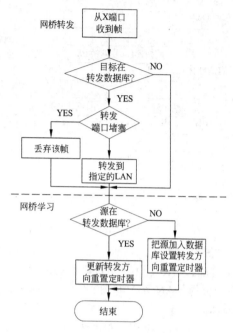

图 4-29　网桥转发和学习

如果一个 MAC 帧从某个端口到达网桥，显然它的源工作站处于网桥的入口 LAN 一边，从帧的源地址字段可以知道该站的地址，于是网桥据此更新相应端口的转发数据库。为了应付网络拓扑结构的改变，转发数据库的每一数据项（站地址）都配备一个定时器。当一个新的数据项加入数据库时，定时器复位；如果定时器超时，则数据项被删除，从而相应传播方向的信息失效。每当接收到一个 MAC 帧时，网桥就取出源地址字段并查看该地址是否在数据库中，如果已在数据库中，则对应的定时器复位，在方向改变时可能还要更新该数据项；如果地址不在数据库中，则生成一个新的数据项并置位其定时器。

以上讨论假定在数据库中直接存储站地址。如果采用两级地址结构（LAN 编号.站编号），则数据库中只需存储 LAN 地址部分就可以了，这样可以节省网桥的存储空间。

3．环路分解——生成树算法

以上讨论的学习算法适用于因特网为树型拓扑结构的情况，即网络中没有环路，任意两个站之间只有唯一通路，当因特网络中出现环路时这种方法就失效了。下面通过图 4-30 说明问题是怎样产生的。假设在时刻 t_0，站 A 向站 B 发送了一个帧。每一个网桥都捕获了这个帧并且在各自的数据库中把站 A 地址记录在 LAN X 一边，随之把该帧发往 LAN Y。在稍后某个时刻　t_1

或 t_2（可能不相等），网桥 a 和 b 又收到了源地址为 A、目标地址为 B 的 MAC 帧，但这一次是从 LAN Y 的方向传来的，这时两个网桥又要更新各自的转发数据库，把站 A 的地址记在 LAN Y 一边。

可见，由环路引起的循环转发破坏了网桥的数据库，使得网桥无法获得正确的转发信息。克服这个问题的思路就是要设法消除环路，从而避免出现互相转发的情况。幸好，图论中有一种提取连通图生成树的简单算法，可以用于因特网络消除其中的环路。在因特网络中，每一个 LAN 对应于连通图的一个顶点，而每一个网桥对应于连通图的一个边。删去连通图的一个边等价于移去一个网桥，凡是构成回路的网桥都可以逐个移去，最后得到的生成树不含回路，但又不改变网络的连通性。需要一种算法，使得各个网桥之间通过交换信息自动阻塞一些传输端口，从而破坏所有

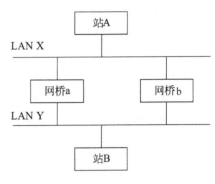

图 4-30　有环路的因特网络

的环路并推导出因特网络的生成树。这种算法应该是动态的，即当网络拓扑结构改变时，网桥能觉察到这种变化，并随即导出新的生成树。假定：

（1）每一个网桥有唯一的 MAC 地址和唯一的优先级，地址和优先级构成网桥的标识符。

（2）有一个特殊的地址用于标识所有网桥。

（3）网桥的每一个端口有唯一的标识符，该标识符只在网桥内部有效。

另外，要建立以下概念。

- 根桥：即作为生成树树根的网桥，例如可选择地址值最小的网桥作为根桥。
- 通路费用：为网桥的每一个端口指定一个通路费用，该费用表示通过那个端口向其连接的 LAN 传送一个帧的费用。两个站之间的通路可能要经过多个网桥，这些网桥的有关端口的费用相加就构成了两站之间通路的费用。例如，假定沿路每个网桥端口的费用为 1，则两个站之间通路的费用就是经过的网桥数。另外，也可以把网桥端口的通路费用与有关 LAN 的通信速率联系起来（一般为反比关系）。
- 根通路：每一个网桥通向根桥的、费用最小的通路。
- 根端口：每一个网桥与根通路相连接的端口。
- 指定桥：每一个 LAN 有一个指定桥，这是在该 LAN 上提供最小费用根通路的网桥。
- 指定端口：每一个 LAN 的指定桥连接 LAN 的端口为指定端口。对于直接连接根桥的 LAN，根桥就是指定桥。该 LAN 连接根桥的端口即为指定端口。

根据以上建立的概念，生成树算法可采用下面的步骤。

（1）确定一个根桥。

（2）确定其他网桥的根端口。

（3）对每一个 LAN 确定一个唯一的指定桥和指定端口，如果有两个以上网桥的根通路费用相同，则选择优先级最高的网桥作为指定桥；如果指定桥有多个端口连接 LAN，则选取标识符值最小的端口为指定端口。

按照以上算法，直接连接两个 LAN 的网桥中只能有一个作为指定桥，其他都删除掉。这就排除了两个 LAN 之间的任何环路。同理，以上算法也排除了多个 LAN 之间的环路，但保持了连通性。

为了实现以上算法，网桥之间要交换网桥协议数据单元。IEEE 802.1d 定义了网桥协议数据单元 BPDU 的格式，如图 4-31 所示。

| Protocol ID (2) | Version (1) | Type (1) | Flags (1) | Rood BID (8) | Root Path (4) |
| Sender BID (8) | Port ID (2) | M-Age (2) | Max Age (2) | Hello Time(2) | FD (2 Bytes) |

图 4-31　网桥协议数据单元

其中的各个字段解释如下。

- Protocol ID：协议标识，恒为 0。
- Version：版本号，恒为 0。
- Type：BPDU 类型，分为两种，即配置 BPDU 和 TCN（Topology Change Notifications）BPDU。
- Flags：标志，表示活动拓扑中的变化，包含在 TCN 中。
- Root BID：根网桥 ID。在会聚后的网络中，所有配置 BPDU 中的 Root BID 都相同，由网桥优先级和 MAC 地址两部分组成。
- Root Path：根通路费用，通向根网桥的费用。
- Sender BID：发送 BPDU 的网桥 ID。
- Port ID：端口 ID。
- M-Age（Message Age）：报文生命期，记录根网桥生成 BPDU 的时间。
- Max Age：保存 BPDU 的最长时间，也反映了拓扑变化通知中的网桥表生存时间。
- Hello Time：问询时间，指周期性配置 BPDU 的间隔时间。
- FD（Forward Delay）：转发延迟，用于监听（listening）和学习（learning）状态的时间。

在最初建立生成树时，最主要的信息如下。

（1）发出 BPDU 的网桥的标识符及其端口标识符。

（2）认为可作为根桥的网桥标识符。

（3）该网桥的根通路费用。

开始时，每个网桥都声明自己是根桥并把以上信息广播给所有与它相连的 LAN。在每一个

LAN 上只有一个地址值最小的标识符，该网桥可坚持自己的声明，其他网桥则放弃声明，并根据收到的信息确定其根端口，重新计算根通路费用。当这种 BPDU 在整个互连网络中传播时，所有网桥可最终确定一个根桥，其他网桥据此计算自己的根端口和根通路。在同一个 LAN 上连接的各个网桥还需要根据各自的根通路费用确定唯一的指定桥和指定端口。显然，这个过程要求在网桥之间多次交换信息，自认为是根桥的那个网桥不断广播自己的声明。例如在图 4-32（a）的网络中，通过交换 BPDU 导出生成树的过程简述如下。

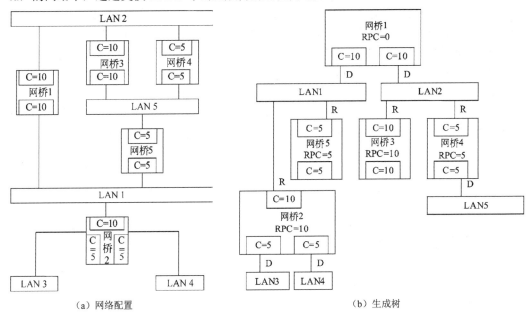

（a）网络配置　　　　　　　　　　　　　　（b）生成树

图 4-32　互连网络的生成树

（1）与 LAN 2 相连的 3 个网桥 1、3 和 4 选出网桥 1 为根桥，网桥 3 把它与 LAN 2 相连的端口确定为根端口（根通路费用为 10）。类似地，网桥 4 把它与 LAN 2 相连的端口确定为根端口（根通路费用为 5）。

（2）与 LAN 1 相连的 3 个网桥 1、2 和 5 也选出网桥 1 为根桥，网桥 2 和 5 相应地确定其根通路费用和根端口。

（3）与 LAN 5 相连的 3 个网桥通过比较各自的根通路费用的优先级选出网桥 4 为指定网桥，其根端口为指定端口。

其他计算过程略。最后导出的生成树如图 4-32（b）所示。只有指定网桥的指定端口可转发信息，其他网桥的端口都必须阻塞起来。在生成树建立起来以后，网桥之间还必须周期地交换 BPDU，以适应网络拓扑、通路费用以及优先级改变的情况。

1998 年，IEEE 发表了 802.1w 标准，对原来的生成树协议进行了改进，定义了快速生成树协议（Rapid Spanning Tree Protocol，RSTP），用于加快生成树的收敛速度。最新的标准 IEEE 802.1D-2004 对 RSTP 进行了改进，并作废了原来的 STP 标准。原来的生成树协议一般需要 30～50s 才能响应网络拓扑的改变，而新的快速生成树协议缩短到 3 倍 Hello 时间（默认为 6s）。下面的例子说明了 RSTP 协议的操作过程。

图 4-33（a）是一个局域网互连的例子，这里用方框代表网桥，其中的数字代表网桥 ID，云块代表网段。根据选取规则，ID 最小的网桥 3 被选为根网桥，如图 4-33（b）所示。假定所有网段的传输费用为 1，则从网桥 4 达到根网桥的最短通路要经过网段 c，因而网桥 4 连接网段 c 的端口是根端口（RP），所有网桥的选定的根端口如图 4-33（c）所示。下一步要为每个网段选择指定端口（DP）。从网段 e 到达根网桥的最短通路要通过网桥 92，所以网桥 92 连接网段 e 的端口为指定端口，各个网段的指定端口如图 4-33（d）所示。图 4-33（e）表示用生成树算法计算出的所有端口的状态，如果一个活动端口既不是根端口，也不是指定端口，则它就被阻塞了。当连接网桥 24 和网段 c 的链路失效时，生成树算法重新计算最短通路，网桥 5 原来阻塞的端口变成了网段 f 的指定端口，如图 4-33（f）所示。

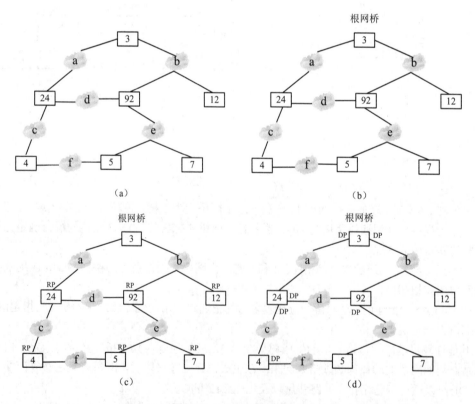

图 4-33　RSTP 网络的例子

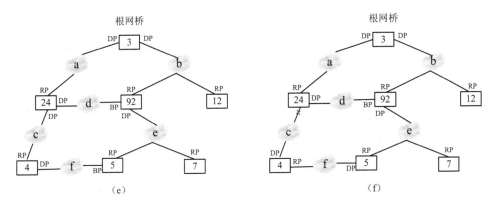

续图 4-33

按照 IEEE 802.1d 和 IEEE 802.1t 标准,网段的通信费用根据网络端口的数据速率确定,如表 4-13 所示。

表 4-13　给定数据速率接口的默认费用

数据速率	STP 费用（802.1d-1998）	STP 费用（802.1t-2001）
4Mbps	250	5 00 000
10Mbps	100	2 000 000
16Mbps	62	1 250 000
100Mbps	19	200 000
1Gbps	4	20 000
2Gbps	3	10 000
10Gbps	2	2000

4.4.3　源路由网桥

生成树网桥的优点是易于安装,无须人工输入路由信息,但是这种网桥只利用了网络拓扑结构的一个子集,没有最好地利用带宽。所以,802.5 标准中给出了另一种网桥路由策略——源路由网桥。源路由网桥的核心思想是由帧的发送者显式地指明路由信息。路由信息由网桥地址和 LAN 标识符的序列组成,包含在帧头中。每个收到帧的网桥根据帧头中的地址信息可以知道自己是否在转发路径中,并可以确定转发的方向。例如在图 4-34 中,假设站 X 向站 Y 发送一个帧。该帧的旅行路线可以是 LAN 1、网桥 B1、LAN 3 和网桥 B3;也可以是 LAN 1、网桥 B2、LAN 4 和网桥 B4。如果源站 X 选择了第一条路径,并把这个路由信息放在帧头中,则网桥 B1 和 B3 都参与转发过程,反之,网桥 B2 和 B4 负责把该帧送到目标站 Y。

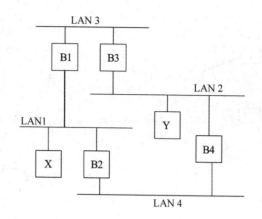

图 4-34　因特网络的例子

在这种方案中，网桥无须保存路由表，只须记住自己的地址标识符和它所连接的 LAN 标识符，就可以根据帧头中的信息做出路由决策。然而，发送帧的工作站必须知道网络的拓扑结构，了解目标站的位置，才能给出有效的路由信息。在 802.5 标准中有各种路由指示和寻址模式用于解决源站获取路由信息的问题。

1．路由指示

按照 802.5 的方案，帧头中必须有一个指示器表明路由选择的方式。路由指示有以下 4 种。

（1）空路由指示。不指示路由选择方式，所有网桥不转发这种帧，故只能在同一个 LAN 中传送。

（2）非广播指示。这种帧中包含了 LAN 标识符和网桥地址的序列。帧只能沿着预定路径到达目标站，目标站只收到该帧的一个副本，这种帧只能在已知路由情况下发送。

（3）全路广播指示。这种帧通过所有可能的路径到达所有的 LAN，在有些 LAN 上可能多次出现。所有网桥都向远离源端的方向转发这种帧，目标站会收到来自不同路径的多个副本。

（4）单路径广播指示。这种帧沿着以源节点为根的生成树向叶子节点传播，在所有 LAN 上出现一次并且只出现一次，目标站只收到一个副本。

全路广播帧不含路由信息，每一个转发这种帧的网桥都把自己的地址和输出 LAN 的标识符加在路由信息字段中。这样，当帧到达目标站时就含有完整的路由信息了。为了防止循环转发，网桥要检查路由信息字段，如果该字段中含有网桥连接的 LAN，则不会再把该帧转发到这个 LAN 上去。

单路径广播帧需要生成树的支持，生成树可以像上一小节那样自动产生生成树，也可由手工输入配置生成树。只有在生成树中的网桥才参与这种帧的转发，因而只有一个副本到达目标站。与全路广播帧类似，这种帧的路由信息也是由沿路各网桥自动加上去的。

源站可以利用后两种帧发现目标站的地址。例如，源站向目标站发送一个全路广播帧，目标站以非广播帧响应并且对每一条路径来的副本都给出一个回答。这样源站就知道了到达目标站的各种路径，可选取一种作为路由信息。另外，源站也可以向目标站发送单路径广播帧，目标站以全路广播帧响应，这样源站也可以知道到达目标的所有路径。

2．寻址模式

路由指示和 MAC 寻址模式有一定的关系。寻址模式有以下 3 种。

（1）单播地址：指明唯一的目标地址。

（2）组播地址：指明一组工作站的地址。

（3）广播地址：表示所有站。

从用户的角度看，由网桥互连的所有局域网应该像单个网络一样，所以以上 3 种寻址方式应在整个网络范围内有效。当 MAC 帧的目标地址为以上 3 种寻址模式时，与 4 种路由指示结合可产生不同的接收效果，如表 4-14 所示。

表 4-14　不同寻址模式和路由指示组合的接收效果

寻 址 模 式	路 由 指 示			
	空　路　由	非　广　播	全　路　广　播	单路径广播
单地址	同一 LAN 上的目标站	不在同一 LAN 上的目标站	在任何 LAN 上的目标站	在任何 LAN 上的目标站
组地址	同一 LAN 上的一组站	因特网中指定路径上的一组站	因特网中的一组站	因特网中的一组站
广播地址	同一 LAN 上的所有站	因特网中指定路径上的所有站	因特网中的所有站	因特网中的所有站

从表 4-14 看出，如果不说明路由信息，则帧只能在源站所在的 LAN 内传播；如果说明了路由信息，则帧可沿预定路径到达沿路各站。在两种广播方式中，因特网中的任何站都会收到帧。但若是用于探询到达目标站的路径，则只有目标给予响应。全路广播方式可能产生大量的重复帧，从而引起所谓的"帧爆炸"问题。单路径广播产生的重复帧少很多，但需要生成树的支持。

4.5　城域网

城域网比局域网的传输距离远，能够覆盖整个城市范围。城域网作为开放型的综合平台，要求能够提供分组传输的数据、语音、图像和视频等多媒体综合业务。城域网要比局域网有更大的传输容量，更高的传输效率，还要有多种接入手段，以满足不同用户的需要。这一节讨论城域网的组网技术。

4.5.1　城域以太网

以太网技术的成熟和广泛应用推动了以太网向城域网领域扩展。但是，传统的以太网协议是为小范围的局域网开发的，在应用于更大范围的城域网时存在下面一些局限性。

（1）传输效率不高。在局域网中采用的广播通信方式要求发送站占用全部带宽，同时以太网的竞争发送机制要求把传输距离限制在较小的范围内。城域网通常可达上百公里的传输距离，这种情况下必然造成部分带宽的浪费。

（2）局域网应付通信故障的机制不完善，没有故障隔离和自愈能力。在服务范围扩大到整个城市范围时，网络故障的影响不可忽视，自动故障隔离和快速网络自愈变得很重要。

（3）局域网不能提供服务质量保证。城域网用户的需求是多种多样的，日益发展的多媒体业务要求提供有保障的服务质量（QoS）。

（4）局域网的管理机制不完善。对于大的城域网，要求简单、易行的 OA&M（Operation Administration and Management）功能。

城域以太网论坛（Metro Ethernet Forum，MEF）是由网络设备制造商和网络运营商组成的非盈利组织，专门从事城域以太网的标准化工作。MEF 的承载以太网（Carrier Ethernet）技术规范提出了以下几种业务类型。

（1）以太网专用线（Ethernet Private Line，EPL）。在一对用户以太网之间建立固定速率的点对点专线连接。

（2）以太网虚拟专线（Ethernet Virtual Private Line，EVPL）。在一对用户以太网之间通过第三层技术提供点对点的虚拟以太网连接，支持承诺的信息速率（CIR）、峰值信息速率（PIR）和突发式通信。

（3）以太局域网服务（E-LAN Services）。由运营商建立一个城域以太网，在用户以太网之间提供多点对多点的第二层连接，任意两个用户以太网之间都可以通过城域以太网通信。

其中的第 3 种技术被认为是最有前途的解决方案。提供 E-LAN 服务的基本技术是 802.1q 的 VLAN 帧标记。假定各个用户的以太网称为 C-网，运营商建立的城域以太网称为 S-网。如果不同 C-网中的用户要进行通信，以太帧在进入用户网络接口（User-Network Interface，UNI）时被插入一个 S-VID（Server Provider-VLAN ID）字段，用于标识 S-网中的传输服务，而用户的 VLAN 帧标记（C-VID）则保持不变，当以太帧到达目标 C-网时，S-VID 字段被删除，如图

4-35 所示，这样就解决了两个用户以太网之间透明的数据传输问题。这种技术定义在 IEEE 802.1ad 的运营商网桥协议（Provider Bridge Protocol）中，被称为 Q-in-Q 技术。

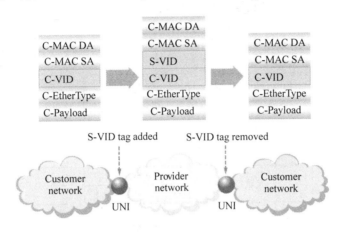

图 4-35　802.1ad 的帧格式

　　Q-in-Q 实际上是把用户 VLAN 嵌套在城域以太网的 VLAN 中传送，由于其简单性和有效性而得到电信运营商的青睐。但是这样一来，所有用户的 MAC 地址在城域以太网中都是可见的，任何 C-网的改变都会影响到 S-网的配置，增加了管理的难度。而且 S-VID 字段只有 12 位，只能标识 4096 个不同的传输服务，网络的可扩展性也受到限制。从用户角度看，网络用户的 MAC 地址都暴露在整个城域以太网中，使得网络的安全性受到威胁。

　　为了解决上述问题，IEEE 802.1ah 标准提出了运营商主干网桥（Provider Backbone Bridge，PBB）协议。所谓主干网桥，就是运营商网络边界的网桥，通过 PBB 对用户以太帧再封装一层运营商的 MAC 帧头，添加主干网目标地址和源地址（B-DA，B-SA）、主干网 VLAN 标识（B-VID）以及服务标识（I-SID）等字段，如图 4-36 所示。由于用户以太帧被封装在主干网以太帧中，所以这种技术被称为 MAC-in-MAC 技术。

　　按照 802.1ah 协议，主干网与用户网具有不同的地址空间。主干网的核心交换机只处理通常的以太网帧头，仅主干网边界交换机才具有 PBB 功能。这样，用户网和主干网被 PBB 隔离，使得扁平式的以太网变成了层次化结构，简化了网络管理，保证了网络安全。802.1ah 协议规定的服务标识（I-SID）字段为 24 位，可以区分 1600 万种不同的服务，使得网络的扩展性得以提升。由于采用了二层技术，没有复杂的信令机制，因此设备成本和维护成本较低，被认为是城域以太网的最终解决方案。目前，IEEE 802.1ah 标准正在完善之中。

DA=用户的目标地址   I-SID=服务ID
SA=用户的源地址   B-VID=主干网桥VID
VID=VLAN ID   B-DA=主干网目标地址
C-VID=用户的VID   B-SA=主干网源地址
S-VID=服务商的VID

| B-DA |
| B-SA |
| 类型 |
| B-VID |
| 类型 |
| I-SID |

通常的以太网帧头

←服务ID

| DA |
| SA |
| 类型 |
| 负载 |

| DA |
| SA |
| 类型 |
| VID |
| 类型 |
| 负载 |

| DA |
| SA |
| 类型 |
| S-VID |
| 类型 |
| C-VID |
| 类型 |
| 负载 |

| DA |
| SA |
| 类型 |
| S-VID |
| 类型 |
| C-VID |
| 类型 |
| 负载 |

（a）802.1   （b）802.1q   （c）802.1ad   （d）802.1ah

图 4-36   城域以太网的帧格式

按照图 4-36 的封装层次，组成的城域以太网如图 4-37 所示。

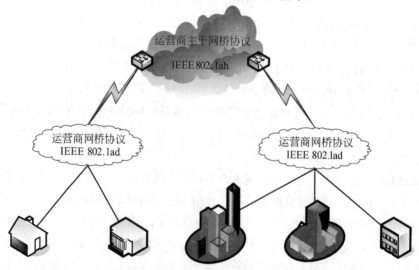

运营商主干网桥协议
IEEE 802.1ah

运营商网桥协议
IEEE 802.1ad

运营商网桥协议
IEEE 802.1ad

图 4-37   城域以太网

4.5.2　弹性分组环

弹性分组环（Resilient Packet Ring，RPR）是一种采用环型拓扑的城域网技术。2004 年公布的 IEEE 802.17 标准定义了 RPR 的介质访问控制方法、物理层接口以及层管理参数，并提出了用于环路检测和配置、失效恢复以及带宽管理的一系列协议。802.17 标准也定义了环网与各种物理层的接口和系统管理信息库。RPR 支持的数据速率可达 10Gbps。

1. 体系结构

RPR 的体系结构如图 4-38 所示。MAC 服务接口提供上层协议的服务原语；MAC 控制子层控制 MAC 数据通路，维护 MAC 状态，并协调各种 MAC 功能的相互作用；MAC 数据通路子层提供数据传输功能；MAC 子层通过 PHY 服务接口发送/接收分组。

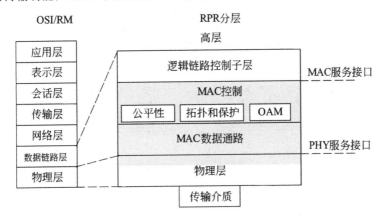

图 4-38　RPR 体系结构

RPR 采用了双环结构，由内层的环 1（ringlet 1）和外层的环 0（ringlet 0）组成，每个环都是单方向传送，如图 4-39 所示。相邻工作站之间的跨距（span）包含传送方向相反的两条链路（link）。如果 X 站接收 Y 站发出的分组，则 X 是 Y 的下游站，而 Y 是 X 的上游站。RPR 支持多达 255 个工作站，最大环周长为 2000km。

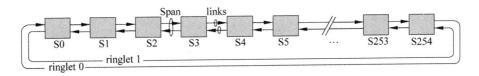

图 4-39　PRP 拓扑结构

2．数据传送

工作站之间的数据传送有单播（Unicast）、单向泛洪（Unidirectional flooding）、双向泛洪（Bidirectional flooding）和组播（Multicast）等几种方式。单播传送如图 4-40 所示。发送站可以利用环 1 或环 0 向它的下游站发送分组，数据帧到达目标站时被复制并从环上剥离（strip）。

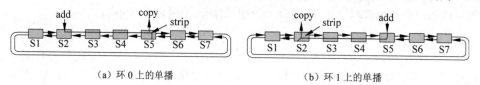

（a）环 0 上的单播　　　　　　　　　　　（b）环 1 上的单播

图 4-40　单播传送

泛洪传播是由一个站向多个目标站发送分组。单向泛洪有两种方式。数据帧中有一个 *ttl*（time to live）字段，发送站将其初始值设置为目标站数，分组每经过一站，*ttl* 减 1，当 *ttl* 为 0 时到达最后一个接收站，分组被复制并剥离，如图 4-41（a）所示。另外一种泛洪方式是分组返回发送站时被剥离，如图 4-41（b）所示。

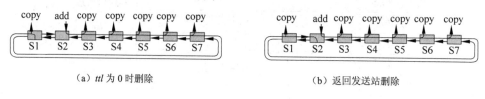

（a）*ttl* 为 0 时删除　　　　　　　　　　（b）返回发送站删除

图 4-41　单向泛洪传播

双向泛洪要利用两个环同时传播，在两个方向发送的分组中设置不同的 ttl 值，当分组达到最后一个目标站时被复制并剥离，如图 4-42（a）所示。如果环上有一个分裂点（leave point），这时形成了开放环，如图 4-42（b）中的垂直虚线所示，在这种情况下，发送站要根据分裂点的位置设置两个不同的 *ttl* 的值。

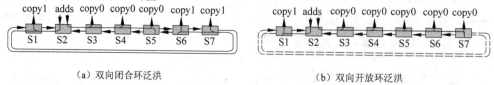

（a）双向闭合环泛洪　　　　　　　　　　（b）双向开放环泛洪

图 4-42　双向泛洪传播

组播分组可以利用单向或双向泛洪方式发送，组播成员由分组头中的目标地址字段指定。

3. 基本帧格式

PRP 中传送的分组有数据帧、控制帧、公平帧和闲置帧等多种格式，基本帧格式如图 4-43 所示。如果传送以太帧，则把以太帧中的目标地址和源地址复制到 *da* 和 *sa* 字段，把 *protocolType* 字段设置为以太帧的标识，并把以太帧中的服务数据单元和 CRC 校验和复制到 *serviceDataUnit* 和 *fcs* 字段，如图 4-44 所示。

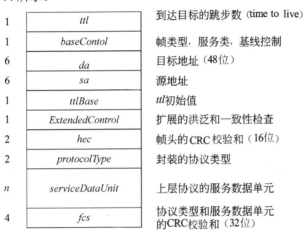

图 4-43 PRP 基本帧格式

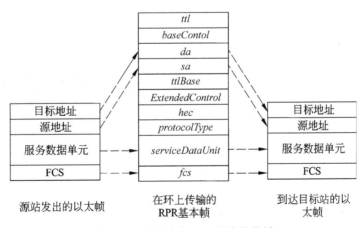

图 4-44 以太帧在 RPR 环上的传播

4. RPR 的关键技术

下面介绍 RPR 的几个关键技术。

（1）业务类型。RPR 支持 3 种业务。A 类业务提供保证的带宽，提供与传输距离无关的很小的延迟抖动，适合语音、视频等电路仿真应用；B 类业务提供保证的带宽，提供与传输距离相关的有限的延迟抖动，可以超信息速率（Excess Information Rate，EIR）传输，适合企业数据传输方面的应用；C 类业务提供尽力而为的服务，适合用户的因特网接入。

（2）空间复用。RPR 的空间复用协议（Spatial Reuse Protocol，SRP）提供了寻址、读取分组、管理带宽和传播控制信息等功能。在 RPR 环上，数据帧被目标站从环上剥离，而不是像其他环网那样返回源节点后被剥离。这样就使得多个节点分成多段线路同时传输数据，充分利用了整个环路的带宽。例如，环上依次有 A、B、C、D 这 4 个节点，分组经过 A 节点到达 B 节点被剥离，另外的分组可以从 B 节点插入，并经 C 传送到 D 节点，从而有效地利用了环上 A 到 D 之间的带宽。

（3）拓扑发现。RPR 拓扑发现是一种周期性活动，也可以由某个需要知道拓扑结构的节点发起。在拓扑发现过程中，拓扑发现分组经过的节点把自己的标识符加入到分组中的标识符队列，产生一个新的拓扑发现分组，这样就形成了拓扑识别的累积效应。通过拓扑发现，节点可以选择最佳的插入点，使得源节点到达目的节点的跳步数最小。

（4）公平算法。公平算法是一种保证环上所有站点公平地分配带宽的机制。如果一个节点发生阻塞，它就会在相反的环上向上游节点发送一个公平帧。上游站点收到这个公平帧时就调整自己的发送速率使其不超过公平速率。一般来说，接收到公平帧的站点会根据具体情况做出两种反应：若当前节点阻塞，它就在自己的当前速率和收到的公平速率之间选择一个最小值，并发布给上游节点；若当前节点不阻塞，就不采取任何行动。

（5）环自愈保护。当 RPR 环中出现严重故障或者发生光纤中断后，中断处的两个站点就会发出控制帧，沿光纤方向通知各个节点。正要发送数据的站点接收到这个消息后，立即把要发送的数据倒换到另一个方向的光纤上。一般来说，在环保护切换时，要按照业务流的不同服务等级、根据相同目标一起倒换原则依次向反向光纤倒换业务。RPR 和 SDH 一样，能保证业务的倒换时间少于 50ms。

第 5 章 无线通信网

无线通信网包括面向语音通信的移动电话系统以及面向数据传输的无线局域网和无线广域网。随着无线通信技术的发展，计算机网络正在由固定通信系统向移动通信系统发展，传统的移动电话网也向语音和数据综合传输的移动通信网转变，二者的融合使得 Internet 变得无所不在，并且更加便捷和实用。本章概述移动电话网的发展历程，并详述无线局域网和无线城域网的体系结构和实用技术，最后展望了新一代移动通信网的发展方向。

5.1 移动通信

移动电话是最方便的个人通信工具。从第一代（1G）到第三代（3G）移动通信系统都是针对话音通信设计的，只有未来的 4G 才可能与 Internet 无缝地集成。但是在 2G 和 3G 时代，由于笔记本电脑的迅速普及，通过移动电话网访问 Internet 已经成为许多用户的选择。

5.1.1 蜂窝通信系统

1978 年，美国贝尔实验室开发了高级移动电话系统（Advanced Mobile Phone System，AMPS），这是第一个具有随时随地通信能力的大容量移动通信系统。AMPS 采用模拟制式的频分双工（Frequency Division Duplex，FDD）技术，用一对频率分别提供上行和下行信道。AMPS 采用蜂窝技术解决了公用移动通信系统所面临的大容量要求与频谱资源限制的矛盾。到了1980 年中期，欧洲和日本都建立了第一代蜂窝移动电话系统。

蜂窝网络把一个地理区域划分成若干个称为蜂窝的小区（Cell）。在模拟移动电话系统中，一个话音连接要占用一个单独的频率。如果把通信网络覆盖的地区划分成一个一个的小区，则在不同小区之间就可以实现频率复用。在图 5-1 中，一个基站覆盖的小区用一个字母来代表，在一个小区内可以用一组频率提供一组用户进行通话。相邻小区不能使用相同的通信频率，同一字母（例如 A）代表的小区可以使用同样的通信频率，使用同样频率的小区之间有两个频率不同的小区作为分隔。如果要增加通信频率的复用程度，可以把小区划分得更小。

当用户移动到一个小区的边沿时，电话信号的衰减程度提醒相邻的基站进行切换（handoff）操作，正在通话的用户就自动切换到另一个小区的频段继续通话。切换过程是通过移动电话交换局（MTSO）在相邻的两个基站之间进行的，不需要电话用户的干预。

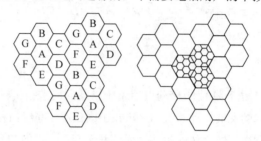

图 5-1　蜂窝通信系统的频率复用

5.1.2　第二代移动通信系统

第二代移动通信系统是数字蜂窝电话，在世界不同的地方采用了不同的数字调制方式。我国最初采用欧洲电信的 GSM（Global System for Mobile）系统和美国高通公司的码分多址（CDMA）系统。

1.　全球移动通信系统 GSM

GSM 系统工作在 900～1800MHz 频段，无线接口采用 TDMA 技术，提供话音和数据业务。图 5-2 所示为工作在 900MHz 频段的 GSM 系统的频带利用情况。

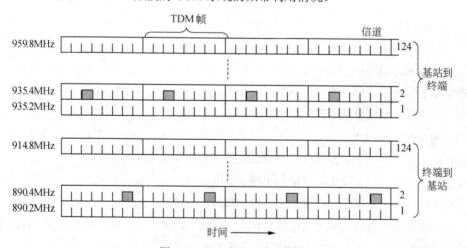

图 5-2　GSM 的 TDMA 系统

图 5-2 中的每一行表示一个带宽为 200kHz 单工信道，GSM 系统有 124 对这样的单工信道（上行链路 890～915MHz，下行链路 935～960MHz），每一个信道采用时分多路（TDMA）方式

可支持 8 个用户会话,在一个蜂窝小区中同时通话的用户数为 124×8=992。为同一用户指定的上行链路与下行链路之间相差 3 个时槽,如图中的阴影部分所示,这是因为终端设备不能同时发送和接收,需要留出一定时间在上下行信道之间进行切换。

2. 码分多址技术

美国高通公司(Qualcomm)的第二代数字蜂窝移动通信系统工作在 800MHz 频段,采用码分多址(CDMA)技术提供话音和数据业务,因其频率利用率高,所以同样的频率可以提供更多的话音信道,而且通话质量和保密性也较好。

码分多址(Code Division Multiple Access,CDMA)是一种扩频多址数字通信技术,通过独特的代码序列建立信道。在 CDMA 系统中,对不同的用户分配了不同的码片序列,使得彼此不会造成干扰。用户得到的码片序列由+1 和−1 组成,每个序列与本身进行点积得到+1,与补码进行点积得到−1,一个码片序列与不同的码片序列进行点积将得到 0(正交性)。例如,对用户 A 分配的码片系列为 C_{A1}(表示"1"),其补码为 C_{A0}(表示"0"):

$C_{A1} = (-1,-1,-1,-1)$

$C_{A0} = (+1, +1,+1, +1)$

对用户 B 分配的码片序列为 C_{B1}(表示"1"),其补码为 C_{B0}(表示"0"):

$C_{B1} = (+1,-1,+1,-1)$

$C_{B0} = (-1,+1,-1,+1)$

则计算点积如下:

$C_{A1}.C_{A1} = (-1,-1,-1,-1) . (-1,-1,-1,-1) /4= +1$

$C_{A1}.C_{A0} = (-1,-1,-1,-1) . (+1,+1,+1,+1) /4=-1$

$C_{A1}.C_{B1} = (-1,-1,-1,-1) . (+1,-1,+1,-1) /4=0$

$C_{A1}.C_{B0} = (-1,-1,-1,-1) . (-1,+1,-1,+1) /4=0$

在码分多址通信系统中,不同用户传输的信号不是用频率或时隙来区分,而是使用不同的码片序列来区分。如果从频域或时域来观察,多个 CDMA 信号是互相重叠的。接收机用相关器可以在多个 CDMA 信号中选出预定的码型信号,其他不同码型的信号因为和接收机产生的码型不同而不能被解调,它们的存在类似于信道中存在的噪声和干扰信号,通常称之为多址干扰。

在 CDMA 蜂窝通信系统中,用户之间的信息传输是由基站进行控制和转发的。为了实现双工通信,正向传输和反向传输各使用一个频率,即所谓的频分双工(FDD)技术。无论正向传输或反向传输,除去传输业务信息外,还必须传输相应的控制信息。为了传送不同的信息,需要设置不同的信道。但是,CDMA 通信系统既不分频道又不分时隙,无论传输何种信息的信道都采用不同的码型来区分。

3．第二代移动通信升级版 2.5G

2.5G 是比 2G 速度快、但又慢于 3G 的通信技术规范。2.5G 系统能够提供 3G 系统中才有的一些功能，例如分组交换业务，也能共享 2G 时代开发出来的 TDMA 或 CDMA 网络。常见的 2.5G 系统是通用分组无线业务 GPRS（General Packet Radio Service）。GPRS 分组网络重叠在 GSM 网络之上，利用 GSM 网络中未使用的 TDMA 信道为用户提供中等速度的移动数据业务。

GPRS 是基于分组交换的技术，也就是说多个用户可以共享带宽，适合于像 Web 浏览、E-mail 收发和即时消息那样的共享带宽的间歇性数据传输业务。通常，GPRS 系统是按交换的字节数计费，而不是按连接时间计费的。GPRS 系统支持 IP 协议和 PPP 协议。理论上的分组交换速度大约是 170kbps，而实际速度只有 30～70kbps。

对 GPRS 的射频部分进行改进的技术方案称为增强数据速率的 GSM 演进（Enhanced Data rates for GSM Evolution，EDGE）。EDGE 又称为增强型 GPRS（EGPRS），可以工作在已经部署 GPRS 的网络上，只需要对手机和基站设备做一些简单的升级即可。EDGE 被认为是 2.75G 技术，采用 8PSK 的调制方式代替了 GSM 使用的高斯最小移位键控（GMSK）调制方式，使得一个码元可以表示 3 位信息。从理论上说，EDGE 提供的数据速率是 GSM 系统的 3 倍。2003 年，EDGE 被引入北美的 GSM 网络，支持 20～200kbps 的高速数据传输。

5.1.3 第三代移动通信系统

1985 年，ITU 提出了对第三代移动通信标准的需求，1996 年正式命名为 IMT-2000（International Mobile Telecommunications-2000），其中的 2000 有 3 层含义：

- 使用的频段在 2000MHz 附近。
- 通信速率大约为 2000kbps（即 2Mbps）。
- 预期在 2000 年推广商用。

1999 年 ITU 批准了 5 个 IMT-2000 的无线电接口，这 5 个标准如下。

- IMT-DS（Direct Spread）：即 W-CDMA，属于频分双工模式，在日本和欧洲制定的 UMTS 系统中使用。
- IMT-MC（Multi-Carrier）：即 CDMA-2000，属于频分双工模式，是第二代 CDMA 系统的继承者。
- IMT-TC（Time-Code）：这一标准是中国提出的 TD-SCDMA，属于时分双工模式。
- IMT-SC（Single Carrier）：也称为 EDGE，是一种 2.75G 技术。
- IMT-FT（Frequency Time）：也称为 DECT。

2007 年 10 月 19 日，ITU 会议批准移动 WiMAX 作为第 6 个 3G 标准，称为 IMT-2000 OFDMA TDD WMAN，即无线城域网技术。

第三代数字蜂窝通信系统提供第二代蜂窝通信系统提供的所有业务类型，并支持移动多媒体业务。在高速车辆行驶时支持 144kbps 的数据速率，在步行和慢速移动环境下支持 384kbps 的数据速率，在室内静止环境下支持 2Mbps 的高速数据传输，并保证可靠的服务质量。

在 3G 网络广泛部署的同时，第四代（4G）移动通信系统也在加紧研发。高速分组接入（High Speed Packet Access，HSPA）是 W-CDMA 第一个向 4G 进化的技术，继 HSPA 之后的高速上行分组接入（High Speed Uplink Packet Access，HSUPA）是一种被称为 3.75G 的技术，在 5MHz 的载波上数据速率可达 10～15Mbps，如采用 MIMO 技术，还可以达到 28Mbps。

4G 的传输速率应该达到 100Mbps，可以把蓝牙个域网、无线局域网（Wi-Fi）和 3G 技术等结合在一起，组成无缝的通信解决方案。不同的无线通信系统对数据传输速度和移动性的支持各不相同，如图 5-3 所示。

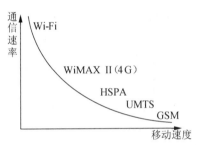

图 5-3 通信速率和移动性

5.2 无线局域网

5.2.1 WLAN 的基本概念

无线局域网（Wireless Local Area Networks，WLAN）技术分为两大阵营：IEEE 802.11 标准体系和欧洲邮电委员会（CEPT）制定的 HIPERLAN（High Performance Radio LAN）标准体系。IEEE 802.11 标准是由面向数据通信的计算机局域网发展而来，采用无连接的网络协议，目前市场上的大部分产品都是根据这个标准开发的；与之对抗的 HIPERLAN-2 标准则是基于连接的无线局域网，致力于面向语音的蜂窝电话。

IEEE 802.11 标准的制定始于 1987 年，当初是在 802.4 L 小组作为令牌总线的一部分来研究的，其主要目的是用作工厂设备的通信和控制设施。1990 年，IEEE 802.11 小组正式独立出来，专门从事制定 WLAN 的物理层和 MAC 层标准的工作。1997 年颁布的 IEEE 802.11 标准运行在 2.4GHz 的 ISM（Industrial Scientific and Medical）频段，采用扩频通信技术，支持 1Mbps

和 2Mbps 数据速率。随后又出现了两个新的标准，1998 年推出的 IEEE 802.11b 标准也是运行在 ISM 频段，采用 CCK（Complementary Code Keying）调制技术，支持 11Mbps 的数据速率。1999 年推出的 IEEE 802.11a 标准运行在 U-NII（Unlicensed National Information Infrastructure）频段，采用 OFDM 调制技术，支持最高达 54Mbps 的数据速率。2003 年推出的 IEEE 802.11g 标准运行在 ISM 频段，与 IEEE 802.11b 兼容，数据速率提高到 54Mbps。早期的 WLAN 标准主要有 4 种，如表 5-1 所示。

表 5-1   IEEE 802.11 标准

名称	发布时间	工作频段	调制技术	数据速率
802.11	1997 年	2.4GHz ISM 频段	DB/SK	1Mbps
			DQPSK	2Mbps
802.11b	1998 年	2.4GHz ISM 频段	CCK	5.5Mbps，11Mbps
802.11a	1999 年	5GHz U-NII 频段	OFDM	54Mbps
802.11g	2003 年	2.4GHz ISM 频段	OFDM	54Mbps

IEEE 802.11 定义了两种无线网络拓扑结构，一种是基础设施网络（Infrastructure Networking），另一种是特殊网络（Ad Hoc Networking），如图 5-4 所示。在基础设施网络中，无线终端通过接入点（Access Point，AP）访问骨干网设备。接入点如同一个网桥，它负责在 802.11 和 802.3 MAC 协议之间进行转换。一个接入点覆盖的区域叫作一个基本服务区（Basic Service Area，BSA），接入点控制的所有终端组成一个基本服务集（Basic Service Set，BSS）。把多个基本服务集互相连接就形成了分布式系统（Distributed System，DS）。DS 支持的所有服务叫作扩展服务集（Extended Service Set，ESS），它由两个以上 BSS 组成，如图 5-5 所示。

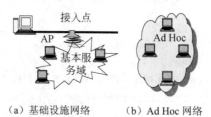

（a）基础设施网络   （b）Ad Hoc 网络

图 5-4   IEEE 802.11 定义的网络拓扑结构

Ad Hoc 网络是一种点对点连接，不需要有线网络和接入点的支持，终端设备之间通过无线网卡可以直接通信。这种拓扑结构适合在移动情况下快速部署网络。802.11 支持单跳的 Ad Hoc 网络，当一个无线终端接入时首先寻找来自 AP 或其他终端的信标信号，如果找到了信标，则 AP 或其他终端就宣布新的终端加入了网络；如果没有检测到信标，该终端就自行宣布存在于网络之中。还有一种多跳的 Ad Hoc 网络，无线终端用接力的方法与相距很远的终端进行对等通信，后面将详细介绍这种技术。

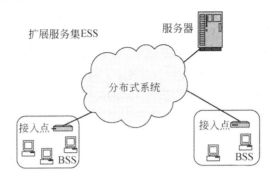

图 5-5　IEEE 802.11 定义的分布式系统

5.2.2　WLAN 通信技术

无线网可以按照使用的通信技术分类。现有的无线网主要使用 3 种通信技术：红外线、扩展频谱和窄带微波技术。

1. 红外通信

红外线（Infrared Ray，IR）通信技术可以用来建立 WLAN。IR 通信相对于无线电微波通信有一些重要的优点。首先红外线频谱是无限的，因此有可能提供极高的数据速率。其次红外线频谱在世界范围内都不受管制，而有些微波频谱则需要申请许可证。

另外，红外线与可见光一样，可以被浅色的物体漫反射，这样就可以用天花板反射来覆盖整间房间。红外线不会穿透墙壁或其他的不透明物体，因此 IR 通信不易入侵，安装在大楼各个房间内的红外线网络可以互不干扰地工作。

红外线网络的另一个优点是它的设备相对简单而且便宜。红外线数据的传输技术基本上是采用强度调制，红外线接收器只需检测光信号的强弱，而大多数微波接收器则要检测信号的频率或相位。

红外线网络也存在一些缺点。室内环境可能因阳光或照明而产生相当强的光线，这将成为红外接收器的噪音，使得必须用更高能量的发送器，并限制了通信范围。很大的传输能量会消耗过多的电能，并对眼睛造成不良影响。

IR 通信分为 3 种技术：

（1）定向红外光束。定向红外光束可以用于点对点链路。在这种通信方式中，传输的范围取决于发射的强度与光束集中的程度。定向光束IR链路可以长达几千米，因而可以连接几座大楼的网络，每幢大楼的路由器或网桥在视距范围内通过 IR 收发器互相连接。点对点 IR 链路的室内应用是建立令牌环网，各个 IR 收发器链接形成回路，每个收发器支持一个终端或由集线器连接的一组终端，集线器充当网桥功能。

（2）全方向广播红外线。全向广播网络包含一个基站，典型情况下基站置于天花板上，它看得见 LAN 中的所有终端。基站上的发射器向各个方向广播信号，所有终端的 IR 收发器都用定位光束瞄准天花板上的基站，可以接收基站发出的信号，或向基站发送信号。

（3）漫反射红外线。在这种配置中，所有的发射器都集中瞄准天花板上的一点。红外线射到天花板上后被全方位地漫反射回来，并被房间内所有的接收器接收。

漫反射 WLAN 采用线性编码的基带传输模式。基带脉冲调制技术一般分为脉冲幅度调制（PAM）、脉冲位置调制（PPM）和脉冲宽度调制（PDM）。顾名思义，在这 3 种调制方式中，信息分别包含在脉冲信号的幅度、位置和持续时间里。由于无线信道受距离的影响导致脉冲幅度变化很大，所以很少使用 PAM，而 PPM 和 PDM 则成为较好的候选技术。

图 5-6 所示为 PPM 技术的一种应用。数据 1 和 0 都用 3 个窄脉冲表示，但是 1 被编码在位的起始位置，而 0 被编码在中间位置。使用窄脉冲有利于减少发送的功率，但是增加了带宽。

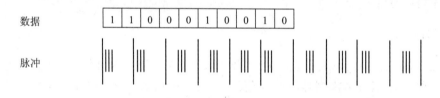

图 5-6　PPM 的应用

IEEE 802.11 规定采用 PPM 技术作为漫反射 IR 介质的物理层标准，使用的波长为 850～950nm，数据速率分为 1Mbps 和 2Mbps 两种。在 1Mbps 的方案中采用 16 PPM，即脉冲信号占用 16 个位置之一，一个脉冲信号表示 4 位信息，如图 5-7（a）所示。802.11 标准规定脉冲宽度为 250ns，则 16×250=4μs，可见 4μs 发送 4 位，即数据速率为 1Mbps。对于 2Mbps 的网络，则规定用 4 个位置来表示两位的信息，如图 5-7（b）所示。

2. 扩展频谱通信

扩展频谱通信技术起源于军事通信网络，其主要想法是将信号散布到更宽的带宽上以减少发生阻塞和干扰的机会。早期的扩频方式是频率跳动扩展频谱（Frequency-Hopping Spread Spectrum，FHSS），更新的版本是直接序列扩展频谱（Direct Sequence Spread Spectrum，DSSS），这两种技术在 IEEE 802.11 定义的 WLAN 中都有应用。

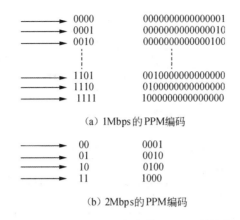

（a）1Mbps 的 PPM 编码

（b）2Mbps 的 PPM 编码

图 5-7　IEEE 802.11 规定的 PPM 调制技术

图 5-8 表示了各种扩展频谱系统的共同特点。输入数据首先进入信道编码器，产生一个接近某中央频谱的较窄带宽的模拟信号，再用一个伪随机序列对这个信号进行调制。调制的结果是大大扩宽了信号的带宽，即扩展了频谱。在接收端，使用同样的伪随机序列来恢复原来的信号，最后再进入信道解码器来恢复数据。

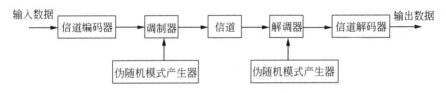

图 5-8　扩展频谱通信系统的模型

伪随机序列由一个使用初值（称为种子 Seed）的算法产生。算法是确定的，因此产生的数字序列并不是统计随机的。但如果算法设计得好，得到的序列还是能够通过各种随机性测试，这就是被叫作伪随机序列的原因。重要的是除非用户知道算法与种子，否则预测序列是不可能的。因此，只有与发送器共享一个伪随机序列的接收器才能成功地对信号进行解码。

1）频率跳动扩频

在这种扩频方案中，信号按照看似随机的无线电频谱发送，每一个分组都采用不同的频率传输。在所谓的快跳频系统中，每一跳只传送很短的分组。在军事上使用的快跳频系统中，传输一位信息要用到很多位。接收器与发送器同步跳动，因而可以正确地接收信息。监听的入侵者只能收到一些无法理解的信号，干扰信号也只能破坏一部分传输的信息。图 5-9 是用跳频模式传输分组的例子。10 个分组分别用 f_3、f_4、f_6、f_2、f_1、f_4、f_8、f_2、f_9、f_3 共 9 个不同的频点发送。

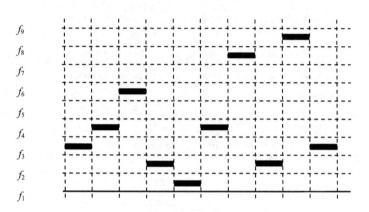

图 5-9 频率跳动信号的例子

在定义无线局域网的 IEEE 802.11 标准中，每一跳的最长时间规定为 400ms，分组的最大长度为 30ms。如果一个分组受到窄带干扰的破坏，可以在 400ms 后的下一跳以不同的频率重新发送。与分组的最大长度相比，400ms 是一个合理的延迟。802.11 标准还规定，FHSS 使用的频点间隔为 1MHz，如果一个频点由于信号衰落而传输出错，400ms 后以不同频率重发的数据将会成功地传送。这就是 FHSS 通信方式抗干扰和抗信号衰落的优点。

2）直接序列扩频

在这种扩频方案中，信号源中的每一位用称为码片的 N 个位来传输，这个变换过程在扩展器中进行。然后把所有的码片用传统的数字调制器发送出去。在接收端，收到的码片解调后被送到一个相关器，自相关函数的尖峰用于检测发送的位。好的随机码相关函数具有非常高的尖峰/旁瓣比，如图 5-10 所示。数字系统的带宽与其所采用的脉冲信号的持续时间成反比。在 DSSS 系统中，由于发射的码片只占数据位的 $1/N$，所以 DSSS 信号的带宽是原来数据带宽的 N 倍。

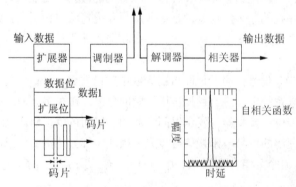

图 5-10 DSSS 的频谱扩展器和自相关检测器

图 5-11 所示的直接序列扩展频谱技术是将信息流和伪随机位流相异或。如果信息位是 1，它将把伪随机码置反后传输；如果信息位是 0，伪随机码不变，照原样传输。经过异或的码与原来的伪随机码有相同的频谱，所以它比原来的信息流有更宽的带宽。在本例中，每位输入数据被变成 4 位信号位。

输入数据	1	0	1	1	0	1	0	0
伪随机位	1001	0110	1001	0100	1010	1100	1011	0110
传输信号	0110	0110	0110	1011	1010	0011	1011	0110

接收信号	0110	0110	0110	1011	1010	0011	1011	0110
伪随机位	1001	0110	1001	0100	1010	1100	1011	0110
接收数据	1	0	1	1	0	1	0	0

图 5-11　直接序列扩展频谱的例

世界各国都划出一些无线频段，用于工业、科学研究和微波医疗方面。应用这些频段无须许可证，只要低于一定的发射功率（一般为 1W）即可自由使用。美国有 3 个 ISM 频段（902～928MHz、2400～2483.5MHz、5725～5850MHz），2.4GHz 为各国共同的 ISM 频段。频谱越高，潜在的带宽也越大。另外，还要考虑可能出现的干扰。有些设备（例如无绳电话、无线麦克、业余电台等）的工作频率为 900MHz。还有些设备运行在 2.4GHz 上，典型的例子就是微波炉，它使用久了会泄露更多的射线。目前看来，在 5.8GHz 频带上还没有什么竞争。但是频谱越高，设备的价格就越贵。

3．窄带微波通信

窄带微波（Narrowband Microwave）是指使用微波无线电频带（RF）进行数据传输，其带宽刚好能容纳传输信号。以前，所有的窄带微波无线网产品都需要申请许可证，现在已经出现了 ISM 频带内的窄带微波无线网产品。

（1）申请许可证的窄带 RF。用于声音、数据和视频传输的微波无线电频率需要通过许可证进行协调，以确保在同一地理区域中的各个系统之间不会相互干扰。在美国，由联邦通信委员会（FCC）来管理许可证。每个地理区域的半径为 17.5 英里，可以容纳 5 个许可证，每个许可证覆盖两个频率。Motorola 公司在 18GHz 的范围内拥有 600 个许可证，覆盖了 1200 个频带。

（2）免许可证的窄带 RF。1995 年，Radio LAN 成为第一个引进免许可证 ISM 窄带无线网的制造商。这一频谱可以用于低功率（≤0.5W）的窄带传输。Radio LAN 产品的数据速率为 10Mbps，使用 5.8GHz 频带，有效覆盖范围为 150～300 英尺。

Radio LAN 是一种对等配置的网络。Radio LAN 的产品按照位置、干扰和信号强度等参数自动地选择一个终端作为动态主管，其作用类似于有线网中的集线器。当情况变化时，作为动态主管的实体也会自动改变。这个网络还包括动态中继功能，它允许每个终端像转发器一样工作，使得超越传输范围的终端也可以进行数据传输。

5.2.3　IEEE 802.11 体系结构

802.11WLAN 的协议栈如图 5-12 所示。MAC 层分为 MAC 子层和 MAC 管理子层。MAC 子层负责访问控制和分组拆装，MAC 管理子层负责 ESS 漫游、电源管理和登记过程中的关联管理。物理层分为物理层会聚协议（Physical Layer Convergence Protocol，PLCP）、物理介质相关（Physical Medium Dependent，PMD）子层和 PHY 管理子层。PLCP 主要进行载波监听和物理层分组的建立，PMD 用于传输信号的调制和编码，而 PHY 管理子层负责选择物理信道和调谐。另外，IEEE 802.11 还定义了站管理功能，用于协调物理层和 MAC 层之间的交互作用。

数据链路层	LLC		站管理
	MAC	MAC 管理	
物理层 PHY	PLCP	PHY 管理	
	PMD		

图 5-12　WLAN 协议模型

1．物理层

IEEE 802.11 定义了 3 种 PLCP 帧格式来对应 3 种不同的 PMD 子层通信技术。

（1）FHSS。对应于 FHSS 通信的 PLCP 帧格式如图 5-13 所示。SYNC 是 0 和 1 的序列，共 80 位作为同步信号。SFD 的位模式为 0000110010111101，用作帧的起始符。PLW 代表帧长度，共 12 位，所以帧最大长度可以达到 4096 字节。PSF 是分组信令字段，用来标识不同的数据速率。起始数据速率为 1Mbps，以 0.5 的步长递增。PSF=0000 时代表数据速率为 1Mbps，PSF 为其他数值时则在起始速率的基础上增加一定倍数的步长。例如 PSF=0010，则 1Mbps+0.5Mbps×2=2Mbps；若 PSF=1111，则 1Mbps+0.5Mbps×15=8.5Mbps。16 位的 CRC 是为了保护 PLCP 头部所加的，它能纠正 2 位错。MPDU 代表 MAC 协议数据单元。

SYNC（80）	SFD（16）	PLW（12）	PSF（4）	CRC（16）	MPDU（≤4096 字节）

图 5-13　用于 FHSS 方式的 PLCP 帧

在 2.402～2.480GHz 之间的 ISM 频带中分布着 78 个 1MHz 的信道，PMD 层可以采用以下 3 种跳频模式之一，每种跳频模式在 26 个频点上跳跃：

（0，3，6，9， 12，15，18，…，60，63，66，69，72，75）

（1，4，7，10，13，16，19，…，61，64，67，70，73，76）

（2，5，8，11，14，17，20，…，62，65，68，71，74，77）

具体采用哪一种跳频模式由 PHY 管理子层决定。3 种跳频点可以提供 3 个 BSS 在同一小区中共存。IEEE 802.11 还规定，跳跃速率为 2.5 跳/秒，推荐的发送功率为 100mW。

（2）DSSS。图 5-14 所示为采用 DSSS 通信时的帧格式，与前一种不同的字段解释如下：SFD 字段的位模式为 1111001110100000。Signal 字段表示数据速率，步长为 100kbps，比 FHSS 精确 5 倍。例如 Signal 字段=00001010 时，10×100kbps=1Mbps；Signal 字段=00010100 时，20×100kbps=2Mbps；Service 字段保留未用。Length 字段指 MPDU 的长度，单位为 B。

SYNC（128）	SFD（16）	Signal（8）	Service（8）	Length（16）	FCS（8）	MPDU

图 5-14　用于 DSSS 方式的 PLCP 帧

图 5-15 所示为 IEEE 802.11 采用的直接系列扩频信号，每个数据位被编码为 11 位的 Barker 码，图中采用的序列为[1，1，1，-1，-1，-1，1，-1，-1，1，-1]。码片速率为 11Mb/s，占用的带宽为 26MHz，数据速率为 1Mbps 和 2Mbps 时分别采用差分二进制相移键控（DB/SK）和差分四相相移键控（DQPSK），即一个码元分别代表 1 位或 2 位数据。

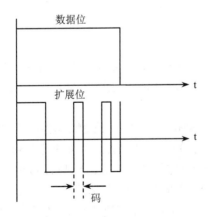

图 5-15　DSSS 的数据位和扩展位

ISM 的 2.4GHz 频段划分成 11 个互相覆盖的信道，其中心频率间隔为 5MHz，如图 5-16

所示。接入点 AP 可根据干扰信号的分布在 5 个频段中选择一个最有利的频段。推荐的发送功率为 1mW。

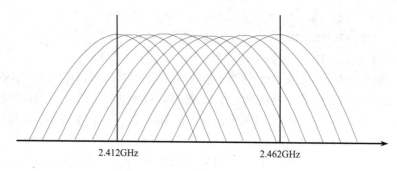

2.412GHz   2.462GHz

图 5-16   DSSS 的覆盖频段

（3）DFIR。5-17 所示为采用漫反射红外线（Diffused IR，DFIR）时的 PLCP 帧格式。DFIR 的 SYNC 比 FHSS 和 DSSS 的都短，因为采用光敏二极管检测信号不需要复杂的同步过程。Data rate 字段＝000，表示 1Mbps；Data rate 字段＝001，表示 2Mbps。DCLA 是直流电平调节字段，通过发送 32 个时隙的脉冲序列来确定接收信号的电平。MPDU 的长度不超过 2500 字节。

SYNC（57-73）	SFD（4）	Data rate（3）	DCLA（32）	Length（16）	FCS（16）	MPDU

图 5-17   用于 DFIR 方式的 PLCP 帧

2. MAC 子层

MAC 子层的功能是提供访问控制机制，它定义了 3 种访问控制机制：CSMA/CA 支持竞争访问，RTS/CTS 和点协调功能支持无竞争的访问。

1）CSMA/CA 协议

CSMA/CA 类似于 802.3 的 CSMA/CD 协议，这种访问控制机制叫作载波监听多路访问/冲突避免协议。在无线网中进行冲突检测是有困难的。例如两个站由于距离过大或者中间障碍物的分隔从而检测不到冲突，但是位于它们之间的第 3 个站可能会检测到冲突，这就是所谓的隐蔽终端问题。采用冲突避免的办法可以解决隐蔽终端的问题。802.11 定义了一个帧间隔（Inter Frame Spacing，IFS）时间。另外，还有一个后退计数器，它的初始值是随机设置的，递减计数直到 0。基本的操作过程如下：

（1）如果一个站有数据要发送并且监听到信道忙，则产生一个随机数设置自己的后退计数器并坚持监听。

（2）听到信道空闲后等待 IFS 时间，然后开始计数。最先计数完的站开始发送。

（3）其他站在听到有新的站开始发送后暂停计数，在新的站发送完成后再等待一个 IFS 时间继续计数，直到计数完成开始发送。

分析这个算法发现，两次 IFS 之间的间隔是各个站竞争发送到时间。这个算法对参与竞争的站是公平的，基本上是按先来先服务的顺序获得发送的机会。

2）分布式协调功能

802.11 MAC 层定义的分布式协调功能（Distributed Coordination Function，DCF）利用了 CSMA/CA 协议，在此基础上又定义了点协调功能（Point Coordination Function，PCF），如图 5-18 所示。DCF 是数据传输的基本方式，作用于信道竞争期。PCF 工作于非竞争期。两者总是交替出现，先由 DCF 竞争介质使用权，然后进入非竞争期，由 PCF 控制数据传输。

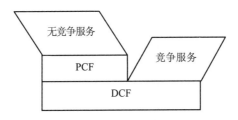

图 5-18　MAC 层功能模型

为了使各种 MAC 操作互相配合，IEEE 802.11 推荐使用 3 种帧间隔（IFS），以便提供基于优先级的访问控制。

- DIFS（分布式协调 IFS）：最长的 IFS，优先级最低，用于异步帧竞争访问的时延。
- PIFS（点协调 IFS）：中等长度的 IFS，优先级居中，在 PCF 操作中使用。
- SIFS（短 IFS）：最短的 IFS，优先级最高，用于需要立即响应的操作。

DIFS 用在前面介绍的 CSMA/CA 协议协议中，只要 MAC 层有数据要发送，就监听信道是否空闲。如果信道空闲，等待 DIFS 时段后开始发送；如果信道忙，就继续监听并采用前面介绍的后退算法等待，直到可以发送为止。

IEEE 802.11 还定义了带有应答帧（ACK）的 CSMA/CA。图 5-19 所示为 AP 和终端之间使用带有应答帧的 CSMA/CA 进行通信的例子。AP 收到一个数据帧后等待 SIFS 再发送一个应答帧 ACK。由于 SIFS 比 DIFS 小得多，所以其他终端在 AP 的应答帧传送完成后才能开始新的竞争过程。

SIFS 也用在 RTS/CTS 机制中，如图 5-20 所示。源终端先发送一个"请求发送"帧 RTS，其中包含源地址、目标地址和准备发送的数据帧的长度。目标终端收到 RTS 后等待一个 SIFS 时间，然后发送"允许发送"帧 CTS。源终端收到 CTS 后再等待 SIFS 时间，就可以发送数据帧了。目标终端收到数据帧后也等待 SIFS，发回应答帧。其他终端发现 RTS/CTS 后就设置一个网络分配矢量（Network Allocation Vector，NAV）信号，该信号的存在说明信道忙，所有终端不得争用信道。

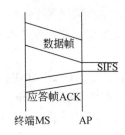

图 5-19　带有 ACK 的数据传输

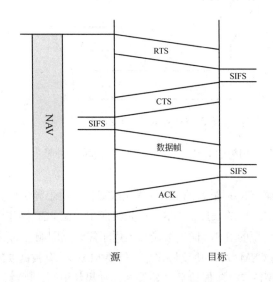

图 5-20　RTS/CTS 工作机制

3）点协调功能

PCF 是在 DCF 之上实现的一个可选功能。所谓点协调就是由 AP 集中轮询所有终端，为其提供无竞争的服务，这种机制适用于时间敏感的操作。在轮询过程中使用 PIFS 作为帧间隔时间。由于 PIFS 比 DIFS 小，所以点协调能够优先 CSMA/CA 获得信道，并把所有的异步帧都推后传送。

在极端情况下，点协调功能可以用连续轮询的方式排除所有的异步帧。为了防止这种情况的发生，802.11 又定义了一个称为超级帧的时间间隔。在此时段的开始部分，由点协调功能向所有配置成轮询的终端发出轮询。随后在超级帧余下的时间允许异步帧竞争信道。

3．MAC 管理

MAC 管理子层的功能是实现登记过程、ESS 漫游、安全管理和电源管理等功能。WLAN 是开放系统，各站点共享传输介质，而且通信站具有移动性，因此，必须解决信息的同步、漫游、保密和节能问题。

1）登记过程

信标是一种管理帧，由 AP 定期发送，用于时间同步。信标还用来识别 AP 和网络，其中包含基站 ID、时间戳、睡眠模式和电源管理等信息。

为了得到 WLAN 提供的服务，终端在进入 WLAN 区域时，必须进行同步搜索以定位 AP，并获取相关信息。同步方式有主动扫描和被动扫描两种。所谓主动扫描就是终端在预定的各个频道上连续扫描，发射探试请求帧，并等待各个 AP 的响应帧；收到各 AP 的响应帧后，终端将对各个帧中的相关部分进行比较以确定最佳 AP。

终端获得同步的另一种方法是被动扫描。如果终端已在 BSS 区域，那么它可以收到各个 AP 周期性发射的信标帧，因为帧中含有同步信息，所以终端在对各帧进行比较后，确定最佳 AP。

终端定位了 AP 并获得了同步信息后就开始了认证过程，认证过程包括 AP 对终端身份的确认和共享密钥的认证等。

认证过程结束后就开始关联过程，关联过程包括终端和 AP 交换信息，在 DS 中建立终端和 AP 的映射关系，DS 将根据该映射关系来实现相同 BSS 及不同 BSS 间的信息传送。关联过程结束后，工作站就能够得到 BSS 提供的服务了。

2）移动方式

IEEE 802.11 定义了 3 种移动方式：无转移方式是指终端是固定的，或者仅在 BSA 内部移动；BSS 转移是指终端在同一个 ESS 内部的多个 BSS 之间移动；ESS 转移是指从一个 ESS 移动到另一个 ESS。

当终端开始漫游并逐渐远离 AP 时，它对 AP 的接收信号将变坏，这时终端启动扫描功能重新定位 AP，一旦定位了新的 AP，工作站随即向新 AP 发送重新连接请求，新 AP 将该终端的重新连接请求通知分布式系统（DS），DS 随即更改该工作站与 AP 的映射关系，并通知原来的 AP 不再与该工作站关联。然后，新 AP 向该终端发射重新连接响应。至此，完成漫游过程。如果工作站没有收到重新连接响应，它将重启扫描功能，定位其他 AP，重复上述过程，直到连接上新的 AP。

3）安全管理

无线传输介质使得所有符合协议要求的无线系统均可在信号覆盖范围内收到传输中的数

据包，为了达到和有线网络同等的安全性能，IEEE 802.11 采取了认证和加密措施。

认证程序控制 WLAN 接入的能力，这一过程被所有无线终端用来建立合法的身份标志，如果 AP 和工作站之间无法完成相互认证，那么它们就不能建立有效的连接。IEEE 802.11 协议支持多个不同的认证过程，并且允许对认证方案进行扩充。

IEEE 802.11 提供了有线等效保密（Wired Equivalent Privacy，WEP）技术，又称无线加密协议（Wireless Encryption Protocol）。WEP 包括共享密钥认证和数据加密两个过程，前者使得没有正确密钥的用户无法访问网络，后者则要求所有数据都必须用密文传输。

认证过程采用了标准的询问/响应方式，AP 运用共享密钥对 128 字节的随机序列进行加密后作为询问帧发给用户，用户将收到的询问帧解密后以明文形式响应；AP 将收到的明文与原始随机序列进行比较，如果两者一致，则认证通过。有关 WLAN 的安全问题，将在下面进一步论述。

4）电源管理

IEEE 802.11 允许空闲站处于睡眠状态，在同步时钟的控制下周期性地唤醒处于睡眠态的空闲站，由 AP 发送的信标帧中的 TIM（业务指示表）指示是否有数据暂存于 AP，若有，则向 AP 发探询帧，并从 AP 接收数据，然后进入睡眠态；若无，则立即进入睡眠态。

5.2.4 移动 Ad Hoc 网络

IEEE 802.11 标准定义的 Ad Hoc 网络是由无线移动节点组成的对等网，无须网络基础设施的支持，能够根据通信环境的变化实现动态重构，提供基于多跳无线连接的分组数据传输服务。在这种网络中，每一个节点既是主机，又是路由器，它们之间相互转发分组，形成一种自组织的 MANET（Mobile Ad Hoc Network）网络，如图 5-21 所示。

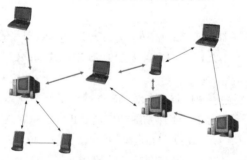

图 5-21　MANET 网络

Ad Hoc 是拉丁语，具有"即兴，临时"的意思。MANET 网络的部署非常便捷和灵活，因而在战场网络、传感器网络、灾难现场和车辆通信等方面有着广泛的应用。但是由于无线移动通信的特殊性，这种网络协议的研发具有巨大的挑战性。

与传统的有线网络相比，MANET 有以下特点：

- 网络拓扑结构是动态变化的，由于无线终端的频繁移动，可能导致节点之间的相互位置和连接关系难以维持稳定。

- 无线信道提供的带宽较小，而信号衰落和噪声干扰的影响却很大。由于各个终端信号覆盖范围的差别，或者地形地物的影响，还可能存在单向信道。

- 无线终端携带的电源能量有限，应采用最节能的工作方式，因而要尽量减小网络通信开销，并根据通信距离的变化随时调整发射功率。

- 由于无线链路的开放性，容易招致网络窃听、欺骗、拒绝服务等恶意攻击的威胁，所以需要特别的安全防护措施。

无线移动自组织网络中还有一种特殊的现象，这就是隐蔽终端和暴露终端问题。如图 5-22 所示，如果节点 A 向节点 B 发送数据，则由于节点 C 检测不到 A 发出的载波信号，它若试图发送，就可能干扰节点 B 的接收。所以对 A 来说，C 是隐蔽终端。另一方面，如果节点 B 要向节点 A 发送数据，它检测到节点 C 正在发送，就可能暂缓发送过程。但实际上 C 发出的载波不会影响 A 的接收，在这种情况下，节点 C 就是暴露终端。这些问题不仅会影响数据链路层的工作状态，也会对路由信息的及时交换以及网络重构过程造成不利的影响。

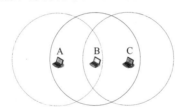

图 5-22　隐蔽终端和暴露终端

路由算法是 MANET 网络中重要的组成部分，由于上述特殊性，传统有线网络的路由协议不能直接应用于 MANET。IETF 于 1997 年成立了 MANET 工作组，其主要工作是开发和改进 MANET 路由规范，使其能够支持包含上百个路由器的自组织网络，并在此基础上开发支持其他功能的路由协议，例如支持节能、安全、组播、QoS 和 IPv6 的路由协议。MANET 工作组也负责对相关的协议和安全产品进行实际测试。

1. MANET 中的路由协议

目前，已经提出了各种 MANET 路由协议，用户可以根据采用的路由策略和适应的网络结构对其进行分类。根据路由策略可分为表驱动的路由协议和源路由协议；根据网络结构可以划分为扁平的路由协议、分层的路由协议和基于地理信息的路由协议。表驱动路由和源路由都是扁平的路由协议。

1）扁平的路由协议

这一类路由协议的特点是参与路由过程的各个节点所起的作用都相同。根据设计原理，扁平的路由协议还可进一步划分为先验式（表驱动）路由和反应式（按需分配）路由，前者大部分是基于链路状态算法的，而后者主要是基于距离矢量算法的。

（1）先验式/表驱动路由。先验式（Proactive）路由是表驱动型协议，通过周期地交换路由信息，每个节点可以保存完整的网络拓扑结构图，因而可以主动确定网络布局。当节点需要传输数据时，这种协议可以很快地找到路由方向，适合于时间关键的应用。这种协议的缺点是，由于节点的移动性，路由表中的链路信息很快就会过时，链路的生命周期非常短，因而路由开销较大。

先验式路由协议适合于节点移动性较小，而数据传输频繁的网络。

（2）反应式/按需分配路由。按需分配的路由协议提供了可伸缩的路由解决方案。其主要思想是，移动节点只是在需要通信时才发送路由请求分组，以此来减少路由开销。大多数按需分配的路由协议都有一个路由发现过程，这时需要把路由发现请求洪泛到整个网络中去，以发现到达目标的最佳路由，所以可能会引起一定的通信延迟。

2）分层的路由协议

在实际应用中出现了越来越大的 Ad Hoc 网络。有研究显示，在战场网络和灾难现场应用中，通信节点数可能超过 100 个，同时发送的源节点数可能超过 40 个，源和目标节点之间的跳步数可能超过 10 个。当网络规模扩大时，扁平路由协议产生的路由开销迅速增大，先验式路由会由于周期性交换路链路状态信息而消耗太多的带宽，即使反应式路由，也会由于越来越长的数据通路需要频繁维护而产生过多的控制开销。在这种情况下，采用分层的方案是一种较好的选择。例如，集群头网关交换路由协议（Clusterhead Gateway Switch Routing Protocol，CGSR）把移动节点聚集成不同的集群（Cluster），每一个集群选出一个群集头。传送数据的节点只与所在的集群头通信，处于不同集群之间的网关节点负责群集头之间的数据交换。这个协议利用了类似于 DSDV 的距离矢量算法来交换路由信息。

3）地理信息路由协议

如果参照 GPS 或其他固定坐标系统来确定移动节点的地理位置，则可以利用地理坐标信息来设计 Ad Hoc 路由协议，这使得搜索目标节点的过程更加直接和有效。这种协议要求所有的节点都必须及时地访问地理坐标系统。例如，地理寻址路由协议（Geographic Addressing and Routing，GeoCast）由 3 种部件构成：地理路由器、地理节点和地理主机。地理路由器（GeoRouters）能够自动检测网络接口的类型，可以手工配置成分层的网络路由，其作用是服务于它所管理的多边形区域，负责把地理报文从发送器传送到接收器。在每一个子网中至少要有一个地理节点（GeoNodes），其作用是暂时存储进入的地理信息，并在预订的生命周期内将其组播到所在的子网中。每一个移动节点中都有一个称为地理主机（GeoHosts）的守护进程，其作用是把地理信息的可用性通知给所有的客户进程。主机利用这些地理信息进行数据传输。

2. DSDV 协议

目标排序的距离矢量协议（Destination-Sequenced Distance Vector，DSDV）是一种扁平式路由协议。这是由传统的 Bellman-Ford 算法改进的距离矢量协议，利用序列号机制解决了路由环路问题。DSDV 协议是由 Perkins 和 P. Bhagwat 于 1994 年提出的一种基于 Bellman-Ford 算法的表驱动路由方案，对后来的协议设计有很大影响。DSDV 的路由表如图 5-23 所示，表项中包含的各个字段的解释如下。

- Destination：目标节点的 IP 地址。
- Next Hop：转发地址。
- Hops/Metric：度量值通常以跳步计数。
- Sequnce Number：序列号的形式为"主机名_NNN"，每个节点维护自己的序列号，从 000 开始，当节点发送新的路由公告时对其序列号加 2，所以序列号通常是偶数。路由表中的序列号字段是由目标节点发送而来的，并且只能由目标节点改变，唯一的例外情况是，本地节点发现一条路由失效时将目标节点的序列号加 1，使其成为奇数。
- Install Time：表示路由表项创建的时间，用于删除过期表项。每一个路由表项都有对应的生存时间，如果在生存时间内未被更新过，则该表项会被自动删除。
- Stable Data：指向一个包含路由稳定信息的列表，该表由目标地址、最近定制时间（Last Setting Time）和平均定制时间（Average Setting Time）3 个字段组成。

Destination 目标地址	Next Hop 下一跳地址	Hops/Metric 跳步数	Sequence Number 序列号	Install Time 安装时间	Stable Data 稳定数据

图 5-23　DSDV 路由表项

DSDV 节点周期性地广播路由公告，但是在出现新链路或者老链路断开时立即触发链路公告。链路公告有两种形式，一种是广播全部路由表项，称为完全更新，这种方法需要多个分组来传送路由信息，开销比较大；另一种是只发送最近改变了的路由表项，叫作递增式更新，这种方法可以把路由信息包含在一个分组中发送，产生的开销比较小。

当一个节点接收到邻居节点发送的路由公告时，根据下列规则进行路由更新：对应于某个目标的路由表项，如果收到的序列号比路由表中已有的序列号更大，则更新现有的路由表项；如果收到的序列号和现有的序列号相同，但度量值更小，也要更新现有的路由表项；否则放弃收到的路由更新公告，维持现有的路由表项不变。

这种机制可以排除路由环路现象。这是因为如果以目标节点为根，建立一棵到达各个源节点的最小生成树，由于序列号是由目标节点改变并发出的，当序列号沿着各个树枝向下传播时，上游节点中的序列号总是不小于当前节点中的序列号，而下游节点中的序列号总是不大于当前节点中的序列号。

DSDV 要解决的另外一个问题是路由波动问题。如图 5-24 所示，假设节点 A 先收到了从邻居节点 B 发来的路由更新报文<D 5 D_100>，其含义是 B 到达 D 的距离是 5，D 的序列号是100，则 A 更新了它的路由表项，并且立即发布了路由更新公告。但很快 A 又收到了从邻居节点 C 发来的路由更新报文<D 4 D_100>，其中的序列号相同，但距离更小，所以 A 又要更新路由表项，并且又要发布路由更新公告。当许多节点毫无规律地发布路由更新公告时，这种波动现象就会出现，产生了很大的路由开销。

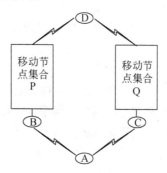

图 5-24　路由波动的例子

为了解决这个问题，DSDV 采用平均定制时间（Average Setting Time，AST）来决定发布路由公告的时间间隔，AST 表示对应目标节点更新路由的平均时间间隔，而最近定制时间（Last Setting Time，LST）则是最近一次更新路由的时间间隔。第 n 次的平均定制时间是最近定制时间与前 $n-1$ 次的平均定制时间的加权平均值，即

$$\mathrm{AST}_n = \frac{2\mathrm{LST} + \mathrm{AST}_{n-1}}{3}$$

显然，越是最近的定制时间对平均定制时间的贡献越大。为了减少路由波动，节点可以等待两倍的 AST_n 时间再发送路由公告。

下面举例说明 DSDV 协议的操作情况。假设有如图 5-25 所示的网络，3 个移动节点建立了无线连接，则各个节点的路由表如该图所示。

如果节点 B 修改了它的序列号，并发送路由公告，则节点 A 和 C 中相应的路由表项就要修改，如图 5-26 所示。

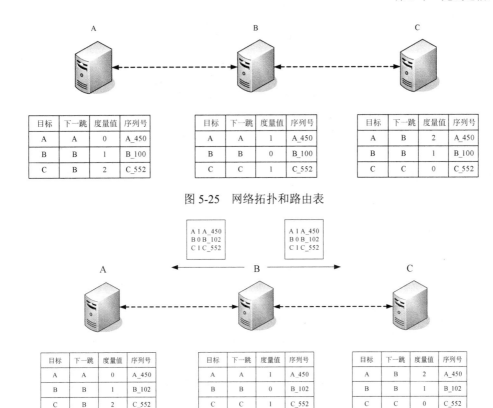

图 5-25　网络拓扑和路由表

图 5-26　序列号的更新

如果网络中出现了新的移动节点 D，则 D 广播它的序列号，节点 C 就要更新它的路由表，如图 5-27 所示。

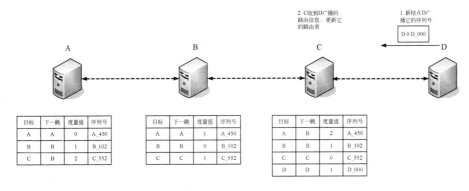

图 5-27　新节点出现

然后，节点 C 发布路由公告，节点 B 都修改了它们的路由表，如图 5-28 所示。

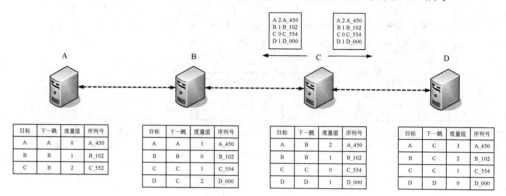

图 5-28　周期性发布路由更新公告

如果节点 D 移出连 C 的覆盖范围，则 C 和 D 之间的无线连接就断开了，C 一旦检测到这种情况，立即触发了路由更新过程，如图 5-29 所示。

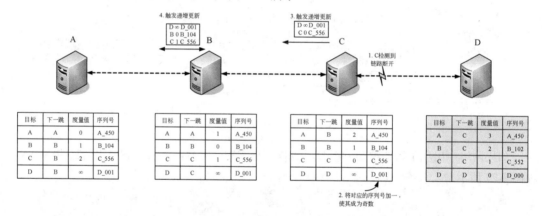

图 5-29　连接断时触发路由更新

3．AODV 协议

按需分配的距离矢量协议（Ad hoc On-Demand Distance Vector，AODV）也是一种扁平式路由协议，但是采用了反应式路由策略。这是一种距离矢量协议，利用类似于 DSDV 的序列号机制解决了路由环路问题，但它只是在需要传送信息时才发送路由请求，从而减少了路由开销。AODV 适合于快速变化的 Ad Hoc 网络环境，用于路由信息交换的处理时间和存储器开销较小。RFC 3561（2003）定义了 AODV 的协议规范。

AODV 采用了类似于 DSDV 的序列号机制，用于排除一般距离矢量协议可能引起的路由环路问题。AODV 的路由表项由下列字段组成：

- 目标 IP 地址；
- 目标子网掩码；
- 目标序列号；
- 下一跳 IP 地址；
- 路由表项的生命周期；
- 度量值/跳步数；
- 网络接口；
- 其他的状态和路由标志。

AODV 是一种按需分配的路由协议，当一个节点需要发现到达某个目标节点的路由时就广播路由请求（Route Request，RREQ）报文，这种报文的格式如图 5-30 所示。

类型	J	R	G	D	U	保留	跳步数
RREQ ID							
目标IP地址							
目标序列号							
源IP地址							
源序列号							

类型	置为 1，表示 RREQ
J	Join 标志，用于组播
R	Repair 标志，用于组播
G	Gratuitous 标志，带有 G 标志的报文必须转发到目标节点
D	Destination-only 标志，只有目标才能响应这种请求
U	Unknown sequence number 标志，表明目标序列号未知
跳步数	从原发方到处理该请求的节点的跳步数
RREQ ID	用于标识该报文的唯一序列号
目标 IP 地址	需要发现路由的目标地址
目标序列号	最近曾经接收到的目标序列号
源 IP 地址	原发方的 IP 地址
源序列号	原发方的序列号

图 5-30　RREQ 报文

当一个节点接收到 RREQ 请求时，如果它就是请求的目标，或者知道到达目标的路由并且其中的目标序列号大于 RREQ 中的目标序列号，则要响应这个请求，向发送 RREQ 的节点返回（单播）一个路由应答（Route Reply，RREP）报文。如果收到 RREQ 报文的节点不知道该目标的路由，则它要重新广播 RREQ 请求，并且记录发送 RREQ 报文的节点 IP 地址及其广播序列号（RREQ ID）。如果收到的 RREQ 报文已经被处理过了，则丢弃该报文，不再进行转发。RREP 的格式如图 5-31 所示。

类型	R	A	保留	前缀长度	跳步数
RREQ ID					
目标IP地址					
目标序列号					
源IP地址					
生命周期					

类型   置为 2，表示 RREP
R   Repair 标志，用于组播
A   Ack 标志，表明该报文需要确认
前缀长度   如果非 0，这 5 位定义了一个地址前缀的长度
跳步数   从原发方到目标节点的跳步数
目标 IP 地址 需要发现路由的目标地址
目标序列号 最近接收到的目标序列号
源 IP 地址   原发方的 IP 地址
生命周期   以微秒计数的生命周期

图 5-31 RREP 报文

当 RREP 报文中的前缀长度非 0 时，这 5 位定义了一个地址前缀的长度，该地址前缀与目标 IP 地址共同确定了一个子网。作为子网路由器，发送 RREP 报文的节点必须保存有关该子网的全部路由信息，而不仅是单个目标节点的路由信息。如果传送 RREP 报文的链路是不可靠的，或者是单向链路，则 RREP 中的 A 标志置 1，这种报文的接收者必须返回一个应答报文 RREP-ACK。

如果监控下一跳链路状态的节点发现链路中断，则设置该路由为无效，并发出路由错误（Route Error，RERR）报文，通知其他节点这个目标已经不可到达了。收到 RERR 报文的源节点如果还要继续通信，则需重新发现路由。RERR 报文的格式如图 5-32 所示。

类型	N	保留	不可到达的目标数
不可到达的目标IP地址(1)			
不可到达的目标序列号(1)			
另外的不可到达的目标IP地址			
另外的不可到达的目标序列号			

类型   置为 3，表示 RERR
N   非删除标志，通知上游节点不得删除该路由，等待修复

图 5-32 RERR 报文

AODV 协议也适用于组播网络。当一个节点希望加入组播组时，它就发送 J 标志置 1 的 RREQ 请求，其中的目标 IP 地址设置为组地址。接收到这种请求的节点如果是组播树成员，并且保存的目标序列号比 RREQ 中的目标序列号更大，则要回答一个 RREP 分组。在 RREP 返回源节点的过程中，转发该报文的节点要设置它们组播路由表中的指针。当源节点收到 RREP 报文时，它就选取序列号更大并且跳步数更小的路由。在路由发现过程结束后，源节点向其选择的下一跳节点单播一个组播活动（Multicast Activation，MACT）报文，其作用是激活选择的组播路由。没有收到 MACT 报文的节点则删除组播路由指针。如果一个还不是组播树成员的节点收到了 MACT 报文，也要跟踪 RREP 报告的最佳路由，并且向它的下一跳节点单播 MACT，直到连接到了一个组播树的成员节点为止。

5.2.5 IEEE 802.11 的新进展

无线局域网面临着两个主要问题，一是增强安全性，二是提高数据速率，前者对无线网比有线网更加重要，也更难以解决。近年来在这些方面的研发都有了新的进展。

1．WLAN 的安全

在无线局域网中可以采用下列安全措施。

1）SSID 访问控制

在无线局域网中，可以对各个无线接入点（AP）设置不同的 SSID（Service Set Identifier），这是最多由 32 个字符组成的字符串。一般的无线路由器都提供"允许 SSID 广播"功能，被广播出去的 SSID 会出现在用户搜索到的可用网络列表中。值得注意的是，同一厂商生产的无线路由器（或 AP）都使用了相同的 SSID，为了保护自己的网络不被非法接入，应修改成个性化的 SSID 名字。当然，也可以禁用 SSID 广播，这样，无线网络仍然可以使用，但是不会出现在其他人搜索到的可用网络列表中。

2）物理地址过滤

另外一种访问控制方法是 MAC 地址过滤。每个无线网卡都有唯一的 MAC 地址，可以在无线路由器中维护一组允许访问的 MAC 地址列表，用于实现物理地址过滤功能。这个方案要求无线路由器中的 MAC 地址列表必须经常更新，用户数量多时维护工作量很大。更重要的是，MAC 地址可以伪造，所以这是级别比较低的认证功能。

3）有线等效保密

有线等效保密（Wired Equivalent Privacy，WEP）是 IEEE 802.11 标准的一部分，其设计目的是提供与有线局域网等价的机密性。WEP 使用 RC4 协议进行加密，并使用 CRC-32 校验保证数据的正确性。

RC4 是一种流加密技术，其加密过程是对同样长度的密钥流与报文进行"异或"运算，从而计算出密文。为了安全，要求密钥流不能重复使用。在 WEP 中使用了每次都不同的初始向量 IV（Initialization Vector）与用户指定的固定字符串来生成变化的密钥流。

最初的 WEP 标准使用 24 位的初始向量，加上 40 位的字符串，构成 64 位的 WEP 密钥。后来美国政府放宽了出口密钥长度的限制，允许使用 104 位的字符串，加上 24 位的初始向量，构成 128 位的 WEP 密钥。通常的情况是，用户指定 26 个十六进制数的字符串（4×26 =104 位），再加上系统给出的 24 位 IV，就构成了 128 位的 WEP 密钥。然而 24 位的 IV 并没有长到足以保证不会出现重复。事实上，只要网络足够忙，在很短的时间内就会耗尽可用的 IV 而使其出现重复，这样 WEP 密钥也就重复了。

密钥长度还不是 WEP 安全性的主要缺陷，破解较长的密钥当然需要捕获较多的数据包，但是有某些主动式攻击可以激发足够多的流量。WEP 还有其他缺陷，包括 IV 雷同的可能性以及编造的数据包等，对这些攻击采用长一点的密钥根本没有用。

WEP 虽然有这些漏洞，但也足以阻止非专业人士的窥探了。

4）WPA

Wi-Fi（Wireless Fidelity）是无线通信技术的商标，由 Wi-Fi 联盟（Wi-Fi Alliance）所持有，使用在经过认证的IEEE 802.11产品上，其目的是改善基于 IEEE 802.11 标准的网络产品之间的兼容性。

无线网络中的安全问题从暴露到最终解决经历了相当长的时间。在这期间，Wi-Fi联盟的厂商们迫不及待地以 802.11i 草案的一个子集为蓝图制定了称为WPA（Wi-Fi Protected Access）的安全认证方案，以便在市场上及时推出新的无线网络产品。

在 WPA 的设计中包含了认证、加密和数据完整性校验 3 个组成部分。首先是 WPA 使用了 802.1x 协议对用户的 MAC 地址进行认证；其次是 WEP 增大了密钥和初始向量的长度，以 128 位的密钥和 48 位的初始向量（IV）用于RC4加密。WPA 还采用了可以动态改变密钥的临时密钥完整性协议TKIP（Temporary Key Integrity Protocol），通过更频繁地变换密钥来减少安全风险。最后，WPA 强化了数据完整性保护。WEP 使用的循环冗余校验方法具有先天性缺陷，在不知道 WEP 密钥的情况下，如果要篡改分组和对应的 CRC 也是可能的。WPA 使用报文完整性编码来检测伪造的数据包，并且在报文认证码中包含有帧计数器，还可以防止重放攻击。

在 IEEE 802.11i 标准发布后，Wi-Fi 联盟就按照新的安全标准对无线产品进行了认证，并且把这种认证方案称为 WPA2。

5）IEEE 802.11i

2004 年 6 月正式生效的 IEEE 802.11i 标准是对 WEP 的改进，为 WLAN 提供了新的安全技术。IEEE 802.11i 标准包含以下 3 个方面的安全部件：

- 临时密钥完整性协议 TKIP 是一个短期的解决方案，仍然使用 RC4 加密方法，但是弥补了 WEP 的安全缺陷。TKIP 把密钥交换过程中分解出来的组临时密钥 GTK 作为基础密钥，为每个报文生成一个新的加密密钥，通过这种方式改进了数据报文的完整性和可信任性。TKIP 可用于老的 802.11 设备，但是需要升级原来的驱动程序。

- 重新制定了新的加密协议，称为 CBC-MAC 协议的计时器模式（Counter Mode with CBC-MAC Protocol，CCMP）。这是基于高级加密标准 AES（Advanced Encryption Standard）的加密方法。AES 是一种对称的块加密技术，使用 128 位的密钥，提供比 RC4 更强的加密性能。由于 AES 算法要求的计算强度比 RC4 大，所以需要新的硬件支持。有的驱动器采用软件实现 CCMP。

- 无论使用 TKIP 还是 CCMP 进行加密，身份认证都是必要的。802.1x 是一种基于端口的身份认证协议。当无线工作站与 AP 关联后，是否可以使用 AP 的服务要取决于 802.1x 的认证结果。如果认证通过，则 AP 为无线工作站打开一个逻辑端口。这种认证方案要求无线工作站安装 802.1x 客户端软件，无线访问点要内嵌 802.1x 认证代理，同时它还可以作为 Radius 客户端，将用户认证信息转发给 Radius 服务器。

可扩展的认证协议 EAP（Extensible Authentication Protocol）是一种专门用于认证的传输协议，而不是认证方法本身。或者说，EAP 是一种认证框架，用于支持多种认证方法。EAP 直接运行在数据链路层，例如 PPP 或 IEEE 802 网络，而不需要 IP 支持。一些常用的认证机制简述如下：

- EAP-MD5。要求传送用户名和口令字，并用 MD5 进行加密，这种方法类似于 PPP 的 CHAP 协议，由于不能抗拒字典攻击，也不能提供相互认证和密钥导出机制，因而在无线网中很少采用。

- Lightweight EAP（LEAP）。轻量级 EAP 要求把用户名和口令字发送给 Radius 认证服务器，这是 Cisco 公司的专利协议，被认为不是很安全。

- EAP-TLS。利用传输层安全协议 TLS 来传送认证报文，用户和服务器都需要 X.509 证书，这种方法可以提供双向认证（RFC2716）。

此外，802.11i 还提供了一种任选的加密方案 WARP（Wireless Robust Authentication Protocol）。WARP 原来是为 802.11i 制定的基于 AES 的加密协议，但是由于知识产权的纠纷，后来就被 CCMP 代替了。支持 WARP 是任选的，但是支持 CCMP 是强制的。

802.11i 还实现了一种动态密钥交换和管理体制。用户通过认证后从认证服务器得到一个主密钥 MK（Master Key）。然后经过一系列的推导过程，用户与 AP 之间会生成一对组瞬时密钥 GTK（Group Transient Key），用于组播和广播通信。实际通信过程中的数据加密密钥则是根据每包一密（per-packet key construction）的方案由 GTK 生成的新密钥。

对于小型办公室和家庭应用，可以使用预共享密钥 PSK（Pre-Shared Key）的方案，这样就可以省去 802.1x 认证和密钥交换过程了。256 位的 PSK 由给定的口令字生成，用作上述密钥管理体制中的主密钥 MK。整个网络可以共享同一个 PSK，也可以每个用户专用一个 PSK，这样更安全。

2．WLAN 的传输速率

自从 1997 年 IEEE 802.11 标准实施以来，先后有二十几个标准出台，其中，802.11a、802.11b 和802.11g采用了不同的通信技术，使得数据传输速率不断提升。但是与有线网络相比，仍然存在一定的差距。随着 2009 年 9 月 11 日 IEEE 802.11n 标准的正式发布，这一差距正在缩小。802.11n 可以将 WLAN 的传输速率由目前 802.11a/802.11g 的 54Mbps 提高到 300Mbps，甚至 600Mbps。这个成就主要得益于 MIMO 与 OFDM 技术的结合。应用先进的无线通信技术，不仅提高了传输速率，也极大地提升了传输质量。

正交频分复用（Orthogonal Frequency Division Multiplexing，OFDM）是一种多载波调制（Multi Carrier Modulation，MCM）技术。其主要思想是将信道划分成若干个正交子信道，将高速数据信号转换成并行的低速子数据流，并将各个子数据流交织编码，调制到正交的子信道上进行传输，在接收端采用相关技术可以将正交信号再分开。这种传输方式减少了子信道之间的相互干扰，使信道均衡变得相对容易。OFDM 具有较高的频谱利用率，并且在抵抗多径效应、频率选择性衰减和窄带干扰上具有明显的优势。

实现 OFDM 技术需要数字处理功能强大的计算设备。20 世纪 80 年代，数字集成电路的迅猛发展使得快速傅立叶变换（FFT）的实现变得相对容易，OFDM 逐步走向了移动通信领域。今天，OFDM 广泛用于各种数字通信系统中，例如移动无线 FM 信道、数字用户线路系统（xDSL）、数字音频广播（DAB）、数字视频广播（DVB）和 HDTV 地面传播系统，以及无线城域网和第三代移动通信（3G）系统中。

为了进一步提高带宽利用率，802.11i 还引入了多入多出（Multiple Input Multiple Output，MIMO）技术。MIMO 是通过多径无线信道实现的，传输的信息流经过空时编码（Space Time Block Code，STBC）形成 N 个子信息流，由 N 个天线发射出去，经空间信道传输后由 M 个接收天线接收。多天线接收机利用先进的空时编码处理功能对数据流进行分离和解码，从而实现最佳的处理结果。无线 MIMO 系统可以极大地提高频谱利用率，采用 MIMO 技术的 WLAN 在室内环境下的频谱效率可以达到 20～40bps/Hz，而使用传统无线通信技术的移动蜂窝系统的频谱效率仅为 1～5bps/Hz，即使在点对点的固定微波系统中也只有 10～12bps/Hz。应用 MIMO 的 WLAN 也能与已有的 WLAN 标准兼容。

802.11n 采用的智能天线技术还扩大了覆盖范围，通过多组独立天线组成的天线阵列可以动态地调整波束，保证 WLAN 用户能接收到稳定的信号，并减少其他信号的干扰。

802.11n 还采用了一种软件无线电技术。在一个可编程的硬件平台上，不同系统的基站和终端都可以通过不同的软件实现互连互通。这使得 802.11n 不仅能实现向前兼容，还可以实现 WLAN 与第三代无线广域网（3G）的互连互通。

5.3　无线个人网

　　IEEE 802.15 工作组负责制定无线个人网（Wireless Personal Area Network，WPAN）的技术规范。这是一种小范围的无线通信系统，覆盖半径仅 10m 左右，可用来代替计算机、手机、PDA、数码相机等智能设备的通信电缆，或者构成无线传感器网络和智能家庭网络等。WPAN 并不是一种与无线局域网（WLAN）竞争的技术，WLAN 可替代有线局域网，而 WPAN 无须基础网络连接的支持，只能提供少量小型设备之间的低速率连接。

　　IEEE 802.15 工作组划分成 4 个任务组，分别制定适合不同应用环境的技术标准。802.15.1 采用了蓝牙技术规范，这是最早实现的面向低速率应用的 WPAN 标准，主要开发工作由蓝牙专业组（SIG）负责。

　　802.15.2 对蓝牙网络与 802.11b 网络之间的共存提出了建议。这两种网络都采用了免许可证的 2.4GHz 频段，它们之间会产生通信干扰，要在共享环境中协同工作，必须采用 802.15.2 提出的交替无线介质访问（AWMA）和分组通信仲裁（PTA）方案。

　　802.15.3 把目标瞄准了低复杂性、低价格、低功耗的消费类电子设备，为其提供至少 20Mbps 的高速无线连接。2003 年 8 月批准的 IEEE 802.15.3 采用 64-QAM 调制，数据速率高达 55 Mbps，适合于在短时间内传送大量的多媒体文件。

　　在人手可及的范围内，多个电子设备可以组成一个无线 Ad Hoc 网络，802.15 把这种网络叫作 piconet，通常翻译为微微网。802.15.3 给出的 piconet 网络模型如图 5-33 所示。这种网络的特点是各个电子设备（DEV）可以独立地互相通信，其中一个设备可以作为通信控制的协调器 PNC（piconet coordinator），负责网络定时和向 DEV 发放令牌（beacon），获得令牌的 DEV 才可以发送通信请求。PNC 还具有管理 QoS 需求和调节电源功耗的功能。IEEE 802.15.3 定义了微微网的介质访问控制协议和物理层技术规范，适合于多媒体文件传输的需求。

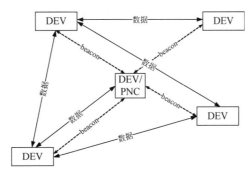

图 5-33　piconet 网络模型

802.15.4 瞄准了速率更低、距离更近的无线个人网。802.15.4 标准适合于固定的、手持的或移动的电子设备，这些设备的特点是使用电池供电，电池寿命可以长达几年时间，通信速率可以低至 9.6kbps，从而实现低成本的无线通信。802.15.4 标准的研发工作主要由 ZigBee 联盟来做。所谓 ZigBee 是指蜜蜂跳的"之"字形舞蹈，蜜蜂用跳舞来传递信息，告诉同伴蜜源的位置。"ZigBee"形象地表达了通过网络节点互相传递，将信息从一个节点传输到远处另外一个节点的通信方式。

下面就目前应用较多的 IEEE 802.15.1 和 802.15.4 两个标准展开讨论。

5.3.1 蓝牙技术

公元 10 世纪时的丹麦国王 Harald Blatand Gormsson（958～986/987）史称蓝牙王，因为他爱吃蓝草莓，牙齿变成了蓝色。他就是出身海盗家庭的哈拉尔德，主要成就是统一了丹麦、挪威和瑞典，建立了强大的维京王国。

1998 年 5 月，爱立信、IBM、Intel、东芝和诺基亚 5 家公司联合推出了一种近距离无线数据通信技术，其目的被确定为实现不同工业领域之间的协调工作，例如可以实现计算机、无线手机和汽车电话之间的数据传输。行业组织人员用哈拉尔德国王的外号来命名这项新技术，取其"统一"的含义，这样就诞生了"蓝牙"（Bluetooth）这一极具表现力的名字。后来成立的蓝牙技术专业组（SIG）负责技术开发和通信协议的制定，2001 年，蓝牙 1.1 版被颁布为 IEEE 802.15.1 标准。同年，加盟蓝牙 SIG 的成员公司超过 2000 家。

1．核心系统体系结构

根据 IEEE 802.15.1-2005 版描述的 MAC 和 PHY 技术规范，蓝牙核心系统的体系结构如图 5-34 所示。最下面的 Radio 层相当于 OSI 的物理层，其中的 RF 模块采用 2.4GHz 的 ISM 频段实现跳频通信（FHSS），信号速率为 1Mbps，数据速率为 1Mbps。

在多个设备共享同一物理信道时，各个设备必须由一个公共时钟同步，并调整到同样的跳频模式。提供同步参照点的设备叫作主设备，其他设备则是从设备。以这种方式取得同步的一组设备构成一个微微网，这是蓝牙技术的基本组网模式。

微微网中的设备采用的具体跳频模式由设备地址字段指明的算法和主设备的时钟共同决定。基本的跳频模式包含由伪随机序列控制的 79 个频率。通过排除干扰频率的自适应技术可以改进通信效率，并实现与其他 ISM 频段设备的共存。

物理信道被划分为时槽，数据被封装成分组，每个分组占用一个时槽。如果情况允许，一系列连续的时槽可以分配给单个分组使用。在一对收发设备之间可以用时分多路（TTD）方式实现全双工通信。

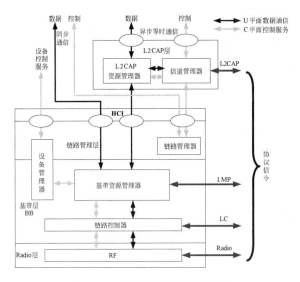

图 5-34　蓝牙核心系统体系结构

物理信道之上是各种链路和信道层及其有关的协议。以物理信道为基础，向上依次形成的信道层次为物理信道、物理链路、逻辑传输、逻辑链路和 L2CAP（Logical Link Control and Adaptation Protocol）信道，如图 5-35 所示。

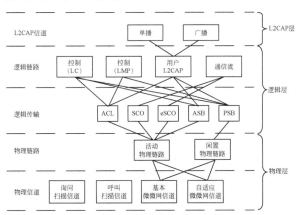

ACL—Asynchronous Connection-oriented Logical transport
SCO—Synchronous Connection-Oriented
eSCO—extended SCO
ASB—Active Slave Broadcast（无连接）
PSB—Parked Slave Broadcast（无连接）

图 5-35　传输体系结构实体及其层次

在物理信道的基础上，可以在一个从设备和主设备之间生成物理链路。一条物理链路可以支持多条逻辑链路，只有逻辑链路才可以进行单播同步通信、异步等时通信或者广播通信，不同的逻辑链路用于支持不同的应用需求。逻辑链路的特性由与其相关联的逻辑传输决定。所谓的逻辑传输实际上是逻辑链路传输特性的形式表现，不同的逻辑传输在流量控制、应答和重传机制、序列号编码以及调度行为等方面有所区别，用于支持不同类型的逻辑链路。异步面向连接的逻辑传输 ACL 用来传送管理信令，而同步面向连接的逻辑传输 SCO 用于传送 64kbps 的 PCM 话音。具有其他特性的逻辑传输用来支持各种单播的和广播的、可靠的和不可靠的、分组的和不分组的数据流。

基带层和物理层的控制协议叫作链路管理协议 LMP（Link Manager Protocol），用于控制设备的运行，并提供底层设施（PHY 和 BB）的管理服务。每个处于活动状态的设备都具有一个默认的 ACL 用于支持 LMP 信令的传送。默认的 ACL 是当设备加入微微网时随即产生的，需要时可以动态生成一条逻辑传输来传送同步数据流。

逻辑链路控制和自适应协议 L2CAP 是对应用和服务的抽象，其功能是对应用数据进行分段和重装配，并实现逻辑链路的复用。提交给 L2CAP 的应用数据可以在任何支持 L2CAP 的逻辑链路上传输。

核心系统只包含 4 个低层功能及其有关的协议。最下面的 3 层通常被组合成一个子系统，构成了蓝牙控制器，而上面的 L2CAP 以及更高层的服务都运行在主机中。蓝牙控制器与高层之间的接口叫作主机控制器接口 HCI（Host Controller Interface）。

设备之间的互操作通过核心系统协议实现，主要的协议有 RF（Radio Frequency）协议、链路控制协议 LCP（Link Control Protocol）、链路管理协议 LMP 和 L2CAP 协议。

核心系统通过服务访问点（SAP）提供服务，如图 5-34 中的椭圆所示。所有的服务分为 3 类：

- 设备控制服务：改变设备的运行方式。
- 传输控制服务：生成、修改和释放通信载体（信道和链路）。
- 数据服务：把数据提交给通信载体来传输。

主机和控制器通过 HCI 通信。通常，控制器的数据缓冲能力比主机小，因而 L2CAP 在把协议数据单元提交给控制器使其传送给对等设备时要完成简单的资源管理功能，包括对 L2CAP 服务数据单元（SDU）和协议数据单元（PDU）分段，以便适合控制器的缓冲区管理，并保证需要的服务质量（QoS）。

基带层协议提供了基本的 ARQ 功能，然而 L2CAP 还可以提供任选的差错检测和重传功能，这对于要求低误码率的应用是必要的补充。L2CAP 的任选特性还包括基于窗口的流量控制功能，用于接收设备的缓冲区管理。这些任选特性在某些应用场景中对于保障 QoS 是必需的。

2．核心功能模块

图 5-34 中表示的核心功能模块如下。

（1）信道管理器：负责生成、管理和释放用于传输应用数据流的 L2CAP 信道。信道管理器利用 L2CAP 协议与远方的对等设备交互作用，生成 L2CAP 信道，并将其端点连接到适当的实体。信道管理器还与本地的 LM 交互作用，必要时生成新的逻辑链路，并配置这些逻辑链路，以提供需要的 QoS 服务。

（2）L2CAP 资源管理器：把 L2CAP 协议数据单元分段，并按照一定的顺序提交给基带层，而且还要进行信道调度，以保证一定 QoS 的 L2CAP 信道不会被物理信道（由于资源耗尽）所拒绝。这个功能是必要的，因为体系结构模型并不保证控制器具有无限的缓冲区，也不保证 HCI 管道具有无限的带宽。L2CAP 资源管理器的另一个功能是实现通信策略控制，避免与邻居的 QoS 设置发生冲突。

（3）设备管理器：负责控制设备的一般行为。这些功能与数据传输无关，例如发现临近的设备是否出现，以便连接到其他设备，或者控制本地设备的状态，使其可以与其他的设备建立连接。设备管理器可以向本地的基带资源管理器请求传输介质，以便实现自己的功能。设备管理器也要根据 HCI 命令控制本地设备的行为，并管理本地设备的名字以及设备中存储的链路密钥。

（4）链路管理器（LM）：负责生成、修改和释放逻辑链路及其相关的逻辑传输，并修改设备之间的物理链路参数。本地 LM 模块通过与远程设备的 LM 进行 LMP 通信来实现自己的功能。LMP 协议可以根据请求生成新的逻辑链路和逻辑传输，并对链路的传输属性进行配置，例如可以实现逻辑传输的加密、调整物理链路的发送强度以便节约能源、改变逻辑路的 QoS 配置等。

（5）基带资源管理器：负责对物理层的访问。它有两个主要功能，其一是调度功能，即对发出访问请求的各方实体分配物理信道的访问时段；其二是与这些实体协商包含 QoS 承诺的访问合同。访问合同和调度功能涉及的因素很多，包括实现数据交换的各种正常行为，逻辑传输的特性的设置，轮询覆盖范围内的设备，建立连接，设备的可发现、可连接状态管理，以及在自动跳频模式下获取未经使用的载波等。

在某些情况下，逻辑链路调度的结果可能是改变了目前使用的物理链路，例如在由多个微微网构成的散射网（scatternet）中，使用轮询或呼叫过程扫描可用的物理信道时都可能出现这种情况。当物理信道的时槽错位时，资源管理器要把原来物理信道的时槽与新物理信道的时槽重新对准。

（6）链路控制器：负责根据数据负载和物理信道、逻辑传输和逻辑链路的参数对分组进行编码和译码。链路控制器还执行 LCP 信令，实现流量控制，以及应答和重传功能。LCP 信令的解释体现了与基带分组相关的逻辑传输特性，这个功能与资源管理器的调度有关。

（7）RF（Radio Frequency）：这个模块用于发送和接收物理信道上的数据分组。BB 与 RF 模块之间的控制通路用来控制载波定时和频率选择。RF 模块把物理信道和 BB 上的数据流转换成需要的格式。

3. 数据传输结构

核心系统提供各种标准的传输载体，用于传送服务协议和应用数据。在图 5-36 中，圆角方框表示核心载体，而应用则画在图的左边。通信类型与核心载体的特性要进行匹配，以便实现最有效率的数据传输。

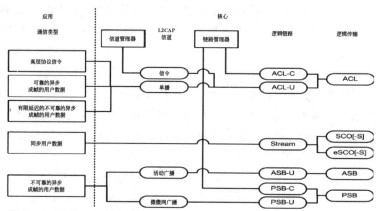

字母 C 表示承载 LMP 报文的控制链路
字母 U 表示承载用户数据的 L2CAP 链路
字母 S 表示承载无格式同步或等时数据的流式链路

图 5-36　通信载体

L2CAP 服务对于异步的（asynchronous）和等时的（isochronous）用户数据提供面向帧的传输。面向连接的 L2CAP 信道用于传输点对点单播数据。无连接的 L2CAP 信道用于广播数据。

L2CAP 信道的 QoS 设置定义了帧传送的限制条件，例如可以说明数据是等时的，因而必须在其有限的生命期内提交；或者指示数据是可靠的，必须无差错地提交。

如果应用不要求按帧提交数据，也许是因为帧结构被包含在数据流内，或者数据本身是纯流式的，这时不应使用 L2CAP 信道，而应直接使用 BB 逻辑链路来传送。非帧的流式数据使用 SCO 逻辑传输。

核心系统支持通过 SCO（SCO-S）或扩展的 SCO（eSCO-S）直接传输等时的和固定速率的应用数据。这种逻辑链路保留了物理信道的带宽，提供了由微微网时钟锁定的固定速率。数据的分组大小、传输的时间间隔，这些参数都是在信道建立时协商好的。eSCO 链路可以更灵活地选择数据速率，而且通过有限的重传提供了更大的可靠性。

应用从 BB 层选择最适当的逻辑链路类型来传输它的数据流。通常，应用通过成帧的 L2CAP 单播信道向远处的对等实体传输 C 平面信息。如果应用数据是可变速率的，则只能把数据组织成帧通过 L2CAP 信道传送。

RF 信道通常是不可靠的。为了克服这个缺陷，系统提供了多种级别的可靠性措施。BB 分组头使用了纠错编码，并且配合头校验和来发现残余差错。某些 BB 分组类型对负载也进行纠错编码，还有的 BB 分组类型使用循环冗余校验码来发现错误。

在 ACL 逻辑传输中实现了 ARQ 协议，通过自动请求重发来纠正错误。对于延迟敏感的分组，不能成功发送时立即丢弃。eSCO 链路通过有限次数的重传方案来改进可靠性。L2CAP 提供了附加的差错控制功能，用于检测偶然出现的差错，这对于某些应用是有用的。

5.3.2　ZigBee 技术

ZigBee 是基于 IEEE 802.15.4 开发的一组关于组网、安全和应用软件的技术标准。802.15.4 与 ZigBee 的角色分工如同 802.11 与 Wi-Fi 的关系一样。802.15.4 定义了低速 WPAN 的 MAC 和 PHY 标准，而 ZigBee 联盟则对网络层协议、安全标准和应用架构（Profile）进行了标准化，并制定了不同制造商产品之间的互操作性和一致性测试规范。

1．IEEE 802.15.4 标准

802.15.4 定义的低速无线个人网（Low Rate-WPAN）包含两类设备，即全功能设备（Full-Function Device，FFD）和简单功能设备（Reduced-Function Device，RFD）。FFD 有 3 种工作模式，可以作为一般的设备、协调器（Coordinator）或 PAN 协调器，而 RFD 功能简单，只能作为设备使用，例如电灯开关、被动式红外传感器等，这些设备不需要发送大量的信息，通常接受某个 FFD 的控制。FFD 可以与 RFD 或其他 FFD 通信，而 RFD 只能与 FFD 通信，RFD 之间不能互相通信。

LR-WPAN 网络的拓扑结构如图 5-37 所示。在星型拓扑中，只有在设备和 PAN 协调器之间才能通信，在设备之间不能互相通信。当一个 FFD 被激活后，它就开始建立自己的网络，并成为该网络的 PAN 协调器。在无线信号可及的范围内，如果有多个星型网络，则各个星型网络用唯一的标识符互相区分，各自独立地工作，而与其他网络无关。

通常的设备都与某种应用有关，可以作为通信的发起者或接受者。PAN 协调器也可以运行某些应用，但它的主要角色是发起或接受通信，并管理路由。PAN 协调器是 PAN 的控制器，其他设备都接受它的控制。PAN 协调器通常是插电工作的，而一般的设备都是用电池供电的。星型网络可用于家庭自动化、PC 机外设管理、玩具和游戏，以及个人健康护理等网络环境。

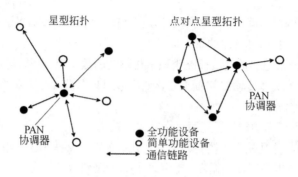

图 5-37　LR-PAN 拓扑结构

点对点网络与星型网络不同，这种网络中的所有设备之间都可以互相通信，只要处于信号覆盖范围之内。点对点拓扑可以构成更复杂的网络，工业控制和监控网络、无线传感器网络、库房管理和资产跟踪网络、智能农业网络和安全监控网络等都可以通过点对点拓扑来构建。点对点网络也可以构成自组织、自愈合的 Ad Hoc 网络。如果要构成多跳的路由网络，则需要高层协议的支持。

对于例子，可以举用点对点拓扑构建的簇集树（cluster tree）网络。这种网络中的大部分设备都是 FFD，少数 RFD 可以连接到树枝上成为叶子节点。任何一个 FFD 都可以作为协调器来提供网络中的同步和路由服务，然而只有一个协调器是 PAN 协调器。PAN 协调器比其他设备拥有更多的计算资源，它建立了网络中的第一个簇，并把自己的 PAN 标识通过信标帧广播给邻近的设备。如果有两个或多个 FFD 竞争 PAN 协调器，则需要高层协议对竞争过程进行仲裁。接受信令帧的候选设备可以请求加入 PAN 协调器建立的网络。如果得到 PAN 协调器的许可，则新设备就成为孩子设备，并将其加入的 PAN 协调器作为双亲设备添加到自己的邻居列表中。如果一个设备不能加入 PAN 协调器管理的网络，则它必须继续搜索其他的双亲设备。

单个簇是最简单的簇集树，大型网络可能由互相邻接的多个簇构成一个网状结构。网络中的第一个 PAN 协调器可以指导其他设备变成新簇的 PAN 协调器。当其他设备逐渐加入进来时，网状结构就形成了，如图 5-38 所示，图中的线条表示孩子和双亲关系而不是通信流。多簇结构的优点是扩大了覆盖范围，缺点是增加了通信延迟。

802.15.4 的体系结构如图 5-39 所示，其中的深色部分是 802.15.4 定义的 PHY 和 MAC 规范，浅色部分则归 ZigBee 联盟管理。物理层（PHY）包含 RF 收发器和底层管理功能，通过物理层管理实体服务访问点（PLME-SAP）和物理数据服务访问点（PD-SAP）向上层提供服务。

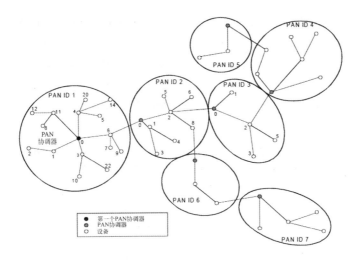

图 5-38　簇集树网络的网状结构

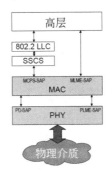

图 5-39　LR-WPAN 体系结构

802.15.4-2006 标准定义的 4 种物理层如下。

- 868/915 MHz：直接序列扩频（DSSS），二进制相移键控（BPSK）调制，数据速率为 20 bps 和 40kbps。
- 868/915 MHz：直接序列扩频（DSSS），偏置正交相移键控（O-QPSK）调制，数据速率为 100kbps 和 250kbps。
- 868/915 MHz：并行序列扩频（PSSS），二进制相移键控（BPSK）调制和幅度键控（ASK）调制，数据速率为 250kbps。
- 2.450 GHz：直接序列扩频（DSSS），偏置正交相移键控（O-QPSK）调制，数据速率为 250kbps。

其中，两个 868/915 MHz 标准（O-QPSK PHY 和 ASK PHY）是 2006 标准中新增加的。

MAC 子层提供 MAC 数据传输服务和 MAC 管理服务，通过 MAC 层管理实体服务访问点（MLME-SAP）和 MAC 公共部分子层服务访问点（MCPS-SAP）向上层提供服务。

MAC 子层提供两种信道访问方式，即基于竞争的访问和无竞争的访问。对于低延迟的应用或者要求特别带宽的应用，PAN 协调器要为其分配保障时槽 GTS（Guaranteed Time Slots），在保障时槽内可以进行无竞争的访问。

基于竞争的访问方式应用了 CSMA/CA 后退算法，而且划分为不分时槽的和分时槽的两个不同版本。不分时槽的 CSMA/CA 协议应用在未启用令牌的网络中，当一个设备要发送数据帧或 MAC 命令时：

① 等待一段随机时间；

② 如果信道闲，则随机后退一段时间，然后开始发送，否则转③；

③ 如果信道忙，则转①。

在启用令牌的网络中必须使用 CSMA/CA 协议的分时槽版本，这个算法与前一算法的竞争过程基本一样，区别是后退时间要与令牌控制的时槽对准。当设备要发送数据帧时，首先定位到下一个后退时槽的界限，然后：

① 等待一段随机数量的时槽；

② 如果信道闲，则在下一个时槽开始时立即发送，否则转③；

③ 如果信道忙，则转①。

MAC 数据帧和 PHY 分组的结构如图 5-40 所示，对其中各个字段的解释如下。

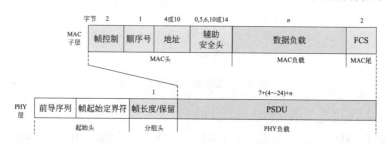

图 5-40　MAC 数据帧和 PHY 分组

- 帧控制：说明帧类型（000 表示令牌帧、001 表示数据帧、010 表示应答帧、011 表示 MAC 命令帧）、是否最后一帧、是否需要应答、地址模式、以及压缩的 PAN 标识等。

- 顺序号：数据帧的顺序号用于与应答帧匹配。

- 地址：可以使用 16 位的短地址或 64 位的长地址。

- 辅助安全头：说明了加密、认证和防止重放攻击的算法，以及 PAN 安全数据库中存放的密钥，该字段为可变长。

- FCS：16 位的 CRC 校验码。
- 前导序列：用于信号同步，根据调制方式的不同可采用不同的符号和长度。
- 帧起始定界符：指示同步符号的结束和分组数据的开始，根据调制方式的不同，其长度和模式也不同。
- 帧长度：说明 PSDU 的总字节数。

2．ZigBee 网络

ZigBee 联盟由 Ember、Emerson、Freescale 等 12 家半导体器件和控制设备制造商发起，加盟的公司有 300 多家，其主要任务如下：

（1）定义 ZigBee 的网络层、安全层和应用层标准。

（2）提供互操作性和一致性测试规范。

（3）促进 ZigBee 品牌的全球化市场保证。

（4）管理 ZigBee 技术的演变。

图 5-41 所示为 ZigBee 联盟指导委员会定义的 ZigBee 技术规范（2005），描述了 ZigBee 网络的基础结构和可利用的服务。图 5-41 下面两块是 IEEE 802.15.4 定义的 MAC 和 PHY 标准，上面是 ZigBee 联盟定义的网络层和应用层，其中的应用对象由网络开发商定义。开发商可提供多种应用对象，以满足不同的应用需求。ZigBee 网络层（NWK）提供了建立多跳网络的路由功能。APL 层包含了应用支持子层（APS）和 ZigBee 设备对象（ZDO），以及各种可能的应用。ZDO 的作用是提供全面的设备管理，APS 的功能是对 ZDO 和各种应用提供服务。

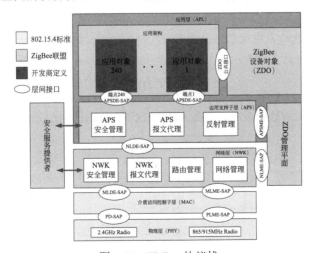

图 5-41　ZigBee 协议栈

ZigBee 的安全机制分散在 MAC、NWK 和 APS 层，分别对 MAC 帧、NWK 帧和应用数据进行安全保护。APS 子层还提供建立和维护安全关系的服务。ZigBee 设备对象 ZDO 管理安全策略和设备的安全配置。

ZigBee 的网络层和 MAC 层都使用高级加密标准 AES，以及结合了加密和认证功能的 CCM*分组加密算法。分组加密也称块加密（Block Cipher），其操作方式是将明文按照分组算法划分为 128 位的区块，对各个区块分别进行加密，整个密文形成一个密码块链。

ZigBee 协调器管理网络的路由功能，其路由表如图 5-42 所示。

目标地址	状态	下一跳地址
…………	…	…………
…………	…	…………

图 5-42　路由表

其中的地址字段采用 16 位的短地址，3 位状态位指示的状态如下。

（1）0x0：活动。

（2）0x1：正在发现。

（3）0x2：发现失败。

（4）0x3：不活动。

（5）0x4～0x7：保留。

ZigBee 采用的路由算法是按需分配的距离矢量协议 AODV。当 NWK 数据实体要发送数据分组时，如果路由表中不存在有效的路由表项，则首先要进行路由发现，并对找到的各个路由计算通路费用。

假设长度为 L 的通路 P 由一系列设备$[D_1, D_2, ..., D_L]$组成，如果用$[D_i, D_{i+1}]$表示两个设备之间的链路，则通路费用可计算如下：

$$C\{P\} = \sum_{i=1}^{L-1} C\{[D_i, D_{i+1}]\}$$

其中，$C\{[D_i, D_{i+1}]\}$表示链路费用。链路 l 的费用 $C\{l\}$ 用下面的函数计算：

$$C\{l\} = \begin{cases} 7, \\ \min\left(7, round\left(\dfrac{1}{p_i^{\frac{1}{4}}}\right)\right) \end{cases}$$

其中，p_l表示在链路 l 上可进行分组提交的概率。

可见，链路的费用与链路上可提交分组的概率的 4 次方成反比，一条通路的费用的值位于区间$[0...7]$中。

5.4　无线城域网

IEEE 802.16 工作组提出的无线接入系统空中接口标准是一种无线城域网技术，许多网络运营商都加入了支持这个标准的行列，它是一种很有前途的无线宽带联网新技术。

WiMAX（World Interoperability for Microwave Access）论坛是由 Intel 等芯片制造商于 2001 年发起成立的，其任务是对 IEEE 802.16 产品进行一致性认证，促进标准的互操作性，其成员囊括了超过 500 家通信行业的运营商和组件/设备制造商。

目前比较成熟的标准有两个，一个是 2004 年颁布的 802.16d，这个标准支持无线固定接入，也叫作固定 WiMAX；另一个是 2005 年颁布的 802.16e，它是在前一标准的基础上增加了对移动性的支持，所以也称为移动 WiMAX。

WiMAX 技术主要有两个应用领域，一个是作为蜂窝网络、Wi-Fi 热点和 Wi-Fi Mesh 的回程链路；另一个是作为最后一千米的无线宽带接入链路。回程链路（Backhaul）是指从接入网络到达交换中心的连接。例如，用户在网吧用 Wi-Fi 上网时，Wi-Fi 设备必须连接 ISP 端，这中间的连接就是回程链路。发达地区已有的微波或有线（T1/E1）回程链路需要升级，发展中地区随着 WLAN 的应用和蜂窝网用户的增长，需要建立新的回程链路。固定 WiMAX 可以提供成本低、远距离、高带宽的回程传输。

在无线宽带接入方面，WiMAX 比 Wi-Fi 的覆盖范围更大，数据速率更高。同时，WiMax 比 Wi-Fi 具有更好的可扩展性和安全性，从而能够实现电信级的多媒体通信服务。高带宽可以补偿 IP 网络的缺陷，从而使VoIP的服务质量大大提高。

移动 WiMAX（802.16e）向下兼容 802.16d，在移动性方面定位的目标速率为车速，可以支持 120km/h 的移动速率。当移动速度较高时，由于多普勒频移会造成系统性能下降，所以必须在移动速率、带宽和覆盖范围之间进行权衡折中。3G 技术强调地域上的全覆盖和高速的移动性，强调"无所不在"的服务，而 802.16 则牺牲了全覆盖，仅保证在一定区域内实现连续覆盖，从而换取了数据传输速率的提高。

IEEE 802.16 的协议栈模型由物理层和 MAC 层组成，MAC 层又分成了 3 个子层，即面向服务的汇聚子层（Service Specific Convergence Sublayer）、公共部分子层（Common Part Sublayer）和安全子层（Privacy Sublayer），如图 5-43 所示。

5.4.1　关键技术

802.16 系统采用两个工作频段，其中，10～66GHz 频段的工作波长较短，只能进行视距传输，这时可以忽略多径衰减的影响。802.16 规定，在这个频段可以采用单载波调制方式，例如 QPSK、16-QAM，甚至还可以支持 64-QAM。

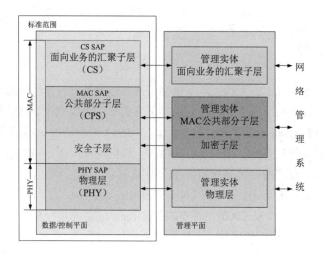

图 5-43　IEEE 802.16 协议栈模型

在 2～11GHz 频段可以进行非视距传输，但必须考虑多径衰减的影响，这时每个子载波的调制方式可以选用 BPSK、QPSK、16-QAM 或 64-QAM。

802.16 采用的多路复用方式 OFDM/OFDMA 被认为是下一代无线通信网的关键技术。OFDM 具有较高的频谱利用率，并且在抵抗多径效应、频率选择性衰减和窄带干扰上具有明显的优势。正交频分多址 OFDMA 是利用 OFDM 的概念实现上行多址接入。每个用户占用不同的子载波，通过子载波将用户分开。OFDMA 的引入是为了支持移动性。

为了进一步提高带宽利用率，802.16 还引入了多入多出技术 MIMO。MIMO 是通过多径无线信道实现的，传输的信息流经过空时编码形成 N 个子信息流，由 N 个天线发射出去，经过空间信道后由 M 个接收天线接收。多天线接收机利用空时编码处理功能对数据流进行分离和解码，从而实现最佳的处理。MIMO 系统可以抗多径衰减，OFDM 可以提高频谱利用率，两者适当结合，可以在不增加系统带宽的情况下提供更高的数据传输速率。

802.16 系统以频分双工（FDD）或时分双工（TDD）方式工作。FDD 需要成对的频率，TDD 则不需要，而且可以灵活地实现上、下行带宽的动态调整。802.16 还规定，终端可以采用频分半双工（H-FDD）方式工作，从而降低了终端收发器的成本。

5.4.2　MAC 子层

802.16 MAC 层提供面向连接的服务，各个连接通过唯一的连接标识符（CID）区分，面向业务的汇聚子层将上层业务映射成连接。MAC 层定义了两种 CS 子层，即 ATM CS 和分组 CS，前者提供对 ATM 的业务支持，后者提供对 IEEE 802.3、IEEE 802.1q、IPv4 和 IPv6 等基于分组的业务的映射。由于目前通信网络中主要是基于 IP 的分组业务，所以 WiMAX 论坛仅认证与 IP

相关的 IEEE 802.16 设备。

802.16 MAC 层定义了完整的 QoS 机制，针对每个连接可以分别设置不同的 QoS 参数，包括速率、延时等指标。为了更好地控制带宽分配，MAC 层定义了 4 种不同的业务。

- 非请求的带宽分配业务（Unsolicited Grant Service，UGS）：用于传输周期性的、包大小固定的实时数据，其典型的应用是 VoIP 电话。这种业务一经申请成功，在传输过程中就不需要再去申请，以排除带宽请求引入的开销。
- 实时轮询业务（real-time Polling Service，rtPS）：用于支持周期性的、包大小可变的实时业务，例如 MPEG 视频业务。rtPS 周期性地轮询带宽请求，从而能够周期地改变业务带宽。这种服务引入了请求开销，但可以按需求动态分配带宽。
- 非实时轮询业务（non-real-time Polling Service，nrtPS）：用于支持非实时可变速率业务，例如高带宽的 FTP 应用，需要保持最低数据速率。对这种业务提供的轮询间隔更长，或者进行不定期的轮询。
- 尽力而为业务（Best Effort Service，BE）：用于支持非实时性、无任何速率和时延要求的分组业务，业务流的稳定性由高层协议保证。典型业务是 Telnet 和 HTTP 服务。这种业务可以随时提出带宽申请，允许使用任何类型的竞争和捎带请求机制，但是不对它们进行轮询请求。

MAC 层还包含安全子层，支持认证、加密等安全功能，可以实现安全管理。

5.4.3 向 4G 迈进

1. 802.16e

802.16d 的 OFDM 调制方式采用 256 个子载波，OFDMA 调制方式采用 2048 个子载波，信号带宽在 1.25～20MHz 可变。为了支持移动性，802.16e 对物理层进行了改进，使得 OFDMA 可支持 128、512、1024 和 2048 共 4 种不同的子载波数量，但子载波间隔不变，信号带宽与子载波数量成正比，这种技术被称为可扩展的 OFDMA（Scalable OFDMA）。采用这种技术，系统可以在移动环境中灵活地适应信道带宽的变化。在采用 20MHz 带宽、64-QAM 调制的情况下，传输速率可达到 74.81Mbps。

802.16e 对 MAC 层的改进改变了各个功能层之间的消息传输机制，并实现了快速自动请求重传（ARQ）和资源预约功能，以降低信道时延的影响。另外还增加了针对上行链路的功率、频率和时隙的快速调整功能，以适应快速移动的要求。

现在的 IEEE 802.16 标准是一种无线城域网技术，与其他的无线接入技术的应用领域和服务范围不同。各种无线接入技术互相配合，共同提供了从个域网到广域网的各种无线宽带接入服务，如图 5-44 所示。

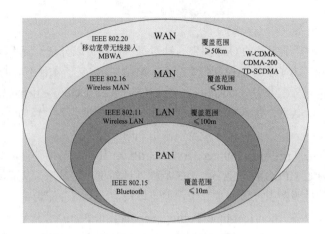

图 5-44   各种无线网的作用范围

2．WiMAX II

WiMAX 的进一步发展是与其他 B3G（Beyond 3G）技术融合，成为 IMT-Advanced 家族的成员之一。ITU-R 对 4G 标准的要求是能够提供基于 IP 的高速声音、数据和流式多媒体服务，支持的数据速率至少是 100Mbps，选定的通信技术是正交频分多址接入技术 OFDMA。

最初候选的 4G 标准有 3 个，即 UMB（Ultra Mobile Broadband）、LTE（Long Term Evolution）和 WiMAX II（IEEE 802.16m）。

超级移动宽带 UMB 是由高通公司为首的 3GPP2 组织推出的 CDMA-2000 的升级版 EV-DO REV.C。UMB 的最高下载速率可达到 288Mbps，最高上传速率可达到 75Mbps，支持的终端移动速率超过 300km/h。

长期演进 LTE（Long Term Evolution）是沿着 GSM—W-CDMA—HSPA—4G 路线发展的技术，是由以欧洲电信为首的 3GPP 组织启动的新技术研发项目。和 UMB 一样，LTE 也采用了 OFDM/OFDMA 作为物理层的核心技术。

2006 年 12 月批准的 802.16m 是向 IMT-Advanced 迈进的研究项目。为了达到 4G 的技术要求，IEEE 802.16m 的下行峰值速率在低速移动、热点覆盖条件下可以达到 1Gbps，在高速移动、广域覆盖条件下可以达到 100Mbps。为了向前兼容，802.16m 准备对 802.16e 采用的 OFDMA 调制方式进行增补，进一步提高系统吞吐量和传输速率。

2008 年 11 月，高通公司宣布放弃 UMB 技术。鉴于 IEEE 802.16e 已跻身于 3G 标准行列，所以在未来向 4G 迈进时代就形成了 LTE-Advanced 与 IEEE 802.16m 竞争的格局，它们采用的关键技术有许多共同之处，如表 5-2 所示。

表 5-2　LTE-Advanced 与 IEEE 802.16m 的技术比较

	LTE-Advanced	IEEE 802.16m
信道宽带	支持 1.25～20MHz 宽带	5～20MHZ 的抗辩带宽，特殊情况下可达 100MHZ
峰值速率	下行 1Gbps，上行 500Mbps	静止 1Gbps，移动 100Mbps
移动性	0～15km/h（最佳性能），0～120km/h（较好性能） 120～350km/h（保持连接不掉线）	0～15km/h（最佳性能），0～120km/h（较好性能） 120～350km/h（保持连接不掉线）
传输技术与多址技术	下行 OFDMA，上行 SC-FDMA	OFDMA
双工方式	FDD 和 TDD 融合，FDD 半双工	FDD、TDD 和 FDD 半双工
调制方式	QPSK、16QAM 和 64QAM	BPSK、QPSK、16QAM 和 64QAM
编码方式	以 Turbo 码为主，LDPC 编译码	卷积码、卷积 Turbo 码和低密度奇偶校验码
多天线技术	基本 MIMO 模型：下行 4×4，上行 2×4 天线，最多 8×8 配置	支持 MIMO 技术（基站支持 1、2、4、8 根发射天线，终端支持 1、2、4 根发射天线）和 AAS（自适应线阵）
纠错技术	Chase 合并与增量冗余 HARQ，异步 HARQ 和自适应 HARQ	Chase 合并，异步 HARQ 和非自适应 HARQ

2013 年底，工信部正式向三大运营商发放了 4G 牌照，中国移动、中国电信和中国联通均获得 TD-LTE 牌照，中国移动获得了 130MHz 的频谱资源，远高于中国电信和中国联通的 40MHz，各家运营商得到的商用频段划分如下：

（1）中国移动：1880～1900MHz、2320～2370MHz、2575～2635MHz。

（2）中国联通：2300～2320MHz、2555～2575MHz。

（3）中国电信：2370～2390MHz、2635～2655MHz。

其实，对于 LTE 上、下行信道的划分可以使用时分多路（TDD）技术，也可以使用频分多路（FDD）技术，欧洲运营商大多倾向于 FDD-LTE。中国移动受限于 3G 时代的 TD-SCDMA 网络，最初就明确要建设 TD-LTE 网络，现在正在全国许多城市大规模建设 TD-LTE 试验网，而中国联通和中国电信则倾向于建设 FDD-LTE 网络。中国电信曾经表态"如果获得 TD-LTE 牌照，将考虑向中国移动租用网络"。

第6章　网络互连与互联网

多个网络互相连接组成范围更大的网络叫作互联网（Internet）。由于各种网络使用的技术不同，所以要实现网络之间的互连互通还要解决一些新的问题。例如，各种网络可能有不同的寻址方案、不同的分组长度、不同的超时控制、不同的差错恢复方法、不同的路由选择技术以及不同的用户访问控制协议等。另外，各种网络提供的服务也可能不同，有的是面向连接的，有的是无连接的。网络互连技术就是要在不改变原来的网络体系结构的前提下，把一些异构型的网络互相连接构成统一的通信系统，实现更大范围的资源共享。本章首先概括介绍各种网络互连设备，然后讨论网络互连的基本原理和关键技术，最后介绍 Internet 协议及其提供的网络服务。

6.1　网络互连设备

组成因特网的各个网络叫做子网，用于连接子网的设备叫作中间系统（Intermediate System，IS），它的主要作用是协调各个网络的工作，使得跨网络的通信得以实现。中间系统可以是一个单独的设备，也可以是一个网络。这一节介绍各种网络互连设备的工作原理。

网络互连设备的作用是连接不同的网络。这里用网段专指不包含任何互连设备的网络。网络互连设备可以根据它们工作的协议层进行分类：中继器（Repeater）工作于物理层；网桥（Bridge）和交换机（Switch）工作于数据链路层；路由器（Router）工作于网络层；而网关（Gateway）工作于网络层以上的协议层。这种根据 OSI 协议层的分类只是概念上的，在实际的网络互连产品中可能是几种功能的组合，从而可以提供更复杂的网络互连服务。

6.1.1　中继器

由于传输线路噪音的影响，承载信息的数字信号或模拟信号只能传输有限的距离。例如在802.3 中，收发器芯片的驱动能力只有 500m。虽然 MAC 协议的定时特性（τ 值的大小）允许电缆长达 2.5km，但是单个电缆段却不允许做得那么长。在线路中间插入放大器的办法是不可取的，因为伴随信号的噪音也被放大了。在这种情况下，用中继器连接两个网段可以延长信号的传输距离。中继器的功能是对接收信号进行再生和发送。中继器不解释也不改变接收到的数字信息，它只是从接收信号中分离出数字数据，存储起来，然后重新构造它并转发出去。再生的信号与接收信号完全相同，并可以沿着另外的网段传输到远端。中继器的概念和工作原理如图6-1 所示。

理论上说，可以用中继器把网络延长到任意长的传输距离，然而很多网络上都限制了在一对工作站之间加入中继器的数目。例如，在以太网中限制最多使用 4 个中继器，即最多由 5 个网段组成。

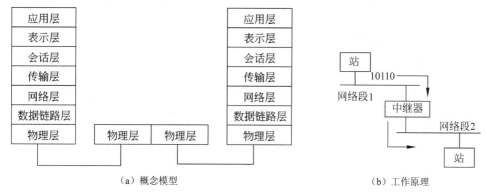

（a）概念模型　　　　　　　　　（b）工作原理

图 6-1　中继器

中继器工作于物理层，只是起到扩展传输距离的作用，对高层协议是透明的。实际上，通过中继器连接起来的网络相当于同一条电缆组成的更大的网络。中继器也能把不同传输介质（例如 10Base 5 和 10Base 2）的网络连在一起，多用在数据链路层以上相同的局域网的互连中。这种设备安装简单，使用方便，并能保持原来的传输速度。

集线器的工作原理基本上与中继器相同。简单地说，集线器就是一个多端口中继器，它把一个端口上收到的数据广播发送到其他所有端口上。

6.1.2　网桥

类似于中继器，网桥也用于连接两个局域网段，但它工作于数据链路层。网桥要分析帧地址字段，以决定是否把收到的帧转发到另一个网段上。网桥的概念模型和工作原理如图 6-2 所示。

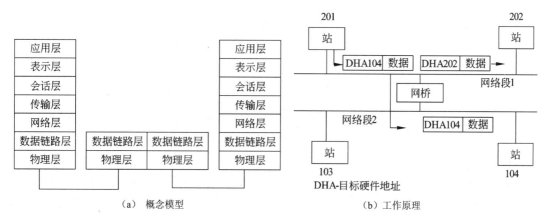

（a）　概念模型　　　　　　　　　（b）工作原理

图 6-2　网桥

　　在图 6-2（b）中，网桥检查帧的源地址和目标地址，如果目标地址和源地址不在同一个网段上，就把帧转发到另一个网段上；若两个地址在同一个网段上，则不转发，所以网桥能起到过滤帧的作用。网桥的帧过滤特性很有用，当一个网络由于负载很重而性能下降时可以用网桥把它分成两个段，并使得段间的通信量保持最小。例如，把分布在两层楼上的网络分成每层一个网段，段中间用网桥相连。这样的配置可以缓解网络通信繁忙的程度，提高通信效率。同时由于网桥的隔离作用，一个网段上的故障不会影响到另一个网段，从而提高了网络的可靠性。

　　网桥可用于运行相同高层协议的设备间的通信，采用不同高层协议的网络不能通过网桥互相通信。另外，网桥也能连接不同传输介质的网络，例如可实现同轴电缆以太网与双绞线以太网之间的互连，或是以太网与令牌环网之间的互连。确切地说，网桥工作于 MAC 子层，只要两个网络 MAC 子层以上的协议相同，都可以用网桥互连。

　　以太网中广泛使用的交换机是一种多端口网桥，每一个端口都可以连接一个局域网，关于交换机工作原理的详细介绍参见第 10 章。

6.1.3　路由器

　　路由器的概念模型和工作原理如图 6-3 所示，可以看出，路由器工作于网络层。通常把网络层地址叫作逻辑地址，把数据链路层地址叫作物理地址。物理地址通常是由硬件制造商指定的，例如每一块以太网卡都有一个 48 位的站地址。这种地址由 IEEE 管理（给每个网卡制造商指定唯一的前 3 个字节值），任何两个网卡不会有相同的物理地址。逻辑地址是由网络管理员在组网配置时指定的，这种地址可以按照网络的组织结构以及每个工作站的用途灵活设置，而且可以根据需要改变。逻辑地址也叫软件地址，用于网络层寻址。例如在图 6-3（b）中，以太网 A 中硬件地址为 101 的工作站的软件地址为 A.05，这种用"."记号表示地址的方法既表示了工作站所在的网络，也标识了网络中唯一的工作站。

　　路由器根据网络逻辑地址在互连的子网之间传递分组。一个子网可能对应于一个物理网段，也可能对应于几个物理网段。路由器适合于连接复杂的大型网络，它工作于网络层，因而可以用于连接下面三层执行不同协议的网络，协议的转换由路由器完成，从而消除了网络层协议之间的差别，通过路由器连接的子网在网络层之上必须执行相同的协议。对于路由器如何协调网络协议之间的差别，如何进行路由选择以及如何在通信子网之间转发分组，将在第 10 章中详细讨论。

　　由于路由器工作于网络层，它处理的信息量比网桥要多，因此处理速度比网桥慢。但路由器的互连能力更强，可以执行复杂的路由选择算法。在具体的网络互连中，采用路由器还是采用网桥，取决于网络管理的需要和具体的网络环境。

　　有的网桥制造商在网桥上增加了一些智能设备，从而可以进行复杂的路由选择，这种互连设备叫作路由桥（Routing Bridge）。路由桥虽然能够运行路由选择算法，甚至能够根据安全性要求决定是否转发数据帧，但由于它不涉及第三层协议，所以还是属于工作在数据链路层的网桥设备，它不能像路由器那样用于连接复杂的广域网络。

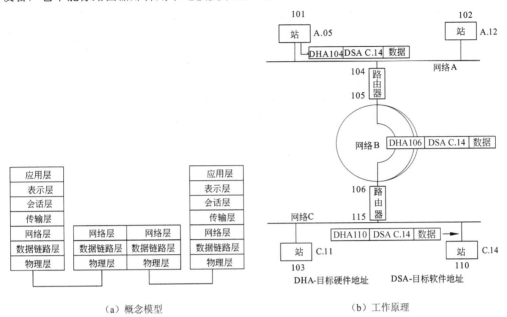

（a）概念模型　　　　　　　　　　　　　（b）工作原理

图 6-3　路由器

6.1.4　网关

网关是最复杂的网络互连设备，它用于连接网络层之上执行不同协议的子网，组成异构型的因特网。网关能对互不兼容的高层协议进行转换，例如在图 6-4 中，使用 Novell 公司 NetWare 的 PC 工作站和 SNA 网络互连，两者不仅硬件不同，而且整个数据结构和使用的协议都不同。为了实现异构型设备之间的通信，网关要对不同的传输层、会话层、表示层和应用层协议进行翻译和变换。

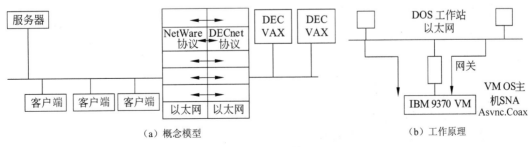

（a）概念模型　　　　　　　　　　　　　（b）工作原理

图 6-4　网关

网关可以做成单独的箱级产品，也可以做成电路板并配合网关软件用于增强已有的设备，使其具有协议转换的功能。箱级产品性能好但价格昂贵，板级产品可以是专用的也可以是非专用的。例如，NetWare 5250 网关软件可加载到 LAN 的工作站上，这样该工作站就成为网关服务器，如图 6-5 所示。网关服务器中除安装通常的 LAN 网卡（用于连接局域网）外，还必须安装一块 Novell 同步 PC 网卡（用于连接远程 SDLC 数据传输线路）。在网关软件的支持下，网关服务器通过通信线路与远程 IBM 主机（AS/400 或 System/3X）相连。如果 LAN 上的工作站运行 NetWare 5250 工作站软件，就可以仿真 IBM 5250 终端，也可以实现主机和终端间的文件传递。这种网关软件提供专用和非专用两种操作方式。在非专用方式下，运行网关软件的计算机既可作为网关服务器，又可作为 NetWare 5250 工作站。

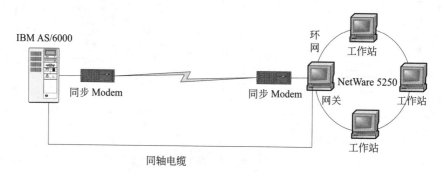

图 6-5　NetWare 网关

由于工作复杂，因而用网关因特网络时效率比较低，而且透明性不好，往往用于针对某种特殊用途的专用连接。

最后，值得一提的是，人们的习惯用语有些模糊不清，并不像以上根据网络协议层的概念明确划分各种网络互连设备。有时并不区分路由器和网关，而是把在网络层及其以上进行协议转换的互连设备统称为网关。另外，各种网络产品提供的互连服务多种多样，因此，很难单纯地按名称来识别某种产品的功能。有了以上关于网络互连设备的概念，对读者了解各种互连设备的功能无疑是有益的。

6.2　广域网互连

广域网的互连一般采用在网络层进行协议转换的办法实现。这里使用的互连设备叫作网关，更确切地说，是路由器。

下面介绍 OSI 网络层内部的组织，然后分别讨论 ISO 标准化了的两种网络互连方法，即面向连接的互连方式和无连接的互连方式。

6.2.1　OSI 网络层内部结构

为了实现类型不同的子网互连，OSI 把网络层划分为 3 个子层，如图 6-6 所示。子网访问子层对应于实际网络的第二层，它可能符合也可能不符合 OSI 的网络层标准。如果两个实际网络的子网访问子层不同，则它们不能简单地互连。

子网相关子层的作用是增强实际网络的服务，使其接近于 OSI 的网络层服务，两个不同类型的子网经过分别增强后可达到相同的服务水准。

子网无关子层提供标准的 OSI 网络服务，它利用子网相关子层提供的功能，按照 OSI 网络层协议实现两个子网间的互连。

这种子层结构的划分并不是强制性的，理论上可以制定出一种网络层协议，这种协议可一步到位，提供所有的 OSI 网络服务，但目前还没有这样的协议出现。各种实际网络总是存在一些差别，因而实现互连时要采用一些增强措施。当然，有时也可能要"削弱"实际的网络层服务，例如网际互连采用数据报服务，对提供虚电路服务的子网则要削弱其功能，即在虚电路服务之上实现数据报服务。以前已经说过，这种方法很不经济，然而却是不得已而为之。网络层的 3 个子层结构对应于网络互连的 3 种策略，下面分别讨论。

第一种策略建立在子网支持所有 OSI 网络服务的假设上，这样的子网不需增强，在网络层可直接相连，并提供需要的网络服务。

第二种策略是分别增强实际网络的功能，以便提供同样的网络服务，这种互连方法如图 6-7 所示。

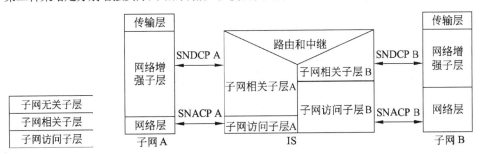

图 6-6　网络层的内部结构　　　　　图 6-7　用分别增强法进行网络互连

该图中的中间系统在左边连接子网 A，两个子层分别运行子网访问协议（SubNetwork Access Protocol，SNACP）A 和子网相关的汇聚协议（SubNetwork Dependent Convergence Protocol，SNDCP）A。SNACP A 是与实际子网 A 相联系的协议，SNDCP A 是对子网 A 的增强协议。中间系统右边连接子网 B，SNACP B 和 SNDCP B 与左边的对应协议类似。经过不同的增强后，子网 A 和 B 都提供相同的 OSI 网络层服务，中间系统提供路由选择和中继功能。这种互连方法对应于面向连接的网际互连。

第三种互连策略是采用统一的因特网协议，这种互连方法如图 6-8 所示。

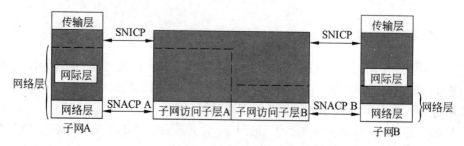

图 6-8　采用因特网协议进行网络互连

该图中的子网无关的会聚协议（SubNetwork Independent Convergence Protocol，SNICP）就是一种网际协议，它对每一个子网的要求最小，因而可能覆盖了两边子网的部分功能。这虽然有些浪费，但不失为一种解决问题的办法。通常，SNICP 采用无连接的网络协议。

6.2.2　面向连接的网际互连

实现面向连接的网际互连的前提是子网提供面向连接的服务，这样可以用路由器连接两个或多个子网，路由器是每个子网中的 DTE。当不同子网中的 DTE 要进行通信时，就通过路由器建立一条跨网络的虚电路。这种网际虚电路是通过路由器把两个子网中的虚电路级连起来实现的。图 6-9 所示为用路由器连接一个 X.25 分组交换网和一个局域网的例子。

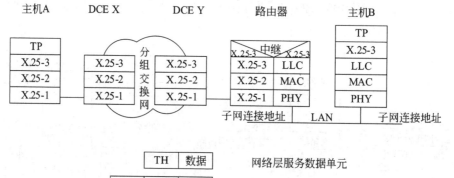

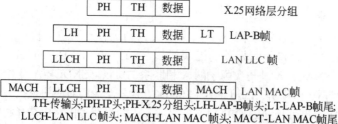

TH-传输头;IPH-IP头;PH-X.25分组头;LH-LAP-B帧头;LT-LAP-B帧尾;
LLCH-LAN LLC帧头; MACH-LAN MAC帧头; MACT-LAN MAC帧尾

图 6-9　X.25 因特网的例子

1．网际虚电路

假定图 6-9 中的主机 A 希望与主机 B 建立逻辑连接。当主机 A 的传输层（TP）发出建立虚电路的请求时，把 B 的网络地址（网络•主机）传递给网络层。在 A 的网络层发出的 Call Request 分组中，这个网络地址被放在特别业务字段中，叫作被呼方扩展地址。在分组头的被呼方地址字段中包含的是路由器与分组交换网的子网连接地址（注意，路由器对每个网络分别有一个子网连接地址）。这样，利用 Call Request 分组头中的信息，X.25 协议可以建立一条从主机 A 到路由器的逻辑连接。

当路由器收到主机 A 的呼入请求（Incoming Call）分组时，路由器并不能立即决定是否接受这个请求，它必须根据特别业务字段中的被呼方扩展地址把连接请求传递给局域网中的主机 B。路由器自动构造一个新的 Call Request 分组，这个分组的被呼方地址字段包含着主机 B 的子网连接地址。假如主机 B 接受了路由器发出的连接请求，路由器才可以向主机 A 发回呼叫接收分组，于是两个网络之间分别建立了一条网际虚电路。

2．数据传输

当网际虚电路建立后，路由器就完成了两个虚电路号之间的映像功能，并把从 X.25 网络来的数据分组转发到局域网中对应的虚电路上去，或者进行相反方向的转发。在网际虚电路的不同部位传送的分组和帧的组成如图 6-9 所示。

路由器可能还要完成分段和重装配功能。如果互连的两个子网的最大分组长度不同，路由器可以把大的分组划分成完备分组序列，使其可通过最大分组长度较小的子网，也可以把完备分组序列重装配成大的分组，以便在分组长度较大的子网上提高传输效率。

3．X.75 网关

图 6-9 中的路由器也叫 X.25 网关，它执行 X.25 协议，从而实现两个子网的互连。这种网关（或路由器）可以安装在任何一个子网中，由两个网络的所有者共同管理。

在广域网互连时，共同营运一个网关可能在管理策略或经济利益方面无法协调。那么可以把网关一分为二，形成两个半网关。半网关作为它所属的子网中的 DTE，两个半网关之间执行 X.75 协议，如图 6-10 所示。

图中半网关 G 在其所属的子网中起着 X.25 主机的作用，左边的 G1 对应于图 6-10 中路由器的左半边，而 G2 对应于路由器的右半边。不仅如此，G1 和 G2 之间按 X.75 协议相互作用，而不是像路由器那样仅仅实现分组的转发和地址变换功能。

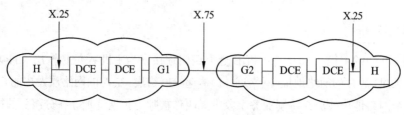

图 6-10　X.75 网关

X.75 建议与 X.25 建议兼容，能实现 X.25 建议的全部功能。X.75 分组格式是 X.25 分组格式的扩充，主要是增加了网络控制字段，从而用户可使用更多的特别业务。

6.2.3　无连接的网际互连

因特网协议（Internet Protocol，IP）是为 ARPANET 研制的网际数据报协议，后来 ISO 以此为蓝本开发了无连接的网络协议（ConnectionLess Network Protocol，CLNP）。IP 与 CLNP 的功能十分相似，差别只在于个别细节和分组格式不同。本小节讨论因特网协议的特点，虽然在叙述中只提到 IP，但是讨论的技术对两者都是适用的。

事实上，一些网络经过网关互相连接的情况类似于分组交换网内部的组织，图 6-11 是分组交换网和因特网对比的例子。因特网中的网关 G1、G2 和 G3 分别对应于分组交换网中的交换节点 S1、S2 和 S3，而因特网中的子网 N1、N2 和 N3 分别对应于分组交换网中的传输链路 T1、T2 和 T3。网关起到了分组交换的作用，通过与它相连的网络把分组从源端 H1 传送到目标端 H2，或者相反。

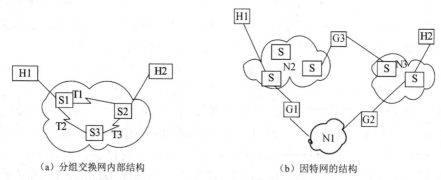

（a）分组交换网内部结构　　　　（b）因特网的结构

图 6-11　因特网和网络的对比

图 6-12 中给出了利用 IP 协议把数据报从 X.25 分组交换网中的主机 A 传送到局域网中的主机 B 的操作过程。路由器连接两个子网并执行协议的转换。在主机 A 中，TCP 送来的数据经过 IP 协议包装成网际数据报，其中的 IP 头中包含着主机 B 的网络地址。网际数据报在 X.25

网络中传播时经过多个交换节点，最后到达路由器。路由器首先把 X.25 分组向上层递交，剥去帧头、帧尾暴露出 IP 头，然后根据 IP 头中的地址把数据报下载到局域网中，最后传送到主机 B。更一般的情况是中间要经过多个路由器，每个路由器都根据 IP 头中的网络地址决定转发的方向。当转发的下一个网络的最大分组长度小于当前的数据报长度时，路由器必须将数据报分段，形成多个短数据报，然后按一定的顺序把它们转发出去。在目标端，短数据报经过 IP 协议实体排序，组装成原来的数据字段再提交给上层。

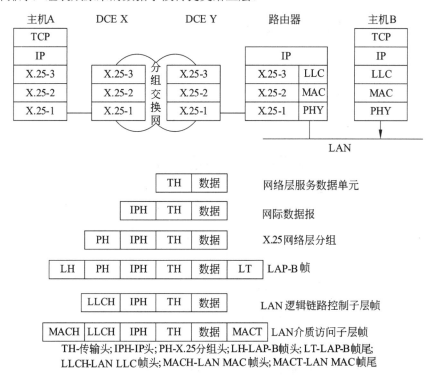

图 6-12　网际协议的操作过程举例

　　实际上，网际协议要解决的问题与网络层协议是类似的。在网际层提供路由信息的手段仍然是路由表。每个站或路由器中都有一个网际路由表，表的每一行说明与一个目标站对应的路由器地址。网际地址通常采用"网络•主机"的形式，其中，网络部分是子网的地址编码，主机部分是子网中主机的地址编码。

　　图 6-13 所示为一个实际的路由表。路由表中的目标一栏记录的是目标网络号，而不是主机的网络地址，这样可以大大减少路由表的行数。同时，路由表中也不记录到达目标的延迟时间，而代之以跳步数，即经过的路由器个数。据此，R3 如果收到一个目标地址为 50.117.102.3 的数

据报，则可根据路由表转发到地址为 40.0.0.2 的路由器 R2，再通过 R4 转发到 50.0.0.0 网络中。

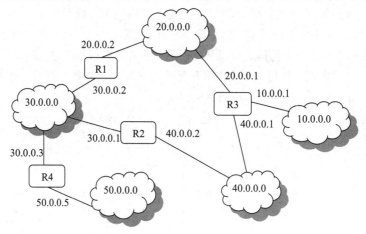

（a）因特网的例子

目标主机网络号	转发路径	跳步数
10.0.0.0	直接转发	0
20.0.0.0	直接转发	0
30.0.0.0	20.0.0.2	1
30.0.0.0	40.0.0.2	1
40.0.0.0	直接转发	0
50.0.0.0	40.0.0.2	2

（b）R3 的路由表

图 6-13　因特网中的路由表

　　路由表可以是静态的或动态的。静态路由表也提供可选择的第二、第三最佳路由。动态路由表在应付网络的失效和拥挤方面更灵活。在国际因特网中，当一个路由器关机时，与该路由器相邻的路由器和主机都发出状态报告，使别的路由器或主机修改它们的路由表。对拥挤路段也可以同样处理。在因特网环境下，各个子网（可能是远程网或局域网）的容量差别很大，更容易发生拥挤，因而更要发挥动态路由的优势。

　　更复杂的路由表还可支持安全和优先服务。例如，有的网络从安全角度考虑不适宜处理某些数据，则路由表可以控制不要把这类数据转发到不安全的网络中去。

　　选择路由的另外一种技术是源路由法，即源端在数据报中列出要经过的一系列路由器。这种方法也可以提供安全服务。

　　路由记录服务是一种与路由选择有关的特殊服务。数据报经过的每一个路由器都把自己的地址加入其中，这样，目标端就可以知道该数据报的旅行轨迹。在进行网络测试或查错时这个服务很有用。

6.3　IP 协议

Internet 是今天使用最广泛的网络。因特网中的主要协议是 TCP 和 IP，所以，Internet 协议也叫 TCP/IP 协议簇。这些协议可划分为 4 个层次，它们与 OSI/RM 的对应关系如表 6-1 所示。由于 ARPANET 的设计者注重的是网络互连，允许通信子网采用已有的或将来的各种协议，所以这个层次结构中没有提供网络访问层的协议。实际上，TCP/IP 协议可以通过网络访问层连接到任何网络上，例如 X.25 分组交换网或 IEEE 802 局域网。

表 6-1　TCP/IP 协议簇与 OSI/RM 的比较

OSI		TCP/IP	
7	应用层	7	进程/应用层
6	表示层	6	进程/应用层
5	会话层	5	主机-主机层
4	传输层	4	主机-主机层
3	网络层	3	网络互连层
2	数据链路层	2	网络访问层
1	物理层	1	网络访问层

与 OSI/RM 分层的原则不同，TCP/IP 协议簇允许同层的协议实体间互相调用，从而完成复杂的控制功能，还允许上层过程直接调用不相邻的下层过程，甚至在有些高层协议中控制信息和数据分别传输，而不是共享同一个协议数据单元。在下面具体的讨论中读者将看到这些特点的表现。图 6-14 所示为主要协议之间的调用关系。

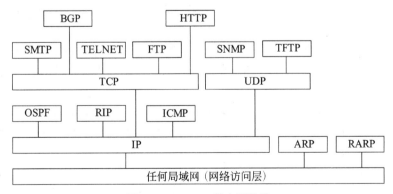

图 6-14　Internet 的主要协议

IP 协议是 Internet 中的网络层协议，作为提供无连接服务的例子，在这里介绍 IP 协议的基本操作和协议数据单元的格式。

6.3.1 IP 地址

IP 网络地址采用"网络·主机"的形式，其中网络部分是网络的地址编码，主机部分是网络中一个主机的地址编码。IP 地址的格式如图 6-15 所示。

0 网络地址	主机地址		
10 网络地址		主机地址	
110 网络地址			主机地址
1110 组播地址			
11110 保留			

A	1.0.0.0～127.255.255.255
B	128.0.0.0～191.255.255.255
C	192.0.0.0～223.255.255.255
D	224.0.0.0～239.255.255.255
E	240.0.0.0～255.255.255.255

图 6-15 IP 地址的格式

IP 地址分为 5 类。A、B、C 类是常用地址。IP 地址的编码规定全 0 表示本地地址，即本地网络或本地主机；全 1 表示广播地址，任何网站都能接收。所以，除去全 0 和全 1 地址外，A 类有 126 个网络地址，1600 万个主机地址；B 类有 16 382 个网络地址，64 000 个主机地址；C 类有 200 万个网络地址，254 个主机地址。

IP 地址通常用十进制数表示，即把整个地址划分为 4 个字节，每个字节用一个十进制数表示，中间用圆点分隔。根据 IP 地址的第一个字节，就可判断它是 A 类、B 类还是 C 类地址。

IP 地址由美国 Internet 信息中心（InterNIC）管理。如果想加入 Internet，就必须向 InterNIC 或当地的 NIC（例如 CNNIC）申请 IP 地址。如果不加入 Internet，只是在局域网中使用 TCP/IP 协议，则可以自己设计 IP 地址，只要网络内部不冲突就可以了。

一种更灵活的寻址方案引入了子网的概念，即把主机地址部分再划分为子网地址和主机地址，形成了三级寻址结构。这种三级寻址方式需要子网掩码的支持，如图 6-16 所示。

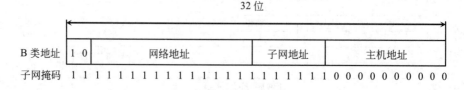

图 6-16 子网掩码

　　子网地址对网络外部是透明的。当 IP 分组到达目标网络后，网络边界路由器把 32 位的 IP 地址与子网掩码进行逻辑"与"运算，从而得到子网地址，并据此转发到适当的子网中。图 6-17 所示为 B 类网络地址被划分为两个子网的情况。

	网络地址	子网地址	主机地址
子网掩码	11111111.11111111.	1110000.	00000000
130.47.16.254	10000010.00101111.	**0001**0000.	11111110
130.47.17.01	10000010.00101111.	**0001**0001.	00000001
131.47.64.254	10000010.00101111.	**0100**0000.	11111110
131.47.65.01	10000010.00101111.	**0100**0001.	00000001

图 6-17　IP 地址与子网掩码

　　虽然子网掩码是对网络编址的有益补充，但是还存在着一些缺陷。例如，一个组织有几个包含 25 台左右计算机的子网，又有一些只包含几台计算机的较小的子网。在这种情况下，如果将一个 C 类地址分成 6 个子网，每个子网可以包含 30 台计算机，大的子网基本上利用了全部地址，但是小的子网却浪费了许多地址。为了解决这个问题，避免任何可能的地址浪费，就出现了可变长子网掩码（Variable Length Subnetwork Mask，VLSM）的编址方案。这样，可以在 IP 地址后面加上"/位数"来表示子网掩码中"1"的个数。例如，202.117.125.0/27 的前 27 位表示网络号和子网号，即子网掩码为 27 位长，主机地址为 5 位长。图 6-18 所示为一个子网划分的方案，这样的编址方法可以充分利用地址资源，特别是在网络地址紧缺的情况下尤其重要。

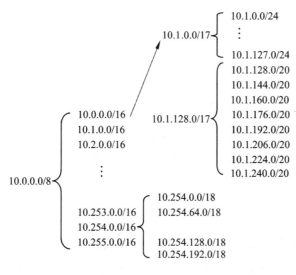

图 6-18　可变长子网掩码

在点对点通信（unicast）中使用 A、B 和 C 类地址，这类地址都指向某个网络中的一个主机。D 类地址是组播地址，组播（multicast）和广播（broadcast）类似，都属于点对多点通信，但是又有所不同。组播的目标是一组主机，而广播的目标是所有主机。在一些新的网络应用中要用到组播地址，例如网络电视（LAN TV）、桌面会议（desktop conferencing）、协同计算（collaborative computing）和团体广播（corporate broadcast）等，这些应用都是向一组主机发送信息。

实现组播需要特殊的方法。首先是网络中必须有能识别组播地址的路由器，这种路由器叫作组播网关，它接受一个目标地址为组地址的数据报并转发到相应的网络中。其次，主机要能够发送组播数据报，这需要给 IP 软件增加两个功能，其一是 IP 软件要能够接受应用软件指定的目标组地址，其二是网络接口软件要能够把 IP 组地址映射到硬件组地址或广播地址上。另外，主机还需要能接收组播报文，这要求主机中的 IP 软件能够向组播网关声明加入或退出某个地址组，并且当组播数据报来到时向同一组的各个应用软件各发送一个副本。事实上，IP 软件为主机连接的每一个网络维护一个组播地址表，以指示各个网络中的组地址分布情况，这些功能在 IP 软件中是不难实现的。

E 类保留作为研究之用，以后的 IPv6 地址就是在此基础上扩展的。

6.3.2　IP 协议的操作

下面分别讨论 IP 协议的一些主要操作。

1．数据报生存期

如果使用了动态路由选择算法，或者允许在数据报旅行期间改变路由决策，则有可能造成回路。最坏的情况是数据报在因特网中无休止地巡回，不能到达目的地并浪费大量的网络资源。

解决这个问题的办法是规定数据报有一定的生存期，生存期的长短以它经过的路由器的多少计数。每经过一个路由器，计数器加 1，计数器超过一定的计数值，数据报就被丢弃。当然，也可以用一个全局的时钟记录数据报的生存期，在这种方案下，生成数据报的时间被记录在报头中，每个路由器查看这个记录，决定是继续转发，还是丢弃它。

2．分段和重装配

每个网络可能规定了不同的最大分组长度。当分组在因特网中传送时，可能要进入一个最大分组长度较小的网络，这时需要对它进行分段，这又引出了新的问题：在哪里对它进行重装配？一种办法是在目的地重装配。但这样只会把数据报越分越小，即使后续子网允许较大的分组通过，但由于途中的短报文无法装配，从而使通信效率下降。

另外一种办法是允许中间的路由器进行重装配，这种方法也有缺点。首先是路由器必须提供重装配缓冲区，并且要设法避免重装配死锁；其次是由一个数据报分出的小段都必须经过同一个出口路由器才能再行组装，这就排除了使用动态路由选择算法的可能性。

现在，关于分段和重装配问题的讨论还在继续，已经提出了各种各样的方案。下面介绍在 DoD（美国国防部）和 ISO 的 IP 协议中使用的方法，这个方法有效地解决了以上提出的部分问题。

IP 协议使用了 4 个字段处理分段和重装配问题。一个是报文 ID 字段，它唯一地标识了某个站某一个协议层发出的数据。在 DoD 的 IP 协议中，ID 字段由源站和目标站地址、产生数据的协议层标识符以及该协议层提供的顺序号组成。第二个字段是数据长度，即字节数。第三个字段是偏置值，即分段在原来数据报中的位置，以 8 个字节（64 位）的倍数计数。最后是 M 标志，表示是否为最后一个分段。

当一个站发出数据报时对长度字段的赋值等于整个数据字段的长度，偏置值为 0，M 标志置 False（用 0 表示）。如果一个 IP 模块要对该报文分段，则按以下步骤进行。

（1）对数据块的分段必须在 64 位的边界上划分，因而除最后一段外，其他段长都是 64 位的整数倍。

（2）对得到的每一分段都加上原来数据报的 IP 头，组成短报文。

（3）每一个短报文的长度字段置为它包含的字节数。

（4）第一个短报文的偏置值置为 0，其他短报文的偏置值为它前边所有报文长度之和（字节数）除以 8。

（5）最后一个报文的 M 标志置为 0（False），其他报文的 M 标志置为 1（True）。

表 6-2 所示为一个分段的例子。

表 6-2　数据报分段的例子

	长　　度	偏　置　值	M 标志
原来的数据报	475	0	0
第一个分段	240	0	1
第二个分段	235	30	0

重装配的 IP 模块必须有足够大的缓冲区。整个重装配序列以偏置值为 0 的分段开始，以 M 标志为 0 的分段结束，全部由同一 ID 的报文组成。

在数据报服务中可能出现一个或多个分段不能到达重装配点的情况。为此，采用两种对策应付这种意外。一种是在重装配点设置一个本地时钟，当第一个分段到达时把时钟置为重装配周期值，然后递减，如果在时钟值减到零时还没等齐所有的分段，则放弃重装配。另外一种对策与前面提到的数据报生存期有关，目标站的重装配功能在等待的过程中继续计算已到达的分段的生存期，一旦超过生存期，就不再进行重装配，丢弃已到达的分段。显然，这种计算生存期的办法必须有全局时钟的支持。

3．差错控制和流控

无连接的网络操作不保证数据报的成功提交，当路由器丢弃一个数据报时，要尽可能地向源点返回一些信息。源点的 IP 实体可以根据收到的出错信息改变发送策略或者把情况报告上层协议。丢弃数据报的原因可能是超过生存期、网络拥塞和 FCS 校验出错等。在最后一种情况下可能无法返回出错信息，因为源地址字段已不可辨认了。

路由器或接收站可以采用某种流控机制来限制发送速率。对于无连接的数据报服务，可采用的流控机制是很有限的。最好的办法也许是向其他站或路由器发送专门的流控分组，使其改变发送速率。

6.3.3　IP 协议数据单元

IP 协议的数据格式如图 6-19 所示，其中的字段如下。

版本号	IHL	服务类型	总长度		
标识符			D	M	段偏置值
生存期		协议	头校检和		
源地址					
目标地址					
任选数据+补丁					
用户数据					

图 6-19　IP 协议格式

- 版本号：协议的版本号，不同版本的协议格式或语义可能不同，现在常用的是 IPv4，正在逐渐过渡到 IPv6。
- IHL：IP 头长度，以 32 位字计数，最小为 5，即 20 个字节。
- 服务类型：用于区分不同的可靠性、优先级、延迟和吞吐率的参数。
- 总长度：包含 IP 头在内的数据单元的总长度（字节数）。

- 标识符：唯一标识数据报的标识符。
- 标志：包括 3 个标志，一个是 M 标志，用于分段和重装配；另一个是禁止分段标志，如果认为目标站不具备重装配能力，则可使这个标志置位，这样如果数据报要经过一个最大分组长度较小的网络，就会被丢弃，因而最好使用源路由以避免这种灾难发生；第 3 个标志当前没有启用。
- 段偏置值：指明该段处于原来数据报中的位置。
- 生存期：用经过的路由器个数表示。
- 协议：上层协议（TCP 或 UDP）。
- 头校检和：对 IP 头的校验序列。在数据报传输过程中 IP 头中的某些字段可能改变（例如生存期，以及与分段有关的字段），所以校检和要在每一个经过的路由器中进行校验和重新计算。校检和是对 IP 头中的所有 16 位字进行 1 的补码相加得到的，计算时假定校检和字段本身为 0。
- 源地址：给网络和主机地址分别分配若干位，例如 7 和 24、14 和 16、21 和 8 等。
- 目标地址：同上。
- 任选数据：可变长，包含发送者想要发送的任何数据。
- 补丁：补齐 32 位的边界。
- 用户数据：以字节为单位的用户数据，和 IP 头加在一起的长度不超过 65 535 字节。

6.4 ICMP 协议

ICMP（Internet Control Message Protocol）与 IP 协议同属于网络层，用于传送有关通信问题的消息，例如数据报不能到达目标站，路由器没有足够的缓存空间，或者路由器向发送主机提供最短通路信息等。ICMP 报文封装在 IP 数据报中传送，因而不保证可靠的提交。ICMP 报文有 11 种之多，报文格式如图 6-20 所示。其中的类型字段表示 ICMP 报文的类型，代码字段可表示报文的少量参数，当参数较多时写入 32 位的参数字段，ICMP 报文携带的信息包含在可变长的信息字段中，校验和字段是关于整个 ICMP 报文的校验和。

类型	代 码	校验和
参数		
信息（可变长）		

图 6-20 ICMP 报文格式

下面简要解释 ICMP 各类报文的含义。

- 目标不可到达（类型 3）：如果路由器判断出不能把 IP 数据报送达目标主机，则向源主机返回这种报文。另一种情况是目标主机找不到有关的用户协议或上层服务访问点，也会返回这种报文。出现这种情况的原因可能是 IP 头中的字段不正确；或者是数据报中说明的源路由无效；也可能是路由器必须把数据报分段，但 IP 头中的 D 标志已置位。

- 超时（类型 11）：路由器发现 IP 数据报的生存期已超时，或者目标主机在一定时间内无法完成重装配，则向源端返回这种报文。

- 源抑制（类型 4）：这种报文提供了一种流量控制的初等方式。如果路由器或目标主机缓冲资源耗尽而必须丢弃数据报，则每丢弃一个数据报就向源主机发回一个源抑制报文，这时源主机必须减小发送速度。另外一种情况是系统的缓冲区已用完，并预感到行将发生拥塞，则发出源抑制报文。但是与前一种情况不同，涉及的数据报尚能提交给目标主机。

- 参数问题（类型 12）：如果路由器或主机判断出 IP 头中的字段或语义出错，则返回这种报文，报文头中包含一个指向出错字段的指针。

- 路由重定向（类型 5）：路由器向直接相连的主机发出这种报文，告诉主机一个更短的路径。例如路由器 R1 收到本地网络上主机发来的数据报，R1 检查它的路由表，发现要把数据报发往网络 X，必须先转发给路由器 R2，而 R2 又与源主机在同一网络中，于是 R1 向源主机发出路由重定向报文，把 R2 的地址告诉它。

- 回声（请求/响应，类型 8/0）：用于测试两个节点之间的通信线路是否畅通。收到回声请求的节点必须发出回声响应报文。该报文中的标识符和序列号用于匹配请求和响应报文。当连续发出回声请求时，序列号连续递增。常用的 PING 工具就是这样工作的。

- 时间戳（请求/响应，类型 13/14）：用于测试两个节点之间的通信延迟时间。请求方发出本地的发送时间，响应方返回自己的接收时间和发送时间。这种应答过程如果结合强制路由的数据报实现，则可以测量出指定线路上的通信延迟。

- 地址掩码（请求/响应，类型 17/18）：主机可以利用这种报文获得它所在的 LAN 的子网掩码。首先主机广播地址掩码请求报文，同一 LAN 上的路由器以地址掩码响应报文回答，告诉请求方需要的子网掩码。了解子网掩码可以判断出数据报的目标节点与源节点是否在同一 LAN 中。

6.5 TCP 和 UDP 协议

在 TCP/IP 协议簇中有两个传输协议，即传输控制协议（Transmission Control Protocol，TCP）和用户数据报协议（User Datagram Protocol，UDP）。TCP 是面向连接的，而 UDP 是无连接的。

本节详细讨论 TCP 协议的控制机制，并简要介绍 UDP 协议的特点。

6.5.1　TCP 服务

TCP 协议提供面向连接的、可靠的传输服务，适用于各种可靠的或不可靠的网络。TCP 用户送来的是字节流形式的数据，这些数据缓存在 TCP 实体的发送缓冲区中。一般情况下，TCP 实体自主地决定如何把字节流分段，组成 TPDU 发送出去。在接收端，也是由 TCP 实体决定何时把积累在接收缓冲区中的字节流提交给用户。分段的大小和提交的频度是由具体的实现根据性能和开销权衡决定的，TCP 规范中没有定义。显然，即使两个 TCP 实体的实现不同，也可以互操作。

另外，TCP 也允许用户把字节流分成报文，用推进（PUSH）命令指出报文的界限。发送端 TCP 实体把 PUSH 标志之前的所有未发数据组成 TPDU 立即发送出去，接收端 TCP 实体同样根据 PUSH 标志决定提交的界限。

6.5.2　TCP 协议

TCP 只有一种类型的 PDU，叫作 TCP 段，段头（也叫 TCP 头或传输头）的格式如图 6-21 所示，其中的字段如下。

源端口								目标端口	
发送顺序号									
接收顺序号									
偏置值	保留	URG	ACK	PSH	RST	SYN	FIN	窗口	
校验和								紧急指针	
任选项+补丁									
用户数据									

图 6-21　TCP 传输头格式

（1）源端口（16 位）：说明源服务访问点。

（2）目标端口（16 位）：表示目标服务访问点。

（3）发送顺序号（32 位）：本段中第一个数据字节的顺序号。

（4）接收顺序号（32 位）：捎带接收的顺序号，指明接收方期望接收的下一个数据字节的顺序号。

（5）偏置值（4 位）：传输头中 32 位字的个数。因为传输头有任选部分，长度不固定，所以需要偏置值。

（6）保留字段（6 位）：未用，所有实现必须把这个字段置全 0。

（7）标志字段（6 位）：表示各种控制信息，其中

- URG：紧急指针有效。
- ACK：接收顺序号有效。
- PSH：推进功能有效。
- RST：连接复位为初始状态，通常用于连接故障后的恢复。
- SYN：对顺序号同步，用于连接的建立。
- FIN：数据发送完，连接可以释放。

（8）窗口（16 位）：为流控分配的信息量。

（9）校验和（16 位）：段中所有 16 位字按模 $2^{16}-1$ 相加的和，然后取 1 的补码。

（10）紧急指针（16 位）：从发送顺序号开始的偏置值，指向字节流中的一个位置，此位置之前的数据是紧急数据。

（11）任选项（长度可变）：目前只有一个任选项，即建立连接时指定的最大段长。

（12）补丁：补齐 32 位字边界。

下面对某些字段做进一步的解释。端口编号用于标识 TCP 用户，即上层协议，一些经常使用的上层协议，例如 Telnet（远程终端协议）、FTP（文件传输协议）或 SMTP（简单邮件传输协议）等都有固定的端口号，这些公用端口号可以在 RFC（Request For Comment）中查到，任何实现都应该按规定保留这些公用端口编号，除此之外的其他端口编号由具体实现分配。

前面提到，TCP 是对字节流进行传送，因而发送顺序号和接收顺序号都是指字节流中的某个字节的顺序号，而不是指整个段的顺序号。例如，某个段的发送顺序号为 1000，其中包含 500 个数据字节，则段中第一个字节的顺序号为 1000，按照逻辑顺序，下一个段必然从第 1500 个数据字节处开始，其发送顺序号应为 1500。为了提高带宽的利用率，TCP 采用积累接收的机制。例如从 A 到 B 传送了 4 个段，每段包含 20 个字节数据，这 4 个段的接收顺序号分别为 30、50、70 和 90。在第 4 次传送结束后，B 向 A 发回一个 ACK 标志置位的段，其中的接收顺序号为 110（即 90+20），一次接收了 4 次发送的所有字节，表示从起始字节到 109 字节都已正确接收。

同步标志 SYN 用于连接建立阶段。TCP 用三次握手过程建立连接，首先是发起方发送一个 SYN 标志置位的段，其中的发送顺序号为某个值 X，称为初始顺序号 ISN（Initial Sequence Number），接收方以 SYN 和 ACK 标志置位的段响应，其中的接收顺序号应为 X+1（表示期望从第 X+1 个字节处开始接收数据），发送顺序号为某个值 Y（接收端指定的 ISN）。这个段到达发起端后，发起端以 ACK 标志置位，应答顺序号为 Y+1 的段回答，连接就正式建立了。可见，

所谓初始顺序号就是收发双方对连接的标识，也与字节流的位置有关。因而对发送顺序号更准确的解释应该是：当 SYN 未置位时，表示本段中第一个数据字节的顺序号；当 SYN 置位时，它是初始顺序号 ISN，而段中第一个数据字节的顺序号应为 ISN+1，正好与接收方期望接收的数据字节的位置对应，如图 6-22 所示。

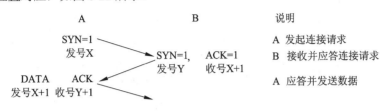

图 6-22　TCP 连接的建立

所谓紧急数据，是指 TCP 用户认为很重要的数据，例如键盘中断等控制信号。当 TCP 段中的 URG 标志置位时，紧急指针表示距离发送顺序号的偏置值，在这个字节之前的数据都是紧急数据。紧急数据由上层用户使用，TCP 只是尽快地把它提交给上层协议。

窗口字段表示从应答顺序号开始的数据字节数，即接收端期望接收的字节数，发送端根据这个数字扩大自己的窗口。窗口字段、发送顺序号和应答顺序号共同实现滑动窗口协议。

校验和的校验范围包括整个 TCP 段和伪段头（Pseudo-header）。伪段头是 IP 头的一部分，如图 6-23 所示。伪段头和 TCP 段一起处理有一个好处，如果 IP 把 TCP 段提交给错误的主机，TCP 实体可根据伪段头中的源地址和目标地址字段检查出错误。

源地址		
目标地址		
0	协议	段长
传输头		
用户数据		

图 6-23　TCP 校检和的范围

由于 TCP 是和 IP 配合工作的，所以有些用户参数由 TCP 直接传送给 IP 层处理，这些参数包含在 IP 头中，例如优先级、延迟时间、吞吐率、可靠性和安全级别等。TCP 头和 IP 头合在一起，代表了传送一个数据单元的开销，共 40 个字节。

图 6-24 所示为 TCP 的连接状态图。事实上，在 TCP 协议的运行过程中，有多个连接处于

不同的状态。

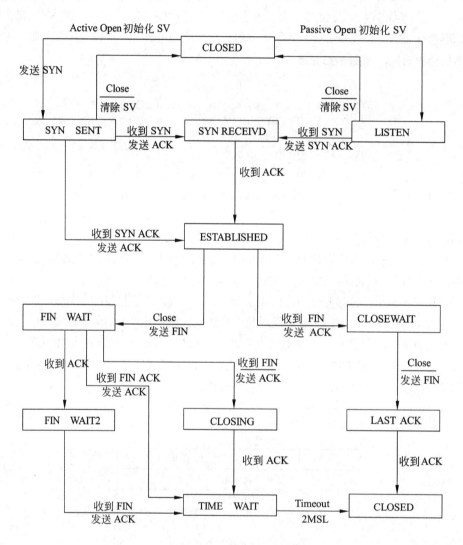

图 6-24　TCP 连接状态图

6.5.3　TCP 拥塞控制

TCP 的拥塞控制涉及重传计时器管理和窗口管理，其目的是与流控机制配合，缓解互联网中的通信紧张状况。

1．重传计时器管理

TCP 实体管理着多种定时器（重传定时器、放弃定时器等），用于确定网络传输时延和监视网络拥塞情况。定时器的时间界限涉及网络的端到端往返时延，静态计时方式不能适应网络通信瞬息万变的情况，所以大多数实现都是通过观察最近一段时间的报文时延来估算当前的往返时间。一种方法是取最近一段时间报文时延的算术平均值来预测未来的往返时间，其计算方法如下：

$$\mathrm{ARTT}(K+1) = \frac{K}{K+1}\mathrm{ARTT}(K) + \frac{1}{K+1}\mathrm{RTT}(K+1)$$

其中的 RTT(K)表示对第 K 个报文所观察到的往返时间，ARTT(K)是对前 K 个报文所计算的平均往返时间。利用这个公式，不必每次重新求和就可以得到最新的平均往返时间。

简单的算术平均方法不能迅速反映网络通信情况变化的趋势，改进的方法是对越是最近的观察值赋予越大的权值，使其对平均值的贡献越大，这种方法称为指数平均法，可以用下面的公式表示：

$$\mathrm{SRTT}(K+1) = \alpha \times \mathrm{SRTT}(K) + (1-\alpha) \times \mathrm{RTT}(K+1)$$

其中 SRTT(K)被称为平滑往返时间估值，SRTT(0)=0，0<α<1。

把上式展开，得到

$$\mathrm{SRTT}(K+1) = (1-\alpha)\mathrm{RTT}(K+1) + \alpha(1-\alpha)\mathrm{RTT}(K) + \alpha^2(1-\alpha)\mathrm{RTT}(K-1) + \ldots + \alpha^k(1-\alpha)\mathrm{RTT}(1)$$

可以看出，越是早前的观察值，对平均值的贡献越小（α的指数越大）。若α=0.5，几乎所有权重都给了最近的 4 或 5 个观察值，当α=0.875 时，计算就扩大到最近的 10 个或更多个观察值。所得的结论是：使用的α值越小，则计算出的平均值对最近的网络通信量变化越敏感，这样做的缺点是短期的通信量变化可能影响到平滑往返时间估值的过度震荡。在具体实现时要根据网络通信的特点采用一个合适的α值。

重传计时器的值 RTO 应该设置得比 SRTT 稍大，一种方法是增加一个常数值Δ：

$$\mathrm{RTO}(K+1) = \mathrm{SRTT}(K+1) + \Delta$$

Δ的值取多大，需要仔细斟酌。如果Δ的值取大了，对重传过程会造成不必要的延迟，如果Δ的值取小了，则观察到的往返时间 RTT 的微小波动就会造成不必要的重传。

相对于增加一个固定常数的方法，使用一个与 SRTT 成比例的计时器效果更好一些：

$$RTO(K+1) = MIN\big(UBOUND, MAX(LBOUND, \beta \times SRTT(K+1))\big)$$

其中，UBOUND 和 LBOUND 是两个选定的计时上限和下限值，β是常数。上式的意思是选取的重传计时值与平滑往返时间估值 SRTT 成比例，但其值应该处于选定的上、下限之间。RFC 793 给出的例子是：α在 0.8～0.9 之间，β在 1.3～2.0 之间。

2．慢启动和拥塞控制

TCP 实体使用的发送窗口越大，在得到确认之前发送的报文数就越多，这样就可能造成网络的拥塞，特别在 TCP 刚连接建立发送时对网络通信的影响更大。可以采用的一种策略是，让发送方实体在接收到确认之前逐步扩展窗口的大小，而不是从一开始就采用很大的窗口，这种方法称为慢启动过程。下面的慢启动过程是以报文数来描述的，报文数等于 TCP 段头中窗口字段的值除以报文段的字节数。

慢启动过程规定，TCP 实体发送窗口的大小按照下式计算：

$$awnd = MIN[credit, cwnd]$$

- awnd：允许窗口的大小，TCP 实体在没有收到进一步确认的情况下可以发送的报文数。
- cwnd：拥塞窗口的大小，在启动阶段或拥塞期间 TCP 实体使用的窗口大小（报文数）。
- credit：最近一次确认报文中得到的信息量，以报文数计量。

在建立一个新连接后，TCP 实体初始化(cwnd=1)，即在发送了第一个报文段后就停止发送，等待确认后再发送下一个报文段，并且每收到一个确认，就把 cwnd 加 1，用于扩大发送窗口。最终的发送窗口大小是由收到的 credit 决定的。

实际上，cwnd 是以指数规律增长的。当第 0 个报文段的确认到达后，cwnd 被增加到 2，可以发送第 1 和第 2 段；当第 1 和第 2 个报文段的确认到达后，cwnd 经过两次增加，其值已经是 4 了；当这 4 个报文段都达到后，cwnd 经过 4 次增加，其值就是 8 了。

当网络开始出现拥塞时，上述技术是否有用呢？事实上，"让网络进入饱和状态很容易，而让网络从拥塞中恢复却很难"（Jacobson 语），这就是所谓的高峰期的长尾效应。所以还得补充下列规则：

（1）设置慢启动的门限值为目前拥塞窗口的一半，即 ssthresh = cwnd / 2 。

（2）置 cwnd = 1，并且执行慢启动过程，直到 cwnd = ssthresh 。

（3）当 cwnd ≥ ssthresh 时，每经过一个往返时间 cwnd 加 1。

图 6-25 描绘了这种行为的效果。

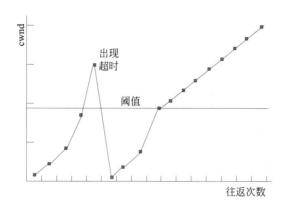

图 6-25 TCP 拥塞控制

6.5.4 UDP 协议

UDP 也是常用的传输层协议，它对应用层提供无连接的传输服务，虽然这种服务是不可靠的、不保证顺序的提交，但这并没有减少它的使用价值。相反，由于协议开销少而在很多场合相当实用，特别是在网络管理方面，大多使用 UDP 协议。

UDP 运行在 IP 协议层之上，由于它不提供连接，所以只是在 IP 协议之上加上端口寻址功能，这个功能表现在 UDP 头上，如图 6-26 所示。

UDP 头包含源端口号和目标端口号。段长指整个 UDP 段的长度，包括头部和数据部分。校验和与 TCP 相同，但是任选的，如果不使用校验和，则这个字段置 0。由于 IP 的校验和只作用于 IP 头，并不包括数据部分，所以当 UDP 的校验和字段为 0 时，实际上对用户数据不进行校验。

图 6-26 UDP 头

6.6 域名和地址

Internet 地址分为 3 级，可表示为"网络地址·主机地址·端口地址"的形式。其中，网络和主机地址即 IP 地址；端口地址就是 TCP 或 UDP 地址，用于表示上层进程的服务访问点。TCP/IP 网络中的大多数公共应用进程都有专用的端口号，这些端口号是由 IANA（Internet Assigned Numbers Authority）指定的，其值小于 1024，而用户进程的端口号一般大于 1024。表 6-3 中列出了主要的专用端口号，许多网络操作系统保护这些端口号，限制用户进程使用。

表 6-3　固定分配的专用端口号

端口号	描　述	端口号	描　述
1	TCP Port Service Multiplexer（TCPMUX）	118	SQL Services
5	Remote Job Entry（RJE），远程作业	119	Newsgroup（NNTP）
7	ECHO，回声	137	NetBIOS Name Service
18	Message Send Protocol（MSP），报文发送协议	139	NetBIOS Datagram Service
20	FTP-Data，文件传输协议	143	Interim Mail Access Protocol（IMAP）
21	FTP-Control，文件传输协议	150	NetBIOS Session Service
22	SSH Remote Login Protocol，远程登录	156	SQL Server
23	Telnet，远程登录	161	SNMP，简单网络管理协议
25	Simple Mail Transfer Protocol（SMTP）	179	Border Gateway Protocol（BGP），边界网关协议
29	MSG ICP	190	Gateway Access Control Protocol（GACP）
37	Time	194	Internet Relay Chat（IRC）
42	Host Name Server（Nameserv），主机名字服务	197	Directory Location Service（DLS）
43	WhoIs	389	Lightweight Directory Access Protocol（LDAP）
49	Login Host Protocol（Login）	396	Novell Netware over IP
53	Domain Name System（DNS），域名系统	443	HTTPS
69	Trivial File Transfer Protocol（TFTP）	444	Simple Network Paging Protocol（SNPP）
70	Gopher Services	445	Microsoft-DS
79	Finger	458	Apple QuickTime
80	HTTP超文本传输协议	546	DHCP Client，动态主机配置协议，客户端
103	X.400 Standard，电子邮件标准	547	DHCP Server，动态主机配置协议，服务器端
108	SNA Gateway Access Server	563	SNEWS
109	POP2	569	MSN
110	POP3	1080	Socks
115	Simple File Transfer Protocol（SFTP）		

6.6.1　域名系统

网络用户希望用名字来标识主机，有意义的名字可以表示主机的账号、工作性质、所属的地域或组织等，从而便于记忆和使用。Internet 的域名系统（Domain Name System，DNS）就是为这种需要而开发的。

DNS 的逻辑结构是一个分层的域名树，Internet 网络信息中心（Internet Network Information Center，InterNIC）管理着域名树的根，称为根域。根域没有名称，用句号"."表示，这是域名空间的最高级别。在 DNS 的名称中，有时在末尾附加一个"."，就是表示根域，但经常是省略的。DNS 服务器可以自动补上结尾的句号，也可以处理结尾带句号的域名。

根域下面是顶级域（Top-Level Domains，TLD），分为国家顶级域（country code Top Level Domain，ccTLD）和通用顶级域（generic Top Level Domain，gTLD）。国家顶级域名包含 243 个国家和地区代码，例如 cn 代表中国，uk 代表英国等。最初的通用顶级域有 7 个（如表 6-4 所示），这些顶级域名原来主要供美国使用，随着 Internet 的发展，com、org 和 net 成为全世界通用的顶级域名，就是所谓的"国际域名"，而 edu、gov 和 mil 限于美国使用。

表 6-4　通用顶级域名

域　　名	使 用 对 象
com	商业机构等盈利性组织
edu	教育机构、学术组织和国家科研中心等
gov	美国非军事性的政府机关
mil	美国的军事组织
net	网络信息中心（NIC）和网络操作中心（BIC）等
org	非盈利性组织、例如技术支持小组、计算机用户小组等
int	国际组织

负责因特网域名注册的服务商（Internet Corporation for Assigned Names and Numbers，ICANN）在 2000 年 11 月决定，从 2001 年开始使用新的国际顶级域名，共有 7 个，即 biz（商业机构）、info（网络公司）、name（个人网站）、pro（医生和律师等职业人员）、aero（航空运输业专用）、coop（商业合作社专用）和 museum（博物馆专用），其中，前 4 个是非限制性域名，后 3 个限于专门的行业使用，受有关行业组织的管理。

2008 年 6 月，ICANN 在巴黎年会上通过了个性化域名方案，最早将于 2009 年开始出现以公司名字为结尾的域名，例如 ibm、hp 和 qq 等。可以认为，这些域名的所有者在某种意义上就是一个域名注册机构，以后将会有无穷多的国际域名。

顶级域下面是二级域，这是正式注册给组织和个人的唯一名称，例如 www.microsoft.com 中的 microsoft 就是微软注册的域名。

在二级域之下，组织机构还可以划分子域，使其各个分支部门都获得一个专用的名称标识，例如 www.sales.microsoft.com 中的 sales 是微软销售部门的子域名称。划分子域的工作可以一直延续下去，直到满足组织机构的管理需要为止。但是标准规定，一个域名的长度通常不超过 63 个字符，最多不能超过 255 个字符。

DNS 命名标准还规定，域名中只能使用 ASCII 字符集的有限子集，包括 26 个英文字母（不区分大小写）和 10 个数字，以及连字符 "-"，并且连字符不能作为子域名的第一个和最后一个字母。后来的标准对字符集有所扩大。

各个子域由地区 NIC 管理。图 6-27 是 CNNIC 规划的 cn 下第二级子域名和域名树系统。其中，ac 为中科院系统的机构，edu 为教育系统的院校和科研单位，go 为政府机关，co 为商业机构，or 为民间组织和协会，bj 为北京地区，sh 为上海地区，zj 为浙江地区等。

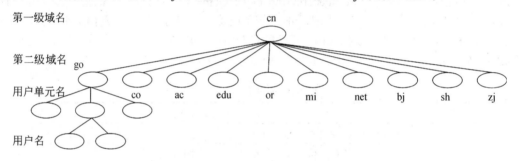

图 6-27　在 cn 域名下的域名树

域名到 IP 地址的变换由 DNS 服务器实现。一般子网中都有一个域名服务器，该服务器管理本地子网所连接的主机，也为外来的访问提供 DNS 服务。这种服务采用典型的客户端/服务器访问方式：客户端程序把主机域名发送给服务器，服务器返回对应的 IP 地址。有时被询问的服务器不包含查询的主机记录，根据 DNS 协议，服务器会提供进一步查询的信息，也许是包括相近信息的另外一台 DNS 服务器的地址。

特别需要指出的是，域名与网络地址是两个不同的概念。虽然大多数连网的主机不仅有一个唯一的网络地址，还有一个域名，但是有的主机没有网络地址，只有域名。这种机器用电话线连接到一个有 IP 地址的主机上，通过拨号方式访问 IP 主机，只能发送和接收电子邮件。另一方面，高级的域名可能包括几个网络，但域名树的结构不一定与网络结构对应。还有一种情况是同一个子网中的主机可能属于不同的子域，虽然这种情况对于 C 类网络很少见。

6.6.2　地址分解协议

IP 地址是分配给主机的逻辑地址，在因特网络中表示唯一的主机。似乎有了 IP 地址就可以方便地访问某个子网中的某个主机，寻址问题就解决了。其实不然，还必须考虑主机的物理地址问题。

由于互连的各个子网可能源于不同的组织，运行不同的协议（异构性），因而可能采用不同的编址方法。任何子网中的主机至少都有一个在子网内部唯一的地址，这种地址都是在子网建立时一次性指定的，甚至可能是与网络硬件相关的，把这个地址叫作主机的物理地址或硬件地址。

物理地址和逻辑地址的区别可以从两个角度看：从网络互连的角度看，逻辑地址在整个因特网络中有效，而物理地址只是在子网内部有效；从网络协议分层的角度看，逻辑地址由 Internet 层使用，而物理地址由子网访问子层（具体地说就是数据链路层）使用。

由于有两种主机地址，因此需要一种映像关系把这两种地址对应起来。在 Internet 中是用地址分解协议（Address Resolution Protocol，ARP）来实现逻辑地址到物理地址映像的。ARP 分组的格式如图 6-28 所示，各字段的含义解释如下。

硬件类型		协议类型
硬件地址长度	协议地址长度	操作
发送节点硬件地址		
发送节点协议地址		
目标节点硬件地址		
目标节点协议地址		

图 6-28　ARP/RARP 分组格式

- 硬件类型：网络接口硬件的类型，对以太网此值为 1。
- 协议类型：发送方使用的协议，0800H 表示 IP 协议。
- 硬件地址长度：对以太网，地址长度为 6 字节。
- 协议地址长度：对 IP 协议，地址长度为 4 字节。
- 操作：
  - ➢ 1——ARP 请求。
  - ➢ 2——ARP 响应。
  - ➢ 3——RARP 请求。
  - ➢ 4——RARP 响应。

通常，Internet 应用程序把要发送的报文交给 IP，IP 协议当然知道接收方的逻辑地址（否则就不能通信了），但不一定知道接收方的物理地址。在把 IP 分组向下传送给本地数据链路实体之前，可以用两种方法得到目标物理地址。

（1）查本地内存的 ARP 地址映像表，通常 ARP 地址映像表的逻辑结构如表 6-5 所示。可以看出这是 IP 地址和以太网地址的对照表。

表 6-5   ARP 地址映像表的例子

IP 地址	以太网地址
130.130.87.1	08 00 39 00 29 D4
129.129.52.3	08 00 5A 21 17 22
192.192.30.5	08 00 10 99 A1 44

（2）如果 ARP 表查不到，就广播一个 ARP 请求分组，这种分组可经过路由器进一步转发，到达所有连网的主机。它的含义是："如果你的 IP 地址是这个分组的目标地址，请回答你的物理地址是什么。"收到该分组的主机一方面可以用分组中的两个源地址更新自己的 ARP 地址映像表，另一方面用自己的 IP 地址与目标 IP 地址字段比较，若相符则发回一个 ARP 响应分组，向发送方报告自己的硬件地址；若不相符，则不予回答。

所谓代理 ARP（Proxy ARP），就是路由器"假装"目标主机来回答 ARP 请求，所以源主机必须先把数据帧发给路由器，再由路由器转发给目标主机。这种技术不需要配置默认网关，也不需要配置路由信息，就可以实现子网之间的通信。

用于说明代理 ARP 的例子如图 6-29 所示，设子网 A 上的主机 A（172.16.10.100）需要与子网 B 上的主机 D（172.16.20.200）通信。图中的主机 A 有一个 16 位的子网掩码，这意味着主机 A 认为它直接连接到网络 172.16.0.0。当主机 A 需要与它直接连接的设备通信时，它就向目标发送一个 ARP 请求。当主机 A 需要主机 D 的 MAC 地址时，它在子网 A 上广播的 ARP 请求分组如下。

发送者的 MAC 地址	发送者的 IP 地址	目标的 MAC 地址	目标的 IP 地址
00-00-0c-94-36-aa	172.16.10.100	00-00-00-00-00-00	172.16.20.200

这个请求的含义是要求主机 D（172.16.20.200）回答它的 MAC 地址。ARP 请求分组被包装在以太帧中，其源地址是 A 的 MAC 地址，而目标地址是广播地址（FFFF.FFFF.FFFF）。由于路由器不转发广播帧，所以这个 ARP 请求只能在子网 A 中传播，到不了主机 D。如果路由器知道目标地址（172.16.20.200）在另外一个子网中，它就以自己的 MAC 地址回答主机 A，路由器发送的应答分组如下。

发送者的 MAC 地址	发送者的 IP 地址	目标的 MAC 地址	目标的 IP 地址
00-00-0c-94-36-ab	172.16.20.200	00-00-0c-94-36-aa	172.16.10.100

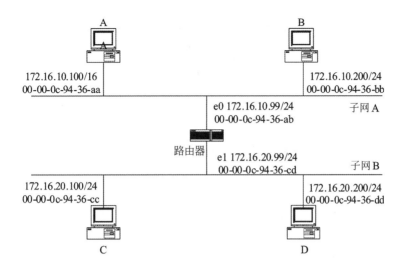

图 6-29　代理 ARP 的例子

这个应答分组封装在以太帧中，以路由器的 MAC 地址为源地址，以主机 A 的 MAC 地址为目标地址，ARP 应答帧是单播传送的。在接收到 ARP 应答后，主机 A 就更新它的 ARP 表。

IP 地址	MAC 地址
172.16.20.200	00-00-0c-94-36-ab

从此以后，主机 A 就把所有给主机 D（172.16.20.200）的分组发送给 MAC 地址为 00-00-0c-94-36-ab 的主机，这就是路由器的网卡地址。

通过这种方式，子网 A 中的 ARP 映像表都把路由器的 MAC 地址当作子网 B 中主机的 MAC 地址。例如，主机 A 的 ARP 映像表如下。

IP 地址	MAC 地址
172.16.20.200	00-00-0c-94-36-ab
172.16.20.100	00-00-0c-94-36-ab
172.16.10.99	00-00-0c-94-36-ab
172.16.10.200	00-00-0c-94-36-bb

多个 IP 地址被映像到一个 MAC 地址这一事实正是代理 ARP 的标志。

RARP（Reverse Address Resolution Protocol）是反向 ARP 协议，即由硬件地址查找逻辑地址。通常，主机的 IP 地址保存在硬盘上，机器关电时也不会丢失，系统启动时自动读入内存中。但是，无盘工作站无法保存 IP 地址，它的 IP 地址由 RARP 服务器保存。当无盘工作站启动时，广播一个RARP请求分组，把自己的硬件地址同时写入发送方和接收方的硬件地址字段中。RARP

服务器接收这个请求，并填写目标 IP 地址字段，把操作字段改为 RARP 响应分组，送回请求的主机。

6.7　网关协议

Internet 中的路由器叫作 IP 网关。网关执行复杂的路由算法，需要大量且及时的路由信息。网关协议就是用于网关之间交换路由信息的协议。

6.7.1　自治系统

自治系统是由同构型的网关连接的因特网，这样的系统往往是由一个网络管理中心控制的。自治系统内部的网关之间执行内部网关协议（Interior Gateway Protocol，IGP），互相交换路由信息。一般来说，IGP 是自治系统内部专用的，为特定的应用服务，在自治系统之外是无效的。

一个因特网也可能由不同的自治系统互连而成，例如若干个校园网通过广域网互连就是这种情况，如图 6-30 所示。在这种情况下，不同的自治系统可能采用不同的路由表、不同的路由选择算法。在不同自治系统之间用外部网关协议（Exterior Gateway Protocol，EGP）交换路由信息。可以想到，EGP 比 IGP 传送的信息要少一些，因为 EGP 只涉及自治系统之间的路由信息，而与系统内部路由无关。换而言之，EGP 以自治系统为节点，通告各个网关可到达哪些系统。

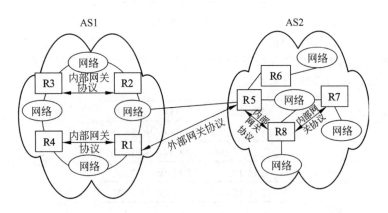

图 6-30　内部网关协议和外部网关协议

6.7.2　外部网关协议

早期有一个外部网关协议叫 EGP，最新的外部网关协议叫作 BGP（Border Gateway

Protocol）。现在，BGP 4 已经广泛地应用于不同 ISP 的网络之间，成为事实上的 Internet 外部路由协议标准。

BGP 4 是一种动态路由发现协议，支持无类别域间路由 CIDR。BGP 的主要功能是控制路由策略，例如是否愿意转发过路的分组等。BGP 的 4 种报文如表 6-6 所示，这些报文通过 TCP（179 端口）连接传送。在 BGP 中用上述 4 种报文可实现以下 3 个功能过程：

表 6-6　BGP 的 4 种报文

报 文 类 型	功 能 描 述
打开（Open）	建立邻居关系
更新（Update）	发送新的路由信息
保持活动状态（Keepalive）	对 Open 的应答/周期性地确认邻居关系
通告（Notification）	报告检测到的错误

（1）建立邻居关系。位于不同自治系统中的两个路由器首先要建立邻居关系，然后才能周期性地交换路由信息。建立邻居关系的过程是由一个路由器发送 Open 报文，另一个路由器若愿意接受请求则以 Keepalive 报文应答。至于路由器如何知道对方的 IP 地址，协议中没有规定，可以由管理人员在配置时提供。Open 报文中包含发送者的 IP 地址及其所属自治系统的标识，另外还有一个保持时间参数，即定期交换信息的时间间隔。接收者把 Open 报文中的保持时间与自己的保持时间计数器比较，选取其中的较小者，这就是一次交换信息保持有效的最长时间。建立邻居关系的一对路由器以选定的周期交换路由信息。

（2）邻居可到达性。这个过程维护邻居关系的有效性，通过周期性地互相发送 Keepalive 报文，双方都知道对方的活动状态。

（3）网络可到达性。每个路由器维护一个数据库，记录着它可到达的所有子网。当情况有变化时用更新报文把最新信息及时地传送给其他 BGP 路由器。Update 报文包含两类信息：一类是要作废的路由器列表，另一类是新增路由的属性信息。前者列出了已经关机或失效的一些路由器，接收者应把有关内容从本地数据库中删除。后者包含以下 3 种信息：

- 网络层可到达信息（NLRI）。发送路由器可到达的子网地址列表。
- 经过的自治系统（AS_Path）。数据报经过的自治系统的标识，主要用于通信策略控制。收到这个信息的路由器可以自主决定是否选择某条通路，例如机密报文不能进入某些自治系统，或者由于线路拥塞而决定不选择某条通路。
- 下一跳（Next-Hop）。指下一步转发的边界路由器的 IP 地址。可以是发送者的地址，也可以是另外的边界路由器的地址。例如在图 6-30 中，R1 告诉 R5，通过 R2 也可以到达 AS1。虽然 R2 没有实现 BGP，也没有与 R5 建立邻居关系，但是 R1 通过 IGP 知道了与 R2 有关的路由信息。

BGP 4 的报文格式如图 6-31 所示。所有的 BGP 报文都有 19 个字节的固定长度头部，其中包括 16 个字节的标记（用于认证和同步）、两个字节的报文长度和一个字节的类型字段。

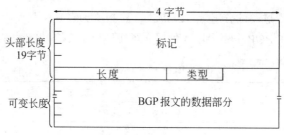

图 6-31　BGP 报文格式

图 6-32 表示 BGP 更新报文的数据部分，对其中部分字段解释如下：

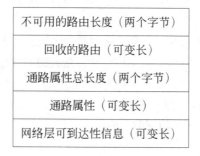

图 6-32　路由更新报文

- 不可用的路由长度（unfeasible routes length）：表示回收字段的长度。
- 回收的路由（withdrawn routes）：包含了从服务中撤销的路由的 IP 地址前缀列表。
- 通路属性（path attributes）：包含了与网络层可到达性信息字段中的 IP 地址前缀相关联的属性列表，例如路由信息的来源、路由优先级、实施路由聚合的 BGP 实体，以及在路由聚合时丢失的路由信息等。

6.7.3　内部网关协议

网关协议也叫作路由协议（Routing Protocol），是路由器之间实现路由信息共享的一种机制，它允许路由器之间通过交换路由信息维护各自的路由表。IP 协议是根据路由表进行分组转发的协议，按照业内的说法，应该叫作被路由的协议（Routed Protocol）。

常用内部路由协议包括路由信息协议（Routing Information Protocol，RIP）、开放最短路径优先协议（Open Shortest Path First，OSPF）、中间系统到中间系统的协议（Intermediate System to Intermediate System，IS-IS）、内部网关路由协议（Interior Gateway Routing Protocol，IGRP）和增强的 IGRP 协议（Enhanced IGTRP，EIGRP）等，最后两种是思科公司的专利协议。

1．路由信息协议

RIP 的原型最早出现在 UNIX Berkley 4.3 BSD 中，它采用 Bellman-Ford 的距离矢量路由算法，用于在 ARPANET 中计算最佳路由，现在的 RIP 作为内部网关协议运行在基于 TCP/IP 的网络中。RIP 适用于小型网络，因为它允许的跳步数不超过 15 步。

1）RIPv1

RIP 分为两个版本。RIPv1（RFC 1058，1988）是早期的路由协议，现在仍然广泛使用。RIPv1 使用本地广播地址 255.255.255.255 发布路由信息，默认的路由更新周期为 30s，持有时间（Hold-Down Time）为 180s。也就是说，RIP 路由器每 30s 向所有邻居发送一次路由更新报文，如果在 180s 之内没有从某个邻居接收到路由更新报文，则认为该邻居已经不存在了。这时如果从其他邻居收到了有关同一目标的路由更新报文，则用新的路由信息替换已失效的路由表项，否则，对应的路由表项被删除。

RIP 以跳步计数（Hop Count）来度量路由费用，显然这不是最好的度量标准。例如，若有两条到达同一目标的连接，一条是经过两跳的 10M 以太网连接，另一条是经过一跳的 64k WAN 连接，则 RIP 会选取 WAN 连接作为最佳路由。在 RIP 协议中，15 跳是最大跳数，16 跳是不可到达网络，经过 16 跳的任何分组将被路由器丢弃。

RIPv1 是有类别的协议（Classful Protocol），这意味着配置 RIPv1 时必须使用 A、B 或 C 类 IP 地址和子网掩码，例如不能把子网掩码 255.255.255.0 用于 B 类网络 172.16.0.0。

对于同一目标，RIP 路由表项中最多可以有 6 条等费用的通路，虽然默认是 4 条。RIP 可以实现等费用通路的负载均衡（Equal-Cost Load Balancing），这种机制提供了链路冗余功能，以对付可能出现的连接失效，但是 RIP 不支持不等费用通路的负载均衡，这种功能出现在后来的 IGRP 和 EIGRP 中。

2）RIPv2

RIPv2 是增强了的 RIP 协议，定义在 RFC 1721 和 RFC 1722（1994）中。RIPv2 基本上还是一个距离矢量路由协议，但是有 3 个方面的改进。首先是它使用组播而不是广播来传播路由更新报文，并且采用了触发更新（Triggered Update）机制来加速路由收敛，即出现路由变化时立即向邻居发送路由更新报文，而不必等待更新周期是否到达。其次是 RIPv2 是一个无类别的协议（Classless Protocol），可以使用可变长子网掩码（VLSM），也支持无类别域间路由（CIDR），这些功能使得网络的设计更具伸缩性。第 3 个增强是 RIPv2 支持认证，使用经过散列的口令字来限制路由更新信息的传播。其他方面的特性与第一版相同，例如以跳步计数来度量路由费用，允许的最大跳步数为 15 等。

3）路由收敛和水平分割

距离矢量法算法要求相邻的路由器之间周期性地交换路由表，并通过逐步交换把路由信息扩散到网络中所有的路由器。这种逐步交换过程如果不加以限制，将会形成路由环路（Routing Loops），使得各个路由器无法就网络的可到达性取得一致。

例如在图 6-33 中，路由器 R1、R2、R3 的路由表已经收敛，每个路由表的后两项是通过交换路由信息学习到的。如果在某一时刻，网络 10.4.0.0 发生故障，R3 检测到故障，并通过接口 S0 把故障通知给 R2。然而，如果 R2 在收到 R3 的故障通知前将其路由表发送到 R3，则 R3 会认为通过 R2 可以访问 10.4.0.0，并据此将路由表中的第二条记录修改为（10.4.0.0，S0，2）。这样一来，路由器 R1、R2、R3 都认为通过其他的路由器存在一条通往 10.4.0.0 的路径，结果导致目标地址为 10.4.0.0 的数据包在 3 个路由器之间来回传递，从而形成路由环路。

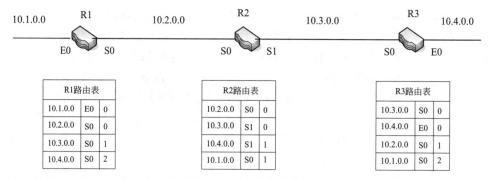

图 6-33　路由表的内容

解决路由环路问题可以采用水平分割法（Split Horizon）。这种方法规定，路由器必须有选择地将路由表中的信息发送给邻居，而不是发送整个路由表。具体地说，一条路由信息不会被发送给该信息的来源。这里对图 6-33 中 R2 的路由表项加上一些注释，如图 6-34 所示，可以看出，每一条路由信息都不会通过其来源接口向外发送，这样就可以避免环路的产生。

R2 路由表			
10.2.0.0	S0	0	不发送给R1
10.3.0.0	S1	0	不发送给R3
10.4.0.0	S1	1	不发送给R3
10.1.0.0	S0	1	不发送给R1

图 6-34　路由信息选择发送

简单的水平分割方案是："不能把从邻居学习到的路由发送给那个邻居"，带有反向毒化的水平分割方案（Split Horizon with Poisoned Reverse）是："把从邻居学习到的路由费用设置为无限大，并立即发送给那个邻居"。采用反向毒化的方案更安全一些，它可以立即中断环路。相反，简单水平分割方案则必须等待一个更新周期才能中断环路的形成。

另外，前面提到的触发更新技术也能加快路由收敛，如果触发更新足够及时——路由器 R3 在接收 R2 的更新报文之前把网络 10.4.0.0 的故障告诉 R2，则也可以防止环路的形成。

4）RIP 报文格式

RIPv2 报文封装在 UDP 数据报中发送，占用端口号 520，报文格式如图 6-35 所示。报文包含 4 个字节的报头，然后是若干个路由记录。RIP 报文最多可携带 25 个路由记录，每个路由记录 20 个字节，其中各个字段的解释如下。

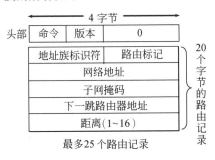

图 6-35　RIPv2 报文格式

- 命令：用于区分请求和响应报文。
- 版本：可以是 RIP 第一版或第二版，两种版本报文格式相同。
- 地址族标识符：对于 IP 协议，该字段为 2。
- 路由标记：用于区别内部或外部路由，用 16 位的 AS 编号来区分从其他自治系统学习到的路由。
- 网络地址：表示目标 IP 地址。
- 子网掩码：对于 RIPv2，该字段是对应网络地址的子网掩码；对于 RIPv1，该字段是 0，因为 RIPv1 默认使用 A、B、C 类地址掩码。
- 下一跳路由器地址：表示下一跳的地址。
- 距离：表示到达目标的跳步数。

2. OSPF 协议

OSPF（RFC 2328，1998）是一种链路状态协议，用于在自治内部的路由器之间交换路由信息。OSPF 具有支持大型网络、占用网络资源少、路由收敛快等优点，在目前的网络配置中占有很重要的地位。

距离矢量协议发布自己的路由表，交换的路由信息量很大。链路状态协议与之不同，它是从各个路由器收集链路状态信息，构造网络拓扑结构图，使用 Dijkstra 的最短通路优先算法（Shortest Path First，SPF）计算到达各个目标的最佳路由。

链路状态协议与距离矢量协议发布路由信息的方式也不同，距离矢量协议是周期性地发布路由信息，而链路状态协议是在网络拓扑发生变化时才发布路由信息，而且 OSPF 采用 TCP 连接发送报文，每个报文都要求应答，因而通信更加可靠。

为了适应大型网络配置的需要，OSPF 协议引入了"分层路由"的概念。如果网络规模很大，则路由器要学习的路由信息很多，对网络资源的消耗很大，所以典型的链路状态协议都把网络划分成较小的区域（Area），从而限制了路由信息传播的范围。每个区域就如同一个独立的网络，区域内的路由器只保存该区域的链路状态信息，使得路由器的链路状态数据库可以保持合理的大小，路由计算的时间和报文数量都不会太大。OSPF 主干网负责在各个区域之间传播路由信息。

图 6-36 所示为一个划分成 3 个区域的 OSPF 网络的例子，其中的路由器 4、5、6、10、11 和 12 组成主干网。如果区域 3 中的主机 H1 要向区域 2 中的主机 H2 发送数据，则先发送给 R13，由它转发给 R12，再转发给 R11，R11 沿主干网转发给 R10，然后通过区域 2 内的路由器 R9 和 R7 到达主机 H2。

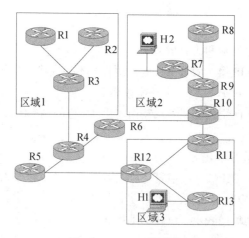

图 6-36　OSPF 的分区

主干网本身也是 OSPF 区域，称为区域 0（Area 0），主干网的拓扑结构对所有的跨区域的路由器都是可见的。

1）OSPF 区域

每个 OSPF 区域被指定了一个 32 位的区域标识符，可以用点分十进制表示，例如主干区域的标识符可表示为 0.0.0.0。OSPF 的区域分为以下 5 种，不同类型的区域对由自治系统外部传入的路由信息的处理方式不同。

- 标准区域：标准区域可以接收任何链路更新信息和路由汇总信息。
- 主干区域：主干区域是连接各个区域的传输网络，其他区域都通过主干区域交换路由信息。主干区域拥有标准区域的所有性质。
- 存根区域：不接收本地自治系统以外的路由信息，对自治系统以外的目标采用默认路由 0.0.0.0。
- 完全存根区域：不接收自治系统以外的路由信息，也不接收自治系统内其他区域的路由汇总信息，发送到本地区域外的报文使用默认路由 0.0.0.0。完全存根区域是 Cisco 定义的，是非标准的。
- 不完全存根区域（NSAA）：类似于存根区域，但是允许接收以类型 7 的链路状态公告发送的外部路由信息。

2）OSPF 网络类型

网络的物理连接和拓扑结构不同，交换路由信息的方式就不同。OSPF 将路由器连接的物理网络划分为 4 种类型。

- 点对点网络：例如一对路由器用 64kb 的串行线路连接，就属于点对点网络，在这种网络中，两个路由器可以直接交换路由信息。
- 广播多址网络：以太网或者其他具有共享介质的局域网都属于这种网络。在这种网络中，一条路由信息可以广播给所有的路由器。
- 非广播多址网络（Non-Broadcast Multi-Access，NBMA）：例如 X.25 分组交换网就属于这种网络，在这种网络中可以通过组播方式发布路由信息。
- 点到多点网络：可以把非广播网络当作多条点对点网络来使用，从而把一条路由信息发送到不同的目标。

如果两个路由器都通过各自的接口连接到一个共同的网络上，则它们是邻居（Neighboring）关系。路由器通过 OSPF 的 Hello 协议来发现邻居。路由器可以在其邻居中选择需要交换链路状态信息的路由器，与之建立毗邻关系（Adjacency）。另外，并不是每一对邻居都需要交换路由信息，因此不是每一对邻居都要建立毗邻关系。在一个广播网络或 NBMA 网络中要选一个指定路由器（Designated Router，DR），其他的路由器都与 DR 建立毗邻关系，把自己掌握的链路状态信息提交给 DR，由 DR 代表这个网络向外界发布。可以看出，DR 的存在减少了毗邻关系的数量，从而也减少了向外发布的路由信息量。

3）OSPF 路由器

在多区域网络中，OSPF 路由器可以按不同的功能划分为以下 4 种。

- 内部路由器：所有接口在同一区域内的路由器，只维护一个链路状态数据库。
- 主干路由器：具有连接主干区域接口的路由器。
- 区域边界路由器 ABR：连接多个区域的路由器，一般作为一个区域的出口。ABR 为每一个连接的区域建立一个链路状态数据库，负责将所连接区域的路由摘要信息发送到主干区域，而主干区域上的 ABR 则负责将这些信息发送给各个区域。
- 自治系统边界路由器（ASBR）：至少拥有一个连接外部自治系统接口的路由器，负责将外部非 OSPF 网络的路由信息传入 OSPF 网络。

4）链路状态公告

OSPF 路由器之间通过链路状态公告（Link State Advertisement，LSA）交换网络拓扑信息。LSA 中包含连接的接口、链路的度量值（Metric）等信息。LSA 有几种不同类型的报文，参见表 6-7。

表 6-7　LSA 类型

类型	名　称	发 送 者	传 播 范 围	描　述
1	路由器 LSA	任意 OSPF 路由器	区域内	路由器在区域内连接的链路状态
2	网络 LSA	DR	区域内	指定路由器 DR 在区域内连接的各个路由器
3	网络汇总 LSA	ABR	主干区域	ABR 连接的本地区域中的链路状态
4	ASBR 汇总 LSA	ABR	主干区域	自治系统边界路由器 ASBR 的可到达性
5	外部 LSA	ASBR	除存根区之外的其他区	自治系统之外的的路由信息
6	组播 LSA			用于建立组播分发树
7	NSSA LSA	连接到 NSSA 的 ASBR	不完全存根区 Not-So-Stub-Area	到达自治系统之外的目标的路由可以由 ABR 转换为类型 5 的 LSA

5）OSPF 报文

表 6-8 列出了 OSPF 的 5 种报文，这些报文通过 TCP 连接传送。OSPF 路由器启动后以固定的时间间隔泛洪传播 Hello 报文，采用目标地址 224.0.0.5 代表所有的 OSPF 路由器。在点对点网络上每 10 秒发送一次，在 NBMA 网络中每 30 秒发送一次。管理 Hello 报文交换的规则称为 Hello 协议。Hello 协议用于发现邻居，建立毗邻关系，还用于选出区域内的指定路由器 DR 和备份指定路由器 BDR。

表 6-8　OSPF 的 5 种报文类型

类型	报 文 类 型	功 能 描 述
1	Hello	用于发现相邻的路由器
2	数据库描述 DBD（DataBase Description）	表示发送者的链路状态数据库内容
3	链路状态请求 LSR（Link-State Request）	向对方请求链路状态信息
4	链路状态更新 LSU（Link-State Update）	向邻居路由器发送链路状态通告
5	链路状态应答 LSAck（Link-State Acknowledgement）	对链路状态更新报文的应答

在正常情况下，区域内的路由器与本区域的 DR 和 BDR 通过互相发送数据库描述报文（DBD）交换链路状态信息。路由器把收到的链路状态信息与自己的链路状态数据库进行比较，如果发现接收到了不在本地数据库中的链路信息，则向其邻居发送链路状态请求报文 LSR，要求传送有关该链路的完整更新信息。接收到 LSR 的路由器用链路状态更新 LSU 报文响应，其中包含了有关的链路状态通告 LSA。LSAck 用于对 LSU 进行确认。

OSPF 报文格式如图 6-37 所示，对报文头的各个字段解释如下。

（a）OSPF 报文头

（b）OSPF 报文

图 6-37　OSPF 报文格式

- 版本：OSPF 版本 1 已废弃，现在使用的是版本 2。
- 类型：如表 6-7 所示。
- 分组长度：整个 OSPF 报文的长度。
- 路由器 ID：利用路由器环路接口（Loopback）的 IP 地址作为路由器的标识，如果没有环路接口 IP 地址，则选择最大的接口 IP 地址作为路由器标识。
- 区域 ID：在多区域网络中，每一个区域指定一个区域 ID。

- **认证类型**：OSPF 支持不同的认证方法，对组播地址 224.0.0.5 发送的 Hello 分组要经过认证才能被接收。

6）OSPF 的优缺点

链路状态协议的优点如下：

（1）链路状态协议使用了分层的网络结构，减小了 LSA 的传播范围，同时也减小了网络拓扑变化时影响所有路由器的可能性。与之相反，距离矢量网络是扁平结构，网络某一部分出现的变化会影响到网络中的所有路由器。这种情况在链路状态网络中不会出现，例如在 OSPF 协议中，一个分区内部的拓扑变化不会影响其他分区。

（2）链路状态协议使用组播来共享路由信息，并且发布的是增量式的更新消息。一旦所有的链路状态路由器开始工作并了解了网络拓扑结构之后，只是在网络拓扑出现变化时才发出更新报文，这使得网络带宽的利用和资源消耗更有效。

（3）链路状态协议支持无类别的路由和路由汇总功能，可以使用 VLSM 和 CIDR 技术。路由汇总使得发布的路由信息更少。一条汇总路由失效，意味着其中的所有子网都失效了，如果只是其中的部分链路失效，则不会影响汇总路由的状态，也不会影响网络中的很多路由器。路由汇总还使得链路状态数据库减小，从而减少了运行 SPF 算法和更新路由表需要的 CPU 周期，也减少了路由器中的存储需求。

（4）使用 SPF 算法不会在路由表中出现环路，而这是距离矢量路由协议难以处理的问题。

链路状态协议也有一个明显的缺点，它比距离矢量协议对 CPU 和存储器的要求更高。链路状态协议需要维护更多的存储表，例如邻居表、路由表和链路状态数据库等。当网络中出现变化时，路由器要更新链路状态数据库，运行 SPF 算法，建立最小生成树，并重建路由表，这需要耗费很多 CPU 周期来完成诸如计算新的路由度量、与当前的路由表项进行比较等操作。如果在链路状态网络中出现了一条连续翻转（Flapping）的路由，特别是以 10～15s 的周期连续翻转时，这种情况将是灾难性的，会使许多路由器的 CPU 因不堪重负而崩溃。

6.7.4　核心网关协议

Internet 中有一个主干网，所有的自治系统都连接到主干网上。这样，Internet 的总体结构如图 6-38 所示，分为主干网和外围部分，后者包含所有的自治系统。

主干网中的网关叫核心网关。核心网关之间交换路由信息时使用核心网关协议（Gateway to Gateway Protocol，GGP）。这里要区分 EGP 和 GGP，EGP 用于两个不同自治系统之间的网关交换路由信息，而 GGP 是主干网中的网关协议。因为主干网中的核心网关是由 InterNOC 直接控制的，所以 GGP 更具有专用性。当一个核心网关加入主干网时用 GGP 协议向邻机广播发送路由信息，各邻机更新路由表，并进一步传播新的路由信息。

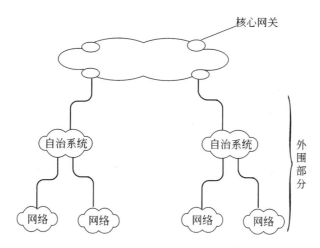

图 6-38　Internet 的总体结构

网关交换的路由信息与 EGP 协议类似，指明网关连接哪些网络，距离是多少，距离也是以中间网关个数计数。GGP 协议的报文格式与 EGP 类似。报文分为以下 4 类。

- 路由更新报文：发送路由信息。
- 应答报文：对路由更新报文的应答，分肯定、否定两种。
- 测试报文：测试相邻网关是否存在。
- 网络接口状态报文：测试本地网络连接的状态。

6.8　路由器技术

在因特网发展过程中还有许多问题需要解决。问题之一是随着网络互连规模的扩大和信息流量的增加，路由器逐渐成为网络通信的瓶颈。自从 20 世纪 80 年代以来，路由器以其高度的灵活性和安全性在局域网分隔和广域互连中得到了广泛应用，然而路由器是无连接的设备，它对每个数据报独立地进行路由选择，哪怕是同一对主机之间的通信，都要对各个数据报单独处理，这样的开销使得路由器的吞吐率相对于交换机大为降低。解决这个问题的方法已经提出了许多种，都可归纳为第三层交换技术，随后将介绍这些技术。

因特网面临的另外一个问题是 IP 地址短缺问题。解决这个问题有所谓长期的或短期的两种解决方案。长期的解决方案就是使用具有更大地址空间的 IPv6 协议，短期的解决方案有网络地址翻译（Network Address Translators，NAT）和无类别的域间路由技术（Classless Inter Domain Routing，CIDR）等，这些技术都是在现有的 IPv4 路由器中实现的。

6.8.1　NAT 技术

NAT 技术主要解决 IP 地址短缺问题，最初提出的建议是在子网内部使用局部地址，而在子网外部使用少量的全局地址，通过路由器进行内部和外部地址的转换。局部地址是在子网内部独立编址的，可以与外部地址重叠。这种想法的基础是假定在任何时候子网中只有少数计算机需要与外部通信，可以让这些计算机共享少量的全局 IP 地址。后来根据这种技术又开发出其他一些应用，下面讲述两种最主要的应用。

第一种应用是动态地址翻译（Dynamic Address Translation）。为此首先引入存根域的概念，所谓存根域（Stub Domain），就是内部网络的抽象，这样的网络只处理源和目标都在子网内部的通信。任何时候存根域内只有一部分主机要与外界通信，甚至还有许多主机可能从不与外界通信，所以整个存根域只需共享少量的全局 IP 地址。存根域有一个边界路由器，由它来处理域内主机与外部网络的通信。在此做以下假定。

- m：需要翻译的内部地址数。
- n：可用的全局地址数（NAT 地址）。

当 $m:n$ 翻译满足条件（$m \geq 1$ and $m \geq n$）时，可以把一个大的地址空间映像到一个小的地址空间。所有 NAT 地址放在一个缓冲区中，并在存根域的边界路由器中建立一个局部地址和全局地址的动态映像表，如图 6-39 所示。

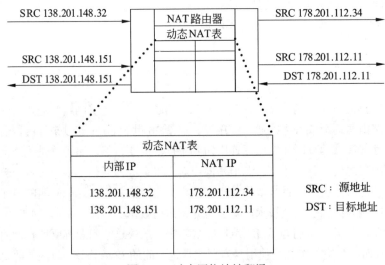

图 6-39　动态网络地址翻译

这个图显示的是把所有 B 类网络 138.201.0.0 中的 IP 地址翻译成 C 类网络 178.201.112.0 中的 IP 地址。这种 NAT 地址重用有以下特点：

（1）只要缓冲区中存在尚未使用的 C 类地址，任何从内向外的连接请求都可以得到响应，并且在边界路由器的动态 NAT 表为之建立一个映像表项。

（2）如果内部主机的映像存在，可以利用它建立连接。

（3）从外部访问内部主机是有条件的，即动态 NAT 表中必须存在该主机的映像。

动态地址翻译的好处是节约了全局 IP 地址，而且不需要改变子网内部的任何配置，只需在边界路由器中设置一个动态地址变换表就可以工作了。

另外一种特殊的 NAT 应用是 m:1 翻译，这种技术也叫作伪装（Masquerading），因为用一个路由器的 IP 地址可以把子网中所有主机的 IP 地址都隐藏起来。如果子网中有多个主机同时都要通信，那么还要对端口号进行翻译，所以这种技术经常被称为网络地址和端口翻译（Network Address Port Translation，NAPT）。在很多 NAPT 实现中专门保留一部分端口号给伪装使用，叫作伪装端口号。图 6-40 中的 NAT 路由器中有一个伪装表，通过这个表对端口号进行翻译，从而隐藏了内部网络 138.201.0.0 中的所有主机。

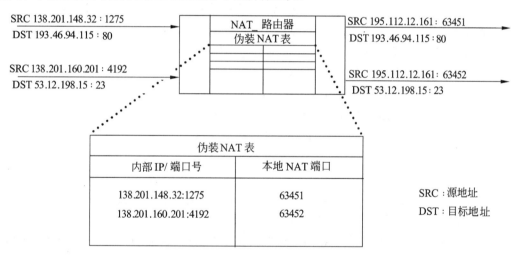

图 6-40　地址伪装

可以看出，这种方法有以下特点：

（1）出口分组的源地址被路由器的外部 IP 地址所代替，出口分组的源端口号被一个未使用的伪装端口号所代替。

（2）如果进来的分组的目标地址是本地路由器的 IP 地址，而目标端口号是路由器的伪装端口号，则 NAT 路由器就检查该分组是否为当前的一个伪装会话，并试图通过伪装表对 IP 地址和端口号进行翻译。

伪装技术可以作为一种安全手段使用，借以限制外部网络对内部主机的访问。另外，还可以用这种技术实现虚拟主机和虚拟路由，以便达到负载均衡和提高可靠性的目的。

6.8.2　CIDR 技术

CIDR 技术可以解决路由缩放问题。所谓路由缩放问题，有两层含义：其一是对于大多数中等规模的组织没有适合的地址空间，这样的组织一般拥有几千台主机，C 类网络太小，只有254 个地址，B 类网络太大，有 65 000 多个地址，A 类网络就更不用说了，况且 A 类和 B 类地址快要分配完了；其二是路由表增长太快，如果所有的 C 类网络号都在路由表中占一行，这样的路由表太大了，其查找速度将无法达到令人满意的程度。CIDR 技术就是解决这两个问题的，它可以把若干个 C 类网络分配给一个用户，并且在路由表中只占一行，这是一种将大块的地址空间合并为少量路由信息的策略。

为了说明 CIDR 的原理，假定网络服务提供商 RA 有一个由 2048 个 C 类网络组成的地址块，网络号为 192.24.0.0～192.31.255.0，这种地址块叫作超网（supernet）。对于这个地址块的路由信息，可以用网络号 192.24.0.0 和地址掩码 255.248.0.0 来表示，简写为192.24.0.0/13。

再假定 RA 连接以下 6 个用户。

- 用户 C1：最多需要 2048 个地址，即 8 个 C 类网络。
- 用户 C2：最多需要 4096 个地址，即 16 个 C 类网络。
- 用户 C3：最多需要 1024 个地址，即 4 个 C 类网络。
- 用户 C4：最多需要 1024 个地址，即 4 个 C 类网络。
- 用户 C5：最多需要 512 个地址，即两个 C 类网络。
- 用户 C6：最多需要 512 个地址，即两个 C 类网络。

假定 RA 对 6 个用户的地址分配如下。

- C1：分配 192.24.0～192.24.7。这个网络块可以用超网路由 192.24.0.0 和掩码 255.255.248.0 表示，简写为 192.24.0.0/21。
- C2：分配 192.24.16～192.24.31。这个网络块可以用超网路由 192.24.16.0 和掩码 255.255.240.0 表示，简写为 192.24.16.0/20。
- C3：分配 192.24.8～192.24.11。这个网络块可以用超网路由 192.24.8.0 和掩码 255.255.252.0 表示，简写为 192.24.8.0/22。
- C4：分配 192.24.12～192.24.15。这个网络块可以用超网路由 192.24.12.0 和掩码 255.255.252.0 表示，简写为 192.24.12.0/22。
- C5：分配 192.24.32～192.24.33。这个网络块可以用超网路由 192.24.32.0 和掩码 255.255.254.0 表示，简写为 192.24.32.0/23。
- C6：分配 192.24.34～192.24.35。这个网络块可以用超网路由 192.24.34.0 和掩码 255.255.254.0 表示，简写为 192.24.34.0/23。

还假定 C4 和 C5 是多宿主网络（multi-homed network），除了 RA 之外还与网络服务供应商 RB 连接。RB 也拥有 2 048 个 C 类网络号，为 192.32.0.0～192.39.255.0，这个超网可以用网络号 192.32.0.0 和地址掩码 255.248.0.0 来表示，简写为 192.32.0.0/13。另外还有一个 C7 用户，原来连接 RB，现在连接 RA，所以 C7 的 C 类网络号是由 RB 赋予的。

- C7：分配 192.32.0～192.32.15。这个网络块可以用超网路由 192.32.0 和掩码 255.255.240.0 表示，简写为 192.32.0.0/20。

对于多宿主网络，假定 C4 的主路由是 RA，次路由是 RB；C5 的主路由是 RB，次路由是 RA。另外，假定 RA 和 RB 通过主干网 BB 连接在一起。这个连接如图 6-41 所示。

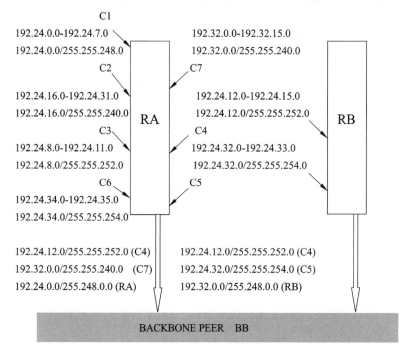

图 6-41　CIDR 的例子

路由发布遵循"最大匹配"的原则，要包含所有可以到达的主机地址。据此，RA 向 BB 发布的路由信息包括它拥有的网络地址块 192.24.0.0/13 和 C7 的地址块 192.24.12.0/22。由于 C4 是多宿主网络并且主路由通过 RA，所以 C4 的路由要专门发布。C5 也是多宿主网络，但是主路由是 RB，所以 RA 不发布它的路由信息。总之，RA 向 BB 发布的路由信息是：

　　　　192.24.12.0/255.255.252.0 primary　　　（C4 的地址块）

　　　　192.32.0.0/255.255.240.0 primary　　　（C7 的地址块）

192.24.0.0/255.248.0.0 primary　　　　　　（RA 的地址块）

RB 发布的信息包括 C4 和 C5，以及它自己的地址块，RB 向 BB 发布的路由信息是：

192.24.12.0/255.255.252.0 secondary　　（C4 的地址块）

192.24.32.0/255.255.254.0 primary　　　（C5 的地址块）

192.32.0.0/255.248.0.0 primary　　　　　（RB 的地址块）

6.8.3　第三层交换技术

所谓第三层交换，是指利用第二层交换的高带宽和低延迟优势尽快地传送网络层分组的技术。交换与路由不同，前者用硬件实现，速度快，而后者由软件实现，速度慢。三层交换机的工作原理可以概括为：一次路由，多次交换。也就是说，当三层交换机第一次收到一个数据包时必须通过路由功能寻找转发端口，同时记住目标 MAC 地址和源 MAC 地址，以及其他有关信息，当再次收到目标地址和源地址相同的帧时就直接进行交换，不再调用路由功能。所以，三层交换机不但具有路由功能，而且比通常的路由器转发得更快。

IETF 开发的多协议标记交换（Multiprotocol Label Switching，MPLS，RFC3031）把第 2层的链路状态信息（带宽、延迟、利用率等）集成到第 3 层的协议数据单元中，从而简化和改进了第 3 层分组的交换过程。理论上，MPLS 支持任何第 2 层和第 3 层协议。MPLS 包头的位置界于第 2 层和第 3 层之间，可称为第 2.5 层，标准格式如图 6-42 所示。MPLS 可以承载的报文通常是 IP 包，当然也可以直接承载以太帧、AAL5 包，甚至 ATM 信元等。承载 MPLS 的第2 层协议可以是 PPP、以太帧、ATM 和帧中继等，如图 6-43 所示。

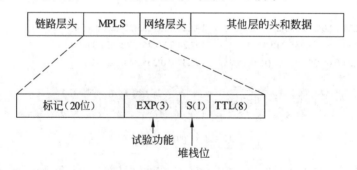

图 6-42　MPLS 标记的标准格式

当分组进入 MPLS 网络时，标记边缘路由器（Label Edge Router，LER）就为其加上一个标记，这种标记不仅包含了路由表项中的信息（目标地址、带宽和延迟等），而且还引用了 IP头中的源地址字段、传输层端口号和服务质量等。这种分类一旦建立，分组就被指定到对应的标记交换通路（Label Switch Path，LSP）中，标记交换路由器（Label Switch Router，LSR）将根据标记来处置分组，不再经过第 3 层转发，从而加快了网络的传输速度。

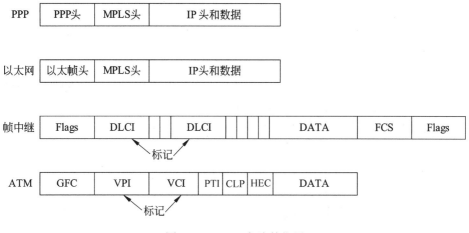

图 6-43　MPLS 包头的位置

MPLS 可以把多个通信流汇聚成为一个转发等价类（Forward Equivalent Class，FEC）。LER 根据目标地址和端口号把分组指派到一个等价类中，在 LSR 中只需根据等价类标记查找标记信息库（Label Information Base，LIB），确定下一跳的转发地址，这样使得协议更具伸缩性。

MPLS 标记具有局部性，一个标记只是在一定的传输域中有效。在图 6-44 中，有 A、B、C 三个传输域和两层路由。在 A 域和 C 域内，IP 包的标记栈只有一层标记 L1；而在 B 域内，IP 包的标记栈中有两层标记 L1 和 L2。LSR4 收到来自 LSR3 的数据包后，将 L1 层的标记换成目标 LSR7 的路由值，同时在标记栈增加一层标记 L2，称为入栈。在 B 域内，只需根据标记栈的最上层 L2 标记进行交换即可。LSR7 收到来自 LSR6 的数据包后，应首先将数据包最上层的 L2 标记弹出，其下层 L1 标记变成最上层标记，称为出栈，然后在 C 域中进行路由处理。

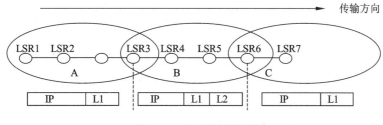

图 6-44　多层标记的例子

MPLS 转发处理简单，提供显式路由，能进行业务规划，提供 QoS 保障，提供多种分类粒度，用一种转发方式实现各种业务的转发。与 IP over ATM 技术相比，MPLS 具有可扩展性强、兼容性好、易于管理等优点。但是，如何寻找最短路径，如何管理每条 LSP 的 QoS 特性等技术问题还在讨论之中。

6.9 IP 组播技术

通常，一个 IP 地址代表一个主机，但 D 类 IP 地址指向网络中的一组主机。由一个源向一组主机发送信息的传输方式称为组播（Multicast）。现在，越来越多的多媒体网站利用 IP 组播技术提供公共服务，例如 IPTV、网络会议、远程教育、商业股票交易，以及在工作组成员之间实时交换文件、图片或消息等。

6.9.1 组播模型概述

局域网中有一类 MAC 地址是组播地址，局域网又是广播式通信网络，在局域网中实现组播是轻而易举的事情。但是在互联网中实现组播却不是那么简单，这主要是基于下面的理由：

（1）不能用广播的方式向所有组成员发送分组，因为广播数据包只能在同一子网内传输，路由器会封锁本地子网的边界，禁止跨子网的广播通信。

（2）即使采用广播方式在同一子网中发送组播数据包，也会产生冗余的流量，浪费网络带宽，影响非组播成员之间的通信。

（3）如果采用单播方式向所有组播成员逐个发送分组，也会产生多余的分组，特别是在接近源站的链路上要多次传送仅仅是目标地址不同的多个分组。

组播技术克服了上述方法的缺点。每一个组播组被指定了一个 D 类地址作为组标识符。组播源利用组地址作为目标地址来发送分组，组播成员向网络发出通知，声明它期望加入的组的地址。例如，如果某个内容与组地址 239.1.1.1 有关，则组播源发送的数据报的目标地址就是 239.1.1.1，而期望接收这个内容的主机请求加入这个组。IGMP（Internet Group Management Protocol）协议用于支持接收者加入或离开组播组。一旦有接收者加入了一个组，就要为这个组在网络中构建一个组播分布树。用于生成和维护组播树的协议有许多种，例如独立组播协议 PIM（Protocol Independent Multicast）等。

在 IP 组播模式下，组播源无须知道所有的组成员，组播树的构建是由接收者驱动的，是由最接近接收者的网络节点完成的，这样建立的组播树可以扩展到很大的范围。有人形容 IP 组播模型是：你在一端注入分组，网络正好可以把分组提交给任何需要的接收者。

组播成员可以来自不同的物理网络。组播技术的有效性在于，在把一个组播分组提交给所有组播成员时，只有与该组有关的中间节点可以复制分组，在通往各个组成员的网络链路上只传送分组一个副本。所以利用组播技术可以提高网络传输的效率，减少主干网拥塞的可能性。实现 IP 组播的前提是组播源和组成员之间的下层网络必须支持组播，包括下面的支持功能：

- 主机的 TCP/IP 实现支持 IP 组播。
- 主机的网络接口支持组播。
- 需要一个组管理协议，使得主机能够自由地加入或离开组播组。
- IP 地址分配策略能够将第三层组播地址映射到第二层 MAC 地址。
- 主机中的应用软件应支持 IP 组播功能。
- 所有介于组播源和组成员之间的中间节点都支持组播路由协议。

IP 组播技术已经得到了软/硬件厂商的广泛支持，现在生产的以太网卡、路由器、常用的网络操作系统等都支持 IP 组播功能。对于网络中不支持 IP 组播的老式路由器可以采用 IP 隧道技术作为过渡的方案。

6.9.2　组播地址

1．IP 组播地址的分类

IPv4 的 D 类地址是组播地址，用作一个组的标识符，其地址范围是 224.0.0.0～239.255.255.255。按照约定，D 类地址被划分为 3 类。

- 224.0.0.0～224.0.0.255：保留地址，用于路由协议或其他下层拓扑发现协议以及维护管理协议等，例如 224.0.0.1 代表本地子网中的所有主机，224.0.0.2 代表本地子网中的所有路由器，224.0.0.5 代表所有 OSPF 路由器，224.0.0.9 代表所有 RIP 2 路由器，224.0.0.12 代表 DHCP 服务器或中继代理，224.0.0.13 代表所有支持 PIM 的路由器等。
- 224.0.1.0～238.255.255.255：用于全球范围的组播地址分配，可以把这个范围的 D 类地址动态地分配给一个组播组，当一个组播会话停止时，其地址被收回，以后还可以分配给新出现的组播组。
- 239.0.0.0～239.255.255.255：在管理权限范围内使用的组播地址，限制了组播的范围，可以在本地子网中作为组播地址使用。

2．以太网组播地址

通常有两种组播地址，一种是 IP 组播地址，另一种是以太网组播地址。IP 组播地址在互联网中标识一个组，把 IP 组播数据报封装到以太帧中时要把 IP 组播地址映像到以太网的 MAC 地址，其映像方式是把 IP 地址的低 23 位复制到 MAC 地址的低 23 位，如图 6-45 所示。

为了避免使用 ARP 协议进行地址分解，IANA 保留了一个以太网地址块 0x0100.5E00.0000 用于映像 IP 组播地址，其中第 1 个字节的最低位是 I/G（Individual/Group），应设置为"1"，以表示以太网组播，所以 MAC 组播地址的范围是 0x010 0.5E00.0000～0x0100.5E7F.FFFF。

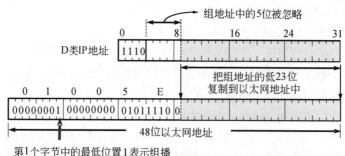

图 6-45   组播地址与 MAC 地址的映像

按照这种地址映像方式，IP 地址的 5 位被忽略，因而造成了 32 个不同的组播地址对应于同一个 MAC 地址，产生地址重叠现象。例如，考虑表 6-9 所示的两个 D 类地址，由于最后的 23 位是相同的，所以会被映像为同一个 MAC 地址 0x0100.5E1A.0A05。

表 6-9   组播地址重叠的例

十进制表示	二进制表示	十六进制表示
224. 26.10.5	11100000.00011010.00001010.00000101	0x E0.1A.0A.05
236.154.10.5	11101100.10011010.00001010.00000101	0x EC.9A.0A.05

虽然从数学上说，可能有 32 个 IP 组播地址会产生重叠，但是在现实中却是很少发生的。即使不幸出现了地址重叠情况，其影响就是有的站收到了不期望接收的组播分组，这比所有站都收到了组播分组的情况要好得多。在设计组播系统时要尽量避免多个 IP 组播地址对应同一个 MAC 地址的情况出现，同时，用户在收到组播以太帧时，要通过软件检查 IP 源地址字段，以确定是否为期望接收的组播源的地址。

6.9.3   因特网组管理协议

IGMP（Internet Group Management Protocol）是在 IPv4 环境中提供组管理的协议，参加组播的主机和路由器利用 IGMP 交换组播成员资格信息，以支持主机加入或离开组播组。在 IPv6 环境中，组管理协议已经合并到 ICMPv6 协议中，不再需要单独的组管理协议。

1. IGMP 报文

RFC 3376 定义了 IGMPv3 成员资格询问和报告报文，也定义了组记录的格式，如图 6-46 所示。IGMP 报文封装在 IP 数据报中传输。

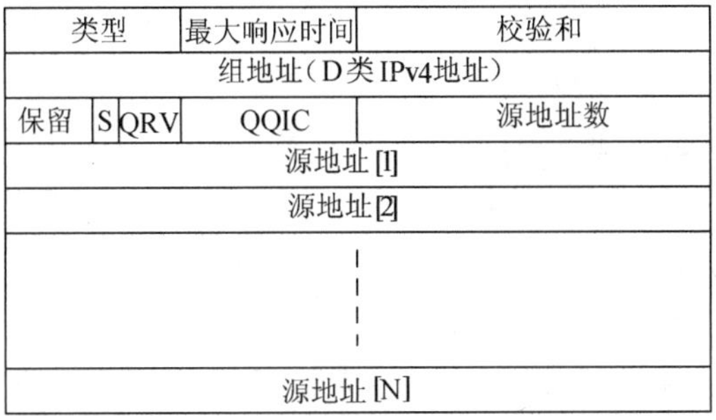

类型	最大响应时间	校验和
组地址（D 类 IPv4 地址）		
保留　S　QRV	QQIC	源地址数
源地址 [1]		
源地址 [2]		
⋮		
源地址 [N]		

（a）成员资格询问报文

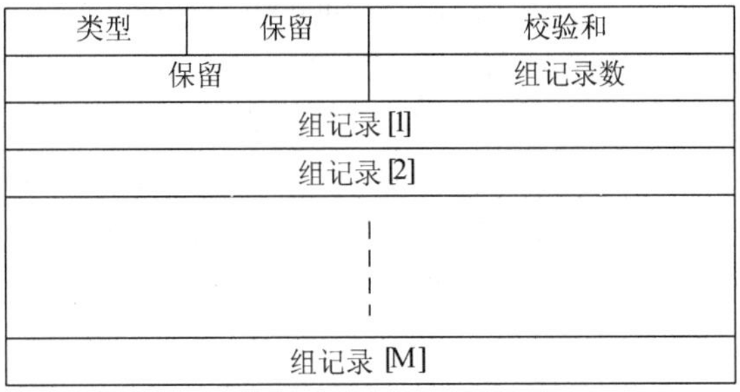

类型	保留	校验和
保留		组记录数
组记录 [1]		
组记录 [2]		
⋮		
组记录 [M]		

（b）成员资格报告报文

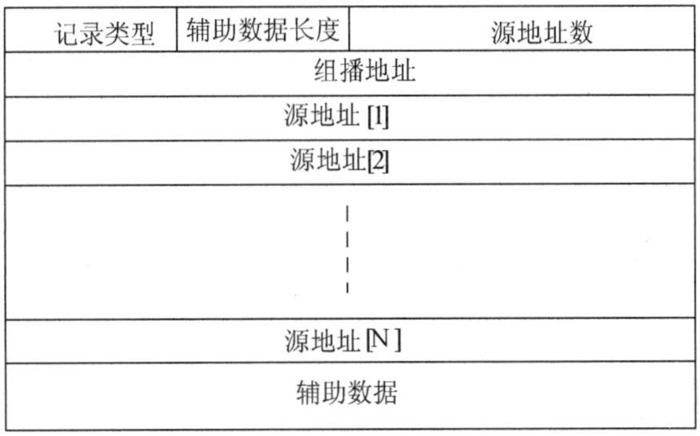

记录类型	辅助数据长度	源地址数
组播地址		
源地址 [1]		
源地址 [2]		
⋮		
源地址 [N]		
辅助数据		

（c）组记录

图 6-46　IGMPv3 报文

成员资格询问报文由组播路由器发出，分为 3 种子类型。

- 通用询问：路由器用于了解在它连接的网络上有哪些组的成员。
- 组专用询问：路由器用于了解在它连接的网络上一个具体的组是否有成员。
- 组和源专用询问：路由器用于了解它所连接的主机是否愿意加入一个特定的组。

对成员资格询问报文中的字段解释如下。

- 类型：说明报文的类型。
  - ➤ 0x11：成员资格询问。
  - ➤ 0x12：第一版的成员资格报告。
  - ➤ 0x16：第二版的成员资格报告。
  - ➤ 0x17：组离开报告。
  - ➤ 0x22：第三版的成员资格报告。
- 最大响应时间：说明对询问报文的响应时间的最大值，单位是 1/10s。
- 组地址：对于通用询问，这个字段为 0，对于另外两种询问，这个字段是一个组地址。
- S 标志：置 1 时表示"抑制路由器"（Suppress Router），即禁止接收询问的组播路由器在监听询问期间进行正常的定时器更新。
- QRV（Querier's Robustness Variable）：健壮性变量 RV 表示一个主机应该重发多少次报告报文，才能保证不被它所连接的任何组播路由器忽略。如果这个字段非 0，则包含了询问报文发送者使用的 RV 值。路由器通常把最近接收到的询问报文中的 RV 值作为自己的 RV 值，除非最近接收到的 RV 值是 0，在后一种情况下，接收者使用默认的 RV 值或者静态配置的 RV 值。
- QQIC（Querier's Querier Interval Code）：询问间隔 QI 表示发送组播询问的定时间隔。不是当前询问报文发送者的组播路由器要采用最近接收到的询问报文中的 QI 值作为自己的 QI 值，除非最近接收到的 QI 值是 0，在后一种情况下，接收者使用默认的 QI 值。
- 源地址数：说明有多少个源地址出现在该报文中，仅用于源和组专用的询问，在其他询问报文中这个字段为 0。
- 源地址：如果源地址数字段为 N，则有 N 个 32 位的 IP 单播地址，这些组播源指向同一个组播组。

对成员资格报告报文中的字段解释如下。

- 类型：如上面的解释。
- 组记录数：说明有多少个组记录出现在该报告报文中。
- 组记录：说明属于一个组的成员的信息。

对组记录的格式解释如下。

- 记录类型：组记录分为以下几种类型。
  - ➤ 当前状态记录（Current-State Record）：由主机发送，以响应当前接收到的询问报文，说明接口当前的接收状态，可能有 MODE_IS_INCLUDE（表示接受）和 MODE_IS_EXCLUDE（表示排除）两种状态。

> ➤ 过滤模式改变记录（Filter-Mode-Change Record）：表示过滤模式由 INCLUDE 改
> 变到 EXCLUDE，或者由 EXCLUDE 改变到 INCLUDE。
> ➤ 源列表改变记录（Source-List-Change Record）：表示增加新的源列表（ALLOW_
> NEW_SOURCES）或排除老的源列表（BLOCK_OLD_SOURCES）。

- 辅助数据长度：用 32 位的字的个数来表示辅助数据的长度。
- 源地址数：源地址的个数。
- 组播地址：该报告所属的组播组的地址。
- 源地址：如果源地址数是 N，则有 N 个 32 位的 IP 单播地址。
- 辅助数据：属于当前记录的附加数据，目前还没有定义辅助数据的值。

2．IGMP 操作

参加组播的主机要使本地 LAN 中的所有主机和路由器都知道它是某个组的成员。在 IGMPv3 中引入了主机过滤能力，主机可以利用这种方式通知网络，它期望接收某些特殊的源发送的分组（INCLUDE 模式），或者它期望接收除某些特殊的源之外的所有其他源发出的分组（EXCLUDE 模式）。为了加入一个组，主机要发送成员资格报告报文，其中的组播地址字段包含了它要加入的组地址，封装这个 IGMP 报文的 IP 数据报的目标地址字段也使用同样的组地址。于是，这个组的所有成员主机都会接收到这个分组，从而都知道了新加入的组成员。本地 LAN 中的路由器必须监听所有的 IP 组播地址，以便接收所有组成员的报告报文。

为了维护一个当前活动的组播地址列表，组播路由器要周期性地发送 IGMP 通用询问报文，封装在以 224.0.0.1（所有主机）为目标地址的 IP 数据报中。仍然希望保持一个或多个组成员身份的主机必须读取这种数据报，并且对其保持成员身份的组回答一个报告报文。

在以上描述的过程中，组播路由器无须知道组播组中的每一个主机的地址，对于一个组播组，它只需要知道至少有一个组播成员处于活动状态就可以了，因而，接收到询问报文的每个组成员可以设置一个具有随机时延的计时器，任何主机在了解到本组中已经有其他主机声明了成员身份后将不再做出响应。如果没有看到其他主机的报告，并且计时器已经超时，则这个主机要发出一个报告报文。利用这种机制，每个组只有一个成员对组播路由器的询问返回报告报文。

当主机要离开一个组时，它向所有路由器（224.0.0.2）发送一个组离开报告，其中的记录类型为 EXCLUDE，源地址列表为空，其含义是该组所有的组播源都被排除。图 6-47 表示主机要离开组 239.1.1.1。当一个路由器收到这样的报告时，它要确定该组是否还有其他成员存在，这时可以利用组和源专用的询问报文。

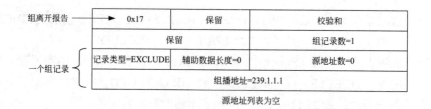

图 6-47　组离开报告距离

一个支持组播的主机可能不是任何组的成员，也可能已经加入了某个组，成为该组的成员。当主机加入了一个组后，它可能处于活动状态，或处于闲置状态，这两个状态之间的区别为是否运行该组的报告延迟计时器。主机的状态转换如图 6-48 所示。

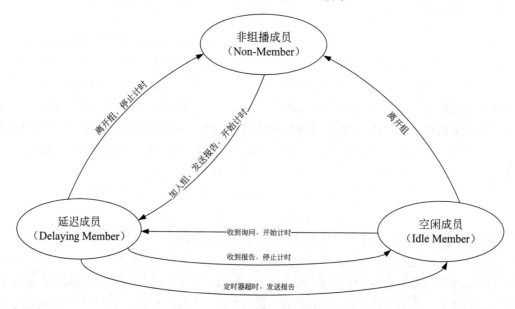

图 6-48　组播主机的状态转换图

6.9.4　组播路由协议

建立组播树是实现组播传输的关键技术，图 6-49（a）所示为一个网络的实际配置，图 6-49（b）所示为利用组播路由协议生成的组播树，这是以组播源为树根的最小生成树（Spanning Tree），沿着这个树从根到叶的方向可以把组播分组传输到所有的组成员用户，且分组在每段链路上只出现一次。

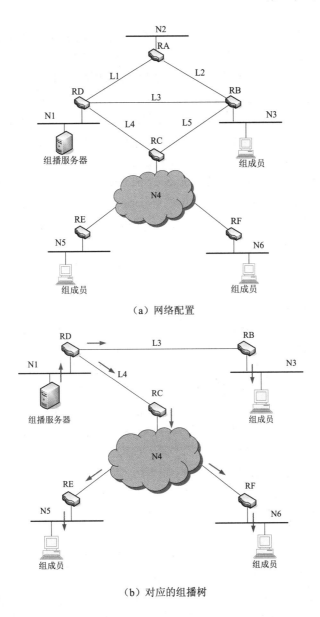

（a）网络配置

（b）对应的组播树

图 6-49 组播树举例

1. 组播树

建立组播树要使用组播路由协议。下面讲述的路由协议属于组播内部网关协议（MIGP），已经提出了多种 MIGP 的建议，包括 DVMRP、MOSPF、CBT、PIM-DM 和 PIM-SM 等。目前，组播外部网关协议（MEGP）还在研发之中，尚没有具体的应用。

组播地址标识一个会话，而不是一个具体的主机。组播路由器应该互相交换有关组播会话的信息，使得各个路由器了解组播成员的分布情况。对于一个具体的组播会话，即使路由器没有任何成员，它也可能需要知道哪些路由器连接着该会话的成员。如果路由器加入了组播树，那么它就应该知道，在它的哪个端口上存在哪个组的成员，并为之生成相应的组播分支。当一个组成员加入或离开组播会话时，要对组播分支进行嫁接或修剪。

组播树分为两种。所谓的源专用树（Source-Specific Tree）是以每一个组播源为根建立最小生成树，PIM 协议把这种树叫作最短通路树（Shortest Path Tree，SPT）。在组播树中使用了一种称为反向通路转发（Reverse Path Forwarding，RPF）的技术来防止组播分组在网络中循环转发。按照 RPF 规则，在接收到由源 S 向组 G 发送的组播报文后，路由器必须（利用单播路由表）对分组到达的链路进行判断，如果分组到达的链路是通向组播源的最短通路（称为 RPF 通路），则这个分组被转发到属于分布树的其他端口；如果分组到达的链路不是通向源的最短通路，则这样的分组被抛弃。

另外一种组播树是共享分布树。该方案利用了由（一个或多个）路由器组成的分布中心来生成一棵组播树，由这棵树负责所有组播组的通信。PIM 协议称这种树为约会点树（Rendezvous Point Tree，RPT），意为无论哪个组播源发送的数据，都先要约会到这一点，然后再沿着共享分布树流向各个接收者，需要接收组播通信流的主机都必须加入共享分布树。

组播通信的固有特性就是贪婪地消耗带宽，所以需要限制组播树的扩展范围。可以利用 IP 数据报头中的 TTL 字段来限制组播树生长的高度，路由器只转发其 TTL 字段大于端口配置的 TTL 门限的组播数据报。另外一种限制组播会话扩展范围的方法是使用特殊的组播地址，例如 RFC 2365 建议，地址块 239.255.0.0/16 用于本地网络，地址块 239.192.0.0/14 用于组织管理的范围等。

2. 密集模式路由协议

密集模式路由协议（Dense Mode Routing Protocols）假定组播成员密集地分布在整个网络中，而且网络有足够的带宽，允许周期性地通过泛洪传播来建立和维护分布树。典型的密集环境是局域网，这种网络中有大量的组播客户机，需要经常地接收组播信息。密集模式路由协议向局域网中到处发布分组，除非被告知不能再向前转发，然后修剪掉不存在组成员的部分。密集模式路由协议包括距离矢量组播路由协议（Distance Vector Multicast Routing Protocol，DVMRP）、组播开放最短路径优先协议（Multicast Open Shortest Path First，MOSPF），以及密集模式的独立组播协议（Protocol Independent Multicast-Dense Mode，PIM-DM）等。

PIM 引入了协议无关的概念，它可以使用任何单播路由协议（OSPF、IS-IS、BGP）建立的路由表来实现反向通路转发（RPF）检查，这是它与其他组播路由协议的主要区别。

RFC 3973 建议，为了保证 PIM-DM 协议正常工作，每一个 PIM-DM 路由器都要维护一个树信息库（Tree Information Base，TIB），其中保存着各个组播树的工作状态，利用这些状态可以建立一个组播转发表，以实现组播数据报的正确转发。

组播转发表以地址对（S，G）作为索引，其中，S 表示组播源的单播地址，G 表示组播会话的 D 类地址。每一个表项还包含与（S，G）相关的定时器以及路由和状态信息。一旦定时器超时，其他信息也会被丢弃。

为了说明 PIM-DM 协议的工作过程，在此用图 6-50 所示的数据结构表示组播转发表中的有关信息。对于一个组播组（S，G），路由器从输入端口（Incoming Interface）接收流量，向通向目标的输出端口转发流量，各个输出端口组成一个输出端口表（Outgoing Interface List，OIL）。当组播会话开始和结束时，组播树会动态地改变，组播转发表项也要随之改变。

（源地址S, 组地址G）	Incoming Interface	Outgoing Interface List
（192.168.1.1, 239.1.1.1）	P1/0/0	P1/0/1, P1/0/3
（192.168.1.2, 239.1.1.2）	P2/1/0	P2/1/1, P2/1/4, P2/1/5

图 6-50　组播转发表

当路由器收到由源 S 向组播组 G 发送的组播分组后，首先查找组播转发表：

- 如果存在对应的（S，G）表项，且分组到达的端口与 Incoming Interface 一致，则向 OIL 中的所有端口转发分组。

- 如果存在对应的（S，G）表项，但分组到达的端口与 Incoming Interface 不一致，则对此分组进行 RPF 检查。如果检查通过，则将 Incoming Interface 修改为分组到达的端口，然后向 OIL 中的所有端口转发分组。

- 如果不存在对应的（S，G）表项，则对分组进行 RPF 检查。如果检查通过，则向除分组到达端口之外的所有其他端口进行转发，并创建相应的（S，G）表项；否则丢弃分组。

构建最短通路树的过程是反复泛洪－修剪的过程。当组播源 S 开始向组播组 G 发送数据时，组播分组被泛洪到网络中的所有区域。这时，当一个路由器接收到组播数据报后，首先通过单播路由表进行 RPF 检查：

- 如果 RPF 检查通过，则创建一个（S，G）表项，然后将数据向所有下游的 PIM-DM 路由器转发，这个过程称为泛洪（Flooding）；如果 RPF 检查未通过，则将报文丢弃。这一过程继续下去，所有的 PIM-DM 路由器的各个端口上都会创建（S，G）表项。

- 如果下游节点没有组播成员，则向上游节点发送修剪消息（Prune）。上游节点收到修剪消息后，相应端口的表项（S，G）就转入"剪断"状态。修剪过程持续到 PIM-DM 中仅剩下必要的分支，这样就建立了一棵以组播源 S 为根的最短通路树 SPT。

- 当一个组播分支处于"剪断"状态时，它不再向下游节点转发组播分组，但这种状态是有一定生命周期的，生命周期超时后，数据又沿着被剪掉的分支向下转发。这种机制使得在路由器端口中反复建立和删除（S，G）表项。

- 当新的组播用户出现在一个被剪断的区域时，该用户通过 IGMP 报文申请加入组播组 G，与新成员最接近的路由器向上游节点发送嫁接消息（Graft），这个消息逐跳向组播源 S 方向传递，沿途的中间节点给出的响应就是恢复先前被剪断的分支到"转发"状态。

首先是广播数据报，然后剪掉不需要的分支，这一过程被称为泛洪－修剪循环，这是所有密集模式协议中使用的关键技术。

3．稀疏模式路由协议

稀疏模式路由协议（Sparse Mode Routing Protocols）适用于带宽小、组播成员分布稀疏的互联网络。在这种网络中，泛洪传输会引起网络阻塞，所以要使用其他技术来建立组播树。CBT（Core-Based Trees）协议建立了一棵为所有组播会话服务的组播树，而稀疏模式的独立组播协议 PIM-SM（Protocol Independent Multicast Sparse Mode）既可以为每个组播组建立一个以约会点为树根的共享树，也可以为每个组播源建立一棵最短通路树。

PIM-SM（RFC 4601）支持由接收者申请组成员关系的传统的 IP 组播模型，其工作机制的要点简单介绍如下。

（1）邻居发现：各路由器之间互相发送 Hello 消息以实现邻居发现，这一点与 PIM-DM 相同。

（2）选举 DR：通过 Hello 消息可以为共享网络（例如 Ethernet）选出一个指定路由器（Designated Router，DR）。无论是组播源 S 所在的网络，还是与接收者连接的网络，只要网络为共享介质，则需要选举 DR。分布式选举算法按照 Hello 消息携带的优先级最高或 IP 地址最大来确定 DR。

DR 是本地网段中唯一的组播信息转发者，接收者一侧的 DR 向约会点（Rendezvous Point，RP）发送加入消息（Join）；源侧的 DR 向 RP 发送注册消息（Register）。

（3）约会点发现：约会点通常是 PIM-SM 区域中的核心路由器。在小型网络中，组播信息量少，全网络只需要一个 RP 就行了，这时可以在 SM 区域内各路由器中静态指定 RP。但更多的情况是 PIM-SM 网络规模很大，通过 RP 转发的组播信息量巨大，为了缓解 RP 的通信负担，不同组播组应对应不同的 RP，这时要通过自举机制动态选出 RP。

（4）约会点树的生成和维护：如果接收者要加入一个组播组 G，则通过 IGMP 报文通知与其直接相连的叶子路由器。叶子路由器掌握组播组 G 的成员信息，它会朝着 RP 方向往上游节点发送加入消息 Join。从叶子路由器到 RP 之间经过的每个路由器都在转发表中生成（*，G）表项，其中，*表示任意源地址，这些路由器就形成了共享分布树 RPT（Rendezvous Point Tree）的一个分支。RPT 以 RP 为根节点，以接收者为叶子节点，当组播源 S 发来的 G 组报文到达 RP 时，就会沿着 RPT 树传送到叶子路由器，进而到达接收者。

当某个接收者退出组播组 G 时，接收者一侧的 DR 会沿着 RPT 树朝着 RP 方向发送修剪消息 Prune。上游路由器接收到该修剪消息后，在其输出端口列表中删除连接下游路由器的端口，并检查其他端口的下游节点是否还存在 G 组的成员，如果没有则继续向上转发修剪消息。

（5）组播源注册：为了向 RP 通知组播源 S 的存在，当组播源 S 向组播组 G 发送第一个组播分组时，与组播源 S 直接相连的路由器就将该报文封装成注册报文 Register，并单播给对应的 RP。RP 接收到来自组播源 S 的注册消息后，一方面将组播分组沿着 RPT 树转发到接收者，另一方面朝着组播源 S 方向逐跳转发（S，G）加入消息 Jion，从而使得 RP 和 S 之间的所有路由器都生成了（S，G）表项，这些经过的路由器就形成了 SPT 树的一个分支。源 SPT 树以组播源 S 为根，以 RP 为目的地。

组播源 S 发出的组播分组沿着已经建好的 SPT 树到达 RP 后，由 RP 将分组沿着 RPT 共享树进行转发。同时，RP 向组播源直连的路由器单播发送注册停止报文，注册过程结束。

（6）RPT 向 SPT 的切换：在一个 RPT 树中，当接近组播用户的"最后一跳路由器"发现组播组 G 的报文速率达到一定的阈值时，就通过单播路由表找到通向源 S 的下一跳路由器，向其发送（S，G）加入消息，这个消息经过一串路由器到达离组播源 S 最近的路由器，沿途各个路由器都建立了（S，G）表项，从而形成了 SPT 树的一个分支。随后，"最后一跳路由器"向 RP 逐跳发送修剪消息，RP 也利用类似的过程剪断与源 S 的联系，这时 RPT 树就完全切换到了 SPT 树。通过这种方式建立 SPT 树，比密集模式的通信开销要小得多。

PIM 除有密集模式和稀疏模式之外，还有一种双向 PIM 协议（Bi-directional PIM，BIDIR-PIM），这是密集模式和稀疏模式的混合方式。所有的 PIM 协议共享相同的控制报文。PIM 控制报文封装在 IP 数据报中传送，可以组播给所有的 PIM 路由器，也可以单播到特殊的目标。

6.10　IP QoS 技术

因特网提供尽力而为（Best-Effort）的服务，这是它取得巨大成功的主要原因之一。但是由于因特网对服务质量不做任何承诺，所以对于各种多媒体应用不能提供必要的支持，这些新业务要求 IP 网络提供新的服务方式。

IETF 成立了专门的工作组，一直从事 IP QoS 标准的开发，首先是在 1994 年提出了集成服务体系结构（Integrated Service Architecture，ISA）（RFC 1633），继而又在 1998 年定义了区分服务（Differentiated Service，DiffServ）技术规范（RFC 2475）。另外，前面讲到的 MPLS 技术提供了显式路由功能，因而增强了在 IP 网络中实施流量工程的能力，这也是骨干网业务中最容易实现的一种 QoS 机制。

6.10.1 集成服务

IETF 集成服务（IntServ）工作组根据服务质量的不同，把 Internet 服务分成了 3 种类型。

- 保证质量的服务（Guranteed Services）：对带宽、时延、抖动和丢包率提供定量的保证。
- 控制负载的服务（Controlled-load Services）：提供一种类似于网络欠载情况下的服务，这是一种定性的指标。
- 尽力而为的服务（Best-Effort）：这是 Internet 提供的一般服务，基本上无任何质量保证。

IntServ 主要解决的问题是在发生拥塞时如何共享可用的网络带宽，为保证质量的服务提供必要的支持。在基于 IP 的因特网中，可用的拥塞控制和 QoS 工具是很有限的，路由器只能采用两种机制，即路由选择算法和分组丢弃策略，但这些手段并不足以支持保证质量的服务。IntServ 提议通过 4 种手段来提供 QoS 传输机制。

（1）准入控制：IntServ 对一个新的 QoS 通信流要进行资源预约。如果网络中的路由器确定没有足够的资源来保证所请求的 QoS，则这个通信流就不会进入网络。

（2）路由选择算法：可以基于许多不同的 QoS 参数（而不仅仅是最小时延）来进行路由选择。

（3）排队规则：考虑不同通信流的不同需求而采用有效的排队规则。

（4）丢弃策略：在缓冲区耗尽而新的分组来到时要决定丢弃哪些分组以支持 QoS 传输。

为了实现 QoS 传输，必须对现有的路由器进行改造，使其在传统的存储—转发功能之外，还能够提供资源预约、准入控制、队列管理以及分组调度等高级功能。图 6-51 所示为 ISA 路由器的基本框图，对其主要部件解释如下。

- 资源预约协议（Resource Reservation Protocol，RSVP）：按照通信流的 QoS 需求在网络中传送资源预约信令。RSVP 要把带宽、时延、抖动和丢包率等参数通知通路上的所有转发设备，以便建立端到端的 QoS 保障。如果通信流的 QoS 请求得到满足，则 RSVP 还要更新路由器中的数据库，以便及时反映网络通信资源的分配情况。RSVP 是从源到目标单向预约的，适用于点到点以及点到多点的通信环境。
- 准入控制（Admission Control）：当一个新的通信流成功地实现资源预约后就进入通信阶段，这时路由器要监视通信流的行为是否违反了网络与用户达成的合约，以决定是否允许新的分组进入网络。

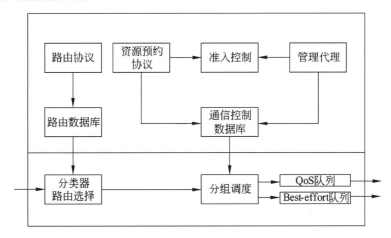

图 6-51　集成服务的路由器

- 管理代理：其作用是修改通信控制数据库，以改变准入控制的策略。
- 分类器（Classifier）：根据预置的规则对进入路由器的分组进行分类。分类的标准可能是源地址、目标地址、上层协议类型、源端口号和目标端口号等。分组经过分类以后进入不同的队列等待调度器的转发服务。
- 分组调度器（Scheduler）：其作用是根据预订的调度算法对分类后的分组进行排队，可以使用先来先服务的算法，或者更复杂的"公平"算法。例如，WFQ（Weighted Fair Queueing）算法考虑了每个通信流的分组数量，越忙的队列分配越多的容量，而且不完全关闭流量偏少的队列（如图 6-52 所示）。调度器根据分组的类别、通信控制数据库的内容以及输出端口的活动历史选择被丢弃的分组，决定分组被转发的优先顺序。

尽管 IntServ 能提供 QoS 保证，但经过几年的研究和发展，其中的问题也逐步显现。RSVP和 IntServ 在 Internet 应用中还存在着下面的缺陷。

（1）IntServ 要维护大量的状态信息，状态信息数量与通信流的数量成正比，这需要在路由器中占用很大的存储空间，因而这种模型不具有扩展性。

（2）对路由器的要求很高，所有的路由器必须实现 RSVP、准入控制、通信流分类和分组调度等功能。

（3）IntServ 服务不适合于生存期短的数据流，因为对生存期短的数据流来说，资源预约所占的开销太大，降低了网络利用率。

（4）许多应用需要某种形式的 QoS，但是无法使用 IntServ 模型来表达 QoS 请求。

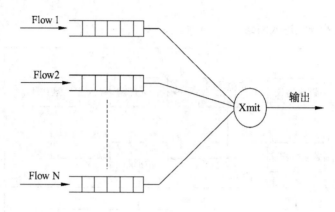

图 6-52　WFQ 排队算法

（5）必要的控制和价格机制（例如访问控制、认证和计费等）正处于研发阶段，目前还无法付诸实用。

6.10.2　区分服务

区分服务（DiffServ）放弃了在通信流沿路节点上进行资源预约的机制，它将具有相同特性的若干业务流汇聚起来，为整个汇聚流提供服务，而不是面向单个业务流来提供服务。DiffServ 的关键技术介绍如下。

（1）每个 IP 分组都要根据其 QoS 需求打上一个标记，这种标记称为 DS 码点（DS Code Point，DSCP），可以利用 IPv4 协议头中的服务类型（Type of Service，ToS）字段，或者 IPv6 协议头中的通信类别（Traffic Class）字段来实现，这样就维持了现有的 IP 分组格式不变。

（2）在使用 DiffServ 服务之前，服务提供者与用户之间先要建立一个服务等级约定（Service Level Agreement，SLA）。这样，在各个应用中就不再需要类似的机制，从而可以保持现有的应用不变。

（3）Internet 中能实现区分服务的连续区域被称为 DS 域（DS Domain），在一个 DS 域中，服务提供策略（Service Provisioning Policies）和逐跳行为（Per-Hop Behavior，PHB）都是一致的。PHB 是（外部观察到的）DS 节点对一个分组的转发行为。

（4）具有相同 DSCP 的分组的集合称为行为聚集（Behavior Aggregate，BA）。一个 BA 中的所有分组都按照同一 PHB 进行转发。

（5）通信调节协议（Traffic Conditioning Agreement，TCA）说明了分组分类和通信调节的规则。分类器用这些规则对分组进行筛选和分类。

（6）DiffServ 提供了内在的通信流汇聚机制，DS 域的边缘路由器对输入流进行分类，并为每一类指定一个相同的 DSCP，同一类别的通信流在 DS 域内将按照相同的 PHB 进行转发。

（7）DS 域的内部路由器根据 DSCP 的值和设定的逐跳行为对分组进行调度和转发。

DS 工作组定义了 DSCP 与 PHB 的映射关系（如表 6-10 所示），同时也允许因特网服务提供商（ISP）自行定义具有本地意义的映射关系。

表 6-10　DSCP 与 PHB 的映射关系

DSCP	PHB	说　　明
000000	BE	尽力而为的服务，不保证 QoS 需求
001×××	AF1	4 种保证转发服务的 QoS 介于 EF 和 BE 之间。可以为每一种 AF 服务指定 3 种不同的丢弃优先级，总共可以组成 12 种不同的 AF 聚集
010×××	AF2	
011×××	AF3	
100×××	AF4	
101110	EF	绝对保证 QoS 的服务

DSCP 的值占用 IP 头中 ToS 字段的前 6 位（两位未用），3 位用于定义转发优先级，3 位用于定义丢弃优先级。如果 6 位全 0，则表示 Best-Effort 服务，不提供任何 QoS 保障，如表 6-10 的第 1 行所示。

表 6-10 的第 2～5 行都是保证转发（Assured Forwarding，AF）的服务。这类服务为 IP 分组提供 4 种不同的转发特征，对应 4 种不同数量的转发资源（如缓冲区和带宽等），并且为每个分组指派不同的丢弃优先级（如表 6-11 所示）。AF 类逐跳行为的共同特点是允许在总流量不超过预设速率的前提下以更大的可能性来转发分组。

表 6-11　AF 服务的优先级

丢弃优先级	AF1	AF2	AF3	AF4
低	001010	010010	011010	100010
中	001100	010100	011100	100100
高	001110	010110	011110	100110

表 6-10 的第 6 行表示加速转发（Expedited Forwarding，EF）服务，其 DSCP 值为 101110。EF 提供 DS 域内端到端的 QoS 保证，其特点是低延迟、低抖动、低丢包率，并且保证带宽不受其他 PHB 流量的影响，与传统的租用专线类似。

图 6-53 表示因特网划分为 DS 域的情况，DS 域的边缘路由器包含了 PHB 转发机制，也包含了更复杂的通信调节功能，这样就简化了内部路由器的负担。边缘节点的功能也可以由连接 DS 域的主机来提供，以管理本地系统中的应用。

图 6-54 所示为通信调节功能的操作原理，其中的分类子功能的作用是根据 DSCP 把分组划分为不同的行为聚集 BA，也可以根据 IP 头中的其他字段进行更复杂的分类；度量子功能是对提交的通信流进行测量，以确定其是否遵循预置的服务等级约定 SLA；标记子功能是对通信

流打上需要的标记，特别对超过预置特征（**Profile**）的分组要给予优先丢弃的标记；整形子功能可以对某些分组进行必要的延迟，以确保给定类的通信流不会超过其预置特征说明的速率；丢弃子功能是对超流量的分组选择性地丢弃。

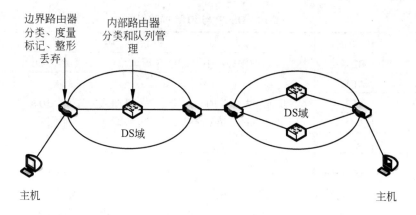

图 6-53　DS 域的划分

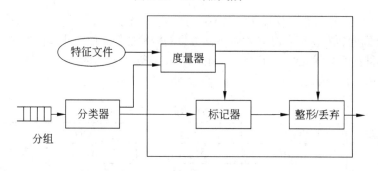

图 6-54　DS 通信调节功能

与 IntServ 相比，DiffServ 定义了一个相对简单而粒度较粗的控制系统，DiffServ 为整个汇聚流提供服务，具有可扩展性，能够在大型网络上提供 QoS 保障。

6.10.3　流量工程

流量工程（Traffic Engineering，TE）是优化网络资源配置的技术，是利用网络基础设施提供最佳服务的工具和方法，无论网络设备和传输线路处于正常或是部分失效状态，利用流量工程技术都可以提供最佳的网络服务。流量工程是对网络规划和网络工程的补充措施，使得现有的网络资源可以充分发挥它的效益。

在早期的核心网络中，流量工程是通过路由量度实现的，即对每条链路指定一个量度值，两点之间的路由是按照预订策略计算量度值后确定的。随着网络规模的扩大，网络结构越来越复杂，路由量度越来越难以实现了。利用 MPLS 可以把面向连接技术与 IP 路由结合起来，提供更多的手段对网络资源进行优化配置，提供更好的 QoS 保障和更多的业务类型，这样就形成了基于 MPLS 的流量工程。

基于 MPLS 的流量工程（MPLS TE）由下面 4 种机制实现。

（1）信息分发。流量工程需要关于网络拓扑的详细信息以及网络负载的动态信息，这可以通过扩展现有的 IGP 来实现。在路由协议发布的网络公告中应该包含链路的属性（链路带宽、带宽利用率和带宽预约值等），并且通过泛洪算法把链路状态信息发布到 ISP 路由域中的所有路由器。每一个标记交换路由器（LSR）都要维护一个专用的流量工程数据库（TED），记载网络链路属性和拓扑结构信息。

（2）通路选择。LSR 通过 TED 和用户配置的管理信息可以建立显式路由。MPLS 传输域入口处的标记边缘路由器（LER）可以列出标记交换通路（LSP）中的所有 LSR 来建立严格的显式路由，也可以只列出部分 LSR 来建立松散的显式路由。

（3）信令协议。LSP 的建立依赖于新的信令控制协议，其作用是在通路建立过程中传递和发布标记与 LSP 状态的绑定信息。

（4）分组转发。一旦通路建立，LSR 就通过标记转发机制来传送分组。

通过以上功能，可以实现许多以前难以实现的新业务。显式路由（Explicit Route，ER）可以把网络流量引导到特定的通路上，以实现网络负载的均衡分布。如果网络中有 VoIP，也有数据通路，则两者会竞争资源，所以，VoIP 要给予较高的优先级。优先级分为两种，即建立优先级和保持优先级。当一个通路建立时，以其建立优先级与已建立的通路的保持优先级进行比较，如果建立优先级大于保持优先级，则已建立的通路的网络资源将被后来者抢占。在链路失效情况下，现有的内部网关协议需要几十秒时间才能恢复。快速重路由功能在通路建立过程中通过信令系统建立了备份路由，在链路发生故障时能够及时进行切换，所以可以对重要业务的连续性进行保护。这种保护分为端到端的通路保护和本地保护，后者又进一步分为链路保护和节点保护。这些都需要新的信令控制协议来提供支持。

MPLS 原来定义的标记分发协议（LDP）是 MPLS 网络的信令控制协议，用于 LSR 之间交换标记与前向纠错（FEC）绑定信息，以便建立和维护 LSP。LDP 是将网络层路由信息直接映射到数据链路层的交换路径，从而建立和维护 LSP 的一系列消息和过程。对等的 LSR 实体之间通过 LDP 消息发现邻居、建立会话、分发标记，并报告链路状态和检测异常事件的发生。但是，LDP 只能根据路由表来建立虚连接，并没有平衡流量的功能，这是它的局限性。

为了支持流量工程，MPLS 引入了新的标记分发协议。基于约束的路由标记分发协议（Constraint-based Routing LDP，CR-LDP）是 LDP 的扩展，仍然采用标准的 LDP 消息格式，与 LDP 共享 TCP 连接。但是，CR-LDP 可以在标记请求信息中包含节点列表，从而在 MPLS 网络中建立一条显式路由。CR-LDP 也允许在标记请求消息中设置流量参数（峰值速率、承诺速率和突发特性等），从而为 LSP 提供 QoS 支持。CR-LDP 还能携带路由着色等约束参数，用来标识一个链路的性能，例如是否支持 VoIP 等。

集成服务中定义的资源预约协议（RSVP）用于为通信流请求 QoS 资源，并且建立和维护通路状态。RSVP-TE 是 RSVP 协议的扩展，能够实现流量工程所需要的各种功能。在 RSVP-TE 实现中将 RSVP 的作用对象从通信流转变为 FEC，从而降低了控制的粒度，同时也提高了网络的可扩展性。RSVP-TE 能够支持建立和维护 LSP 的附加功能，如按下游标记分发、显式路由、带宽预约、资源抢占、LSP 隧道的跟踪、诊断和重路由等功能。

IETF 提出了用 MPLS 支持 DiffServ 的方法（RFC 3270），能够把 DiffServ 的一个或多个 BA 映射到 MPLS 的一条 LSP 上，然后根据 BA 的 PHB 来转发 LSP 上的流量。

如果要将 BA 映射到 LSP，就要在 MPLS 包头中携带 BA 信息（即 DSCP）。可以把一类具有相同队列处理要求和调度行为，但丢弃优先级不同的 PHB 定义为一个 PHB 调度类（PHB Scheduling Class，PSC），这样就可以在 MPLS 包头中表示分组所属的 PSC 以及分组的丢弃优先级。

IETF 将 LSP 分为以下两类。

（1）E-LSP（EXP-Inferred-PSC LSP）。用 MPLS 包头的 EXP 字段把多个 BA 指派到一条 LSP 上，例如 AF1 有 3 种不同的丢弃优先级，属于 3 个不同的 BA，则可以把这 3 种 AF1 指派到同一条 LSP 上。

由于 EXP 只有 3 位，所以最多只能表示 8 种不同的 BA。当超过 8 种 BA 时，要联合使用 MPLS 包头的标记字段和 EXP 字段，这就是 L-LSP。

（2）L-LSP（Label-Only-Inferred-PSC LSP）。把一条 LSP 指派给一个 BA，但是划分成多个不同的丢弃优先级，用 MPLS 包头中的标记字段来区分不同的调度策略，用 EXP 字段表示不同的丢弃优先级。

由于 MPLS 设备要在每一跳中交换标记值，因此管理标记与 DSCP 的映射比较困难。E-LSP 比 L-LSP 更容易控制，因为可以预先确定每个分组的 EXP 与 DSCP 之间的映射关系。

6.11　Internet 应用

Internet 的进程/应用层提供了丰富的分布式应用协议，可以满足诸如办公自动化、信息传输、远程文件访问、分布式资源共享和网络管理等各方面的需要。这一小节简要介绍 Internet 的几种标准化了的应用协议 Telnet、FTP、SMTP 和 SNMP 等，这些应用协议都是由 TCP 或 UDP 支持的。与 ISO/RM 不同，Internet 应用协议不需要表示层和会话层的支持，应用协议本身包含了有关的功能。

6.11.1　远程登录协议

远程登录（Telnet）是 ARPANET 最早的应用之一，这个协议提供了访问远程主机的功能，使本地用户可以通过 TCP 连接登录到远程主机上，像使用本地主机一样使用远程主机的资源。当本地终端与远程主机具有异构性时，也不影响它们之间的相互操作。

终端与主机之间的异构性表现在对键盘字符的解释不同，例如 PC 键盘与 IBM 大型机的键盘可能相差很大，使用不同的回车换行符，不同的中断键等。为了使异构性的机器之间能够互操作，Telnet 定义了网络虚拟终端（Network Virtual Terminal，NVT）。NVT 代码包括标准的 7 位 ASCII 字符集和 Telnet 命令集。这些字符和命令提供了本地终端和远程主机之间的网络接口。

Telnet 采用客户端/服务器工作方式。用户终端运行 Telnet 客户程序，远程主机运行 Telnet 服务器程序。客户端与服务器程序之间执行 Telnet NVT 协议，而在两端分别执行各自的操作系统功能，如图 6-55 所示。

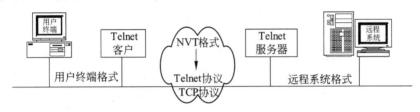

图 6-55　Telnet 客户端/服务器概念模型

Telnet 提供一种机制，允许客户端程序和服务器程序协商双方都能接受的操作选项，并提供一组标准选项用于迅速建立需要的 TCP 连接。另外，Telnet 对称地对待连接的两端，并不是专门固定一端为客户端，另一端为服务器端，而是允许连接的任一端与客户端程序相连，另一端与服务器程序相连。

Telnet 服务器可以应付多个并发的连接。通常，Telnet 服务进程等待新的连接，并为每一个连接请求产生一个新的进程。当远程终端用户调用 Telnet 服务时，终端机器上就产生一个客户程序，客户程序与服务器的固定端口（23）建立 TCP 连接，实现 Telnet 服务。客户程序接收用户终端的键盘输入，并发送给服务器。同时服务器送回字符，通过客户端软件的转换显示在用户终端上。用户就是通过这样的方式来发送 Telnet 命令，调用服务器主机的资源完成计算任务。例如，当用户在 PC 上输入命令行 telnet alpha，则会从 Internet 上收到一个叫作 alpha 的主机的登录提示符，在提示符的指示下再输入用户名和口令字就可以使用 alpha 机器上的资源了。如果从 alpha 机器上退出，PC 又回到本地操作系统控制之下了。

6.11.2 文件传输协议

文件传输协议（File Transfer Protocol，FTP）也是 Internet 最早的应用层协议。这个协议用于主机间传送文件，主机类型可以相同，也可以不同，还可以传送不同类型的文件，例如二进制文件或文本文件等。

图 6-56 给出了 FTP 客户端/服务器模型。客户端与服务器之间建立两条 TCP 连接，一条用于传送控制信息，一条用于传送文件内容。FTP 的控制连接使用了 Telnet 协议，主要是利用 Telnet 提供的简单的身份认证系统，供远程系统鉴别 FTP 用户的合法性。

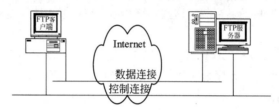

图 6-56　FTP 的客户端/服务器概念模型

FTP 服务器软件的具体实现依赖于操作系统。一般情况是，在服务器一侧运行后台进程 S，等待出现在 FTP 专用端口（21）上的连接请求。当某个客户端向这个专用端口请求建立连接时，进程 S 便激活一个新的 FTP 控制进程 N，处理进来的连接请求。然后 S 进程返回，等待其他客户端访问。进程 N 通过控制连接与客户端进行通信，要求客户在进行文件传送之前输入登录标识符和口令字。如果登录成功，用户可以通过控制连接列出远程目录，设置传送方式，指明要传送的文件名。当用户获准按照所要求的方式传送文件之后，进程 N 激活另一个辅助进程 D 来处理数据传送。D 进程主动开通第二条数据连接（端口号为 20），并在文件传送完成后立即关闭此连接，D 进程也自动结束。如果用户还要传送另一个文件，再通过控制连接与 N 进程会话，请求另一次传送。

FTP 是一种功能很强的协议，除了可以从服务器向客户端传送文件之外，还可以进行第三方传送。这时客户端必须分别开通与两个主机（例如 A 和 B）之间的控制连接。如果客户端获准从 A 机传出文件和向 B 机传入文件，则 A 服务器程序就建立一条到 B 服务器程序的数据连接。客户端保持文件传送的控制权，但不参与数据传送。

所谓匿名 FTP，是这样一种功能：用户通过控制连接登录时，采用专门的用户标识符"anonymous"，并把自己的电子邮件地址作为口令输入，这样可以从网上提供匿名 FTP 服务的服务器下载文件。Internet 中有很多匿名 FTP 服务器，提供一些免费软件或有关 Internet 的电子文档。

FTP 提供的命令十分丰富，包括文件传送、文件管理、目录管理和连接管理等一般文件系统具有的操作功能，还可以用 help 命令查阅各种命令的使用方法。

6.11.3　简单邮件传输协议

电子邮件（E-mail）是 Internet 上使用最多的网络服务之一，广泛使用的电子邮件协议是简单邮件传输协议（Simple Mail Transfer Protocol，SMTP）。这个协议也使用客户端/服务器操作方式，也就是说，发送邮件的机器起 SMTP 客户的作用，连接到目标端的 SMTP 服务器上。而且只有在客户端成功地把邮件传送给服务器之后，才从本地删除报文。这样，通过端到端的连接保证了邮件的可靠传输。

发送端后台进程通过本地的通信主机登记表或 DNS 服务器把目标机器标识变换成网络地址，并且与远程邮件服务器进程（端口号为 25）建立 TCP 连接，以便投递报文。如果连接成功，发送端后台进程就把报文复制到目标端服务器系统的假脱机存储区，并删除本地的邮件报文副本；如果连接失败，就记录下投递时间，然后结束。服务器邮件系统定期扫描假脱机存储区，查看是否有未投递的邮件。如果发现有未投递的邮件，便准备再次发送。对于长时间不能投递的邮件，则返回发送方。

通常，E-mail 地址包括两部分：邮箱地址（或用户名）和目标主机的域名。例如，elinor@cs.ucdavis.edu 就是一个标准的 SMTP 邮件地址。

接收方从邮件服务器取回邮件要用到 POP3（Post Office Protocol 第 3 版）协议，当接收用户呼叫 ISP 的邮件服务器时与 110 端口建立 TCP 连接，然后就可以下载邮件了，如图 6-57 所示。

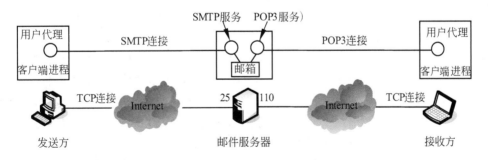

图 6-57　电子邮件服务概念模型

SMTP 邮件采用 RFC 822 规定的格式，这种邮件只能是用英语书写的、采用 ASCII 编码的文本（Text）文件。MIME（Multipurpose Internet Mail Extensions）是 SMTP 邮件的扩充，定义了新的报文结构和编码规则，适用于在因特网上传输用多国文字书写的多媒体邮件。

6.11.4　超文本传输协议

WWW（World Wide Web）服务是由分布在 Internet 中的成千上万个超文本文档链接成的网络信息系统。这种系统采用统一的资源定位器和精彩鲜艳的声音图文用户界面，用户可以方便地浏览网上的信息和利用各种网络服务。WWW 现已成为网民不可缺少的信息查询工具。

WWW 服务是欧洲核子研究中心（European Center for Nuclear Research，CERN）开发的，最初是为了参与核物理实验的科学家之间通过网络交流研究报告、装置蓝图、图画、照片和其他文档而设计的一种网络通信工具。1989 年 3 月，物理学家 Tim Berners-Lee 提出初步的研究报告，18 个月后有了初始的系统原型。1993 年 2 月发布了第一个图形式的浏览器 Mosaic，它的作者 Marc Andreesen 在 NCSA（National Center for Supercomputing Applications）成立了网景通信公司（Netscape Communications），开始提供 Web 服务器访问。今天，主要的数据库厂商（例如 Sybase、Oracle 等）都支持 Web 服务器，流行的操作系统都有自己的 Web 浏览器。WWW 几乎成了 Internet 的同义语。Web 技术还被用于构造企业内部网（Intranet）。

Web 技术是一种综合性网络应用技术，关系到网络信息的表示、组织、定位、传输、显示以及客户和服务器之间的交互作用等。通常文字信息组织成线性的 ASCII 文本文件，而 Web 上的信息组织是非线性的超文本文件（Hypertext）。简单地说，超文本可以通过超链接（Hyperlink）指向网络上的其他信息资源。超文本互相链接成网状结构，使得人们可以通过链接追索到与当前节点相关的信息。这种信息浏览方法正是人们习惯的联想式、跳跃式的思维方式的反映。更具体地说，一个超文本文件叫作一个网页（Web Page），网页中包含指向有关网页的指针（超链接）。如果用户选择了某一个指针，则有关的网页就显示出来。超链接指向的网页可能在本地，也可能在网上其他地方。

Web 上的信息不仅是超文本文件，还可以是语音、图形、图像和动画等。就像通常的多媒体信息一样，这里有一个对应的名称叫超媒体（Hypermedia）。超媒体包括了超文本，也可以用超链接连接起来，形成超媒体文档。超媒体文档的显示、搜索、传输功能全部都由浏览器（Browser）实现。现在基于命令行的浏览器已经过时了，声像图形结合的浏览器得到了广泛的应用，例如 Netscape 的 Navigator 和微软的 Internet Explorer 等。

运行 Web 浏览器的计算机要直接连接 Internet 或者通过拨号线路连接到 Internet 主机上。因为浏览器要取得用户要求的网页必须先与网页所在的服务器建立 TCP 连接。WWW 的运行方式也是客户端/服务器方式。Web 服务器的专用端口（80）时刻监视进来的连接请求，建立连接后用超文本传输协议（Hyper Text Transfer Protocol，HTTP）和用户进行交互作用。一个简单的 WWW 模型如图 6-58 所示。

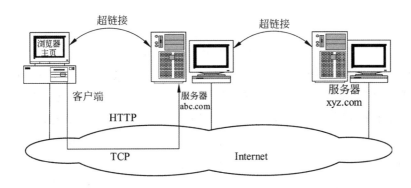

图 6-58 简单的 WWW 模型

HTTP 是为分布式超文本信息系统设计的一个协议。这个协议不仅简单有效，而且功能强大，可以传送多媒体信息，适用于面向对象的作用，是 Web 技术中的核心协议。HTTP 协议的特点是建立一次连接，只处理一个请求，发回一个应答，然后连接就释放了，所以被认为是无状态的协议，即不能记录以前的操作状态，因而也不能根据以前操作的结果连续操作。这样做固然有其不方便之处，但主要的好处是提高了协议的效率。

浏览器通过统一资源定位器（Uniform Resource Locators，URL）对信息进行寻址。URL 由 3 部分组成，指出了用户要求的网页的名字、网页所在主机的名字以及访问网页的协议。例如，http://www.w3.org/welcome.html 是一个 URL，其中 http 是协议名称，www.w3.org 是服务器主机名，welcome.html 是网页文件名。

如果用户选择了一个要访问的网页，则浏览器和 Web 服务器的交互过程如下。

（1）浏览器接收 URL。

（2）浏览器通过 DNS 服务器查找www.w3.org的 IP 地址。

（3）DNS 给出 IP 地址 18.23.0.32。

（4）浏览器与主机（18.23.0.32）的端口 80 建立 TCP 连接。

（5）浏览器发出请求 GET/welcome.html 文件。

（6）www.w3.org 服务器发送 welcome.html 文件。

（7）释放 TCP 连接。

（8）浏览器显示 welcome.html 文件。

其中，第（5）步的 GET 是 HTTP 协议提供的少数操作方法中的一种，其含义是读一个网页。常用的还有 HEAD（读网页头信息）和 POST（把消息加到指定的网页上）等。另外，要说明的是很多浏览器不仅支持 HTTP 协议，还支持 FTP、Telnet 和 Gopher 等，使用方法与 HTTP

完全一样。

超文本标记语言（Hyper Text Markup Language，HTML）是制作网页的语言。就像编辑程序一样，HTML 可以编辑出图文并茂、色彩丰富的网页，但这种编辑不是像 Microsoft Word 那样的"所见即所得"的编辑方式，而是像"华光"那种排版程序一样，在正文中加入一些排版命令。HTML 中的命令叫作"标记（tag）"，就像编辑们在稿件中画的排版标记一样，这就是超文本标记语言的由来。HTML 的标记用一对尖括号表示，例如<HEAD>和</HEAD>分别表示网页头部的开始和结束，<BODY>和</BODY>分别表示网页主体的开始和结束。图 6-59 是一个简单网页的例子，其中<TITLE>和</TITLE>之间的部分是网页的主题，主题并不显示，有时用于标识网页的窗口。<H1>和</H1>表示第 1 层标题，HTML 允许最多设置 6 层小标题。最后，<P>表示前一段结束和下段开始。

```
<TITLE>简单网页的例子</TITLE>

<H1>Welcome    to Xi'an Home Page</H1>

 <P>We are so happy that you have chosen to visit this Home page</P>

 <P>You can find all the information you may need.</P>
```

（a）HTML 文件

Welcome to Xi'an Home Page

We are so happy that you have chosen to visit this Home Page

You can find all the information you may need

（b）显示的网页

图 6-59　简单网页的例子

最重要的是 HTML 可以建立超链接，指向 Web 中的其他信息资源。这个功能是由标记<A>和</A>实现的。例如：

<A HREF＝"http://www.nasa.gov">NASA'S home page</A>

定义了一个超链接。网页中会显示一行：

NASA'S home page

如果用户单击了这一行，则浏览器根据 URL 中的 http://www.nasa.gov 寻找对应的网页并显示在屏幕上。HTML 还能处理表格、图像等多种形式的信息，它的强大的描述能力使屏幕表现丰富多彩。

用 Java 语言编写的小程序（Applets）嵌入在 HTML 文件中，可以使网页活动起来，用来设计动态的广告、卡通动画片和瞬息变换的股票交易大屏幕等。Java 语言的简单性、可移植性、分布性、安全性和面向对象的特点使它成为网络时代的宠儿。

与 WWW 有关的另一个重要协议是公共网关接口（Common Gateway Interface，CGI）。当 Web 用户要使用某种数据库系统时可以写一个 CGI 程序（叫作脚本 Script），作为 Web 与数据库服务器之间的接口。这种脚本程序使用户可通过浏览器与数据库服务器交互作用，使得在线购物、远程交易等实时数据库访问很容易实现。CGI 脚本程序跨越了不同服务器的界限，可运行在任何数据库管理系统上。

6.11.5　P2P 应用

以上介绍的网络应用（文件传输、电子邮件、网页浏览等）都采用了 C/S 或 B/S 模式。另外一种应用模式叫作点对点应用（Peer-to-Peer，P2P），在这种模式中，没有客户机和服务器的区别，每一个主机既是客户机，又是服务器，它们的角色是对等的，所以，P2P 是一种对等通信的网络模型。

其实，P2P 并不是什么新概念，在互联网初创时期，P2P 就出现在 1969 年发表的 RFC 1 文档中，ARPANET 最初被想象成像电话网那样的端到端的对等通信系统。在后来发展的各种 C/S 应用中也有 P2P 的影子，例如在 SMTP 邮件系统中，邮件传输代理（Mail Transfer Agents）就是 P2P 通信模型的体现。Web 技术发明人Tim Berners-Lee描述的 WWW Editor/Brower 就是一种 P2P 网络模型，他认为，每一个网络用户都可以参与 Web 页面的编辑，通过超链接提供自己贡献的内容，这种思想今天被网民们命名为 Web 2.0，成为网上热议的话题，像维基（Wikipedia）那样的 P2P 应用则在互联网上非常盛行。

1. BitTorrent 协议

按照广义的解释，P2P 模型是泛指各种没有中心服务器的网络体系结构。我们特别把完全没有服务中心，也没有路由中心的网络称为"纯"P2P 网络。事实上，还有大量的网络属于混合型 P2P 系统。在这种系统中，有一个管理用户信息的索引服务器，任何用户的信息请求都是首先发送给索引服务器，再在索引服务器的引导下与其他对等方建立网络连接。各个客户端都保存着一部分信息资源，并把本地存储的信息告诉索引服务器，准备向其他客户端提供下载服务。BitTorrent 是最早出现的 P2P 文件共享协议，下面以这个协议为例介绍 P2P 网络的工作原理。

首先定义，BitTorrent 客户端是运行 BitTorrent 协议的程序，网络中的对等方（peer）是一个运行客户端实例的计算机。为了共享一个文件，首先由一个用户生成一个流文件（例如 Myfile.torrent），其中包含共享文件的元数据。另外，还需要一个叫作跟踪器（tracker）的计算机，它的任务是协调文件的分发。需要下载文件的对等方首先要取得有关的流文件，并连接到跟踪计算机，以便了解从哪儿可以下载到一小段文件。BitTorrent 与 Web 浏览器不同，前者是在许多不同的 TCP 端口上各自请求一小段数据，而后者是在一个 TCP 端口上执行整个 HTTP GET 操作。另外，BitTorrent 下载是随机的，实行稀有者优先（rarest-first）下载的原则，而 HTTP 是完全按顺序下载的。

这些差别使得 BitTorrent 具备了低费用、高冗余的内容提供机制，而且能够抗拒带宽滥用和服务器过载引起的系统崩溃。然而这一切也是有代价的，开始时下载很慢，需要一定的时间才能达到全速下载，这是因为需要时间来建立足够多的有效连接，也需要时间才能使用户接收到足够多的数据，从而变成有效的上传者。典型的 BitTorrent 下载是逐渐地提升速度，并且在下载完成时又逐渐下降速度，这些特点与 HTTP 服务器下载是完全相反的。

2．生成和发布流文件

数据文件的发布者把文件划分成一些大小相等的数据块，块的大小通常是 64kB 到 4MB，对每一个数据块采用 SHA-1 哈希算法计算一个校验和，并记录在流文件中。如果数据块大于 512kB，将会减小流文件的大小，但是却降低了协议的效率。当一个用户接收到一个数据块时要用校验和进行校验，以保证没有错误。提供完整文件的对等方叫作种子，提供共享文件初始副本的种子叫作初始种子。

包含在流文件中的信息依赖于 BitTorrent 协议的版本，流文件中的声明部分（announce）说明了跟踪器的 URL，信息部分（info）包含了文件名、文件长度、数据块长度，以及每一个数据块的哈希值（用于验证数据块的完整性）。

流文件通常发布在网站上，并且在跟踪器中进行了注册。跟踪器维持一个当前参与的用户列表。在没有跟踪器的纯 P2P 系统中，每一个活动的对等方都是一个跟踪器。Azureus 最先实现了没有跟踪器的 BitTorrent 客户端，提出了分布式哈希表（Distributed Hash Table，DHT）的概念。后来，Mainline 也实现了一种 DHT，但是与 Azureus 的 DHT 不兼容，现在常用的 P2P 系统（例如µTorrent、rTorrent、BitComet、BitSpirit 等）都与 Mainline 的 DHT 兼容。

3．文件下载和共享

用户通过浏览网页找到感兴趣的流文件，在 BitTorrent 客户端打开它，这时就可以找到拥有共享文件资源的对等方，一段一段地下载文件中的数据。

客户端采用了各种机制来优化下载和上传，例如，可以随机地下载一个数据片，这样可以增加数据交换的机会，但这只在两个对等方拥有不同的数据片时才是可行的。

这种数据交换的效果在很大程度上依赖于用户采用什么策略来决定"向谁发送"。客户端通常喜欢采用的策略是"以牙还牙、针锋相对"（tit for tat），即谁给我上传，我就给谁发送，这样可以鼓励公平交易。但是，严格的策略常常会导致次优的结果，例如，初加入的对等方没有数据与别人交换，因而不能接收任何数据；或者由于两个建立了有效连接的对等方都处于初始交换阶段，所以也无法交换数据。为了解决这类问题，BitTorrent 客户端程序采用了一种叫作"解除窒息"的机制：客户端保留一部分带宽随时向一个随机的对等方发送数据，以此来发现真正的对等方，并使其加入到传送的人群中。

4. Kademlia 算法

第一代 P2P 网络（例如 Napster）依赖于中心跟踪器来实现共享资源的查找。这种方法没有摆脱 C/S 模式中单点失效的缺陷。

第二代 P2P 网络（例如 Gnutella）采用了泛洪搜索法，用户把自己的数据请求泛洪发送到整个网络中，从而尽可能多地发现拥有共享数据的对等方。这种方法的缺点是泛洪传播会产生大量的通信流，从而造成了网络带宽的浪费。

第三代 P2P 网络使用了分布式哈希表来查找网络中的共享文件，我们把这种网络称为结构化的 P2P 网络，而把以前的 P2P 网络称为非结构化的 P2P 网络。结构化的 P2P 网络采用了一个全局有效而又分散存储的路由表，可以保证任何节点的搜索请求都能被路由到拥有期望内容的对等方，即使在内容极端稀少的情况下也是如此。

现在已经提出了多种分布式哈希表的解决方案，比较典型的有 CAN、CHORD、Tapestry、Pastry、Kademlia 和 Viceroy 等，Kademlia 协议是其中最为简洁、实用的一种，当前主流的 P2P 软件大多采用它作为辅助检索协议，例如 eMule、BitComet、BitSpirit 和 Azureus 等。

Kademlia 是纽约大学的 Petar. Maymounkov 和 David Mazieres 在 2002 年发表的分布式哈希表算法，运行 Kademlia 协议的网络称为 Kad 网络。在这种网络中，每个节点都有一个随机生成的 160 位的标识符（ID）。两个节点 x 和 y 之间的距离 d 定义为它们的 ID 按位异或（XOR）的结果：

$$d(x,y) = x \oplus y$$

这样定义的距离满足欧几里德距离的属性：

$$d(x, x) = 0$$
$$d(x, y) > 0, \quad \text{if } x \neq y$$
$$\forall x, y : d(x, y) = d(y, x)$$
$$d(x, y) + d(y, z) \geqslant d(x, z), \because d(x, y) \oplus d(y, z) = d(x, z)$$

Kad 网络中的所有节点都被当作一棵二叉树的叶子节点，节点 ID 值的最短前缀唯一地确定了节点在树上的位置。每一个节点都维护一棵本地的二叉树，用于表示自己与其他节点的距离。二叉树的生成规则如下：

（1）最高层的子树由整棵树中不包含自己的另一半子树组成。

（2）下一层子树由剩下的部分不包含自己的另一半子树组成。

依此类推，直到分割完整棵树。图 6-60 表示 ID 为 0011 的节点构建的子树。

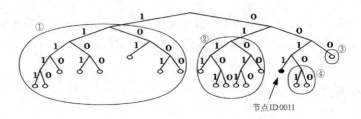

图 6-60　Kad 网络中的树结构

Kad 网络中的 DHT 是分散地存储在各个节点中的一张大表，该表的每一项由两部分组成，一部分是某个数据块的哈希值，称为键（Key）；另一部分是拥有该数据块的主机的值（Value），用一个三元组（IP 地址，UDP 端口，目标节点 ID）表示。每一个节点只存储离自己最近的一些节点的信息。也就是说，每个节点对自己附近的情况非常了解，随着距离的增大，了解的程度逐渐降低。

可以证明，在具有 n 个节点的 Kad 网络中查找一个目标节点，需要的最大搜索次数为 $O(\log(n))$。这正是 Kad 网络的效率之所在，也是 Kademlia 算法在各种 P2P 网络中被广泛采用的原因。图 6-61 表示节点 0011 找到节点 1110 的过程，第一步先找到节点 101，第二步找到节点 1101，第三步找到节点 11110，第四步终于找到了节点 1110。在这其中，只有第一步查询的节点 101 是节点 0011 已经知道的，其他节点都是上一步查询返回的更接近目标的节点。

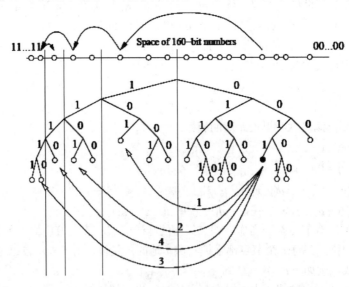

图 6-61　Kad 网络搜索的例子

第 7 章　下一代互联网

下一代互联网（Next Generation Internet，NGI）是美国政府于 20 世纪 90 年代支持的研究计划，其目的有 3 个：开发下一代光纤技术，把现有网络的连接速率提高 100～1000 倍；研发高级的网络服务技术，包括 QoS、网络管理新技术和新的网络服务体系结构；演示新的网络应用，例如远程医疗、远程教育、高性能全球通信等。该研究计划于 2002 年宣布基本完成。我国的下一代互联网计划 CNGI 从 2003 年开始启动，经过了 5 年的研究终于取得了圆满成功，并在 2008 年北京奥运会期间向全世界展示了基于 IPv6 的官方网站 www.beijing2008.cn。本章讲述 NGI 的关键技术以及 IPv4 向 IPv6 的过渡技术，并介绍下一代互联网研究的进展情况。

7.1　IPv6

基于 IPv4 的因特网已运行多年，随着网络应用的普及和扩展，IPv4 协议逐渐暴露出一些缺陷，主要问题如下。

- 网络地址短缺：IPv4 地址为 32 位，只能提供大约 43 亿个地址，其中 1/3 被美国占用。IPv4 的两级编址方案造成了很多无用的地址"空洞"，地址空间浪费很大。另一方面，随着 TCP/IP 应用的扩大，对网络地址的需求迅速增加，有的主机分别属于多个网络，需要多个 IP 地址，有些非主机设备，例如自动柜员机和有线电视接收机也要求分配 IP 地址。一系列新需求的出现都加剧了 IP 地址的紧缺，虽然采用了诸如 VLSM、CIDR 和 NAT 等辅助技术，但是并没有彻底解决问题。
- 路由速度慢：随着网络规模的扩大，路由表越来越庞大，路由处理速度越来越慢。这是因为 IPv4 头部多达 13 个字段，路由器处理的信息量很大，而且大部分处理操作都要用软件实现，这使得路由器已经成为因特网的瓶颈。因此，设法简化路由处理成为提高网络传输速度的关键技术。
- 缺乏安全功能：随着互联网的广泛应用，网络安全成为迫切需要解决的问题。IPv4 没有提供安全功能，阻碍了互联网在电子商务等信息敏感领域的应用。近年来，在 IPv4 基础上针对不同的应用领域研究出了一些安全成果，例如 IPSec、SLL 等。这些成果需要进一步的整合，以便为各种应用领域提供统一的安全解决方案。
- 不支持新的业务模式：IPv4 不支持许多新的业务模式，例如语音、视频等实时信息传输需要 QoS 支持，P2P 应用还需要端到端的 QoS 支持，移动通信需要灵活的接入控制，也需要更多的 IP 地址等。这些新业务的出现对互联网的应用提出了一些难以解决的问题，需要对现行的 IP 协议做出根本性的变革。

　　针对 IPv4 面临的问题，IETF 在 1992 年 7 月发出通知，征集对下一代 IP 协议（IPng）的建议。在对多个建议筛选的基础上，IETF 于 1995 年 1 月发表了 RFC 1752（The Recommendation of the IP Next Generation Protocol），阐述了对下一代 IP 的需求，定义了新的协议数据单元，这是 IPv6 研究中的里程碑事件。随后的一些 RFC 文档给出了 IPv6 协议的补充定义，关于 IPv6 各种研究成果都包含在 1998 年 12 月发表的 RFC 2460 文档中。

7.1.1　IPv6 分组格式

　　IPv6 协议数据单元的格式如图 7-1（a）所示，整个 IPv6 分组由一个固定头部和若干个扩展头部以及上层协议的负载组成。扩展头部是任选的，转发路由器只处理与其有关的部分，这样就简化了路由器的转发操作，加速了路由处理的速度。IPv6 的固定头部如图 7-1（b）所示，其中的各个字段解释如下：

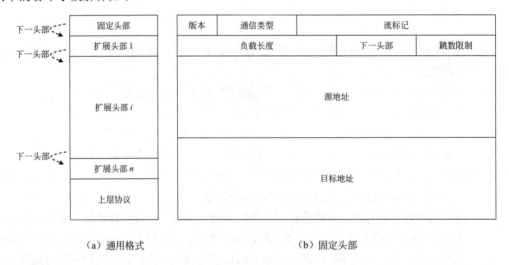

（a）通用格式　　　　　　　　（b）固定头部

图 7-1　IPv6 分组

- 版本（4 位）：用 0110 指示 IP 第六版。
- 通信类型（8 位）：这个字段用于区分不同的 IP 分组，相当于 IPv4 中的服务类型字段，通信类型的详细定义还在研究和实验之中。
- 流标记（20 位）：原发主机用该字段来标识某些需要特别处理的分组，例如特别的服务质量或者实时数据传输等，流标记的详细定义还在研究和实验之中。

- 负载长度（16 位）：表示除了 IPv6 固定头部 40 个字节之外的负载长度，扩展头包含在负载长度之中。
- 下一头部（8 位）：指明下一个头部的类型，可能是 IPv6 的扩展头部，也可能是高层协议的头部。
- 跳数限制（8 位）：用于检测路由循环，每个转发路由器对这个字段减 1，如果变成 0，分组被丢弃。
- 源地址（128 位）：发送节点的地址。
- 目标地址（128 位）：接收节点的地址。

IPv6 有 6 种扩展头部，如表 7-1 所示。这 6 种扩展头部都是任选的。扩展头部的作用是保留 IPv4 某些字段的功能，但只是由特定的网络设备来检查处理，而不是每个设备都要处理。

表 7-1　IPv6 的扩展头部

头 部 名 称	解　释	
逐跳选项（hop-by-hop option）	这些信息由沿途各个路由器处理	特大净负荷 Jumbograms
		路由器警戒 Router Alert
目标选项（Destination option）	选项中的信息由目标节点检查处理	
路由选择（routing）	给出一个路由器地址列表组成，类似于 IPv4 的松散源由和路由记录	
分段（Fragmentation）	处理数据报的分段问题	
认证（Authentication）	由接收者进行身份认证	
封装安全负荷（Encrypted security payload）	对分组内容进行加密的有关信息	

扩展头部的第一个字节是下一头部（Next Header）选择符（图 7-2（a）），其值指明了下一个头部的类型，例如 60 表示目标选项，43 表示源路由，44 表示分段，51 表示认证，50 表示封装安全负荷等（http://www.iana.org/assignments/ipv6-parameters），59 表示没有下一个头部了。由于逐跳选项没有指定相应的编码，所以它如果出现要放在所有扩展头部的最前面，在 IPv6 头部的"下一头部"字段中用 0 来指示逐跳选项的存在。扩展头部的第二个字节表示头部扩展长度（Hdr Ext Len），以 8 个字节计数，其值不包含扩展头部的前 8 个字节。也就是说，如果扩展头部只有 8 个字节，则该字段为 0。

逐跳选项是可变长字段，任选部分（Options）被编码成类型-长度-值（TLV）的形式，如图 7-2（b）所示。类型（Type）为一个字节长，其中前两位指示对于不认识的头部如何处理，其编码如下。

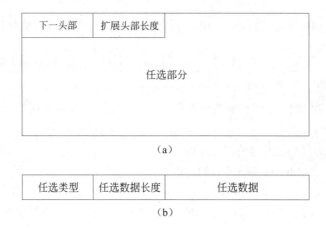

（a）

| 任选类型 | 任选数据长度 | 任选数据 |

（b）

图 7-2　包含任选部分的扩展头部

- 00：跳过该任选项，继续处理其他头部。
- 01：丢弃分组。
- 10：丢弃分组，并向源节点发送 ICMPv6 参数问题报文。
- 11：处理方法同前，但是对于组播地址不发送 ICMP 报文（防止出错的组播分组引起大量 ICMP 报文）。

长度（Length）是 8 位无符号整数，表示任选数据部分包含的字节数。值（Value）是相应类型的任选数据。

逐跳选项包含了通路上每个路由器都必须处理的信息，目前只定义了两个选项。"特大净负荷"选项适用于传送大于 64K 的特大分组，以便有效地利用传输介质的容量传送大量的视频数据。"路由器警戒"选项（RFC 2711）用于区分数据报封装的组播监听发现（MLD）报文、资源预约（RSVP）报文以及主动网络（Active Network）报文等，这些协议可以利用这个字段实现特定的功能。

目标选项包含由目标主机处理的信息，例如预留缓冲区等。目标选项的报文格式与逐跳选项相同。

路由选择扩展头的格式如图 7-3 所示，其中的路由类型字段是一个 8 位的标识符，最初只定义了一种类型 0，用于表示松散源路由。未用段表示在分组传送过程中尚未使用的路由段数量，这个字段在分组传送过程中逐渐减少，到达目标端时应为 0。路由类型 0 的分组格式表示在图 7-3 中，在第一个字之后保留一个字，其初始值为 0，到达接收端时被忽略。接下来就是 n 个 IPv6 地址，指示通路中要经过的路由器。

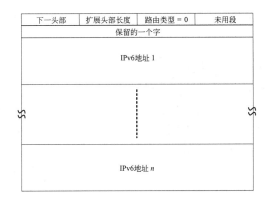

图 7-3　路由头部

分段扩展头表示在图 7-4 中，其中包含了 13 位的段偏置值（编号），是否为最后一个分段的标志 M，以及数据报标识符，这些都与 IPv4 的规定相同。与 IPv4 不同的是，在 IPv6 中只能由原发节点进行分段，中间路由器不能分段，这样就简化了路由过程中的分段处理。

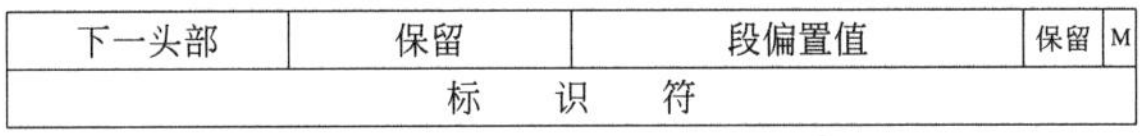

下一头部	保留	段偏置值	保留	M
标　识　符				

图 7-4　分段头部

认证和封装安全负荷的详细介绍已经超出了本书的范围，读者可参考有关 IPSec 的资料。

如果一个 IPv6 分组包含多个扩展头，建议采用下面的封装顺序：

（1）IPv6 头部。

（2）逐跳选项头。

（3）目标选项头（IPv6 头部目标地址字段中指明的第一个目标节点要处理的信息，以及路由选择头中列出的后续目标节点要处理的信息）。

（4）路由选择头。

（5）分段头。

（6）认证头。

（7）封装安全负荷头。

（8）目标选项头（最后的目标节点要处理的信息）。

（9）上层协议头部。

7.1.2 IPv6 地址

IPv6 地址扩展到 128 位。2^{128} 足够大，这个地址空间可能永远用不完。事实上，这个数大于阿伏加德罗常数，足够为地球上的每个分子分配一个 IP 地址。用一个形象的说法，这样大的地址空间允许整个地球表面上每平方米配置 7×10^{23} 个 IP 地址。

IPv6 地址采用冒号分隔的十六进制数表示，例如下面是一个 IPv6 地址：

8000:0000:0000:0000:0123:4567:89AB:CDEF

为了便于书写，规定了一些简化写法。首先，每个字段前面的 0 可以省去，例如 0123 可以简写为 123；其次，一个或多个全 0 字段 0000 可以用一对冒号代替。例如，以上地址可简写为：

8000::123:4567:89AB:CDEF

另外，IPv4 地址仍然保留十进制表示法，只需要在前面加上一对冒号，就成为 IPv6 地址，称为 IPv4 兼容地址（IPv4 Compatible），例如：

::192.168.10.1

1．格式前缀

IPv6 地址的格式前缀（Format Prefix，FP）用于表示地址类型或子网地址，用类似于 IPv4 CIDR 的方法可表示为"IPv6 地址/前缀长度"的形式。例如 60 位的地址前缀 12AB00000000CD3 有下列几种合法的表示形式：

12AB:0000:0000:CD30:0000:0000:0000:0000/60

12AB::CD30:0:0:0:0/60

12AB:0:0:CD30::/60

下面的表示形式是不合法的：

12AB:0:0:CD3/60（在 16 位的字段中可以省掉前面的 0，但不能省掉后面的 0）

12AB::CD30/60（这种表示可展开为 12AB:0000:0000:0000:0000:0000:0000:CD30）

12AB::CD3/60（这种表示可展开为 12AB:0000:0000:0000:0000:0000:0000:0CD3）

一般来说，节点地址与其子网前缀组合起来可采用紧缩形式表示，例如节点地址：

12AB:0:0:CD30:123:4567:89AB:CDEF

若其子网号为 12AB:0:0:CD30::/60，则等价的写法是 12AB:0:0:CD30:123:4567:89AB:CDEF/60。

2．地址分类

IPv6 地址是一个或一组接口的标识符。IPv6 地址被分配到接口，而不是分配给节点。IPv6 地址有 3 种类型：

1）单播（Unicast）地址

单播地址是单个网络接口的标识符。对于有多个接口的节点，其中任何一个单播地址都可以用作该节点的标识符。但是为了满足负载平衡的需要，在 RFC 2373 中规定，只要在实现中多个接口看起来形同一个接口就允许这些接口使用同一地址。IPv6 的单播地址是用一定长度的格式前缀汇聚的地址，类似于 IPv4 中的 CIDR 地址。在单播地址中有下列两种特殊地址。

- 不确定地址：地址 0:0:0:0:0:0:0:0 称为不确定地址，不能分配给任何节点。不确定地址可以在初始化主机时使用，在主机未取得地址之前，它发送的 IPv6 分组中的源地址字段可以使用这个地址。这种地址不能用作目标地址，也不能用在 IPv6 路由头中。
- 回环地址：地址 0:0:0:0:0:0:0:1 称为回环地址，节点用这种地址向自身发送 IPv6 分组。这种地址不能分配给任何物理接口。

2）任意播（AnyCast）地址

这种地址表示一组接口（可属于不同节点）的标识符。发往任意播地址的分组被送给该地址标识的接口之一，通常是路由距离最近的接口。对 IPv6 任意播地址存在下列限制：

- 任意播地址不能用作源地址，而只能作为目标地址。
- 任意播地址不能指定给 IPv6 主机，只能指定给 IPv6 路由器。

3）组播（MultiCast）地址

组播地址是一组接口（一般属于不同节点）的标识符，发往组播地址的分组被传送给该地址标识的所有接口。IPv6 中没有广播地址，它的功能已被组播地址所代替。

在 IPv6 地址中，任何全“0”和全“1”字段都是合法的，除非特别排除的之外。特别是前缀可以包含“0”值字段，也可以用“0”作为终结字段。一个接口可以被赋予任何类型的多个地址（单播、任意播、组播）或地址范围。

3．地址类型初始分配

IPv6 地址的具体类型是由格式前缀来区分的，这些前缀的初始分配如表 7-2 所示。

表 7-2　IPv6 地址的初始分配

分　　配	前缀（二进制）	占地址空间的比例
保留	0000 0000	1/256
未分配	0000 000	11/256
为 NSAP 地址保留	0000 001	1/128
为 IPX 地址保留	0000 010	1/128
未分配	0000 011	1/128
未分配	0000 1	1/32
未分配	0001	1/16

续表

分　　配	前缀（二进制）	占地址空间的比例
可聚合全球单播地址	001	1/8
未分配	010	1/8
未分配	011	1/8
未分配	100	1/8
未分配	101	1/8
未分配	110	1/8
未分配	1110	1/16
未分配	1111 0	1/32
未分配	1111 10	1/64
未分配	1111 110	1/128
未分配	1111 1110 0	1/512
链路本地单播地址	1111 1110 10	1/1024
站点本地单播地址	1111 1110 11	1/1024
组播地址	1111 1111	1/256

　　地址空间的 15%是初始分配的，其余 85%的地址空间留作将来使用。这种分配方案支持可聚合地址、本地地址和组播地址的直接分配，并保留了 SNAP 和 IPX 的地址空间，其余的地址空间留给将来的扩展或者新的用途。单播地址和组播地址都是由地址的高阶字节值来区分的：FF（1111 1111）标识一个组播地址，其他值则标识一个单播地址，任意播地址取自单播地址空间，与单播地址在语法上无法区分。

4．单播地址

　　IPv6 单播地址包括可聚合全球单播地址、链路本地地址、站点本地地址和其他特殊单播地址。

　　（1）可聚合全球单播地址：这种地址在全球范围内有效，相当于 IPv4 公用地址。全球地址的设计有助于构架一个基于层次的路由基础设施。可聚合全球单播地址结构如图 7-5 所示。

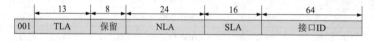

	13	8	24	16	64
001	TLA	保留	NLA	SLA	接口ID

图 7-5　可聚合全球单播地址

　　可聚合全球单播地址的格式前缀为 001，随后的顶级聚合体 TLA（Top Level Aggregator）、下级聚合体 NLA（Next Level Aggregator）以及站点级聚合体 SLA（Site Level Aggregator）构

成了自顶向下的 3 级路由层次结构（如图 7-6 所示）。TLA 是远程服务供应商的骨干网接入点，TLA 向地区互联网注册机构 RIR（ARIN、RIPE NCC、APNIC 等）申请 IPv6 地址块，TLA 之下就是商业地址分配范围。NLA 是一般的 ISP，它们把从 TLA 申请的地址分配给 SLA，各个站点级聚合体再为机构用户或个人用户分配地址。分层结构的最底层是主机接口，通常是在主机的 48 位 MAC 地址前面填充 0xFFFE 构成的接口 ID。

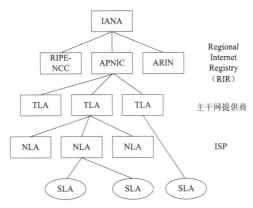

ARIN：American Registry for Internet Numbers；
RIPE – NCC：Réseau IP Européens - Network Coordination Centre in Europe；
APNIC：Asia Pacific Network Information Centre；

图 7-6　可聚合全球单播地址层次结构

（2）本地单播地址：这种地址的有效范围仅限于本地，又分为两类。

- 链路本地地址：其格式前缀为 1111 1110 10，用于同一链路的相邻节点间的通信。链路本地地址相当于 IPv4 中的自动专用 IP 地址（APIPA），可用于邻居发现，并且总是自动配置的，包含链路本地地址的分组不会被路由器转发。
- 站点本地地址：其格式前缀为 1111 1110 11，相当于 IPv4 中的私网地址。如果企业内部网没有连接到 Internet 上，则可以使用这种地址。站点本地地址不能被其他站点访问，包含这种地址的分组也不会被路由器转发到站点之外。

5．组播地址

IPv6 组播可以将数据报传输给组内的所有成员。IPv6 组播地址的格式前缀为 1111 1111，此外还包括标志（Flags）、范围和组 ID 等字段，如图 7-7 所示。

图 7-7　IPv6 组播地址

Flags 可表示为 000T，T=0 表示被 IANA 永久分配的组播地址；T=1 表示临时的组播地址。Scope 是组播范围字段，表 7-3 列出了在 RFC 2373 中定义的 Scope 的值。Group ID 标识了一个给定范围内的组播组。永久分配的组播组 ID 与范围字段无关，临时分配的组播组 ID 在特定的范围内有效。

表 7-3   Scope 字段值

值	范　　围
0	保留
1	节点本地范围
2	链路本地范围
5	站点本地范围
8	机构本地范围
E	全球范围
F	保留

6．任意播地址

任意播地址仅用作目标地址，且只能分配给路由器。任意播地址是在单播地址空间中分配的。一个子网内的所有路由器接口都被分配了子网-路由器任意播地址。子网-路由器任意播地址必须在子网前缀中进行预定义。为构造一个子网-路由器任意播地址，子网前缀必须固定，其余位置全"0"，如图 7-8 所示。

图 7-8   子网-路由器任意播地址

表 7-4 是 IPv4 与 IPv6 地址的比较。

表 7-4   IPv4 和 IPv6 地址比较

IPv4 地址	IPv6 地址
点分十进制表示	带冒号的十六进制表示，0 压缩
分为 A、B、C、D、E 5 类	不分类
组播地址 224.0.0.0/4	组播地址 FF00::/8
广播地址（主机部分为全 1）	任意播（限于子网内部）
默认地址 0.0.0.0	不确定地址::
回环地址 127.0.0.1	回环地址::1
公共地址	可聚合全球单播地址 FP＝001

续表

IPv4 地址	IPv6 地址
私网地址 10.0.0.0/8; 172.16.0.0/12; 192.168.0.0/16	站点本地地址 FECO::/48
自动专用 IP 地址 169.254.0.0/16	链路本地地址 FE8O::/48

7．IPv6 的地址配置

IPv6 把自动 IP 地址配置作为标准功能，只要计算机连接上网络便可自动分配 IP 地址。这样做有两个优点，一是最终用户无须花精力进行地址设置，二是可以大大减轻网络管理者的负担。IPv6 有两种自动配置功能，一种是"全状态自动配置"，另一种是"无状态自动配置"。

在 IPv4 中，动态主机配置协议（DHCP）实现了 IP 地址的自动设置。IPv6 继承了 IPv4 的这种自动配置服务，并将其称为全状态自动配置（Stateful Auto-Configuration）。

在无状态自动配置（Stateless Auto-Configuration）过程中，主机通过两个阶段分别获得链路本地地址和可聚合全球单播地址。首先主机将其网卡 MAC 地址附加在链路本地地址前缀 1111 1110 10 之后，产生一个链路本地地址，并发出一个 ICMPv6 邻居发现（Neighbor Discovery）请求，以验证其地址的唯一性。如果请求没有得到响应，则表明主机自我配置的链路本地地址是唯一的。否则，主机将使用一个随机产生的接口 ID 组成一个新的链路本地地址。获得链路本地地址后，主机以该地址为源地址，向本地链路中所有路由器的组播 ICMPv6 路由器请求（Router Solicitation）报文，路由器以一个包含可聚合全球单播地址前缀的路由器公告（Router Advertisement）报文响应。主机用从路由器得到的地址前缀加上自己的接口 ID，自动配置一个全球单播地址，这样就可以与 Internet 中的任何主机进行通信了。使用无状态自动配置，无须用户手工干预就可以改变主机的 IPv6 地址。

7.1.3　IPv6 路由协议

IPv6 单播路由协议与 IPv4 类似，有些是在原有协议基础上进行了简单的扩展，有些则完全是新的版本。

1．RIPng

下一代 RIP 协议（RIPng）是对原来的 RIPv2 的扩展。大多数 RIP 的概念都可以用于 RIPng。为了在 IPv6 网络中应用，RIPng 对原有的 RIP 协议进行了以下修改。

- UDP 端口号：使用 UDP 的 521 端口发送和接收路由信息。
- 组播地址：使用 FF02::9 作为链路本地范围内的 RIPng 路由器组播地址。
- 路由前缀：使用 128 位的 IPv6 地址作为路由前缀。

- 下一跳地址：使用 128 位的 IPv6 地址。

2．OSPFv3

RFC 2740 定义了 OSPFv3，用于支持 IPv6。OSPFv3 与 OSPFv2 的主要区别如下：

（1）修改了 LSA 的种类和格式，使其支持发布 IPv6 路由信息。

（2）修改了部分协议流程。主要的修改包括用 Router-ID 来标识邻居，使用链路本地地址来发现邻居等，使得网络拓扑本身独立于网络协议，以便于将来扩展。

（3）进一步理顺了拓扑与路由的关系。OSPFv3 在 LSA 中将拓扑与路由信息相分离，在一、二类 LSA 中不再携带路由信息，而只是单纯的拓扑描述信息，另外增加了八、九类 LSA，结合原有的三、五、七类 LSA 来发布路由前缀信息。

（4）提高了协议适应性。通过引入 LSA 扩散范围的概念进一步明确了对未知 LSA 的处理流程，使得协议可以在不识别 LSA 的情况下根据需要做出恰当处理，提高了协议的可扩展性。

3．BGP 4+

传统的 BGP 4 只能管理 IPv4 的路由信息，对于使用其他网络层协议（如 IPv6 等）的应用，在跨自治系统传播时会受到一定的限制。为了提供对多种网络层协议的支持，IETF 发布的 RFC 2858 文档对 BGP 4 进行了多协议扩展，形成了 BGP 4+。

为了实现对 IPv6 协议的支持，BGP 4+必须将 IPv6 网络层协议的信息反映到 NLRI（Network Layer Reachable Information）及 Next_Hop 属性中。为此，在 BGP4+中引入了下面两个 NLRI 属性。

- MP_REACH_NLRI：多协议可到达 NLRI，用于发布可到达路由及下一跳信息。
- MP_UNREACH_NLRI：多协议不可达 NLRI，用于撤销不可达路由。

BGP 4+中的 Next_Hop 属性用 IPv6 地址来表示，可以是 IPv6 全球单播地址或者下一跳的链路本地地址。BGP 4 原有的消息机制和路由机制没有改变。

4．ICMPv6 协议

ICMPv6 协议用于报告 IPv6 节点在数据包处理过程中出现的错误消息，并实现简单的网络诊断功能。ICMPv6 新增加的邻居发现功能代替了 ARP 协议的功能，所以在 IPv6 体系结构中已经没有 ARP 协议了。除了支持 IPv6 地址格式之外，ICMPv6 还为支持 IPv6 中的路由优化、IP 组播、移动 IP 等增加了一些新的报文类型，择其要者列举如下：

类型码	含义	RFC 文档
127	Reserved for expansion of ICMPv6 error messages	[RFC 4443]
130	Multicast Listener Query	[RFC 2710]

131	Multicast Listener Report	[RFC 2710]
132	Multicast Listener Done	[RFC 2710]
133	Router Solicitation	[RFC 4861]
134	Router Advertisement	[RFC 4861]
135	Neighbor Solicitation	[RFC 4861]
136	Neighbor Advertisement	[RFC 4861]
139	ICMP Node Information Query	[RFC 4620]
140	ICMP Node Information Response	[RFC 4620]
141	Inverse Neighbor Discovery Solicitation Message	[RFC 3122]
142	Inverse Neighbor Discovery Advertisement Message	[RFC 3122]
144	Home Agent Address Discovery Request Message	[RFC 3775]
145	Home Agent Address Discovery Reply Message	[RFC 3775]
146	Mobile Prefix Solicitation	[RFC 3775]
147	Mobile Prefix Advertisement	[RFC 3775]
148	Certification Path Solicitation Message	[RFC 3971]
149	Certification Path Advertisement Message	[RFC 3971]
151	Multicast Router Advertisement	[RFC 4286]
152	Multicast Router Solicitation	[RFC 4286]
153	Multicast Router Termination	[RFC 4286]

7.1.4　IPv6 对 IPv4 的改进

与 IPv4 相比，IPv6 有下列改进：

（1）寻址能力方面的扩展。IP 地址增加到 128 位，并且能够支持多级地址层次；地址自动配置功能简化了网络地址的管理工作；在组播地址中增加了范围字段，改进了组播路由的可伸缩性；增加的任意播地址比 IPv4 中的广播地址更加实用。

（2）分组头格式得到简化。IPv4 头中的很多字段被丢弃，IPv6 头中字段的数量从 12 个降到了 8 个，中间路由器必须处理的字段从 6 个降到了 4 个，这样就简化了路由器的处理过程，提高了路由选择的效率。

（3）改进了对分组头部选项的支持。与 IPv4 不同，路由选项不再集成在分组头中，而是把扩展头作为任选项处理，仅在需要时才插入到 IPv6 头与负载之间。这种方式使得分组头的处理更灵活，也更流畅。以后如果需要，还可以很方便地定义新的扩展功能。

（4）提供了流标记能力。IPv6 增加了流标记，可以按照发送端的要求对某些分组进行特别的处理，从而提供了特别的服务质量支持，简化了对多媒体信息的处理，可以更好地传送具有实时需求的应用数据。

7.2 移动 IP

当笔记本电脑迅速普及的时候，很多用户因为不能在异地连网而感到苦恼。在当前使用的系统中，IPv4 地址分为网络地址和主机地址两个部分。当用户主机配置了静态地址（例如160.40.20.10/16）时，所有路由器中都记录了到达该网络（160.40）的路由，若用户不在自己的局域网中，就收不到发送给他的信息了。在新的连网地点配置一个新地址的方法缺乏吸引力，一般用户难以掌握重新配置地址的工作，即使重新配置后，也可能影响主机中的各种应用软件。

解决这个问题的另一种思路是在路由器中使用完整的 IP 地址进行路由选择，但这样就会大大增加路由表项，使得路由设备的工作效率更低，所以也是行不通的。

那么，能否在新的连网地点自动重新建立连接，从依赖于固定地点的连接过渡到灵活的移动连接是一个新的研究课题，为此，IETF 成立了专门的工作组，并预设了下列研究目标：

- 移动主机能够在任何地方使用它的家乡地址进行连网。
- 不允许改变主机中的软件。
- 不允许改变路由器软件和路由表的结构。
- 发送给移动主机的大部分分组不需要重新路由。
- 移动主机在家乡网络中的上网活动无须增加任何开销。

IETF 给出的解决方案是 RFC 3344（IP Mobility Support for IPv4）和 RFC 3775（Mobility Support in IPv6）。这一节讲述这两个标准的主要内容。

7.2.1 移动 IP 的通信过程

RFC 3344 给出的解决方案是增强 IPv4 协议，使其能够把 IP 数据报路由到移动主机当前所在的连接站点。按照这个方案，每个移动主机配置了一个家乡地址（home address）作为永久标识。当移动主机离开家乡网络时，通过所在地点的外地代理，它被赋予了一个转交地址（care-of address）。协议提供了一种注册机制，使得移动主机可以通过家乡地址获得转交地址。家乡代理通过安全隧道可以把分组转发给外地代理，然后被提交给移动主机。

图 7-9 表示了一个连接局域网、城域网和无线通信网的广域网。在连网的计算机中，有一类主机用铜缆或光纤连接在局域网中，从来不会移动，我们认为这些主机是静止的。可以移动的主机有两类，一类基本上是静止的，只是有时候从一个地点移动到另一个地点，并且在任何地点都可以通过有线或无线连接进入 Internet；另一类是在运动中进行计算的主机，它通过在无线通信网中漫游来保持网络连接。我们所说的移动主机包括了这两类主机，也就是说，移动主机是指在离开家乡网络的远程站点可以连网工作的计算机。

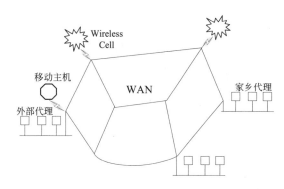

图 7-9　连接局域网和无线通信网的广域网

假定所有移动主机都有一个固定不变的家乡站点，同时也有一个固定不变的家乡地址来定位它的家乡网络。这种家乡地址就像固定电话号码一样，分别用国家代码、地区代码和座机号来定位电话机所在的地理位置。在图 7-9 所示的 WAN 中，每个局域网中都有一个家乡代理（home agent）进程，它们的任务是跟踪属于本地网络而又在外地连网的移动主机；同时还有一个外地代理（foreign agent）进程，其任务是监视所有进行异地访问的移动主机。当移动主机进入一个站点时，无论是插入当地的网络接口还是漫游到当地的蜂窝小区，主机都必须向附近的外地代理进行注册，注册过程如下：

（1）外地代理周期性地广播一个公告报文，宣布自己的存在和自己的地址，新到达的主机等待这样的消息。如果没有及时得到这个消息，移动主机可以主动广播一个分组来寻找附近的外地代理。

（2）移动主机在外地代理上进行注册，提供它的家乡地址、MAC 地址和必要的安全信息。

（3）外地代理与移动主机的家乡代理进行联系，告诉外地代理的地址以及有关移动主机的安全信息，使得家乡代理可以进行验证，确保不被假冒者欺骗。

（4）家乡代理检查安全信息正确后发回一个响应，通知外地代理（通信可以继续进行）。

（5）当外地代理得到家乡代理的响应后就通知移动主机（注册成功），移动主机这时被分配了一个转交地址。

以后的通信过程如图 7-10 所示。如果有另外一个主机向移动主机发送信息，则：

（1）第一个分组被发送到移动主机的家乡地址。

（2）第一个分组通过隧道被转发到移动主机的转交地址。

（3）家乡代理向发送节点返回外地代理的转交地址。

（4）发送节点把后续分组通过隧道发送给移动主机的转交地址。

移动 IP 提供了两种获取转交地址的方式。一种是外地代理转交地址（Foreign Agent Care-of Address），这种转交地址是外地代理在它的代理公告报文中提供的地址，也就是外地代理的 IP

地址。在这种情况下，外地代理是隧道的终点。接收到隧道中的数据后，外地代理要提取出封装的数据报并提交给移动主机。这种获取方式的好处是允许多个移动主机共享同一转交地址，因而不会对有限的 IP 地址空间提出过多的需求。

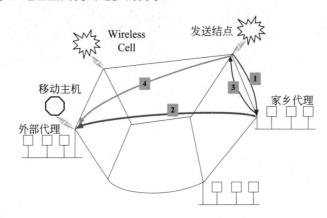

图 7-10　移动主机的通信过程

另外一种获取模式是配置转交地址（Collocated Care-of Address），是暂时分配给移动节点的某个端口的 IP 地址，其网络前缀必须与移动节点当前所连接的外地链路的网络前缀相同。一个配置转交地址只能被一个移动节点使用，可以是通过 DHCP 服务器动态分配的地址，或是在地址缓冲池中选取的私网地址。这种获取方式的好处是移动主机成为隧道的终点，由移动主机自己从隧道中提取发送给它的分组。

使用配置转交地址还有一个好处，就是移动主机也可以在没有配置外地代理的网络中工作。但是这种方案对有限的 IPv4 地址空间增加了很大的负担，在外部网络中需要配置一个地址缓冲池，以备移动主机来访问。

重要的是要认真区分转交地址和外地代理的功能。转交地址是隧道的终点，它可能是外地代理的地址（foreign agent care-of address），也可能是移动主机获得的临时地址（co-located care-of address）。外地代理与家乡代理一样，都是为移动主机服务的移动代理。

7.2.2　移动 IPv6

RFC 3775 规范了 IPv6 对移动主机的支持功能，定义的协议称为移动 IPv6。在这个协议的支持下，当移动节点连接到一个新的链路时，仍然可以与其他静止的或移动的节点进行通信。移动节点离开其家乡链路对传输层和应用层协议、对应用程序都是透明的。

移动 IPv6 协议适合于同构型介质，也适合于异构型介质。例如，可以从一个以太网段移动到另一个以太网段，也可以从一个以太网段移动到一个无线局域网小区，移动节点的家乡地址都无须改变。

1. 移动 IPv6 的工作机制

在移动 IPv6 中，家乡地址是带有移动节点家乡子网前缀的 IP 地址。当移动节点连接在家乡网络中时，发送给家乡地址的分组通过常规的路由机制可以到达移动节点。当移动节点连接到外地链路时，可以通过一个或多个转交地址对其寻址。转交地址是具有外地链路子网前缀的 IP 地址。移动节点可以通过常规的 IPv6 机制获取转交地址，例如 7.1.2 小节提到的无状态或全状态自动配置过程。只要移动节点停留在外部某个位置，发送给转交地址的分组都可以被路由到移动节点。当移动节点处于漫游状态时，它可能从几个转交地址接收分组，只要它还能与以前的链路保持连接。

移动节点的家乡地址与转交地址之间的关联称为绑定（binding）。当移动节点离开家乡网络时，要在家乡链路上的路由器中注册一个主转交地址（primary care-of address），并请求该路由器担任它的家乡代理。注册过程要求移动节点向家乡代理发送一个绑定更新（Binding Update）报文，家乡代理以绑定应答（Binding Acknowledgement）报文响应。

与移动节点通信的节点称为对端节点（correspondent node）。移动节点通过"对端注册"过程向对端节点提供它当前的位置，并且授权对端节点把自己的家乡地址与当前的转交地址进行绑定。

移动节点与对端节点之间的通信有两种方式。第一种方式是双向隧道（Bidirectional Tunneling），在这种情况下不需要移动 IPv6 的支持，即使移动节点没有在对端节点上注册它当前的绑定也可以进行通信。与移动 IPv4 一样，对端节点发出的分组首先被路由到移动节点的家乡代理，然后通过隧道被转发到转交地址。移动节点发出的分组首先通过隧道发送给家乡代理，然后按照正常的路由过程转发到对端节点。在这种模式下，家乡代理可以利用"邻居发现"功能截取任何目标地址为移动节点家乡地址的 IPv6 分组，并通过隧道把截取到的分组传送到移动节点的主转交地址。

第二种方式是路由优化（route optimization），要求移动节点把它当前的绑定信息注册到对端节点上，对端节点发出的分组就可以直接路由到移动节点的转交地址。当对端节点发送一个 IPv6 分组时，首先要检查它缓冲的有关目标地址的绑定项，如果发现该目标地址已经绑定了一个转交地址，则对端节点就可以使用一种新的 2 型路由头（见下面的解释），以便把分组路由到移动节点的转交地址。指向移动节点转交地址的路由分组选择最短的路径到达目标，这种通信方式缓和了移动节点家乡代理和家乡链路上的通信拥塞，而且家乡代理或网络通路上的任何失效所产生的影响都被减至最小。

移动 IPv6 也支持多个家乡代理，并有限地支持家乡网络的重新配置。在这种情况下，移动节点也许不知道家乡代理的 IP 地址，甚至家乡子网前缀改变时它也不知道。有一种叫作"家乡代理地址发现"的机制（ICMPv6 144，145 报文），允许移动节点动态地发现家乡代理的 IP 地址，即使移动节点离开其家乡网络也可以工作。移动节点也可以学习新的信息，通过"移动前缀请求"机制（ICMPv6 146，147 报文）来了解家乡子网前缀的变化情况。这些功能都需要 ICMPv6 的支持。

移动 IPv6 的实现对 IPv6 的通信节点和路由器提出了以下特殊要求。

- 对通信节点的要求：每个 IPv6 节点都可能成为某个移动主机的对端节点，所以每个 IPv6 节点都必须能够处理包含在 IPv6 数据包中的"家乡地址"选项。每个 IPv6 节点应能处理接收到的"绑定更新"选项，并能返回"绑定应答"选项。每个 IPv6 节点应能进行绑定管理。

- 对路由器的要求：IPv6 路由器应该支持相邻节点的搜索功能，支持 ICMPv6 路由器发现机制。每个 IPv6 路由器都应该能够以更快的速率发送"路由器广播"消息。在移动主机的家乡链路上至少应该有一个路由器作为它的家乡代理。

2．路由扩展头

图 7-3 中的路由选择扩展头称为 0 型路由头，用于一般的松散源路由。为了支持移动 IPv6，RFC 3775 中又定义了一种新的 2 型路由头，如图 7-11 所示，其中提供的路由地址只有一个——移动节点的家乡地址。

下一头部	Hdr Ext Len=2	路由类型 = 2	未用段 = 1
保留			
家乡地址			

图 7-11　2 型路由扩展头

当一个 2 型路由分组指向移动节点时，对端节点应把 IPv6 头中的目标地址设置为移动节点的转交地址，路由头用来承载移动节点的家乡地址。分组到达转交地址后，移动节点要在路由头中检查自己的家乡地址，排除转发来的错误分组。类似地，移动节点发送给对端节点的分组中的源地址也是它当前的转交地址，并在 2 型路由头中说明自己的家乡地址。采用这种路由头，把家乡地址加入到路由头中，使得转交地址对网络层之上成为透明的。

3．移动扩展头

移动头是一种新的、支持移动 IPv6 的扩展头，移动节点、对端节点和家乡代理在生成和管理绑定的过程中都要使用移动头来传输信息。图 7-12 画出了移动头的格式。

负载的协议	头长度	MH类型	保留
校验和			
报文数据			

图 7-12 IPv6 的目标选项头

由于为移动头指定的代码是 135，所以在前面的扩展头中要用 135 来指向移动头，其中的字段解释如下。

- 负载的协议（Payload Protocol）：8 比特的选择符，用于标识紧跟着的扩展头。
- 头长度（Header Len）：8 字节的倍数，除了前 8 个字节。
- MH 类型：8 比特的选择符，说明移动报文的类型。
  - MH＝0：绑定刷新请求报文（Binding Refresh Request Message，BRR），由对端节点发送给移动节点，请求更新它的移动绑定。
  - MH＝1：家乡测试初始化报文（Home Test Init Message，HoTI），由移动节点发送给对端节点，用于测试可达性，并对家乡地址进行验证。
  - MH＝2：转交测试初始化报文（Care-of Test Init Message，CoTI），由移动节点发送给对端节点，用于测试可达性，并对转交地址进行验证。
  - MH＝3：家乡测试报文（Home Test Message，HoT），由对端节点发送给移动节点的报文，是对 HoTI 的响应。
  - MH＝4：转交测试报文（Care-of Test Message，CoT），由对端节点发送给移动节点的报文，是对 CoTI 的响应。
  - MH＝5：绑定更新报文（Binding Update Message，BU），由移动节点发出，通知其他节点绑定一个新的转交地址。
  - MH＝6：绑定应答报文（Binding Acknowledgement Message，BA），对绑定更新报文的应答。
  - MH＝7：绑定出错报文（Binding Error Message，BE），由对端节点发出的移动性出错报文，例如失去绑定信息等。
- 报文数据：指以上 8 种类型的报文数据。

4．移动 IPv6 和移动 IPv4 的比较

移动 IPv6 的设计吸取了移动 IPv4 开发过程中积累的经验，同时也得益于 IPv6 网络提供的许多新功能，下面对移动 IPv6 与移动 IPv4 做一比较（参见表 7-5）。

表 7-5   移动 IPv4 和 IPv6 的比较

移动 IPv4 的概念	移动 IPv6 的概念
移动节点、家乡代理、家乡链路、外地链路	相同
移动节点的家乡地址	全球可路由的家乡地址或链路本地地址
外地代理	外地链路上的 IPv6 路由器（不再有外地代理）
两种转交地址（外地代理转交地址和配置转交地址）	所有转交地址都是配置转交地址
通过代理搜索、DHCP 或手工配置得到转交地址	通过无状态自动配置、DHCP 或手工配置得到转交地址
代理搜索	路由器搜索
向家乡代理进行认证注册	向家乡代理和其他通信伙伴进行认证绑定
到移动节点的数据采用隧道传送	到移动节点的数据传送可采用隧道或路由优化
由其他协议完成路由优化	集成了路由优化

- 移动节点通过常规的 IPv6 地址分配机制（无状态或全状态自动配置过程）获取转交地址，与移动 IPv4 相比，简化了转交地址的分配过程。
- 在运行移动 IPv6 的系统中，移动节点在家乡网络之外的任何网络中操作都不需要本地路由器的支持，因而排除了移动 IPv4 中增加的外地代理功能。
- 每个 IPv6 主机都具备对端节点的功能。当与运行移动 IPv6 的主机通信时，每个 IPv6 主机都可以执行路由优化功能，从而避免了移动 IPv4 中的三角路由问题。
- 移动 IPv6 定义了两种通信模式，但是采用隧道通信的机会很少。事实上，通常只有对端节点发送的第一个分组是由家乡代理转发的，当移动节点向家乡代理发送"绑定更新"消息后，其他的后续分组都会通过路由头进行传送，这样就大大减少了网络的通信开销。
- 移动 IPv6 利用了 IPv6 的安全机制，简化了隧道状态的管理，即使是利用隧道方式进行通信，也比移动 IPv4 的效率高。
- 移动 IPv6 改进了 IPv6 的邻居发现机制，用来查找本地路由器，这样就避免了 IPv4 中使用的 ARP 协议，改进了系统的健壮性。

7.3   从 IPv4 向 IPv6 的过渡

一种新的协议从诞生到广泛应用需要一个过程。在 IPv6 网络全球普遍部署之前，一些首先运行 IPv6 的网络希望能够与当前运行 IPv4 的互联网进行通信。为了这一目的，IETF 成立了专门的工作组 NGTRANS 来研究从 IPv4 向 IPv6 过渡的问题，提出了一系列的过渡技术和互连方案。这些技术各有特点，用于解决不同过渡时期、不同网络环境中的通信问题。

在过渡初期，互联网由运行 IPv4 的"海洋"和运行 IPv6 的"孤岛"组成。随着时间的推移，海洋会逐渐变小，孤岛将越来越多，最终 IPv6 会完全取代 IPv4。过渡初期要解决的问题可以分成两类：第一类是解决 IPv6 孤岛之间互相通信的问题，第二类是解决 IPv6 孤岛与 IPv4 海洋之间的通信问题。目前提出的过渡技术可以归纳为以下 3 种。

- 隧道技术：用于解决 IPv6 节点之间通过 IPv4 网络进行通信的问题。
- 双协议栈技术：使得 IPv4 和 IPv6 可以共存于同一设备和同一网络中。
- 翻译技术：使得纯 IPv6 节点与纯 IPv4 节点之间可以进行通信。

7.3.1　隧道技术

所谓隧道，就是把 IPv6 分组封装到 IPv4 分组中，通过 IPv4 网络进行转发的技术。这种隧道就像一条虚拟的 IPv6 链路一样，可以把 IPv6 分组从 IPv4 网络的一端传送到另一端，在传送期间对原始 IPv6 分组不做任何改变。在隧道两端进行封装和解封的网络节点可以是主机，也可以是路由器。根据隧道端节点的不同，可以分为下面 4 种不同的隧道：

- 主机到主机的隧道。
- 主机到路由器的隧道。
- 路由器到路由器的隧道。
- 路由器到主机的隧道。

建立隧道可以采用手工配置的方法，也可以采用自动配置的方法。手工配置的方法管理不方便，对大的网络更是如此，下面主要分析 IETF 提出的各种自动隧道技术。

1．隧道中介技术

图 7-13 画出了 IPv6 分组通过 IPv4 隧道传送的方法。隧道端点的 IPv4 地址由隧道封装节点中的配置信息确定。这种配置方式要求隧道端点必须运行双协议栈，两个端点之间不能使用 NAT 技术，因为 IPv4 地址必须是全局可路由的。

图 7-13　人工配置的隧道

对于 IPv4/IPv6 双栈主机，可以配置一条默认的隧道，以便把不能连接到任何 IPv6 路由器的分组发送出去。双栈边界路由器的 IPv4 地址必须是已知的，这是隧道端点的地址。这种默认隧道建立后，所有的 IPv6 目标地址都可以通过隧道传送。

对于小型的网络，人工配置隧道是容易的，但是对于大型网络，这个方法就很困难了。有一种叫作隧道中介（Tunnel Broker）的技术可以解决这个难题。图 7-14 表示通过隧道服务器配置隧道端点的方法。隧道服务器是一种即插即用的 IPv6 技术，通过 IPv4 网络可以进行 IPv6 分组的传送。在客户机请求的前提下，来自隧道服务器的配置脚本被发送给客户机，客户机利用收到的配置数据来建立隧道端点，从而建立了一条通向 IPv6 网络的连接。这种技术要求客户机节点必须被配置成双协议栈，客户机的 IPv4 地址必须是全局地址，不能使用 NAT 进行地址转换。

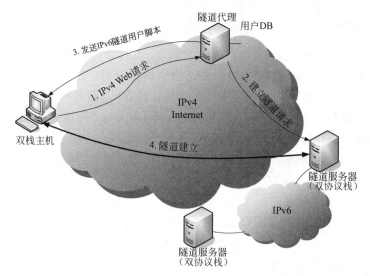

图 7-14   隧道中介

2．自动隧道

两个双栈主机可以通过自动隧道在 IPv4 网络中进行通信。图 7-15 显示了自动隧道的网络拓扑。实现自动隧道的节点必须采用 IPv4 兼容的 IPv6 地址。

图 7-15   自动隧道

　　当分组进入双栈路由器时，如果目标地址是 IPv4 兼容的地址，分组就被重定向，并自动建立一条隧道。如果目标地址是当地的 IPv6 地址（Native Address），则不会建立自动隧道。被传送的分组决定了隧道的端点，目标 IPv4 地址取自 IPv6 地址的低 32 位，源地址是发送分组的接口的 IPv4 地址。自动隧道不需要改变主机配置，缺点是对两个主机不透明，因为目标节点必须对收到的分组进行解封。

　　在图 7-15 中，地址分配如下：

从主机 A 到主机 B 的分组：	源地址=IPv6	目标地址=0::IPv4(B)
从路由器到主机 B 的隧道：	源地址=IPv4	目标地址=IPv4
从主机 B 到路由器的隧道：	源地址=IPv4	目标地址=IPv4
从主机 B 到主机 A 的分组：	源地址=0::IPv4(B)	目标地址=IPv6

　　实现自动隧道要根据不同的网络配置和不同的通信环境采用不同的具体技术，下面分别进行叙述。

3．6to4 隧道

　　6to4 是一种支持 IPv6 站点通过 IPv4 网络进行通信的技术，这种技术不需要显式地建立隧道，可以使得一个原生的 IPv6 站点通过中继路由器连接到 IPv6 网络中。

　　IANA 在可聚合全球单播地址范围内指定了一个格式前缀 0x2002 来表示 6to4 地址。例如全局 IPv4 地址 192.0.2.42 对应的 6to4 前缀就是 2002:c000:022a::/48，其中，c000:022a 是 192.0.2.42 的十六进制表示。除了 48 位前缀之外，后面还有 16 位的子网地址和 64 位的主机接口 ID。通常把带有 16 位前缀"2002"的 IPv6 地址称为 6to4 地址，而把不使用这个前缀的 IPv6 地址称为原生地址（Native Address）。

　　中继路由器是一种经过特别配置的路由器，用于在原生 IPv6 地址与 6to4 地址之间进行转换。6to4 技术都是在边界路由器中实现的，不需要对主机的路由配置做任何改变。地址选择方案应该保证在任何复杂的拓扑中都能进行正确的 6to4 操作，这意味着如果一个主机只有 6to4 地址，而另一个主机有 6to4 地址和原生 IPv6 地址，则两个主机必须用 6to4 地址进行通信。如果两个主机都有 6to4 地址和原生 IPv6 地址，则两者都要使用原生 IPv6 地址进行通信。

　　6to4 路由器应该配置双协议栈，应该具有全局 IPv4 地址，并能实现 6to4 地址转换。这种方法对 IPv4 路由表不增加任何选项，只是在 IPv6 路由表中引入了一个新的选项。

　　6to4 路由器应该向本地网络公告它的 6to4 前缀 2002:IPv4::/48，其中，IPv4 是路由器的全局 IPv4 地址。在本地 IPv6 网络中的 6to4 主机要使用这个前缀，可以用作自动的地址赋值，或用作 IPv6 路由，或用在 6over4 机制中。

　　用 6to4 技术连接的两个主机如图 7-16 所示。在 6to4 主机 A 发出的分组经过各个网络到达主机 B 的过程中，地址变化情况如图 7-17 所示，这些地址转换都是在 6to4 路由器中自动进行的。

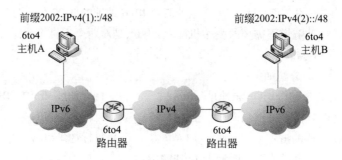

图 7-16　两个 6to4 主机之间的通信

注：EUI-64（Extended Unique Identifier）是 IEEE 定义的 64 位标识符，前 24 位 OUI（Organizationally Unique Identifier）由机构向 IEEE 购买，后 40 位由机构自行分配

图 7-17　两个 6to4 主机通信时的分组头

6to4 技术也支持原生 IPv6 站点到 6to4 站点的通信，如图 7-18 所示，其通信过程如下：

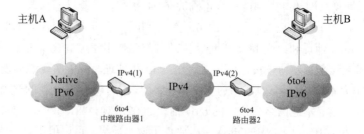

图 7-18　原生 IPv6 主机到 6to4 主机的通信

- 原生 IPv6 主机 A 的地址为 IPv6 (A)。

- 6to4 中继路由器 1 向原生 IPv6 网络公告它的地址前缀 2002::/16，这个地址前缀被保存在主机 A 的路由表中。
- 6to4 路由器 2 对 6to4 网络公告它的地址前缀 2002:IPv4(2)::/48，于是 6to4 主机 B 获得地址 2002:IPv4(2)::EUI-64 (B)。
- 当主机 A 向主机 B 发送分组时，6to4 中继路由器 1 对分组进行封装，即源地址=IPv4(1)，目标地址=IPv4(2)。
- 当分组到达 6to4 路由器 2 时分组被解封，并转发到主机 B。

6to4 技术还可以支持 6to4 站点到原生 IPv6 站点的通信，如图 7-19 所示，通信过程如下：

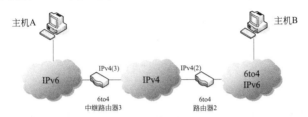

图 7-19　6to4 主机到原生 IPv6 主机的通信

- 主机 A 的地址为 IPv6(A)。
- 主机 B 的地址为 2002:IPv4(2)::EUI-64(B)。
- 6to4 路由器 2 有一条到达 6to4 中继路由器 3 的默认路由，这个路由项可以是静态配置的，或是动态获得的。
- 当主机 B 向主机 A 发送分组时，6to4 路由器 2 对分组进行封装，源地址=IPv4(2)，目标地址=IPv4(3)。
- 6to4 中继路由器 3 对分组解封，并转发到主机 A。

6to4 技术对于两个 6to4 网络之间的通信是很有效的，但是对于原生 IPv6 网络与 6to4 网络之间的通信效率不高。由于不需要改变主机的配置，只需在路由器中进行很少的配置，所以这种方法的主要优点是简单可行。

4．6over4 隧道

1）链路本地地址的自动生成

RFC 2529 定义的 6over4 是一种由 IPv4 地址生成 IPv6 链路本地地址的方法。IPv4 主机的接口标识符是在该接口的 IPv4 地址前面加 32 个 "0" 形成的 64 位标识符。IPv6 链路本地地址的格式前缀为 FE80::/64，在其后面加上 64 位的 IPv4 接口标识符就形成了完整的 IPv6 链路本地地址。例如对于主机地址 192.0.2.142，对应的 IPv6 链路本地地址为 FE80::C000:028E

（C000028E 是 192.0.2.142 的十六进制表示）。这种由 IPv4 地址生成 IPv6 地址的方法就是本章前面提到的无状态自动配置方式。

2）组播地址映像

一个孤立在 IPv4 网络中的 IPv6 主机为了发现它的 IPv6 邻居（主机或路由器），通常采用的方法是组播 ICMPv6 邻居邀请（Neighbor Solicitation）报文，并期望接收到对方的邻居公告（Neighbor Advertisement）报文，以便从中获取邻居的链路层地址。但是在 IPv4 网络中，承载 ICMPv6 报文的 IPv6 分组必须封装在 IPv4 报文中传送，所以作为基础通信网络的 IPv4 网络必须配置组播功能。

RFC 2529 规定，IPv6 组播分组要封装在目标地址为 239.192.x.y 的 IPv4 分组中发送，其中 x 和 y 是 IPv6 组播地址的最后两个字节。值得注意的是，239.192.0.0/16 是 IPv4 机构本地范围（Organization-Local Scope）内的组播地址块，所以实现 6over4 主机都要位于同一 IPv4 组播区域内。

3）邻居发现

IPv6 邻居发现的过程如下：首先是 IPv6 主机组播 ICMPv6 邻居邀请报文，然后是收到对方的邻居公告报文，其中包含了 64 位的链路层地址。当链路层属于 IPv4 网络时，邻居公告报文返回的链路层地址形式如下：

类型	长度	0	0	w	x	y	z

以上每个字段的长度都是 8 比特，其中类型=1 表示源链路层地址，类型=2 表示目标链路层地址，长度=1（以 8 个字节为单位），w.x.y.z 为 IPv4 地址。当 IPv6 主机获得了对方主机的 IPv4 地址后，就可以用无状态自动配置方式构造源和目标的链路本地地址，向通信对方发送 IPv6 分组了。当然，IPv6 分组还是要封装在 IPv4 分组中传送的。

采用 6over4 通信的 IPv6 主机不需要采用 IPv4 兼容的地址，也不需要手工配置隧道。按照这种方法传送 IPv6 分组，与底层链路配置无关。如果 IPv6 主机发现了同一 IPv4 子网内的 IPv6 路由器，那么还可以通过该路由器与其他 IPv6 子网中的主机进行通信，这时原来孤立的 IPv6 主机就变成全功能的 IPv6 主机了。

图 7-20 画出了两个 6over4 主机进行通信的情况，发起通信的主机 A 利用 IPv6 的邻居发现机制来获取另外一个主机 B 的链路层地址，然后主机 B 发出的公告报文返回了自己的 IPv4 地址。通过无状态自动配置过程，主机 A 和主机 B 就建立了一条虚拟的 IPv6 连接，就可以进行 IPv6 通信了。

6over4 依赖于 IPv4 组播功能，但是在很多 IPv4 网络环境中并不支持组播，所以 6over4 技术在实践中受到一定的限制，在有些操作系统中无法实现。另外一个限制条件是，IPv6 主机连接路由器的链路应该处于 IPv4 组播路由范围之内。

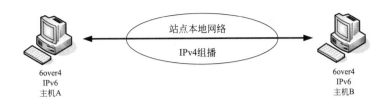

图 7-20　两个 IPv6 主机之间的 6over4 通信

5．ISATAP

RFC 4214 定义了一种自动隧道技术——ISATAP（Intra-Site Automatic Tunneling Addressing Protocol），这种隧道可以穿透 NAT 设备，与私网之外的主机建立 IPv6 连接。

正如该协议的名字所暗示的那样，ISATAP 意味着通过 IPv4 地址自动生成 IPv6 站点本地地址或链路本地地址，IPv4 地址作为隧道的端点地址，把 IPv6 分组被封装在 IPv4 分组中进行传送。

图 7-21 表示两个 ISATAP 主机通过本地网络进行通信的例子。假定主机 A 的格式前缀为 FE80::/48（链路本地地址），加上 64 位的接口标识符::0:5EFE:w.x.y.z（w.x.y.z 是主机 A 的 IPv4 单播地址），这样就构成了 IPv6 链路本地地址，就可以与同一子网内的其他 ISATAP 主机进行 IPv6 通信了。具体地说，主机 A 向主机 B 发送分组时采用的地址如下。

图 7-21　在 IPv4 网络中 ISATAP 主机之间的通信

- 目标 IPv4 地址：192.168.41.30
- 源 IPv4 地址：10.40.1.29
- 目标 IPv6 地址：FE80::5EFE:192.168.41.30
- 源 IPv6 地址：FE80::5EFE:10.40.1.29

图 7-22 表示两个 ISATAP 主机通过 Internet 进行通信的例子。在这种情况下，ISATAP 路由器要公告自己的地址前缀，以便与其连接的 ISATAP 主机可以自动配置自己的站点本地地址。站点本地地址的格式前缀为 FEC0::/48，加上 64 位的接口标识符::0:5EFE:w.x.y.z，就构成了主机 A 的站点本地地址。

图 7-22　ISATAP 主机通过 Internet 通信

一般来说，ISATAP 地址有 64 位的格式前缀，FEC0::/64 表示站点本地地址，FE80::/64 表示链路本地地址。在格式前缀之后要加上修改的 EUI-64 地址（Modified EUI-64 addresses），其形式如下：

24 位的 IANA OUI＋40 位的扩展标识符

如果 40 位扩展标识符的前 16 位是 0xFFFE，则后面是 24 位的制造商标识符，如图 7-23 所示。

图 7-23　40 位扩展标识符（1）

如果 40 位扩展标识符的前 8 位是 0xFE，则后面是 32 位的 IPv4 地址，如图 7-24 所示。

图 7-24　40 位扩展标识符（2）

OUI 表示机构唯一标识符（Organizationally Unique Identifier），IANA 分配的 OUI 为 00-00-5E，如图 7-24 所示，其中的 u 位表示 universal/local，u=1 表示全球唯一的 IPv4 地址，u=0 表示本地的 IPv4 地址；g 位是 individual/group 位，g=1 表示单播地址，g=0 表示组播地址。

7.3.2　协议翻译技术

协议翻译技术用于纯 IPv6 主机与纯 IPv4 主机之间的通信，已经提出的翻译方法有下面几种。

- SIIT：无状态的 IP/ICMP 翻译（Stateless IP/ICMP Translation）。
- NAT-PT：网络地址翻译-协议翻译（Network Address Translator-Protocol Translator）。
- SOCKS64：基于 SOCKS 的 IPv6/IPv4 机制（SOCKS-based IPv6/IPv4 Gateway Mechanism）。
- TRT：IPv6 到 IPv4 的传输中继翻译器（IPv6-to-IPv4 Transport Relay Translator）。

这里只介绍前两种方法。

1．SIIT

首先介绍两种特殊的 IPv6 地址。

（1）IPv4 映射地址（IPv4-mapped）：一种内嵌 IPv4 地址的 IPv6 地址，可表示为 0:0:0:0:0:FFFF:w.x.y.z 或::FFFF:w.x.y.z 的形式，其中 w.x.y.z 是 IPv4 地址。这种地址用于仅支持 IPv4 的主机。

（2）IPv4 翻译地址（IPv4-translated）：一种内嵌 IPv4 地址的 IPv6 地址，可表示为 0:0:0:0:0:FFFF:0:w.x.y.z 或::FFFF:0:w.x.y.z 的形式，其中 w.x.y.z 是 IPv4 地址。这种地址可用于支持 IPv6 的主机。

RFC 2765 定义的 SIIT 类似于 IPv4 中的 NAT-PT 技术，但它并不是对 IPv6 主机动态地分配 IPv4 地址。SIIT 转换器规范描述了从 IPv6 到 IPv4 的协议转换机制，包括 IP 头的翻译方法以及 ICMP 报文的翻译方法等。当 IPv6 主机发出的分组到达 SIIT 转换器时，IPv6 分组头被翻译为 IPv4 分组头，分组的源地址采用 IPv4 翻译地址，目标地址采用 IPv4 映射地址，然后这个分组就可以在 IPv4 网络中传送了。

图 7-25 表示一个 IPv6 主机与 IPv4 主机进行 SIIT 通信的例子，图中的 SIIT 转换器负责提供临时的 IPv4 地址，以便 IPv6 主机构建自己的 IPv4 翻译地址（源地址），通信对方的目标地址则要使用 IPv4 映射地址，SIIT 转换器看到这种类型的分组则要进行分组头的翻译。

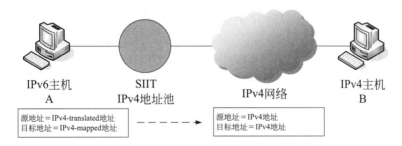

图 7-25　单个纯 IPv6 主机通过 SIIT 进行通信

图 7-26 表示双栈网络中的纯 IP 主机和通过 SIIT 与 IPv4 主机进行通信的例子。双栈网络中既包含 IPv6 主机，也包含 IPv4 主机。在这种情况下，SIIT 转换器可能收到纯 IPv6 主机发出的分组，也可能收到纯 IPv4 主机发出的分组，SIIT 转换器要适应两种主机的需要，要保证所

有进出双栈网络的分组都是可路由的。

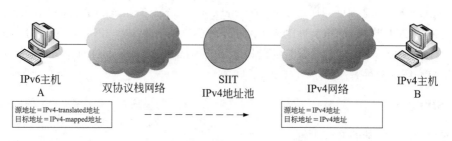

图 7-26　双栈网络通过 SIIT 进行通信

RFC 2765 没有说明 IPv6 节点如何获得临时的 IPv4 地址，也没有说明获得的 IPv4 地址怎样注册到 DNS 服务器中。也许可以对 DHCP 协议进行少许扩展，用于提供短期租赁的临时地址。SIIT 转换器只是尽可能地对 IP 头进行翻译，并不是对 IPv6 头与 IPv4 中的每一项都能一一对应地进行翻译。因为两种协议在有些方面差别很大，例如 IPv4 头中的任选项部分，IPv6 的路由头、逐跳扩展头和目标选项头都无法准确地与另一个协议中的有关机制进行对应的翻译，可能要采用其他技术来解决这些问题，很难用同一模型来提供统一的解决方案。事实上，SIIT 与下面将要讲到的 NAT-PT 技术结合使用才能提供一种实用的解决方案。

2．NAT-PT

NAT-PT（Network Address Translator-Protocol Translator）是 RFC 2766 定义的协议翻译方法，用于纯 IPv6 主机与纯 IPv4 主机之间的通信。实现 NAT-PT 技术必须指定一个服务器作为 NAT-PT 网关，并且要准备一个 IPv4 地址块作为地址翻译之用，要为每个站点至少预留一个 IPv4 地址。

与 SIIT 不同，RFC 2766 定义的是有状态的翻译技术，即要记录和保持会话状态，按照会话状态参数对分组进行翻译，包括对 IP 地址及其相关的字段（例如 IP、TCP、UDP、ICMP 头校验和等）进行翻译。

NAT-PT 操作有 3 个变种：基本 NAT-PT、NAPT-PT 和双向 NAT-PT。基本 NAT-PT 是单向的，这意味着只允许 IPv6 主机访问 IPv4 主机，如图 7-27 所示。假设各个主机使用的 IP 地址如下：

主机 A 的 IPv6 地址：FEDC:BA98::7654:3210
主机 B 的 IPv6 地址：FEDC:BA98::7654:3211
主机 C 的 IPv4 地址：132.146.243.30

如果主机 A 要与主机 C 通信，则主机 A 生成一个分组，源地址= FEDC:BA98::7654:3210，目标地址=格式前缀::132.146.243.30，这个地址是 NAT-PT 网关根据主机 C 的地址生成的 IPv6 地址。NAT-PT 网关对这个分组采用与 SIIT 同样的方法进行 IP 分组头的翻译。

如果发出的分组不是发起会话的分组，则 NAT-PT 网关应该已经存储了有关会话的状态信息，包括指定的 IPv4 地址以及其他有关的翻译参数。如果这些状态不存在，则分组被丢弃。

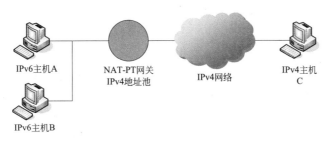

图 7-27　基本 NAT-PT

如果 IPv6 主机发出的是一个会话发起分组，则 NAT-PT 就从地址池中为其分配一个 IPv4 地址，并把分组翻译为 IPv4 分组。在会话持续期间，翻译参数被 NAT-PT 网关缓存起来，并维持 IPv6 到 IPv4 的映射。

NAT-PT 网关还要对返回的分组进行识别，要判断是否属于同一会话。NAT-PT 网关使用状态信息来翻译分组，产生的返回分组源地址=格式前缀::132.146.243.30，目标地址=FEDC:BA98::7654:3210，这个分组可以在 IPv6 子网中进行路由。

第 2 个变种是 NAPT-PT，其中的 NAPT 表示网络地址-端口翻译，仍然是单向通信，但是扩展到了 TCP/UDP 端口的翻译，也包括 ICMP 询问标识符的翻译。这种技术可以实现 IPv6 主机的传输标识符到指定 IPv4 地址传输标识符的多路复用，即让一组 IPv6 主机共享同一 IPv4 地址。

第 3 个变种是双向 NAT-PT，这意味着双向通信，无论是 IPv6 主机还是 IPv4 主机，都可以向对方发起会话。当主机 C 要发起对主机 A 的会话时，因为它不能直接使用目标 IPv6 地址，这时要借助于 DNS-ALG（Application Level Gateway）来获取主机 A 的 IPv4 地址。假设主机 A 的域名为 www.A.com，则主机 C 首先向 IPv4 网络中的 DNS 服务器发出请求，要求对域名 www.A.com 进行解析。当请求到达 NAT-PT 网关后，网关将该请求转发给 IPv6 网络中的 DNS 服务器，这个过程包括了对报文地址类型的转换。IPv6 中的 DNS 服务器回应 NAT-PT 网关，说明该域名对应的 IPv6 地址为 FEDC:BA98::7654:3210。网关收到这个响应后在 IPv4 地址池中选择一个地址（例如 130.117.222.3）来替换 FEDC:BA98::7654:3210，并将该地址与 www.A.com 的对应关系告诉主机 C。于是，主机 C 知道了 www.A.com 对应的 IPv4 地址，就可以向主机 A 发送分组了。

协议翻译技术适用于 IPv6 孤岛与 IPv4 海洋之间的通信，这种技术要求一次会话中的双向数据包都在同一个路由器上完成转换，所以它只能适用于同一路由器连接的网络。这种技术的优点是不需要进行 IPv4 和 IPv6 终端的升级改造，只要求在 IPv4 和 IPv6 之间的网络转换设备上启用 NAT-PT 功能就可以了。但是在实现这种技术时，一些协议字段在转换时仍不能完全保持原有的含义，并且缺乏端到端的安全性。

7.3.3　双协议栈技术

双栈技术适用于同时实现了 IPv6 和 IPv4 两个协议栈的主机之间进行通信。在这种情况下，当主机发起通信时，DNS 服务器将同时提供 IPv6 和 IPv4 两种地址，主机将根据具体情况使用适当的协议来建立通信。在服务器一边要同时监听 IPv4 和 IPv6 两种端口。这种技术要求每个主机要有一个 IPv4 地址，IPv4 主机使用 IPv6 应用不存在任何问题。

双栈主机有下面两种方法：

- RFC 2767(2000)定义的 BIS（Bump-In-the-Stack）
- RFC 3338(2002)定义的 BIA（Bump-In-the-API）

1. BIS

在 IPv4 向 IPv6 过渡的初始阶段，网络中只有很少的 IPv6 应用。BIS 是应用于 IP 安全域内的一种机制，适用于在开始过渡阶段利用现有的 IPv4 应用进行 IPv6 通信。

这种技术是在主机的 TCP/IPv4 模块与网卡驱动模块之间插入一些模块来实现 IPv4 与 IPv6 分组之间的转换，使得主机成为一个协议转换器。从外界看来，这样的主机就像是同时实现了 IPv6 和 IPv4 两个协议栈的主机一样，既可以与其他的 IPv4 主机通信，也可以与其他的 IPv6 主机通信，但这些通信都是基于现有的 IPv4 应用进行的。

BIS 用 3 个模块来代替 IPv6 应用，这些模块是转换器、扩展名解析器和地址映射器，如图 7-28 所示。对 3 个模块的作用介绍如下：

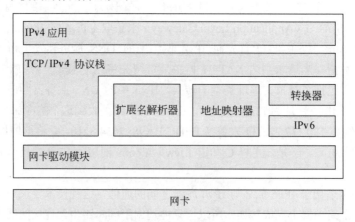

图 7-28　双协议栈主机的结构

转换器的作用是在 IPv4 地址与 IPv6 地址之间进行转换，转换的机制与 SIIT 定义的一样。当从 IPv4 应用接收到一个 IPv4 分组时，转换器把 IPv4 头转换为 IPv6 头，然后对 IPv6 分组进行分段（因为 IPv6 头比 IPv4 头长 20 个字节），并发送到 IPv6 网络中去。当接收到一个 IPv6 分组时，转换器进行相反的转换，但是不需要对生成的 IPv4 分组进行分段。

扩展名解析器对 IPv4 应用发出的请求返回一个 "适当的" 答案。应用通常向名字服务器发送请求，要求解析目标主机名的 A 记录。扩展名解析器根据这个请求生成另外一个查询请求，发往名字服务器，要求解析主机名的 A 记录和 AAAA 记录。如果 A 记录被解析，它向应用返回 A 记录，这时不需要进行地址转换。如果只有 AAAA 记录被解析，则它向地址映射器发出请求，要求为 IPv6 地址指定一个对应的 IPv4 地址，然后对指定的 IPv4 地址生成一个 A 记录，并将其返回给应用。

地址映射器维护一个 IPv4 地址池，同时维护一个由 IPv4 地址与 IPv6 地址对组成的表。当解析器或转换器要求为一个 IPv6 地址指定一个 IPv4 地址时，它从地址池中选择一个 IPv4 地址，并动态地注册一个新的表项。当出现下面两种情况时会启动注册过程：

（1）解析器只得到目标主机名的 AAAA 记录，并且表中不存在 IPv6 地址的映射表项。

（2）转换器接收到 IPv6 分组，并且表中不存在 IPv6 地址的映射表项。

在映射表初始化时，地址映射器注册它自己的一对 IPv4 地址与 IPv6 地址。

2. BIA

BIA 是在 IPv4 Socket 应用与 IPv6 Socket 应用之间进行翻译的技术。BIA 要求在 Socket 应用模块与 TCP/IP 模块之间插入 API 转换器，这样建立的双栈主机不需要在 IP 头之间进行翻译，使得转换过程得到简化。

当双栈主机中的 IPv4 应用要与另外一个 IPv6 主机进行通信时，API 转换器检测到 IPv4 应用中的 Socket API 功能，于是就启动 IPv6 Socket API 功能与目标 IPv6 主机进行通信。相反的通信过程是类似的。为了支持 IPv4 应用与目标 IPv6 主机进行通信，API 转换器中的名字解析器将从缓存中选择一个 IPv4 地址并赋予目标 IPv6 主机。图 7-29 表示安装 BIA 的双栈主机的体系结构。

在图 7-29 中的 API 转换器由 3 个模块组成。功能映射器的作用是在 IPv4 Socket API 功能与 IPv6 Socket API 功能之间进行转换。当检测到来自 IPv4 应用的 IPv6 Socket API 功能时，它就解释这个功能调用，启动新的 IPv6 Socket API 功能，并以此来与目标 IPv6 主机进行通信。当从 IPv6 主机接收的数据中检测到 IPv6 Socket API 功能时做相反的解释和转换。

名字解析器的作用是在收到 IPv4 应用请求时给出适当的响应。当 IPv4 应用试图通过解析器来进行名字解析时，BIA 就截取这个功能调用，转向调用 IPv6 的等价功能，以便解析目标主机的 A 记录或 AAAA 记录。

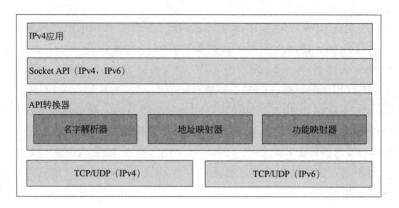

图 7-29　BIA 双协议栈主机的体系结构

地址映射器与 BIS 中的地址映射器相同。

7.4　下一代互联网的发展

　　下一代互联网协议IPv6最主要的特征是采用128 位的地址空间替代IPv4的32 位地址空间，提高了互联网的地址容量。另外，IPv6 在安全性、服务质量、移动性等方面都具有更好的特性，采用 IPv6 的下一代互联网比现在的互联网更具有扩展性，更加安全，也更容易提供新的服务。IPv6 也是三网融合的纽带，建设基于 IPv6 的下一代网络（NGN）是通信产业发展的战略方向。

　　推动下一代互联网研究的主要因素有 3 个：一是大幅度地增加 IP 地址供给，二是开发新的网络应用，三是抢占 IT 产业竞争优势。IP 地址资源分配极为不公，对本来就很缺少的 IPv4 地址造成了很大的浪费，亚太地区和欧洲地区日益感到 IP 地址短缺的压力，迫切需要增加地址资源的供给。另一方面，随着电子和通信产业的发展，新的智能设备和移动通信终端都需要联网运行，需要建立新的网络服务，而 IPv4 在体系结构方面的先天缺陷影响了对新业务的支持，在此基础上修修补补的改进使得网络设备的功能差别很大，网络的可扩展性和可伸缩性都受到了很大限制。最后，如果说过去 20 年来全球发展的技术引擎是互联网技术的突破，那么开发下一代互联网新技术就是攀登未来信息社会的制高点，谁抢占了这一制高点，谁就能在未来的经济发展中占据主动权，所以各个国家都不遗余力地投入了这一场技术竞赛。

　　通过各国十几年的研发和试验，目前的 IPv6 技术标准已相对成熟，多个国家已经组建了规模不等的 IPv6 试验网，支持 IPv6 的联网设备基本成熟，开发新的 IPv6 业务也取了一些进展。从全球 IPv6 网络的发展情况来看，亚太地区和欧洲地区应用较多，日本、韩国和欧盟在 IPv6 产品研发和产业化方面走在了前面，而美国相对滞后。中国在 IPv6 领域略有建树，但在国家战略、产业化和新技术研发等方面与日韩、欧盟还存在不小的差距。

7.4.1　IP 地址的分配

　　IP 地址和 AS 号码的分配主要由美国掌控。在互联网出现的早期，美国一些大学和公司占用了大量的 IPv4 地址，例如 MIT、IBM 和 AT&T 分别占用了大约 1600 万、1700 万和 1900 万个 IP 地址。现在中国获得的 IP 地址只相当于美国两三个大学的 IP 地址。这样就导致了一方面大量的 IP 地址被浪费，另一方面美国以外的国家和地区深感 IP 地址紧缺的压力。

　　ICANN（The Internet Corporation for Assigned Names and Numbers）是负责互联网国际域名、地址和号码管理的非营利性机构。ICANN 将部分 IP 地址和 AS 号码分配给地区级的互联网注册机构 RIR（Regional Internet Registry），RIR 再将地址分配给区域内的本地互联网注册机构（Local Internet Registries，LIR）和互联网服务提供商（ISP），然后由他们向用户分配。

　　图 7-30 是现有的 5 个 RIR 管理地区的分布图。APNIC（Asia and Pacific Network Information Center）是亚太地区互联网络信息中心，ARIN（American Registry for Internet Numbers）是美国网络地址注册管理组织，负责北美地区的 IP 地址和 AS 号码的分配。LACNIC（Latin American and Caribbean Network Information Center）是拉丁美洲及加勒比地区的互联网络信息中心。RIPE NCC（Réseaux IP Européens Network Coordination Centre）负责欧洲地区 IP 地址和 AS 号码的管理。AfriNIC 是非洲的网络信息中心，2005 年 4 月才从 RIPE NCC 分离出来。

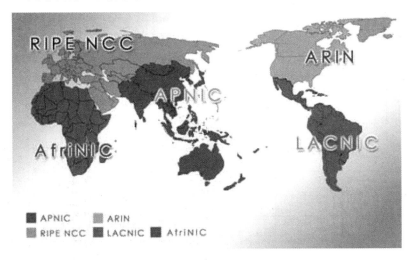

图 7-30　IP 地址地区注册结构

　　图 7-31 是各个 RIR 分得的 IPv4 地址的比例，数据来源于号码资源组织（Number Resource Organization，NRO）于 2009 年 3 月的报告（http://www.nro.org/statistics/index.html）。ICANN 以地址块 256/8 来分配 IPv4 地址，5 个 RIR 已经获得的地址块总共 98 个，其他地址块或者是

IANA 保留的，或者是专门用途的（例如用作组播、实验等），还有一些是美国自己使用的。2008
年专家预计 IPv4 地址资源耗尽如图 7-32 所示。

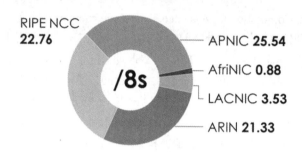

图 7-31　RIR 获得的 IPv4 地址的比例

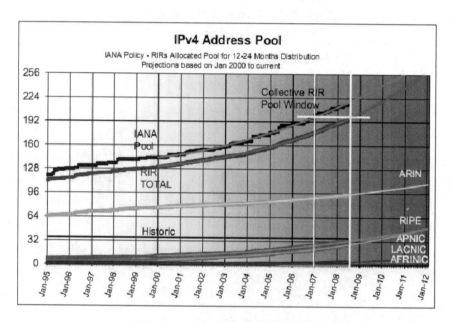

图 7-32　IPv4 地址资源消耗的预测

应对 IPv4 地址的耗尽已成为全球性的战略问题，目前许多国家都鼓励在 IPv6 网络上进行地址注册。2006 年，IANA 已经为五大洲的 RIR 分配了全球单播地址格式前缀，如图 7-33 所示。图 7-34 表示各个 RIR 已经获得的 IPv6 地址资源，从 IPv6 地址的分配情况可以看出下一代互联网在各个地区的发展程度。

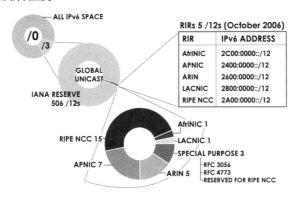

图 7-33　IPv6 地址分配状态

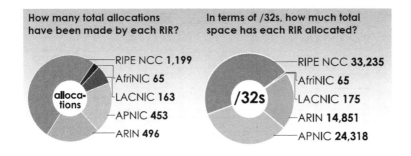

图 7-34　各个 RIR 已经分配的 IPv6 地址

7.4.2　我国的下一代互联网研究

中国下一代互联网示范工程（CNGI）项目是于 2003 年酝酿并启动的。截至目前，CNGI 已经建成了由 6 个主干网、两个国际交换中心及相应的传输链路组成的核心网络。CERNET2、中国电信、中国网通/中科院、中国移动、中国联通和中国铁通这 6 个主干网以及国际交换中心已全部完成验收。

1. CERNET2

CERNET2（图 7-35）是 CNGI 中规模最大的主干网，也是目前世界上规模最大的采用纯

IPv6 技术的下一代互联网。它以 2.5G～10G 速率连接全国 20 个城市的 25 个主干网核心节点，为全国高校和科研单位提供高速 IPv6 接入服务，在此基础上实现了全国 160 所大学的高速接入，已经有 40 余项下一代互联网技术试验、应用示范和产业化项目连接到 CERNET2 主干网上进行项目研究和成果测试。该项目还建成了 CNGI 国际/国内互联中心，实现了 6 个 CNGI 主干网的互联，并与北美、欧洲、亚太等地区的国际下一代互联网实现了高速互联，使 CNGI 成为国际下一代互联网的重要组成部分。

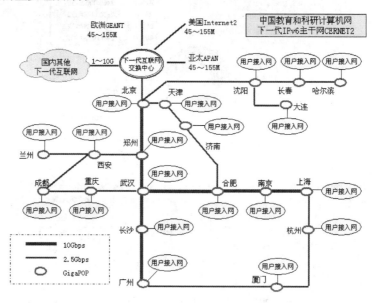

图 7-35　CERNET2 示意图

2．GLORIAD

2002 年 2 月，美国国家科学基金会资助的美俄科教网络（NaukaNet）项目提出与中国建立战略伙伴关系，并在北半球建立环形科教网络的设想。2004 年 1 月 12 日，中美俄环球科教网络（GLORIAD）正式开通。

GLORIAD 是在美、俄之间 5 年期科学网项目的基础上增加中美和中俄的连接而建成的闭环网络，以支持科研、教育方面的国际合作。这条新的连接使美国的科研机构能够通过中国科学院院网与俄罗斯远东地区的科学团体进行交流。GLORIAD 计划包括下面 4 个方面的内容：

（1）网络传输基础设施的研究和建设。利用先进的光传输/交换技术，建设一个横跨中国、美国、俄罗斯以及太平洋和大西洋的环形光网络，设计传输速率为 10Gbps。相应的光交换节点分别设在芝加哥、阿姆斯特丹、莫斯科、新西伯利亚、北京和香港。该环形网络的拓扑结构充分利用了光网络的自愈保护功能，可以提供高可靠的、无缝的环球网络连接，如图 7-36 所示。

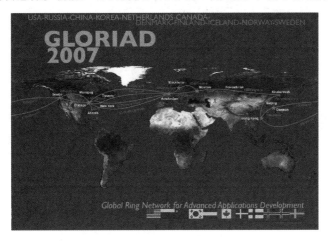

图 7-36　GLORIAD

（2）网络重要支撑技术的研究、运行和试验。为了更好地适应先进科学应用的需要，提供更高的性能，在网络层将采用 IPv6 协议实现互连，提供端到端的资源分配和调度能力，提供能够自动更新网络设备的软件系统，通过在核心网络使用 MPLS 等技术提供改进的网络服务质量，同时要研发各种网络监控和管理工具，以最大限度地满足网络管理和终端用户的需求。

（3）网络应用服务软件和中间件的研究、运行和试验。通过采用基于网格的软件技术实现网络资源、数据资源、计算资源、科学仪器资源和用户团体资源的整合和协同工作。

（4）建立强大的科学教育应用联盟。GLORIAD 计划主要面向科学家、教育工作者、政策制定者、公共组织等，确定这些团体的应用需求，然后使他们逐步了解这个网络潜在的服务和功能，最后给这些团体提供更多的机会进行协作与资源共享。

第8章 网络安全

因特网的迅速发展给社会生活带来了前所未有的便利，这主要得益于因特网的开放性和匿名性特征。然而，正是这些特征决定了因特网不可避免地存在着信息安全隐患。本章介绍网络安全方面存在的问题及其解决办法，即网络通信中的数据保密技术、签名与认证技术，以及有关网络安全威胁的理论和解决方案。

8.1 网络安全的基本概念

8.1.1 网络安全威胁的类型

网络威胁是对网络安全缺陷的潜在利用，这些缺陷可能导致非授权访问、信息泄露、资源耗尽、资源被盗或者被破坏等。网络安全所面临的威胁可以来自很多方面，并且随着时间的变化而变化。网络安全威胁有以下几类。

（1）窃听。在广播式网络系统中，每个节点都可以读取网上传输的数据，例如搭线窃听、安装通信监视器和读取网上的信息等。网络体系结构允许监视器接收网上传输的所有数据帧而不考虑帧的传输目标地址，这种特性使得偷听网上的数据或非授权访问很容易而且不易发现。

（2）假冒。当一个实体假扮成另一个实体进行网络活动时就发生了假冒。

（3）重放。重复一份报文或报文的一部分，以便产生一个被授权效果。

（4）流量分析。通过对网上信息流的观察和分析推断出网上传输的有用信息，例如有无传输，传输的数量、方向和频率等。由于报头信息不能加密，所以即使对数据进行了加密处理，也可以进行有效的流量分析。

（5）数据完整性破坏。有意或无意地修改或破坏信息系统，或者在非授权和不能监测的方式下对数据进行修改。

（6）拒绝服务。当一个授权实体不能获得应有的对网络资源的访问或紧急操作被延迟时，就发生了拒绝服务。

（7）资源的非授权使用。即与所定义的安全策略不一致的使用。

（8）陷门和特洛伊木马。通过替换系统合法程序，或者在合法程序里插入恶意代码，以实现非授权进程，从而达到某种特定的目的。

（9）病毒。随着人们对计算机系统和网络依赖程度的增加，计算机病毒已经构成了对计算机系统和网络的严重威胁。

（10）诽谤。利用计算机信息系统的广泛互连性和匿名性散布错误的消息，以达到诋毁某个对象的形象和知名度的目的。

8.1.2　网络安全漏洞

通常，入侵者寻找网络存在的安全弱点，从缺口处无声无息地进入网络。因而开发黑客反击武器的思想是找出现行网络中的安全弱点，演示、测试这些安全漏洞，然后指出应如何堵住安全漏洞。当前，信息系统的安全性非常弱，主要体现在操作系统、计算机网络和数据库管理系统都存在安全隐患，这些安全隐患表现在以下方面。

（1）物理安全性。凡是能够让非授权机器物理接入的地方都会存在潜在的安全问题，也就是能让接入用户做本不允许做的事情。

（2）软件安全漏洞。"特权"软件中带有恶意的程序代码，从而可以导致其获得额外的权限。

（3）不兼容使用安全漏洞。当系统管理员把软件和硬件捆绑在一起时，从安全的角度来看，可以认为系统将有可能产生严重安全隐患。所谓的不兼容性问题，即把两个毫无关系但有用的事物连接在一起，从而导致了安全漏洞。一旦系统建立和运行，这种问题很难被发现。

（4）选择合适的安全哲理。这是一种对安全概念的理解和直觉。完美的软件，受保护的硬件和兼容部件并不能保证正常而有效地工作，除非用户选择了适当的安全策略和打开了能增加其系统安全的部件。

8.1.3　网络攻击

攻击是指任何的非授权行为。攻击的范围从简单的使服务器无法提供正常的服务到完全破坏、控制服务器。在网络上成功实施的攻击级别依赖于用户采取的安全措施。

攻击的法律定义是"攻击仅仅发生在入侵行为完全完成而且入侵者已经在目标网络内"。专家的观点则是"可能使一个网络受到破坏的所有行为都被认定为攻击"。

网络攻击可以分为以下几类。

（1）被动攻击。攻击者通过监视所有信息流以获得某些秘密。这种攻击可以是基于网络（跟踪通信链路）或基于系统（用秘密抓取数据的特洛伊木马代替系统部件）的。被动攻击是最难被检测到的，故对付这种攻击的重点是预防，主要手段有数据加密等。

（2）主动攻击。攻击者试图突破网络的安全防线。这种攻击涉及数据流的修改或创建错误流，主要攻击形式有假冒、重放、欺骗、消息篡改和拒绝服务等。这种攻击无法预防但却易于检测，故对付的重点是测而不是防，主要手段有防火墙、入侵检测技术等。

（3）物理临近攻击。在物理临近攻击中未授权者可物理上接近网络、系统或设备，目的是修改、收集或拒绝访问信息。

（4）内部人员攻击。内部人员攻击由这些人实施，他们要么被授权在信息安全处理系统的物理范围内，要么对信息安全处理系统具有直接访问权。有恶意的和非恶意的（不小心或无知的用户）两种内部人员攻击。

（5）分发攻击。分发攻击是指在软件和硬件开发出来之后和安装之前这段时间，或当它从一个地方传到另一个地方时，攻击者恶意修改软/硬件。

8.1.4　安全措施的目标

安全措施的目标如下。

（1）访问控制。确保会话对方（人或计算机）有权做它所声称的事情。

（2）认证。确保会话对方的资源（人或计算机）与它声称的相一致。

（3）完整性。确保接收到的信息与发送的一致。

（4）审计。确保任何发生的交易在事后可以被证实，发信者和收信者都认为交换发生过，即所谓的不可抵赖性。

（5）保密。确保敏感信息不被窃听。

因特网安全话题分散而复杂。因特网的不安全因素一方面来自于其内在的特性——先天不足。因特网连接着成千上万的区域网络和商业服务供应商的网络。网络规模越大，通信链路越长，则网络的脆弱性和安全问题也随之增加。而且因特网在设计之初是以提供广泛的互连、互操作、信息资源共享为目的的，因此其侧重点并不在安全上。这在当初把因特网作为科学研究用途时是可行的，但是在当今电子商务炙手可热之时，网络安全问题已经成为了一种阻碍。另一方面是缺乏系统的安全标准。众所周知，因特网工程任务组（IETF）负责开发和发布因特网使用标准，而不是遵循 IETF 的标准化进程，这使得 IETF 的地位变得越来越模糊不清。

8.1.5　基本安全技术

任何形式的网络服务都会导致安全方面的风险，问题是如何将风险降低到最低程度，目前的网络安全措施有数据加密、数字签名、身份认证、防火墙和入侵检测等。

（1）数据加密。数据加密是通过对信息的重新组合，使得只有收发双方才能解码并还原信息的一种手段。随着相关技术的发展，加密正逐步被集成到系统和网络中。在硬件方面，已经在研制用于 PC 和服务器主板的加密协处理器。

（2）数字签名。数字签名可以用来证明消息确实是由发送者签发的，而且，当数字签名用于存储的数据或程序时，可以用来验证数据或程序的完整性。

（3）身份认证。有多种方法来认证一个用户的合法性，例如密码技术、利用人体生理特征（如指纹）进行识别、智能 IC 卡和 USB 盘等。

（4）防火墙。防火墙是位于两个网络之间的屏障，一边是内部网络（可信赖的网络），另一边是外部网络（不可信赖的网络）。按照系统管理员预先定义好的规则控制数据包的进出。

（5）内容检查。即使有了防火墙、身份认证和加密，人们仍担心遭到病毒的攻击。

8.2　信息加密技术

信息安全技术是一门综合的学科，它涉及信息论、计算机科学和密码学等多方面知识，主要任务是研究计算机系统和通信网络内信息的保护方法，以实现系统内信息的安全、保密、真实和完整。其中，信息安全的核心是密码技术。

传统的加密系统是以密钥为基础的，这是一种对称加密，也就是说，用户使用同一个密钥加密和解密。而公钥则是一种非对称加密方法，加密者和解密者各自拥有不同的密钥。当然，还有其他的诸如流密码等加密算法。

8.2.1　数据加密原理

数据加密是防止未经授权的用户访问敏感信息的手段，这就是人们通常理解的安全措施，也是其他安全方法的基础。研究数据加密的科学叫作密码学（Cryptography），它又分为设计密码体制的密码编码学和破译密码的密码分析学。密码学有着悠久而光辉的历史，古代的军事家已经用密码传递军事情报了，而现代计算机的应用和计算机科学的发展又为这一古老的科学注入了新的活力。现代密码学是经典密码学的进一步发展和完善。由于加密和解密此消彼长的斗争永远不会停止，这门科学还在迅速发展之中。

一般的保密通信模型如图 8-1 所示。

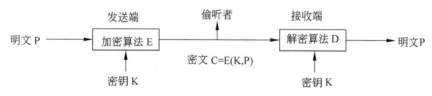

图 8-1　保密通信模型

在发送端，把明文 P 用加密算法 E 和密钥 K 加密，变换成密文 C，即

$$C=E(K, P)$$

在接收端利用解密算法 D 和密钥 K 对 C 解密得到明文 P，即

$$P =D(K, C)$$

这里加/解密函数 E 和 D 是公开的，而密钥 K（加解密函数的参数）是秘密的。在传送过程中，偷听者得到的是无法理解的密文，而且他得不到密钥，这就达到了对第三者保密的目的。

不论偷听者获取了多少密文，如果密文中没有足够的信息可以确定出对应的明文，则这种密码体制是无条件安全的，或称为是理论上不可破解的。在无任何限制的条件下，目前几乎所有的密码体制都不是理论上不可破解的。能否破解给定的密码，取决于使用的计算资源。所以密码专家们研究的核心问题就是要设计出在给定计算费用的条件下，计算上（而不是理论上）安全的密码体制。下面分析几种曾经使用过的和目前正在使用的加密方法。

8.2.2　经典加密技术

所谓的经典加密方法，主要使用了以下 3 种加密技术。

（1）替换加密（substitution）。用一个字母替换另一个字母，例如 Caesar 密码（D 替换 a，E 替换 b 等）。这种方法保留了明文的顺序，可根据自然语言的统计特性（例如字母出现的频率）破译。

（2）换位加密（transposition）。按照一定的规律重排字母的顺序。例如以 CIPHER 作为密钥（仅表示顺序），对明文 attackbeginsatfour 加密，得到密文 abacnuaiotettgfksr，如图 8-2 所示。偷听者得到密文后检查字母出现的频率即可确定加密方法是换位密码，然后若能根据其他情况猜测出一段明文，就可确定密钥的列数，再重排密文的顺序进行破译。

```
密钥      CIPHER
顺序      145326
明文      attack
          begins
          atfour
密文      abacnuaiotettgfksr
```

图 8-2　换位加密的例子

（3）一次性填充（one-time pad）。把明文变为位串（例如用 ASCII 编码），选择一个等长的随机位串作为密钥，对二者进行按位异或得到密文。这样的密码在理论上是不可破解的，但是这种密码有实际的缺陷。首先是密钥无法记忆，必须写在纸上，这在实践上是最不可取的；其次是密钥长度有限，有时可能不够使用；最后是这个方法对插入或丢失字符的敏感性，如果发送者与接收者在某一点上失去同步，以后的报文就全都无用了。

8.2.3　现代加密技术

现代密码体制使用的基本方法仍然是替换和换位，但是采用更加复杂的加密算法和简单的密钥，而且增加了对付主动攻击的手段。例如加入随机的冗余信息，以防止制造假消息；加入时间控制信息，以防止旧消息重放。

替换和换位可以用简单的电路来实现。图 8-3（a）所示的设备称为 P 盒（Permutation box），用于改变 8 位输入线的排列顺序。可以看出,左边输入端经 P 盒变换后的输出顺序为 36071245。图 8-3(b)所示的设备称为 S 盒(Substitution box),起置换作用,从左边输入的 3 位首先被解码,选择 8 根 P 盒输入中的 1 根,将其置 1,其他线置 0,经编码后在右边输出。可以看出,如果 01234567 依次输入,其输出为 24506713。

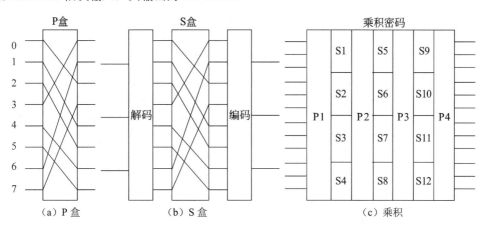

图 8-3　乘积密码的实现

把一串盒子连接起来,可以实现复杂的乘积密码(Product cipher),如图8-3(c)所示,它可以对 12 位进行有效的置换。P1 的输入有 12 根线,P1 的输出有 $2^{12}=4096$ 根线,由于第二级使用了 4 个 S 盒,所以每个 S 的输入只有 1024 根线,这就简化了 S 盒的复杂性。在乘积密码中配置足够多的设备,可以实现非常复杂的置换函数。下面介绍的 DES 算法就是用类似的方法实现的。

1. DES(Data Encryption Standard)

1977 年 1 月,美国 NSA(National Security Agency)根据 IBM 的专利技术 Lucifer 制订了 DES。明文被分成 64 位的块,对每个块进行19 次变换(替代和换位),其中 16 次变换由 56 位的密钥的不同排列形式控制(IBM 使用的是 128 位的密钥),最后产生 64 位的密文块,如图 8-4 所示。

图 8-4　DES 加密算法

由于 NSA 减少了密钥,而且对 DES 的制订过程保密,甚至为此取消了 IEEE 计划的一次密码学会议。人们怀疑 NSA 的目的是保护自己的解密技术,因而对 DES 从一开始就充满了怀疑和争论。

1977年，Diffie和Hellman设计了DES解密机。只要知道一小段明文和对应的密文，该机器就可以在一天之内穷试2^{56}种不同的密钥（这叫作野蛮攻击）。据估计，这个机器当时的造价为2千万美元。

2．三重DES（Triple-DES）

这种方法是DES的改进算法，它使用两把密钥对报文做三次DES加密，效果相当于将DES密钥的长度加倍，克服了DES密钥长度较短的缺点。本来，应该使用3个不同的密钥进行3次加密，这样就可以把密钥的长度加长到$3×56＝168$位。但许多密码设计者认为168位的密钥已经超过了实际需要，所以便在第一层和第三层中使用相同的密钥，产生一个有效长度为112位的密钥。之所以没有直接采用两重DES，是因为第二层DES不是十分安全，它对一种称为"中间可遇"的密码分析攻击极为脆弱，所以最终还是采用了利用两个密钥进行三重DES加密操作。

假设两个密钥分别是K1和K2，其算法的步骤如下。

（1）用密钥K1进行DES加密。

（2）用K2对步骤（1）的结果进行DES解密。

（3）对步骤（2）的结果使用密钥K1进行DES加密。

这种方法的缺点是要花费原来三倍的时间，但从另一方面来看，三重DES的112位密钥长度是很"强壮"的加密方式。

3．IDEA（International Data Encryption Algorithm）

1990年，瑞士联邦技术学院的来学嘉和Massey建议了一种新的加密算法。这种算法使用128位的密钥，把明文分成64位的块，进行8轮迭代加密。IDEA可以用硬件或软件实现，并且比DES快。在苏黎世技术学院用25MHz的VLSI芯片，加密速率是177Mbps。

IDEA经历了大量的详细审查，对密码分析具有很强的抵抗能力，在多种商业产品中得到应用，已经成为全球通用的加密标准。

4．高级加密标准（Advanced Encryption Standard，AES）

1997年1月，美国国家标准与技术局（NIST）为高级加密标准征集新算法。最初从许多响应者中挑选了15个候选算法，经过世界密码共同体的分析，选出了其中的5个。经过用ANSI C和Java语言对5个算法的加/解密速度、密钥和算法的安装时间，以及对各种攻击的拦截程度等进行了广泛的测试后，2000年10月，NIST宣布Rijndael算法为AES的最佳候选算法，并于2002年5月26日发布为正式的AES加密标准。

AES 支持 128、192 和 256 位 3 种密钥长度，能够在世界范围内免版税使用，提供的安全级别足以保护未来 20～30 年内的数据，可以通过软件或硬件实现。

5．流加密算法和 RC4

所谓流加密，就是将数据流与密钥生成二进制比特流进行异或运算的加密过程。这种算法采用以下两个步骤。

（1）利用密钥 K 生成一个密钥流 KS（伪随机序列）。

（2）用密钥流 KS 与明文 P 进行"异或"运算，产生密文 C。

$$C = P \oplus KS \text{（K）}$$

解密过程则是用密钥流与密文 C 进行"异或"运算，产生明文 P。

$$P = C \oplus KS \text{（K）}$$

为了安全，对不同的明文必须使用不同的密钥流，否则容易被破解。

Ronald L. Rivest 是 MIT 的教授，用他的名字命名的流加密算法有 RC2～RC6 系列算法，其中 RC4 是最常用的。

RC 代表 Rivest Cipher 或 Ron's Cipher，RC4 是 Rivest 在 1987 年设计的，其密钥长度可选择 64 位或 128 位。

RC4 是 RSA 公司私有的商业机密，1994 年 9 月被人匿名发布在因特网上，从此得以公开。这个算法非常简单，就是 256 内的加法、置换和异或运算。由于简单，所以速度极快，加密的速度可达到 DES 的 10 倍。

6．公钥加密算法

以上加密算法中使用的加密密钥和解密密钥是相同的，称为共享密钥算法或对称密钥算法。1976 年，斯坦福大学的 Diffie 和 Hellman 提出了使用不同的密钥进行加密和解密的公钥加密算法。设 P 为明文，C 为密文，E 为公钥控制的加密算法，D 为私钥控制的解密算法，这些参数满足下列 3 个条件。

（1）D(E(P))=P。

（2）不能由 E 导出 D。

（3）选择明文攻击（选择任意明文—密文对以确定未知的密钥）不能破解 E。

加密时计算 C=E(P)，解密时计算 P=D(C)。加密和解密是互逆的。用公钥加密，私钥解密，可实现保密通信；用私钥加密，公钥解密，可实现数字签名。

7．RSA（Rivest Shamir and Adleman）算法

这是一种公钥加密算法，方法是按照下面的要求选择公钥和密钥。

（1）选择两个大素数 p 和 q（大于 10^{100}）。

（2）令 $n=p*q$、$z=(p-1)*(q-1)$。

（3）选择 d 与 z 互质。

（4）选择 e，使 $e*d=1$（mod z）。

明文 P 被分成 k 位的块，k 是满足 $2^k < n$ 的最大整数，于是有 $0 \leq P < n$。加密时计算

$$C=P^e（\text{mod } n）$$

这样公钥为（e,n）。解密时计算

$$P=C^d（\text{mod } n）$$

即私钥为（d,n）。

用例子说明这个算法，设 $p=3$，$q=11$，$n=33$，$z=20$，$d=7$，$e=3$，$C=P^3$（mod 33），$P=C^7$（mod 33）。则有

$$C=2^3（\text{mod } 33）=8（\text{mod } 33）=8$$
$$P=8^7（\text{mod } 33）=2097152（\text{mod } 33）=2$$

RSA 算法的安全性基于大素数分解的困难性。如果攻击者可以分解已知的 n，得到 p 和 q，然后可得到 z，最后用 Euclid 算法，由 e 和 z 得到 d。然而要分解 200 位的数，需要 40 亿年；分解 500 位的数，则需要 10^{25} 年。

8.3　认证

认证又分为实体认证和消息认证两种。实体认证是识别通信对方的身份，防止假冒，可以使用数字签名的方法。消息认证是验证消息在传送或存储过程中有没有被篡改，通常使用报文摘要的方法。下面介绍 3 种身份认证的方法，前两种是基于共享密钥的，最后一种是基于公钥的认证。

8.3.1　基于共享密钥的认证

如果通信双方有一个共享的密钥，则可以确认对方的真实身份。这种算法依赖于一个双方都信赖的密钥分发中心（Key Distribution Center，KDC），如图 8-5 所示，其中的 A 和 B 分别代表发送者和接收者，K_A、K_B 分别表示 A、B 与 KDC 之间的共享密钥。

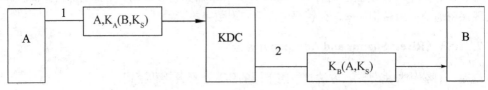

图 8-5　基于共享密钥的认证协议

认证过程如下：A 向 KDC 发出消息 {A, K_A(B, K_S)}，说明自己要和 B 通信，并指定了与 B 会话的密钥 K_S。注意，这个消息中的一部分（B, K_S）是用 K_A 加密了的，所以第三者不能了解消息的内容。KDC 知道了 A 的意图后就构造了一个消息 {K_B(A, K_S)} 发给 B。B 用 K_B 解密后就得到了 A 和 K_S，然后就可以与 A 用 K_S 会话了。

然而，主动攻击者对这种认证方式可能进行重放攻击。例如 A 代表雇主，B 代表银行。第三者 C 为 A 工作，通过银行转账取得报酬。如果 C 为 A 工作了一次，得到了一次报酬，并偷听和复制了 A 和 B 之间就转账问题交换的报文，那么贪婪的 C 就可以按照原来的次序向银行重发报文 2，冒充 A 与 B 之间的会话，以便得到第二次、第三次……报酬。在重放攻击中攻击者不需要知道会话密钥 K_S，只要能猜测密文的内容对自己有利或是无利就可以达到攻击的目的。

8.3.2　Needham-Schroeder 认证协议

这是一种多次提问—响应协议，可以对付重放攻击，关键是每一个会话回合都有一个新的随机数在起作用，其应答过程如图 8-6 所示。首先是 A 向 KDC 发送报文 1，表明要与 B 通信。KDC 以报文 2 回答。报文 1 中加入了由 A 指定的随机数 R_A，KDC 的回答报文中也有 R_A，它的这个作用是保证报文 2 是新鲜的，而不是重放的。报文 2 中的 K_B(A, K_S) 是 KDC 交给 A 的入场券，其中有 KDC 指定的会话键 K_S，并且用 B 和 KDC 之间的密钥加密，A 无法打开，只能原样发给 B。在发给 B 的报文 3 中，A 又指定了新的随机数 R_{A2}，但是 B 发出的报文 4 中不能返回 K_S(R_{A2})，而必须返回 K_S(R_{A2}–1)，因为 K_S(R_{A2}) 可能被攻击者偷听了。这时，A 可以肯定通信对方确实是 B。要让 B 确信对方是 A，还要进行一次提问。报文 4 中有 B 指定的随机数 R_B，A 返回 R_B–1，证明这是对前一报文的应答。至此，通信双方都可以确认对方的身份，可以用 K_S 进行会话了。这个协议似乎是天衣无缝，但也不是不可以攻击的。

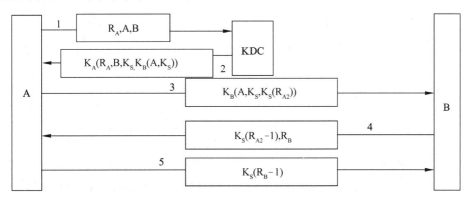

图 8-6　Needham-Schroeder 认证协议

8.3.3　基于公钥的认证

这种认证协议如图 8-7 所示。A 给 B 发出 $E_B(A, R_A)$，该报文用 B 的公钥加密。B 返回 $E_A(R_A,$ $R_B, K_S)$，用 A 的公钥加密。这两个报文中分别有 A 和 B 指定的随机数 R_A 和 R_B，因此能排除重放的可能性。通信双方都用对方的公钥加密，用各自的私钥解密，所以应答比较简单。其中的 K_S 是 B 指定的会话键。这个协议的缺陷是假定了双方都知道对方的公钥。但如果这个条件不成立呢？如果有一方的公钥是假的呢？

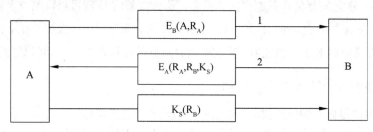

图 8-7　基于公钥的认证协议

8.4　数字签名

与人们手写签名的作用一样，数字签名系统向通信双方提供服务，使得 A 向 B 发送签名的消息 P，以便达到以下几点。

（1）B 可以验证消息 P 确实来源于 A。

（2）A 以后不能否认发送过 P。

（3）B 不能编造或改变消息 P。

下面介绍两种数字签名系统。

8.4.1　基于密钥的数字签名

这种系统如图 8-8 所示。设 BB 是 A 和 B 共同信赖的仲裁人。K_A 和 K_B 分别是 A 和 B 与 BB 之间的密钥，而 K_{BB} 是只有 BB 掌握的密钥，P 是 A 发给 B 的消息，t 是时间戳。BB 解读了 A 的报文 $\{A, K_A(B, R_A, t, P)\}$ 以后产生了一个签名的消息 $K_{BB}(A, t, P)$，并装配成发给 B 的报文 $\{K_B(A, R_A, t, P, K_{BB}(A, t, P))\}$。B 可以解密该报文，阅读消息 P，并保留证据 $K_{BB}(A, t, P)$。由于 A 和 B 之间的通信是通过中间人 BB 的，所以不必怀疑对方的身份。又由于证据 $K_{BB}(A, t, P)$ 的存在，A 不能否认发送过消息 P，B 也不能改变得到的消息 P，因为 BB 仲裁时可能会当场解密 $K_{BB}(A, t, P)$，得到发送人、发送时间和原来的消息 P。

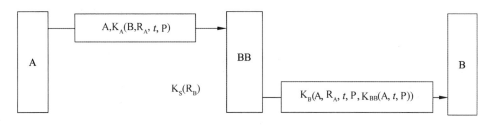

图 8-8　基于密钥的数字签名

8.4.2　基于公钥的数字签名

利用公钥加密算法的数字签名系统如图 8-9 所示。如果 A 方否认了，B 可以拿出 $D_A(P)$，并用 A 的公钥 E_A 解密得到 P，从而证明 P 是 A 发送的。如果 B 把消息 P 篡改了，当 A 要求 B 出示原来的 $D_A(P)$ 时，B 拿不出来。

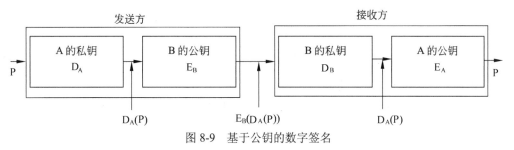

图 8-9　基于公钥的数字签名

8.5　报文摘要

用于差错控制的报文检验是根据冗余位检查报文是否受到信道干扰的影响，与之类似的报文摘要方案是计算密码校验和，即固定长度的认证码，附加在消息后面发送，根据认证码检查报文是否被篡改。设 M 是可变长的报文，K 是发送者和接收者共享的密钥，令 $MD=C_K(M)$，这就是算出的报文摘要（Message Digest），如图 8-10 所示。由于报文摘要是原报文唯一的压缩表示，代表了原来报文的特征，所以也叫作数字指纹（Digital Fingerprint）。

散列（Hash）算法将任意长度的二进制串映射为固定长度的二进制串，这个长度较小的二进制串称为散列值。散列值是一段数据唯一的、紧凑的表示形式。如果对一段明文只更改其中的一个字母，随后的散列变换都将产生不同的散列值。因为要找到散列值相同的两个不同的输入在计算上是不可能的，所以数据的散列值可以检验数据的完整性。

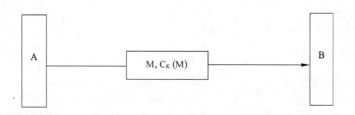

图 8-10　报文摘要方案

通常的实现方案是对任意长的明文 M 进行单向散列变换，计算固定长度的位串作为报文摘要。对 Hash 函数 h=H(M)的要求如下。

（1）可用于任意大小的数据块。

（2）能产生固定大小的输出。

（3）软/硬件容易实现。

（4）对于任意 m，找出 x，满足 H(x)=m，是不可计算的。

（5）对于任意 x，找出 y≠x，使得 H(x)=H(y)，是不可计算的。

（6）找出(x, y)，使得 H(x)=H(y)，是不可计算的。

前 3 项要求显而易见是实际应用和实现的需要。第 4 项要求就是所谓的单向性，这个条件使得攻击者不能由偷听到的 m 得到原来的 x。第 5 项要求是为了防止伪造攻击，使得攻击者不能用自己制造的假消息 y 冒充原来的消息 x。第 6 项要求是为了对付生日攻击的。

报文摘要可以用于加速数字签名算法，在图 8-8 中，BB 发给 B 的报文中报文 P 实际上出现了两次，一次是明文，一次是密文，这显然增加了传送的数据量。如果改成图 8-11 所示的报文，$K_{BB}(A,t,P)$减少为 MD(P)，则传送过程可以大大加快。

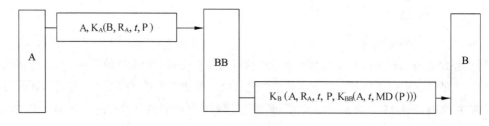

图 8-11　报文摘要的例子

8.5.1　报文摘要算法

使用最广的报文摘要算法是 MD5，这是 Ronald L. Rivest 设计的一系列 Hash 函数中的第 5 个。其基本思想就是用足够复杂的方法把报文位充分"弄乱"，使得每一个输出位都受到每一个输入位的影响。具体的操作分成下列几个步骤。

（1）分组和填充。把明文报文按 512 位分组，最后要填充一定长度的 "1000...."，使得

报文长度=448（mod 512）

（2）附加。最后加上 64 位的报文长度字段，整个明文恰好为 512 的整数倍。

（3）初始化。置 4 个 32 位长的缓冲区 ABCD 分别为：

A=01234567   B=89ABCDEF   C=FEDCBA98   D=76543210

（4）处理。用 4 个不同的基本逻辑函数（F，G，H，I）进行 4 轮处理，每一轮以 ABCD 和当前 512 位的块为输入，处理后送入 ABCD（128 位），产生 128 位的报文摘要，如图 8-12 所示。

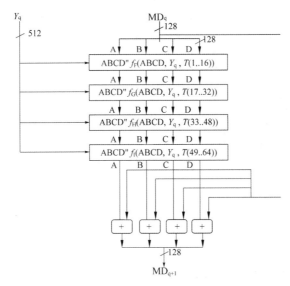

图 8-12　MD5 的处理过程

关于 MD5 的安全性可以解释如下：由于算法的单向性，因此要找出具有相同 Hush 值的两个不同报文是不可计算的。如果采用野蛮攻击，寻找具有给定 Hush 值的报文的计算复杂性为 2^{128}，若每秒试验 10 亿个报文，需要 1.07×10^{22} 年。采用生日攻击法，寻找有相同 Hush 值的两个报文的计算复杂性为 2^{64}，用同样的计算机需要 585 年。从实用性考虑，MD5 用 32 位软件可高速实现，所以有广泛应用。

8.5.2　安全散列算法

安全散列算法（Secure Hash Algorithm，SHA）由美国国家标准和技术协会于 1993 年提出，并被定义为安全散列标准（Secure Hash Standard，SHS）。SHA-1 是 1994 年修订的版本，纠正了 SHA 一个未公布的缺陷。这种算法接收的输入报文小于 2^{64} 位，产生 160 位的报文摘要。该

算法设计的目标是使得找出一个能够匹配给定的散列值的文本实际是不可能计算的。也就是说，如果对文档 A 已经计算出了散列值 H(A)，那么很难找到一个文档 B，使其散列值 H(B)＝H(A)，尤其困难的是无法找到满足上述条件的，而且又是指定内容的文档 B。SHA 算法的缺点是速度比 MD5 慢，但是 SHA 的报文摘更长，更有利于对抗野蛮攻击。

8.5.3　散列式报文认证码

散列式报文认证码（Hashed Message Authentication Code，HMAC）是利用对称密钥生成报文认证码的散列算法，可以提供数据完整性数据源身份认证。为了说明 HMAC 的原理，假设 H 是一种散列函数（例如 MD5 或 SHA-1），H 把任意长度的文本作为输入，产生长度为 L 位的输出（对于 MD5，L=128；对于 SHA-1，L=160），并且假设 K 是由发送方和接收方共享的报文认证密钥，长度不大于 64 字节，如果小于 64 字节，后面加 0，补够 64 字节。假定有下面两个 64 字节的串 ipad（输入串）和 opad（输出串）。

ipad=0×36，重复 64 次；

opad=0×5C，重复 64 次。

函数 HMAC 把 K 和 Text 作为输入，产生

$$HMAC_K(Text)=H(K \oplus opad, H(K \oplus ipad, Text))$$

作为输出，即

（1）在 K 后附加 0，生成 64 字节的串。

（2）将第（1）步产生的串与 ipad 按位异或。

（3）把 Text 附加在第（2）步产生的结果后面。

（4）对第（3）步产生的结果应用函数 H。

（5）将第（1）步产生的串与 opad 按位异或。

（6）把第（4）步产生的结果附加在第（5）步结果的后面。

（7）对第（6）步产生的结果引用函数 H，并输出计算结果。

HMAC 的密钥长度至少为 L 位，更长的密钥并不能增强函数的安全性。HMAC 允许把最后的输出截短到 80 位，这样更简单有效，且不损失安全强度。认证一个数据流（Text）的总费用接近于对该数据流进行散列的费用，对很长的数据流更是如此。

HMAC 使用现有的散列函数 H 而不用修改 H 的代码，这样可以使用已有的 H 代码库，而且可以随时用一个散列函数代替另一个散列函数。HMAC-MD5 已经被 IETF 指定为 Internet 安全协议 IPSec 的验证机制，提供数据源认证和数据完整性保护。

HMAC 的一个典型应用是用在"提问/响应（Challenge/Response）"式身份认证中，认证流程如下。

（1）先由客户端向服务器发出一个认证请求。

（2）服务器接到此请求后生成一个随机数并通过网络传输给客户端（此为提问）。

（3）客户端将收到的随机数提供给 ePass（数字证书的存储介质），由 ePass 使用该随机数与存储的密钥进行 HMAC-MD5 运算，并得到一个结果作为证据传给服务器（此为响应）。

（4）与此同时，服务器也使用该随机数与存储在服务器数据库中的该客户密钥进行 HMAC-MD5 运算，如果服务器的运算结果与客户端传回的响应结果相同，则认为客户端是一个合法用户。

8.6　数字证书

8.6.1　数字证书的概念

数字证书是各类终端实体和最终用户在网上进行信息交流及商务活动的身份证明，在电子交易的各个环节，交易的各方都需验证对方数字证书的有效性，从而解决相互间的信任问题。

数字证书采用公钥体制，即利用一对互相匹配的密钥进行加密和解密。每个用户自己设定一个特定的仅为本人所知的私有密钥（私钥），用它进行解密和签名，同时设定一个公共密钥（公钥），并由本人公开，为一组用户所共享，用于加密和验证。公开密钥技术解决了密钥发布的管理问题。一般情况下，证书中还包括密钥的有效时间、发证机构（证书授权中心）的名称及该证书的序列号等信息。数字证书的格式遵循 ITUT X.509 国际标准。

用户的数字证书由某个可信的证书发放机构（Certification Authority，CA）建立，并由 CA 或用户将其放入公共目录中，以供其他用户访问。目录服务器本身并不负责为用户创建数字证书，其作用仅仅是为用户访问数字证书提供方便。

在 X.509 标准中，数字证书的一般格式包含的数据域如下。

（1）版本号：用于区分 X.509 的不同版本。

（2）序列号：由同一发行者（CA）发放的每个证书的序列号是唯一的。

（3）签名算法：签署证书所用的算法及参数。

（4）发行者：指建立和签署证书的 CA 的 X.509 名字。

（5）有效期：包括证书有效期的起始时间和终止时间。

（6）主体名：指证书持有者的名称及有关信息。

（7）公钥：有效的公钥以及其使用方法。

（8）发行者 ID：任选的名字唯一地标识证书的发行者。

（9）主体 ID：任选的名字唯一地标识证书的持有者。

（10）扩展域：添加的扩充信息。

（11）认证机构的签名：用 CA 私钥对证书的签名。

8.6.2　证书的获取

CA 为用户产生的证书应具有以下特性。

（1）只要得到 CA 的公钥，就能由此得到 CA 为用户签署的公钥。

（2）除 CA 外，其他任何人员都不能以不被察觉的方式修改证书的内容。

因为证书是不可伪造的，因此无须对存放证书的目录施加特别的保护。

如果所有用户都由同一 CA 签署证书，则这一 CA 必须取得所有用户的信任。用户证书除了能放在公共目录中供他人访问外，还可以由用户直接把证书转发给其他用户。用户 B 得到 A 的证书后，可相信用 A 的公钥加密的消息不会被他人获悉，还可信任用 A 的私钥签署的消息不是伪造的。

如果用户数量很多，仅一个 CA 负责为所有用户签署证书可能不现实。通常应有多个 CA，每个 CA 为一部分用户发行和签署证书。

设用户 A 已从证书发放机构 X_1 处获取了证书，用户 B 已从 X_2 处获取了证书。如果 A 不知 X_2 的公钥，他虽然能读取 B 的证书，但却无法验证用户 B 证书中 X_2 的签名，因此 B 的证书对 A 来说是没有用处的。然而，如果两个证书发放机构 X_1 和 X_2 彼此间已经安全地交换了公开密钥，则 A 可通过以下过程获取 B 的公开密钥。

（1）A 从目录中获取由 X_1 签署的 X_2 的证书 $X_1《X_2》$，因为 A 知道 X_1 的公开密钥，所以能验证 X_2 的证书，并从中得到 X_2 的公开密钥。

（2）A 再从目录中获取由 X_2 签署的 B 的证书 $X_2《B》$，并由 X_2 的公开密钥对此加以验证，然后从中得到 B 的公开密钥。

在以上过程中，A 是通过一个证书链来获取 B 的公开密钥的，证书链可表示为

$$X_1《X_2》\ X_2《B》$$

类似地，B 能通过相反的证书链获取 A 的公开密钥，表示为

$$X_2《X_1》\ X_1《A》$$

以上证书链中只涉及两个证书。同样，有 N 个证书的证书链可表示为

$$X_1《X_2》\ X_2《X_3》\cdots X_N《B》$$

此时，任意两个相邻的 CAX_i 和 CAX_{i+1} 已彼此间为对方建立了证书，对每一个 CA 来说，由其他 CA 为这一 CA 建立的所有证书都应存放于目录中，并使得用户知道所有证书相互之间的连接关系，从而可获取另一用户的公钥证书。X.509 建议将所有的 CA 以层次结构组织起来，用户 A 可从目录中得到相应的证书以建立到 B 的以下证书链。

$$X《W》\ W《V》\ V《U》\ U《Y》\ Y《Z》\ Z《B》$$

并通过该证书链获取 B 的公开密钥。

类似地，B 可建立以下证书链以获取 A 的公开密钥。

$$X《W》W《V》V《U》U《Y》Y《Z》Z《A》$$

8.6.3　证书的吊销

从证书的格式上可以看到，每个证书都有一个有效期，然而有些证书还未到截止日期就会被发放该证书的 CA 吊销，这可能是由于用户的私钥已被泄漏，或者该用户不再由该 CA 来认证，或者 CA 为该用户签署证书的私钥已经泄漏。为此，每个 CA 还必须维护一个证书吊销列表（Certificate Revocation List，CRL），其中存放所有未到期而被提前吊销的证书，包括该 CA 发放给用户和发放给其他 CA 的证书。CRL 还必须由该 CA 签字，然后存放于目录中以供他人查询。

CRL 中的数据域包括发行者 CA 的名称、建立 CRL 的日期、计划公布下一 CRL 的日期以及每个被吊销的证书数据域。被吊销的证书数据域包括该证书的序列号和被吊销的日期。对一个 CA 来说，它发放的每个证书的序列号是唯一的，所以可用序列号来识别每个证书。

因此，每个用户收到他人消息中的证书时都必须通过目录检查这一证书是否已经被吊销，为避免搜索目录引起的延迟以及因此而增加的费用，用户自己也可维护一个有效证书和被吊销证书的局部缓存区。

8.7　密钥管理

密钥是加密算法中的可变部分，在采用加密技术保护的信息系统中，其安全性取决于密钥的保护，而不是对算法或硬件的保护。密码体制可以公开，密码设备可能丢失，但同一型号的密码机仍可继续使用。然而，密钥一旦丢失或出错，不仅合法用户不能提取信息，而且可能使非法用户窃取信息。因此，密钥的管理是关键问题。

密钥管理是指处理密钥自产生到最终销毁的整个过程中的有关问题，包括系统的初始化，密钥的产生、存储、备份/恢复、装入、分配、保护、更新、控制、丢失、吊销和销毁。

8.7.1　密钥管理概述

1．对密钥的威胁

对密钥的威胁如下。

（1）私钥的泄露。

（2）私钥或公钥的真实性（Authenticity）丧失。

（3）私钥或公钥未经授权使用，例如使用失效的密钥或违例使用密钥。

2．密钥的种类

下面介绍密钥的种类。

（1）基本密钥 k_p：由用户选定或由系统分配给用户的、可在较长时间（相对于会话密钥）内由一对用户所专用的密钥，故也称用户密钥。基本密钥要求既安全又便于更换，与会话密钥一起去启动和控制某种算法所构造的密钥产生器，生成用于加密数据的密钥流。

（2）会话密钥 k_s：两个终端用户在交换数据时使用的密钥。当用会话密钥对传输的数据进行保护时称为数据加密密钥，用会话密钥来保护文件时称为文件密钥。会话密钥的作用是使用户不必频繁地更换基本密钥，有利于密钥的安全和管理。会话密钥可由用户双方预先约定，也可由系统通过密钥建立协议动态地生成并分发给通信双方。k_s 使用的时间短，限制了密码分析者所能得到的同一密钥加密的密文数量。会话密钥只在需要时通过协议建立，也降低了密钥的存储容量。

（3）密钥加密密钥 k_e：用于对传送的会话密钥或文件密钥进行加密的密钥，也称辅助二级密钥或密钥传送密钥。通信网中每个节点都分配有一个 k_e，为了安全，各节点的 k_e 应互不相同。

（4）主机密钥 k_m：对密钥加密密钥进行加密的密钥，存于主机处理器中。

在双钥体制下，有公开钥（公钥）和秘密钥（私钥）、签字密钥和认证密钥之分。

8.7.2　密钥管理体制

密钥管理是信息安全的核心技术之一。在美国信息保障技术框架（Information Assurance Technical Framework，IATF）中定义的密钥管理体制主要有 3 种：一是适用于封闭网的技术，以传统的密钥分发中心为代表的 KMI 机制；二是适用于开放网的 PKI 机制；三是适用于规模化专用网的 SPK 技术。

1．KMI 技术

密钥管理基础结构（Key Management Infrastructure，KMI）假定有一个密钥分发中心（KDC）来负责发放密钥。这种结构经历了从静态分发到动态分发的发展历程，目前仍然是密钥管理的主要手段。无论是静态分发还是动态分发，都是基于秘密的物理通道进行的。

1）静态分发

静态分发是预配置技术，大致有以下几种。

（1）点对点配置。可用单钥实现，也可用双钥实现。单钥分发是最简单而有效的密钥管理技术，通过秘密的物理通道实现。单钥为认证提供可靠的参数，但不能提供不可否认性服务。当有数字签名要求时，则用双钥实现。

（2）一对多配置。可用单钥或双钥实现，是点对点分发的扩展，只是在中心保留所有各端的密钥，而各端只保留自己的密钥。一对多的密钥分配在银行清算、军事指挥、数据库系统中仍为主流技术，也是建立秘密通道的主要方法。

（3）格状网配置。可以用单钥实现，也可以用双钥实现。格状网的密钥配置量为全网 n 个终端用户中选 2 的组和数。Kerberos 曾安排过 25 万个用户的密钥。格状网一般都要求提供数字签名服务，因此多数用双钥实现，即各端保留自己的私钥和所有终端的公钥。如果用户量为 25 万个，则每一个终端用户要保留 25 万个公钥。

2）动态分发

动态分发是"请求—分发"机制，是与物理分发相对应的电子分发，在秘密通道的基础上进行，一般用于建立实时通信中的会话密钥，在一定意义上缓解了密钥管理规模化的矛盾。动态分发有以下几种形式。

（1）基于单钥的单钥分发。在用单密钥实现时，首先在静态分发方式下建立星状密钥配置，在此基础上解决会话密钥的分发。这种密钥分发方式简单易行。

（2）基于单钥的双钥分发。在双钥体制下，可以将公、私钥都当作秘密变量，也可以将公、私钥分开，只把私钥当作秘密变量，公钥当作公开变量。尽管将公钥当作公开变量，但仍然存在被假冒或篡改的可能，因此需要有一种公钥传递协议证明其真实性。基于单钥的公钥分发的前提是密钥分发中心（C）和各终端用户（A、B）之间已存在单钥的星状配置，分发过程如下。

- A→C：申请 B 的公钥，包括 A 的时间戳。
- C→A：将 B 的公钥用单密钥加密发送，包括 A 的时间戳。
- A→B：用 B 的公钥加密 A 的身份标识和会话序号 N_1。
- B→C：申请 A 的公钥，包括 B 的时间戳。
- C→B：将 A 的公钥用单密钥加密发送，包括 B 的时间戳。
- B→A：用 A 的公钥加密 A 的会话序号 N_1 和 B 的会话序号 N_2。
- A→B：用 B 的公钥加密 N_2，以确认会话建立。

2．PKI 技术

在密钥管理中，不依赖秘密信道的密钥分发技术一直是一个难题。1976 年，Deffie 和 Hellman 提出了双钥密码体制和 D-H 密钥交换协议，大大促进了这一领域的发展。但是，在双钥体制中只是有了公、私钥的概念，私钥的分发仍然依赖于秘密通道。1991 年，PGP 首先提出了 Web of Trust 信任模型和密钥由个人产生的思路，避开了私钥的传递，从而避开了秘密通道，推动了 PKI 技术的发展。

公钥基础结构（Public Key Infrastructure，PKI）是运用公钥的概念和技术来提供安全服务的、普遍适用的网络安全基础设施，包括由 PKI 策略、软/硬件系统、认证中心、注册机构（Registration Authority，RA）、证书签发系统和 PKI 应用等构成的安全体系，如图 8-13 所示。

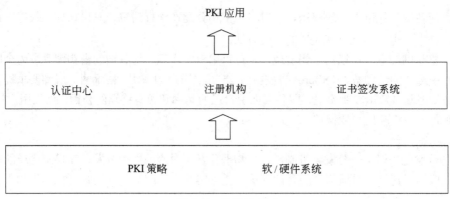

图 8-13　PKI 的组成

　　PKI 策略定义了信息安全的指导方针和密码系统的使用规则，具体内容包括 CA 之间的信任关系、遵循的技术标准、安全策略、服务对象、管理框架、认证规则、运作制度、所涉及的法律关系等；软/硬件系统是 PKI 运行的平台，包括认证服务器、目录服务器等；CA 负责密钥的生成和分配；注册机构是用户（subscriber）与 CA 之间的接口，负责对用户的认证；证书签发系统负责公钥数字证书的分发，可以由用户自己或通过目录服务器进行发放；PKI 的应用非常广泛，Web 通信、电子邮件、电子数据交换、电子商务、网上信用卡交易、虚拟专用网等都是 PKI 潜在的应用领域。

　　自 20 世纪 90 年代以来，PKI 技术逐渐得到了各国政府和许多企业的重视，由理论研究进入商业应用阶段。IETF 和 ISO 等国际组织陆续颁布了 X.509、PKIX、PKCS、S/MIME、SSL、SET、IPSec、LDAP 等一系列与 PKI 应用有关的标准；RSA、VeriSign、Entrust、Baltimore 等网络安全公司纷纷推出了 PKI 产品和服务；网络设备制造商和软件公司开始在网络产品中增加 PKI 功能；美国、加拿大、韩国、日本和欧盟等国家相继建立了 PKI 体系；银行、证券、保险和电信等行业的用户开始接受和使用 PKI 技术。

　　PKI 解决了不依赖秘密信道进行密钥管理的重大课题，但这只是概念的转变，并没有多少新技术。PKI 是在民间密码研究摆脱政府控制的斗争中发展起来的，这种斗争一度达到了白热化程度，PGP 的发明者 Philip Zimmermann 曾经因为违反美国的密码产品贸易管制政策而被联邦政府调查。PKI 以商业运作的形式壮大起来，以国际标准的形式确定，PKI 技术完全开放，甚至连一向持反对态度的美国国防部（DoD）、联邦政府也不得不开发 PKI 策略。DoD 定义的 KMI/PKI 标准规定了用于管理公钥证书和对称密钥的技术、服务和过程，KMI 是提供信息保障能力的基础架构，PKI 是 KMI 的主要组成部分，提供了生成、生产、分发、控制和跟踪公钥证书的服务框架。

　　KMI 和 PKI 两种密钥管理体制各有其优缺点和适用范围。KMI 具有很好的封闭性，而 PKI

具有很好的扩展性。KMI 的密钥管理机制可形成各种封闭环境，可作为网络隔离的基本逻辑手段，而 PKI 适用于各种开放业务，但却不适应封闭的专用业务和保密性业务。KMI 是集中式的基于主管方的管理模式，为身份认证提供直接信任和一级推理信任，但密钥更换不灵活；　PKI 是依靠第三方的管理模式，只能提供一级以下推理信任，但密钥更换非常灵活。KMI 适用于保密网和专用网，而 PKI 适用于安全责任完全由个人或单方面承担，安全风险不涉及他方利益的场合。

从实际应用方面看，因特网中的专用网主要处理内部事务，同时要求与外界联系。因此，KMI 主内、PKI 主外的密钥管理结构是比较合理的。如果一个专用网是与外部没有联系的封闭网，那么仅有 KMI 就已足够。如果一个专用网可以与外部联系，那么要同时具备两种密钥管理体制，至少 KMI 要支持 PKI。如果是开放网业务，则完全可以用 PKI 技术处理。

8.8　虚拟专用网

8.8.1　虚拟专用网的工作原理

所谓虚拟专用网（Virtual Private Network，VPN），就是建立在公用网上的、由某一组织或某一群用户专用的通信网络，其虚拟性表现在任意一对 VPN 用户之间没有专用的物理连接，而是通过 ISP 提供的公用网络来实现通信，其专用性表现在 VPN 之外的用户无法访问 VPN 内部的网络资源，VPN 内部用户之间可以实现安全通信。这里讲的 VPN 是指在 Internet 上建立的、由用户（组织或个人）自行管理的 VPN，而不涉及一般电信网中的 VPN。后者一般是指 X.25、帧中继或 ATM 虚拟专用线路。

Internet 本质上是一个开放的网络，没有任何安全措施可言。随着 Internet 应用的扩展，很多要求安全和保密的业务需要通过 Internet 实现，这一需求促进了 VPN 技术的发展。各个国际组织和企业都在研究和开发 VPN 的理论、技术、协议、系统和服务。在实际应用中要根据具体情况选用适当的 VPN 技术。

实现 VPN 的关键技术主要有以下几种。

（1）隧道技术（Tunneling）。隧道技术是一种通过使用因特网基础设施在网络之间传递数据的方式。隧道协议将其他协议的数据包重新封装在新的包头中发送。新的包头提供了路由信息，从而使封装的负载数据能够通过因特网传递。在 Internet 上建立隧道可以在不同的协议层实现，例如数据链路层、网络层或传输层，这是 VPN 特有的技术。

（2）加解密技术（Encryption & Decryption）。VPN 可以利用已有的加解密技术实现保密通信，保证公司业务和个人通信的安全。

（3）密钥管理技术（Key Management）。建立隧道和保密通信都需要密钥管理技术的支撑，密钥管理负责密钥的生成、分发、控制和跟踪，以及验证密钥的真实性等。

（4）身份认证技术（Authentication）。加入 VPN 的用户都要通过身份认证，通常使用用户名和密码，或者智能卡来实现用户的身份认证。

VPN 的解决方案有以下 3 种，可以根据具体情况选择使用。

（1）内联网 VPN（Intranet VPN）。企业内部虚拟专用网也叫内联网VPN，用于实现企业内部各个 LAN 之间的安全互联。传统的 LAN 互联采用租用专线的方式，这种实现方式费用昂贵，只有大型企业才能负担得起。如果企业内部各分支机构之间要实现互联，可以在 Internet 上组建世界范围内的 Intranet VPN，利用 Internet 的通信线路保证网络的互联互通，利用隧道、加密和认证等技术保证信息在 Intranet 内安全传输，如图 8-14 所示。

图 8-14　Intranet VPN

（2）外联网 VPN（Extranet VPN）。企业外部虚拟专用网也叫外联网 VPN，用于实现企业与客户、供应商和其他相关团体之间的互联互通。当然，客户也可以通过 Web 访问企业的客户资源，但是外联网VPN 方式可以方便地提供接入控制和身份认证机制，动态地提供公司业务和数据的访问权限。一般来说，如果公司提供 B2B 之间的安全访问服务，则可以考虑与相关企业建立 Extranet VPN 连接，如图 8-15 所示。

（3）远程接入 VPN（Access VPN）。解决远程用户访问企业内部网络的传统方法是采用长途拨号方式接入企业的网络访问服务器（NAS）。这种访问方式的缺点是通信成本高，必须支付价格不菲的长途电话费，而且 NAS 和调制解调器的设备费用以及租用接入线路的费用也是一笔很大的开销。采用远程接入VPN 就可以省去这些费用。如果企业内部人员有移动或远程办公的需要，或者商家要提供 B2C 的安全访问服务，可以采用 Access VPN。

Access VPN 通过一个拥有与专用网络相同策略的共享基础设施提供对企业内部网或外部网的远程访问。Access VPN 能使用户随时随地以其所需的方式访问企业内部的网络资源，最适用于公司内部经常有流动人员远程办公的情况。出差员工利用当地 ISP 提供的 VPN 服务就可以和公司的 VPN 网关建立私有的隧道连接，如图 8-16 所示。

图 8-15　Extranet VPN

图 8-16　Access VPN

8.8.2　第二层隧道协议

　　虚拟专用网可以通过第二层隧道协议实现，这些隧道协议（例如 PPTP 和 L2TP）都是把数据封装在点对点协议（PPP）的帧中在因特网上传输的，创建隧道的过程类似于在通信双方之间建立会话的过程，需要就地址分配，经加密、认证和压缩参数等进行协商，隧道建立后才能进行数据传输。下面介绍 PPP 协议和常用的第二层隧道协议。

1. PPP 协议

　　PPP 协议（Point-to-Point Protocol）可以在点对点链路上传输多种上层协议的数据包。PPP 是数据链路层协议，最早是替代 SLIP 协议用来在同步链路上封装 IP 数据报的，后来也可以承载诸如 DECnet、Novell IPX、Apple Talk 等协议的分组。PPP 是一组协议，包含下列成分。

　　（1）封装协议。用于包装各种上层协议的数据报。PPP 封装协议提供了在同一链路上传输各种网络层协议的多路复用功能，也能与各种常见的支持硬件保持兼容。封装协议的格式如图 8-17 所示。

帧标志（7E）	地址（FF）	控制（03）	协议	数据（< 1500 字节）	CRC	帧标志（7E）
1	1	1	2		2	1

帧标志：与 HDLC 相同，以字符 01111110 表示帧的开始和结束；

地址字段：内容为广播地址 11111111；

控制字段：其值为 00000011；

协议字段：表示数据字段封装的网络层协议，0x0021 代表 IP 数据报，0xC021 代表 LCP 数据，0x8021 代表 NCP 数据；

数据字段：包含封装的数据包，长度为 0～1 500 字节；

CRC 字段：16 位循环冗余校验码，检测传输中出现的差错，也可以选择 32 位 CRC 校验。

图 8-17   PPP 的帧

（2）链路控制协议（Link Control Protocol，LCP）。通过以下三类 LCP 分组来建立、配置和管理数据链路连接。

- 链路配置分组。用于建立和配置链路，包括 Configure-Request、Configure-Ack、Configure-Nak 和 Configure-Reject 这 4 种分组。
- 链路终结分组。用于终止链路，包括 Terminate-Request 和 Terminate-Ack 两种分组。
- 链路维护分组。用于链路管理和排错，包括 Code-Reject、Protocol-Reject、Echo-Request、Echo-Reply 和 Discard-Request 这 5 种分组。

（3）网络控制协议。在 PPP 的链路建立过程中的最后阶段将选择承载的网络层协议，例如 IP、IPX 或 AppleTalk 等。PPP 只传送选定的网络层分组，任何没有入选的网络层分组将被丢弃。

PPP 拨号过程可以分成以下 3 个阶段（如图 8-18 所示）。

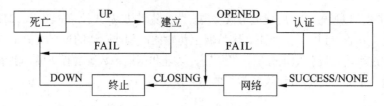

图 8-18   PPP 的会话过程

（1）链路建立。PPP 通过链路控制协议建立、维护或终止逻辑连接。在这个阶段，将对通信方式（数据压缩、加密以及认证协议的参数等）进行协商。

（2）用户认证。在这个阶段，客户端将自己的身份证明发送给网络接入服务器进行身份认证。如果认证失败，连接被终止。在这一阶段，只传送链路控制协议、认证协议和链路质量监视协议的分组，其他分组均被丢弃。最常用的认证协议有 PAP 和 CHAP 两种。

- 口令认证协议（Password Authentication Protocol，PAP）。这是一种简单的明文认证方式。用户向 NAS 提供用户名和口令，如果认证成功，NAS 向用户返回应答信息。这个过程可能重复多次才能完成。显然，这种认证方式是不安全的。

- 挑战—握手验证协议（Challenge Handshake Authentication Protocol，CHAP）。这是一种 3 次握手认证协议，并不传送用户密码，而是传送由用户密码生成的散列值。首先由 NAS 向远端用户发送一个挑战口令，其中包括会话 ID 和一个任意的挑战字串（用于防止重放攻击）。客户端返回经过 MD5 加密的会话 ID、挑战字符串和用户口令，用户名则以明文方式发送，如图 8-19 所示。NAS 根据认证服务器中的数据对收集到的用户数据进行有效性验证，如果认证成功，NAS 返回肯定应答，连接建立；如果认证失败，连接终止。在后续的数据传送阶段，还可能随机地进行多次认证，以减少被攻击的时间。虽然这种认证只是由服务器端对客户端的单向认证，但是也可以应用在双向认证中。

Challenge＝会话ID，挑战字符串
Response＝MD5(会话ID,挑战字符串,用户Password)，用户名

图 8-19　CHAP 认证过程

（3）调用网络层协议。认证阶段完成之后，PPP 将调用在链路建立阶段选定的网络控制协议。例如，如果选定 IP 控制协议（IPCP），可以向拨入用户分配动态 IP 地址并就 IP 头的压缩进行协商。这样，经过 3 个阶段以后，一条完整的 PPP 链路就建立起来了。

一旦完成上述 3 个阶段，PPP 就开始在连接双方之间转发数据，每个被传送的数据报都被封装在 PPP 包头内。如果在阶段一选择了数据压缩，数据将会在被传送之前进行压缩。类似的，如果已经选择使用数据加密，数据将会在传送之前进行加密。

2. 点对点隧道协议（PPTP）

PPTP（Point-to-Point Tunneling Protocol）是由 Microsoft、Ascend、3Com 和 ECI 等公司组成的 PPTP 论坛在 1996 年定义的第 2 层隧道协议。PPTP 定义了由 PAC 和 PNS 组成的客户端/服务器结构，从而把 NAS 的功能分解给这两个逻辑设备，以支持虚拟专用网。传统网络接入服务器（NAS）根据用户的需要提供 PSTN 或 ISDN 的点对点拨号接入服务，它具有下列功能。

（1）通过本地物理接口连接 PSTN 或 ISDN，控制外部 Modem 或终端适配器的拨号操作。

（2）作为 PPP 链路控制协议的会话终端。

（3）参与 PPP 认证过程。

（4）对多个 PPP 信道进行集中管理。

（5）作为 PPP 网络控制协议的会话终端。

（6）在各接口之间进行多协议的路由和桥接。

PPTP 论坛定义了以下两种逻辑设备。

- PPTP 接入集中器（PPTP Access Concentrator，PAC）。可以连接一条或多条 PSTN 或 ISDN 拨号线路，能够进行 PPP 操作，并且能处理 PPTP 协议。PAC 可以与一个或多个 PNS 实现 TCP/IP 通信，或者通过隧道传送其他协议的数据。

- PPTP 网络服务器（PPTP Network Server，PNS）。建立在通用服务器平台上的 PPTP 服务器，运行 TCP/IP 协议，可以使用任何 LAN 和 WAN 接口硬件实现。

PAC 是负责接入的客户端设备，必须实现 NAS 的（1）、（2）两项功能，也可能实现第（3）项功能；PNS 是 ISP 提供的接入服务器，可以实现 NAS 的第（3）项功能，但必须实现（4）、（5）、（6）项功能；而 PPTP 则是在 PAC 和 PNS 之间对拨入的电路交换呼叫进行控制和管理，并传送 PPP 数据的协议。

PPTP 协议只是在 PAC 和 PNS 之间实现，与其他任何设备无关，连接到 PAC 的拨号网络也与 PPTP 无关，标准的 PPP 客户端软件仍然可以在 PPP 链路上进行操作。

在一对 PAC 和 PNS 之间必须建立两条并行的 PPTP 连接，一条是运行在 TCP 协议上的控制连接，一条是传输 PPP 协议数据单元的 IP 隧道。控制连接可以由 PNS 或 PAC 发起建立。PNS 和 PAC 在建立 TCP 连接之后就通过 Start-Control-Connection-Request 和 Start-Control-Connection-Reply 报文来建立控制连接，这些报文也用来交换有关 PAC 和 PNS 操作能力的数据。控制连接的管理、维护和释放也是通过交换类似的控制报文实现的。

控制连接必须在 PPP 隧道之前建立。在每一对 PAC–PNS 之间，隧道连接和控制连接同时存在。控制连接的功能是建立、管理和释放 PPP 隧道，同时控制连接也是 PAC 和 PNS 之间交换呼叫信息的通路。

PPP 分组必须先经过 GRE 封装后才能在 PAC–PNS 之间的隧道中传送。GRE（Generic Routing Encapsulation）是在一种网络层协议上封装另外一种网络层协议的协议。GRE 封装的协议经过了加密处理，所以 VPN 之外的设备无法探测其中的内容。对 PPP 分组封装和传送的过程如图 8-20 所示，其中的 RRAS 相当于 PAC 或 PNS，PPP 桩是经过加密的 PPP 头。可以看出，负载数据在本地和远程 LAN 中都是通过 IP 协议明文传送的，只有在 VPN 中进行了加密和封装。

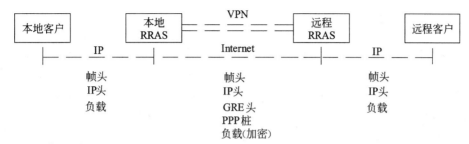

注：RRAS 的全称是 Routing and Remote Access Server

图 8-20　GRE 封装和隧道传送

PPTP 协议的分组头结构如图 8-21 所示。

长度	PPTP 报文类型
Magic Cookie	
控制报文类型	保留 0
协议版本	保留 1
组帧能力	
承载能力	
最大信道数	固件版本
主机名 （64 字节）	
制造商 （64 字节）	

长度：PPTP 报文的字节数。
PPTP 报文类型：1. 控制信息；2. 管理信息。
Magic Cookie：Magic Cookie 以连续的 0x1A2B3C4D 发送，基本目的是确保接收端与 TCP 数据流间的同步运行。
控制报文类型：可能的值如下。
- Start-Control-Connection-Request；
- Start-Control-Connection-Reply；
- Stop-Control-Connection-Request；
- Stop-Control-Connection-Reply；
- Echo-Request；
- Echo-Reply。
协议版本：PPTP 版本号。
组帧能力：指出帧类型，由发送方提供。1. 异步帧支持；2. 同步帧支持。
承载能力：指出承载性能，由发送方提供。1. 模拟接入支持；2. 数字接入支持。
最大信道数：PAC 支持的 PPP 会话总数。
固件版本：若由 PAC 发出，则表示 PAC 的固件修订本编号；若由 PNS 发出，则包括 PNS 的 PPTP 驱动版本号。
主机名：PAC 或 PNS 的域名。
制造商：供应商的字符串。

图 8-21　PPTP 分组头格式

3．第 2 层隧道协议

第 2 层隧道协议（Layer 2 Tunneling Protocol，L2TP）用于把各种拨号服务集成到 ISP 的服务提供点。PPP 定义了一种封装机制，可以在点对点链路上传输多种协议的分组。通常，用户利用各种拨号方式（例如 POTS、ISDN 或 ADSL）接入 NAS，然后通过第二层连接运行 PPP 协议。这样，第二层连接端点和 PPP 会话端点都在同一个 NAS 设备中。

L2TP 扩展了 PPP 模型，允许第二层连接端点和 PPP 会话端点驻在由分组交换网连接的不同设备中。在 L2TP 模型中，用户通过第二层连接访问集中器（例如 Modem、ADSL 等设备），而集中器则把 PPP 帧通过隧道传送给 NAS，这样就可以把 PPP 分组的处理与第二层端点的功能分离开来。这样做的好处是 NAS 不再具有第二层端点的功能，第二层连接在本地集中器终止，从而把逻辑的 PPP 会话扩展到了帧中继或 Internet 这样的公共网络上。从用户的观点看，使用 L2TP 与通过第二层接入 NAS 并没有区别。

L2TP 报文分为控制报文和数据报文。控制报文用于建立、维护和释放隧道和呼叫；数据报文用于封装 PPP 帧，以便在隧道中传送。控制报文使用了可靠的控制信道以保证提交，数据报文被丢失后不再重传。L2TP 的分组头结构如图 8-22 所示。

T	L	X	X	S	X	O	P	X	X	X	X	Ver	长度
隧道 ID													会话 ID
Ns（任选）													Nr（任选）
Offset size（任选）													Offset pad（任选）

T：指示报文的类型。0 表示数据报文，1 表示控制报文。

L：置 1 时表示长度字段出现，控制报文必须有长度字段。

X：保留不用，全部置 0。

S：置 1 时表示 Nr 和 Ns 字段出现，对于控制报文，S 必须置 1。

O：置 1 时表示 Offset size 字段出现，对于控制报文，O 必须置 0。

P：表示优先级，如果置 1，该数据报文被优先处理和发送。

Ver：这一位的值为 002，指示 L2TP 的版本号。

长度：报文的总长度。

隧道 ID：标识不同的隧道。

会话 ID：标识不同的用户会话。

Nr：接收顺序号。

Ns：发送顺序号。

Offset size & pad：附加位用于确定 L2TP 分组头的边界。

图 8-22　L2TP 分组头

在 IP 网上使用 UDP 和一系列的 L2TP 消息对隧道进行维护，同时使用 UDP 将 L2TP 封装的 PPP 帧通过隧道发送，可以对封装的 PPP 帧中的负载数据进行加密或压缩。图 8-23 所示为在传输之前组装一个 L2TP 数据包。

IP	UDP	L2TP	PPP(数据)
传输协议		封装协议	承载协议

图 8-23　L2TP 数据包在 IP 网中的封装

4. PPTP 与 L2TP 的比较

PPTP 和 L2TP 都使用 PPP 协议对数据进行封装，然后添加附加包头用于数据在互联网络上的传输。尽管两个协议非常相似，但是仍存在以下几方面的区别。

（1）PPTP 要求因特网络为 IP 网络，L2TP 只要求隧道媒介提供面向数据包的点对点连接。L2TP 可以在 IP（使用 UDP）、帧中继永久虚拟电路（PVCs)）、X.25 虚电路（VCs）或 ATM 网络上使用。

（2）PPTP 只能在两端点间建立单一隧道，L2TP 支持在两端点间使用多个隧道。使用 L2TP，用户可以针对不同的服务质量创建不同的隧道。

（3）L2TP 可以提供包头压缩。当压缩包头时，系统开销占用 4 个字节，而在 PPTP 协议下要占用 6 个字节。

（4）L2TP 可以提供隧道验证，而 PPTP 不支持隧道验证。但是，当 L2TP 或 PPTP 与 IPSec 共同使用时，可以由 IPSec 提供隧道验证，不需要在第 2 层协议上验证隧道。

8.8.3　IPSec

IPSec（IP Security）是 IETF 定义的一组协议，用于增强 IP 网络的安全性。IPSec 协议集提供了下面的安全服务。

- 数据完整性（Data Integrity）。保持数据的一致性，防止未授权地生成、修改或删除数据。
- 认证（Authentication）。保证接收的数据与发送的相同，保证实际发送者就是声称的发送者。
- 保密性（Confidentiality）。传输的数据是经过加密的，只有预定的接收者知道发送的内容。
- 应用透明的安全性（Application-transparent Security）。IPSec 的安全头插入在标准的 IP 头和上层协议（例如 TCP）之间，任何网络服务和网络应用都可以不经修改地从标准 IP 转向 IPSec，同时，IPSec 通信也可以透明地通过现有的 IP 路由器。

IPSec 的功能可以划分为下面 3 类。

- 认证头（Authentication Header，AH）：用于数据完整性认证和数据源认证。
- 封装安全负荷（Encapsulating Security Payload，ESP）：提供数据保密性和数据完整性认证，ESP 也包括了防止重放攻击的顺序号。
- Internet 密钥交换协议（Internet Key Exchange，IKE）：用于生成和分发在 ESP 和 AH 中使用的密钥，IKE 也对远程系统进行初始认证。

1. 认证头

IPSec 认证头提供了数据完整性和数据源认证，但是不提供保密服务。AH 包含了对称密钥的散列函数，使得第三方无法修改传输中的数据。IPSec 支持下面的认证算法。

- HMAC-SHA1（Hashed Message Authentication Code-Secure Hash Algorithm 1）：128 位密钥。
- HMAC-MD5（HMAC-Message Digest 5）：160 位密钥。

IPSec 有两种模式：传输模式和隧道模式。在传输模式中，IPSec 认证头插入原来的 IP 头之后（如图 8-24 所示），IP 数据和 IP 头用来计算 AH 认证值。IP 头中的变化字段（例如跳步计数和 TTL 字段）在计算之前置为 0，所以变化字段实际上并没有被认证。

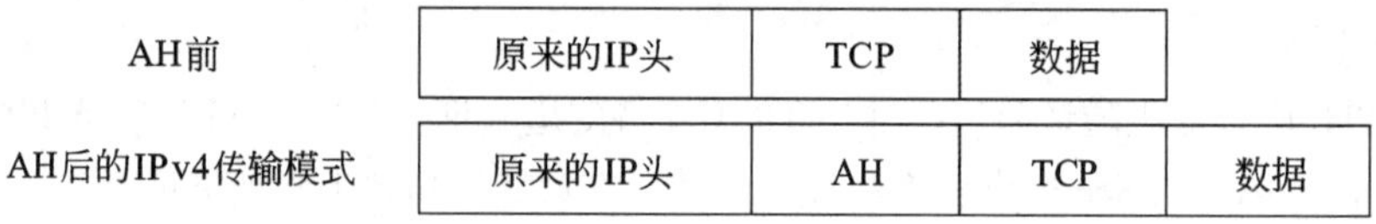

| AH前 | 原来的IP头 | TCP | 数据 |
| AH后的IPv4传输模式 | 原来的IP头 | AH | TCP | 数据 |

图 8-24　传输模式的认证头

在隧道模式中，IPSec 用新的 IP 头封装了原来的 IP 数据报（包括原来的 IP 头），原来 IP 数据报的所有字段都经过了认证，如图 8-25 所示。

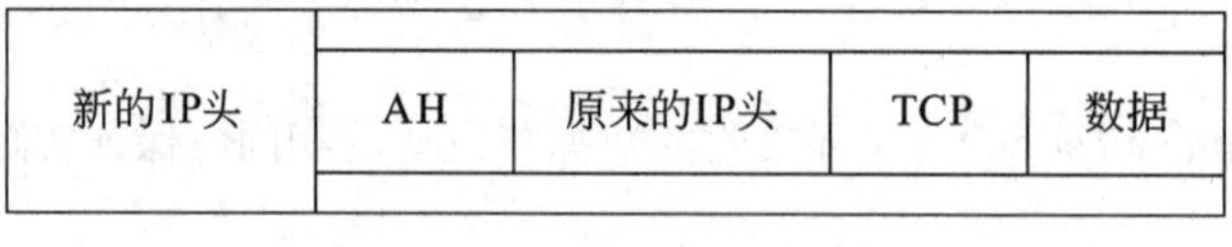

| 新的IP头 | AH | 原来的IP头 | TCP | 数据 |

图 8-25　隧道模式的认证头

2. 封装安全负荷

IPSec 封装安全负荷提供了数据加密功能。ESP 利用对称密钥对 IP 数据（例如 TCP 包）进行加密，支持的加密算法如下。

（1）DES-CBC（Data Encryption Standard Cipher Block Chaining Mode）：56 位密钥。

（2）3DES-CBC（三重 DES CBC）：56 位密钥。

（3）AES128-CBC（Advanced Encryption Standard CBC）：128 位密钥。

在传输模式，IP 头没有加密，只对 IP 数据进行了加密，如图 8-26 所示。

图 8-26　传输模式的 ESP

在隧道模式，IPSec 对原来的 IP 数据报进行了封装和加密，加上了新的 IP 头，如图 8-27 所示。如果 ESP 用在网关中，外层的未加密 IP 头包含网关的 IP 地址，而内层加密了的 IP 头包含真实的源和目标地址，这样可以防止偷听者分析源和目标之间的通信量。

图 8-27　隧道模式的 ESP

3. 带认证的封装安全负荷

ESP 加密算法本身没有提供认证功能，不能保证数据的完整性。但是带认证的 ESP 可以提供数据完整性服务，有以下两种方法可提供认证功能。

（1）带认证的 ESP。IPSec 使用第一个对称密钥对负荷进行加密，然后使用第二个对称密钥对经过加密的数据计算认证值，并将其附加在分组之后，如图 8-28 所示。

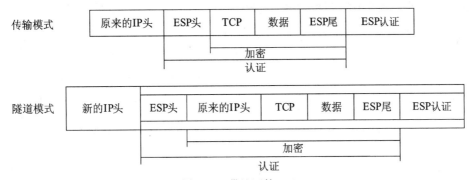

图 8-28　带认证的 ESP

（2）在 AH 中嵌套 ESP。ESP 分组可以嵌套在 AH 分组中，例如一个 3DES-CBC ESP 分组可以嵌套在 HMAC-MD5 分组中，如图 8-29 所示。

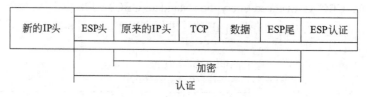

新的IP头	ESP头	原来的IP头	TCP	数据	ESP尾	ESP认证

图 8-29　在 AH 中嵌套 ESP

4．Internet 密钥交换协议

IPSec 传送认证或加密的数据之前，必须就协议、加密算法和使用的密钥进行协商。密钥交换协议提供这个功能，并且在密钥交换之前还要对远程系统进行初始的认证。IKE 实际上是 ISAKMP（Internet Security Association and Key Management Protocol）、Oakley 和 SKEME（Versatile Secure Key Exchange Mechanism for Internet Protocol）这 3 个协议的混合体。ISAKMP 提供了认证和密钥交换的框架，但是没有给出具体的定义，Oakley 描述了密钥交换的模式，而 SKEME 定义了密钥交换技术。

在密钥交换之前要先建立安全关联（Security Association，SA）。SA 是由一系列参数（例如加密算法、密钥和生命期等）定义的安全信道。在 ISAKMP 中，通过两个协商阶段来建立 SA，这种方法被称为 Oakley 模式。建立 SA 的过程如下。

1）ISAKMP 第一阶段（Main Mode，MM）

（1）协商和建立 ISAKMP SA。两个系统根据 D-H 算法生成对称密钥，后续的 IKE 通信都使用该密钥加密。

（2）验证远程系统的标识（初始认证）。

2）ISAKMP 第二阶段（Quick Mode，QM）

使用由 ISAKMP/MM SA 提供的安全信道协商一个或多个用于 IPSec 通信（AH 或 ESP）的 SA。通常在第二阶段至少要建立两条 SA，一条用于发送数据，一条用于接收数据，如图 8-30 所示。

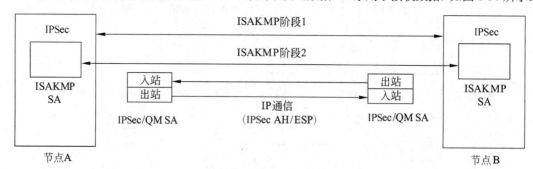

图 8-30　安全关联的建立

8.8.4　安全套接层

安全套接层（Secure Socket Layer，SSL）是 Netscape 于 1994 年开发的传输层安全协议，用于实现 Web 安全通信。1996 年发布的 SSL 3.0 协议草案已经成为一个事实上的 Web 安全标准。1999 年，IETF 推出了传输层安全标准（Transport Layer Security，TLS）[RFC2246]，对 SSL 进行了改进，希望成为正式标准。SSL/TLS 已经在 Netscape Navigator 和 Internet Explorer 中得到了广泛应用。下面介绍 SSL 3.0 的主要内容。

SSL 的基本目标是实现两个应用实体之间安全可靠的通信。SSL 协议分为两层，底层是 SSL 记录协议，运行在传输层协议 TCP 之上，用于封装各种上层协议。一种被封装的上层协议是 SSL 握手协议，由服务器和客户端用来进行身份认证，并且协商通信中使用的加密算法和密钥。SSL 协议栈如图 8-31 所示。

图 8-31　SSL 协议栈

SSL 对应用层是独立的，这是它的优点，高层协议都可以透明地运行在 SSL 协议之上。SSL 提供的安全连接具有以下特性。

（1）连接是保密的。用握手协议定义了对称密钥（例如 DES、RC4 等）之后，所有通信都被加密传送。

（2）对等实体可以利用对称密钥算法（例如 RSA、DSS 等）相互认证。

（3）连接是可靠的。报文传输期间利用安全散列函数（例如 SHA、MD5 等）进行数据的完整性检验。

SSL 和 IPSec 各有特点。SSL VPN 与 IPSec VPN 一样，都使用 RSA 或 D-H 握手协议来建立秘密隧道。SSL 和 IPSec 都使用了预加密、数据完整性和身份认证技术，例如 3-DES、128 位的 RC4、ASE、MD5 和 SHA-1 等。两种协议的区别是，IPSec VPN 是在网络层建立安全隧道，适用于建立固定的虚拟专用网，而 SSL 的安全连接是通过应用层的 Web 连接建立的，更适合移动用户远程访问公司的虚拟专用网，原因如下。

（1）SSL 不必下载到访问公司资源的设备上。

（2）SSL 不需要端用户进行复杂的配置。

（3）只要有标准的 Web 浏览器，就可以利用 SSL 进行安全通信。

SSL/TLS 在 Web 安全通信中被称为 HTTPS。SSL/TLS 也可以用在其他非 Web 的应用（例如 SMTP、LDAP、POP、IMAP 和 TELNET）中。在虚拟专用网中，SSL 可以承载 TCP 通信，也可以承载 UDP 通信。由于 SSL 工作在传输层，所以 SSL VPN 的控制更加灵活，既可以对传输层进行访问控制，也可以对应用层进行访问控制。

1．会话和连接状态

SSL 会话有不同的状态。SSL 握手协议负责调整客户端和服务器的会话状态，使其能够协调一致地进行操作。一个 SSL 会话可能包含多个安全连接，两个对等实体之间可以同时建立多个 SSL 会话。

SSL 会话状态由下列成分决定：会话标识符、对方的 X.509 证书、数据压缩方法列表、密码列表、计算 MAC 的主密钥，以及用于说明是否可以启动另外一个会话的恢复标识。

SSL 连接状态由下列成分决定：服务器和客户端的随机数序列、服务器/客户端的认证密钥、服务器/客户端的加/解密密钥、用于 CBC 加密的初始化矢量（IV），以及发送/接收报文的顺序号等。

2．记录协议

SSL 记录层首先把上层的数据划分成 2^{14} 字节的段，然后进行无损压缩（任选）、计算 MAC 并且进行加密，最后才发送出去。

3．改变密码协议（change cipher spec protocol）

这个协议用于改变安全策略。改变密码报文由客户端或服务器发送，用于通知对方后续的记录将采用新的密码列表。

4．警告协议

SSL 记录层对当前传输中的错误可以发出警告，使得当前的会话失效，避免再产生新的会话。警告报文是经过压缩和加密传送的，警告分为关闭连接警告和错误警告（包括非预期的报文、MAC 出错、解压缩失败、握手协商失败、没有合法的证书、证书损坏、不支持的证书、吊销的证书、过期的证书、未知的证书和无效参数等错误）两种类型。

5．握手协议

会话状态的密码参数是在 SSL 握手阶段产生的。当 SSL 客户端和服务器开始通信时，它们将就协议版本、加密算法和认证方案以及产生共享密钥的公钥加密技术进行协商，这个过程可以描述如下（如图 8-32 所示）。

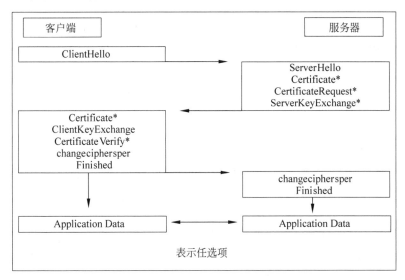

图 8-32　SSL 握手协议

（1）客户端发送 hello 报文，服务器也以 hello 报文回答。客户端和服务器在这两个报文中对协议版本、会话 ID、加密方案和压缩方法进行协商，另外还产生了两个随机数（ClientHello.random 和 ServerHello.random）。

（2）服务器发送自己的数字证书（Certificate）和密钥交换报文（ServerKeyExchange）。如果要对客户端进行身份认证，还必须请求客户端发送它的数字证书（CertificateRequest）。最后服务器发送 hello done 报文，表示结束这个会话阶段。

如果服务器发送了证书请求报文，客户端要以自己的证书报文或证书警告应答。在客户端发送的密钥交换报文（ClientKeyExchange）中，必须根据 hello 阶段协商的结果选择公钥算法。另外，客户端还可能发送自己证书的签名信息（CertificateVerify）。

（3）由客户端发送改变密码（change cipher spec）报文，并以 Finished 报文（包含新的算法、密码列表和密钥）结束。服务器的响应是发送自己的改变密码报文和 Finished（包含新的密码列表），这样握手过程就完成了。

6. 密钥交换算法

通信中使用的加密和认证方案是由密码列表（cipher_suite）决定的，而密码列表则是由服务器通过 hello 报文进行选择的。

在握手协议中采用非对称算法来认证对方和生成共享密钥，有 RSA、Diffie-Hellman 和 Fortezza 三种算法可以选用。

在使用 RSA 进行服务器认证和密钥交换时，由客户端生成 48 字节的前主密钥值（pre_master_secret），用服务器的公钥加密后发送出去。服务器用自己的私钥解密，得到前主密钥值，然后双方都把前主密钥值转换成主密钥（用于认证），并删去原来的前主密钥值。

Diffie-Hellman 算法如图 8-33 所示，在服务器的数字证书中含有参数（p 和 g），协商的秘密值 k 作为前主密钥值，然后转换成主密钥。

有两个通信实体 Alice 和 Bob，Alice 和 Bob 都知道两个数 p 和 g	p 是一个很大的素数，g 是一个整数（称为产生基），通常这两个数在网络上是公开的，由所有用户共享
Alice 选择一个秘密值 a	Alice 的秘密值 = a
Bob 选择一个秘密值 b	Bob 的秘密值 = b
Alice 计算公开值 $x = g^a \bmod p$	Alice 的公开值 = x
Bob 计算公开值 $y = g^b \bmod p$	Bob 的公开值 = y
双方交换公开值	Alice 知道了 p、g、a、x、y Bob 知道了 p、g、b、x、y
Alice 计算 $k_a = y^a \bmod p$	$k_a = (g^b \bmod p)^a \bmod p = (g^b)^a \bmod p = g^{ba} \bmod p$
Bob 计算 $k_b = x^b \bmod p$	$k_b = (g^a \bmod p)^b \bmod p = (g^a)^b \bmod p = g^{ab} \bmod p$
因为 $g^{ba} = g^{ba}$，所以 $k_a = k_b = k$	Alice 和 Bob 得到共享秘密值 k

图 8-33　Diffie-Hellman 算法

Fortezza 来源于意大利文 fortress，是"堡垒"或"要塞"的意思。这是美国 NSA 使用的一种安全产品，包括一个加密卡和护身符软件 Talisman，可以用于加密计算机中的文件。当前 Fortezza 主要用于加密电子邮件、数字蜂窝电话、Web 浏览器和数据库等。Microsoft 的 Windows 2000 浏览器和 IIS 都支持 Fortezza 加密。

在 Fortezza 国防报文系统（Defense Message System，DMS）中，客户端首先使用服务器证书中的公钥和自己令牌中的秘密参数计算出令牌加密密钥（Token Encryption Key，TEK），然后把公开参数发送给服务器，由服务器根据自己的私有参数生成 TEK。最后客户端生成会话密钥，并用 TEK 包装后发送给服务器。

8.9 应用层安全协议

8.9.1 S-HTTP

安全的超文本传输协议（Secure HTTP，S-HTTP）是一个面向报文的安全通信协议，是 HTTP 协议的扩展，其设计目的是保证商业贸易信息的传输安全，促进电子商务的发展。

S-HTTP 可以与 HTTP 消息模型共存，也可以与 HTTP 应用集成。S-HTTP 为 HTTP 客户端和服务器提供了各种安全机制，适用于潜在的各类 Web 用户。

S-HTTP 对客户端和服务器是对称的，对于双方的请求和响应做同样的处理，但是保留了 HTTP 的事务处理模型和实现特征。

S-HTTP 的语法与 HTTP 一样，由请求行（Request Line）和状态行（Status Line）组成，后跟报文头和报文体（Message Body），然而报文头有所区别，报文体经过了加密。S-HTTP 客户端发出的请求报文格式如图 8-34 所示。

Request Line	General header	Request header	Entity header	Message Body

图 8-34 S-HTTP 报文格式

为了与 HTTP 报文区分，S-HTTP 报文使用了协议指示器 Secure-HTTP/1.4，这样 S-HTTP 报文可以与 HTTP 报文混合在同一个 TCP 端口（80）进行传输。

由于 SSL 的迅速出现，S-HTTP 未能得到广泛应用。目前，SSL 基本取代了 SHTTP。大多数 Web 交易均采用传统的 HTTP 协议，并使用经过 SSL 加密的 HTTP 报文来传输敏感的交易信息。

8.9.2 PGP

PGP（Pretty Good Privacy）是 Philip R. Zimmermann 在 1991 年开发的电子邮件加密软件包。由于该软件违反了美国的密码产品出口限制，作者被联邦政府进行了 3 年的犯罪调查。今天，PGP 已经成为使用最广泛的电子邮件加密软件。PGP 能够得到广泛应用的原因如下。

（1）能够在各种平台（如 DOS、Windows、UNIX 和 Macintosh 等）上免费使用，并且得到许多制造商的支持。

（2）基于比较安全的加密算法（RSA、IDEA、MD5）。

（3）具有广泛的应用领域，既可用于加密文件，也可用于个人安全通信。

（4）该软件包不是由政府或标准化组织开发和控制的，这一点对于具有自由倾向的网民特别具有吸引力。

　　PGP 提供两种服务：数据加密和数字签名。数据加密机制可以应用于本地存储的文件，也可以应用于网络上传输的电子邮件。数字签名机制用于数据源身份认证和报文完整性验证。PGP 使用 RSA 公钥证书进行身份认证，使用 IDEA（128 位密钥）进行数据加密，使用 MD5 进行数据完整性验证。

　　PGP 进行身份认证的过程叫作公钥指纹（public-key fingerprint）。所谓指纹，就是对密钥进行 MD5 变换后所得到的字符串。假如 Alice 能够识别 Bob 的声音，则 Alice 可以设法得到 Bob 的公钥，并生成公钥指纹，通过电话验证他得到的公钥指纹是否与 Bob 的公钥指纹一致，以证明 Bob 公钥的真实性。

　　如果得到了一些可信任的公钥，就可以使用 PGP 的数字签名机制得到更多的真实公钥。例如，Alice 得到了 Bob 的公钥，并且信任 Bob 可以提供其他人的公钥，则经过 Bob 签名的公钥就是真实的。这样，在相互信任的用户之间就形成了一个信任圈。网络上有一些服务器提供公钥存储器，其中的公钥经过了一个或多个人的签名。如果你信任某个人的签名，那么就可以认为他/她签名的公钥是真实的。SLED（Stable Large E-mail DataBase）就是这样的服务器，在该服务器目录中的公钥都是经过 SLED 签名的。

　　PGP 证书与 X.509 证书的格式有所不同，其中包括了以下信息。

- 版本号：指出创建证书使用的 PGP 版本。
- 证书持有者的公钥：这是密钥对的公开部分，并且指明了使用的加密算法 RSA、DH 或 DSA。
- 证书持有者的信息：包括证书持有者的身份信息，例如姓名、用户 ID 和照片等。
- 证书持有者的数字签名：也叫作自签名，这是持有者用其私钥生成的签名。
- 证书的有效期：证书的起始日期/时间和终止日期/时间。
- 对称加密算法：指明证书持有者首选的数据加密算法，PGP 支持的算法有 CAST、IDEA 和 3-DES 等。

　　PGP 证书格式的特点是单个证书可能包含多个签名，也许有一个或许多人会在证书上签名，确认证书上的公钥属于某个人。

　　有些 PGP 证书由一个公钥和一些标签组成，每个标签包含确认公钥所有者身份的不同手段，例如所有者的姓名和公司邮件账户、所有者的绰号和家庭邮件账户、所有者的照片等，所有这些全都在一个证书里。

　　每一种认证手段（每一个标签）的签名表可能是不同的，但是并非所有的标签都是可信任的。这是指客观意义上的可信性——签名只是署名者对证书内容真实性的评价，在签名证实一个密钥之前，不同的署名者在认定密钥真实性方面所做的努力并不相同。

　　有一系列的软件工具可以用于部署 PGP 系统，在网络中部署 PGP 可分为以下 3 个步骤。

（1）建立 PGP 证书管理中心。PGP 证书服务器（PGP Certificate Server）是一个现成的工具软件，用于在大型网络系统中建立证书管理中心，形成统一的公钥基础结构。PGP 证书服务器结合了轻量级目录服务器（LDAP）和 PGP 证书的优点，大大简化了投递和管理证书的过程，同时具备灵活的配置管理和制度管理机制。PGP 证书服务器支持 LDAP 和 HTTP 协议，从而保证与 PGP 客户软件的无缝集成，其 Web 接口允许管理员执行各种功能，包括配置、报告和状态检查，并具有远程管理能力。

（2）对文档和电子邮件进行 PGP 加密。在 Windows 中可以安装 PGP for Business Security，对文件系统和电子邮件系统进行加密传输。

（3）在应用系统中集成 PGP。系统开发人员可以利用 PGP 软件开发工具包（PGP Software Development Kit）将加密功能结合到现有的应用系统（如电子商务、法律、金融及其他应用）中。PGP SDK 采用 C/C++ API，提供一致的接口和强健的错误处理功能。

8.9.3　S/MIME

S/MIME（Secure/Multipurpose Internet Mail Extensions）是 RSA 数据安全公司开发的软件。S/MIME 提供的安全服务有报文完整性验证、数字签名和数据加密。S/MIME 可以添加在邮件系统的用户代理中，用于提供安全的电子邮件传输服务，也可以加入其他的传输机制（例如 HTTP）中，安全地传输任何 MIME 报文，甚至可以添加到自动报文传输代理中，在 Internet 中安全地传送由软件生成的 FAX 报文。S/MIME 得到很多制造商的支持，各种 S/MIME 产品具有很高的互操作性。S/MIME 的安全功能基于加密信息语法标准 PKCS #7（RFC2315）和 X.509v3 证书，密钥长度是动态可变的，具有很高的灵活性。

S/MIME 发送报文的过程如下（A→B）。

1）准备好要发送的报文 M（明文）

（1）生成数字指纹 MD5（M）。

（2）生成数字签名=K_{AD}（数字指纹），K_{AD} 为 A 的（RSA）私钥。

（3）加密数字签名，K_s（数字签名），K_s 为对称密钥，使用方法为 3DES 或 RC2。

（4）加密报文，密文=K_s（明文），使用方法为 3DES 或 RC2。

（5）生成随机串 passphrase。

（6）加密随机串 K_{BE}（passphrase），K_{BE} 为 B 的公钥。

2）解密随机串 K_{BD}（passphrase），K_{BD} 为 B 的私钥

（1）解密报文，明文=K_s（密文）。

（2）解密数字签名，K_{AE}（数字签名），K_{AE} 为 A 的（RSA）公钥。

（3）生成数字指纹 MD5（M）。

（4）比较两个指纹是否相同。

8.9.4　安全的电子交易

安全的电子交易（Secure Electronic Transaction，SET）是一个安全协议和报文格式的集合，融合了 Netscape 的 SSL、Microsoft 的 STT（Secure Transaction Technology）、Terisa 的 S-HTTP、以及 PKI 技术，通过数字证书和数字签名机制，使得客户可以与供应商进行安全的电子交易。SET 得到了 Mastercard、Visa 以及 Microsoft 和 Netscape 的支持，成为电子商务中的安全基础设施。

SET 提供以下 3 种服务。

（1）在交易涉及的各方之间提供安全信道。

（2）使用 X.509 数字证书实现安全的电子交易。

（3）保证信息的机密性。

对 SET 的需求源于在 Internet 上使用信用卡进行安全支付的商业活动，如对交易过程和订购信息提供机密性保护、保证传输数据的完整性、对信用卡持有者的合法性验证、对供应商是否可以接受信用卡交易提供验证、创建既不依赖于传输层安全机制又不排斥其他应用协议的互操作环境等。

假定用户的客户端配置了具有 SET 功能的浏览器，而交易提供者（银行和商店）的服务器也配置了 SET 功能，则 SET 交易过程如下。

（1）客户在银行开通了 Mastercard 或 Visa 银行账户。

（2）客户收到一个数字证书，这个电子文件就是一个联机购物信用卡，或称电子钱包，其中包含了用户的公钥及有效期，通过数据交换可以验证其真实性。

（3）第三方零售商从银行收到自己的数字证书，其中包含零售商的公钥和银行的公钥。

（4）客户通过网页或电话发出订单。

（5）客户通过浏览器验证了零售商的证书，确认零售商是合法的。

（6）浏览器发出定购报文，这个报文是通过零售商的公钥加密的，而支付信息是通过银行的公钥加密的，零售商不能读取支付信息，以保证指定的款项用于特定的购买。

（7）零售商检查客户的数字证书以验证客户的合法性，这可以通过银行或第三方认证机构实现。

（8）零售商把订单信息发送给银行，其中包含银行的公钥、客户的支付信息以及零售商自己的证书。

（9）银行验证零售商和定购信息。

（10）银行进行数字签名，向零售商授权，这时零售商就可以签署订单了。

8.9.5　Kerberos

Kerberos 是一项认证服务，它要解决的问题是：在公开的分布式环境中，工作站上的用户希望访问分布在网络上的服务器，希望服务器能限制授权用户的访问，并能对服务请求进行认证。在这种环境下，存在以下 3 种威胁。

（1）用户可能假装成另一个用户在操作工作站。

（2）用户可能会更改工作站的网络地址，使从这个已更改的工作站发出的请求看似来自被伪装的工作站。

（3）用户可能窃听交换中的报文，并使用重放攻击进入服务器或打断正在进行中的操作。

在任何一种情况下，一个未授权的用户能够访问未被授权访问的服务和数据。Kerberos 不是建立一个精密的认证协议，而是提供一个集中的认证服务器，其功能是实现应用服务器与用户间的相互认证。

有两个版本的 Kerberos 方法很常用。现在，第 4 版还在广泛使用，第 5 版弥补了第 4 版中存在的某些安全漏洞，并已作为 Internet 标准草案发布。

Kerberos 是 MIT 为校园网用户访问服务器进行身份认证而设计的安全协议，它可以防止偷听和重放攻击，保护数据的完整性。Kerberos 的安全机制如下。

- AS（Authentication Server）：认证服务器，是为用户发放 TGT 的服务器。
- TGS（Ticket Granting Server）：票证授予服务器，负责发放访问应用服务器时需要的票证。认证服务器和票据授予服务器组成密钥分发中心（Key Distribution Center，KDC）。
- V：用户请求访问的应用服务器。
- TGT（Ticket Granting Ticket）：用户向 TGS 证明自己身份的初始票据，即 $K_{TGS}(A,K_S)$。

对图 8-35 所示的认证过程解释如下。

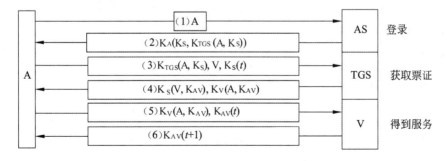

图 8-35　Kerberos

（1）用户向 KDC 申请初始票据。

（2）KDC 向用户发放 TGT 会话票据。

（3）用户向 TGS 请求会话票据。

（4）TGS 验证用户身份后发放给用户会话票据 K_{AV}。

（5）用户向应用服务器请求登录。

（6）应用服务器向用户验证时间戳。

对 Kerberos 的安全机制分析如下。

（1）K_A 是用户的工作站根据输入的口令字导出的 Hash 值，最容易受到攻击，但是 K_A 的使用是很少的。

（2）系统的安全是基于对 AS 和 TGS 的绝对信任，实现软件是不能修改的。

（3）时间戳 t 可以防止重放攻击。

（4）第（2）～（6）步使用加密手段，实施了连续认证机制。

（5）AS 存储所有用户的 K_A，以及 TGS、V 的标识和 K_{TGS}，TGS 要存储 K_{TGS}，服务器要存储 K_V。

公钥基础设施是基于非对称密钥的密钥分发机制，通过双方信任的证书授权中心获取对方的公钥，用于身份认证和保密通信。

8.10　可信任系统

通常将可信任系统定义为：一个由完整的硬件及软件所组成的系统，在不违反访问权限的情况下，它能同时服务于不限定个数的用户，并处理从一般机密到最高机密等不同范围的信息。更进一步，将一个计算机系统可接受的信任程度加以分级，凡符合某些安全条件、基准、规则的系统即可归类为某种安全等级。将计算机系统的安全性能由高到低划分为 A、B、C、D 共 4 个大等级 7 个小等级，特别是较高等级的安全范围涵盖较低等级的安全范围，而每个大等级又以安全性高低依次编号细分成数个小等级。

1. D 级，最低保护（Minimal Protection）

其也称安全保护欠缺级，凡没有通过其他安全等级测试项目的系统即属于该级，如 IBM-PC、Apple Macintosh 等个人计算机的系统虽未经安全测试，但如果有，很可能属于此级。D 级并非没有安全保护功能，只是太弱。

2．C 级，自定式保护（Discretionary Protection）

该等级的安全特点在于系统的对象（如文件、目录）可由系统的主题（如系统管理员、用户和应用程序）自定义访问权。例如，管理员可以决定某个文件仅允许一特定用户读取、另一用户写入。某人可以决定他的某个目录可公开给其他用户读、写等。在 UNIX、Windows NT 等操作系统都可以见到这种属性。该等级依安全高低分为 C1 和 C2 两个安全等级。

（1）C1 级，自主安全保护级。可信计算基（Trusted Computing Base，TCB）定义和控制系统中命名用户对命名客体的访问。实施机制（如访问控制表）允许命名用户和（或）用户组的身份规定并控制客体的共享，以及阻止非授权用户读取敏感信息。

可信计算基是指为实现计算机处理系统安全保护策略的各种安全保护机制的集合。

（2）C2 级，受控存取保护级。与自主安全保护级相比，本级的可信计算实施了粒度更细的自主访问控制，它通过登录规程、审计安全性相关事件以及隔离资源，使用户能对自己的行为负责。

3．B 级，强制式保护（Mandatory Protection）

该等级的安全特点在于由系统强制的安全保护，在强制式保护模式中，每个系统对象（如文件、目录等资源）及主题（如系统管理员、用户和应用程序）都有自己的安全标签（Security Label），系统即依据用户的安全等级赋予他对各对象的访问权限。

（1）B1 级，标记安全保护级。本级的可信计算基具有受近期存取保护级的所有功能。此外，还可提供有关安全策略模型、数据标记以及主体对客体强制访问控制的非形式化描述；具有准确地标记输出信息的能力；可消除通过测试发现的任何错误。

（2）B2 级，结构化保护级。本级的可信计算基建立于一个明确宣言定义的形式化安全策略模型之上，它要求将 B1 级系统中的自主和强制访问控制扩展到所有主体与客体。此外，还要考虑隐蔽通道。本级的可信计算基必须结构化为关键保护元素和非关键保护元素。可信计算基的接口也必须明确定义，使其设计与实现能经受充分的测试和更完整的复审，并且加强了认证机制；支持系统管理员和操作员的职能；提供可信设施管理；增强了配置管理控制。系统具有相当的抗渗透能力。

（3）B3 级，安全域级。本级的可信计算基满足访问监控器需求。访问监控器是指监控主体和客体之间授权访问关系的部件。访问监控器仲裁主体对客体的全部访问。访问监控器本身是抗篡改的，必须足够小，能够分析和测试。为了满足访问监控器需求，可信计算基在其构造时排除实施对安全策略来说并非必要的代码；在设计和实现时，从系统工程角度将其复杂性降到最低；支持安全管理员职能；扩充审计机制，当发生与安全相关的事件时发出信号；提供系统恢复机制，且系统具有很高的抗渗透能力。

4．A 级，可验证保护（Verified Protection）

虽然橘皮书仍可能定义比 A1 高的安全等级，但目前此级仅有 A1 等级，A 等级的功能基本上与 B3 的相同，其特点在于 A 等级的系统拥有正式的分析及数学方法，可完全证明该系统的安全策略及安全规格的完整性与一致性。本级还规定了将安全计算机系统运送到现场安装所必须遵守的程序。

可信任计算机系统评量基准（Trusted Computer System Evaluation Criteria）是美国国家安全局（NSA）的国家计算机安全中心（NCSC）于 1983 年 8 月颁发的官方标准，是目前颇具权威的计算机系统安全标准之一。例如，微软的 Windows NT 4.0 及以上版本目前具有 C2 安全等级。也就是说，它的安全特性就在于自定式保护，NT 未来可能提高到 B2 安全等级。Windows 2000 现已顺利获得认证。UNIX 未经测试时，一般认为是 C1，也有人认为是 C2。

8.11　防火墙

8.11.1　防火墙的基本概念

随着 Internet 的广泛应用，人们在扩展了获取和发布信息能力的同时也带来了信息被污染和破坏的危险。这些安全问题主要是由网络的开放性、无边界性和自由性等因素造成的。

（1）计算机操作系统本身有一些缺陷。

（2）各种服务，如 Telnet、NFS、DNS 和 Active X 等存在安全漏洞。

（3）TCP/IP 协议几乎没有考虑安全因素。

（4）追查黑客的攻击很困难，因为攻击可能来自 Internet 上的任何地方。对于一组相互信任的主机，其安全程度是由最弱的一台主机所决定的，一旦被攻破，就会殃及其他主机。

出于对以上问题的考虑，应该把被保护的网络与开放的、无边界的、不可信任的网络隔离起来，使其成为可管理、可控制、安全的内部可信任网络。要做到这一点，最基本的隔离手段就是使用防火墙。防火墙作为网络安全的第一道门户，可以实现内部可信任网络与外部不可信任网络之间（或是内部不同网络安全区域之间）的隔离和访问控制。

"防火墙"一词来自建筑物中的同名设施，从字面意思上说，它用于防止火灾从建筑物的一部分蔓延到其他部分。Internet 防火墙也要起到同样的作用，防止 Internet 上的不安全因素蔓延到企业或组织的内部网。

从狭义上说，防火墙是指安装了防火墙软件的主机或路由器系统；从广义上说，防火墙还包括整个网络的安全策略和安全行为。

AT&T 的两位工程师 William Cheswich 和 Steven Bellovin 给出了防火墙的明确定义。

（1）所有的从外部到内部或从内部到外部的通信都必须经过它。

（2）只有内部访问策略授权的通信才能被允许通过。

（3）系统本身具有很强的可靠性。

总而言之，防火墙是一种网络安全防护手段，其主要目标就是通过控制进/出一个网络的权限，并对所有经过的数据包都进行检查，防止内网络受到外界因素的干扰和破坏。在逻辑上，防火墙是一个分离器，一个限制器，也是一个分析器，能有效地监视内部网络和 Internet 之间的任何活动，保证内部网络的安全；在物理实现上，防火墙是位于网络特殊位置的一组硬件设备——路由器、计算机或其他特别配置的硬件设备。防火墙可以是一个独立的系统，也可以在一个经过特别配置的路由器上实现防火墙。

8.11.2　防火墙的功能和拓扑结构

从内部网络安全的角度，对防火墙功能应提出下列需求。

（1）防火墙应该由多个部件组成，形成一个充分冗余的安全系统，避免成为网络中的"单失效点"（即这一点突破则无安全可言）。

（2）防火墙的失效模式应该是"失效—安全"型，即一旦防火墙失效、崩溃或重启，则必须立即阻断内部网络与外部网络的联系，保护内部网络安全。

（3）由于防火墙是网络的安全屏障，所以就成为网络黑客的主要攻击对象，这就要求防火墙的主机操作系统十分安全可靠。作为网关服务器的主机应该选用增强型安全核心的堡垒主机，以增加其抗攻击性。同时在网关服务器中应禁止运行应用程序，杜绝非法访问。

（4）防火墙应提供认证服务，外部用户对内部网络的访问应经过防火墙的认证检查。

（5）防火墙对外部网络屏蔽或隐藏内部网络的网络地址、拓扑结构等信息。

另外，防火墙应支持通常的 Internet 应用（电子邮件、FTP、WWW 等），以及企业需要的特殊应用，为这些网络应用分别提供适当的安全控制措施，使得企业内部网络既有必要的开放性，又有严密的安全性。

从实现的功能和构成部件来划分，防火墙可以分为以下类型。

（1）过滤路由器。在传统路由器中增加分组过滤功能就形成了最简单的防火墙。这种防火墙的优点是完全透明、成本低、速度快、效率高。缺点是这种防火墙会成为网络中的单失效点。而且由于路由器的基本功能是转发分组，一旦过滤机制失效（例如遭遇 IP 欺骗），就会使得非法访问者进入内部网络，所以这种防火墙不是"失效—安全"模式的。这种防火墙不能提供有效的安全功能。

（2）双宿主网关（Dual-Homed Gateway）。这种防火墙由具有两个网络接口主机系统构成。双宿主机内外的网络均可与双宿主机实施通信，但不可直接通信。内外网要进行通信，须在在网关服务器上注册或通过代理来提供很高程度的网络控制。使用代理服务器会大大简化用户的访问过程，如果应用了 SOCKS 服务，甚至可以做到对用户完全透明。

从失效模式上看，双宿主网关是"失效—安全"型，因为运行网关软件的主机在没有显式配置的情况下是不会转发分组的。然而，由于这种防火墙是由单个主机组成的，没有安全冗余机制，仍是网络中的单失效点，而且有些安全功能（例如认证）单独利用代理服务器也不易实现，所以还是不够安全的防火墙。

（3）过滤式主机网关。这种防火墙由过滤路由器和运行网关软件的主机（代理服务器）组成，如图 8-36 所示。

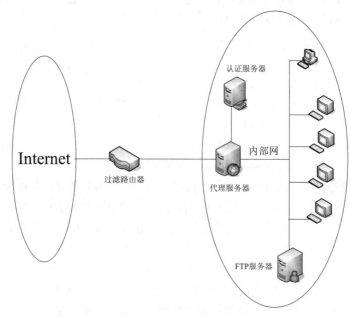

图 8-36　过滤式主机网关

在这种结构中，路由器是内部网络的第一道防线，主要起分组过滤作用。根据配置情况，代理服务器可以完成以下功能。

- 作为内部网络的域名服务器。
- 作为信息服务器提供公共信息服务，例如 WWW 服务或 FTP 服务。
- 作为与外部通信的公共网关服务器。
- 主机可以完成多种代理功能，例如区分普通的 FTP 和匿名的 FTP，区分外向的或内向的 Telnet 请求，还可以与认证服务器交互作用实现认证功能。

这种防火墙能够提供比较完善的 Internet 访问控制，但是也有两个缺点。一是主机要实现多种功能，因而配置复杂；二是主机仍是网络的单失效点，也会成为网络黑客集中攻击的目标。所以这种防火墙仍然不能提供理想的安全保障。

（4）过滤式子网。与过滤式网关相比较，这种防火墙将单台主机的功能分散到多个主机组成的子网中实现，如图 8-37 所示。有的主机作为 Web 服务器，有的作为 FTP 服务器，还有的主机可以作为代理服务器，以维持所有内外网之间的连接。

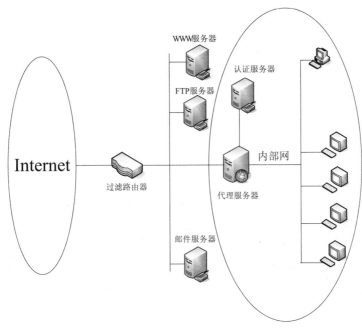

图 8-37　过滤式子网结构

从功能特性看，这种防火墙与过滤式主机网关类似，但由于子网中的每个主机只运行一种业务，因而容易配置，而且也减少了闯入者突破的机会。

对于子网中的服务器，内部用户和外部用户都可以访问。这种处于内部网络与外部网络之间的子网被称为边界网络，也叫作非军事区（DeMilitarized Zone，DMZ），这个名称反映了这种子网的特殊作用。

（5）悬挂式结构。这种防火墙的结构如图 8-38 所示，与过滤式子网的主要区别是作为代理服务器的主机网关位于边界网络中，另外还增加了内部过滤路由器进一步保障内部网络的安全。这个改进从安全角度看是很重要的，代理服务器成为内部网络的第一道防线，而内部路由器是第二道防线。把企业网络提供的公共服务前置到边界网络中，降低了内部网络的风险。这种结构符合前面提到的各种需求（各种必要的应用，充分冗余的安全机制，隐蔽内部网络的细节等），因而是理想的安全防火墙。现代商用防火墙虽然表现为单一的部件级产品，但都具有类似的配置，都能提供类似的功能。

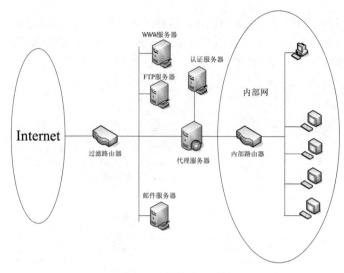

图 8-38   悬挂式网结构

图 8-39 表示出各种防火墙的安全等级。开放式网络的安全级别最低，因为开放的 Internet 是不安全的。过滤路由器能提供最简单的安全措施，随着各种代理服务器的加入，内部网络的安全性逐步得到提高，安全的操作系统提高了防火墙的抗攻击型，认证服务对保护内部网络安全提供了更加完备的补充。另外，不允许外部访问的网络完全排除了入侵的可能性，但是内部的安全还需要特别的管理措施来保障。事实上，许多机密组织的内部网络与 Internet 是物理隔离的，但是需要付出高昂的代价。

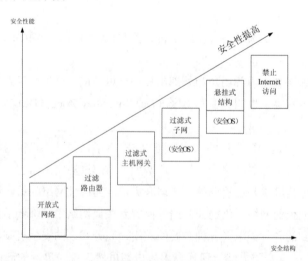

图 8-39   各种防火墙的安全性能

8.12　计算机病毒及防护

8.12.1　计算机病毒概述

1．计算机病毒的特征

所谓病毒，是指一段可执行的程序代码，通过对其他程序进行修改，可以感染这些程序，使其含有该病毒程序的一个副本。病毒与正常程序唯一的区别是它能将自己附着在另外一个程序上，在宿主程序运行时触发病毒程序代码的执行。一旦病毒执行，它可以完成病毒程序预设的功能，例如删除文件和程序等。

在病毒的生存期内，典型的病毒经历了下面 4 个阶段。

（1）潜伏阶段。在该阶段，病毒处于未运行状态，一般需要通过某个事件来激活，例如一个时间点、一个程序或文件的存在、宿主程序的运行，或者磁盘的容量超出某个限制等。然而，并不是所有的病毒都要经过这个阶段。

（2）繁殖阶段。在该阶段，病毒将自己的副本放入其他程序或者磁盘上的特定系统区域，使得程序包含病毒的一个副本，即对程序进行感染。

（3）触发阶段。在该阶段，由于各种可能的触发条件的满足，导致病毒被激活，以执行病毒程序预设的功能。

（4）执行阶段。病毒程序预设的功能被完成。

大多数病毒按照一种与特定操作系统有关的，或者在某种情况下与特定硬件平台有关的方式来完成它们的工作。因此，它们可以被设计成利用特定系统或平台的细节漏洞或者弱点来工作。

一旦病毒通过感染一个程序进入系统，当被感染程序执行时，它就处于可执行文件的位置。防止病毒感染非常困难，因为病毒可以是任何程序的一部分。任何操作系统和应用程序，都存在着已知或者未知的漏洞，都存在着被病毒攻击的风险。

2．病毒的分类和命名规则

病毒名称的一般格式为<病毒前缀>.<病毒名>.<病毒后缀>。病毒前缀是指病毒的种类，不同种类的病毒其前缀是不同的。比如常见的木马病毒的前缀为 Trojan，蠕虫病毒的前缀是 Worm等。病毒名是指一个病毒的家族特征，例如 CIH 病毒的家族名是"CIH"，振荡波蠕虫病毒的家族名是"Sasser"。病毒后缀是用来区别某个家族病毒的不同变种的，一般都采用英文字母来表示，如 Worm.Sasser.b 就是指振荡波蠕虫病毒的变种 b。如果病毒变种非常多，可以采用数字与字母混合表示。常见的病毒可以根据其行为特征归纳为以下几类。

（1）系统病毒：其前缀为 Win32、PE、Win95、W32、W95 等。这些病毒的一般共同的特性是感染 Windows 操作系统的 exe 和 dll 文件，并通过这些文件进行传播。例如 CIH 病毒。

（2）蠕虫病毒：其前缀是 Worm。这种病毒的特性是通过网络或者系统漏洞进行传播，大部分蠕虫病毒都有向外发送带毒邮件、阻塞网络的特性。例如冲击波病毒（阻塞网络）、小邮差病毒（发送带毒邮件）等。

（3）木马病毒和黑客病毒：木马病毒的前缀为 Trojan，黑客病毒的前缀为 Hack。木马病毒的特征是通过网络或系统漏洞进入用户系统并隐藏起来，然后向外界泄露用户的解密信息；而黑客病毒有一个可视的界面，能对用户的计算机进行远程控制。木马和黑客病毒往往是成对出现的，即木马病毒负责侵入用户计算机，而黑客病毒则通过木马病毒进行远程控制。现在这两种病毒越来越趋向于整合了。一般的木马病毒有 QQ 消息尾巴木马 Trojan.QQ3344，针对网络游戏的木马 Trojan.LMir.PSW.60。当病毒名中有 PSW 或者 PWD 时，表示这种病毒有盗取密码的功能，黑客程序有网络枭雄 Hack.Nether.Client 等。

（4）脚本病毒：其前缀是 Script。脚本病毒的共同特性是使用脚本语言编写，通过网页进行传播，如红色代码 Script.Redlof。脚本病毒还可能有前缀 VBS、JS（表明是用何种脚本编写的），如欢乐时光病毒（VBS.Happytime)、十四日病毒（Js.Fortnight.c.s）等。

（5）宏病毒：宏病毒是一种寄存在文档或文档模板的宏中的计算机病毒。一旦打开这样的文档，其中的宏就会被执行，于是宏病毒就会被激活，并驻留在 Normal 模板上。从此以后，所有自动保存的文档都会"感染"上这种宏病毒，而且如果其他用户打开了感染病毒的文档，宏病毒又会转移到他的计算机上。它是一种脚本病毒。宏病毒的前缀是 Macro，第二前缀是 Word、Word97、Excel、Excel97 等。

- 凡是只感染 Word97 及以前版本 Word 文档的病毒采用 Word97 作为第二前缀，格式是 Macro.Word97；
- 凡是只感染 Word97 以后版本 Word 文档的病毒采用 Word 作为第二前缀，格式是 Macro.Word；
- 凡是只感染 Excel97 及以前版本 Excel 文档的病毒采用 Excel97 作为第二前缀，格式是 Macro.Excel97；
- 凡是只感染 Excel97 以后版本 Excel 文档的病毒采用 Excel 作为第二前缀，格式是 Macro.Excel，依此类推。

这类病毒的共同特性是能感染 Office 文档，然后通过 Office 通用模板进行传播，例如著名的梅丽莎病毒 Macro.Melissa。

（6）后门病毒：其前缀是 Backdoor，这类病毒的共同特性是通过网络传播，给系统开后门，给用户的计算机带来安全隐患。

（7）病毒种植程序：这类病毒的共同特征是运行时会释放出一个或几个新的病毒，存放在系统目录下，并由释放出来的新病毒产生破坏作用。例如冰河播种者 Dropper.BingHe2.2C、MSN 射手病毒 Dropper.Worm.Smibag 等。

（8）破坏性程序病毒：其前缀是 Harm。这类病毒的共同特性是本身具有好看的图标来诱惑用户点击。当用户点击这类病毒时，病毒便会对用户的计算机产生破坏。例如格式化 C 盘的病毒 Harm.formatC.f、杀手命令病毒 Harm.Command.Killer 等。

（9）玩笑病毒：其前缀是 Joke，也称恶作剧病毒。这类病毒的共同特征是具有好看的图标来诱惑用户点击。当用户点击这类病毒文件时，病毒会呈现出各种破坏性画面来吓唬用户，其实病毒并没有对计算机进行任何破坏。例如女鬼病毒（Joke.Girlghost）。

（10）捆绑机病毒：其前缀是 Binder，这类病毒的共同特征是病毒作者使用特定的捆绑程序将病毒与一些应用程序（如 QQ、IE 等）捆绑起来，表面上看是一个正常文件。当用户运行捆绑了病毒的程序时，表面上运行的是应用程序，实际上隐藏地运行了捆绑在一起的病毒，从而给用户造成危害。例如捆绑 QQ 病毒（Binder.QQPass.QQBin）、系统杀手病毒（Binder.killsys）等。

另外，还有一些特殊病毒值得一提，例如 DoS 病毒会针对某台主机或者服务器进行 DoS 攻击；Exploit 病毒会通过溢出系统漏洞来传播自身，或者其本身就是一个用于 Hacking 的溢出工具；HackTool 是一种黑客工具，也许它本身并不破坏用户的机器，但是会被别人利用，劫持用户去破坏其他人。

病毒名称可以帮助用户判断病毒的基本情况，在杀毒程序无法自动查杀打算采用手工方式查杀病毒时，病毒名称提供的信息会对查杀病毒有所帮助。

8.12.2　计算机病毒防护

1．反病毒的方法

病毒和反病毒技术是相生相克，共同进步的。早期的病毒是相对简单的代码片段，可以使用相对简单的反病毒软件包进行标识和清除。随着时间的推移，病毒和反病毒软件都变得越来越复杂，反病毒软件也经历了 4 个阶段。

（1）简单的扫描程序（第一代）。使用扫描程序对文件进行扫描，通过病毒的签名或特征码来识别病毒。然而，在病毒的"进化"过程中，病毒的签名或特征码变的越来越难以捉摸，病毒可能包含"通配符"。因此，根据签名或者特征码以扫描病毒，只能检测到已知的病毒。

对于未知病毒和病毒的变种，变得无能为力或者极大的耗费扫描时间。

（2）启发式的扫描程序（第二代）。不依赖专门的签名。相反，扫描程序使用启发式的规则来搜索可能的病毒感染，这种扫描程序的一个类别是查找经常和病毒联系在一起的代码段。另一种第二代方法是完整性检查，可以为每个程序附加检验和，如果病毒感染了程序，但没有修改检验和，那么一次完整性检查将会抓住变化。为了对付可以在感染程序时修改检验和的复杂病毒，可以使用加密的散列函数。加密密钥和程序分开存放，使得病毒不能生成新的散列代码并对其加密。通过使用散列函数而不是更简单的检验和，可以避免病毒像以前一样调整程序来产生同样散列代码。

（3）行为陷阱（第三代）。这是一些存储器驻留程序，它们通过病毒的动作而不是通过其在被感染程序中的结构来识别病毒。这样的程序的优点在于它不必为数量巨大的病毒开发签名和启发式规则，相反，只需识别一个小的指示了感染正在进行的动作集合，然后进行干涉。

（4）全方位的保护（第四代）。这是一些由不同的联合使用的反病毒技术组成的软件包。这些技术中包括了扫描和行为陷阱构件。另外，这样的软件包括了访问控制能力，它同时限制了病毒渗透系统的能力和病毒对文件进行修改的能力。

2．先进的反病毒技术

更加先进的反病毒方法和产品不断出现，主要如下。

1）类属解密（Generic Decryption，GD）

使得反病毒程序可以容易地检测出甚至是最复杂的多形病毒，同时保持快速的扫描速度。考虑当包含一个多形病毒的文件在执行时，病毒必须解密自身来激活。为了检测这样的结构，可执行文件通过 GD 扫描来运行。设计 GD 扫描器最困难的问题就是确定每一次解释运行多长时间。典型的，程序开始执行之后很快就会激活病毒部分，但这个需求并不总是成立的。扫描模拟一个程序的时间越长，它就越可能抓住所有隐藏的病毒。但是，反病毒程序只可以花费有限的时间和资源，否则用户就会抱怨。

2）数字免疫系统

数字免疫系统是 IBM 开发的一个病毒保护的综合方法，开发这个系统的动机是基于因特网的病毒繁殖日益增长的威胁。该系统对前述的程序模拟的使用进行了扩展，提供了一个通用的模拟和病毒检测系统。其目标是提供快速的相应时间，使得病毒被引入时立刻就能识别出来。当一个新病毒进入一个组织时，免疫系统自动地抓住它、分析它，为它增加检测和隔离物，删除它并且将有关这个病毒的信息传递给运行着的 IBM AntiVirus 系统，使得病毒在其他地方运行之前能被检测出来。

8.13　入侵检测

8.13.1　入侵检测系统概述

入侵检测系统（Intrusion Detection System，IDS）作为防火墙之后的第二道安全屏障，通过从计算机系统或网络中的若干关键点收集网络的安全日志、用户的行为、网络数据包和审计记录等信息并对其进行分析，从中检查是否有违反安全策略的行为和遭到入侵攻击的迹象，入侵检测系统根据检测结果，自动做出响应。IDS 的主要功能包括对用户和系统行为的监测与分析、系统安全漏洞的检查和扫描、重要文件的完整性评估、已知攻击行为的识别、异常行为模式的统计分析、操作系统的审计跟踪，以及违反安全策略的用户行为的检测等。入侵检测通过实时地监控入侵事件，在造成系统损坏或数据丢失之前阻止入侵者进一步的行动，使系统能尽可能的保持正常工作。与此同时，IDS 还需要收集有关入侵的技术资料，用于改进和增强系统抵抗入侵的能力。

1．入侵检测系统的框架结构

美国国防部高级研究计划局（DARPA）提出的公共入侵检测框架（Common Intrusion Detection Framework，CIDF）由 4 个模块组成，如图 8-40 所示。

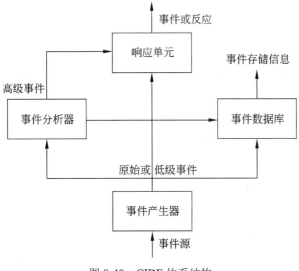

图 8-40　CIDF 体系结构

（1）事件产生器（Event generators，E-boxes）。负责数据的采集，并将收集到的原始数据转换为事件，向系统的其他模块提供与事件有关的信息。入侵检测所利用的信息一般来自 4 个方面：系统和网络的日志文件、目录和文件中不期望的改变、程序执行中不期望的行为、物理形式的入侵信息。入侵检测要在网络中的若干关键点（不同网段和不同主机）收集信息，并通过多个采集点信息的比较来判断是否存在可疑迹象或发生入侵行为。

（2）事件分析器（Event Analyzers，A-boxes）。接收事件信息并对其进行分析，判断是否为入侵行为或异常现象，分析方法有下面 3 种。

① 模式匹配。将收集到的信息与已知的网络入侵数据库进行比较，从而发现违背安全策略的行为。

② 统计分析。首先给系统对象（例如用户、文件、目录和设备等）建立正常使用时的特征文件（Profile），这些特征值将被用来与网络中发生的行为进行比较。当观察值超出正常值范围时，就认为有可能发生入侵行为。

③ 数据完整性分析。主要关注文件或系统对象的属性是否被修改，这种方法往往用于事后的审计分析。

（3）事件数据库（Event DataBases，D-boxes）。存放有关事件的各种中间结果和最终数据的地方，可以是面向对象的数据库，也可以是一个文本文件。

（4）响应单元（Response units，R-boxes）。根据报警信息做出各种反应，强烈的反应就是断开连接、改变文件属性等，简单的反应就是发出系统提示，引起操作人员注意。

入侵检测系统是一个监听设备，无须跨接在任何链路上，不产生任何网络流量便可以工作。因此，对 IDS 部署的唯一要求是应当挂接在所关注流量必须流经的链路上。在这里，"所关注流量"指的是来自高危网络区域的访问流量以及需要统计、监视的网络报文。目前的网络都是交换式的拓扑结构，因此一般选择在尽可能靠近攻击源，或者尽可能接近受保护资源的地方，这些位置通常是：

（1）服务器区域的交换机上。

（2）Internet 接入路由器之后的第一台交换机上。

（3）重点保护网段的局域网交换机上。

典型的入侵检测系统的部署方式如图 8-41 所示。

2．入侵检测系统的数据源

根据不同的数据源，IDS 所使用的入侵检测技术也有所不同，目前，对于入侵检测所分析的数据源有以下几种来源。

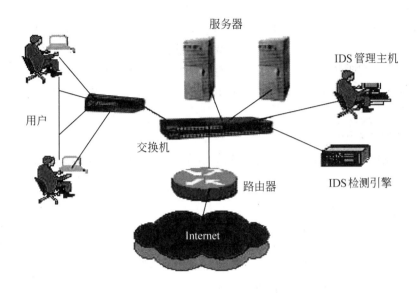

图 8-41 IDS 的部署

1）操作系统审计记录

计算机的操作系统对与用户使用计算机的过程，会有相应的记录。最早用于入侵检测系统分析的数据源来自于操作系统的审计子系统所产生的审计记录。它记录了系统的活动信息，如用户进程所执行的命令和系统调用类型等。由于审计子系统对审计记录采取了保护机制，从而使用审计记录作为检测数据是安全可靠的。

2）操作系统日志

操作系统日志是操作系统生成的与主机信息相关的日志文件，记录系统中硬件、软件和系统问题的信息，同时还可以监视系统中发生的事件。包括系统日志、应用程序日志和安全日志。可以通过它来检查错误发生的原因，或者寻找受到攻击时攻击者留下的痕迹。尽管较之于系统的审计记录，其自身的安全性有所欠缺，但由于它较为完整的记录了系统中发生的事情，且容易处理，因而成为入侵检测的数据源之一。

3）网络数据

网络数据源是指流经网络接口的网络数据包和网络连接的记录总和。

基于网络数据包的检测主要是分析包的协议字段和负载内容，以数据包作为检测数据源可以从报文级发现入侵，但随着网络应用的不断增多，网络中的数据包和连接数量也在以指数级递增，因此，这类数据源对于数据的分析和处理的量级也会随之增大，与此同时，单个数据包能提供的有效检测信息量也较少。

网络连接记录来自于会话连接记录，每一个连接记录用一个特征向量表示，相比于数据包，它能提供更多的入侵检测信息，适合进行异常检测。基于网络数据源的入侵检测可以发现许多基于主机数据源无法发现的攻击，同时由于是通过网络监听的方式来获取网络数据，因此对监控系统的性能没有影响，由于嗅探器模块的工作方式对网络用户是透明的，因而其本身被入侵可能性不大。

检测目标决定了入侵检测系统应该使用的数据源类别，例如，对于主机异常活动的监测，需要使用主机数据作为入侵检测的数据源，要监测网络中的攻击，则需要采用来自于网络数据包和网络连接的信息作为分析数据源。

3．入侵检测系统的分类

根据入侵检测系统的信息来源，IDS 可分为基于主机的 IDS（NIDS）、基于网络的 IDS（NIDS）以及分布式的 IDS（DIDS），对这几种 IDS 的特点分析如下。

1）基于主机的入侵检测系统（HIDS）

这是对针对主机或服务器的入侵行为进行检测和响应的系统。这是安装在被保护的主机或者服务器上，用以保护主机不受到入侵攻击。通过监视主机系统中的审计记录、进程调用、系统日志来完成对入侵行为的检测。

它的优点是不需要额外的硬件，性价比较高，检测更加细致，误报率比较低，适用于加密和交换的环境，对网络流量不敏感，而且可以确定攻击是否成功。

它的缺点也很明显。首先，由于 HIDS 依赖于主机内建的日志与监控能力，而主机审计信息易于受到攻击，入侵者甚至可设法逃避审计，所以这种入侵检测系统的可靠性不是很高。其次，HIDS 只能对主机的特定用户、特定应用程序和日志文件进行检测，所能检测到的攻击类型受到一定的限制。最后，HIDS 的运行或多或少会影响主机的性能，全面部署 HIDS 成本也比较大。

2）网络入侵检测系统（NIDS）

这是针对整个网络的入侵检测系统，包括对网络中的所有主机和交换设备进行入侵行为的监测和响应，其特点是利用工作在混杂模式下的网卡来实时监听整个网段上的通信业务。

它的优点是隐蔽性好，不影响网络业务流量。由于实时检测和响应，所以攻击者不容易转移证据，会留下蛛丝马迹，并且能够检测出未获成功的攻击企图。

它的缺点是只检测直接连接的网络段的通信，不能检测到不同网段的数据包，在交换式以太网环境中会出现检测范围的局限性。另外，NIDS 在实时监控环境下很难实现对复杂的、需要大量计算与分析时间的攻击的检测。例如，网络中的有些会话过程是经过加密的，这对于实时工作的 NIDS 也难于处理。

3）分布式入侵检测系统（DIDS）

由分布在网络各个部分的多个协同工作的部件组成，分别完成数据采集、数据分析和入侵响应等功能，并通过中央控制部件进行入侵检测数据的汇总和数据库的维护，协调各个部分的工作。这种系统比较庞大，成本较高。

按照入侵检测系统的响应方式的不同，可以将入侵检测系统分为实时检测和非实时检测两种。

1）实时检测

也称为在线检测，它通过实时对网络中的流量、主机上的审计记录以及系统日志、应用程序日志等信息进行监测并分析，来发现网络中是否存在攻击行为。在高速网络中，由于网络中的数据量较大，这种检测效率难以令人满意，但随着计算机硬件速度和计算机性能的提高，对入侵行为进行实时检测和响应成为可能。

2）非实时检测

也称为离线检测，它通常是对一段时间内的被检测数据进行分析来发现入侵攻击，并做出相应的处理。非实时的离线批处理方式虽然不能及时发现入侵攻击，但它可以运用复杂的分析方法发现某些实时方式不能发现的入侵攻击，可一次分析大量事件，系统的成本更低。

按照数据分析的技术和处理方式，可以将入侵检测系统分为异常检测、误用检测和混合检测 3 种。

1）异常检测

异常检测的基本思想是，建立并不断更新和维护系统正常行为的轮廓，定义报警阈值，对网络中用户的行为进行检测，将其与系统正常行为轮廓进行对比，差异程度超过定义报警阈值的行为，将发出报警。

异常检测由于不是根据攻击的特征来对异常行为进行监测和识别的，因此，异常检测不仅对于已知的攻击进行检测，也能够检测出之前从未出现过的攻击，通用性较强。然而，从未出现过的行为并非都是入侵行为，因此，此种检测方式可能会将监测到的行为认定为入侵行为，从而发生误警的现象。这也就是异常检测最大的不足之处。

2）误用检测

误用检测是通过对已知的入侵行为进行特征提取，并建立相应的入侵模式，从而形成入侵模式库，将待建数据与模式库进行特征匹配或者规则匹配来区分一个行为是否为入侵行为。

然而，由于模式库中的信息是对已知攻击进行模式提取形成的，因此误用检测对于已知入侵行为的检测准确率较高，漏检率低，这样对于入侵行为的防护和报警，会较为及时，但是误用检测的做大缺点在于，对于未知入侵的检测准确率较低，同时，误用检测对于系统的依赖性较强，要做到高检出率，需及时的对模式库进行维护和更新。

3）混合检测

所谓混合检测就是对以上两种检测方法进行综合，取长补短的一种检测方法。利用异常检测对未知入侵行为的较好的识别，但误警率高；而误用检测对于未知入侵行为的检出率较低，漏警率高的特点，在对一个网络行为做出判别之前，对待检系统的正常模型和异常模型均进行检测，以期达到更高、更全面的判断。

4．检测模型的性能评价指标

评价一个入侵检测系统的性能，一般从两个方面进行考量：检测的有效性和检测的速率。其中，检测的有效性是指检测结果的精度和报警的可信度，一般使用混淆矩阵来表示。如表 8-1 所示。

表 8-1　入侵检测系统性能评估矩阵

		检测结果	
		入侵行为	正常连接
实际情况	入侵行为	a	b
	正常连接	c	d

在表 8-1 中，a 表示一个实际为入侵行为的检测结果为入侵行为记录的数量，表明检测的结果准确的情况；b 表示入侵行为被认为是正常连接记录的数量；c 表示正常连接被检测为入侵行为记录的数量；d 表示正常连接被检测为正常连接记录的数量。

一般以下几种指标来对入侵检测系统的性能进行考量和评价。

（1）检出率，是指一个入侵行为被检出的数量在所有入侵行为中所占的百分比，使用以下公式计算：检出率 $= \dfrac{a}{a+b}$。

（2）虚警率，是指一个正常连接被检测为入侵行为的数量在所有正常连接中所占的百分比，使用以下公式计算：虚警率 $= \dfrac{c}{c+d}$。

（3）漏警率，是指一个入侵行为被检测为正常连接的数量在所有入侵行为中所占的百分比，使用以下公式计算：漏警率 $= \dfrac{b}{a+b}$。

（4）查准率，指在被检测为入侵攻击记录总数中实际为入侵攻山记录所占的百分比，使用以下公式计算：查准率 $= \dfrac{a}{a+c}$。

（5）查全率，指入侵攻击记录被正确检测为入侵攻击的数量山入侵攻击总记录数的百分比，意味着在所有的入侵攻击中，有多大的可能性能被检测识别出来，使用以下公式计算：

$$查全率 = \frac{a}{a+b}。$$

（6）准确率，对网络行为正确分类所占的百分比来衡量，为检测类别正确的记录数占参与检测的总记录数的百分比，准确率 $= \dfrac{a+d}{a+b+c+d}$。

8.13.2　入侵检测技术

目前，入侵检测技术分为异常检测和误用检测两种。

1．异常检测

是将网络行为分为正常的网络连接和异常网络活动两种，而异常检测是把入侵行为看作是异常活动的一个子集，通过监测网络用户在网络上的行为的特征来判断是否遭到了入侵。基于异常检测常用的检测方法有以下几种。

1）基于统计的异常检测方法

基于统计的入侵检测方法是通过对已知用户行为的统计，建立用户行为模型数据库，并依据用户行为模型数据库，对网络中用户的行为进行比对，以判断一个网络行为是否为入侵行为。

2）基于聚类分析的异常检测方法

聚类方法是指将数据中不同类别的数据进行集合，由于在集合中的成员具有较为类似特征，所以可以以此区分异常用户类，从而推断并检测网络入侵行为。

3）基于神经网络的异常检测方法

神经网络是有大量信息处理单元组成，实现复杂的映射方程函数，通过对多个输入信息的处理仅产生一个输出，是一种模拟人脑在对信息的存储、处理和加工过程中的方式。对数据信息具有识别、分类和归纳的能力。因此，基于神经网络的入侵检测系统可以适应用户行为特征的复杂多变性，从而能够从检测出的数据的分析中，确定是否存在入侵行为。

用户入侵检测系统的用户行为模式特征数据库，也可通过神经网络来提取和建立。

2．误用检测

误用检测技术的研究从 20 世纪 90 年代中期就开始了。它首先对已知的入侵行为的特征进行编码，用已建立入侵行为的特征数据库，在对入侵检测过程中得到的待测数据中的特征进行分析，如能够与特征数据库中的特征匹配，则判定为入侵行为。

1）专家系统检测法

专家系统是应用较为广泛的误用检测方法，例如 IDES、MIDAS、NIDES 和 CMDS 等入侵检测系统均使用的专家系统。专家系统是将已知的入侵攻击行为模式进行存储，形成专家知识库，系统根据该知识库中存储的模式来判断一个网络行为是否是入侵攻击行为。

2）模式匹配检测法

模式匹配是最为常见的一种误用检测方法，其具有检测的准确率高等特点。模式匹配主要通过对网络中的数据包以及在待检数据信息中搜索和匹配入侵特征的字符或字符串，来判断一个网络行为是否是非法攻击行为。著名的 Snort 入侵检测系统就是采用模式匹配技术来实现入侵检测的。

8.13.3　入侵检测技术的发展

入侵检测技术的发展方向包括以下几点。

1．分布式入侵检测

入侵检测系统的架构基本上包括了主机及网络型，还有分布型等类型。其中，主机型入侵检测系统和网络型入侵检测系统，皆隶属于集中式的系统架构。从入侵检测面临的种种不良现象发现，这类系统已经被网络系统的大型化和复杂化逐渐淘汰，而向着分布式方向发展。

2．智能入侵检测

伴随着当今网络技术的不断发展，网络上的信息量也在逐渐的以指数级递增，这就要求入侵检测系统能够具备对于海量数据的计算能力，从而提高性能、降低成本的智能检测算法逐渐成为了入侵检测领域研究的热点。由于入侵方式逐步的趋于多样性、综合性，研究人员已将智能化、神将网络与遗传算法等应用到入侵检测的技术中，以期寻找到智能化的、具有自学能力和自适应能力的入侵检测系统。

8.14　入侵防御系统

在网络安全领域，入侵防御系统（Intrusion Prevention System，IPS）是随着网络的高速发展而产生的。IPS 是在入侵检测系统（Intrusion Detection System，IDS）的基础之上发展起来的，它不仅具有入侵检测系统检测攻击行为的能力，而且具有防火墙拦截攻击并且阻断攻击的功能，但是 IPS 并不是 IDS 的功能与防火墙功能的简单组合，IPS 在攻击响应上采取的是主动的全面的深层次的防御。

8.14.1　入侵防御系统的概念

随着市场的需求的变化和应用领域的不同，入侵防御系统在具体的功能实现方面，不同的系统具有不同的特征，但是其核心功能是检测与防御。目前对入侵防御系统的定义也是多种多样的，一种定义是：入侵防御系统是一种抢先的网络安全检测和防御系统，它能检测出攻击并快速做出回应。还有一种对 IPS 的定义：IPS 是一种能够检测出网络攻击，并且在检测到攻击后能够积极主动响应攻击的软硬件网络系统。

8.14.2　入侵防御系统与入侵检测系统的区别

入侵检测系统有效地弥补了防火墙系统，对网络上的入侵行为无法识别和检测的不足，入侵检测系统的部署，使得在网络上的入侵行为得到了较好的检测和识别，并能够进行及时的报警。然而，随着网络技术的不断发展，网络攻击类型和方式也在进行着巨大的变化，入侵检测系统也逐渐的暴露出如漏报、误报率高、灵活性差和入侵响应能力较弱等不足之处。

入侵防御系统是在入侵检测系统的基础上发展起来的，入侵防御系统不仅能够检测到网络中的攻击行为，同时主动的对攻击行为能够发出响应，对攻击进行防御。两者相较，主要存在以下几种区别。

1．在网络中的部署位置的不同

IPS 一般是作为一种网络设备串接在网络中的，而 IDS 一般是采用旁路挂接的方式，连接在网络中。

2．入侵响应能力的不同

IDS 设备对于网络中的入侵行为，往往是采用将入侵行为记入日志，并向网络管理员发出警报的方式来处理的，对于入侵行为并无主动的采取对应措施，响应方式单一；而入侵防御系统检测到入侵行为后，能够对攻击行为进行主动的防御，例如丢弃攻击连接的数据包以阻断攻击会话，主动发送 ICMP 不可到达数据包、记录日志和动态的生成防御规则等多种方式对攻击行为进行防御。

8.14.3　IPS 的优势与局限性

与 IDS 系统相比较，IPS 具有其自身的特点，其优点主要表现在以下几个方面。

（1）积极主动的防御攻击。IPS 一方面能够对攻击行为进行检测并发现，同时对攻击行为采取主动的防御措施。

（2）具有较深的防御层次。IPS 能够采取多种方式对于网络攻击采取防御措施，对已知攻击和未知攻击均具有较强的检出率，并对网络攻击流量和网络入侵活动进行拦截，通过重新构建协议栈和对数据进行重组，发现隐藏在多个数据包中的攻击特征，利用数据挖掘技术，对多个数据包中的内容进行分析、鉴别，从而检测出深层次的攻击。

其不足之处主要表现在以下几个方面。

（1）容易造成单点故障。IPS 设备一般是采用串接的方式接入网络中的，如果 IPS 设备出现故障，对网络的可用性将会造成较大的影响；

（2）漏报和误报。由于网络技术的不断发展、网络攻击形式的不断进化和改进，其隐蔽性逐渐提高，而对于入侵检测系统和入侵防御系统均面临着在入侵行为监测中的漏报率和误报率较高的情况。

（3）性能瓶颈。IPS 设备传接在网络环境中，需要对实时捕获到的网络数据流量进行分析和检测，以确定是否为攻击数据流量和连接，这样的现实情况，对 IPS 的性能就提出了较高的要求，IPS 处理能力有限，就会对网络性能和网络监测的效率产生较大影响，从而造成网络拥塞现象。

第 9 章　网络操作系统与应用服务器

网络操作系统是使网络上的计算机能方便而有效地共享网络资源，为网络用户提供所需的各种服务的软件和有关规程的集合。本章以流行的网络操作系统 Windows 和 Linux 为例，讲述网络操作系统的功能以及应用服务器的配置。

9.1　网络操作系统

9.1.1　Windows Server 2008 R2 操作系统

Windows Server 2008 是专为强化下一代网络、应用程序和 Web 服务的功能而设计的操作系统，Windows Server 2008 R2 是 Windows Server 2008 的升级版本。这个版本继续提升了虚拟化、系统管理弹性以及信息安全等领域的应用，是一款仅支持 64 位的操作系统，可以为大、中或小型企业搭建功能强大的网站和应用程序服务器平台。

Windows Server 2008 R2 增强了核心 Windows Server 操作系统的功能，提供了富有价值的新功能，以协助各种规模的企业提高控制能力、可用性和灵活性，适应不断变化的业务需求。新的 Web 工具、虚拟化技术、可伸缩性增强和管理工具有助于节省时间、降低成本，并为您的信息技术（IT）基础结构奠定坚实的基础。其新增功能如下。

（1）Web 应用程序平台。Windows Server 2008 R2 包含了许多增强功能，从而使该版本成为有史以来最可靠的 Windows Server Web 应用程序平台。该版本提供了最新的 Web 服务器角色和 Internet 信息服务（IIS）7.5 版，并在服务器核心提供了对.NET 更强大的支持。IIS 7.5 的设计目标着重于功能改进，使网络工程师可以更轻松地部署和管理 Web 应用程序，以增强可靠性和可伸缩性。另外，IIS 7.5 简化了管理功能，并为自定义 Web 服务环境提供了比以往更多的方法。IIS 7.5 在以下 4 个方面进行了改进。

① 集成扩展。IIS 7.5 中集成了 WebDAV，为 Web 服务器管理员提供了更多用于身份验证、审核和日志记录的选项。集成了请求筛选模块（以前是 IIS 7 的扩展）使您可以限制或阻止特定的 HTTP 请求，从而有助于防止可能有害的请求到达服务器。集成了 IIS Administration Pack 扩展，让管理可视化而且更加集中，界面更加友好，可以在 IIS 管理器配置编辑器和 UI 扩展，可帮助管理请求筛选规则、FastCGI 和 ASP.NET 应用程序设置。

② 增强管理，提供了最佳做法分析器 (BPA)、用于 Windows Power Shell 的 IIS 模块、

配置日志记录和跟踪等新的管理工具和模块。最佳做法分析器（BPA）是一种管理工具，使用服务器管理器和 Windows PowerShell 可以访问这种工具。通过扫描 IIS 7.5 Web 服务器并在发现潜在的配置问题时进行报告，BPA 可以帮助管理员减少违背最佳做法的情况。用于 Windows PowerShell 的 IIS 模块是一个 Windows PowerShell 管理单元，该管理单元使您可以执行 IIS 7 管理任务，还可以管理 IIS 配置和运行时数据。此外，一批面向任务的 cmdlet 可以提供管理网站、Web 应用程序和 Web 服务器的简单方法。配置日志记录和跟踪使您可以审核对 IIS 配置的访问权限，可以启用事件查看器中可用的任何新日志来跟踪成功或失败的修改。

③ 应用程序承载增强。IIS 7.5 是一种更加灵活和可管理的平台，适用于许多类型的 Web 应用程序（如 ASP.NET 和 PHP），它提供服务强化、托管服务账户、可承载 Web 核心、用于 FastCGI 的失败请求跟踪等多种新功能，提高安全性和改进诊断。

④ 增强了对服务器核心的 .NET 支持。Windows Server 2008 R2 的服务器核心安装选项支持 .NET Framework 2.0、3.0、3.5.1 和 4.0。这表示您可以承载 ASP.NET 应用程序，可以在 IIS 管理器中执行远程管理任务，还可以在本地运行用于 Windows PowerShell 的 IIS 模块中包含的 cmdlet。

需要指出的是，IIS 7.5 在默认情况下并不会被安装在 Windows Server 2008 R2 上，这需要管理员手动进行安装。IIS 7.5 服务器界面如图 9-1 所示。

图 9-1　IIS 7.5 服务器界面

（2）启用服务器和桌面虚拟化——Hyper-V。虚拟化是当今数据中心的主要业务之一，虚拟化所提供的操作便利性允许组织动态的减少操作任务以及能源消耗。Hyper-V 提供了客户端虚拟化和服务器端虚拟化，主要功能是将物理计算机的系统资源进行虚拟化，计算机虚拟化使用户能为操作系统和应用提供虚拟化的环境。Hyper-V 默认情况下并不会被安装在 Windows Server 2008 R2 上，需要管理员手动进行安装。Hyper-V 虚拟机界面如图 9-2 所示。

图 9-2　Hyper-V 虚拟机界面

（3）可靠性和扩展性。Windows Server 2008 R2拥有空前的负载量、动态的扩展性、全面的可用性和可靠性。具体包括如下。

① 精密的动态CPU调节架构：Windows Server 2008 R2是第一款仅支持64位的Windows操作系统。一方面用户越来越难买到纯32位的服务器处理器，另一方面迁移到64位架构可以在性能和可靠性方面获得了大量的受益。另外，现在Windows Server 2008 R2在一个操作系统实例中可以支持多达256个逻辑处理器核心。Hyper-V虚拟机可以最多使用主机处理器池中的64个逻辑处理器。Hyper-V R2 包含一项新功能叫作处理器兼容功能。处理器兼容功能允许用户在同一处理器供应商的前后多代处理器间移动。当虚拟机启动的时候开启了处理器兼容功能，Hyper-V将会标准化处理器特性集，只暴露给客户端在同一处理器架构下所有可用于Hyper-V的处理器都可使用的特性，比如来自AMD和Intel的处理器产品。这项功能使得虚拟机可以在同一处理器架构下的任意硬件平台上进行迁移。这项功能的实现是依靠Hypervisor来截断虚拟机CPUID指令，并清除返回的通讯字段来实现将物理处理器特性进行隐藏。

② 增强的操作系统组件化：Microsoft引入服务器角色概念的目的就是让服务器管理员可以迅速而且简单的在任何Windows操作系统服务器上进行操作。管理员可以运行一个指定任务集，从系统中完全移除掉那些无用的系统代码。Windows Server 2008 R2 的特性扩展了这个模式使之支持更多的服务器角色，并且扩展了现有服务器角色的支持。

③ 应用和服务增强的性能和扩展性：Windows Server 2008 R2的一个关键设计目标就是在相同的系统资源下，可以获得比早期Windows Server版本更好的性能。另外，Windows Server

2008 R2大大增加的性能，使得用户可以比以前任何时候接受更大的工作负载，同时为应用和服务带来了性能和扩展性的增强。

④ 增强的存储解决方案：在今天，更快获取信息的能力比以往显得尤为重要。这些高速访问的基础是建立在文件服务和网络连接存储（NAS）上的。Microsoft存储解决方案是提供文件服务和NAS的最佳性能和最优可用性的核心一环。已经发布的Windows Server 2008引入了很多对存储技术的改进。Windows Server 2008 R2 再度对存储解决方案的性能，可用性，可管理性提供的改进。

⑤ 增强的企业内网资源保护：网络策略服务器（NPS）是电话拨号用户服务协议服务器（RADIUS），代理服务器和网络访问保护（NAP）健康策略服务器的集合。NPS为NAP客户端验证系统健康度，提供RADIUS验证，授权和记录（AAA），并提供RADIUS代理功能。

（4）管理增强。针对数据中心内的服务器提供持续的管理是当今IT管理员所面对的最为耗时的任务。用户部署的任何管理策略都必须同时支持用户的物理和虚拟化环境的管理。Windows Server 2008 R2的一个设计目标就是减少针对Windows Server 2008 R2的持续管理以及减少日常操作任务的管理负担。这些管理任务可以在服务器本地或者远程执行，具体包括如下。

① 增强的数据中心电源消耗管理：数据中心内的物理计算机的增加是电源消耗增加的主要原因，很多数据中心不得不根据其数据中心可用的实际电力功耗来限制放置在该数据中心里面的电脑数量，这使得减少计算机的电源消耗可以为数据中心节约费用。换而言之，减少了能源消耗，使得数据中心在相同甚至比以前更少的能源消耗下，却可以容纳更多的物理计算机。

② 增强的文件服务管理：管理存储不仅仅是简单的卷和可用性，需要更高效、更有效的对他们的数据进行管理。Windows Server 2008 R2所提供的Windows 文件系统分类架构（FCI）深刻洞察用户的数据，并可帮助用户实现管理数据更有效，更少花费，更少风险。

③ 增强的身份管理：身份管理始终是以 Windows 为基础的网络中一项最严峻的管理任务。对于任何组织来说，一个管理不善的身份管理系统，也意味着一个最大的安全隐患。Windows Server 2008 R2 增强了活动目录域服务和活动目录联盟服务这两个服务器角色。

9.1.2　Linux 操作系统简介

Linux 是一个支持多用户、多任务、多进程和实时性较好的功能强大而稳定的操作系统，也是目前运行硬件平台最广泛的操作系统。Linux 最大的特点在于它是 GNU 的一员，遵循公共版权许可证（GPL）及开放源代码的原则，从而使其成为发展最快、拥有用户最多的操作系统之一。

Red Hat Linux 是目前世界上使用最多的 Linux 操作系统家族成员，提供了丰富的软件包，具有强大的网络服务和管理功能。Red Hat Enterprise Linux 7 是 Red Hat Linux 的一个最新版本，内核为 Kernel3.10，它在原有的基础上有了很大的改进，集成了应用程序虚拟化技术 Docker，对 systemd 进程管理器的支持，XFS 成为 RHEL 默认的文件系统以及能监控系统 PCP 等新功能特性，使之较 RHEL 6 在功能和性能方面有很大提升。

9.2　网络操作系统的基本配置

9.2.1　Windows Server 2008 R2 本地用户与组

为了保障计算机与网络的安全，Windows Server 2008 R2 为不同的用户设置了不同的权限，同时通过将具有同一权限的用户设置为一个组来简化对用户的管理。使用"本地用户和组"功能可创建并管理存储在本地计算机上的用户和组。每一个登录到 NT Server 上的用户必须有一个用户账号（User Account）。用户账号包含用户名、密码、用户的说明和用户权限等信息，通常将具有相同性质的用户归结在一起，统一授权，组成用户组（Group）。用户组的权限如表 9-1 所示。

表 9-1　用户组权限描述

名　　称	权　限　描　述
Administrators	管理员对计算机/域有不受限制的完全访问权
Backup Operators	备份操作员为了备份或还原文件可以替代安全限制
Certificate Service DCOM Access	允许该组的成员连接到企业中的证书颁发机构
Cryptographic Operators	授权成员执行加密操作
Distributed COM Users	成员允许启动、激活和使用此计算机上的分布式 COM 对象
Event Log Readers	此组的成员可以从本地计算机中读取事件日志
Guests	按默认值，来宾和用户组的成员有同等访问权，但来宾账户的限制更多
IIS_IUSRS	Internet 信息服务使用的内置组
Network Configuration Operators	此组中的成员有部分管理权限来管理网络功能的配置
Performance Log Users	此组的成员可以远程访问此计算机上性能计数器的日志
Performance Monitor Users	此组的成员可以远程访问以监视此计算机
Power Users	高级用户（Power Users）拥有大部分管理权限，但也有限制。因此，高级用户（Power Users）可以运行经过验证的应用程序，也可以运行旧版应用程序
Print Operators	成员可以管理域打印机
Remote Desktop Users	此组中的成员被授予远程登录的权限
Replicator	支持域中的文件复制
Users	用户无法进行有意或无意的改动。因此，用户可以运行经过验证的应用程序，但不可以运行大多数旧版应用程序

Windows Server 2008 R2 本地用户与组的创建比较简单，选择"开始"→"程序"→"管理工具"→"计算机管理"命令，在打开的窗口选择"本地用户和组"即可创建并管理存储在本地计算机上的用户和组。

9.2.2　Windows Server 2008 R2 活动目录

自 Windows Server 2003 开始，放弃了 NT 中的域管理方式，采用目录管理技术——活动目录服务（Active Directory Service）。Windows Server 2008 R2 系统沿用活动目录服务，活动目录采用基于 LDAP 格式的系统设计，通过建立层次化的目录结构对网络资源进行集中管理，大大提高了系统的可靠性和易用性。

1. 活动目录的基本概念

目录是任何文件系统中都具有的功能。在一般操作系统中，目录是静态的、集中存储在磁盘中的系统/用户信息。活动目录（Active Directory）是一个动态的分布式文件系统，包含了存储网络信息的目录结构和相关的目录服务。活动目录的各个子树分布地存储在网络的多个服务器中，并且可以自动维护信息的一致性。

活动目录存储着计算机网络的配置信息和安全信息，这些信息分散地存储在网络中的多个域控制器中，由多个网络管理员进行管理和维护，操作系统对活动目录中的信息提供备份和选择性的复制功能，以维护信息的一致性，并提供容错能力。

在活动目录中，对象的名字采用 DNS 域名结构，所以安装活动目录需要 DNS 服务器的支持。在一个面向对象的树型目录结构中，所有叶子结点都是资源对象，树根结点和中间结点都是容器对象。一组对象的名字及其相关信息的集合构成了名字空间，名字空间是进行域名解析的边界。

全局目录（Global Catalog）是包含所有对象属性信息的仓库，活动目录中的第一个域控制器自动成为全局目录，为了加速登录过程和减少通信流量，还可以设置另外的全局目录。

架构（Schema）是活动目录中的对象模型。架构包含了存储在活动目录中的所有对象的定义，也决定了活动目录的结构及其存储的内容。架构由类、属性和句法的集合组成。用户、计算机和打印队列都是活动目录中的类的例子，用户账号 Sue 和 Mary 则是用户类的实例。对象 Mary 可以包含一个叫作电话号码的属性，其值可能是 555-0101，它的数据类型（句法）为字符串类型或者数值类型。

架构建立的对象模型支持轻型目录访问协议（Light Directory Access Protocol，LDAP），安装了活动目录客户组件的计算机通过 LDAPv3 访问活动目录。

2. 活动目录的逻辑结构

活动目录的逻辑结构用来组织网络资源。域是活动目录的核心单元，是共享同一活动目录的一组计算机的集合。域是安全的边界，在默认情况下，一个域的管理员只能管理自己的域。一个域的管理员要管理其他的域，则需要专门的授权。域也是复制的单位，一个域可以包含多个域控制器，当某个域控制器的活动目录数据库改变以后，变化的部分会自动复制到其他域控制器中。

域树（Domain Tree）是域的集合。域树中加入的第一个域是树根（root），其后加入的每一个域都是树中的子域。域树的层次越深，级别就越低，一个句号"."代表一个层次。域树中的每个域都拥有自己的目录服务数据库副本，用来保存本域中的局部对象，所有的子域共享根域的共同配置和全局目录。具有公用根域的所有域构成一个连续的名字空间，域树上的所有域共享相同的 DNS 后缀。

域林（Domain Forest）是域树的集合，以信任关系互相联系，共享一个公共的目录模式、配置数据和全局目录。域林中的每一个域树具有独立的名字空间。在域林中创建的第一个域树被默认为根树（root tree）。通过域树和域林这种形式的组合，可以用层次结构来模拟一个大型企业的组织结构。

在默认情况下，一个在域 A 中的用户，其身份的有效性也只限于域 A。通过在域 A 和域 B 之间建立域信任关系（Domain Trusts），使得域 A 中的用户在本地登录后能够获得域 B 的信任。域间信任关系涉及两个域：施信域和受信域。施信域将自己对用户的验证委托给受信域，而受信域对用户身份有效性的验证结果得到施信域的认可。域间的信任关系只影响用户身份的有效范围。

域是管理的边界，管理权限不会跨越域边界，也不会通过域树向下流动。例如，如果一个域树包含 A、B、C 3 个域，其中，A 是 B 的父域，B 是 C 的父域，具有域 A 管理权限的用户不会自动获得域 B 的管理权限，具有域 B 管理权限的用户也不会自动获得域 C 的管理权限。如果要获得给定域中的管理权限，必须对它们进行更高级别的授权，但这并不意味着管理员不能具有多个域的管理权限。

组织单元（Organizational Unit，OU）是域下面的容器对象，是比域更小的管理边界。通过在域内创建 OU，域管理员可以将部分管理任务指派给下级管理员，而不必为他们授予整个域的管理权限。

下面举例说明如何利用 OU 实现更细致的企业管理方案。假定一个公司的销售团队有自己的网络管理员和打印机、服务器等网络资源，销售团队的网络管理员必须管理和控制销售团队的网络资源、管理策略和其他管理元素。

　　在 Windows NT4 网络中，由于销售团队是公司域的一部分，所以销售团队的网络管理员必须加入到公司域的管理员组中才能获得管理销售团队资源的权限。销售团队管理员获得公司域管理员的身份后，不仅可以管理销售团队的网络资源，还可以对整个公司域中的资源进行管理和控制。这种扩大了的授权是欠妥当的，不利于网络的安全运行。

　　在 Windows 2008 R2 网络中，管理员可以在公司域中为销售团队创建一个 OU，并授予销售团队管理员仅限于该 OU 的管理权限，而不是整个公司域的管理权限。通过创建 OU，可以将公司域管理员的身份仅仅指派给那些管理职责覆盖整个域的管理员，使网络能够更可靠、更安全地运行。在 OU 内还可以嵌套 OU，但是嵌套的深度不能超过 15，否则就会出现性能下降的问题。

　　组织单元是可以配置组策略或委派管理权限的最小单位。组织单元类似于 Windows NT 中的工作组。

3．活动目录的物理结构

　　活动目录的物理结构用于优化网络流量。活动目录的物理结构包含站点和域控制器两个概念。站点（site）由一个或多个子网构成，站点内的计算机通过可靠的高速链路互相连接。站点是网络的物理结构，和域没有必然的联系。一个站点可以包含多个域，一个域也可以跨越多个站点。站点的划分使得网络管理员可以更好地利用物理网络的特性，更方便地配置活动目录的复杂结构，并使网络通信处于最佳状态。当用户登录到网络时，活动目录客户机在同一站点内找到域控制器，可以尽快地登录到系统中。当各个域控制器之间需要进行信息复制时，在同一站点内的复制操作可以产生最小的网络通信流量。

　　域控制器是使用活动目录安装向导配置的 Windows 服务器。活动目录安装向导提供各种活动目录服务组件，供用户选择使用。域控制器存储着活动目录数据，并管理用户域之间的各种交互作用，包括用户登录、身份验证和目录搜索等过程。一个域可以有一个或多个域控制器。为了获得高可用性和容错能力，使用单个局域网的小公司可能只需要两个域控制器，其中一个作为备份域控制器以提供容错功能。跨越多个子网的大公司，在每个子网中都需要配置一个或多个域控制器。

　　活动目录的复制涉及在多个域控制器之间的数据传输。在 Windows 2003 中采用多宿主复制模式。多宿主复制（Multi master Replication）意味着多个域控制器具有修改活动目录数据的权限。在这种复制模型中，如果一个域控制器中出现任何数据的改变，都会及时地复制到其他域控制器中。复制过程同步地移动被更新的数据，使得活动目录中的所有信息在任何时刻对所有域控制器和客户机都是可用的。Windows 2008 开始，增加只读域控制器（RODC）功能，RODC

提供了一种在要求快速、可靠的身份验证服务但不能确保可写域控制器的物理安全性的位置中更安全地部署域控制器的方法，为域控制器提供了更安全的机制。

4．活动目录中的对象

活动目录中的对象主要包括用户名、工作组、计算机和打印机，然而网络中所有的服务器、域和站点也可以成为活动目录中的对象。

活动目录架构包含活动目录中所有对象的定义（类和属性）。在 Windows 2008 R2 网络中，整个森林只有一种架构，架构保存在活动目录中。

活动目录的用户名分为以下两种。

- 主用户名（User Principal Name）：主用户名的格式与 E-mail 地址相同，例如 john@cyc.com，其中 john 是主用户名的前缀，cyc.com 是主用户名的后缀（一般为根域名）。主用户名只能用于登录 Windows 2000/2003 网络。
- 用户登录名（User Logon Name）：用户登录名是一般的字符串，在 Windows NT、Windows 2003 和 Windows 2008 R2 网络中都可以使用用户登录名。

活动目录中的工作组分为以下几种。

- 全局组（Global Groups）：全局组是可以跨越域边界访问资源的工作组，全局组的访问权限可以达到域林中的任何信任域。全局组的成员来自生成该组的本地域，但是可以把全局组嵌入到其他域的本地组中，从而使其获得其他域资源的访问权限。微软建议根据组织结构来建立全局组，就是把本单位中所有需要访问其他域资源的用户根据访问范围划分为不同的全局组。
- 域本地组（Domain Local Groups）：域本地组的访问权限仅限于本地域，通常是基于对本地资源的权限指派来建立域本地组。域本地组的成员可来自于任何域，但是只能访问本地域中的资源。
- 通用组（Universal Groups）：通用组的成员来自于域林中的任何域，其访问权限也可以达到域林中的任何域。通用组的成员信息保存在全局目录（GC）中，这是通用组与全局组的主要区别。正因为如此，通用组的任何变化都会导致全域林的复制。所以，应该把比较稳定的用户权限信息保存到通用组中。

为了使一个用户可以访问其他域中的资源，可以使用下面的组策略。

- A-G-DL-P 策略；
- A-G-G-DL-P 策略；
- A-G-U-DL-P 策略。

这里，A 表示用户账号，G 表示全局组，U 表示通用组，DL 表示域本地组，P 表示资源访问权限（Permission）。A-G-DL-P 策略是将用户账号添加到全局组中，将全局组添加到另一个域的域本地组中，然后为域本地组分配本地资源的访问权限，这样来自其他域的用户就可以访问本地域中的资源了。其余策略类似。

5. 活动目录的安装和配置

活动目录必须安装在 Windows 2008 R2 的 NTFS 分区。选择"开始"→"运行"，执行 dcpromo.exe 命令，启动 Active Directory 域服务安装向导。然后按照下列步骤操作。

（1）选择"在新林中新建域"，如图 9-3 所示。

（2）创建一个新域，在目录林根域文本框输入域控制器的域名。

（3）设置林功能级别，在"林功能级别"下拉框中选择"Windows Server 2008 R2"，如图 9-4 所示。

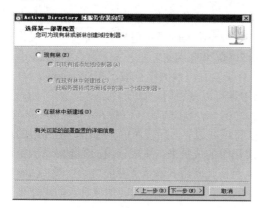

图 9-3　域控制器类型　　　　　　　　图 9-4　选择林功能级别

（4）安装 DNS 服务和全局服务，单击"下一步"，在弹出的窗口中选择"是"，如图 9-5 所示。

（5）设置保存数据库、日志文件、SYSVOL 的位置，如图 9-6 所示。

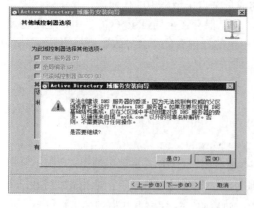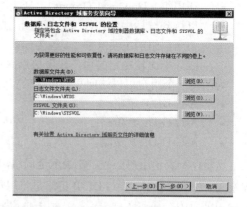

图 9-5　安装 DNS 服务器　　　　　　图 9-6　活动目录数据库与日志文件的文件夹

（6）设置目录还原模式的 Administrator 密码，输入密码后，单击"下一步"。进入摘要页面，单击"下一步"，系统开始配置 Active Directory 域服务，配置完成后，自动重启，即可完成安装，如图 9-7 所示。

（7）重启后，系统登录界面如图 9-8 所示。

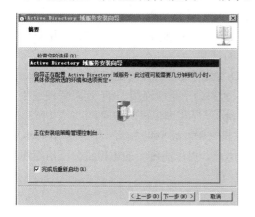

图 9-7　服务还原模式的管理员密码　　　　图 9-8　域服务安装完成后登录界面

9.2.3　Windows Server 2008 R2 远程桌面服务

远程桌面服务（Windows 2003 称为终端服务）是 Windows 2008 R2 中的一个服务器角色，它提供的技术使用户能够访问安装在 RD 会话主机服务器上的基于 Windows 的程序或整个 Windows 的桌面。使用远程桌面服务，用户可以从企业网络或 Internet 访问 RD 会话主机服务器或者虚拟机。

远程桌面服务可使您在企业环境中有效地部署和维护软件，可以很容易从中心位置部署程序。由于将程序安装在 RD 会话主机服务器上，而不是安装在客户端计算机上，所以，更容易升级和维护程序。在用户访问 RD 会话主机服务器上的程序时，程序会在服务器运行。每个用户只能看到各自的会话。服务器操作系统透明地管理会话，与任何其他客户端会话无关。另外，您可以配置远程桌面服务来使用 Hyper-V™，以便将虚拟机分配给用户或在连接时让远程桌面服务动态地将可用虚拟机分配给用户。

在 Windows Server 2008 R2 中，远程桌面服务由下列角色服务组成。

（1）远程桌面会话主机：远程桌面会话主机（RD 会话主机）（以前是终端服务器）使服务器可以托管基于 Windows 的程序或完整的 Windows 桌面。用户可连接到 RD 会话主机服务器来运行程序、保存文件，以及使用该服务器上的网络资源。

（2）RD Web 访问：远程桌面 Web 访问（RD Web 访问）（以前是 TS Web 访问）使用

户可以通过运行 Windows 7 的计算机上的"开始"菜单或通过 Web 浏览器来访问 RemoteApp 和桌面连接。RemoteApp 和桌面连接向用户提供 RemoteApp 程序和虚拟桌面的自定义视图。

（3）远程桌面授权：远程桌面授权（RD 授权）（以前是 TS 授权）管理每台设备或用户与 RD 会话主机服务器连接所需的远程桌面服务客户端访问许可证 (RDS CAL)。使用 RD 授权在远程桌面授权服务器上安装、颁发 RDS CAL 并跟踪其可用性。

（4）RD 网关：远程桌面网关（RD 网关）（以前是 TS 网关）使授权的远程用户可以从任何连接到 Internet 的设备连接到企业内部网络上的资源。

（5）RD 连接 Broker：远程桌面连接代理（RD 连接代理）（以前是 TS 会话 Broker）支持负载平衡 RD 会话主机服务器场中的会话负载平衡和会话重新连接。RD 连接代理还用于通过 RemoteApp 和桌面连接为用户提供对 RemoteApp 程序和虚拟机的访问。

（6）远程桌面虚拟化主机：远程桌面虚拟化主机（RD 虚拟化主机）集成了 Hyper-V 以托管虚拟机，并将这些虚拟机作为虚拟桌面提供给用户。可以将唯一的虚拟机分配给组织中的每个用户，或为他们提供对虚拟机池的共享访问。

1．远程桌面服务的安装

在 Windows Server 2008 R2 中，默认情况下没有远程桌面服务，需要进行手动添加。终端服务的安装步骤如下。

（1）单击"开始"按钮，然后选择"管理工具"→"服务器管理器"→"角色"→"添加角色"命令。

（2）进入添加角色向导界面，单击"下一步"按钮，显示"选择服务器角色"，在"角色"列表中勾选"远程桌面服务"复选框，单击"下一步"按钮。

（3）在"角色服务"列表中勾选需要添加服务的复选框，单击"下一步"按钮。

（4）应用程序兼容性说明页面，单击"下一步"按钮。

（5）勾选相应的身份验证方式单选框，单击"下一步"按钮。

（6）勾选相应的授权模式单选框，单击"下一步"按钮。

（7）添加可以远程连接到 RD 会话主机的用户或用户组，默认 Administrators 用户组已具备访问权限，且不可删除，单击"下一步"按钮。

（8）根据向导提示，完成"客户端体验""RD 授权配置""服务器验证证书""授权策略"配置，单击"下一步"按钮。

（9）单击"安装"按钮，系统将所选择的角色添加到服务器，完成后自动重启计算机。

2．远程桌面服务的配置与管理

1）赋予用户权限

默认情况下，只有系统管理员组用户（Administrators）和系统组用户（SYSTEM）拥有访问和完全控制远程桌面服务器的权限,远程桌面用户组(Remote Desktop Users)的成员只拥有访问权限而不具备完全控制权。在很多时候,默认的权限设置往往并不能完全满足我们的实际需求,因此还需要赋予某些特殊用户远程连接的权限。具体设置步骤如下。

(1)单击"开始"按钮,选择"管理工具"→"远程桌面服务"→"远程桌面会话主机配置"命令,显示如图 9-9 所示的"远程桌面会话主机配置"窗口。

(2)单击树型列表框中的"RD 会话主机配置"选项,用鼠标右击右侧列表框中的 RDP-Tcp,从弹出的快捷菜单中选择"属性"命令,在弹出的对话框中选择"安全"选项卡,该选项卡对管理员 Administrator 的访问权限进行了一定的限制,管理员可以有"完全控制""用户访问""来宾访问"以及"特殊权限"4 种权限,通过选中或取消各项的复选框来确定相应的权限,如图 9-10 所示。

图 9-9　"远程桌面会话主机配置"窗口　　　　图 9-10　RDP-Tcp 属性

(3)单击"高级"按钮,显示所有用户的权限,如图 9-11 所示。

2)远程桌面服务高级设置

(1)更改加密级别。

在"RDP-Tcp 属性"对话框中选择"常规"选项卡,如图 9-12 所示。

在"加密"选项区域的"加密级别"下拉列表中包括以下 4 种级别。

①低。使用 56 位密钥对从客户端传输到服务器的数据进行加密。

②客户端兼容。使用客户端所支持最大长度的密钥对从客户端传输到服务器的数据进行加密。

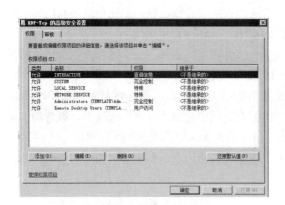

图 9-11　所有用户的权限

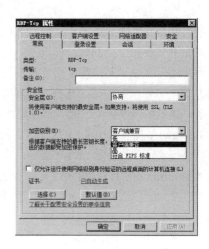

图 9-12　"常规"选项卡

③高。使用 128 位密钥的强加密算法对从客户端传输到服务器的数据进行加密。

④符合 FIPS 标准。使用 Microsoft 加密模块的联邦信息处理标准（FIPS）对从客户端传输到服务器的数据进行加密。

此外，如果希望此连接进行标准的 Windows 验证，则选中"使用标准 Windows 验证"复选框。

（2）允许用户自动登录到服务器。

在"RDP-Tcp 属性"对话框中选择"登录设置"选项卡，如图 9-13 所示。

默认情况下为使用客户端提供的登录信息。

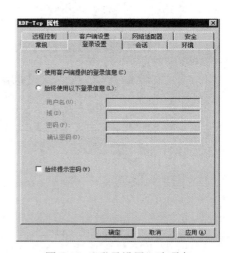

图 9-13　"登录设置"选项卡

选中"始终使用以下登录信息"复选框来设置允许用户登录的信息。在"用户名"文本框中输入允许登录到服务器的用户名称；在"域"文本框中输入计算机所属域的名称；在"密码"和"确认密码"文本框中输入该用户登录时所采用的密码。

如果要求用户在登录到服务器之前始终被提示输入密码，则选中"始终提示密码"复选框。

（3）配置远程桌面服务超时和重新连接功能。

在"RDP-Tcp 属性"对话框中选择"会话"选项卡，如图 9-14 所示。选中"改写用户设置"复选框，允许用户配置此连接的超时设置。

① 在"结束已断开的会话"下拉列表中选择断开连接的会话留在服务器上的最长时间。

② 在"活动会话限制"下拉列表中选择用户的会话在服务器上持续的最长时间。

③ 在"空闲会话限制"下拉列表中选择空闲的会话在服务器上持续的最长时间。

④ 选中"改写用户设置"复选框设置到达会话限制时或者连接被中断时进行的操作。

（4）管理远程控制。

在"RDP-Tcp 属性"对话框中选择"远程控制"选项卡，如图 9-15 所示。

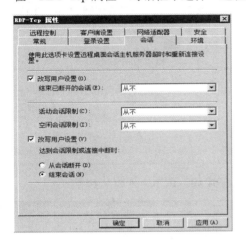

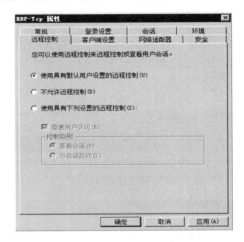

图 9-14　"会话"选项卡　　　　　图 9-15　"远程控制"选项卡

选择"使用具有下列设置的远程控制"单选按钮即可配置该连接的远程控制。

9.2.4　Windows Server 2008 R2 远程管理

远程管理的使用是衡量 Windows Server 2008 R2 网络管理员、系统管理员水平的重要指标。它既可是系统中集成的，又可以是由其他单独远程管理软件所提供的。在 Windows 系统中，远程管理是集成于其他服务之中，通过使用其他服务或服务组合来实现的。

许多网络设备也引入了"远程管理"理念，如服务器、路由器产品、防火墙和网络打印机等，目的就是方便管理员在不同地方对相应主机或设备进行管理。它与远程控制技术一样，已渗透到各行各业，特别是信息产业的各个领域，应用非常广泛。

1. Microsoft 管理控制台（MMC）

Microsoft 管理控制台集成了用来管理网络、计算机、服务及其他系统组件的管理工具。可以使用 MMC 创建、保存并打开管理工具单元，这些管理工具用来管理硬件、软件和 Windows

系统的网络组件。MMC 可以运行在各种 Windows 9x/NT 操作系统上，以及 Windows XP 家庭版/专业版和 Windows Server 2003、Windows Server 2008 家族的操作系统上。

MMC 不执行管理功能，但集成管理工具。可以添加到控制台的主要工具类型称为管理单元，其他可添加的项目包括 ActiveX 控件、网页的链接、文件夹、任务板视图和任务。

若需要在 Windows Server 2008 R2 上经常对多台计算机进行远程桌面管理可进行用户添加，以便完成远程管理。用户添加操作如下。

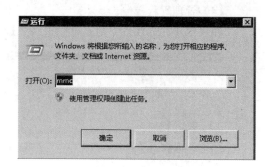

（1）选择"开始"→"运行"命令，打开"运行"对话框，在文本框中输入命令"mmc"，如图 9-16 所示。

（2）单击"确定"按钮，系统显示 MMC 控制台窗口，如图 9-17 所示。

（3）单击"文件"→"添加或删除管理单元"命令。

图 9-16　运行命令

（4）在列表框中选择"远程桌面"选项，单击"添加"按钮，如图 9-18 所示。

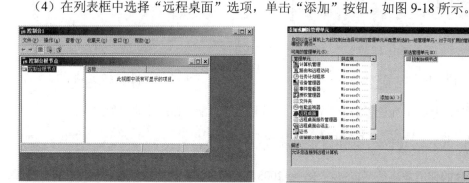

图 9-17　MMC 控制台窗口

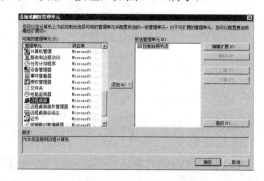

图 9-18　添加远程桌面

（5）右击控制台根节点中的远程桌面，选择"添加新连接"，在如图 9-19 所示的对话框中依次添加计算机 IP、连接名称、用户名，完成一个用户的添加。

（6）重复步骤（5），将目标计算机逐个添加到控制台。

2．远程桌面连接

远程桌面连接功能是为 Windows Server 2008 R2 系统提供的一种连接远程工作站的远程管理工具。

1）配置远程桌面连接

（1）选择"开始"→"控制面板"→"系统"→"远程设置"命令打开对话框，切换到"远程"选项卡，在"远程桌面"栏中勾选"仅允许运行使用网络级别身份验证的远程桌面的计算机连接（更安全）"复选框，如图 9-20 所示。

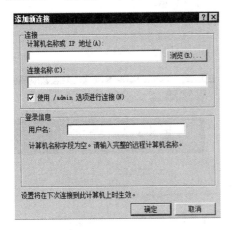

图 9-19　添加新连接

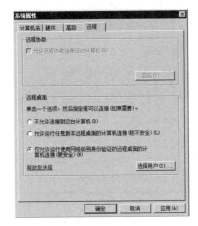

图 9-20　"远程"选项卡

（2）选择"开始"→"控制面板"→"Windows 防火墙"→"允许程序或功能通过 Windows 防火墙"命令打开对话框，如图 9-21 所示，勾选"远程桌面"，单击"确定"即可允许远程访问。

2）使用远程桌面连接

（1）选择"开始"→"所有程序"→"附件"→"远程桌面连接"，随即弹出一个对话框，要求输入要远程连接的计算机名或 IP 地址，如图 9-22 所示。

图 9-21　"本地连接属性"对话框

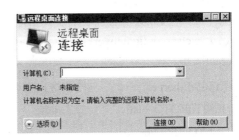

图 9-22　"远程桌面连接"窗口

（2）单击"选项"按钮，即可弹出一个可以对该项远程连接进行详细配置的对话框，如图 9-23 所示。在这个对话框中包括 6 个选项卡，可以进行非常全面的连接配置，在此不做详细介绍。

使用远程桌面连接功能可以很容易地连接到其他允许连接远程桌面的计算机，用户可以保存设置以用于下次连接，远程连接登录界面如图 9-24 所示。

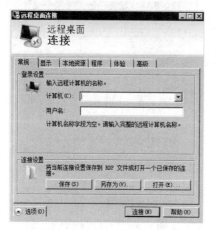

图 9-23　远程连接详细配置的窗口

图 9-24　远程连接登录

9.2.5　Linux 网络配置

1．网络配置文件

在 Linux 操作系统中，TCP/IP 网络是通过若干个文本文件进行配置的，系统在启动时通过读取一组有关网络配置的文件和脚本参数内容来实现网络接口的初始化和控制过程，这些文件和脚本大多数位于/etc 目录下。这些配置文件提供网络 IP 地址、主机名和域名等；脚本则负责网络接口的初始化。通过编辑这些文件可以进行网络设置和实现联网工作。这些文件可以在系统运行时修改。不用启动或者停止任何守护程序，更改会立刻生效。这些文件都支持由"#"开头的注释。在 Linux 系统中，有关网络配置的主要文件有以下几个。

（1）/etc/sysconfig/network-script/ifcfg-enoxxx 文件。这是一个用来指定服务器上的网络配置信息的文件。其中常见的主要参数的含义说明如下。

```
TYPE=Ethernet          #网络接口类型
BOOTPROTO=static       #静态地址
DEFROUTE=yes
IPV4_FAILURE_FATAL=no
```

IPV6INIT=yes　　　　　　　　　　　　#是否支持 IPV6

IPV6_AUTOCONF=yes

IPV6_DEFROUTE=yes

IPV6_FAILURE_FATAL=no

NAME=eno16780032　　　　　　　　　#网卡名称

UUID=16c93842-a039-4da3-b88a-977eb1201b3f

ONBOOT=yes

IPADDR0=10.0.252.198　　　　　　　　#IP 地址

PREFIX0=24　　　　　　　　　　　　#子网掩码

GATEWAY0=10.0.252.254　　　　　　　#网关

DNS1=61.134.1.4　　　　　　　　　　#DNS 地址

HWADDR=00:50:56:95:23:CE　　#网卡物理地址，使用虚拟机需要注意此地址

IPV6_PEERDNS=yes

IPV6_PEERROUTES=yes

配置完成后，需要使用 systemctl restart network 命令重启网络服务。

（2）/etc/hostname 文件，该文件包含了 Linux 系统的主机名。

[root@redhat ~]　　　　　　　　　#vi /etc/hostname 修改配置文件中的 redhat 为 redhat-64，
　　　　　　　　　　　　　　　　保存文件，然后重新登录，此时，主机名已经更改

[root@redhat-64 ~]# hostnamectl status

　　Static hostname: redhat-64

表明静态主机名已经修改成功。

　　这个文件是在启动时从文件/etc/sysconfig/network 的 HOSTNAME 行中得到的，用于在启动时设置系统的主机名。

　　（3）/etc/resolv.conf 文件。/etc/resolv.conf 文件配置 DNS 客户，它包含了主机的域名搜索顺序和 DNS 服务器的地址，每一行应包含一个关键字和一个或多个由空格隔开的参数。下面是一个例子：

search mydomain.edu.cn

nameserver 210.34.0.14

nameserver 210.34.0.13

常用参数及其意义说明如下。

- nameserver：表明 DNS 服务器的 IP 地址。可以有很多行的 nameserver，每一个带一个 IP 地址。在查询时就按 nameserver 在本文件中的顺序进行，且只有当第一个 nameserver 没有反应时才查询下面的 nameserver。
- domain：声明主机的域名。很多程序用到它，如邮件系统，当为没有域名的主机进行 DNS 查询时也要用到。如果没有域名，主机名将被使用，删除所有在第一个点（.）前面的内容。
- search：它的多个参数指明域名的查询顺序。当要查询没有域名的主机时，主机将在由 search 声明的域中分别查找。domain 和 search 不能共存。
- sortlist：允许将得到的域名结果进行特定的排序。它的参数为网络/掩码对，允许任意的排列顺序。在 Red Hat Linux 中没有提供默认的/etc/resolv.conf 文件，它的内容是根据在安装时给出的选项动态创建的。

2．安装网卡

在安装 Linux 操作系统时，如果计算机系统中装有网卡，安装程序将会提示给出 TCP/IP 网络的配置参数，如本机、默认网关以及 DNS 的 IP 地址等。根据这些配置参数，安装程序将会自动把网卡的驱动程序编译到内核中去。网卡的驱动程序是作为模块加载到内核中去的。所有 Linux 支持的网卡驱动程序都是存放在目录/lib/modules/（Linux 版本号）/net/下，可以通过修改模块配置文件来更换网卡或者增加网卡。

Red Hat Linux 7 中，网卡命名方式从 eth0,1,2 的方式变成了 eno×××××的格式，en 表示的是 enthernet，o 表示的是 onboard，×××表示的一长串数字则是主板的某种索引编号自动生成的，可以保证其唯一性。但网卡并不能直接作为硬件裸设备出现于/dev 下，而是内核在引导时在内存中建立的。Red Hat Linux 默认是采用内核模块（module）的方式在系统引导时设定网卡的，如果已经知道网卡类型，也可以把相应的网卡驱动编译进内核。

3．网络配置命令

（1）网络接口设置命令 ifconfig。在 Linux 系统中通过 ifconfig 命令进行指定网络接口的 TCP/IP 网络参数设置。执行 ifconfig 配置命令后，系统将在内核表中设置必要的网络参数，这样 Linux 系统就知道如何与网络上的网卡通信了。ifconfig 命令的基本格式如下。

ifconfig Interface-name ip-address up|down

使用不带任何参数的 ifconfig 命令可以查看当前系统的网络配置情况。在刚安装完系统之后，实际上是在没有网卡或者网络连接的情况下使用 Linux，但通过 ifconfig 可以使用回送

（loopback）方式工作，使计算机认为自己在网络上工作。使用 ifconfig 命令可以进行指定网络
接口的 TCP/IP 网络参数设置。

例如，运行下列命令。

[root@redhat-64 ~]#ifconfig eno16780032 10.0.252.198 netmask 255.255.255.0 up

将网络接口 eno16770671 的 IP 地址设置为 192.168.0.5，子网掩码为 255.255.255.0，并启动该接
口或将其初始化。类似的，若将网络接口"关闭"，则输入命令 ifconfig eth0 down，不需要指定
IP 地址和网络掩码。

运行不带任何参数的 ifconfig 命令可以显示所有网络接口的状态。若要检查特定接口的状
态，则在 ifconfig 后附加这个接口的名称。例如运行：

[root@redhat-64 ~]#ifconfig eno16780032

命令后，系统显示接口状态信息如下。

eno16780032: flags=4163<UP,BROADCAST,RUNNING,MULTICAST>　 mtu 1500

inet 10.0.252.198　 netmask 255.255.255.0　 broadcast 10.0.252.255

inet6 fe80::250:56ff:fe95:23ce　 prefixlen 64　 scopeid 0x20<link>

ether 00:50:56:95:23:ce　 txqueuelen 1000　 (Ethernet)

RX packets 1629264　 bytes 140809241 (134.2 MiB)

RX errors 0　 dropped 53　 overruns 0　 frame 0

TX packets 256808　 bytes 17948386 (17.1 MiB)

TX errors 0　 dropped 0 overruns 0　 carrier 0　 collisions 0

以上输出显示 MAC 地址（Hwaddr）、所分配的 IP 地址（inet addr）、广播地址（Bcast）和
网络掩码（Mask）。另外，可以看出该接口处于 UP 状态，其 MTU 为 1500 并且 Metric 为 1。
接下来的两行给出有关接收到（RX）和已发送的（TX）信息包数，以及错误、丢弃和溢出信
息包数的统计。最后两行显示冲突信息包的数目、发送队列大小（txqueuelen）和 IRQ 以及网
卡的基址。

（2）配置路由命令 route。通常在系统使用 ifconfig 命令配置网络接口后，需用 route 命令
设定主机或局域网的出口 IP 地址。route 命令的调用参数复杂，它的主要功能是管理 Linux 系
统内核中的路由表。route 命令的基本格式如下。

route [-选项]

常用参数和选项说明如下。

- del：删除一个路由表项。
- add：增加一个路由表项。
- target：配置的目的网段或者主机，可以是 IP，也可以是网络或主机名。
- netmaskNm：用来指明要添加的路由表项的子网掩码。
- gw Gw：任何通往目的地的 IP 分组都要通过这个网关。

例如，运行不带参数的 route 命令：

[root@redhat-64 ~]#route

系统将显示内核路由表如下。

Kernel IP routing table

Destination	Gateway	Genmask	Flags	Metric	Ref	Use	Iface
default	10.0.252.254	0.0.0.0	UG	1024	0	0	eno16780032
10.0.252.0	0.0.0.0	255.255.255.0	U	0	0	0	eno16780032

第一项是默认路由，表明默认网关为 10.0.252.254，网络接口为 eno16780032。

最小的路由表仅允许在同一网络中的主机互相通信。如果要与远程主机通信，必须将通过外部网关的路由添加到路由表中。route 命令的基本格式如下。

route　　[add|del] [-net|-host] target [netmask Nm] [gw Gw] [[dev] If]

在 route 命令上的第一个关键字要么是 add 要么是 del（删除路由）。下一个值是目的地地址，它是通过该路由到达的地址。如果关键字 default 用于目的地地址，则创建默认路由。只要没有到目的地的特定路由，就使用默认路由。如果网络中只有一个网关，则使用默认路由引导所有要到远程网络的数据流量通过这个网关。命令行的下一个参数是网关地址，该地址必须是直接连接本机所在网络的网关地址。在到远程目的地的网络路径中，TCP/IP 路由要指定下一跳（next-hop）。这个下一中继必须是本机可直接访问的，因此，它必须直接连接在本机所在的网络中。

因为大多数的路由都是在系统启动过程早期添加的，所以建议用数字的 IP 地址替代主机名，这样做就可以确保路由配置不依赖于名称服务器的状态。

（3）网络测试命令 ping。配置完成路由以后，可以用 ping 命令做一个测试来检查一下配置是否成功。ping 命令用于查看网络上的主机是否在工作，它向被查看主机发送 ICMP ECHO_REQUEST 包，正常情况下应该可以接收到响应。ping 命令的一般格式如下。

ping [-选项] 主机名/IP 地址

常用参数和选项说明如下。

- -t：校验与指定计算机的连接，直到用户中断。
- -a：将地址解析为计算机名。
- -n count：发送由 count 指定数量的 ECHO 报文，在发送指定数目的包后停止。默认值为 4。
- -l length：发送包含由 length 指定数据长度的 ECHO 报文。默认值为 64 字节，最大值为 8192 字节。
- -i ttl：将"生存时间"字段设置为 ttl 指定的数值。

ping 命令通过向计算机发送 ICMP 回应报文并且监听回应报文的返回，以校验与远程计算机或本地计算机的连接及参数配置情况，可以使用 ping 实用程序测试计算机名和 IP 地址。如果能够成功校验 IP 地址却不能成功校验计算机名，则说明名称解析存在问题。在这种情况下，要保证在本地 HOSTS 文件中或 DNS 数据库中存在要查询的计算机名。

（4）网络查询命令 netstat。网络信息查询命令 netstat 可以显示内核路由表、活动网络连接的状态和每个已安装网络接口等一些有用的统计信息。像大多数 Linux 管理命令行程序一样，netstat 可以通过其后面的附加选项和参数选择所显示信息的细节。netstat 命令的一般格式如下。

netstat [-选项][-参数]

常用参数和选项说明如下。

- -a：显示所有连接的信息，包括那些正在侦听的。
- -i：显示所有已配置网络设备的统计信息。
- -c：持续更新网络状态（每秒一次），直到被人为中止。
- -r：显示内核路由表。
- -n：以数字（原始）格式而不是已解析的名称显示远程和本地地址。

在使用 netstat 命令时可以组合这些选项，所以输入 netstat -rn 将以原始的 IP 地址格式显示关于本地和远程主机（n）的系统路由表（r）。

例如，运行下面的命令：

[root@redhat-64 ~]#netstat –nr

系统显示：

Kernel IP routing table

Destination	Gateway	Genmask	Flags	MSS	Window	irtt	Iface
0.0.0.0	10.0.252.254	0.0.0.0	UG	0	0	0	eno16780032
10.0.252.0	0.0.0.0	255.255.255.0	U	0	0	0	eno16780032

-n 选项强制 netstat 以点分四组 IP 数字的形式，而不是以主机和网络名称的形式输出地址。

第二列显示路由项中所指向的网关。如果没有使用网关，就会显示星号。

第三列是子网掩码。

第四列显示路由的标志：U 表示处于活动状态，H 表示主机，G 表示网关，D 表示动态路由，M 表示已经修改过。

接下来的 3 列显示 MSS、Window 和 irtt，它们将被应用于通过该路由建立的 TCP 连接。MSS（Maximum Segment Size）表示"最大分段尺寸"，也是内核所构建以通过该路由发送的数据报的最大尺寸。Window 表示系统一次从远程主机接收突发的最大量数据。

首字母缩写词 irtt 代表"初始往返时间（initial round trip tim）"。TCP 协议一直对发送给远程端点的数据报和接收到的确认所花费的时间进行记数，以便知道假定要重发数据报前需要等待的时间，这个过程称为往返时间。可以使用 route 命令设置 irtt 值。在上面这个路由表中，这些字段均为 0 值，表明正在使用默认值。最后这个字段表示所显示的路由使用的网络接口。

用-i 选项调用 netstat 命令可以显示所有已配置接口的一些有用的统计信息，这是一个用于排除网络故障非常有用的工具。

9.2.6　Linux 文件和目录管理

每种操作系统都有自己独特的文件系统，文件系统包括了文件的组织结构、处理文件的数据结构和操作文件的方法等。Linux 自行设计开发的文件系统称为 EXT2，Linux 还支持多种其他操作系统的文件系统，例如 EXT3、XFS，NTFS、NFS 和 SYSV 等。Linux 利用虚拟文件系统 VFS 屏蔽了各种文件系统之间的差别，为处理各种不同文件系统提供了统一的接口。

1．Linux 文件组织与结构

1）Linux 文件组织

文件系统组织是指文件存在的物理空间，Linux 系统中的每个分区都是一个文件系统，都有自己的目录层次结构。Linux 将这些分属不同分区的、单独的文件系统按一定的方式形成一个系统的总目录层次结构。

Linux 文件系统使用索引节点来记录文件信息，作用与 Windows 的文件分配表类似。索引节点是一个数据结构，它包含了一个文件的文件名、位置、大小、建立或修改时间、访问权限、所属关系等文件控制信息。一个文件系统维护了一个索引节点的数组，每个文件或目录都与索引节点数组中的唯一一个元素对应。系统为每个索引节点分配了一个号码，也就是该节点在数组中的索引号，称为索引节点号。

Linux 文件系统将文件索引节点号和文件名同时保存在目录中。所以，目录只是将文件的名称和它的索引节点号结合在一起的一张表，目录中每一对文件名称和索引节点号称为一个连接。

对于每个文件都有一个唯一的索引节点号与之对应，而对于一个索引节点号，却可以有多个文件名与之对应。因此，在磁盘上的同一个文件可以通过不同的路径去访问它。Linux 操作系统可以用 ln 命令对一个已经存在的文件再建立一个新的连接，而不复制文件的内容。连接有软连接和硬连接之分，软连接又叫符号连接。

2）Linux 文件结构

Linux 使用标准的目录结构，在安装的时候，安装程序就已经为用户创建了文件系统和完整而固定的目录组成形式，并指定了每个目录的作用和其中的文件类型。Linux 的文件系统是操作系统的重要组成部分之一，和其他操作系统一样用于管理和存储文件。

Linux 文件系统采用了多级目录的树型层次结构管理文件。树型结构的最上层是根目录，用"／"表示，其他的所有目录都是从根目录出发生成的。Linux 将所有的软件、硬件都作为文件来管理，每个文件被保存在目录中。Linux 在安装时系统会创建一些默认的目录，而每个目录都有其特殊的功能，用户不能随意修改和删除。微软的 DOS 和 Windows 也是采用树型结构，但是在 DOS 和 Windows 中这样的树型结构的根是磁盘分区的盘符，有几个分区就有几个树型结构，它们之间的关系是并列的。而在 Linux 中，无论操作系统管理几个磁盘分区，这样的目录树只有一个。

3）Linux 文件挂载

Linux 系统中的每个分区都是一个文件系统，都有自己的目录层次结构。Linux 会将这些分属不同分区的、单独的文件系统按一定的方式形成一个系统的、总的目录层次结构。这里所说的"按一定方式"就是指的挂载。所谓挂载，就是将一个文件系统的顶层目录挂到另一个文件系统的子目录上，使它们成为一个整体，上一层文件系统的子目录就称为挂载点。这里要注意以下两个问题。

（1）挂载点必须是一个目录，而不能是一个文件。

（2）一个分区挂载在一个已存在的目录上，这个目录可以不为空，但挂载后这个目录下以前的内容将不可用。

对于其他操作系统建立的文件系统的挂载也是这样。但是需要注意的是，对于光盘、软盘等硬件存储设备，其他操作系统使用的文件系统格式与 Linux 使用的文件系统格式可能是不一样的，在挂载前要了解 Linux 是否支持所要挂载的文件系统格式。

2．Linux 文件类型与访问权限

1）文件名与文件类型

Linux 文件名的规则与 Windows 9x 中的基本上是相同的。它同样是由字母、数字、下画线、圆点组成，最大的长度是 255 个字符。

Linux 文件系统一般包括 5 种基本文件类型，即普通文件、目录文件、链接文件、设备文件和管道文件。

（1）普通文件：计算机用户和操作系统用于存放数据、程序等信息的文件，一般又分为文本文件和二进制文件，例如 C 语言源代码、Shell 脚本、二进制的可执行文件等。

（2）目录文件：目录文件是文件系统中一个目录所包含的目录项组成的文件，包括文件名、子目录名及其指针。用户进程可以读取目录文件，但不能对它们进行修改。

（3）链接文件：链接文件又称符号链接文件，通过在不同的文件系统之间建立链接关系来实现对文件的访问，它提供了共享文件的一种方法。

（4）设备文件：在 Linux 系统中，把每一种 I/O 设备都映射成为一个设备文件，可以像普通文件一样处理，这就使得文件与设备的操作尽可能统一。

（5）管道文件：主要用于在进程间传递数据。Linux 对管道的操作与文件操作相同，它把管道作为文件进行处理。管道文件又称先进先出（FIFO）文件。

从对文件内容处理的角度而言，无论是哪种类型的文件，Linux 都把它们看作是无结构的流式文件，即把文件的内容看作是一系列有序的字符流。

2）文件和目录访问权限

在 Linux 这样的多用户操作系统中，为了保证文件信息的安全，Linux 给每个文件都设定了一定的访问权限。Linux 中的每一个文件都归某一个特定的用户所有，而且一个用户一般总是与某个用户组相关。Linux 对文件的访问设定了三级权限：文件所有者、与文件所有者同组的用户及其他用户。对文件的访问主要是三种处理操作：读取、写入和执行。三级访问权限和三种处理操作组合就形成了 9 种情况，可以用它来确定哪个用户可以通过何种方式对文件和目录进行访问和操作。同时，用户可以为自己的文件赋予适当的权限，以保证他人不能修改和访问。当用 ls -l 命令显示文件或目录的详细信息时，每一个文件或目录的列表信息分为 4 个部分，其中最左边的一位是第一部分，标识 Linux 操作系统的文件类型，其余三部分是三组访问权限，每组用三位表示，如图 9-25 所示。

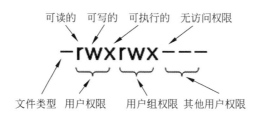

图 9-25　文件权限

在文件被创建时，文件所有者可以对该文件的权限进行设置。在默认情况下，系统将创建的普通文件的权限设置为-rw-r-r--，即文件所有者对该文件可读可写（rw），而同组用户和其他用户都只可读；同样，在默认配置中，将每一个用户所有者目录的权限都设置为 drwx------，即只有文件所有者对该目录可读、可写和可查询（rwx），即用户不能读其他用户目录中的内容。

3．Linux 文件和目录操作命令

（1）cat 命令。cat 命令用来在屏幕上滚动显示文件的内容，如同 DOS 下的 type 命令。cat命令也可以同时查看多个文件的内容，还可以用来合并文件。cat 命令的一般格式如下。

cat [-选项] fileName [filename2] … [fileNameN]

重要选项参数说明如下。

- -n：由 1 开始对文件所有输出的行数编号。
- -b：和-n 相似，只不过对于空白行不编号。
- -s：当遇到有连续两行以上的空白行时就替换为一个空白行。
- -v：显示非打印字符。

（2）more 命令。如果文本文件比较长，一屏显示不完，这时可以使用 more 命令将文件内容分屏显示。每次显示一屏文本，显示满屏后停下来，并提示已显示文件内容的百分比，按空格键继续显示下一屏。如同 DOS 下带参数的 type/p 命令。

（3）less 命令。less 命令的功能与 more 命令很相似，也是按页显示文件，不同的是 less 命令在显示文件时允许用户既可以向前也可以向后翻阅文件。按 B 键向前翻页显示；按 P 键向后翻页显示；输入百分比显示指定位置；按 Q 键退出显示。

（4）文件复制命令 cp。cp 命令的功能是把指定的源文件复制到目标文件或是把多个源文件复制到目标目录中。如同 DOS 下的 copy 命令一样。cp 命令的一般格式如下。

cp [-选项] sourcefileName | directorydestfileName | directory

重要选项参数说明如下。

- -a：整个目录复制。它保留链接、文件属性，并递归地复制子目录。
- -f：删除已经存在的目标文件且不提示。
- -i：和 f 选项相反，在覆盖目标文件之前将给出提示要求用户确认。回答 y 时目标文件将被覆盖，是交互式复制。
- -p：此时 cp 除复制源文件的内容外，还把其修改时间以及访问权限也复制到新文件中。
- -R：若给出的源文件是一个目录文件，此时，cp 将递归复制该目录下所有的子目录和文件。此时目标文件必须为一个目录名。
- -l：不作复制，只是链接文件。

需要说明的是，为防止用户在不经意的情况下用 cp 命令破坏另一个文件，如用户指定的目标文件名是一个已存在的文件名，用 cp 命令复制文件后，这个文件就会被新复制的源文件覆盖，因此，一般在使用 cp 命令复制文件时使用-i 选项。

（5）文件移动命令 mv。mv 命令为文件或目录改名或将文件由一个目录移入另一个目录中。该命令相当于 DOS 下的 ren 和 move 的组合。mv 命令的一般格式如下。

mv [-选项] sourcefileName | directorydestfileName | directory

重要选项参数说明如下。

- -i：交互方式操作。如果 mv 操作将导致对已存在的目标文件的覆盖，此时系统询问是否重写，要求用户回答 y 或 n，这样可以避免误覆盖文件。
- -f：禁止交互操作。在 mv 操作要覆盖某已有的目标文件时不给任何指示，指定此选项后，i 选项将不再起作用。

根据 mv 命令中第二个参数类型的不同（是目标文件还是目标目录），mv 命令将文件重命名或将其移至一个新的目录中。当第二个参数类型是文件时，mv 命令完成文件重命名，此时，源文件只能有一个（也可以是源目录名），它将所给的源文件或目录重命名为给定的目标文件名。当第二个参数是已存在的目录名称时，源文件或目录参数可以有多个，mv 命令将各参数指定的源文件均移至目标目录中。在跨文件系统移动文件时，mv 先复制，再将原有文件删除，而链至该文件的链接也将丢失。

需要注意的是，mv 与 cp 的结果不同。mv 好像文件"搬家"，文件个数并未增加；而 cp 对文件进行复制，文件个数增加了。

（6）文件删除命令 rm。rm 命令的功能是删除指定的一个目录中的一个或多个文件或目录，它也可以将某个目录及其下的所有文件及子目录均删除。对于链接文件，只是删除了链接，原有文件均保持不变。rm 命令的一般格式如下。

rm [-选项] fileName | directory…

重要选项参数说明如下。

● -f：忽略不存在的文件，从不给出提示。

● -r：指示 rm 将参数中列出的全部目录和子目录均递归地删除。

● -i：进行交互式删除。

在使用 rm 命令时要格外小心，因为一旦文件被删除，它是不能被恢复的。为了防止此种情况的发生，可以使用 rm 命令中的-i 选项来确认要删除的每个文件，如果用户输入 y，文件将被删除，否则文件将被保留。

（7）创建目录命令 mkdir。mkdir 命令的功能是在当前目录中建立一个指定的目录。要求创建目录的用户在当前目录中具有写权限，并且当前目录中没有与之相同的目录或文件名称。它类似 DOS 下的 md 命令。mkdir 命令的一般格式如下。

mkdir [-选项] dirName

重要选项参数说明如下。

● -m：对新建目录设置存取权限，也可以用 chmod 命令设置。

● -p：可以是一个路径名称。此时若路径中的某些目录尚不存在，加上此选项后，系统将自动建好那些尚不存在的目录，即一次可以建立多个目录。

（8）删除目录命令 rmdir。rmdir 命令的功能是从一个目录中删除一个或多个子目录项。在删除某目录时也必须具有对当前目录的写权限。rmdir 命令的一般格式如下。

rmdir [-选项] dirName

最常用的参数选项是-p，其作用是递归删除目录，当子目录删除后其父目录为空时，也一同被删除。

例如运行下列命令。

[root@redhat-64 ~]# rmdir -p /usr/tmp

把/usr/tmp 目录删除。

（9）改变目录命令 cd。cd 命令的功能是将当前目录改变到指定的目录，若没有指定目录，则显示用户当前所在的主目录路径。cd 命令为了改变到指定目录，用户必须拥有对指定目录的执行和读权限。cd 命令的一般格式如下。

cd [directory]

cd 命令的使用与 DOS 下的 cd 命令基本相同，需要注意的是，不管目录名是什么，cd 与目录名之间必须有空格。如果直接输入命令 cd，而不加任何参数，则回到当前用户的主目录。

例如，假设用户当前目录是/home/sun，现需要更换到/home/sun/pro 目录中。

[root@redhat-64 ~]#cd pro

此时，用户可以执行 pwd 命令来显示工作目录。

（10）显示当前目录命令 pwd。pwd 命令的功能是显示用户当前所处的目录，该命令显示整个路径名，并且显示的是当前工作目录的绝对路径。pwd 命令的一般格式如下。

pwd

例如，在/home/sun 目录下运行命令。

[root@redhat-64 ~]#pwd

显示的路径名为/home/sun，每个目录名都用"/"隔开，根目录以开头的"/"表示。

（11）列目录命令 ls。ls 命令是英文单词 list 的简写，其功能为列出当前目录的内容。这是 Linux 系统中用户最常用和最重要的命令之一，因为用户需要不时地查看某个目录的内容。对于每个目录，ls 命令将列出其中的所有子目录与文件。对于每个文件，ls 将列出其文件名以及根据命令参数所要求的其他信息。默认情况下，输出条目按字母顺序排列。如果未给出目录名或是文件名，则显示当前目录的信息。该命令类似于 DOS 下的 dir 命令。ls 命令的一般格式如下。

ls [-选项]fileName | directory

重要选项参数说明如下。

- -a：显示指定目录下所有子目录与文件，包括隐藏文件。
- -c：按文件的修改时间排序。
- -d：如果参数是目录，只显示其名称而不显示其下的各文件。
- -i：在输出的第一列显示文件的 i 节点号。
- -l：以长格式来显示文件的详细信息，这是 ls 命令最常用的参数。使用-l 参数每行列出的信息依次是文件类型与访问权限、链接数、文件所有者、文件属组、文件大小、建立或最近修改的时间和名字。

（12）文件访问权限命令 chmod。chmod 命令用于改变文件或目录的访问权限，这是 Linux 系统管理员最常用到的命令之一。默认情况下，系统将新创建的普通文件的权限设置为-rw-r-r--，将每一个用户所有者目录的权限都设置为 drwx------。用户根据需要可以通过命令修改文件和目录的默认存取权限。只有文件所有者或超级用户 root 才有权用 chmod 改变文件或目录的访问权限。chmod 命令的一般格式如下。

chmod [-选项] mode fileName…

重要选项参数说明如下。

- -c：若该档案权限确实已经更改，才显示其更改动作。
- -v：显示权限变更的详细资料。
- -R：对当前目录下的所有文件与子目录进行相同的权限变更。
- -mode：权限设定字符串。字符串格式为：

[ugoa…][[+-=][rwxX]…][,…]

其中，u 表示文件的所有者、g 表示与文件的所有者属于同一个组（group）者、o 表示其他的人、a 表示这三者都是；+表示增加权限、-表示取消权限、=表示唯一设定权限；r 表示可读取、w 表示可写入、x 表示可执行、X 表示只有当该文件是一个子目录或文件已经被设定过时可执行。

例如，运行命令：

[root@redhat-64 ~]#chmod g+rw myfile.txt

可以为同组用户增加对文件 myfile.txt 的读/写权限。

（13）文件链接命令 ln。ln 命令的功能是在文件之间创建链接。这种操作实际上是给系统中已有的某个文件指定另外一个可用于访问它的名称。对于这个新的文件名，可以为其指定不同的访问权限，以控制对信息的共享和安全性的问题。如果链接指向目录，用户就可以利用该链接直接进入被链接的目录而不用输入复杂的路径名。而且，即使删除这个链接，也不会破坏原来的目录。ln 命令的一般格式如下。

ln [-选项]sourcefileName | directorydestfileName | directory

重要选项参数说明如下。

- -f：文件链接时先将与 dest 同文件名的文件删除。
- -d：允许系统管理者硬链接自己的目录。
- -i：在删除与 dest 同文件名的文件时先进行询问。
- -s：进行符号链接（symbolic link）。
- -v：在文件链接之前显示其文件名。
- -b：将在链接时会被覆写或删除的文件进行备份。

如果给 ln 命令加上-s 选项，则建立符号链接。如果"链接名"已经存在但不是目录，将不做链接。"链接名"可以是任何一个文件名（可包含路径），也可以是一个目录，并且允许它与"目标"不在同一个文件系统中。如果"链接名"是一个已经存在的目录，系统将在该目录下建立一个或多个与"目标"同名的文件，此新建的文件实际上是指向原"目标"的符号链接文件。

例如运行命令：

[root@redhat-64 ~]#ln - s lunch /home/sun

用户为当前目录下的文件 lunch 创建了一个符号链接/home/sun。

9.2.7　Linux 用户和组管理

Linux 系统是一个多用户、多任务的分时操作系统，在 Linux 中用户和用户组管理是系统管理的重要内容。Linux 系统将用户分为组群管理以简化访问控制，以避免为众多用户分别设置权限。本节的内容主要讨论如何在命令行界面下完成用户账号、组的建立和维护等问题。

1．用户管理概述

在 Linux 操作系统中，每个文件和程序必须属于某一个"用户"，每个用户对应一个账号。在 Red Hat Linux 安装完成后，系统本身已创建了一些特殊用户，它们具有特殊的意义，其中最重要的是超级用户，即根用户 root。

超级用户 root 承担了系统管理的一切任务，可以控制所有的程序，访问所有文件，使用系统中的所有功能和资源。Linux 系统中其他的一些组群和用户都是由 root 来创建的。

用户和组群管理的基本概念如下。

- 用户标识（UID）：系统中用来标识用户的数字。
- 用户主目录：也就是用户的起始工作目录，它是用户在登录系统后所在的目录，用户的文件都放置在此目录下。在大多数系统中，各用户的主目录都被组织在同一个特定的目录下，而用户主目录的名称就是该用户的登录名。
- 登录 Shell：用户登录后启动以接收用户的输入并执行输入相应命令的脚本程序，即 Shell，Shell 是用户与 Linux 系统之间的接口。
- 用户组/组群：具有相似属性的多个用户被分配到一个组中。
- 组标识（GID）：用来表示用户组的数字标识。

超级用户在系统中的用户 ID 和组 ID 都是 0，普通用户的用户 ID（UID）从 500 开始编号，并且默认属于与用户名同名的组，组 ID（GID）也从 500 开始编号。

2．用户管理配置文件

Linux 系统中用户和组群的管理是通过对有关的系统文件进行修改和维护实现的，与用户和用户组相关的管理维护信息都存放在一些系统文件中，其中较为重要的文件有/etc/passwd、/etc/shadow 和/etc/group 等。

（1）/etc/passwd 文件。/etc/passwd 文件是 Linux 系统中用于用户管理的最重要的文件，这个文件对所有用户都是可读的。Linux 系统中的每个用户在/etc/passwd 文件中都有一行对应的记录，每一记录行都用冒号（：）分为 7 个域，记录了这个用户的基本属性。记录行的形式如下。

用户名：加密的口令：用户 ID：组 ID：用户的全名或描述：登录目录：登录 shell

其中，用户 ID（UID）对于每一个用户必须是唯一的，系统内部用它来标识用户，一般情况下它与用户名是一一对应的。如果几个用户名对应了同一个用户标识号，那么系统内部将把它们视为具有不同用户名的同一个用户，但是它们可以有不同的口令、不同的主目录以及不同的登录 shell 等。编号 0 是 root 用户的 UID，编号 1~99 是系统保留的 UID，100 以上给用户做标识。Linux 系统把每一个用户仅仅看成是一个数字，即用每个用户唯一的用户 ID 来识别，配置文件/etc/passwd 给出了系统用户 ID 与用户名之间及其他信息的对应关系。

由于/etc/passwd 文件对所有用户都可读，所以目前许多 Linux 系统都使用了 shadow 技术，把真正的加密后的用户口令字存放到/etc/shadow 文件中，而在/etc/passwd 文件的口令字段中只存放一个特殊的字符，例如 x 或者"*"，并且该文件只有根用户 root 可读，因而大大提高了系统的安全性。

（2）/etc/shadow 文件。为了保证系统中用户的安全性，Linux 系统另外建立了一个只有超级用户 root 能读的文件/etc/shadow，该文件包含了系统中的所有用户及其口令等相关信息。每个用户在该文件中对应一行，并且用冒号（：）分成 9 个域。每一行包括以下内容：

① 用户登录名；

② 用户加密后的口令（若为空，表示该用户不需口令即可登录；若为*号，表示该账号被禁止）；

③ 从 1970 年 1 月 1 日至口令最近一次被修改的天数；

④ 口令在多少天内不能被用户修改；

⑤ 口令在多少天后必须被修改；

⑥ 口令过期多少天后用户账号被禁止；

⑦ 口令在到期多少天内给用户发出警告；

⑧ 口令自 1970 年 1 月 1 日起被禁止的天数；

⑨ 保留域。

（3）/etc/group 文件。在 Linux 系统中，使用组来赋予同组的多个用户相同的文件访问权限。一个用户也可以同时属于多个组。管理用户组的基本文件是/etc/group，与用户账号基本文件相似，每个组在文件/etc/group 中也有一行记录与之对应，每一行记录用冒号（：）分为 4 个域，记录了这个用户组的基本属性信息。记录行的形式如下。

用户组名：加密后的组口令：组 ID：组成员列表

下面是用户组 sys 在/etc/group 中对应的记录行：

sys:x:3:root,bin,adm

其代表的信息包括系统中有一个称为 sys 的用户组，设有口令，组 ID 为 3，组中的成员有 root、bin 和 adm3 个用户。

Linux 在系统安装时创建了一些标准的用户组，在一般情况下，建议不要对这些用户组进行删除和修改。

3．用户和组管理命令

1）用户管理

用户管理操作的工作就是建立一个合法的用户账户、设置和管理用户的密码、修改用户账户的属性以及在必要时删除已经废弃的用户账号。

在 Linux 中增加一个用户就是在系统中创建一个新账号，然后为新账号分配用户号、用户组、主目录和登录 shell 等资源。在 Linux 系统中，只有具有超级用户权限的用户才能够创建一个新用户。增加一个新用户的命令格式如下。

adduser [-选项] username

常用选项参数说明如下。

- -d：指定用于取代默认/home/username 的用户主目录。
- -g：用户所属用户组的组名或组 ID（用户组在指定前应存在）。
- -m：若指定用户主目录不存在则创建。
- -p：使用 crypt 加密的口令。
- -s：指定用户登录 shell，默认为/bin/bash。
- -u uid：指定用户的 UID，它必须是唯一的，且大于 499。

增加用户账号就是在/etc/passwd 文件中为新用户增加一条记录，同时更新其他系统文件，如/etc/shadow、/etc/group 等。

例如，运行下列命令将新建一个登录名为 user1 的用户。

[root@redhat-64 ~]# useradd user1

在默认情况下，将会在/home 目录下新建一个与用户名相同的用户主目录。如果需要另外指定用户主目录，可以运行如下命令。

[root@redhat-64 ~]# useradd -d /home/lin　　user1

在 Linux 中，新增一个用户的同时会创建一个新组，这个组与该用户同名，而这个用户就是该组的成员。如果想让新的用户归属于一个已经存在的组，可以运行如下命令。

[root@redhat-64 ~]# useradd -g manager user1

这样用户 user1 就属于组 manager 中的一员了。

需要注意的是，新增加的这个用户账号是被锁定的，无法使用。因为还没给它设置初始密码，而没有密码的用户是不能够登录系统的，因此下面应该使用 passwd 命令为新建用户设置一个初始密码作为登录口令。

Linux 系统出于安全考虑，系统中的每一个用户除了用户名外，还设置了登录系统的用户口令。用户账号刚创建时没有口令，但是被系统锁定，无法使用，必须为其指定口令后才可以使用，即使是指定空口令。指定和修改用户口令的命令是 passwd。超级用户可以为自己和其他用户指定口令，普通用户只能用它修改自己的口令。passwd 命令的一般格式如下。

passwd [-选项] [username]

常用选项参数说明如下。

- -l：锁定口令，即禁用账号。
- -u：口令解锁。
- -d：使账号无口令。
- -f：强迫用户下次登录时修改口令。

如果不指定用户名，则修改当前用户自己的口令。普通用户修改自己的口令时，passwd 命令会先询问原口令，验证后再要求用户输入两遍新口令，如果两次输入的口令一致，则将这个口令指定给用户；而超级用户为用户指定口令时就不需要知道原口令。

例如，超级用户要设置或改变用户 newuser 的口令时可运行命令：

[root@redhat-64 ~]# passwd newuser

系统会提示输入新的口令，新口令需要输入两次。出于安全的原因，输入口令时不会在屏幕上回显出来。

有时需要临时禁止一个用户账号的使用而不是删除它，可以采用以下两种方法实现临时禁止一个用户的操作。

（1）把用户的记录从/etc/passwd 文件中注释掉，保留其主目录和其他文件不变；

（2）在/etc/passwd 文件（或/etc/shadow）中关于该用户的 passwd 域的第一个字符前面加上一个"*"号。

删除用户命令 userdel 的功能是系统中如果一个用户的账号不再使用，可以将其从系统中删除。删除一个用户的命令格式如下。

userdel [-选项] username

最常用的参数选项是-r，它的作用是把用户的主目录一起删除。

删除用户账号就是要将/etc/passwd 等系统文件中的该用户记录删除，必要时还删除用户的主目录，可以使用"userdel -r 用户名"来实现这一目的。因此，完全删除一个用户包括：

（1）删除/etc/passwd 文件中此用户的记录；

（2）删除/etc/group 文件中该用户的信息；

（3）删除用户的主目录；

（4）删除用户所创建的或属于此用户的文件。

例如，运行下列命令。

[root@redhat-64 ~]# userdel –r user1

可以删除用户 user1 在系统的账号及其在用户管理配置文件中（主要是/etc/passwd、/etc/shadow 和/etc/group 等）的记录，同时删除用户的主目录。

用户在系统使用过程中可以随时使用 su 命令来改变身份。例如，系统管理员在平时工作时可以用普通账号登录，在需要进行系统维护时用 su 命令获得 root 权限，之后为了安全再用 su 回到原账号。su 命令的一般格式如下。

su [username]

username 是要切换到的用户名，如果不指定用户名，则默认将用户身份切换为 root，系统会要求给出正确的口令。

2）用户组管理

每个用户都有一个用户组，系统可以对一个用户组中的所有用户进行集中管理。默认 Linux 下的用户属于与它同名的用户组，这个用户组在创建用户时同时创建。与用户管理相类似，用户组的管理包括组的增加、删除和修改，实际上就是通过修改/etc/group 文件实现这些操作。

Linux 系统中将一个新用户组加入系统的命令是 groupadd。该命令的一般格式如下。

groupadd [-选项] groupname

常用选项参数说明如下。

- -g GID：指定用户组的 GID，它必须是唯一的，且大于 499。
- -r：创建小于 500 的系统用户组。
- -f：若用户组已存在，退出并显示错误（原用户组不会被改变）。

新建的组默认使用大于 500 并大于每个其他组的 ID 的最小数值。如果要指定组的 ID，可以在命令中加入-g 参数。

如运行下面的命令：

[root@redhat-64 ~]# groupadd-g 503 newgroup

将在/etc/passwd 文件中产生一个 GID 为 503 的用户组 newgroup。

如果要删除一个已有的用户组，使用 groupdel 命令。该命令的一般格式如下。

groupdel groupname

例如，运行命令：

[root@redhat-64 ~]#groupdel group1

运行后将从系统中删除组 group1。

删除一个用户组时要注意以下几点。

（1）组中的文件不能自行删除，也不能自行改变文件所属的组；

（2）如果组是用户的基本组（即/etc/passwd 文件中显示为该用户的组），则这个组无法删除；

（3）如果组中有用户在系统中处于登录状态则不能删除该组，最好删除用户后再删除组。

修改用户组的属性使用 groupmod 命令，其格式如下。

groupmod [-选项] groupname

常用选项参数说明如下。

- -g：为用户组指定新的组标识号。
- -n：将用户组的名字改为新名字。

如果需要将一个用户加入一个组，可以通过编辑/etc/group 文件，将用户名写到组名的后面实现。/etc/group 文件的每一行表示一个组的信息，其中第 4 个域代表组内用户的列表。

例如，user1、user2、user3 都属于组 group1，其组的 ID 为 509，则组 group1 的记录信息如下。

group1::509:user1，user2，user3

如果要将新用户加入组中，只需在文件编辑器中编辑/etc/group 文件，并将用户名加入组记录的用户域列表中，用逗号隔开即可。

9.3　Windows Server 2008 R2 IIS 服务的配置

9.3.1　IIS 服务器的基本概念

IIS 即因特网信息服务器（Internet Information Server），是由微软公司提供的基于 Windows 操作系统运行的互联网基本服务，在组建局域网时，可利用 IIS 来构建 WWW 服务器、FTP 服务器和 SMTP 服务器等。IIS 服务提供了一个功能全面的软件包，面向不同的应用领域给出了 Internet/Intranet 服务器解决方案。在 Windows Server 2008 R2 中集成了 IIS 7.5，在 IIS 7.0 模块化的基础上，改进了管理型和功能性，开始支持 ASP.net、更多的 PowerShell 命令行和集成 WebDAV 等。

（1）WWW 服务。WWW（World Wide Web）是图形最为丰富的 Internet 服务，具有很强的链接能力，支持协作和工作流程，可以给世界各地的用户提供商业应用程序。Web 是 Internet 上主机的集合，使用 HTTP 协议提供服务。基于 Web 的信息使用超文本标记语言，以 HTML 格式传送，它不但可以传送文本信息，还可以传送图形、图像、动画、声音和视频信息。这些特点使得 WWW 成为遍布世界的信息交流的平台。

（2）FTP 服务。FTP（File Transfer Protocol，文件传输协议）是在 Internet 中两个远程计算机之间传送文件的协议。该协议允许用户使用 FTP 命令对远程计算机中的文件系统进行操作。通过 FTP 可以传送任意类型、任意大小的文件。Windows Server 2008 R2 中的 IIS 7.5 内置了 FTP 模块。

9.3.2　安装 IIS 服务

不同的 Windows 系统内置的 IIS 版本是各不相同的，Windows Server 2008 R2 为 IIS 7.5，默认状态下没有安装 IIS 服务，必须手动安装。IIS 7.5 包含了 Web 服务器和 FTP 服务器，安装 IIS 服务需要加载以下模块。

- Web 服务器：提供对 HTML 网站的支持和 ASP、ASP.NET 以及 Web 服务器扩展的可选支持。可以使用 Web 服务器来承载内部或外部网站，为开发人员提供创建给予 Web 的应用程序的环境。

- 管理工具：提供用于管理 IIS 的 Web 服务器的基础结构。可以使用 IIS 用户界面、命令行工具和脚本来管理 Web 服务器和编辑配置文件。
- FTP 服务器：支持文件传输协议，允许建立 FTP 站点，用于上传和下载文件。

IIS 服务的安装过程非常简单。选择"开始"→"管理工具"→"服务器管理器"→"角色"命令，在打开的窗口中单击"添加角色"按钮，启动 Windows 添加角色向导。在"角色"列表框中勾选"Web 服务器（IIS）"复选框，然后单击"下一步"按钮，如图 9-26 所示。

在"角色服务"列表框中勾选"Web 服务器""管理工具""FTP 服务器"复选框，然后单击"下一步"按钮，如图 9-27 所示。IIS 7.5 被分割成了 40 多个不同功能的模块，管理员可以单击 ⊞ 展开详细服务列表，根据需要安装相应的角色服务，可以使 Web 网站的受攻击面减少，安全性和性能大大提高。

图 9-26　安装 IIS 服务（1）

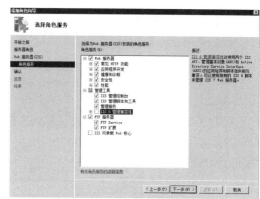

图 9-27　安装 IIS 服务（2）

单击"安装"按钮，按照系统提示继续操作，直到完成安装。

9.3.3　配置 Web 服务器

1．网站基本配置

通过"管理工具"中的"Internet 信息服务（IIS）管理器"来管理网站，然后在弹出的窗口中选择"Internet 信息服务（IIS）管理器"项打开 IIS 主界面，看到名为"Default Web Site"的默认网站。

1）网站基本配置

单击默认网站右侧"操作"窗口中的"基本设置"，可以修改网站名称和物理路径，物理路径指网站主目录，主目录是存放网站文件的文件夹，在这个主目录下还可以任意创建子目录；通常 Web 服务器的主目录都位于本地磁盘系统，如图 9-28 所示。

2）域名和 IP 绑定配置

单击默认网站右侧"操作"窗口中的"绑定"，可以配置网站的 IP 地址和绑定网站域名。单击"编辑"弹出"编辑网站绑定"窗口，设置 IP 地址和主机名，主机名即网站域名，如图 9-29 所示。

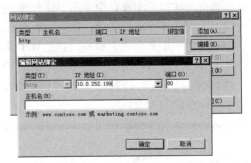

图 9-28　配置 Web 服务器（1）　　　　　图 9-29　配置 Web 服务器（2）

3）文档配置

双击默认网站右侧主窗口中的"默认文档"，可以看到几个默认的主页文件 Default.htm、Default.asp、index.htm 和 iisstart.asp 等，用户可以修改其中的任何一个文档来建立自己的网站，如图 9-30 所示。

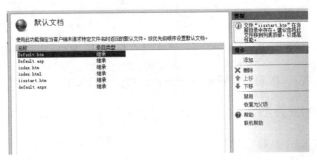

图 9-30　配置 Web 服务器（3）

Web 站点的配置是通过图形用户界面来进行的，读者可以根据提示练习配置网站的过程。

2．网站的安全性配置

为了保证 Web 网站和服务器运行安全，可以为网站进行身份验证、IP 地址和域名限制的设置，如果没有特别的要求，一般采用默认设置。

身份验证配置： 双击默认网站右侧主窗口中的"身份验证"，如图 9-31 所示。

网站的匿名访问关系到网站的安全问题，用户可以编辑"匿名身份验证"选项栏来设置匿名访问的用户账号。系统中默认的用户权限比较低，只具有基本的访问权限，比较适合匿名访问。

IP 地址和域限制配置： 双击默认网站右侧主窗口中的"IP 地址和域限制"，可以对访问站点的计算机进行限制。单击"操作"窗口的"添加允许条目"或"添加拒绝条目"，可以允许或排除某些计算机的访问权限，如图 9-32 所示。

图 9-31　配置身份验证

图 9-32　配置 IP 地址和域限制

在"操作"栏单击"编辑功能设置"按钮，在打开的对话框中可以设置未指定的客户端的访问权为"允许或者拒绝"。

9.3.4　配置 FTP 服务器

1. 添加 FTP 站点

选择"开始"→"管理工具"→"Internet 信息服务（IIS）管理器"命令，然后在弹出的窗口中右击"网站"，选择"添加 FTP 站点"，弹出添加 FTP 站点窗口。

（1）设置 FTP 站点名称和物理路径。物理路径即 FTP 主目录，所谓主目录是指映射为 FTP 根目录的文件夹，FTP 站点中的所有文件将保存在该目录中。用户可以把主目录修改为计算机中的其他文件夹，甚至可以是另一台计算机上的共享文件夹，如图 9-33 所示。

（2）在"IP 地址"下拉列表中设置该 FTP 站点的 IP 地址。Windows Server 2008 R2 操作系统中允许安装多块网卡，而且每块网卡也可以绑定多个 IP 地址，通过设置 IP 地址，FTP 客户端可以利用设置的这个 IP 地址来访问该 FTP 服务器，在下拉列表中选择一个即可，端口号使用默认的 21 即可，如图 9-34 所示。

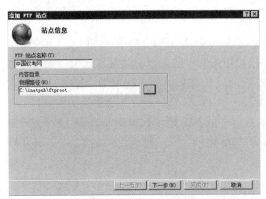

图 9-33　配置站点信息

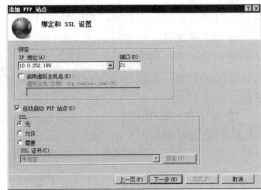

图 9-34　配置 IP 和端口

（3）FTP 身份验证有匿名和基本两种方式，为了安全，建议使用基本方式。"授权"栏目，允许访问最好选择指定用户。权限根据需要，可以选择只读或者读写，在"权限"栏目勾选相应的复选框即可。单击"完成"按钮，就完成了 FTP 站点的添加，如图 9-35 所示。

2．IP 地址和域限制

双击 FTP 站点右侧主窗口中的"FTP IPv4 地址和域限制"，可以对访问站点的计算机进行限制。单击"操作"窗口的"添加允许条目"或"添加拒绝条目"，可以允许或排除某些计算机的访问权限，如图 9-36 所示。

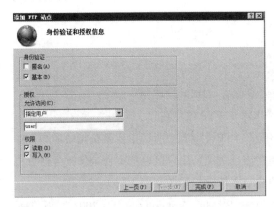

图 9-35　配置身份验证和授权

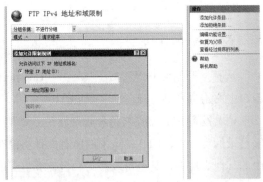

图 9-36　配置 IP 地址和域限制

在"操作"栏单击"编辑功能设置"按钮，在打开的对话框中可以设置未指定的客户端的访问权为"允许或者拒绝"。

9.4　Linux Apache 服务器的配置

Apache 的特点是简单、速度快、性能稳定。Apache 提供了丰富的功能，包括目录索引、目录别名、虚拟主机、HTTP 日志报告、CGI 程序的 SetUID 执行及联机手册 man 等。

9.4.1　Apache 的安装与配置

在 Webmin 的 system 页选择 Software Packages，在该页的 Install a New Package 中选择 From uploaded file（从上传文件安装），例如路径为 e:\RedHat\RPMS\apache，单击浏览按钮，指定要安装的包文件 apache-1.3.23-11.i386.rpm，然后单击 Install 按钮即可。

1．Apache 的启动与停止

在 Apache Webserver 页进行以下操作。

（1）在 Apache Webserver 页中选择 Start Apache 来启动 Apache 服务器。

（2）Apache 服务器启动后，Apache Webserver 页的上页标项有所变化，原 Start Apache 变为 Apply Changes 和 Stop Apache，在上页标中选择 Stop Apache 来停止 Apache 服务器。

在 Bootup and Shutdown 页进行以下操作：

（1）在 Bootup and Shutdown 页的守护进程列表中查找 httpd，这是 Apache 服务器的守护进程名称，选择守护进程名称前的复选框，以选定此服务。

（2）守护进程列表的下方有 Start Selected 和 Stop Selected 两个按钮，分别用来启动和停止选定的服务。

（3）如果在守护进程列表中直接选择守护进程 httpd，进入 Edit Actions 页，显示服务器守护进程的详细配置信息，例如守护进程的启动脚本。

2．Apache 的配置界面

在 Apache Webserver 页中，界面配置的第一部分为 Global Configuration，包含若干全局设置项，全局设置项中的设置将作用于整个 Apache 服务器。

在 Apache Webserver 页中，界面配置的第二部分为 Virtual Servers，显示当前服务器中的所有虚拟主机，在未进行配置的情况下包括两个虚拟主机，一个是 Default Server 默认主机，另一个虚拟主机使用 https 协议，监听端口为 "443"，文档根目录 Document Root 与默认主机相同。

在 Apache Webserver 页中，界面配置的第三部分为 Create a New Virtual Server，用于建立一个新的虚拟主机。

9.4.2　建立基于域名的虚拟主机

虚拟主机服务，是指在一台物理机器上提供多个 Web 服务。例如，某公司有多个子公司，各子公司需要拥有独立的域名，希望对外提供独立的 Web 服务，但是都要使用总公司的单台服务器，这个时候该服务器就通过虚拟主机的方式为各个子公司提供多个企业的 Web 服务。虽然所有的 Web 服务都是这台服务器提供的，但是让访问者看起来却是在不同的服务器上获得 Web 服务一样。

用 Apache 设置虚拟主机服务通常采用两种方案：基于 IP 地址的虚拟主机和基于名字的虚拟主机。

基于域名的虚拟主机服务是目前应用比较广泛的一种方案。它不需要更多的 IP 地址，而且配置简单，无须特殊的软/硬件支持。现代的浏览器大多支持这种虚拟主机的实现方法。

在 Create a New Virtual Server 对话框中配置需要建立的主机，将 Address 设置为当前主机的某个 IP 地址，如 192.168.1.112，并选中 Add name virtual server address 和 Listen on address 复选框；Port 为 Default；将 Document Root 设置为此虚拟主机的文档根目录，如 /var/www/page.test.com，此目录是在配置 wu-ftpd 服务器时为虚拟站点 page.test.com 建立的；将 Server Name 设置为此虚拟主机的域名，如 page.test.com；Add virtual server to file 选取 standard httpd.conf file。单击 Create 按钮，建立已配置完成的虚拟服务器。

刚刚建立的虚拟服务器虽然已经保存到 Apache 的配置文件中，但并未生效，需要选择 Apache Webserver 页的 Apply Changes，使已修改的配置生效。

需要在 test.com 的授权 DNS 中注册 IP 地址 192.168.1.112，指向虚拟主机的域名 page.test.com，Name 为 page、Update 为 Yes、Time-to-Live 为 Default。

9.4.3　建立基于 IP 地址的虚拟主机

基于 IP 地址的虚拟主机服务实现需要在机器上配置多个 IP 地址，每个 IP 对应一个虚拟主机。这种方法需要每个虚拟主机占用一个 IP 地址资源，在当前 IP 地址资源比较紧张的情况下很少使用这种方法。

1. 为网卡绑定多个 IP 地址

（1）在 Hardware 页中选择 Network Configuration，在该页中选择 Network Interfaces，在 Network Interfaces 页中，Interfaces Active Now 列表显示了当前系统激活网卡的信息，如名称为 eth0 的网卡类型为 Ethernet；分配的 IP 地址为 192.168.1.112；掩码（Netmask）为 255.255.255.0；状态（Status）为 Up，选择 Add a new interface，添加新的接口。

（2）在 Create Active interface 页中配置要建立的网卡，将 Name 设为 eth0:0 表示这并不是一块真正的网卡，而是指向物理网卡 eth0 的一个虚拟网卡；192.168.1.113 为给 eth0 绑定的另一个 IP 地址；其他设置为默认选项。单击 Create 按钮，建立已配置好的网卡。

（3）在 Network Interfaces 页中，Interfaces Active Now 列表已经显示了新建立的网卡 eth0:0，类型 Ethernet（Virtual）表示其为虚拟以太网卡。

2. 建立基于 IP 地址的虚拟主机

（1）在 Create a New Virtual Server 对话框中配置要建立的主机，将 Address 设置为要建立虚拟主机的 IP 地址，如 192.168.1.113，并选中 Add name virtual server address、Listen on address 复选框；Port 默认为 80；设置 Document Root 为/var/www/ip.test.com；设置 Server Name 为 ip.test.com；Add virtual server to file 选取 Standard httpd.conf file。单击 Create 按钮，建立已配置完成的虚拟服务器。

（2）选择 Apache Webserver 页的 Apply Changes，使已修改的配置生效。

（3）需要在 test.com 的授权 DNS 中注册 IP 地址 192.168.1.113 指向虚拟主机域名 ip.test.com，Name 为 ip、Update 为 Yes、Time-to-Live 为 Default。

9.4.4 Apache 中的访问控制

Web 网站常有这样的需要，对网站某部分内容进行简单的密码保护，只允许授权的用户访问。例如，网站的统计分析结果不允许普通用户随意浏览。Apache 提供了基于用户名/口令的认证方式以满足这样的需求。

Apache 实现身份认证的基本原理是：当系统管理员需要对某个目录设置身份认证时，在要限制的目录中添加默认名.htaccess 的配置文件。当用户访问该路径下的资源时，系统会弹出一个对话框，要求用户输入"用户名/口令"。用户输入口令后，传给 WWW 服务器。WWW 服务器验证它的正确性，如果正确，返回页面；否则返回 401 错误。需要说明的一点是，这种认证模式不能用于安全性要求很高的场合。

下面来看一下如何建立需要用户名/口令才能进行访问的目录。假设基本情况是：www.domainname.com 站点的文档存放在/var/www/html 目录下，Web 访问日志分析存放在/var/www/usage 目录下，希望限制/var/www/usage/目录的访问，只允许用户 admin 以口令 passkey 访问该目录。

首先确保在 Apache 的 httpd.conf 中，用密码才能访问的目录或其父目录的 Directory 容器的设置参数中包含以下设置。

AllowOverride　All

或

AllowOverride　AuthConfig

即允许该目录对 Authconfig 属性进行覆盖。

然后使用 htpasswd 命令建立用户文件、账号信息文件。

htpasswd-c　/etc/.htpasswd　admin

上述代码创建了名为.htpasswd 的用户账号文件，并初始化一个 admin 用户。此程序会询问用户 admin 的口令，两次输入 passkey 即可完成。

在希望限制访问的目录（这里为/var/www/usage/）下建立.htaccess 文件，用 vi 在/var/www/usage/目录下创建文件.htaccess。

AuthName Administrator Accessible Only
/*这个名字是任取的*/
AuthType Basic
AuthUserFile /etc/.htpasswd
require user admim

9.5　DNS 服务器的配置

9.5.1　DNS 服务器基础

1. 名字解析服务

网络中的计算机可以用由字母和数字组成的名字来标识，在进行网络通信时计算机的名字被转换为 IP 地址。网络管理员必须掌握查看和改变计算机名字的方法，还必须了解名字与地址之间的映像机制。

名字解析服务就是将计算机的名字转换为 IP 地址的过程。在 Windows 中使用两类名字：主机名和 NetBIOS 名字。主机名是按照域名服务规则设定的主机标识，包括计算机名和后缀（suffix）两部分。例如 server.trainnig.trader.msft 是一个主机名，其中 server 是计算机名，其余部分是后缀。所谓完全合格的域名（Fully Qualified Domain Name，FQDM）是指在 DNS 名称空间中已经声明的名称标识，表明了它在域名树中的绝对位置。通过 FQDN 可以找到全世界任何网络中的资源。DNS 名字解析通过 DNS 服务器实现。可以把多个主机名映像到同一个 IP 地址，也可以把一个主机名映像到多个 IP 地址。在后一种情况下进行名字解析时，由一个主机名可以得到对应的多个 IP 地址。

NetBIOS 是 IBM 和 Microsoft 创建的网络协议，运行在网络层和应用层之间，实现名字注册、名字更新、名字解析，以及建立/终止会话等功能。NetBIOS 是一种进程间的通信机制，也是一种应用编程接口（API），它使得分布式应用软件能够进行远程通信，彼此访问对方的网络资源。

NetBIOS 的名字是 NetBIOS 服务使用的网络标识，由 16 个字符组成，前 15 字符以 ASCII 编码表示，最后一个字符以十六进制符号表示，代表提供的服务。NetBIOS 名字是一种扁平的名字，没有任何层次结构，因而无法区分不同网络中具有相同名字的两台计算机。Windows 2000 以后的计算机都使用 DNS 域名来实现大多数功能，但是如果网络中包含运行较早版本 Windows 的计算机，则必须使用 NetBIOS 名字进行通信。

可以用 hostname 实用程序查看主机名，也可以用 ipconfig/all 命令查看主机名和 DNS 后缀，见图 9-37。命令 nbtstat-n 显示在系统中注册的 NetBIOS 名字，命令 nbtstat-c 显示 NetBIOS 缓存中的内容，包括网络中其他主机的 NetBIOS 名字与 IP 地址的映像，参见图 9-38。

图 9-37　主机名和 DNS 后缀

图 9-38　NetBIOS 名字缓存

2. DNS 主机名解析

DNS 主机名解析的查找顺序是先查找客户端解析程序缓存，如果没有成功，则向 DNS 服务器发出解析请求；如果还没有成功，则尝试使用 NetBIOS 名字解析方法取得结果。

客户端解析程序缓存是内存中的一块区域，保存着最近被解析的主机名及其 IP 地址映像，可以用 ipconfig/displaydns 命令查看其中的内容，参见图 9-39。由于解析程序缓存常驻内存中，所以比其他解析方法速度快。解析程序缓存把最近未能解析或无效的 DNS 名字存放在负缓存项（negative cache entry）中，当客户端从 DNS 服务器接收到否定应答时会添加这些项目。负缓存项要保存一段时间，这样它就不会再次被查询。通过刷新和重置缓存，可以去除负缓存项以及任何动态添加的项目。清除解析程序缓存的命令是 ipconfig /flushdns。

文件 hosts 存储在%Systemroot%\System32\Dtivers\Etc 目录下，其中包含了可以预加载到解析程序缓存中的地址映像项目，参见图 9-40。编辑 hosts 文件可以帮助 DNS 主机名解析。

```
C:\Documents and Settings\Administrator>ipconfig /displaydns

Windows IP Configuration

    glb06.aqnt.com
    ----------------------------------------
    Record Name . . . . . : glb06.aqnt.com
    Record Type . . . . . : 1
    Time To Live  . . . . : 12
    Data Length . . . . . : 4
    Section . . . . . . . : Answer
    A (Host) Record . . . : 206.16.21.22


    dl.google.com
    ----------------------------------------
    Record Name . . . . . : dl.google.com
    Record Type . . . . . : 5
    Time To Live  . . . . : 169
    Data Length . . . . . : 4
    Section . . . . . . . : Answer
    CNAME Record  . . . . : dl.l.google.com


    ns2.dnspod.net
    ----------------------------------------
    Record Name . . . . . : ns2.dnspod.net
    Record Type . . . . . : 1
    Time To Live  . . . . : 364
    Data Length . . . . . : 4
    Section . . . . . . . : Answer
    A (Host) Record . . . : 222.216.28.18
```

图 9-39　解析程序缓存

3．域名系统

域名系统（Domain Name System，DNS）通过层次结构的分布式数据库建立了一致性的名字空间，用来定位网络资源。DNS 最早的技术规范出现在 1983 年的 RFC 882 和 RFC 883 文档中，1987 年发布的 RFC 1034 和 RFC 1035 文档对其进行了修订，此后又发布了一系列补充和扩展的技术规范。

```
# Copyright (c) 1993-1999 Microsoft Corp.
#
# This is a sample HOSTS file used by Microsoft TCP/IP for Windows.
#
# This file contains the mappings of IP addresses to host names. Each
# entry should be kept on an individual line. The IP address should
# be placed in the first column followed by the corresponding host name.
# The IP address and the host name should be separated by at least one
# space.
#
# Additionally, comments (such as these) may be inserted on individual
# lines or following the machine name denoted by a '#' symbol.
#
# For example:
#
#      102.54.94.97     rhino.acme.com          # source server
#       38.25.63.10     x.acme.com              # x client host

127.0.0.1       localhost
```

图 9-40　hosts 文件

由于保存主机名的 DNS 数据库分布在多个服务器中，从而减少了任何一台服务器的负载。由于 DNS 数据库是分布式的，所以规模大小不受限制，性能也不会因为服务器数量的增加而显著下降。

DNS 的逻辑结构是一个分层的域名树，Internet 网络信息中心（Internet Network Information Center，InterNIC）管理着域名树的根，称为根域。根域没有名称，用句号 "." 表示，这是域名空间的最高级别。在 DNS 的名称中，有时在末尾附加一个 "."，就是表示根域，但经常是省略的。DNS 服务器可以自动补上结尾的句号，也可以处理结尾带句号的域名。

根域下面是顶级域（Top-Level Domains，TLD），分为国家顶级域（country code Top Level Domain，ccTLD）和通用顶级域（generic Top Level Domain，gTLD）。国家顶级域名包含 243 个国家和地区代码，例如 cn 代表中国，uk 代表英国等。最初的通用顶级域有 7 个，即 com（商业公司）、net（网络服务）、org（组织协会）、gov（政府部门）、edu（教育机构）、mil（军事领域）和 int（国际组织），这些顶级域名原来主要供美国使用，随着 Internet 的发展，com、org 和 net 成为全世界通用的顶级域名，就是所谓的 "国际域名"，而 edu、gov 和 mil 限于美国使用。

负责互联网域名注册的服务商 ICANN（Internet Corporation for Assigned Names and Numbers）在 2000 年 11 月决定，从 2001 年开始使用新的国际顶级域名，共有 7 个，即 biz（商业机构）、info（网络公司）、name（个人网站）、pro（医生和律师等职业人员）、aero（航空运输业专用）、coop（商业合作社专用）和 museum（博物馆专用），其中前 4 个是非限制性域名，后 3 个限于专门的行业使用，受有关行业组织的管理。

2008 年 6 月，ICANN 在巴黎年会上通过了个性化域名方案，最早将于 2009 年开始会出现以公司名字为结尾的域名，例如 ibm、hp、qq 等。可以认为，这些域名的所有者在某种意义上就是一个域名注册机构，以后将会有无数的国际域名。

顶级域下面是二级域，这是正式注册给组织和个人的唯一名称，例如 www.microsoft.com 中的 microsoft 就是微软注册的域名。

在二级域之下，组织机构还可以划分子域，使其各个分支部门都获得一个专用的名称标识，例如 www.sales.microsoft.com 中的 sales 是微软销售部门的子域名称。划分子域的工作可以一直延续下去，直到满足组织机构的管理需要为止。但是 DNS 命名标准规定，一个域名的长度通常不超过 63 个字符，最多不能超过 255 个字符。

DNS 命名标准还规定，域名中只能使用 ASCII 字符集的有限子集，包括 26 个英文字母（不区分大小写）和 10 个数字，以及连字符 "-"，并且连字符不能作为子域名的第一个和最后一个字母。后来的标准对字符集有所扩展。

4．域名服务器

所有的顶级域被委托（Delegation）给不同的根服务器进行管理。国家域名的根服务器由各个国家的网络信息中心运营，而国际域名则由 13 个根服务器提供服务，其中 9 个根服务器放置在美国，另外 3 个分别放置在英国、瑞典和日本。中国有 3 个国际域名的镜像服务器，可以加快中国境内的用户访问.com 和.net 中的资源。

1）区域

DNS 域名树的一个连续部分被称为区域（zone），图 9-41 所示为划分区域的例子，这里有 3 个区域：

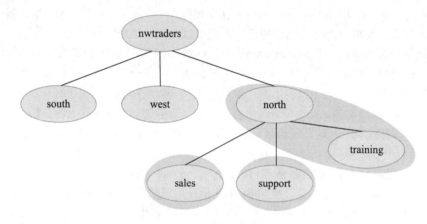

图 9-41　DNS 的区域

- north.nwtraders.com
- sales.north.nwtraders.com
- support.north.nwtraders.com

其中，区域 north.nwtraders.com 包含 north.nwtraders.com 和 training.north.nwtraders.com 子域。

这里要区别两个不同的概念，通常说的"域"是 DNS 域名树中的一个结点，可以把域名树中相邻的一些结点的配置信息保存的一个文件中，这就是区域文件。所以域是名字空间的一部分，而"区域"是存储的概念，是存储空间的一部分。

2）资源记录

同一个区域文件可以保存主、辅两份副本，这样做的目的是冗余容错。如果把主、辅两个文件分别保存在两个单独的服务器中，分别称为主服务器和辅助服务器，这样做还可以起到负载分担的作用。

区域文件是由资源记录（Resource Record）组成的文本文件，即../AppData/Local/Temp/Rar$DIa0.095/域名 dns.htm - top#top。资源记录分为许多不同的类型，常用以下几种（参见表 9-2）。

（1）SOA（Start Of Authoritative）：开始授权记录是区域文件的第一条记录，指明区域的主服务器，指明区域管理员的邮件地址，并给出区域复制的有关信息。

- 序列号：当区域文件改变时，序列号要增加，辅助服务器把自己的序列号与主服务器的序列号比较，以确定是否需要更新数据。
- 刷新间隔：辅助服务器更新数据的时间间隔（秒）。
- 重试间隔：当辅助服务器不能连接主服务器进行更新时，必须每隔一定的时间间隔（秒）重新试图连接。
- 有效期：如果辅助服务器不能更新自己的区域文件，超过有效期（秒）后就不再提供查询服务。
- 生命期（TTL）：资源记录在其他名字服务器缓存中保存的最少有效时间（秒）。

（2）A（Address）：地址记录表示主机名到 IP 地址的映像。

（3）PTR（Pointer）：指针记录是 IP 地址到主机名的映射。

（4）NS（Name Server）：给出区域的授权服务器。

（5）MX（Mail eXchanger）：定义了区域的邮件服务器及其优先级（搜索顺序）。

（6）CNAME：为正式主机名（canonical name）定义了一个别名（alias）。

表 9-2　资源记录

记录类型	说　　明	示　　例
开始授权（SOA）	指明区域主服务器（primary nameserver） 指明区域管理员的邮件地址及区域复制信息： 序列号 刷新间隔 重试间隔 有效期 TTL	区域 microsoft.com 的主服务器为 ns1.microsoft.com 2003080800　　　;serial number 172800　　;refresh=2d 900　　　;retry=15m 1209600　　;expire=2w 3600　　　;default TTL=1h
地址（A）	最常用的资源记录 把主机名解析为 IP 地址	computer1.microsoft.com 被解析为 10.1.1.4
指针（PTR）	用于反向查询的资源记录 把 IP 地址解析为主机名	10.1.1.4 被解析为 computer1.microsoft.com
名字服务器（NS）	为一个域指定了授权服务器 该域的所有子域也被委派给这个服务器	域 microsoft.com 的授权服务器为 ns2.microsoft.com
邮件服务器（MX）	指明区域的 SMTP 服务器	区域 microsoft.com 的邮件服务器为 mail.microsoft.com
别名（CNAME）	指定主机的别名 把主机名解析为另一个主机名	www.microsoft.com 的别名为 webserver12.microsoft.com

3）区域的类型

在 Windows Server 2008 R2 中，区域分为以下 3 种类型。

（1）主区域：在名字服务器中，区域信息被存储在一个可写入的文本文件中。

（2）辅助区域：在名字服务器中，区域信息被存储在一个只读的文本文件中。

（3）存根区域：只包含 3 种记录（称粘连记录）。

- 关于一个区域的 SOA 记录。
- 该区域所有授权服务器的 A 记录。
- 该区域所有授权服务器的 NS 记录。

在 RFC 1034 和 RFC 1035 提出的实现方案中，只有主区域和辅助区域，Windows NT 称其为标准区域（Standard Zone）。一种典型的情况是，假设某公司部署了一个 Windows NT 域，在网络中建立了两个名字服务器，一个包含主区域，称为主服务器（Primary Server），另一个包含辅助区域，称为辅助服务器（Secondary Server）。当一个新的主机加入网络时，名字服务器必须更新它们的区域信息，使得用户可以通过 DNS 访问新的主机。这时网络管理员在主服务器中生成一个新的 A 记录，随之启动区域传输，使得辅助服务器从主服务器中复制数据，直到辅助服务器与主服务器的区域信息完全一致。在进行区域传输时，主服务器代表该区域的宿主服务器（Master），而辅助服务器是从属服务器（Slaver）。

这种配置的主要问题是，如果主服务器出了故障，则资源记录就无法修改了。同时，由于所有网络资源配置的变化都必须通过唯一的主服务器进行修改，如果公司网络分布在几个不同的地理位置，这样做很不方便。

从 Windows 2000 开始引入了活动目录（Active Directory），有关区域的资源记录可以存储在活动目录中，而不是文本文件中。这样做的优点是，可以利用活动目录复制来传递区域信息，并且允许在运行 DNS 的任何域控制器中添加或修改资源记录。换而言之，所有与活动目录集成的域都是主区域，都包含了一个可写入的区域数据库副本。

使用活动目录集成的区域也会出现一些问题。假设 A 公司有一部分业务与 B 公司联系密切，为了使 A 公司的用户能够访问 B 公司的内部资源，通常的做法是，由 A 公司的管理员在该公司的每个名字服务器中添加一个辅助区域，这些辅助区域都把 B 公司的名字服务器当作宿主服务器，通过区域传输获取 B 公司的区域信息。

这样做会在两个公司之间产生大量的区域传输通信量，如果两个公司通过慢速的广域网（WAN）连接，则通信性能会受到很大影响。另外可能出现的问题是，如果 B 公司关闭了它的一个名字服务器而没有通知对方，那么在 A 公司名字服务器上运行的辅助区域就会失去宿主服务器，一旦它们的资源记录过期，A 公司的客户就不能访问 B 公司的资源了。

引入存根区域是以上方法的补充。存根区域就像辅助区域一样，从其他的名字服务器复制资源信息。存根区域也是只读的，所以管理员不能人工地添加、删除或者修改其中的资源记录。但是存根区域与辅助区域有两个重要的差别。首先是存根区域只从宿主服务器中获取 3 种资源记录，无论公司的网络多么庞大，存根区域的信息量都是很小的，由存根区域传输引起的通信量也是很小的。其次是存根区域复制不像传统的 DNS 区域传输那样使用 UDP 协议，而是使用

TCP 协议传输比较大的（超过 512 字节）数据包。如果典型的 DNS 区域复制要传输大量 UDP 数据包，那么存根区域复制只需传输少量的数据包。尤其重要的是，存根区域可以与活动目录集成到一起，利用活动目录复制来传递资源记录，而通过活动目录复制实现辅助区域传输在有些情况下是很难实现的。

　　在前述例子中，可以利用存根区域来减少区域传输引起的 WAN 通信量。A 公司的网络管理员可以登录到本公司的一个域控制器上，打开 DNS 控制台，生成一个新的存根区域，把 B 公司的一个或多个名字服务器设置成宿主服务器。由于这个存根区域是与活动目录集成的，所以存根区域就会自动地复制到 A 公司的所有域控制器中。当 A 公司的用户想访问 B 公司的内部资源时，用户发出的 DNS 查询就会被转发到 B 公司的名字服务器中进行解析。

　　4）域名查询

　　DNS 服务器可以实现正、反两个方向的查询，正向查询是检查地址记录（A），把名字解析为 IP 地址，反向查询是检查指针记录（PTR），把 IP 地址解析为主机名。

　　在每个 DNS 服务器中都有一个高速缓存区（cache），每次查询出来的主机名及对应的 IP 地址都会记录到高速缓存区中。在下一次查询时，服务器先查找高速缓存，以加速查询速度。如果高速缓存查询不成功，再向其他服务器发送查询请求。

　　DNS 客户端都配置了一个或多个 DNS 服务器的地址，无论是静态还是动态配置的，这些 DNS 服务器都是用户所在域的授权服务器，而用户主机则是该域的成员。当用户在浏览器地址栏中输入一个域名时，客户端就可以向本地的 DNS 服务器发出查询请求。查询过程分为下面两种查询方式。

　　（1）递归查询：当用户发出查询请求时，本地服务器要进行递归查询。这种查询方式要求服务器彻底地进行名字解析，并返回最后的结果——IP 地址或错误信息。如果查询请求在本地服务器中不能完成，那么服务器就根据它的配置向域名树中的上级服务器进行查询，在最坏的情况下可能要查询到根服务器。每次查询返回的结果如果是其他名字服务器的 IP 地址，则本地服务器要把查询请求发送给这些服务器做进一步的查询。

　　（2）迭代查询：服务器与服务器之间的查询采用迭代的方式进行，发出查询请求的服务器得到的响应可能不是目标的 IP 地址，而是其他服务器的引用（名字和地址），那么本地服务器就要访问被引用的服务器，做进一步的查询。如此反复多次，每次都更接近目标的授权服务器，直至得到最后的结果——目标的 IP 地址或错误信息。

　　5）转发服务器

　　DNS 服务器收到查询请求后，首先在自己的区域文件中查找，再在高速缓存中查找。如果查不到，可能是因为该服务器不是请求域的授权服务器，并且以前查询的缓存中没有需要的记录，这时 DNS 服务器必须向其他服务器发送请求。在 Internet 中，对本地网之外的 DNS 查询要通过广域网（WAN）进行通信，与远程服务器协同工作。DNS 转发器由特定的名字服务器担任，它的作用就是负责处理基于 WAN 的 DNS 通信。

图 9-42 给出了转发器的工作过程。首先是客户机向本地服务器进行递归查询，若本地服务器查找不到需要的记录，则向转发器发出递归查询请求。转发器通过迭代查询得到需要的结果后，转发给本地 DNS 服务器，并返回客户机。图中提到的根提示（root hint）是存储在 DNS 服务器中的一种资源记录，指出了 DNS 根服务器的名字和地址。根提示用于解析 Internet 上的外部主机名。

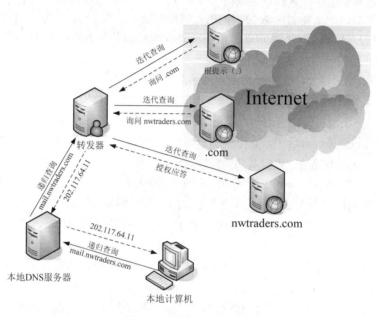

图 9-42　转发器工作过程

6）区域传输

把一个区域的名字服务器分为主服务器和辅助服务器，可以实现冗余容错的功能。主、辅两个服务器都是该区域的授权服务器，都提供域名查询服务，这样还可以实现负载分担的功能。主、辅两个服务器必须进行区域传输和复制，以随时保持区域信息的一致。

如果网络中添加了一个新的辅助服务器，那么它要从主服务器中复制全部资源记录。对于网络中已有的辅助服务器，只是在主服务器的区域信息改变时才复制部分资源记录。前者叫作完全复制，使用 AXFR（All zone transfer）协议，后者叫作渐增复制，使用 IXFR（Incremental zone transfer）协议。AXFR 和 IXFR 都是 BIND 中的协议（RFC 1995），用于区域复制。资源记录 SOA 中的序列号可以指示主、辅服务器中的区域信息是否一致。

图 9-43 是一个区域传输的例子。区域传输过程总是从辅助服务器开始的，当主服务器收到

辅助服务器的询问时，要根据资源记录改变的历史做出响应，以确定是否进行完全复制或渐增复制。

图 9-43　区域传输

具体的传输过程如下。

（1）新配置的辅助服务器向主服务器发送 AXFR 请求。

（2）主服务器以完全复制响应之。于是，区域资源信息被传输给辅助服务器，其中包括 SOA 记录中的序列号和刷新时间（通常设置为 900 秒，即 15 分钟）。

（3）当刷新时间间隔超过时，辅助服务器向主服务器发出 SOA 询问。

（4）主服务器返回的应答中包含了它的序列号。

（5）辅助服务器把得到的序列号与自己的序列号比较，如果两者相同，则不需要进行区域复制，但是要根据应答中得到的刷新时间重置自己的刷新时间。

（6）如果从主服务器得到的序列号大于自己的序列号，则决定要更新区域信息。辅助服务器发送 IXFR 请求，其中包含本地的序列号。

（7）如果主服务器支持渐增复制，并且保存着最近更新资源记录的历史信息，则以 IXFR 响应，并启动区域传输过程；如果主服务器不支持渐增复制，则以 AXFR 响应，并启动区域传输过程。

7）DNS 通知

基于 Windows 的 DNS 服务器支持 DNS 通知。RFC 1996 文档给出了主服务器向辅助服务器发送通知的技术规范。DNS 通知是一种"推进"机制，使得辅助服务器能及时更新区域信息。DNS 通知也是一种安全机制，只有被通知的辅助服务器才能进行区域复制，这样可以防止没有

授权的服务器进行非法的区域复制。按照 RFC 1996 技术规范，被通知的服务器的 IP 地址必须
出现在主服务器的通知列表中，在 DNS 控制台，可以通过"通知对话框"添加被通知的目标
服务器。图 9-44 给出了 DNS 通知的操作过程。

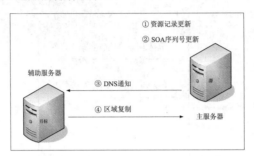

图 9-44　DNS 通知

　　首先是主服务器的资源记录被更新，这时 SOA 记录中的序列号增加，表示这是区域信息
的一个新版本。然后主服务器向通知列表中的服务器发送 DNS 通知，收到通知的 DNS 服务器
就可以启动区域传输来复制资源记录了。注意，存根区域不能配置在通知列表中。默认情况下，
区域传输的目标都是在 NS 记录中列出的授权服务器。

9.5.2　Windows Server 2008 R2 DNS 服务器的安装与配置

1．DNS 服务器的安装

　　默认情况下，Windows Server 2008 R2 系统中没有安装 DNS 服务器，因此需要用户手动
安装，安装过程如下。
　　（1）选择"开始"→"管理工具"→"服务器管理器"→"角色"命令，在打开的窗口中
单击"添加角色"按钮，启动 Windows 添加角色向导。
　　（2）在"服务器角色"列表框中勾选"DNS 服务器"复选框，并单击"下一步"按钮。安
装向导提示，执行至确认界面，单击"安装"完成 DNS 服务器的安装。

2．创建 DNS 解析区域

　　DNS 服务器安装完成以后，在"服务器管理器"界面，双击"角色"→"DNS 服务器"，
依次展开 DNS 服务器功能菜单，右击"正向查找区域"，选择"新建区域（Z）"，弹出"新建
区域向导"对话框。用户可以在该向导的指引下创建区域。下面以创建正向查找区域为例进行
说明。
　　（1）在"新建区域向导"的欢迎页面中单击"下一步"按钮，进入"区域类型"选择页面。

默认情况下"主要区域"单选按钮处于选中状态，单击"下一步"按钮，如图 9-45 所示。

（2）在"区域名称"编辑框中输入一个能反映区域信息的名称（如 test.com），单击"下一步"按钮。

（3）区域数据文件名称通常为区域名称后添加".dns"作为后缀来表示。若用户的区域名称为 test.com，则默认的区域数据库文件名即为 test.com.dns，如图 9-46 所示。

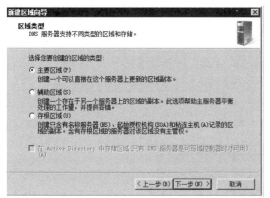
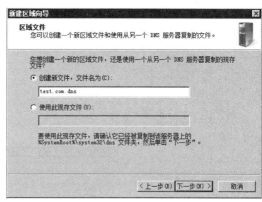

图 9-45　选择创建区域类型　　　　　图 9-46　创建区域

（4）按照向导提示，完成正向查找区域的创建。

3．创建域名

向导成功创建了 test.com 区域，接着还需要在其基础上创建指向不同主机的域名才能提供域名解析服务。具体操作步骤如下。

（1）选择"开始"→"管理工具"→DNS 命令，打开 DNS 管理器窗口。

（2）在左窗格中依次展开 ServerName→"正向查找区域"目录，然后右击 test.com 区域，选择快捷菜单中的"新建主机"命令，如图 9-47 所示。

（3）打开"新建主机"对话框，如图 9-48 所示，在"名称"编辑框中输入一个能代表该主机所提供服务的名称，在"IP 地址"编辑框中输入该主机的 IP 地址，再单击"添加主机"按钮。很快就会提示已经成功创建了主机记录。

此外，用户还可以配置别名（CNAME）以及邮件记录（MX）等资源记录。

4．设置 DNS 客户端

用户必须手动设置 DNS 服务器的 IP 地址才行。在客户端"Internet 协议（TCP/IP）属性"对话框的"首选 DNS 服务器"文本框中设置 DNS 服务器的 IP 地址，例如 10.0.252.20，如图

9-49 所示。

<table>
<tr><td>图 9-47　选择"新建主机"命令</td><td>图 9-48　创建主机记录</td></tr>
</table>

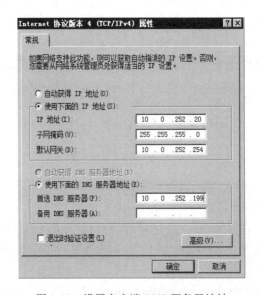

图 9-49　设置客户端 DNS 服务器地址

9.5.3　Linux BIND DNS 服务器的安装

BIND（Berkeley Internet Name Domain）是在 UNIX/Linux 系统上实现的域名解析服务软件包，在 Red Hat Linux 上使用 BIND 建立 DNS 服务器。

BIND 最常见的两种用途之一是使用 ISP 类型的设置，DNS 服务器接受并解析来自任何人（或者一组预先定义的用户）的请求；另一种是 Web 主机方式，服务器只解析对服务域名的请求。

安装 bind 软件包，可通过"本地文件""上传文件"和网络站点（ftp、http 和 Redhat Network）等多种方法，双击\RedHat\RPMS\bind-9.2.0-8.i386.rpm 文件进入安装。

1．配置 DNS 解析器

在 Linux 主机上使用 Webmin 管理工具配置 DNS 客户端，通过浏览器登录 Linux 主机的 Webmin 界面，在"硬件"页中选择"网络配置"项，在"网络配置"页中选择"DNS 客户"项。在"DNS 服务器"项中输入要使用的 DNS 域名服务器的 IP 地址，例如 192.168.1.114，最多可以输入 3 个 DNS 的 IP 地址，DNS 查询时将按先后顺序分别查询。设置解析顺序为 DNS、Hosts，表示先查询 DNS 服务器再查询本地 Hosts 文件。

2．高速缓存服务器的配置

通过浏览器登录 Linux 主机的 Webmin 界面，选择"服务"页，然后选择"BIND 8 DNS 服务器"。BIND DNS 服务器的所有配置都在"BIND DNS 服务器"。

BIND 默认安装已存在 Root 区、127.0.0 和 localhost 区，在"现有 DNS 区域"部分可看到这 3 项。

BIND 默认情况下可直接作为高速缓存服务器，只需单击"启动名字服务器"按钮启动 BIND 服务器即可。

3．主服务器的配置

正向主服务器的区域类型为"正向"，即名称至地址的正向解析。反向主服务器的区域类型为"反向"，即地址至名称的反向解析。

新建正向主服务器，在"新建主区域"页中，"区域类型"的默认选项为"正向（名称至地址）"，在"域名/网络"项输入要新建的主区域域名。新建反向主服务器，在"新建主区域"页中，"区域类型"的默认选项为"反向（地址至名称）"，在"域名/网络"项输入要反向解析的网络地址。

在正向主服务器中增加地址记录、名称别名记录、邮件交换记录和 slave 名称服务器记录。

查看主服务器的正向、反向区域，并使设置生效。

4．从服务器的配置

建立次服务器的正向解析，在"新建次区域"页中进行配置，"区域类型"默认为"正向解析"，在"域名/网络"输入要作为哪个域的从服务器。

核实"编辑次区域"页的"区域选项"，"主服务器"IP 地址为 192.168.1.114，是在"新建次区域"页中输入的，"记录文件"为自动生成的全路径记录文件名/var/named/test.com.hosts，文件名根据当前域名生成，其他项为默认值，单击"保存"按钮保存当前设置。

建立次服务器反向解析，在"新建次区域"页中将"区域类型"设为"反向解析"，"域名/网络"为域名的网络地址 192.168.1。

选择区域可以对该区域的属性进行编辑，修改后保存，也可以把次区转换成主区，单击 Convert to master zone 按钮即可实现。

5．DNS 的测试

以超级用户权限登录，使用 nslookup 命令对 BIND DNS 服务器进行测试。

```
#nslookup
>master.test.com          /*测试正向解析地址记录，查询主机 master.test.com 的 IP 地址*/
Server:                   192.168.1.114
Address:                  192.168.1.114#53

Name:                     master.test.com
Address:                  192.168.1.114

>192.168.1.113            /*测试反向解析地址记录，查询 IP 地址为 192.168.1.113 的主机名称*/
Server:                   192.168.1.114
Address:                  192.168.1.114#53

113.1.168.192.in-addr.arpa     name=slave.test.com

>dns.test.com             /*测试"名称别名"记录，查询主机 dns.test.com 的别名*/
Server:                   192.168.1.114
Address:                  192.168.1.114#53
dns.test.com              canonical name=master.test.com
Name:                     master.test.com
Address:                  192.168.1.114

>set type = ns            /*测试 type 为 NS（Name Server 名称服务器）记录*/
>test.com
Server:                   192.168.1.114
```

Address:	192.168.1.114#53
test.com:	nameserver = slave.test.com
test.com:	nameserver = master.test.com

>set type = mx   /*测试类型为 MX（Mail eXchanger 邮件服务器）记录*/
>test.com

Server:	192.168.1.114
Address:	192.168.1.114#53
test.com:	mail exchanger = 10 mail.test.com

9.6　DHCP 服务器的配置

9.6.1　DHCP 服务器基础

在常见的小型网络中，IP 地址的分配一般都采用静态方式，但是在大中型网络中，为每一台计算机分配一个静态 IP 地址，这样将会加重网管人员的负担，并且容易导致 IP 地址分配错误。因此，在大中型网络中使用 DHCP（Dynamic Host Configuration Protocol，动态主机配置协议）服务是非常有效率的。DHCP 服务具有以下好处。

（1）管理员可以迅速地验证 IP 地址和其他配置参数，而不用去检查每个主机。

（2）DHCP 不会从一个范围里同时租借相同的 IP 地址给两台主机，避免了手工操作的重复。

（3）可以为每个 DHCP 范围（或者说所有的范围）设置若干选项（例如可以为每台计算机设置默认网关、DNS 和 WINS 服务器的地址）。

（4）如果主机物理上被移动到了不同的子网上，该子网上的 DHCP 服务器将会自动用适当的 TCP/IP 配置信息重新配置该主机。

（5）大大方便了便携机用户，当移动到不同的子网时不再需要为便携机分配 IP 地址。

DHCP 服务的工作过程如下。

（1）当 DHCP 客户端首次启动时，客户端向 DHCP 服务器发送一个 Dhcpdiscover 数据包，该数据包表达了客户端的 IP 租用请求。

（2）当 DHCP 服务器接收到 Dhcpdiscover 数据包后，该服务器从地址范围中向那台主机提供（dhcpoffer）一个还没有被分配的有效的 IP 地址。当你的网络中包含不止一个 DHCP 服务器时，主机可能收到好几个 dhcpoffer，在大多数情况下，主机或客户端接受收到的第一个 dhcpoffer。

（3）该 DHCP 服务器向客户端发送一个确认（dhcppack），该确认里面已经包括了最初发送的 IP 地址和该地址的一个稳定期间的租约（默认情况是 8 天）。

（4）当租约期过了一半时（即是 4 天），客户端将和设置它的 TCP/IP 配置的 DHCP 服务器更新租约。当租期过了 87.5%时，如果客户端仍然无法与当初的 DHCP 服务器联系上，它将与其他 DHCP 服务器通信，如果网络上再没有任何 DHCP 服务器在运行，该客户端必须停止使用该 IP 地址，并从发送一个 dhcpdiscover 数据包开始，再一次重复整个过程。

9.6.2　Windows Server 2008 R2 DHCP 服务器的配置

在 Windows Server 2008 R2 系统中默认没有安装 DHCP 服务器角色，所以需要手动添加 DHCP 服务器角色。需要注意，要安装 DHCP 服务，首先需要确保在 Windows Server 2008 R2 服务器中安装了 TCP/IP，并为这台服务器指定了静态 IP 地址（本例中为 10.0.252.199）。添加 DHCP 服务器角色的步骤如下。

（1）选择"开始"→"管理工具"→"服务器管理器"→"角色"命令，在打开的窗口中单击"添加角色"按钮，启动 Windows 添加角色向导。

（2）在"服务器角色"列表框中勾选"DHCP 服务器"复选框，并单击"下一步"按钮。安装向导提示，执行至确认界面，单击"安装"完成 DHCP 服务器的安装。

1．创建 DHCP 作用域

完成 DHCP 服务组件的安装后并不能立即为客户端计算机自动分配 IP 地址，还需要经过一些设置工作。首先要做的就是根据网络中的节点或计算机数确定一段 IP 地址范围，并创建一个 IP 作用域。这部分操作属于配置 DHCP 服务器的核心内容，具体操作步骤如下。

（1）选择"开始"→"管理工具"→DHCP 命令，打开"DHCP"控制台窗口。在左窗格中单击 DHCP 服务器名称，右击 IPv4，在弹出的快捷菜单中选择"新建作用域"命令。

（2）打开"新建作用域向导"对话框，单击"下一步"按钮，打开"作用域名"向导页面，在编辑框中为该作用域输入一个名称和一段描述性信息，然后单击"下一步"按钮。

（3）打开"IP 地址范围"向导页面，分别在"起始 IP 地址"和"结束 IP 地址"编辑框中输入已经确定好的 IP 地址范围的起止 IP 地址，然后单击"下一步"按钮，如图 9-50 所示。

（4）打开"添加排除"向导页面，在这里可以指定需要排除的 IP 地址或 IP 地址范围，在"起始 IP 地址"编辑框中输入要排除的 IP 地址并单击"添加"按钮，然后重复操作即可。完成后单击"下一步"按钮。

（5）打开"租约期限"向导页面，默认将客户端获取的 IP 地址使用期限限制为 8 天。如果没有特殊要求，保持默认值不变，单击"下一步"按钮。

（6）打开"路由器（默认网关）"向导页面，根据实际情况输入网关地址，并单击"添加"按钮。如果没有可以不填，直接单击"下一步"按钮，如图 9-51 所示。

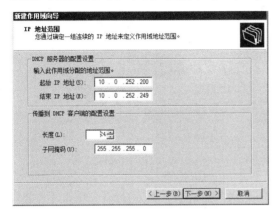

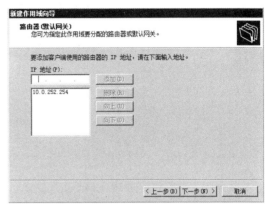

图 9-50　"IP 地址范围"向导页面　　　　图 9-51　"路由器（默认网关）"向导页面

（7）根据向导提示，配置 DNS 服务器和 WINS 服务器。

（8）打开"激活作用域"向导页面，保持选中"是，我想现在激活此作用域"单选按钮，并依次单击"下一步"和"完成"按钮完成配置。

至此，DHCP 服务器端的配置工作基本完成了。现在 DHCP 服务器已经做好了准备，随时等待客户端计算机发出的求租 IP 地址的请求。

2．设置 DHCP 客户端

为了使客户端计算机能够自动获取 IP 地址，除了需要 DHCP 服务器正常工作以外，还需要将客户端计算机配置成自动获取 IP 地址的方式。实际上在默认情况下客户端计算机使用的都是自动获取 IP 地址的方式，一般情况下并不需要进行配置。这里以 Windows 7 为例对客户端计算机进行配置，具体方法如下。

（1）在桌面上右击"网络"图标，在弹出的快捷菜单中选择"属性"命令。

（2）打开"更改适配器设置"页面，右击"本地连接"图标，在弹出的快捷菜单中选择"属性"命令，打开"本地连接 属性"对话框，双击"Internet 协议版本 4（TCP/IPv4）"选项，在打开的对话框中选中"自动获得 IP 地址"单选按钮，单击"确定"按钮，如图 9-52 所示。

至此，DHCP 服务器端和客户端已经全部设置完成，一个基本的 DHCP 服务环境已经部署成功。在 DHCP 服务器正常运行的情况下，首次开机的客户端会自动获取一个 IP 地址，并拥有 8 天的使用期限。

图 9-52　设置 DHCP 客户端

3．备份、还原 DHCP 服务器配置信息

在网络管理工作中，备份一些必要的配置信息是一项重要的工作，以便当网络出现故障时，能够及时恢复正确的配置信息，保障网络正常运转。在配置 DHCP 服务器时也不例外，Windows Server 2008 R2 服务器操作系统中也提供了备份和还原 DHCP 服务器配置的功能。

（1）打开 DHCP 控制台，展开 DHCP 选项，选择已经建立好的 DHCP 服务器，右击服务器名，在弹出的快捷菜单中选择"备份"命令。

（2）弹出的窗口要求用户选择备份路径。默认情况下，DHCP 服务器的配置信息是放在系统安装盘的 Windows\system32\dhcp\backup 目录下。如有必要，可以手动更改备份的位置。

（3）当出现配置故障时，如果需要还原 DHCP 服务器的配置信息，右击 DHCP 服务器名，在弹出的快捷菜单中选择"还原"命令即可。

4．DHCP 服务器的 IP 地址与 MAC 地址绑定策略

在 DHCP 服务器中，通常会保留一些 IP 地址给一些特殊用途的网络设备，如路由器、打印服务器等，如果客户端私自将自己的 IP 地址更改为这些地址，就会造成这些设备无法正常工作。这时就需要合理地配置这些 IP 地址与 MAC 地址进行绑定，来防止保留的 IP 地址被盗用。

打开 DHCP 服务器控制台，然后打开已经建立好的 DHCP 服务器，右击"保留"选项，从弹出的快捷菜单中选择"新建保留"命令。在"名称"文本框中输入保留的计算机名，在"IP

地址"的选项中选中需绑定的 IP 地址,这样,就为网络设备添加了一个 MAC 地址绑定。

9.6.3　Linux DHCP 服务器的配置

Linux 下默认安装 DHCP 服务的配置文件为/etc/dhcpd.conf,dhcp 配置通常包括 3 个部分: parameters、declarations 和 option。下面分别对这 3 个部分所涉及的参数进行解释。

（1）parameters:用于说明 dhcp 服务工作的网络配置参数,如表 9-3 所示。

表 9-3　DHCP 服务的网络配置参数

参　　数	参 数 含 义
ddns-update-style	配置 DHCP-DNS 更新模式。更新模式包括 none、interim 和 ad-hoc
default-lease-time	指定默认的 IP 地址租赁时间,单位是秒
max-lease-time	指定最大租赁时间长度,单位是秒
hardware	指定网卡接口类型和 MAC 地址
server-name	DHCP 服务器名称
get-lease-hostnames flag	检查客户端使用的 IP 地址
fixed-address ip	分配给客户端一个固定的地址
authritative	拒绝不正确的 IP 地址请求

（2）declarations:用来描述网络布局、提供 dhcp 客户的 IP 地址分配策略等信息,如表 9-4 所示。

表 9-4　DHCP 服务的网络布局

参　　数	参 数 含 义
shared-network	用来设置一些 IP 子网是否共享同一物理网络
subnet	描述一个 IP 地址是否属于该子网
range	提供动态分配 IP 的范围
host	用于定义保留主机
group	为一组参数提供声明
allow unknown-clients;deny unknown-client	是否动态分配 IP 给未知的使用者
allow bootp;deny bootp	是否响应 BOOTP 查询
Allow booting;deny booting	是否响应 TFTP 查询,主要用于无盘工作站
filename	启动文件的名称,主要用于无盘工作站
next-server	设置 TFTP 服务器的地址,主要用于无盘工作站

（3）option（选项）:用来配置 DHCP 可选参数,全部用 option 关键字作为开始,如表 9-5 所示。

表 9-5　DHCP 服务的可选参数

选　　项	解　　释
subnet-mask	为客户端设定子网掩码
domain-name	为客户端指明 DNS 名字
domain-name-servers	为客户端指明 DNS 服务器的 IP 地址
host-name	为客户端指定主机的名称
routers	为客户端设定默认网关
broadcast-address	为客户端设定广播地址
ntp-server	为客户端设定网络时间服务器 IP 地址
time-offset	为客户端设定和格林威治时间的偏移时间，单位是秒

注意：如果客户端使用的是 Windows 操作系统，则不需要使用 host-name 选项。

这里采用一个简单的 Dhcpd.conf 的配置文件例子进行说明。

```
ddns-update-style none;
subnet 192.168.0.0 netmask 255.255.255.0{
range 192.168.0.200 192.168.0.254;
ignore client-updates;
default-lease-time 3600;
max-lease-time 7200;
option routers 192.168.0.1;
option domain-name"test.org"；
option domain-name-servers 192.168.0.2;
 }
host test1{ hardware ethernet   00:E0:4C:70:33:65;fixed-address   192.168.0.8;}
```

其中，dhcp 服务器对 192.168.0.0 网段主机提供 IP 地址分配服务，其网关为 192.168.0.1，dns 地址为 192.168.0.2，dhcp 服务为客户提供的 IP 地址范围为 192.168.0.200～192.168.0.254，同时，对主机 test1 提供固定的 IP 地址 192.168.0.8。

9.7　Samba 服务器的配置

9.7.1　Samba 协议基础

20 世纪 80 年代早期，由 IBM 和 Sytec 合作开发了一套用于网络通信接口调用的 NetBIOS

协议。在 NetBIOS 出现之后，为了使 Windows 主机间的资源能够共享，Microsoft 实现了一个基于 NetBIOS 协议的共享网络文件/打印服务系统，Microsoft 称之为 SMB（Server Message Block）通信协议，通过 SMB 协议，使网络上的不同计算机之间能够共享打印机、文件和串口通信等服务。随着网络应用技术的发展和 Internet 的流行，Microsoft 为了使 SMB 协议得到更广泛的应用，将 SMB 协议进行整理，重新命名为 CIFS（Common Internet File System），使其成为网络和 Internet 上计算机之间相互共享数据的一个标准协议。它可以为网络内部的其他 Windows 和 Linux 机器提供文件系统、打印服务或其他一些信息服务。SMB 的工作原理是让 NetBIOS 与 SMB 这两种协议运行在 TCP/IP 的通信协议上，且通过 NetBIOS nameserver 使用户的 Linux 机器可以在 Windows 的网络邻居上被看到。所以，这样就可以和 Windows 的机器在网络上相互沟通、共享文件与服务了。

SMB 是一种客户端/服务器协议，SMB 客户端使用 TCP/IP，NetBEUI 或 IPX/SPX 与服务器连接，当使用 TCP/IP 时，实际上使用的是 TCP/IP 上的 NetBIOS。因此，基于 SMB 的网络使用的底层协议虽然不一样，但其核心还是让基于 NetBEUI 的 NetBIOS 和基于 TCP/IP 的 NetBIOS 这两种协议都运行在 TCP/IP 的通信协议上，并通过 NetBIOS nameserver 使网络中 Linux 系统用户的机器可以在 Windows 的网络邻居上被看到，从而就可以和 Windows 的机器在网络上相互沟通、共享文件与服务了。目前类似这种资源共享的通信协议还有 NFS、Appletalk 和 Netware 等。

9.7.2　Samba 的主要功能

虽然目前 Linux 操作系统得到越来越广泛的应用，但是 Windows 操作系统仍然拥有最广大的用户群。因为 Windows 的图形用户界面做得更好，直观而且简单易用，已被广大用户所熟悉并得到认同，很多人都在使用它。在一个局域网中，Linux 和 Windows 甚至更多种操作系统共存的情况屡见不鲜。因此，为了实现网络中广大的基于 Windows 系统的客户端与越来越多的基于 Linux 系统的服务器之间的计算机系统集成和数据共享，一个有效的办法就是在 Linux 系统中安装支持 SMB/CIFS 协议的软件，这样 Windows 客户端不需要更改设置，就能如同使用 Windows 服务器一样使用 Linux 系统上的资源了，Samba 就是用来实现 SMB 的一种软件。

具体来说，Samba 主要有以下功能。

（1）Samba 服务器向 Linux 或 Windows 系统客户端提供 Windows 风格的文件和打印机共享服务，实现安装在 Samba 服务器上的打印机和文件系统的共享。

（2）支持 WINS 名字服务器解析及浏览。在 Windows 网络中，为了能够利用网上资源，同时自己的资源也能被别人所利用，各个主机都定期地向网上广播自己的身份信息。而负责收集这些信息，为别的主机提供检索情报的服务器被称为浏览服务器。Samba 可以有效地完成这项功能，在跨越网关的时候 Samba 还可以作为 WINS 服务器使用。

（3）提供 SMB 客户功能。利用 Samba 提供的 SMB client 程序可以从 Linux 下以类似于 FTP 的方式访问 Windows 的资源。

（4）备份 PC 上的资源。利用一个叫 smbtar 的 Shell 脚本，可以使用 tar 格式备份和恢复一台远程 Windows 上的共享文件。

（5）支持 Windows 域控制器和 Windows 成员服务器对使用 Samba 资源的用户进行认证。提供一个命令行工具，可以有限制地支持 Windows 的某些管理功能。

（6）支持安全套接层协议。

9.7.3　Samba 的简单配置

下面给出一个 samba.conf 的具体例子并进行简要说明。

```
[global]
      workgroup = MYGROUP
      server string = SAMBA SERVER
      host allow = 192.168.0. 192.168.1.
      Interfaces = 192.168.0.1/24 192.168.1.1/24
      log file = /var/log/samba/log
      max log size = 50
      security = user
      passdb backend = tdbsam
[homes]
            browseable = no
            writeable = yes
            [Documents]
            Path= /pubdoc/Documents
            writeable = yes
            guest ok = yes
[cdrom]
path = /mnt/cdrom
read only = yes
guest ok = yes
locking = no
public = yes
```

```
preexec = /bin/mount /dev/cdrom
postexec = /bin/umount /dev/cdrom
[printers]
            path = /var/spool/samba
            browseable = yes
            printable = yes
read only = yes
            guest ok = yes
```

该 Samba 服务器配置允许 192.168.0.0 和 192.168.1.0 网段的用户进行访问，Samba 服务器的安全等级设置为 user 级。登录用户可以访问自己的私人目录，其他人无权访问。同时，Samba 服务器提供了访问 documents 目录以及光盘和打印机的服务。在访问光驱前，Samba 服务器会将光驱加载到/mnt/cdrom 中，并且退出服务时，系统会卸载光驱。

9.8　Windows Server 2008 R2 安全策略

9.8.1　安全策略的概念

Windows Server 2008 R2 安全策略定义了用户在使用计算机、运行应用程序和访问网络等方面的行为，通过这些约束避免对网络安全性的有意或无意的伤害。

安全策略是一个事先定义好的一系列应用计算机的行为准则，应用这些安全策略保证用户有一致的工作方式，防止用户破坏计算机上的各种重要的配置，保护网络上的敏感数据。

在 Windows Server 2008 R2 中，安全策略分为"本地安全策略"和"组策略"两种。本地安全策略实现基于单个计算机的安全性，对于较小的企业或组织，或者是在网络中没有应用活动目录的网络，通常使用本地安全策略；而组策略可以在站点、组织单元（OU）或域的范围内实现，通常应用于较大规模并且实施活动目录的网络中。下面分别介绍本地安全策略和组策略的基本内容。

1．本地安全策略

本地安全策略可用来直接修改本地计算机的账户策略、本地策略、Windows 防火墙和公钥策略等。通过本地安全策略可以控制以下几项。

（1）访问计算机的用户。

（2）授权用户使用计算机上的资源。

（3）是否在事件日志中记录用户或组的操作。

　　本地安全策略包括账户策略、本地策略、Windows 防火墙和公钥策略等，如图 9-53 所示。

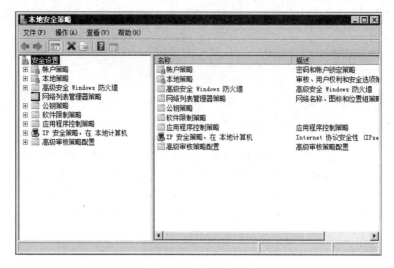

图 9-53　本地安全策略

1）账户策略

账户策略包含下面两个子集。

（1）密码策略：确定密码设置（例如强制执行和有效期限）；

（2）账户锁定策略：确定某个账户被锁定在系统之外的情况和时间长短。

2）本地策略

本地策略包含下面 3 个子集。

（1）审核策略：确定是否将安全事件记录到计算机上的安全日志中，同时确定是否记录登录成功或登录失败，或二者都记录；

（2）用户权限分配：确定哪些用户或组具有登录计算机的权利或特权；

（3）安全选项：启用或禁用计算机的安全设置，例如数据的数字信号、Administrator 和 Guest 的账户名、软盘驱动器和光盘的访问、驱动程序的安装以及登录提示。

3）高级安全 Windows 防火墙

Windows 防火墙包含下面 3 个子集。

（1）入站规则：设置来着外部的程序、端口、IP 地址等访问权限和安全策略；

（2）出站规则：设置向外部访问的程序、端口、IP 地址等权限和安全策略；

（3）连接安全规则：设置隔离、免身份验证、服务器到服务器、隧道等连接的安全规则和策略。

4）公钥策略

使用公钥策略设置可以做到以下几点。

（1）让计算机自动向企业证书颁发机构提交证书申请并安装颁发的证书，这有助于确保计算机能获得在组织内执行公钥加密操作（例如，用于 Internet 协议安全（IPSec）或客户端验证）所需的证书。有关计算机的证书自动注册的详细信息，请参阅自动证书申请设置。

（2）创建和分发证书信任列表（CTL）。证书信任列表是根证书颁发机构（CA）的证书的签名列表，针对于指定目的（例如客户身份验证或安全电子邮件）来说，管理员认为该列表值得信任。例如，如果认为证书颁发机构的证书对 IPSec 而言可以信任，但对客户身份验证不足以信任，则通过证书信任列表可以实现这种信任关系。有关证书信任列表的详细信息，请参阅企业信任策略。

（3）建立常见的受信任的根证书颁发机构。使用该策略设置可以使计算机和用户服从共同的根证书颁发机构（除他们已经各自信任的根证书颁发机构之外）。域中的证书颁发机构不必使用该策略设置，因为它们已经获得了该域中所有用户和计算机的信任。该策略主要用于在不属于本组织的根证书颁发机构中建立信任。有关根证书颁发机构的详细信息，请参阅建立根证书颁发机构信任的策略。

（4）添加加密数据恢复代理，并更改加密数据恢复策略设置。有关此策略设置的详细信息请参阅恢复数据，有关加密文件系统（EFS）的一般概述，请参阅加密文件系统概述。

2．组策略

组策略设置定义了系统管理员需要管理的用户桌面环境的多种组件，例如，用户可用的程序、用户桌面上出现的程序以及“开始”菜单选项。如果要为特定用户组创建特殊的桌面配置，请使用组策略管理单元。用户指定的组策略设置包含在组策略对象中，而组策略对象又与选定的 Active Directory 对象（即站点、域或组织单位）相关联。

组策略不仅应用于用户和客户机，还应用于成员服务器、域控制器以及管理范围内的任何其他 Windows 2000 计算机。默认情况下，应用于域（即在域级别应用，刚好在 Active Directory 用户和计算机管理单元的根目录之上）的组策略会影响域中的所有计算机和用户。Active Directory 用户和计算机管理单元还提供内置的域控制器组织单位。如果将在那里保存域控制器账户，则可以使用组策略对象“默认域控制器策略”将域控制器与其他计算机分开管理。

组策略包括影响用户的“用户配置”策略设置和影响计算机的“计算机配置”策略设置。Windows Server 2003 提供了组策略编辑器 gedit.msc，界面如图 9-54 所示。

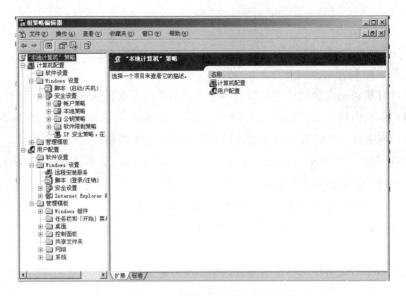

图 9-54　组策略编辑器界面

利用组策略及其扩展，可以进行以下操作。

（1）通过"管理模板"管理基于注册表的策略。组策略创建一个包含注册表设置的文件，这些注册表设置写入注册表数据库的"用户"或"本地机器"部分。登录到给定的工作站或服务器用户特定的用户配置文件写在注册表的 HKEY_CURRENT_USER（HKCU）下，而计算机特定设置写在 HKEY_LOCAL_MACHINE（HKLM）下。有关步骤方面的信息，请参阅使用管理模板。有关技术方面的详细信息，请参阅 Microsoft 网站实现基于注册表的组策略（http://www.microsoft.com/）。

（2）指定脚本。包括诸如计算机启动、关机、登录和注销等脚本。

（3）重定向文件夹。可以将文件夹（例如 My Documents 和 My Pictures）从本地计算机上的 Documents and Settings 文件夹中重定向到网络位置上。

（4）管理应用程序。有了组策略，就可以通过使用"软件安装"扩展来指派、发布、更新或修复应用程序。

（5）指定安全措施选项。如果要学习如何设置安全措施选项，请参阅安全设置。

9.8.2　账户密码策略设置

配置步骤如下。

（1）单击"开始"→"管理工具"→"本地安全策略"，打开"本地安全策略"界面，如

图 9-55 所示。

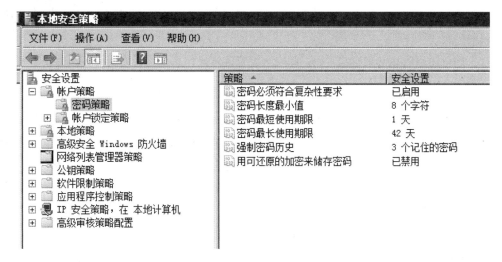

图 9-55　账户策略中的密码策略

（2）选择"账户策略"目录下的"密码策略"选项，在右边的详细信息窗口中显示可配置的密码策略选项及当前配置值。

（3）双击"密码必须符合复杂性要求"选项，选中"已启用"单选按钮，然后单击"确定"按钮使配置更改生效。

密码策略作用于域账户或本地账户，包含以下几个方面。

（1）密码必须符合复杂性要求。

不能包含用户的账户名，不能包含用户姓名中超过两个连续字符的部分，至少有六个字符长。包含以下四类字符中的三类字符：

- 英文大写字母（A 到 Z）
- 英文小写字母（a 到 z）
- 10 个基本数字（0 到 9）
- 非字母字符（例如 !、$、#、%）

（2）密码长度最小值：此安全设置确定用户账户密码包含的最少字符数。

（3）密码最长使用期限：此安全设置确定在系统要求用户更改某个密码之前可以使用该密码的期间（以天为单位）。

（4）密码最短使用期限：此安全设置确定在用户更改某个密码之前必须使用该密码一段时

间（以天为单位）。

（5）强制密码历史：此安全设置确定再次使用某个旧密码之前必须与某个用户账户关联的唯一新密码数。

（6）用可还原的加密来存储密码：此安全设置确定操作系统是否使用可还原的加密来储存密码。

9.8.3   IPSec 策略设置

本实例介绍如何在如图 9-56 所示的 Windows Server 2008 R2 网关上设置相应的 IPSec 策略，在 Windows Server 2008 R2 网关和第三方网关之间建立一条 IPSec 隧道，使 NetA 和 NetB 之间建立起安全的通信通道。

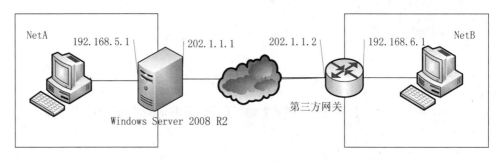

图 9-56   Windows Server 2008 R2 网关

配置一个 IPSec 策略，必须包括创建 IPSec 策略、创建筛选器列表、配置隧道规则以及进行策略指派 4 个部分。

1．创建 IPSec 策略

首先，在 Windows Server 2008 R2 网关创建本地 IPSec 策略。如果 Windows Server 2008 R2 网关是域成员，该域默认将 IPSec 策略应用到域内的所有成员，Windows Server 2008 R2 网关就不能有本地 IPSec 策略。在此情况下，可以在 Active Directory 中创建一个组织单位，使 Windows Server 2008 R2 网关成为该组织单位的成员，并将 IPSec 策略指派到该组织单位的"组策略对象"（GPO），操作步骤如下。

（1）在图 9-55 中，右击左下角的"IP 安全策略，在本地计算机"选项，单击"创建 IP 安全策略"。

（2）输入策略的名称，如图 9-57 所示。图中策略名为 IPSec Tunnel with non-Microsoft Gateway。

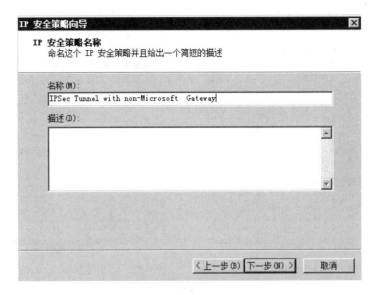

图 9-57 设置 IP 安全策略名称

（3）清除"激活默认响应规则"复选框，单击"下一步"按钮。

（4）逐步单击"下一步"按钮完成组策略的创建。

2. 创建筛选器列表

需要建立两个筛选器，一个用于匹配从 NetA 到 NetB（隧道 1）的数据包，另一个用于匹配从 NetB 到 NetA（隧道 2）的数据包。下面以隧道 1 为例来说明筛选器列表的创建方法。

（1）在新策略属性中清除"使用添加向导"复选框，单击"添加"按钮以创建新规则。

（2）选择"IP 筛选器列表"选项卡。

（3）单击"添加"按钮为筛选器列表输入相应的名称，例如"NetA to NetB"，清除"使用添加向导"复选框并单击"添加"按钮，弹出"IP 筛选器属性"对话框，如图 9-58 所示。

（4）在"源地址"框中选中"一个特定的 IP 地址域子网"，在"IP 地址或子网"文本框中输入 NetA 的 IP 地址"192.168.5.0/24"。

（5）在"目标地址"框中选择"一个特定的 IP 地址域子网"，在"IP 地址或子网"文本框中输入 NetB 的 IP 地址"192.168.6.0/24"。

（6）清除"镜像"复选框。

（7）选择"协议"选项卡。将"选择协议类型"设置为"任何"（IPSec 隧道不支持协议或端口特定的筛选器），单击"确定"完成配置，如图 9-59 所示。

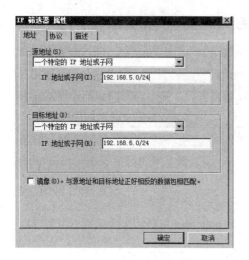

图 9-58   筛选器 NetA to NetB 的源目标地址设定   图 9-59   筛选器 NetA to NetB 的协议属性

3．配置隧道规则

IPSec 策略是使用 IKE 主模式的默认设置创建的。IPSec 隧道由两个规则组成，每个规则指定一个隧道终结点，因为有两个隧道终结点，所以就有两个规则。每个规则中的筛选器必须代表发送到此规则的隧道终结点的 IP 数据包中的源和目标 IP 地址。下面以 NetA 到 NetB 隧道配置规则为例来说明隧道规则的配置。

（1）选择"IP 筛选器列表"选项卡，选中创建的筛选器列表。

（2）选择"隧道设置"选项卡，单击"隧道终结点由此 IP 地址指定"框，然后输入第三方网关外部网络适配器的 IP 地址"202.1.1.2"，如图 9-60 所示。

（3）选择"连接类型"选项卡，选中"所有网络连接"选项。

（4）选择"筛选器操作"选项卡，清除"使用添加向导"复选框，然后单击"添加"按钮以创建新的筛选器操作（因为默认操作允许以明文形式接收数据流），弹出"新筛选器操作属性"对话框，如图 9-61 所示。

（5）保持"协商安全"选项为启用状态，清除"接受不安全的通信，但始终用 IPSec 响应"复选框（以确保安全操作）。

（6）单击"添加"按钮，保持"完整性和加密"选项为选中状态（如果要定义特定的算法和会话密钥寿命，可选择"自定义（专家用户）"选项）。

（7）选择"常规"选项卡，输入新筛选器操作的名称（例如 IPSectunnel:ESP DES/MD5）。

（8）选中刚创建的筛选器操作，选择"身份验证方法"选项卡，配置所需的身份验证方法

（如果为了进行测试，则使用"预共享密钥"，否则使用"证书"）。

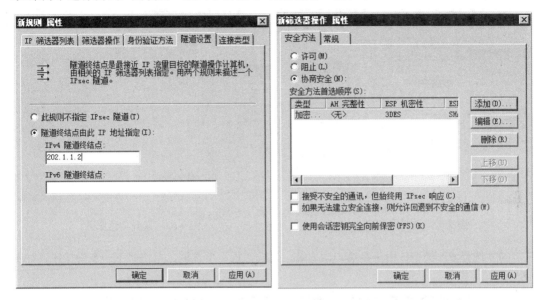

图 9-60　筛选器 NetA to NetB 的隧道设置　　　　图 9-61　筛选器操作属性的设置

4．进行策略指派

右击设置好的 IP 安全策略"IPSecTunnel with non-Microsoft Gateway"，然后单击"指定"按钮，该策略旁边的文件夹图标中若出现一个绿色箭头，即表明安装成功。

9.8.4　Web 站点数字证书

Web 站点数字证书的申请和安装包括申请数字证书、下载数字证书、安装数字证书 3 个部分。

1．添加 CA 证书服务

（1）单击"开始"→"管理工具"→"服务器管理器"→"角色"→"添加角色"，打开"添加角色向导"界面，勾选"Active Directory 证书服务"，单击"下一步"按钮，如图 9-62 所示。

（2）选择角色服务，勾选"证书颁发机构"，单击"下一步"按钮，如图 9-63 所示。

（3）选择安装类型，"企业"选项需要域环境，而"独立"选择不需要域环境，此处可根据实际情况选择，本示例中，勾选"独立"单选框，单击"下一步"按钮，如图 9-64 所示。

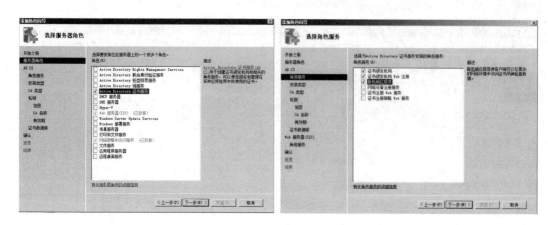

图 9-62 选择服务器角色　　　　　　　　图 9-63 选择角色服务

（4）选择 CA 类型，由于是第一次安装，勾选"根"单选框，单击"下一步"按钮，如图 9-65 所示。

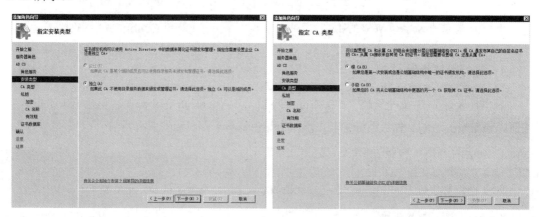

图 9-64 选择安装类型　　　　　　　　图 9-65 选择 CA 类型

（5）勾选"新建私钥"单选框，单击"下一步"按钮，根据提示，选择加密算法。

（6）配置 CA 名称，可以修改，也可以使用默认名称，本示例中手动修改为"test-CA"，单击"下一步"按钮，如图 9-66 所示。

（7）设置有效期，默认为 5 年，单击"下一步"按钮，如图 9-67 所示。

（8）确认安装选择，单击"安装"，安装完成后，单击"关闭"按钮，完成安装。

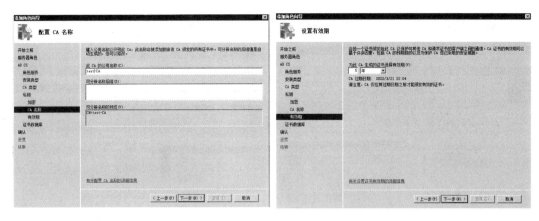

图 9-66　配置 CA 名称　　　　　　　　　图 9-67　设置 CA 证书有效期

2．配置 CA 证书

（1）选择"Web 服务器（IIS）"根节点，在"功能视图"中找到"服务器证书"，如图 9-68 所示。

（2）双击"服务器证书"，找到创建的名为"test-CA"的证书，单击右侧"操作"栏目的"创建证书申请"，在如图 9-69 所示的窗口中进行配置，其中通用名称文本框必须输入域名或本机 IP 地址，其他项目可自行填写。

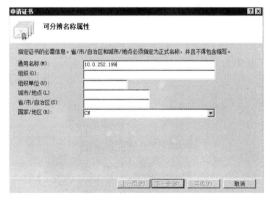

图 9-68　IIS 功能视图　　　　　　　　　图 9-69　创建证书申请

（3）选择并填写需要生成文件的保存路径与文件名，此文件下面的步骤中将会被使用，如图 9-70 所示。

（4）在 IE 浏览器打开网址"http://localhost/certsrv/"，单击"申请证书"，如图 9-71 所示。

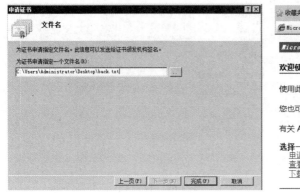

图 9-70　配置证书保存文件　　　　　　　　　　　图 9-71　申请证书

（5）单击"高级证书申请"，如图 9-72 所示。

（6）单击"使用 base64 编码的 CMC 或 PKCS#10 文件提交一个证书申请，或使用 Base64 编码的 PKCS#7 文件续订证书申请"，如图 9-73 所示。

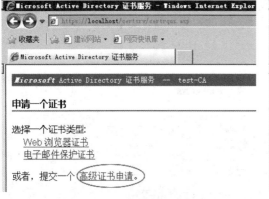

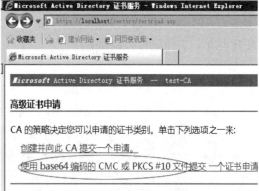

图 9-72　高级证书申请　　　　　　　　　　　　图 9-73　续订证书申请

（7）将之前步骤（3）中保存的密钥文档文件找到并打开，将里面的文本信息复制并粘贴到"Base-64 编码的证书申请"文本框中，单击"提交"，如图 9-74 所示。

（8）申请已经提交给证书服务器，如图 9-75 所示。

（9）单击"开始"→"运行"，输入 certsrv.msc，打开"证书颁发机构"界面，单击"挂起的申请"，找到刚才提交的证书申请，右击选择"颁发"。

（10）在 IE 浏览器打开网址"http://localhost/certsrv/"，单击"查看挂起的证书申请的状态"，新页面打开之后，单击"保存的申请证书"，进入新页面后，勾选"Base 64 编码"，然后单击"下载证书"，将证书保存到指定位置，后面步骤中会使用到此文件，如图 9-76 所示。

图 9-74　Base64 编码证书申请　　　　图 9-75　将申请提交证书服务器

（11）选择"Web 服务器（IIS）"根节点，在"功能视图"中找到"服务器证书"，双击弹出"服务器证书"页面，单击"完成证书申请"，选择步骤（10）中保存的文件，"好记名称"文本框填入"webCA"，此处可以自定义输入名称，如图 9-77 所示。

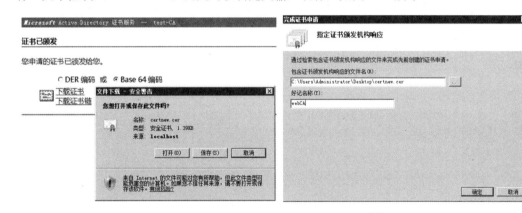

图 9-76　下载证书　　　　　　　　图 9-77　完成证书申请

3．配置 HTTPS

（1）选择"Web 服务器（IIS）"根节点，打开"绑定"界面，类型选择"https"，SSL 证书选择以上步骤中创建的证书"webCA"，单击"确定"，如图 9-78 所示。

（2）单击左边菜单"CertSrv"，在"功能视图"中找到"SSL 设置"，双击打开，勾选"要求 SSL"复选框，单击"应用"，如图 9-79 所示。

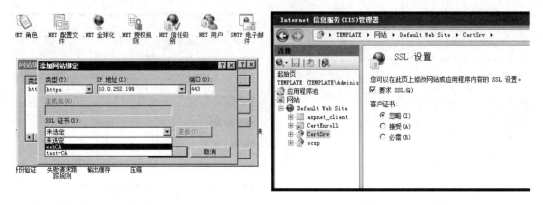

图 9-78　绑定 HTTPS　　　　　　　　　　　　图 9-79　SSL 设置

（3）在 IE 浏览器打开网址"https://10.0.252.199/"，成功显示测试页面，表示配置成功，如图 9-80 所示。

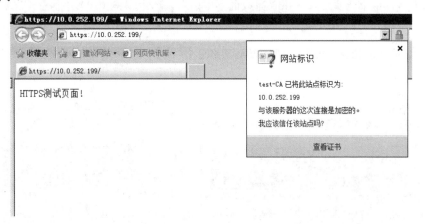

图 9-80　https 测试页面

第 10 章 组 网 技 术

组网技术主要是部署和配置网络设备，本章主要介绍交换机和路由器的基本知识，并通过实例介绍它们的配置和使用方法。

10.1 交换机和路由器

10.1.1 交换机基础

1. 交换机的分类

（1）根据交换方式划分。

- 存储转发式交换（Store and Forward）。交换机对输入的数据包先进行缓存、验证、碎片过滤，然后再进行转发。这种交换方式延时大，但是可以提供差错校验，并支持不同速度的输入、输出端口间的交换（非对称交换），是交换机的主流工作方式。
- 直通式交换（Cut-through）。直通式交换类似于采用交叉矩阵的电话交换机，它在输入端口扫描到目标地址后立即开始转发。这种交换方式的优点是延迟小、交换速度快；其缺点是没有检错能力，不能实现非对称交换，并且当交换机的端口增加时，交换矩阵实现起来比较困难。
- 碎片过滤式交换（Fragment Free）。这是介于直通式和存储转发式之间的一种解决方案。交换机在开始转发前先检查数据包的长度是否够 64 个字节，如果小于 64 个字节，说明是冲突碎片，则丢弃；如果大于等于64 个字节，则转发该包。这种转发方式的处理速度介于前两者之间，被广泛应用于中低档交换机中。

（2）根据交换的协议层划分。

- 第二层交换。根据 MAC 地址进行交换。
- 第三层交换。根据网络层地址（IP 地址）进行交换。
- 多层交换。根据第四层端口号或应用协议进行交换。

（3）根据交换机结构划分。

- 固定端口交换机。这种交换机提供有限数量的固定类型端口。例如，华为 S2750-28TP-EI-AC 是一种快速以太网交换机，具有 24 个 10/100Base-TX 以太网端口，

4 个千兆 SFP，2 个复用的千兆 10/100/1000Base-T 以太网端口 Combo。

- 模块化交换机。这种交换机的机箱中预留了一定数量的插槽，用户可以根据网络扩充的需求选择不同类型的端口模块。这种交换机具有更大的可扩充性。

（4）根据配置方式划分。

- 堆叠型交换机。这种交换机具有专门的堆叠端口，用堆叠电缆把一台交换机的 UP 口连接到另一台交换机的 DOWN 口，以实现端口数量的扩充，如图 10-1 所示。一般交换机能够堆叠 4～9 层，堆叠后的所有交换机可以当作一台交换机来统一管理。
- 非堆叠型交换机。这种交换机没有堆叠端口，但可以通过级连方式进行扩充。级连模式使用以太网端口（100M FE 端口、GE 端口或 10GE 端口）进行层次间互联，如图 10-2 所示。可以通过统一的网管平台实现对全网设备的管理。为了保证网络运行的效率，级连层数一般不要超过 4 层。

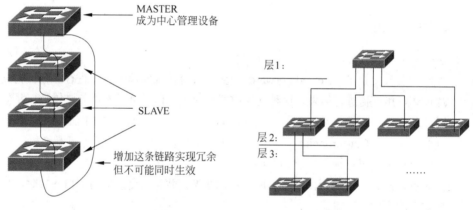

图 10-1　交换机的堆叠　　　　　图 10-2　交换机的级连

（5）根据管理类型划分。

- 网管型交换机。这种交换机支持简单网络管理协议（SNMP）和管理信息库（MIB），可以指定 IP 地址，实现远程配置、监视和管理。
- 非网管型交换机。这种交换机不支持 SNMP 和 MIB，只能根据 MAC 地址进行交换，无法进行功能配置和管理。
- 智能型交换机。这种交换机支持基于 Web 的图形化管理和 MIB-II，无须使用复杂的命令行管理方式，配置和维护比较容易。更重要的是，智能型交换机提供 QoS 管理、VPN、用户认证以及多媒体传输等复杂的应用功能，而不仅仅是转发数据分组。

（6）根据层次型结构划分。

网络的分层结构把复杂的大型网络分解为多个容易管理的小型网络，每一层交换设备分别实现不同的特定任务。分层的网络设计如图 10-3 所示。

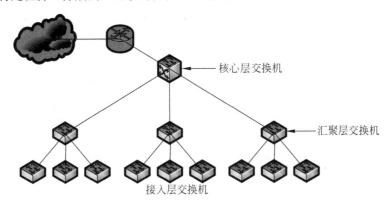

核心层交换机

汇聚层交换机

接入层交换机

图 10-3　分级网络结构

- 接入层交换机。接入层是工作站连接网络的入口，实现用户的网络访问控制，这一层的交换机应该以低成本提供高密度的接入端口。例如，华为 S2700 系列最多可以提供 52 个快速以太网端口，适合中小型企业网络使用。
- 汇聚层交换机。汇聚层将网络划分为多个广播/组播域，可以实现 VLAN 间的路由选择，并通过访问控制列表实现分组过滤。这一层交换机的端口数量和交换速率要求不是很高，但应提供第三层交换功能。例如，华为 S5700-SI 系列交换机具有多个 10M/100M/1000M Base-T 端口和千兆 SFP 端口，可以支持多种光模块收发器，同时提供先进的服务质量（QoS）管理和速度限制，以及安全访问控制列表、组播管理和高性能的 IP 路由。
- 核心层交换机。核心层应采用可扩展的高性能交换机组成园区网的主干线路，提供链路冗余、路由冗余、VLAN 中继和负载均衡等功能，并且与汇聚层交换机具有兼容的技术，支持相同的协议。例如，华为 S6700 系列交换机就是一种适合部署到核心网络的交换机。

2．交换机的性能参数

（1）端口类型。

- 双绞线端口。双绞线端口主要有 100Mbps 和 1000Mbps 两种。百兆端口可连接工作站，千兆端口一般用于级连。
- 光纤端口。SC 端口（Subscriber Connector）是一种光纤端口，可提供千兆位数据传输速率，通常用于连接服务器的光纤网卡。这种端口以"100 b FX"标注，如图 10-4 所示。交换机的光纤端口都是两个，分别是一发一收，光纤跳线也必须是两根，否则端口间无法进行通信。SC 型光纤连接器如图 10-5 所示。

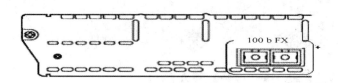

图 10-4　SC 型光纤端口　　　　　　　图 10-5　SC 型光纤连接器

- GBIC 端口。交换机上的 GBIC（Giga Bit-rate Interface Converter，GBIC）插槽（Slot）用于安装千兆位端口光电转换器。GBIC 模块是将位电信号转换为光信号的热插拔器件，分为用于级连的 GBIC 模块和用于堆叠的 GBIC 模块，如图 10-6 所示。用于级连的 GBIC 模块又分为适用于多模光纤（MMF）或单模光纤（SMF）的不同类型。

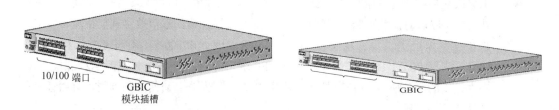

图 10-6　GBIC 端口和 GBIC 模块

- SFP 端口。小型机架可插拔设备（Small Form-factor Pluggable，SFP）是 GBIC 的升级版本，其功能基本和 GBIC 一致，但体积减少一半，可以在相同的面板上配置更多的端口。有时也称 SFP 模块为小型化 GBIC（MINI-GBIC）模块，如图 10-7 所示。

图 10-7　SFP 模块

（2）传输模式。

- 半双工（half-duplex）。半双工交换机在一个时间段内只能有一个动作发生，发送或者接收数据，两个动作不能同时进行。早期的集线器就是半双工产品，随着技术的进步，半双工方式的产品已逐渐被淘汰。

- 全双工（full-duplex）。全双工交换机在发送数据的同时也能接收数据，两者可同步进行。全双工传输需要使用两对双绞线或两根光纤，一般双绞线端口和光纤端口都支持全双工传输模式。这种传输模式在一对主机之间建立了一条虚拟的专用连接，使得数据速率成倍提高。

- 全双工/半双工自适应。在以上两种方式之间可以自动切换。在光纤接口中，1000Base-TX 支持自适应，而 1000Base-SX、1000Base-LX、1000Base-LH 和 1000Base-ZX 均不支持自适应，不同速率和传输模式的光纤端口间无法进行通信，因而要求相互连接的光纤端口必须具有完全相同的传输速率和传输模式，否则将导致连通故障。千兆光纤端口标准见第 4 章表 4-10。

（3）包转发率。包转发率也称端口吞吐率，指交换机进行数据包转发的能力，单位为 pps（package per second）。包转发速率是以单位时间内发送 64 字节数据包的个数作为计算基准的。对于千兆以太网来说，计算方法如下：

$$1000\text{Mbps} \div 8b \div (64+8+12)\,B = 1\,488\,095\text{pps}$$

当以太网帧为 64 字节时，需考虑 8 字节的帧头和 12 字节的帧间隙开销。据此，一台交换机的包转发速率的计算方法如下：

包转发率=千兆端口数×1.488Mpps＋百兆端口数×0.1488Mpps+其余端口数×相应包转发数

（4）背板带宽。交换机的背板带宽是指交换机端口处理器和数据总线之间单位时间内所能传输的最大数据量。背板带宽标志了一台交换机总的交换能力，单位为 Gbps。一般交换机的背板带宽从几个 Gbps 到上千个 Gbps。交换机所有端口能提供的总带宽的计算公式为：

总带宽=端口数×端口速率×2（全双工模式）

如果总带宽小于标称背板带宽，那么可以认为背板带宽是线速的。例如，华为 S5700 系列交换机的背板带宽可扩展到 256Gbps，包转发速率达到 132Mpps。

（5）MAC 地址数。MAC 地址数是指交换机的 MAC 地址表中可以存储的 MAC 地址数量。交换机将已识别的网络节点的 MAC 地址放入 MAC 地址表中，MAC 地址表存放在交换机的缓存中，当需要向目标地址发送数据时，交换机就在 MAC 地址表中查找相应 MAC 地址的节点位置，然后直接向这个位置的节点转发。

不同档次的交换机端口所能够支持的 MAC 地址数量不同。在交换机的每个端口，都需要足够的缓存来记忆这些 MAC 地址，所以缓存容量的大小决定了交换机所能记忆的 MAC 地址数。

（6）VLAN 表项。VLAN 是一个独立的广播域，可有效地防止广播风暴。由于 VLAN 基于逻辑连接而不是物理连接，因此配置十分灵活。在有第三层交换功能的基础上，VLAN 之间也可以通信。最大 VLAN 数量反映了一台交换机所能支持的最大 VLAN 数目。目前，交换机 VLAN 表项数目在 1024 以上，可以满足一般企业的需要。

（7）机架插槽数。固定配置不带扩展槽的交换机仅支持一种类型的网络，固定配置带扩展槽的交换机和机架式交换机可支持一种以上类型的网络，例如以太网、快速以太网、千兆以太网、ATM 网、令牌环网及 FDDI 等。一台交换机所支持的网络类型越多，可扩展性就越强。机架插槽数是指机架式交换机所能安插的最大模块数，扩展槽数是指固定配置带扩展槽的交换机所能安插的最大模块数。

3．交换机支持的以太网协议

有关交换机的以太网协议如表 10-1 所示。

表 10-1　交换机支持的以太网协议

标　　准	说　　明	规　　范
IEEE 802.3i	以太网 10Base-T 规范	两对 UTP，RJ-45 连接器，传输距离为 100m
IEEE 802.3u	快速以太网物理层规范	100Base-TX：两对 5 类 UTP，支持 10Mbps、100Mbps 自动协商。 100Base-T4：4 对 3 类 UTP。 100Base-FX：光纤
IEEE 802.3z	千兆以太网物理层规范	1000Base-SX：短波 SMF。 1000Base-LX：长波 SMF 或 MMF
IEEE 802.3ab	双绞线千兆以太网物理层规范	1000Base-TX
IEEE 802.3ad	Link Aggregation Control Protocol（LACP）	链路汇聚技术可以将多个链路绑定在一起，形成一条高速链路，以达到更高的带宽，并实现链路备份和负载均衡
IEEE 802.3ae	万兆以太网物理层规范	10GBase-SR 和 10GBase-SW 支持短波（850 nm）多模光纤（MMF），传输距离为 2～300m。 10GBase-LR 和 10GBase-LW 支持长波（1 310nm）单模光纤（SMF），传输距离为 2m～10km。 10GBase-ER 和 10GBase-EW 支持超长波（1 550nm）单模光纤（SMF），传输距离为 2m～40km
IEEE 802.3af	Power over Ethernet（PoE）	以太网供电，通过双绞线为以太网提供 48V 的直流电源
IEEE 802.3x	Flow Control and Back pressure	为交换机提供全双工流控（full-duplex flow control）和后压式半双工流控（back pressure half-duplex flow control）机制

续表

标　准	说　明	规　范
IEEE 802.1d	Spanning Tree Protocol（STP）	利用生成树算法消除以太网中的循环路径,当网络发生故障时重新协商生成树,并起到链路备份的作用
IEEE 802.1q	VLAN 标记	定义了以太网 MAC 帧的 VLAN 标记。标记分两部分:VLAN ID（12 位）和优先级（3 位）
IEEE 802.1p	LAN 第二层 QoS/CoS 协议	定义了交换机对 MAC 帧进行优先级分类,并对组播帧进行过滤的机制,可以根据优先级提供尽力而为（best-effort）的服务质量,是 IEEE 802.1q 的扩充协议
GARP	通用属性注册协议（Generic Attribute Registration Protocol）	提供了交换设备之间注册属性的通用机制。属性信息（例如 VLAN 标识符）在整个局域网设备中传播开来,并且由相关设备形成一个"可达性"子集。GARP 是 IEEE 802.1p 的扩充部分
GVRP	GARP VLAN 注册协议（GARP VLAN Registration Protocol）	GVRP 是 GARP 的应用,提供与 802.1q 兼容的 VLAN 裁剪（VLAN pruning）功能,以及在 802.1q 干线端口（trunk port）建立动态 VLAN 的机制。GVRP 定义在 IEEE 802.1p 中
GMRP	GARP 组播注册协议（GARP Multicast Registration Protocol）	为交换机提供了根据组播成员的动态信息进行组播树修剪的功能,使得交换机可以动态地管理组播过程。GMRP 定义在 IEEE 802.1p 中
IEEE 802.1s	Multiple Spanning Tree Protocol（MSTP）	这是 802.1q 的补充协议,为交换机增加了通过多重生成树进行 VLAN 通信的机制
IEEE 802.1v	基于协议和端口的 VLAN 划分	这是 802.1q 的补充协议,定义了基于数据链路层协议进行 VLAN 划分的机制
IEEE 802.1x	用户认证	在局域网中实现基于端口的访问控制
IEEE 802.1w	Rapid Spanning Tree Protocol（RSTP）	当局域网中由于交换机或其他网络元素失效而发生拓扑结构改变时,RSTP 可以快速地重新配置生成树,恢复网络的连接。RSTP 对 802.1d 是向后兼容的

10.1.2　路由器基础

1. 路由器的分类

从功能、性能和应用方面划分,路由器可分为以下几种。

（1）骨干路由器。骨干路由器是实现主干网络互连的关键设备,通常采用模块化结构,通过热备份、双电源和双数据通路等冗余技术提高可靠性,并且采用缓存技术和专用集成电路（ASIC）加快路由表的查找,使得背板交换能力达到几百个"Gbps",被称为线速路由器。例如,华为的 NE40E 系列以上路由器就属于骨干路由器。

（2）企业级路由器。企业级路由器连接许多终端系统,提供通信分类、优先级控制、用户认证、多协议路由和快速自愈等功能，可以实现数据、语音、视频、网络管理和安全应用（VPN、入侵检测和 URL 过滤等）等增值服务，对这类路由器的要求是实现高密度的 LAN 端口，同时支持多种业务。

（3）接入级路由器。接入级路由器也叫边缘路由器，主要用于连接小型企业的客户群，提供 1 到 2 个广域网端口卡（WIC），实现简单的信息传输功能，一般采用低档路由器就可以了（华为 AR3600 以下型号）。

2. 路由器的端口

路由器不仅能实现局域网之间的连接，还能实现局域网与广域网、广域网与广域网之间的相互连接。路由器与广域网连接的端口称为 WAN 端口，路由器与局域网连接的端口称为 LAN 端口。常见的网络端口有以下几种。

（1）RJ-45 端口。这种端口通过双绞线连接以太网。10Base-T 的 RJ-45 端口标识为 ETH，100Base-TX 的 RJ-45 端口标识为 10/100 b TX，这是因为快速以太网路由器采用 10/100Mbps 自适应电路，如图 10-8 所示。

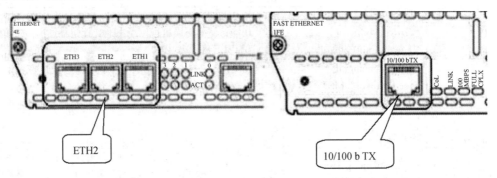

图 10-8   RJ-45 端口

（2）AUI 端口。AUI 端口是一种 D 型 15 针连接器，用在令牌环网或总线型以太网中。路由器经 AUI 端口通过粗同轴电缆收发器连接 10Base-5 网络，也可以通过外接的 AUI-to-RJ-45 适配器连接 10Base-T 以太网，还可以借助其他类型的适配器实现与 10Base-2 细同轴电缆或 10Base-F 光缆的连接。AUI 端口如图 10-9 所示。

（3）高速同步串口。在路由器与广域网的连接中，应用最多的是高速同步串行口（Synchronous Serial Port），这种端口用于连接 DDN、帧中继、X.25 和 PSTN 等网络。通过这种端口所连接的网络两端要求同步通信，以很高的速率进行数据传输。高速同步串行口如图 10-9 所示。

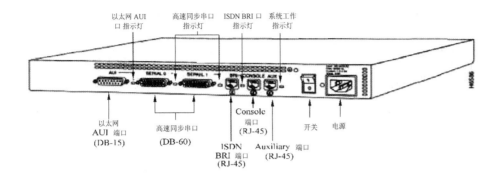

图 10-9　路由器背板示意图

（4）ISDN BRI 端口。ISDN BRI 端口通过 ISDN 线路实现路由器与 Internet 或其他网络的远程连接，如图 10-9 所示。ISDN BRI 的 3 个通道（2B+D）的总带宽为 144kbps，端口采用 RJ-45 标准，与 ISDN NT1 的连接使用 RJ-45-to-RJ-45 直通线。

（5）异步串口。异步串口（ASYNC）主要应用于与 Modem 或 Modem 池的连接，以实现远程计算机通过 PSTN 拨号接入。异步端口的速率不是很高，也不要求同步传输，只要求能连续通信。如图 10-10 所示为异步串口。

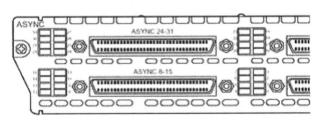

图 10-10　异步串口

（6）Console 端口。Console 端口通过配置专用电缆连接至计算机串行口，利用终端仿真程序（如 Hyper Terminal）对路由器进行本地配置。路由器的 Console 端口为 RJ-45 口（如图 10-9 所示）。Console 端口不支持硬件流控。

（7）AUX 端口。对路由器进行远程配置时要使用 AUX 端口（Auxiliary Prot），如图 10-9 所示。AUX 端口在外观上与 RJ-45 端口一样，只是内部电路不同，实现的功能也不一样。通过 AUX 端口与 Modem 进行连接必须借助 RJ-45 to DB9 或 RJ-45 to DB25 适配器进行电路转换。AUX 端口支持硬件流控。

3．路由器的操作系统

路由器都有一个操作系统，各个厂家的路由器操作系统不尽相同，但基本的工作原理都是相近似的。例如，华为路由器、交换机等数据网络产品采用的是通用路由平台 VRP（Versatile Routing Platform），常用的 VRP 有 VRP5 和 VRP8 两个版本。VRP5 是目前大多数华为设备使用的组件化设计、高可靠性网络操作系统，而 VRP8 支持分布式应用和虚拟化技术，可以适应企业快速扩展的业务需求。

IOS 软件系统包括"BootROM 软件"和"系统软件"两部分，是路由器、交换机等设备启动、运行的必要软件，为网络设备提供支撑、管理、业务等功能。网络设备加电后，首先运行 BootROM 软件，初始化硬件并显示的硬件参数信息，然后再运行系统软件。系统软件一方面提供对硬件的驱动和适配功能，另一方面实现了业务功能特性。

路由器或交换机的操作是由配置文件（configuration file 或 config）控制的。配置文件包含有关设备如何操作的指令，是由网络管理员创建的，一般有几百到几千个字节大小。

IOS 命令在所有路由器产品中都是通用的。这意味着只要掌握一个操作界面就可以了，即命令行界面（Command Line Interface，CLI）。所以无论是通过控制台端口，或通过一部 Modem，还是通过 Telnet 连接来配置路由器，用户看到的命令行界面都是相同的。

IOS 有 3 种命令级别，即用户视图、系统视图和具体业务视图。在不同的视图中可执行的命令集不同，可实现的管理功能也不同，详见下面的解释。

10.1.3　访问路由器和交换机

如果要对网络互连设备进行具体的配置，首先要有效地访问它们，一般来说可以用以下几种方法访问路由器或交换机。

（1）通过设备的 Console（控制台）端口接终端或运行终端仿真软件的计算机。

（2）通过设备的 AUX 端口接 Modem，通过电话线与远方的终端或运行终端仿真软件的计算机相连。

（3）通过 Telnet 程序访问。

（4）通过浏览器访问。

（5）通过网管软件访问。

下面以路由器为例给出几种访问网络互连设备方法的连接图，如图 10-11 所示。

对网络互连设备的第一次设置必须通过第一种方法来实现，并且第一种方法也是最常用、最直接有效的配置方法。Console 端口是路由器和交换机设备的基本端口，它是对一台新的路由器和交换机进行配置时必须使用的接口。连接 Console 端口的线缆称为控制台电缆（Console

Cable）。在具体的连接上，Console 电缆一端插入网络设备的 Console 端口，另一端接入终端或 PC 的串行接口，从而实现对设备的访问和控制。

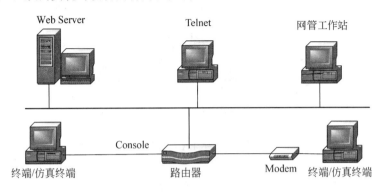

图 10-11　访问路由器的几种方法

10.2　交换机的配置

不同厂家生产的不同型号的交换机，其具体的配置命令和方法是有差别的，不过配置的原理基本上是相同的。本节以华为 S5700 系列交换机为例讲解配置交换机的基本方法。

10.2.1　交换机概述

交换机是一种具有简化、低价、高性能和高端口密度特点的交换产品。交换机根据 OSI 层次通常可分为第二层交换机和多层交换机。通常所说的交换机就是指第二层交换机，也叫 LAN 交换机，连接方式如图 10-12 所示。与网桥一样，LAN 交换机按每一个帧中的 MAC 地址相对简单地来决策信息如何转发，而这种转发决策一般不考虑帧中隐藏的更深的其他信息。与网桥不同的是，交换机转发延迟很小，操作接近单个局域网性能，远远超过了使用普通网桥互连的网络之间的转发性能。

多层交换机与第二层交换机工作方式类似。除了使用第二层 MAC 地址进行交换以外，多层交换机还使用第三层网络地址。传统上，第三层的功能只发生在路由器中，路由器依赖软件执行路由选择功能实现对数据的存储和转发。随着硬件技术的发展，改良的硬件已经允许很多第三层路由选择功能出现在硬件中，进而出现了多层交换机。同时，多层交换机也可以检查第四层信息，包括帮助识别应用程序类型的 TCP 报头。

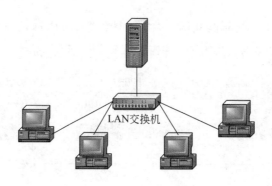

图 10-12　LAN 交换机

交换技术允许共享型和专用型的局域网段进行带宽调整，以减轻局域网之间信息流通出现的瓶颈问题。现在已有以太网、快速以太网、FDDI 和 ATM 技术的交换产品。与传统的网桥类似，交换机也提供了许多网络互联功能。交换机能经济地将网络分成小的冲突网域，为每个工作站提供更高的带宽。协议的透明性使得交换机在软件配置简单的情况下可以直接使用在多协议网络中；交换机使用现有的电缆、中继器、集线器和工作站的网卡，而不必升级高层硬件；对工作站来说，交换机是透明的，这样可降低管理开销，简化因增加、移动网络节点所导致的网络设置操作。

10.2.2　交换机的基本配置

1．电缆连接及终端配置

如图 10-13 所示，接好 PC 机和交换机各自的电源线，在关机状态下，把 PC 机的串口 1（COM1）通过控制台电缆与交换机的 Console 端口相连，即完成设备的连接工作。

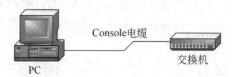

图 10-13　仿真终端与交换机的连接

交换机 Console 端口的默认参数如下。

- 端口速率：9600bps。
- 数据位：8。

- 奇偶校验：无。
- 停止位：1。
- 流控：无。

在配置 PC 机的超级终端时只需保证端口属性的配置参数与上述参数相匹配即可。以 Windows 环境下的 Hyper Terminal 为例配置 COM1 端口属性的对话框，如图 10-14 所示。

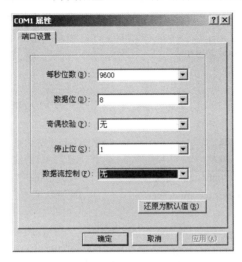

图 10-14　仿真终端端口参数配置

2．交换机的启动

在配置好终端仿真软件后，终端窗口就会显示交换机的启动信息，显示交换机的版权信息和软件加载过程，直到出现提示用户设置登录密码。

BIOS loading ...
......
Enter Password:
Confirm Password
<HUAWEI>

完成 Console 登录密码设置后，用户便可以配置和使用交换机。

3．交换机的基本配置

在默认配置下，所有接口处于可用状态，并且都属于 VLAN 1，这种情况下交换机就可以正常工作了。但为了方便管理和使用，首先应对交换机做基本的配置。

（1）配置交换机的设备名称、管理 VLAN 和 TELNET，在对网络中交换机进行管理时需要对交换机进行基本配置。

```
<HUAWEI>                                          //用户视图提示符
<HUAWEI>system-view                               //进入系统视图
[HUAWEI]sysname Switch1                           //修改设备名称为 SW1
[Switch1] vlan 5                                  //创建交换机管理 VLAN 5
[Switch1-VLAN5] management-vlan
[Switch1-VLAN5] quit
[Switch1] interface vlanif 5                      //创建交换机管理 VLAN 的 VLANIF 接口
[Switch1-vlanif5] ip address 10.10.1.1 24         //配置 VLANIF 接口 IP 地址
[Switch1-vlanif5] quit
[Switch1] telnet server enable                    //Telnet 默认是关闭的，需要打开
[Switch1] user-interface vty 0 4                  //开启 VTY 线路模式
[Switch1-ui-vty0-4] protocol inbound telnet       //配置 telnet 协议
[Switch1-ui-vty0-4] authentication-mode aaa       //配置认证方式
[Switch1-ui-vty0-4] quit
[Switch1] aaa
[Switch1-aaa] local-user admin password irreversible-cipher Hello@123
//配置用户名和密码，用户名不区分大小写，密码区分大小写
[Switch1-aaa] local-user admin privilege level 15     //将管理员的账号权限设置为 15（最高）
[Switch1-aaa]quit
[Switch1]quit
< Switch1>save                                    //在用户视图下保存配置
```

（2）登录 Telnet 到交换机，出现用户视图提示符。

```
C:\Documents and Settings\Administrator> telnet 10.10.1.1
  //输入交换机管理 IP
Login authentication
Username:admin                                    //输入用户名和密码
Password:
Info: The max number of VTY users is 5, and the number
  of current VTY users on line is 1.
      The current login time is 2016-07-03 13:33:18+00:00.
< Switch1>                                        //用户视图命令行提示符
```

（3）配置交换机的接口。交换机的接口属性默认支持一般网络环境，一般情况下是不需要对其接口进行设置的。在某些情况下需要对其端口属性进行配置时，配置的对象主要有接口隔离、速率、双工等信息。

\#配置接口 GE1/0/1 和 GE1/0/2 的端口隔离功能，实现两个接口之间的二层数据隔离，三层数据互通
< Switch1> system-view
[Switch1] port-isolate mode l2
[Switch1] interface gigabitethernet 1/0/1
[Switch1-GigabitEthernet1/0/1] port-isolate enable group 1
[Switch1-GigabitEthernet1/0/1] quit
[Switch1] interface gigabitethernet 1/0/2
[Switch1-GigabitEthernet1/0/2] port-isolate enable group 1
[Switch1-GigabitEthernet1/0/2] quit

\#配置以太网接口 GE0/0/1 在自协商模式下协商速率为 100Mb/s
< Switch1> system-view
[Switch1] interface gigabitethernet 0/0/1
[Switch1-GigabitEthernet0/0/1] negotiation auto
[Switch1-GigabitEthernet0/0/1] auto speed 100

\#配置以太网电接口 GE0/0/1 在自协商模式下双工模式为全双工模式
< Switch1> system-view
[Switch1] interface gigabitethernet 0/0/1
[Switch1-GigabitEthernet0/0/1] negotiation auto

（4）查看和配置 MAC 地址表。交换机通过学习网络中设备的 MAC 地址，并将学习得到的 MAC 地址存放在交换机的缓存中。在需要向目标地址发送数据时就从 MAC 表地址中查找相应地址，找到后才可以向目标快速发送数据。

MAC 表由多条 MAC 地址表项组成。MAC 地址表项由 MAC、VLAN 和端口组成，交换机在收到数据帧时，会解析出数据帧的源 MAC 地址和 VLAN ID 并与接收数据帧的端口组合成一条数据表项。MAC 地址表项的查看可以了解交换机运行的状态信息，排查故障。

\#执行命令 display mac-address，查看所有的 MAC 地址表项
< Switch1> display mac-address
```
-------------------------------------------------------------------------
MAC Address      VLAN/VSI            Learned-From          Type
-------------------------------------------------------------------------
```

00e0-0900-7890	10/-	-	blackhole
00e0-0230-1234	20/-	GE1/0/1	static
0001-0002-0003	30/-	Eth-Trunk1	dynamic

Total items displayed = 3

#执行命令 display interface vlanif 5，显示 VLANIF 接口的 MAC 地址

< Switch1> display interface vlanif 5

Vlanif5 current state : DOWN

Line protocol current state : DOWN

Description:

Route Port,The Maximum Transmit Unit is 1500

Internet Address is 192.168.1.1/24

IP Sending Frames' Format is PKTFMT_ETHNT_2, Hardware address is 00e0-0987-7891

Current system time: 2016-07-03 13:33:09+08:00

    Input bandwidth utilization　　: --

    Output bandwidth utilization : --

#在 MAC 地址表中增加静态 MAC 地址表项，目的 MAC 地址为 0001-0002-0003，VLAN 5 的报文，从接口 gigabitethernet0/0/5 转发出去

[Switch1] mac-address static 0001-0002-0003 gigabitethernet 0/0/5 vlan 5

10.2.3   配置和管理 VLAN

VLAN 技术是交换技术的重要组成部分，也是交换机配置的基础。它用于把物理上直接相连的网络从逻辑上划分为多个子网。每一个 VLAN 对应着一个广播域，处于不同 VLAN 上的主机不能进行通信，不同 VLAN 之间的通信要引入第三层交换技术才可以解决。对虚拟局域网的配置和管理主要涉及链路和接口类型、GARP 协议和 VLAN 的配置。

链路和接口类型，为了适应不同网络环境的组网需要，链路类型分为接入链路（Access Link）和干道链路（Trunk Link）两种链路类型。接入链路只能承载 1 个 VLAN 的数据帧，用于连接交换机和用户终端；干道链路能承载多个不同 VLAN 的数据帧，用于交换机间互连或连接交换机与路由器。根据接口连接对象以及对收发数据帧处理的不同，以太网接口分为 Access 接口、Trunk 接口、Hybrid 接口和 QinQ 接口四种接口类型，分别用于连接终端用户、交换机与路由器以及公网与私网的互联等。

GARP 协议主要用于建立一种属性传递扩散的机制，以保证协议实体能够注册和注销该属性。简单说就是为了简化网络中配置 VLAN 的操作，通过 GVRP 的 VLAN 自动注册功能将设备上的 VLAN 信息快速复制到整个交换网，达到减少手工配置量及保证 VLAN 配置正确的

目的。

交换机的初始状态是工作在透明模式，有一个默认的 VLAN1，所有端口都属于 VLAN1。

1. 划分 VLAN 的方法

虚拟局域网是交换机的重要功能，通常虚拟局域网的实现形式有多种，分别是基于接口、MAC 地址、子网、网络层协议、匹配策略方式来划分 VLAN。

通过接口来划分 VLAN。交换机的每个接口配置不同的 PVID，当数据帧进入交换机时没有带 VLAN 标签，该数据帧就会被打上接口指定 PVID 的 Tag 并在指定 PVID 中传输。

通过源 MAC 地址来划分 VLAN。建立 MAC 地址和 VLAN ID 映射关系表，当交换机收到的是 Untagged 帧时，就依据该表给数据帧添加指定 VLAN 的 Tag 并在指定 VLAN 中传输。

通过子网划分 VLAN。建立 IP 地址和 VLAN ID 映射关系表，当交换机收到的是 Untagged 帧，就依据该表给数据帧添加指定 VLAN 的 Tag 并在指定 VLAN 中传输。

通过网络层协议划分 VLAN。建立以太网帧中的协议域和 VLAN ID 的映射关系表，当收到的是 Untagged 帧，就依据该表给数据帧添加指定 VLAN 的 Tag 并在指定 VLAN 中传输。

通过策略匹配划分 VLAN，实现多种组合的划分，包括接口、MAC 地址、IP 地址等。建立配置策略，当收到的是 Untagged 帧，且匹配配置的策略时，给数据帧添加指定 VLAN 的 Tag 并在指定 VLAN 中传输。

2. 配置 VLAN 举例

在网络中，用于终端与交换机、交换机与交换机、交换机与路由器连接时 VLAN 的划分方式多种多样，需要灵活运用。这里就接入层交换机的 VLAN 划分举例说明。

```
#基于接口划分 VLAN
<HUAWEI> system-view                                  //进入交换机系统视图
[HUAWEI] sysname SwitchA                              //交换机命名
[SwitchA] vlan batch   2                              //批量方式建立 VLAN 2
[SwitchA] interface gigabitethernet 0/0/1            //进入交换机接口视图
[SwitchA-GigabitEthernet0/0/1] port link-type access  //配置接口类型
[SwitchA-GigabitEthernet0/0/1] port default vlan 2    //将接口加入 VLAN 2
[SwitchA-GigabitEthernet0/0/1] quit
[SwitchA] interface gigabitethernet 0/0/2            //在接口视图配置上联接口
[SwitchA-GigabitEthernet0/0/2] port link-type trunk  //配置上联接口类型
[SwitchA-GigabitEthernet0/0/2] port trunk allow-pass vlan 2  //通过 VLAN2
```

```
[SwitchA-GigabitEthernet0/0/2] quit

#基于 MAC 地址划分 VLAN
<HUAWEI> system-view
[HUAWEI] sysname SwitchA
[SwitchA] vlan batch 2
[SwitchA] interface gigabitethernet 0/0/1              //在接口视图配置上联接口
[SwitchA-GigabitEthernet0/0/1] port link-type hybrid           //配置上联接口类型
[SwitchA-GigabitEthernet0/0/1] port hybrid tagged vlan 2        //通过 VLAN2
[SwitchA-GigabitEthernet0/0/1] quit
[SwitchA] interface gigabitethernet 0/0/2              //进入交换机接口视图
[SwitchA-GigabitEthernet0/0/2] port link-type hybrid           //配置接口类型
[SwitchA-GigabitEthernet0/0/2] port hybrid untagged vlan 2      //将接口加入 VLAN2
[SwitchA-GigabitEthernet0/0/2] quit
[SwitchA] vlan 2
[SwitchA-vlan2] mac-vlan mac-address 22-22-22          //PC 的 MAC 地址与 VLAN2 关联
[SwitchA-vlan2] quit
[SwitchA] interface gigabitethernet 0/0/2
[SwitchA-GigabitEthernet0/0/2] mac-vlan enable          //基于 MAC 地址启用接口
[SwitchA-GigabitEthernet0/0/2] quit
```

3．配置 GARP 协议

GARP（Generic Attribute Registration Protocol）是通用属性注册协议的应用，提供 802.1Q 兼容的 VLAN 裁剪 VLAN pruning 功能和在 802.1Q 干线端口 trunk port 上建立动态 VLAN 的功能。GARP 配置拓扑如图 10-15 所示，在交换机 A、B 分别配置全局启用 GARP 功能，达到所有子网设备互访的目的。

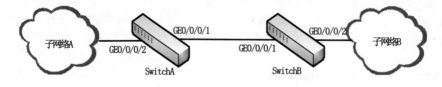

图 10-15   VLAN 拓扑结构图

交换机 A 的配置如下，交换机 B 和交换机 A 的配置相似。

#配置交换机 A，全局启用 GARP 功能

```
<HUAWEI> system-view
[HUAWEI] sysname SwitchA
[SwitchA] garp
```

#配置接口为 Trunk 类型，并允许所有 VLAN 通过

```
[SwitchA] interface gigabitethernet 0/0/1
[SwitchA-GigabitEthernet0/0/1] port link-type trunk
[SwitchA-GigabitEthernet0/0/1] port trunk allow-pass vlan all
[SwitchA-GigabitEthernet0/0/1] quit
[SwitchA] interface gigabitethernet 0/0/2
[SwitchA-GigabitEthernet0/0/2] port link-type trunk
[SwitchA-GigabitEthernet0/0/2] port trunk allow-pass vlan all
[SwitchA-GigabitEthernet0/0/2] quit
```

#启用接口的 GARP 功能，并配置接口注册模式

```
[SwitchA] interface gigabitethernet 0/0/1
[SwitchA-GigabitEthernet0/0/1] garp
[SwitchA-GigabitEthernet0/0/1] garp registration normal
[SwitchA-GigabitEthernet0/0/1] quit
[SwitchA] interface gigabitethernet 0/0/2
[SwitchA-GigabitEthernet0/0/2] garp
[SwitchA-GigabitEthernet0/0/2] garp registration normal
[SwitchA-GigabitEthernet0/0/2] quit
```

配置完成后，在 SwitchA 上使用命令 display garp statistics，查看接口的 GARP 统计信息，其中包括 GARP 状态、GARP 注册失败次数、上一个 GARP 数据单元源 MAC 地址和接口 GARP 注册类型。

```
[SwitchA] display garp statistics
  GARP statistics on port GigabitEthernet0/0/1
    GARP status                    : Enabled
    GARP registrations failed      : 0
    GARP last PDU origin           : 0000-0000-0000
    GARP registration type         : Normal

  GARP statistics on port GigabitEthernet0/0/2
    GARP status                    : Enabled
    GARP registrations failed      : 0
```

GARP last PDU origin   : 0000-0000-0000
GARP registration type   : Normal
Info: GARP is disabled on one or multiple ports.

10.2.4 生成树协议的配置

生成树协议是交换式以太网中的重要概念和技术，该协议的目的是实现交换机之间冗余连接的同时避免网络环路的出现，实现网络的高可用性。生成树协议通过阻断相应端口来消除网络环路。它在交换机之间传递 BPDU（Bridge Protocol Data Unit，桥接协议数据单元），互相告知诸如交换机的桥 ID、链路开销和根桥 ID 等信息，以确定根桥，从而决定将哪些端口置于转发状态，将哪些端口置于阻断状态，用于消除环路。

在网络规划中出于冗余备份的需要，在设备之间部署多条链路时，可以在网络中部署 STP 协议预防环路，避免广播风暴和 MAC 表项被破坏。配置 STP 如图 10-16 所示。当前网络中设备都运行 STP，通过相互的信息交换发现网络中存在的环路，有选择的对某个端口进行堵塞，将环形网络结构修剪成无环路的树形网络结构，从而避免网络环路造成的故障。

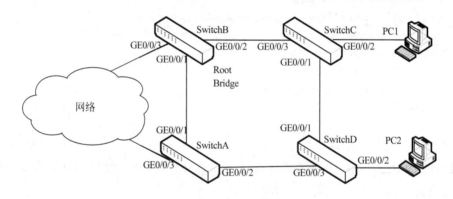

图 10-16   STP 组网图

（1）配置 STP 基本功能。

配置环网中的设备生成树协议工作在 STP 模式。

\#配置 SwitchA 的 STP 工作模式，SwitchB、SwitchC、SwitchD 的配置相同
```
<HUAWEI> system-view
[HUAWEI] sysname SwitchA
[SwitchA] stp mode stp
```

配置根桥和备份根桥设备

\#配置 SwitchA 为根桥

[SwitchA] stp root primary

\#配置 SwitchB 为备份根桥

[SwitchB] stp root secondary

　　配置端口的路径开销值，实现将该端口阻塞。端口路径开销值取值范围由路径开销计算方法决定，这里选择使用华为计算方法为例，配置将被阻塞端口的路径开销值为 20 000，同一网络内所有交换设备的端口路径开销应使用相同的计算方法。

\#配置 SwitchA 的端口路径开销计算方法为华为计算方法，SwitchB、SwitchD 配置方法相同

[SwitchA] stp pathcost-standard legacy

\#配置 SwitchC 端口 GigabitEthernet0/0/1 端口路径开销值为 20000

[SwitchC] stp pathcost-standard legacy

[SwitchC] interface gigabitethernet 0/0/1

[SwitchC-GigabitEthernet0/0/1] stp cost 20000

[SwitchC-GigabitEthernet0/0/1] quit

　　启用 STP，实现破除环路，将与 PC 机相连的端口设置为边缘端口并启用端口的 BPDU 报文过滤功能。

\#配置 SwitchD 端口 GigabitEthernet0/0/2 为边缘端口并启用端口的 BPDU 报文过滤功能

[SwitchB] interface gigabitethernet 0/0/2

[SwitchB-GigabitEthernet0/0/2] stp edged-port enable

[SwitchB-GigabitEthernet0/0/2] stp bpdu-filter enable

[SwitchB-GigabitEthernet0/0/2] quit

\#配置 SwitchC 端口 GigabitEthernet0/0/2 为边缘端口并启用端口的 BPDU 报文过滤功能

[SwitchC] interface gigabitethernet 0/0/2

[SwitchC-GigabitEthernet0/0/2] stp edged-port enable

[SwitchC-GigabitEthernet0/0/2] stp bpdu-filter enable

[SwitchC-GigabitEthernet0/0/2] quit

　　设备全局启用 STP，所有设备配置相同。

\#设备 SwitchA 全局启用 STP

[SwitchA] stp enable

（2）检查配置结果。

经过以上配置，在网络计算稳定后，执行以下操作，验证配置结果。在 SwitchA 上执行 display stp brief 命令，查看端口状态和端口的保护类型。

```
[SwitchA] display stp brief
  MSTID  Port                      Role   STP State       Protection
   0     GigabitEthernet0/0/1      DESI   FORWARDING      NONE
   0     GigabitEthernet0/0/2      DESI   FORWARDING      NONE
```

将 SwitchA 配置为根桥后，与 SwitchB、SwitchD 相连的端口 GigabitEthernet0/0/2 和 GigabitEthernet0/0/1 在生成树计算中被选举为指定端口。

在 SwitchD 上执行 display stp interface gigabitethernet 0/0/1 brief 命令，查看端口 GigabitEthernet0/0/1 状态。

```
[SwitchD] display stp interface gigabitethernet 0/0/1 brief
  MSTID  Port                      Role   STP State       Protection
   0     GigabitEthernet0/0/1      DESI   FORWARDING      NONE
```

端口 GigabitEthernet0/0/1 在生成树选举中成为指定端口，处于 Forwarding 状态。

在 SwitchC 上执行 display stp brief 命令，查看端口状态，结果如下：

```
[SwitchC] display stp brief
  MSTID  Port                      Role   STP State       Protection
   0     GigabitEthernet0/0/1      ALTE   DISCARDING      NONE
   0     GigabitEthernet0/0/3      ROOT   FORWARDING      NONE
```

端口 GigabitEthernet0/0/3 在生成树选举中成为根端口，处于 FORWARDING 状态。端口 GigabitEthernet0/0/1 在生成树选举中成为 Alternate 端口，处于 DISCARDING 状态。

10.3 路由器的配置

现在市场上路由器的种类繁多、型号各异，但华为的路由器占市场主流的产品具有一定的代表性。本节采用华为路由器的配置案例讲解路由器配置的相关技术和知识。

10.3.1　路由器概述

路由器（Router）是一种典型的网络层设备，在 OSI 参考模型中被称为中介系统，用于完成网络层中继或第三层中继的任务。路由器负责在两个局域网的网络层间接传输数据分组，并确定网络上数据传送的最佳路径。因为它们运行 IP 协议基于第三层信息为分组选择路由（如图 10-17 所示），所以路由器已经成为 Internet 的骨干。

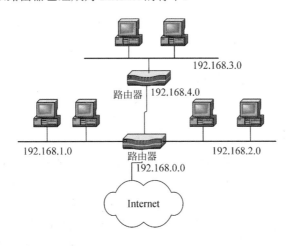

图 10-17　路由器

路由器是用于连接多个逻辑上分开的网络，所谓逻辑网络，是代表一个单独的网络或者一个子网。当数据从一个子网传输到另一个子网时，可通过路由器来完成。因此，路由器具有判断网络地址和选择路径的功能，它能在多网络互联环境中建立灵活的连接，可用完全不同的数据分组和介质访问方法连接各种子网。它不关心各子网使用的硬件设备，但要求运行与网络层协议相一致的软件。路由器分本地路由器和远程路由器，本地路由器是用来连接网络传输介质的，例如光纤、同轴电缆、双绞线；远程路由器是用来连接远程传输介质的，并要求相应的设备，如电话线要配调制解调器，无线要通过无线接收机、发射机。

一般来说，异种网络互联与多个子网互联都应采用路由器来完成。

路由器的主要工作就是为经过的每个数据包寻找一条最佳的传输路径，并将该数据有效地传送到目的站点。由此可见，选择最佳路径的策略（路由算法）是路由器的关键所在。为了完成这项工作，在路由器中保存着各种传输路径的相关数据——路由表（Routing Table）供路由选择时使用。路由表中保存着子网的标志信息、下一跳地址和将数据转发出去的接口等信息。路由表可以是由管理员手工设置好的，也可以由路由器根据网络当时的结构和状态自动调整。

由系统管理员事先设置好固定的路由表称为静态（static）路由表，一般是在安装系统时就根据网络的配置情况预先设定的，它不会随未来网络结构的改变而改变。

动态（Dynamic）路由表是路由器根据网络系统的运行情况而自动调整的路由表。路由器根据路由选择协议（Routing Protocol）提供的功能自动学习和记忆网络的运行情况，通过一定的路由算法自动计算数据传输的最佳路径。

10.3.2 路由器的基本配置

1．路由器的命令状态

与交换机的配置类似，路由器的配置操作有 3 种模式，即用户视图、系统视图和具体业务视图。用户视图模式下，在用户视图下，用户可以完成查看运行状态和统计信息等功能，这些命令对路由器的正常工作没有影响；在系统视图模式下，用户可以配置系统参数以及通过该视图进入其他的功能配置视图；在具体业务视图模式下，用户可以配置接口相关的物理属性、链路层特性及 IP 地址等重要参数，路由协议的大部分参数也需要在这种模式下配置。

其中，配置模式又分为全局配置模式和接口配置模式、路由协议配置模式、线路配置模式等子模式。在不同的工作模式下，路由器有不同的命令提示状态。

- <Switch>。在交换机正常启动后，用户使用终端仿真软件或 Telnet 登录交换机，可自动进入用户配置模式，这时用户可以看路由器的连接状态，访问其他网络和主机，但不能看到和更改路由器的设置内容。
- [Switch]。路由器处于系统视图命令状态，在<Switch>提示符下输入 system-view，可进入系统视图状态，这时不仅可以执行所有的用户命令，还可以看到和更改路由器的设置内容。
- [Switch-vlan1]。路由器处于具体的业务视图状态，在[Switch]提示符下输入需要配置的业务命令，可进入该状态。退出具体的业务输入 quit。
- 在开机自检时，按 Ctrl+Break 组合键可进入 BootROM menu 状态，这时路由器不能完成正常的功能，只能进行软件升级和手工引导，或者进行路由器口令恢复时要进入该状态。

2．路由器的基本配置

配置 enable 口令、enable 密码和主机名，在路由器中同样可以配置启用口令（enable password）和启用密码（enable secret），一般情况下只需配置一个就可以，当两者同时配置时，后者生效。这两者的区别是启用口令以明文显示而启用密码以密文形式显示。主机名及路由器口令的设置和上一节对交换机配置的主机名及口令相同，这里不再赘述。

配置路由器以太网接口，路由器一般提供一个或多个以太网接口槽，每个槽上会有一个以上以太网接口。以太网接口因此而命名为{Ethernet 槽位/端口}或{ GigabitEthernet 槽位/端口}，例如 Ethernet0/0、GigabitEthernet 0/0/1，也可缩写为 Eth0/0、GE0/0/1。

以 AR 3600 系列路由器为例，电缆连接如图 10-18 所示，连接好仿真终端到路由器的 Console 电缆线，就可以对路由器进行初始的配置工作了。

Console电缆

PC

路由器

图 10-18　仿真终端与路由器的连接

对以太网接口做如下配置：

#设置系统的日期、时间和时区
<Huawei> clock timezone BJ add 08:00:00
<Huawei> clock datetime 20:10:00 2015-03-26

#设置设备名称和管理 IP 地址
<Huawei> system-view
[Huawei] sysname Server
[Server] interface gigabitethernet 0/0/0
[Server-GigabitEthernet0/0/0] ip address 10.137.217.177 24
[Server-GigabitEthernet0/0/0] quit

#设置 Telnet 用户的级别和认证方式
[Server] telnet server enable
[Server] user-interface vty 0 4
[Server-ui-vty0-4] user privilege level 15
[Server-ui-vty0-4] authentication-mode aaa
[Server-ui-vty0-4] quit
[Server] aaa
[Server-aaa] local-user admin1234 password irreversible-cipher Helloworld@6789
[Server-aaa] local-user admin1234 privilege level 15
[Server-aaa] local-user admin1234 service-type telnet

[Server-aaa] quit

　　由于同一厂商的网络设备往往采用一种网络操作平台，交换机、路由器的配置以及命令的使用都是相似的。

3．批量配置技术

　　大型网络的组网和网络管理中都会同时用到多个路由器和交换设备，可以通过批量配置技术快速配置多台网络设备。例如华为交换机 AR 系列路由器通过 Auto-Config 功能实现设备的批量配置，Auto-Config 是指新出厂或空配置设备加电启动时采用的一种自动加载版本文件（包括系统软件、补丁文件、配置文件）的功能。

　　如图 10-19 所示，RouterA、RouterB 和 RouterC 运行 Auto-Config 功能后，设备作为 DHCP 客户端定时向 DHCP 服务器发送 DHCP 请求报文以获得配置信息，然后 DHCP 服务器向待配置设备响应 DHCP 应答报文，报文内容包括分配给待配置设备的 IP 地址、文件服务器的 IP 地址、文件服务器的登录方式、版本文件的配置信息（此信息也可以通过中间文件获取，中间文件需要预先编辑存放在文件服务器），最后设备根据收到的 DHCP 响应报文中携带的配置信息向指定的文件服务器自动获取版本文件并设置为下次启动加载的文件，待设备重启后，设备就实现了版本文件的自动加载。

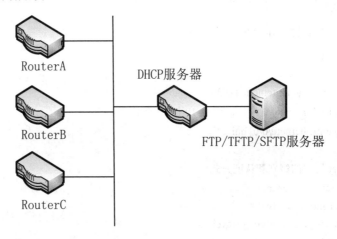

图 10-19　Auto-Config 组网图

　　若网络中有一台 SFTP 服务器（GE0/0/1，IP 地址 172.16.100.100/24），一台 DHCP 服务器（GE0/0/1，IP 地址 172.16.100.1/24 用于与 SFTP 互联；Eth1/0/1-3，VLANIF10，IP 地址 172.16.200.100/24 用于与待配置路由器互联），3 台待配置路由器。举例说明配置同网段

Auto-Config 步骤。

步骤 1：配置 SFTP 服务器。

\#配置 SFTP 服务器功能及参数
<Huawei> system-view
[Huawei] sysname SFTP Server
[SFTP Server] rsa local-key-pair createThe key name will be: Host
RSA keys defined for Host already exist.
Confirm to replace them? (y/n)[n]:y
The range of public key size is (512 ~ 2048).
NOTES: If the key modulus is less than 2048,
　　　　It will introduce potential security risks.
Input the bits in the modulus[default = 2048]:2048
Generating keys...
....
　[SFTP Server] sftp server enable

\#配置 SSH 用户登录的用户界面
[SFTP Server] user-interface vty 0 4
[SFTP Server-ui-vty0-4] authentication-mode aaa
[SFTP Server-ui-vty0-4] protocol inbound all
[SFTP Server-ui-vty0-4] user privilege level 15
[SFTP Server-ui-vty0-4] quit

\#配置 SSH 用户
[SFTP Server] aaa
[SFTP Server-aaa] local-user user password
Please configure the login password (8-128)
It is recommended that the password consist of at least 2 types of characters, i
ncluding lowercase letters, uppercase letters, numerals and special characters.
Please enter password:
Please confirm password:
[SFTP Server-aaa] local-user user privilege level 15
[SFTP Server-aaa] local-user user service-type ssh
[SFTP Server-aaa] local-user user ftp-directory flash:\autoconfig
[SFTP Server-aaa] quit
[SFTP Server] ssh user user authentication-type password

#配置 SFTP 服务器的 IP 地址

[SFTP Server] interface gigabitethernet 0/0/1

[SFTP Server-GigabitEthernet0/0/1] ip address 172.16.100.100 255.255.255.0

[SFTP Server-GigabitEthernet0/0/1] quit

#在 SFTP 服务器上配置缺省路由

[SFTP Server] ip route-static 0.0.0.0 0.0.0.0 172.16.100.1

步骤 2：将配置文件、系统软件和补丁文件上传至 SFTP 服务器的工作目录 flash:\autoconfig 上（上传步骤略）。

步骤 3：配置 DHCP 服务器（以 AR2220 为例）。

<Huawei> system-view

[Huawei] sysname DHCP Server

[DHCP Server] dhcp enable

[DHCP Server] vlan 10

[DHCP Server-vlan10] quit

[DHCP Server] interface ethernet 1/0/1

[DHCP Server-Ethernet1/0/1] port link-type hybrid

[DHCP Server-Ethernet1/0/1] port hybrid untagged vlan 10

[DHCP Server-Ethernet1/0/1] port hybrid pvid vlan 10

[DHCP Server-Ethernet1/0/1] quit

[DHCP Server] interface ethernet 1/0/2

[DHCP Server-Ethernet1/0/2] port link-type hybrid

[DHCP Server-Ethernet1/0/2] port hybrid untagged vlan 10

[DHCP Server-Ethernet1/0/2] port hybrid pvid vlan 10

[DHCP Server-Ethernet1/0/2] quit

[DHCP Server] interface ethernet 1/0/3

[DHCP Server-Ethernet1/0/3] port link-type hybrid

[DHCP Server-Ethernet1/0/3] port hybrid untagged vlan 10

[DHCP Server-Ethernet1/0/3] port hybrid pvid vlan 10

[DHCP Server-Ethernet1/0/3] quit

[DHCP Server] interface gigabitEthernet 0/0/1

[DHCP Server-GigabitEthernet0/0/1] ip address 172.16.100.1 255.255.255.0

[DHCP Server-GigabitEthernet0/0/1] quit

[DHCP Server] interface vlanif 10

[DHCP Server-Vlanif10] ip address 172.16.200.100 255.255.255.0

[DHCP Server-Vlanif10] dhcp select global

[DHCP Server-Vlanif10] quit

[DHCP Server] ip pool auto-config

[DHCP Server-ip-pool-auto-config] network 172.16.200.0 mask 255.255.255.0

[DHCP Server-ip-pool-auto-config] gateway-list 172.16.200.100

[DHCP Server-ip-pool-auto-config] option 67 ascii ar_V200R008（C20&C30）.cfg

[DHCP Server-ip-pool-auto-config] option 141 ascii user

[DHCP Server-ip-pool-auto-config] option 142 cipher huawei@123

[DHCP Server-ip-pool-auto-config] option 143 ip-address 172.16.100.100

[DHCPServer-ip-pool-auto-config]option145ascii vrpfile=auto_V200R008
（C20&C30）.cc;vrpver=V200R008（C20&C30）;patchfile=ar_V200R008（C20&C30）.pat;

[DHCP Server-ip-pool-auto-config] quit

步骤 4：待配置设备 RouterA、RouterB 和 RouterC 上电启动，Auto-Config 流程开始运行。

步骤 5：检查配置结果。

Auto-Config 流程结束后，登录到待配置设备执行命令 display startup 查看设备当前的启动系统软件，启动配置文件和启动补丁文件

以 RouterA 为例：

```
<Huawei> display startup
MainBoard:
    Startup system software:              flash:/ar_V200R008（C20&C30）.cc
    Next startup system software:         flash:/ar_V200R008（C20&C30）.cc
    Backup system software for next startup:  null
    Startup saved-configuration file:     flash:/ar_V200R008（C20&C30）.cfg
    Next startup saved-configuration file:  flash:/ar_V200R008（C20&C30）.cfg
    Startup license file:                 null
    Next startup license file:            null
    Startup patch package:                flash:/ar_V200R008（C20&C30）.pat
    Next startup patch package:           flash:/ar_V200R008（C20&C30）.pat
    Startup voice-files:                  null
    Next startup voice-files:             null
```

4. 配置静态路由

通过配置静态路由，用户可以人为地指定对某一网络访问时所要经过的路径，网络结构比较简单，且一般到达某一网络所经过的路径唯一的情况下采用静态路由。下面通过一个实例介绍设置静态路由、查看路由表，理解路由原理及概念。

1）IPv4 静态路由设置

如图 10-20 所示设计拓扑结构，3 台路由器分别命名为 R1、R2、R3，所使用的接口和相应的 IP 地址分配如图 10-20 所示，其中"/24"与"/30"表示子网掩码为 24 位和 30 位。

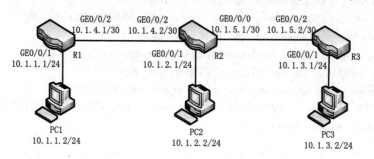

图 10-20　静态路由实例图

路由器 R1 配置文件如下。

```
#
interface GigabitEthernet0/0/1              //接口视图配置 R1 的接口地址
ip address 10.1.1.1 255.255.255.0
#
interface GigabitEthernet0/0/2
ip address 10.1.4.1 255.255.255.252

#
ip route-static 10.1.2.0 255.255.255.0 10.1.4.2    //系统视图配置 R1 到不同网段的静态路由
ip route-static 10.1.3.0 255.255.255.0 10.1.4.2
#
return
```

路由器 R2 配置文件如下。

```
#
interface GigabitEthernet0/0/1              //接口视图配置 R2 的接口地址
ip address 10.1.2.1 255.255.255.0
#
interface GigabitEthernet0/0/2
ip address 10.1.4.2 255.255.255.252
#
interface GigabitEthernet0/0/0
```

```
ip address 10.1.5.1 255.255.255.252
#
ip route-static 10.1.1.0 255.255.255.0 10.1.4.1        //系统视图配置 R2 到不同网段的静态路由
ip route-static 10.1.3.0 255.255.255.0 10.1.5.2
#
return
```

路由器 R3 配置文件如下。

```
#
interface GigabitEthernet0/0/1                         //接口视图配置 R3 的接口地址
ip address 10.1.3.1 255.255.255.0
#
interface GigabitEthernet0/0/2
ip address 10.1.5.2 255.255.255.252
#
ip route-static 10.1.1.0 255.255.255.0 10.1.5.1        //系统视图配置 R3 到不同网段的静态路由
ip route-static 10.1.2.0 255.255.255.0 10.1.5.1
#
return
```

通过路由器中配置静态路由以实现路由器 R1、R2、R3 在 IP 层的相互连通性，也就是要求 PC1、PC2、PC3 之间可以相互 ping 通。

首先在 R1 路由器上查看静态路由表的信息，可以看到两条静态路由信息，下一跳都指向 10.1.4.2。

```
<R1>display ip routing-table protocol static
Route Flags: R - relay, D - download to fib
------------------------------------------------------------------------------------------------
Public routing table : Static
        Destinations : 2        Routes : 2        Configured Routes : 2
Static routing table status : <Active>
        Destinations : 2        Routes : 2
Destination/Mask    Proto    Pre   Cost    Flags NextHop        Interface
        10.1.2.0/24  Static   60    0       RD    10.1.4.2       GigabitEthernet0/0/2
        10.1.3.0/24  Static   60    0       RD    10.1.4.2       GigabitEthernet0/0/2
Static routing table status : <Inactive>
        Destinations : 0        Routes : 0
```

接下来在 PC1 的命令行 ping 通终端 PC2，显示如下，结果验证了 PC1 到 PC2 在 IP 层数据可达，其他 PC 间测试相似。

```
PC1>ping 10.1.2.2
Ping 10.1.2.2: 32 data bytes, Press Ctrl_C to break
From 10.1.2.2: bytes=32 seq=1 ttl=126 time=16 ms
From 10.1.2.2: bytes=32 seq=2 ttl=126 time=16 ms
From 10.1.2.2: bytes=32 seq=3 ttl=126 time=16 ms
From 10.1.2.2: bytes=32 seq=4 ttl=126 time=16 ms
From 10.1.2.2: bytes=32 seq=5 ttl=126 time=16 ms
--- 10.1.2.2 ping statistics ---
   5 packet(s) transmitted
   5 packet(s) received
   0.00% packet loss
   round-trip min/avg/max = 16/16/16 ms
```

2）IPv6 静态路由设置

网络拓扑结构如图 10-21 所示，将两台路由器分别命名为 R1 和 R2，所使用的接口和相应的 IP 地址分配如图 10-21 所示。

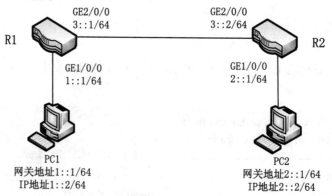

图 10-21　IPv6 静态路由实例图

配置 IPv6 路由协议前，首先启用路由设备转发 IPv6 单播报文。在接口下配置关于 IPv6 特性的命令前需要在接口上启用 IPv6 功能。其次，在各主机上配置缺省网关，正确配置各路由器各接口的 IPv6 地址，使网络互通。

R1 的相关配置如下。

```
#
ipv6                          //启用路由器 IPv6 报文转发能力
#
interface GigabitEthernet1/0/0
ipv6 enable                   //在接口上启用 IPv6 功能
ipv6 address 1::1 64
#
interface GigabitEthernet2/0/0
ipv6 enable
ipv6 address 3::1 64
#
ipv6 route-static 2:: 64 3::1     //配置 R1 到 2::64 网段的静态路由
#
return
```

R2 的相关配置如下。

```
#
ipv6
#
interface GigabitEthernet1/0/0
ipv6 enable
ipv6 address 2::1 64
#
interface GigabitEthernet2/0/0
ipv6 enable
ipv6 address 3::2 64
#
ipv6 route-static 1:: 64 3::2     //配置 R1 到 1::64 网段的静态路由
#
return
```

3）检查配置结果

使用 display ipv6 routing-table 命令查看路由器的 IP 路由表。

使用 Ping ipv6 命令验证连通性，要求从 PC1 可以 ping 通 PC2。

10.4　配置路由协议

本节主要讲述对路由协议的配置。IP 路由选择协议用有效的、无循环的路由信息填充路由表，从而为数据包在网络之间传递提供了可靠的路径信息。路由选择协议又分为距离矢量、链路状态和平衡混合 3 种。

距离矢量（Distance Vector）路由协议计算网络中所有链路的矢量和距离并以此为依据确认最佳路径。使用距离矢量路由协议的路由器定期向其相邻的路由器发送全部或部分路由表。典型的距离矢量路由协议有 RIP（Routing Information Protocol，路由选择信息协议）。

链路状态（Link State）路由协议使用为每个路由器创建的拓扑数据库来创建路由表，每个路由器通过此数据库建立一个整个网络的拓扑图。在拓扑图的基础上通过相应的路由算法计算出通往各目标网段的最佳路径，并最终形成路由表。典型的链路状态路由协议是 OSPF（Open Shortest Path First，开放最短路径优先）路由协议和 IS-IS（Intermediate System to Intermediate System，属于内部网关协议 IGP）。

平衡混合（Balanced Hybrid）路由协议结合了链路状态和距离矢量两种协议的优点，此类协议的代表是 BGP，即边界网关协议。

下面分别讨论如何在路由器中配置这些动态路由协议。

10.4.1　配置 RIP 协议

1．配置 RIP 协议

RIP 是距离矢量路由选择协议的一种。路由器收集所有可到达目的地的不同路径，并且保存有关到达每个目的地的最少站点数的路径信息，除到达目的地的最佳路径外，任何其他信息均予以丢弃。同时，路由器也把所收集的路由信息用 RIP 协议通知相邻的其他路由器。这样，正确的路由信息逐渐扩散到了全网。

RIP 使用非常广泛，它简单、可靠，便于配置。RIP 版本 2 还支持无类域间路由（Classless Inter-Domain Routing，CIDR）、可变长子网掩码（Variable Length Subnetwork Mask，VLSM）和不连续的子网，并且使用组播地址发送路由信息。但是 RIP 只适用于小型的同构网络，因为它允许的最大跳数为 15，任何超过 15 个站点的目的地均被标记为不可达。RIP 每隔 30s 广播一次路由信息。

RIP 应用于 OSI 网络七层模型的应用层。各厂家定义的管理距离（AD，即优先级）略有不同，华为定义的优先级是 100。

其相关的命令如表 10-2 所示。

表 10-2 RIP 的相关命令

命　令	功　能	命　令	功　能
rip [*process-id*]	进入 RIP 视图	display rip 1 route	查看路由表信息
version 2	指定 RIP 版本 2	display rip route	查看 RIP 协议的路由信息
network *network*	指定与该路由器相连的网络	display rip interface	查看 RIP 接口信息

假设有图 10-22 所示的网络拓扑结构，试通过配置 RIP 协议使全网连通。

#配置路由器 R1 接口的 IP 地址
[R1] interface gigabitethernet 0/0/1
[R1-GigabitEthernet0/0/2] ip address 192.168.1.1 24

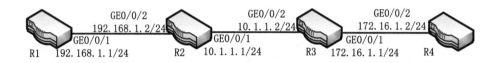

图 10-22　RIP 协议配置拓扑图

R2、R3 和 R4 的配置与 R1 的配置相似。

#配置路由器 R1 的 RIP 功能
[R1] rip
[R1-rip-1] network 192.168.1.0
[R1-rip-1] quit

#配置路由器 R2 的 RIP 功能
[R2] rip
[R2-rip-1] network 192.168.1.0
[R2-rip-1] network 10.0.0.0
[RouterB-rip-1] quit

#配置路由器 R3 的 RIP 功能
[R3] rip
[R3-rip-1] network 10.0.0.0
[R3-rip-1] network 172.16.0.0
[R3-rip-1] quit

#配置路由器 R4 的 RIP 功能

[R4] rip
[R4-rip-1] network 172.16.0.0
[R4-rip-1] quit

#查看路由器 R1 的 RIP 路由表
[R1] display rip 1 route
　Route Flags: R - RIP
　　　　　　　 A - Aging, S - Suppressed, G - Garbage-collect

　Peer 192.168.1.2　　on GigabitEthernet0/0/1

Destination/Mask	Nexthop	Cost	Tag	Flags	Sec
10.0.0.0/8	192.168.1.2	1	0	RA	1
172.16.0.0/16	192.168.1.2	2	0	RA	1

从路由表中可以看出，RIP-1 发布的路由信息使用的是自然掩码。

分别在路由器 R1、R2、R3、R4 配置 RIP-2，在路由器 R1 上配置如下，其他路由器上配置方法相同。

#在路由器 R1 上配置 RIP-2
[R1] rip
[R1-rip-1] version 2
[R1-rip-1] quit

#查看路由器 R1 的 RIP 路由表
[R1] display rip 1 route
　　Route Flags: R - RIP
　　　　　　　　 A - Aging, S - Suppressed, G - Garbage-collect

　Peer 192.168.1.2 on GigabitEthernet0/0/1

Destination/Mask	Nexthop	Cost	Tag	Flags	Sec
10.1.1.0/24	192.168.1.2	1	0	RA	4
172.16.1.0/24	192.168.1.2	2	0	RA	4

从路由表中可以看出，RIP-2 发布的路由中带有更为精确的子网掩码信息。

2. RIP 与 BFD 联动

双向转发检测 BFD（Bidirectional Forwarding Detection）是一种用于检测邻居路由器之间链路故障的检测机制，它通常与路由协议联动，通过快速感知链路故障并通告使得路由协议能够快速地重新收敛，从而减少由于拓扑变化导致的流量丢失。

假设有图 10-23 所示的网络拓扑结构,在网络中有 4 台路由器通过 RIP 协议实现网络互通。其中业务流量经过主链路 R1---R2---R3 进行传输。要求提高从 R1---R2 数据转发的可靠性,当主链路发生故障时,业务流量会快速切换到另一条路径进行传输。

#配置路由器 R1 接口的 IP 地址

[R1] interface gigabitethernet 0/0/1

[R1-GigabitEthernet0/0/1] ip address 192.168.1.2 24

[R1-GigabitEthernet0/0/1] quit

[R1]] interface gigabitethernet 0/0/2

[R1-GigabitEthernet0/0/2] ip address 192.168.2.2 24

[R1-GigabitEthernet0/0/2] quit

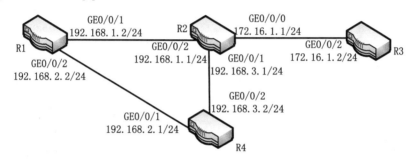

图 10-23　RIP 协议配置拓扑图

#配置路由器 R1 的 RIP 的基本功能

[R1] rip 1

[R1-rip-1] version 2

[R1-rip-1] network 192.168.1.0

[R1-rip-1] network 192.168.2.0

[R1-rip-1] quit

路由器 R2、R3 和 R4 的配置与路由器 R1 相似。

#查看路由器 R1、R2 以及路由器 R4 之间已经建立的邻居关系,以路由器 R1 的显示为例

[R1]dis rip 1 neighbor

```
------------------------------------------------------------------------
 IP Address      Interface              Type    Last-Heard-Time
------------------------------------------------------------------------
 192.168.1.1     GigabitEthernet0/0/1   RIP     0:0:20
 Number of RIP routes   : 1
```

192.168.2.1　　　GigabitEthernet0/0/2　　　　　RIP　　0:0:12
Number of RIP routes　: 1

\#查看完成配置的路由器之间互相引入的路由信息，以路由器 R1 的显示为例
Route Flags: R - relay, D - download to fib

Routing Tables: Public
　　　　　　　　Destinations : 12　　　　Routes : 13

Destination/Mask	Proto	Pre	Cost	Flags	NextHop	Interface
127.0.0.0/8	Direct	0	0	D	127.0.0.1	InLoopBack0
127.0.0.1/32	Direct	0	0	D	127.0.0.1	InLoopBack0
127.255.255.255/32	Direct	0	0	D	127.0.0.1	InLoopBack0
172.16.1.0/24	RIP	100	1	D	192.168.1.1	GigabitEthernet0/0/1
192.168.1.0/24	Direct	0	0	D	192.168.1.2	GigabitEthernet0/0/1
192.168.1.2/32	Direct	0	0	D	127.0.0.1	GigabitEthernet0/0/1
192.168.1.255/32	Direct	0	0	D	127.0.0.1	GigabitEthernet0/0/1
192.168.2.0/24	Direct	0	0	D	192.168.2.2	GigabitEthernet0/0/2
192.168.2.2/32	Direct	0	0	D	127.0.0.1	GigabitEthernet0/0/2
192.168.2.255/32	Direct	0	0	D	127.0.0.1	GigabitEthernet0/0/2
192.168.3.0/24	RIP	100	1	D	192.168.1.1	GigabitEthernet0/0/1
	RIP	100	1	D	192.168.2.1	GigabitEthernet0/0/2
255.255.255.255/32	Direct	0	0	D	127.0.0.1	InLoopBack0

由路由表看到去往目的地 172.16.1.0/24 的下一跳地址是 192.168.1.1，接口是
GigabitEthernet0/0/1，流量在主链路路由器 R1---R2 上进行传输。

\#配置路由器 R1 上所有接口的 BFD 特性
[R1] bfd
[R1-bfd] quit
[R1] rip 1
[R1-rip-1] bfd all-interfaces enable　　　//启用 bfd 功能，并配置最小发送、时间间隔和检测时间倍数等
[R1-rip-1] bfd all-interfaces min-rx-interval 100 min-tx-interval 100 detect-multiplier 10
[R1-rip-1] quit

R2 的配置与此相似。

\#完成上述配置之后，在路由器 R1 上执行命令 display rip bfd session 看到路由器 R1 与 R2 之间已经
建立起 BFD 会话，BFDState 字段显示为 Up，以路由器 R1 的显示为例

[R1]dis rip 1 bfd session all

LocalIp :192.168.1.2	RemoteIp :192.168.1.1	BFDState :Up	
TX :100	RX :100	Multiplier:10	

BFD Local Dis :8192   Interface :GigabitEthernet0/0/1

Diagnostic Info:No diagnostic information

LocalIp :192.168.2.2	RemoteIp :192.168.2.1	BFDState :Down	
TX :10000	RX :10000	Multiplier:0	

BFD Local Dis :8193   Interface :GigabitEthernet0/0/2

Diagnostic Info:No diagnostic information

验查配置结果：

#在路由器 R2 的接口 GigabitEthernet2/0/0 上执行 shutdown 命令，模拟链路故障

[R2] interface gigabitethernet 0/0/2

[R2-GigabitEthernet0/0/2] shutdown

#查看 R1 的 BFD 会话信息，可以看到路由器 R1 及 R2 之间不存在 BFD 会话信息

[R1]dis rip 1 bfd session all

LocalIp :192.168.2.2	RemoteIp :192.168.2.1	BFDState :Down	
TX :10000	RX :10000	Multiplier:0	

BFD Local Dis :8193   Interface :GigabitEthernet0/0/2

Diagnostic Info:No diagnostic information

#查看 R1 的路由表

[R1]dis ip routing-table

Route Flags: R - relay, D - download to fib

Routing Tables: Public

      Destinations : 9   Routes : 9

Destination/Mask	Proto	Pre	Cost	Flags	NextHop	nterface
127.0.0.0/8	Direct	0	0	D	127.0.0.1	InLoopBack0
127.0.0.1/32	Direct	0	0	D	127.0.0.1	InLoopBack0
127.255.255.255/32	Direct	0	0	D	127.0.0.1	InLoopBack0
172.16.1.0/24	RIP	100	2	D	192.168.2.1	GigabitEthernet0/0/2
192.168.2.0/24	Direct	0	0	D	192.168.2.2	GigabitEthernet0/0/2
192.168.2.2/32	Direct	0	0	D	127.0.0.1	GigabitEthernet0/0/2

192.168.2.255/32	Direct	0	0	D	127.0.0.1	GigabitEthernet0/0/2
192.168.3.0/24	RIP	100	1	D	192.168.2.1	GigabitEthernet0/0/2
255.255.255.255/32	Direct	0	0	D	127.0.0.1	InLoopBack0

由路由表可以看出，在主链路发生故障之后备份链路 R1---R4---R2 被启用，去往 172.16.1.0/24 的路由下一跳地址是 192.168.2.1，出接口为 GigabitEthernet0/0/2。

10.4.2　配置 IS-IS 协议

中间系统到中间系统 IS-IS（Intermediate System to Intermediate System）属于内部网关协议 IGP（Interior Gateway Protocol），用于自治系统内部。为了支持大规模的路由网络，IS-IS 在自治系统内采用骨干区域与非骨干区域两级的分层结构。一般来说，将 Level-1 路由器部署在非骨干区域，Level-2 路由器和 Level-1-2 路由器部署在骨干区域。每一个非骨干区域都通过 Level-1-2 路由器与骨干区域相连。

IS-IS 是一种链路状态路由协议，每一台路由器都会生成一个 LSP，它包含了该路由器所有启用 IS-IS 协议接口的链路状态信息。通过跟相邻设备建立 IS-IS 邻接关系，互相更新本地设备的 LSDB，可以使得 LSDB 与整个 IS-IS 网络的其他设备的 LSDB 实现同步。然后根据 LSDB 运用 SPF 算法计算出 IS-IS 路由。如果此 IS-IS 路由是到目的地址的最优路由，则此路由会下发到 IP 路由表中，并指导报文的转发。

其相关命令如表 10-3 所示。

表 10-3　IS-IS 的相关命令

命　　令	功　　能
isis [*process-id*]	创建 IS-IS 进程并进入 IS-IS 视图
isis circuit-level[level-1|level-1-2|level-2]	设置接口的 Level 级别，默认情况下，接口的 Level 级别为 level-1-2
network-entity *net*	设置网络实体名称
net	格式为 X···X.XXXX.XXXX.XXXX.00，前面的 "X···X" 是区域地址，中间的 12 个 "X" 是路由器的 System ID，最后的 "00" 是 SEL
isis enable[*process-id*]	指定 IS-IS 的进程号，默认为 1，IS-IS 将通过该接口建立邻居、扩散 LSP 报文
display isis peer	查看 IS-IS 的邻居信息
display isis route	查看 IS-IS 的路由信息

参照图 10-24 给出一个 IGRP 协议配置的综合实例，现网中有 4 台路由器。要求这 4 台路由器实现网络互联，并且因为 R1 和 R2 性能相对较低，要求这两台路由器处理相对较少的数据信息。

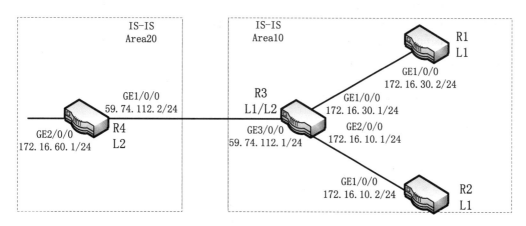

图 10-24　IS-IS 协议配置拓扑图

#配置 R1 器接口的 IP 地址，R2、R3 和 R4 的配置与 R1 一致

[R1] interface gigabitethernet 1/0/0

[R1-GigabitEthernet1/0/0] ip address 10.1.1.2 24

[R1-GigabitEthernet1/0/0] quit

#配置 R1 的 IS-IS 基本功能，R2、R3 和 R4 的配置与 R1 相似

[R1] isis 1

[R1-isis-1] is-level level-1

[R1-isis-1] network-entity 10.0000.0000.0001.00

[R1-isis-1] quit

[R1] interface gigabitethernet 1/0/0

[R1-GigabitEthernet1/0/0] isis enable 1

[R1-GigabitEthernet1/0/0] quit

检查配置结果。

显示各 Router 的 IS-IS LSDB 信息，查看 LSDB 是否同步，例如检查 R1 的信息命令如下

[R1] display isis lsdb

Database information for ISIS(1)

Level-1 Link State Database

LSPID	Seq Num	Checksum	Holdtime	Length	ATT/P/OL
0000.0000.0001.00-00*	0x00000006	0xbf7d	649	68	0/0/0
0000.0000.0001.01-00*	0x00000002	0xcfbb	1157	55	0/0/0
0000.0000.0002.00-00	0x00000003	0xef4d	545	68	0/0/0
0000.0000.0003.00-00	0x00000008	0x3340	582	111	1/0/0

Total LSP(s): 4

*(In TLV)-Leaking Route, *(By LSPID)-Self LSP, +-Self LSP(Extended),

ATT-Attached, P-Partition, OL-Overload

\# 显示各路由器的 IS-IS 路由信息。Level-1 路由器的路由表中应该有一条默认路由，且下一跳为 Level-1-2 路由器，Level-2 路由器应该有所有 Level-1 和 Level-2 的路由，例如检查 R1 的命令如下

[R1] display isis route

Route information for ISIS(1)

ISIS(1) Level-1 Forwarding Table

IPV4 Destination	IntCost	ExtCost	ExitInterface	NextHop	Flags
172.16.30.0/24	10	NULL	GE1/0/0	Direct	D/-/L/-
172.16.10.0/24	20	NULL	GE1/0/0	172.16.30.1	A/-/-/-
159.74.112.0/24	20	NULL	GE1/0/0	172.16.30.1	A/-/-/-
0.0.0.0/0	10	NULL	GE1/0/0	172.16.30.1	A/-/-/-

Flags: D-Direct, A-Added to URT, L-Advertised in LSPs, S-IGP Shortcut,

U-Up/Down Bit Set

经过检查 LSDB 同步，并且 R1 与 R2 的路由条目较少。说明网络互通且 R1 和 R2 承担较少信息。

10.4.3　配置 OSPF 协议

开放最短路径优先协议是重要的路由选择协议，它是一种链路状态路由选择协议，是由 Internet 工程任务组开发的内部网关路由协议，用于在单一自治系统内决策路由。

链路是路由器接口的另一种说法，因此，OSPF 也称为接口状态路由协议。OSPF 通过路由器之间通告网络接口的状态来建立链路状态数据库，生成最短路径树，每个 OSPF 路由器使用这些最短路径构造路由表。下面分别介绍 OSPF 协议的相关要点。

（1）自治系统。自治系统包括一个单独管理实体下所控制的一组路由器，OSPF 是内部网关路由协议，工作于自治系统内部。

（2）链路状态。所谓链路状态，是指路由器接口的状态，例如 Up、Down、IP 地址、网络类型、链路开销以及路由器和它邻接路由器间的关系。链路状态信息通过链路状态通告（Link State Advertisement，LSA）扩散到网络上的每台路由器，每台路由器根据 LSA 信息建立一个关于网络的拓扑数据库。

（3）最短路径优先算法。OSPF 协议使用最短路径优先算法，利用从 LSA 通告得来的信息计算到达每一个目标网络的最短路径，以自身为根生成一棵树，包含了到达每个目的网络的完整路径。

（4）路由器标识。OSPF 的路由标识是一个 32 位的数字，它在自治系统中被用来唯一地识别路由器。默认使用最高回送地址，若回送地址没有被配置，则使用物理接口上最高的 IP 地址作为路由器标识。

（5）邻居和邻接。OSPF 在相邻路由器间建立邻接关系，使它们交换路由信息。邻居是指共享同一网络的路由器，并使用 Hello 包来建立和维护邻居路由器间的邻接关系。

（6）区域。在 OSPF 网络中使用区域（Area）为自治系统分段。OSPF 是一种层次化的路由选择协议，区域 0 是一个 OSPF 网络中必须具有的区域，也称为主干区域，其他所有区域要求通过区域 0 互连到一起。

其相关命令及说明如表 10-4 所示，设计图 10-25 所示的网络拓扑结构图来配置 OSPF 协议。

```
#配置 R1 路由器接口的 IP 地址
<Huawei> system-view
[Huawei] sysname R1
[R1] interface gigabitethernet 0/0/1
[R1-GigabitEthernet0/0/1] ip address 192.168.1.1 24
[R1-GigabitEthernet0/0/1] quit
[R1] interface gigabitethernet 0/0/2
[R1-GigabitEthernet0/0/2] ip address 192.168.2.1 24
[R1-GigabitEthernet0/0/2] quit

#在路由器 R1 上配置 OSPF 基本功能
[R1] router id 1.1.1.1
[R1] ospf
[R1-ospf-1] area 0
[R1-ospf-1-area-0.0.0.0] network 192.168.1.0 0.0.0.255
[R1-ospf-1-area-0.0.0.0] quit
```

[R1-ospf-1] area 1

[R1-ospf-1-area-0.0.0.1] network 192.168.2.0 0.0.0.255

[R1-ospf-1-area-0.0.0.1] quit

[R1-ospf-1] quit

表 10-4　OSPF 的相关命令

命　令	功　能
ospf[*process-id*|router-id *router-id*|vpn-instance *vpn-instance-name*]	启动 OSPF 进程，进入 OSPF 视图
area *area-id*	创建并进入 OSPF 区域视图
network *ip-address wildcard-mask*	配置区域所包含的网段
display ospf peer	查看 OSPF 邻居信息
display ospf routing	查看 OSPF 路由信息

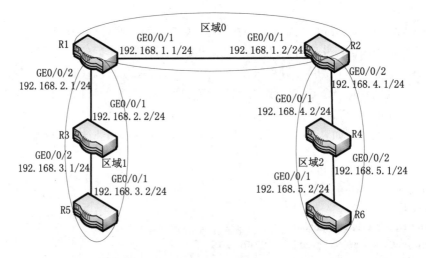

图 10-25　OSPF 协议配置实例图

#路由器 R2、R3、R4、R5 和 R6 路由器的配置与 R1 相似

#在路由器 R1 上查看路由表

<R1>dis ip rout

Route Flags: R - relay, D - download to fib

Routing Tables: Public

　　　　　　Destinations : 13　　　　　Routes : 13

Destination/Mask	Proto	Pre	Cost	Flags	NextHop	Interface
127.0.0.0/8	Direct	0	0	D	127.0.0.1	InLoopBack0
127.0.0.1/32	Direct	0	0	D	127.0.0.1	InLoopBack0
127.255.255.255/32	Direct	0	0	D	127.0.0.1	InLoopBack0
192.168.1.0/24	Direct	0	0	D	192.168.1.1	GigabitEthernet0/0/1
192.168.1.1/32	Direct	0	0	D	127.0.0.1	GigabitEthernet0/0/1
192.168.1.255/32	Direct	0	0	D	127.0.0.1	GigabitEthernet0/0/1
192.168.2.0/24	Direct	0	0	D	192.168.2.1	GigabitEthernet0/0/2
192.168.2.1/32	Direct	0	0	D	127.0.0.1	GigabitEthernet0/0/2
192.168.2.255/32	Direct	0	0	D	127.0.0.1	GigabitEthernet0/0/2
192.168.3.0/24	OSPF	10	2	D	192.168.2.2	GigabitEthernet0/0/2
192.168.4.0/24	OSPF	10	2	D	192.168.1.2	GigabitEthernet0/0/1
192.168.5.0/24	OSPF	10	3	D	192.168.1.2	GigabitEthernet0/0/1
255.255.255.255/32	Direct	0	0	D	127.0.0.1	InLoopBack0

从路由器 R1 的路由表上可以看出，已经学到了全部的路由。

#在路由器 R5 与路由器 R6 之间的连通性，在带 R5 源地址 ping 命令测试
<R5>ping -a 192.168.3.2 192.168.5.2
　　PING 192.168.5.2: 56　data bytes, press CTRL_C to break
　　　　Reply from 192.168.5.2: bytes=56 Sequence=1 ttl=251 time=30 ms
　　　　Reply from 192.168.5.2: bytes=56 Sequence=2 ttl=251 time=50 ms
　　　　Reply from 192.168.5.2: bytes=56 Sequence=3 ttl=251 time=40 ms
　　　　Reply from 192.168.5.2: bytes=56 Sequence=4 ttl=251 time=30 ms
　　　　Reply from 192.168.5.2: bytes=56 Sequence=5 ttl=251 time=40 ms

　　--- 192.168.5.2 ping statistics ---
　　　　5 packet(s) transmitted
　　　　5 packet(s) received
　　　　0.00% packet loss
　　　　round-trip min/avg/max = 30/38/50 ms

#查看路由器 R1 的 OSPF 邻居
<R1> display ospf peer
　　　　　OSPF Process 1 with Router ID 1.1.1.1
　　　　　　　Neighbors

Area 0.0.0.0 interface 192.168.1.1(GigabitEthernet0/0/1)'s neighbors

Router ID: 2.2.2.2　　　　　Address: 192.168.1.2

　State: Full　Mode:Nbr is　Master　Priority: 1

　DR: 192.168.1.1　BDR: 192.168.1.2　MTU: 0

　Dead timer due in 32　sec

　Retrans timer interval: 5

　Neighbor is up for 01:06:23

　Authentication Sequence: [0]

　　　　Neighbors

Area 0.0.0.1 interface 192.168.2.1(GigabitEthernet0/0/2)'s neighbors

Router ID: 3.3.3.3　　　　　Address: 192.168.2.2

　State: Full　Mode:Nbr is　Master　Priority: 1

　DR: 192.168.2.1　BDR: 192.168.2.2　MTU: 0

　Dead timer due in 28　sec

　Retrans timer interval: 5

#显示路由器 R1 的 OSPF 路由信息

<R1>display ospf routing

　　　OSPF Process 1 with Router ID 1.1.1.1

　　　　　Routing Tables

Routing for Network

Destination	Cost	Type	NextHop	AdvRouter	Area
192.168.1.0/24	1	Transit	192.168.1.1	1.1.1.1	0.0.0.0
192.168.2.0/24	1	Transit	192.168.2.1	1.1.1.1	0.0.0.1
192.168.3.0/24	2	Transit	192.168.2.2	3.3.3.3	0.0.0.1
192.168.4.0/24	2	Inter-area	192.168.1.2	2.2.2.2	0.0.0.0
192.168.5.0/24	3	Inter-area	192.168.1.2	2.2.2.2	0.0.0.0

Total Nets: 5

Intra Area: 3　Inter Area: 2　ASE: 0　NSSA: 0

10.4.4　配置 BGP 协议

　　边界网关协议 BGP（Border Gateway Protocol）是一种实现自治系统 AS（Autonomous System）之间的路由可达，并选择最佳路由的距离矢量路由协议。它具有以下特点。

　　（1）实现自治系统间通信网络的信息可达，BGP 允许一个 AS 向其他 AS 通告其内部网络的可达性信息，或者是通过该 AS 可达的其他网络的路由信息。

　　（2）多个 BGP 路由器之间的协调，如果在一个自治系统内部有多个路由器分别使用 BGP

与其他自治系统中对等路由器进行通信，则通过协调使这些路由器保持路由信息的一致性。

（3）BGP 支持基于策略的路径选择，可以为域内和域间的网络可达性配置不同的策略。

（4）BGP 只需要在启动时交换一次完整信息，不需要在所有路由更新报文中传送完整的路由数据库信息，后续的路由更新报文只通告网络的变化信息，避免网络变化使得信息量大幅增加。

（5）在 BGP 通告目的网络的可达性信息时，除了处理指定目的网络的下一跳信息之外，通告中还包括了通路向量，即去往该目的网络时需要经过的 AS 的列表，使接受者能够清楚了解去往目的网络的通路信息。

除了以上这些，BGP 允许发送方把路由信息聚集在一起，用一个条目来表示多个相关的目的网络，以节约网络带宽。允许接收方对报文进行鉴别，以验证发送方的身份等多个特点。

BGP 在不同自治系统（AS）之间进行路由转发，分为 EBGP 和 IBGP 两种情况。EBGP 外部边界网关协议，用于在不同的自治系统间交换路由信息。IBGP 内部边界网关协议，用于向内部路由器提供更多信息。

其相关命令及说明如表 10-5 所示，参照图 10-26 所示的网络拓扑图配置 BGP 协议使全网连通，R1、R2 之间建立 EBGP 连接，R2、R3 和 R4 之间建立 IBGP 连接。

```
#配置各接口的 IP 地址，配置 R1，其他路由器各接口的 IP 地址与此配置一致
<R1> system-view
[R1] interface gigabitethernet 1/0/0
[R1-GigabitEthernet1/0/0] ip address 172.16.60.1
[R1-GigabitEthernet1/0/0] quit

#配置 IBGP 连接，配置 R2、R3、R4
[R2] bgp 65009
[R2-bgp] router-id 2.2.2.2
[R2-bgp] peer 9.1.1.2 as-number 65009
[R2-bgp] peer 9.1.3.2 as-number 65009

[R3] bgp 65009
[R3-bgp] router-id 3.3.3.3
[R3-bgp] peer 9.1.3.1 as-number 65009
[R3-bgp] peer 9.1.2.2 as-number 65009
[R3-bgp] quit
```

表 10-5　BGP 的相关命令

命　　令	功　　能
bgp{*as-number-plain*|*as-number-dot*}	启动 BGP，指定本地 AS 编号，并进入 BGP 视图
router-id *ipv4-address*	配置 BGP 的 Router ID

续表

命　　令	功　　能
peer{*ipv4-address|ipv6-address*}as-number{*as-number-plain|as-number-dot*}	创建 BGP 对等体
ipv4-family{unicast|multicast}	进入 IPv4 地址族视图
import-route direct	管理 IP 所在的网段路由，并引入 RIP 路由表

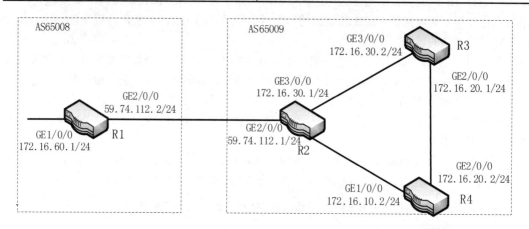

图 10-26　BGP 网络实例图

```
[R4] bgp 65009
[R4-bgp] router-id 4.4.4.4
[R4-bgp] peer 9.1.1.1 as-number 65009
[R4-bgp] peer 9.1.2.1 as-number 65009
[R4-bgp] quit
```

#配置 EBGP 连接，配置 R1、R2
```
[R1] bgp 65008
[R1-bgp] router-id 1.1.1.1
[R1-bgp] peer 59.74.112.1 as-number 65009
```

```
[R2-bgp] peer 59.74.112.2 as-number 65008
```

#查看 BGP 对等体的连接状态
```
[R2-bgp] display bgp peer
  BGP local router ID : 2.2.2.2
  Local AS number : 65009
  Total number of peers : 3                   Peers in established state : 3
```

Peer	V	AS	MsgRcvd	MsgSent	OutQ	Up/Down	State PrefRcv
172.16.10.2	4	65009	49	62	0	00:44:58 Established	0
172.16.30.2	4	65009	56	56	0	00:40:54 Established	0
59.74.112.2	4	65008	49	65	0	00:44:03 Established	1

可以看出，RouterB 到其他路由器的 BGP 连接均已建立。

#配置 R1 发布路由 172.16.60.0/24
[R1-bgp] ipv4-family unicast
[R1-bgp-af-ipv4] network 172.16.60.0 255.255.255.0
[R1-bgp-af-ipv4] quit

#查看 R1 路由表信息
[R1-bgp] display bgp routing-table
　BGP Local router ID is 1.1.1.1
　Status codes: * - valid, > - best, d - damped,
　　　　　　　　　h - history,　i - internal, s - suppressed, S - Stale
　　　　　　　　　Origin : i - IGP, e - EGP, ? - incomplete
　Total Number of Routes: 1

	Network	NextHop	MED	LocPrf	PrefVal	Path/Ogn
*>	172.16.60.0	0.0.0.0	0		0	i

#查看 R2 的路由表
[R2-bgp] display bgp routing-table
　BGP Local router ID is 2.2.2.2
　Status codes: * - valid, > - best, d - damped,
　　　　　　　　　h - history,　i - internal, s - suppressed, S - Stale
　　　　　　　　　Origin : i - IGP, e - EGP, ? - incomplete
　Total Number of Routes: 1

	Network	NextHop	MED	LocPrf	PrefVal	Path/Ogn
*>	172.16.60.0	59.74.112.2	0		0	65008i

#查看 R3 的路由表
[R3] display bgp routing-table
　BGP Local router ID is 3.3.3.3
　Status codes: * - valid, > - best, d - damped,
　　　　　　　　　h - history,　i - internal, s - suppressed, S - Stale
　　　　　　　　　Origin : i - IGP, e - EGP, ? - incomplete
　Total Number of Routes: 1

	Network	NextHop	MED	LocPrf	PrefVal	Path/Ogn
i	172.16.60.0	59.74.112.2	0	100	0	65008i

从路由表可以看出，R3 虽然学到了 AS65008 中的 172.16.60.0 的路由，但因为下一跳 59.74.112.2 不可达，所以不是有效路由。

\#.配置 BGP 引入直连路由，配置 R2

[R2-bgp] ipv4-family unicast

[R2-bgp-af-ipv4] import-route direct

\#查看 R1 的 BGP 路由表

[R1-bgp] display bgp routing-table

　BGP Local router ID is 1.1.1.1

　Status codes: * - valid, > - best, d - damped,

　　　　　　　　h - history,　i - internal, s - suppressed, S - Stale

　　　　　　　　Origin : i - IGP, e - EGP, ? - incomplete

　Total Number of Routes: 4

	Network	NextHop	MED	LocPrf	PrefVal	Path/Ogn
*>	172.16.60.0	0.0.0.0	0		0	i
*>	172.16.10.0/24	59.74.112.1	0		0	65009?
*>	172.16.30.0/24	59.74.112.1	0		0	65009?
	59.74.112.0	59.74.112.1	0		0	65009?

\#查看 R3 的路由表

[R3] display bgp routing-table

　BGP Local router ID is 3.3.3.3

　Status codes: * - valid, > - best, d - damped,

　　　　　　　　h - history,　i - internal, s - suppressed, S - Stale

　　　　　　　　Origin : i - IGP, e - EGP, ? - incomplete

　Total Number of Routes: 4

	Network	NextHop	MED	LocPrf	PrefVal	Path/Ogn
*>i	172.16.60.0	59.74.112.2	0	100	0	65008i
*>i	172.16.10.0/24	172.16.30.1	0	100	0	?
i	172.16.30.0/24	172.16.30.1	0	100	0	?
*>i	59.74.112.0	172.16.30.1	0	100	0	?

可以看出，到 172.16.60.0 的路由变为有效路由，下一跳为 R1 的地址。

\#使用 Ping 进行网络联通性检查

[R3] ping 172.16.60.1

　　PING 172.16.60.1: 56　data bytes, press CTRL_C to break

　　　Reply from 172.16.60.1: bytes=56 Sequence=1 ttl=254 time=23ms

Reply from 172.16.60.1: bytes=56 Sequence=2 ttl=254 time=56ms

Reply from 172.16.60.1: bytes=56 Sequence=3 ttl=254 time=36ms

Reply from 172.16.60.1: bytes=56 Sequence=4 ttl=254 time=14ms

Reply from 172.16.60.1: bytes=56 Sequence=5 ttl=254 time=46ms

---172.16.60.1 ping statistics ---
   5 packet(s) transmitted
   5 packet(s) received
   0.00% packet loss
   round-trip min/avg/max = 14/35/56 ms

10.5　配置广域网接入

如果要将网络与其他远程网络连接起来，有时要用到广域网（WAN）接入服务。本节结合具体的 PPP、帧中继 FR 和 ISDN BRI 连接接入实例来学习广域网接入的配置方法和技巧。

10.5.1　配置 PPP 和 DCC

点对点协议是作为在点对点链路上进行 IP 通信的封装协议而被开发出来的。PPP 定义了 IP 地址的分配和管理、异步和面向位的同步封装、网络协议复用、链路配置、链路质量测试和错误检测等标准，以及网络层地址协议和数据压缩协议等协议标准。PPP 通过可扩展的链路协议和网络控制协议（NCP）来实现上述功能。

PPP 具有多协议支持的特点，可以支持 IP、IPX 和 DECnet 等第三层协议。PPP 提供了安全认证机制，这主要是通过 PAP（口令认证协议）和 CHAP（挑战握手协议）来实现的。PAP 和 CHAP 被用来认证是否允许对端设备进行拨号连接。

多链路 PPP 是 PPP 的另一项功能，它允许在路由器和路由器之间或路由器和拨号的 PC 之间建立多条链路，通信量在这些链路之间进行负载均衡，从而提高了可用带宽和链路的可靠性。

按需拨号路由（Dial Control Center，DCC）是利用拨号链路实现网络间互连的一种常用技术。其主要功能是将数据包从被拨号的接口进行路由；决定何种数据包可以触发拨号；触发拨号；决定什么时候终止连接。DCC 技术和 PPP 技术一样对于 ISDN 的配置是非常重要的，在实际应用中 ISDN、PPP 和 DCC 这三项技术经常综合使用。

下面结合实例来研究 PPP 认证、DCC 技术的配置，更深入地了解拨号网络的配置技能。

结合图 10-27 所示的拓扑结构配置路由器 R1 和 R2，实现从总部到分支机构的网络连通，同时提供拨号连接的安全性。

图 10-27　多链路 PPP 组网图

相关命令及说明如表 10-6 所示。

表 10-6　PPP 的相关配置命令

命　　令	功　　能
interface mp-group	创建 MP-Group 接口并进入 MP-Group 接口视图
local-user *user-name* password	创建本地账号，并配置本地账号的登录密码
local-user *user-name* service-type ppp	配置本地用户使用的服务类型为 PPP
ppp authentication-mode {chap|pap}[[call-in] domain *domain-name*]	配置本端设备对对端设备的认证方式
authentication-scheme *scheme-name*	建立认证方案
domain *domain-name*	配置默认域
ppp chap user *username*	配置采用 CHAP 认证时认证方的用户名
ppp mp mp-group *number*	物理接口加入指定的组

#在 R1 上创建并配置多链路 MP-Group
<Huawei> system-view
[Huawei] sysname R1
[R1] interface mp-group 0/0/1
[R1-Mp-group0/0/1] ip address 10.10.10.9 30
[R1-Mp-group0/0/1] quit

#配置物理接口 Serial1/0/0、Serial1/0/1 加入 MP-Group，并配置接口采用 CHAP 认证，配置设备双向认证方时需要配置的本地用户和作为被认证方时需要的 CHAP 认证用户名和密码
[R1] aaa
[R1-aaa] local-user userb password
Please configure the login password (8-128)
It is recommended that the password consist of at least 2 types of characters, including lowercase letters,

uppercase letters, numerals and special characters.

　　Please enter password:

　　Please confirm password:

　　Info: Add a new user.

　　Warning: The new user supports all access modes. The management user access modes such as Telnet, SSH, FTP, HTTP, and Terminal have security risks. You are advised to configure the required access modes only.

　　[R1-aaa] local-user userb service-type ppp

　　[R1-aaa] authentication-scheme system_a

　　[R1-aaa-authen-system_a] authentication-mode local

　　[R1-aaa-authen-system_a] quit

　　[R1-aaa] domain system

　　[R1-aaa-domain-system] authentication-scheme system_a

　　[R1-aaa-domain-system] quit

　　[R1-aaa] quit

　　[R1] interface serial 1/0/0

　　[R1-Serial1/0/0] ppp authentication-mode chap domain system

　　[R1-Serial1/0/0] ppp chap user usera

　　[R1-Serial1/0/0] ppp chap password cipher usera@123

　　[R1-Serial1/0/0] ppp mp mp-group 0/0/1

　　[R1-Serial1/0/0] quit

　　[R1] interface serial 1/0/1

　　[R1-Serial1/0/1] ppp authentication-mode chap domain system

　　[R1-Serial1/0/1] ppp chap user usera

　　[R1-Serial1/0/1] ppp chap password cipher usera@123

　　[R1-Serial1/0/1] ppp mp mp-group 0/0/1

　　[R1-Serial1/0/1] quit

　　#为了保证配置生效，重启 RouterA 上的 MP 成员接口

　　[R1] interface serial 1/0/0

　　[R1-Serial1/0/0] restart

　　[R1-Serial1/0/0] quit

　　[R1] interface serial 1/0/1

　　[R1-Serial1/0/1] restart

　　[R1-Serial1/0/1] quit

　　#在 RouterA 上执行命令 display ppp mp 查看绑定效果

　　[R1] display ppp mp interface Mp-group 0/0/1

　　Mp-group is Mp-group0/0/1

```
===========Sublinks status begin======
Serial1/0/0 physical UP,protocol UP
Serial1/0/1 physical UP,protocol UP
===========Sublinks status end========
Bundle Multilink, 2 members, slot 0, Master link is Mp-group0/0/1
  0 lost fragments, 0 reordered, 0 unassigned,
sequence 0/0 rcvd/sent
The bundled sub channels are:
      Serial1/0/0
      Serial1/0/1
```

#根据显示信息可以看出 MP 子链路的物理状态和协议状态、子链路数及 MP 的成员等信息

#在 R1 上执行命令 display interface mp-group 查看绑定效果

```
[R1] display interface mp-group 0/0/1
Mp-group0/0/1 current state : UP
Line protocol current state : UP
Last line protocol up time : 2016-07-03 13:33:26
Description:HUAWEI, AR Series, Mp-group0/0/1 Interface
Route Port,The Maximum Transmit Unit is 1500
Internet Address is 10.10.10.9/30
Link layer protocol is PPP
LCP opened, MP opened, IPCP opened
Physical is MP, baudrate is 64000 bps
Current system time: 2016-07-03 13:36:50
      Last 300 seconds input rate 0 bytes/sec, 0 packets/sec
      Last 300 seconds output rate 0 bytes/sec, 0 packets/sec
      Realtime 0 seconds input rate 0 bytes/sec, 0 packets/sec
      Realtime 0 seconds output rate 0 bytes/sec, 0 packets/sec
      6 packets input, 84 bytes, 0 drops
      6 packets output, 84 bytes, 0 drops
      Input bandwidth utilization   : 0.00%
      Output bandwidth utilization : 0.00%
```

#根据显示信息可以看出 MP-Group 接口的状态为 Up，链路层协议为 PPP，LCP 协商、MP 协商及 IPCP 协商状态为 Opend 等信息

在 R2 上的配置命令类似，通过在 R2 上 ping 对端可以检测多链路 PPP 组网是否联通。

10.5.2　配置帧中继

帧中继是一种高性能的 WAN 协议，运行在 OSI 参考模型的物理层和数据链路层。它是一种数据包交换技术，是 X.25 的简化版本。它省略了 X.25 的一些强健功能，如提供窗口技术和数据重发技术，而是依靠高层协议提供纠错功能，这是因为帧中继工作在更好的 WAN 设备上，这些设备较之 X.25 的 WAN 设备具有更可靠的连接服务和更高的可靠性，它严格地对应于 OSI 参考模型的最低两层，而 X.25 还提供第三层的服务，所以帧中继比 X.25 具有更高的性能和更有效的传输效率。

帧中继广域网的设备分为 DTE 和 DCE。DTE 表示数据终端设备，DCE 表示数据通信设备，用于将用户 DTE 设备接入网络。

帧中继技术提供面向连接的数据链路层通信，在每对设备之间都存在一条定义好的通信链路，且该链路有一个链路识别码。这种服务通过帧中继虚电路实现，每个帧中继虚电路都以数据链路识别码（DLCI）标识自己。DLCI 的值一般由帧中继服务提供商指定。帧中继既支持 PVC 也支持 SVC。

其相关命令及说明如表 10-7 所示。

表 10-7　帧中继的相关配置命令

命　　令	功　　能
link-protocol fr	设置 Frame Relay 封装
fr interface-type dte	设置 Frame Relay 接口类型 DTE
fr dlci *dlci*	配置帧中继链路的数据连接标识符
fr map ip	配置本端 DLCI 到对端 IP 地址的静态映射

如图 10-28 进行帧中继 IP 业务组网，实现路由器 R1 和 R2 的联通。

#配置路由器 R1，接口封装为帧中继链路协议

```
<Huawei> system-view
[Huawei] sysname R1
[R1] interface serial 1/0/0
[R1-Serial1/0/0] link-protocol fr
Warning: The encapsulation protocol of the link will be changed. Continue? [Y/N]:y
[R1-Serial1/0/0] fr interface-type dte
[R1-Serial1/0/0] quit
```

图 10-28   帧中继 IP 业务组网

#配置静态地址映射，在 R1 的接口上配置 DLCI 虚电路号和直连的 DCE1 设备 IP 地址的静态地址
映射

[R1] interface serial 1/0/0.1

[R1-Serial1/0/0.1] fr dlci 70

[R1-fr-dlci-Serial1/0/0.1-70] quit

[R1-Serial1/0/0.1] ip address 10.10.10.9 30

[R1-Serial1/0/0.1] fr map ip 10.10.10.10 70

[R1-Serial1/0/0.1] quit

在 R2 上的配置命令类似，通过在 R2 上 ping 对端可以检测帧中继组网是否联通。

10.5.3   配置 ISDN

综合业务数字网（Integrated Service Digital Network，ISDN）是电话网络数字化的结果，由数字电话和数据传输服务两部分组成，可以在 ISDN 上传输声音、数据和视频等多种信息。ISDN 组件包括终端、终端适配器、网络终端设备、线路终端设备和交换终端设备等。

ISDN 提供了两种类型的访问接口，即基本速率接口（Basic Rate Interface，BRI）和主要速率接口（Primary Rate Interface，PRI）。ISDN BRI 提供两个 B 信道和一个 D 信道（2B+D）。ISDN 的 B 信道为承载信道，其速率为 64kbps，用于传输用户数据；D 信道速率为 16kbps，主要用于传输控制信息。PRI 提供 30 个 B 信道和一个 D 信道（30B+D），其 B 信道和 D 信道的速率均为 64kbps。

其相关命令及说明如表 10-8 所示。

表 10-8   ISDN 的相关配置命令

命　　令	功　　能
dialer-rule	进入 Dialer-rule 视图
dialer-rule *dialer-rule-number* {acl{*acl-number*|name *acl-name*}|ip{*deny* |*permit*}|ipv6{*deny*|*permit*}}	配置某个拨号访问组对应的拨号访问控制列表，指定引发 DCC 呼叫的条件
dialer enable-circular	使能轮询 DCC 功能
interface bri *interface-number*	进入指定的 ISDN BRI 接口

续表

命　　令	功　　能
display isdn call-info[interface interface-type interface-number]	查看 ISDN 接口的当前呼叫状态
isdn statistics{clear|continue|display[flow]|start|stop}	ISDN 接口信息统计

　　下面通过一个具体实例来学习两台路由器通过 ISDN 线路进行连接时的最基本配置。图 10-29 所示的路由器 R1 和 R2 各连接一条 ISDN BRI 线路，路由器的 BRI 接口通过 NT1 连接到 ISDN 上。各路由器 BRI 接口的 IP 地址和所连接的 ISDN 号如图 10-29 中所标，通过对两个路由器的配置达到 R1 和 R2 互通的目的。

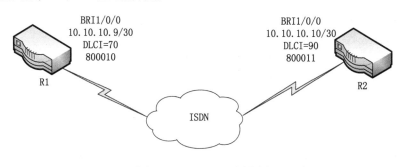

图 10-29　ISDN 配置实例

#配置 R1，　配置拨号控制列表
<Huawei> system-view
[Huawei] sysname R1
[R1] dialer-rule
[R1-dialer-rule] dialer-rule 1 ip permit
[R1-dialer-rule] quit

#配置帧中继地址映射
[R1] interface dialer 0
[R1-Dialer0] link-protocol fr
Warning: The encapsulation protocol of the link will be changed. Continue? [Y/N]:y
[R1-Dialer0] ip address 10.10.10.9 30
[R1-Dialer0] fr dlci 70
[R1-fr-dlci-Dialer0-70] quit
[R1-Dialer0] fr map ip 10.10.10.10 70

#配置拨号控制列表关联接口 Dialer0
[R1-Dialer0] dialer-group 1

#使能轮询 DCC
[R1-Dialer0] dialer enable-circular

#配置 R1 向 R2 发起呼叫
[R1-Dialer0] dialer number 800011
[R1-Dialer0] quit

#配置物理接口并将物理接口加入拨号循环组（Dialer Circular Group）
[R1] interface bri 1/0/0
[R1/0/0] link-protocol fr
Warning: The encapsulation protocol of the link will be changed. Continue? [Y/N]:y
[R1-Bri1/0/0] dialer circular-group 0

RouterB 的配置和 RouterA 类似，在配置完成后，在 R1 上 Ping R2 的 IP 地址来验证拨号链路是否畅通。

用户还可以使用命令 display isdn call-info [interface interface-type interface-number]查看指定接口的当前呼叫状态，使用命令 isdn statistics 统计 ISDN 接口上的收发消息并查看统计的结果。

10.6　IPSec 配置与测试

10.6.1　IPSec 实现的工作流程

IPSec 实现的 VPN 主要多种方式，本节介绍通过 IKE 协商方式建立 IPSec 隧道的配置。IKE 动态协商方式是由 ACL 来指定要保护的数据流范围，配置安全策略并将安全策略绑定在实际的接口上来完成 IPSec 的配置。具体方法是通过 ACL 规则筛选出需要进入 IPSec 隧道的报文，规则允许（permit）的报文将被保护，规则拒绝（deny）的报文将不被保护。这种方式可以利用 ACL 配置的灵活性，根据 IP 地址、端口、协议类型等对报文进行过滤进而灵活制定安全策略，对于中大型网络中，一般使用 IKE 协商建立 SA。

1．为 IPSec 做准备

在采用 ACL 方式建立 IPSec 隧道之前，实现源接口和目的接口之间路由可达。如果要配置基于 ACL 的 GRE over IPSec，则需要创建一个 Tunnel 接口并配置该接口为 GRE 类型，配置源 IP、目的 IP 和 IP 地址。其中，源 IP 为网关出接口的 IP，目的 IP 为对端网关出接口的 IP 地址，并将 Tunnel 接口加入安全区域。

2．定义需要保护的数据

IPSec 能够对一个或多个数据流进行安全保护，ACL 方式建立 IPSec 隧道采用 ACL 来指定需要 IPSec 保护的数据流。实际应用中，首先需要通过配置 ACL 的规则定义数据流范围，再在 IPSec 安全策略中引用该 ACL，从而起到保护该数据流的作用。一个 IPSec 安全策略中只能引用一个 ACL。采用 ACL 方式建立 IPSec 隧道配置流程如下。

（1）在两个网关 R1 和 R2 之间建立点到点的 IPSec 隧道，假设 R1 需要保护的网段为 10.10.10.0/24，R2 需要保护的网段为 172.16.10.0/24。

R1 的配置如下。

```
[R1] acl 3001
[R1-acl-adv-3001] rule permit ip source 10.10.10.0 0.0.0.255 destination 172.16.10.0 0.0.0.255
```

R2 的配置如下。

```
[R2] acl 3001
[R2-acl-adv-3001] rule permit ip source 172.16.10.0 0.0.0.255 destination 10.10.10.0 0.0.0.255
```

（2）如果网关下有多条数据流需要 IPSec 保护，相关的 ACL 配置如下所示。

R1 的配置如下。

```
[R1] ip address-set sou1 type object
[R1-object-address-set-sou1] address 0 10.10.10.0 mask 24
[R1-object-address-set-sou1] address 1 10.10.20.0 mask 24
[R1-object-address-set-sou1] address 2 10.10.30.0 mask 24
[R1-object-address-set-sou1] quit
[R1] ip address-set den1 type object
[R1-object-address-set-den1] address 0 172.16.10.0 mask 24
[R1-object-address-set-den1] address 1 172.16.20.0 mask 24
[R1-object-address-set-den1] address 2 172.16.30.0 mask 24
[R1-object-address-set-den1] quit
[R1] acl 3001
[R1-acl-adv-3001] rule permit ip source address-set sou1
```

[R1-acl-adv-3001] rule permit ip destination address-set den1

R2 的配置如下。

[R2] ip address-set sou1 type object
[R2-object-address-set-sou1] address 0 172.16.10.0 mask 24
[R2-object-address-set-sou1] address 1 172.16.20.0 mask 24
[R2-object-address-set-sou1] address 2 172.16.30.0 mask 24
[R2-object-address-set-sou1] quit
[R2] ip address-set den1 type object
[R2-object-address-set-den1] address 0 10.10.10.0 mask 24
[R2-object-address-set-den1] address 1 10.10.20.0 mask 24
[R2-object-address-set-den1] address 2 10.10.30.0 mask 24
[R2-object-address-set-den1] quit
[R2] acl 3001
[R2-acl-adv-3001] rule permit ip source address-set sou1
[R2-acl-adv-3001] rule permit ip destination address-set den1

（3）当采用 ACL 方式建立 GRE over IPSec 隧道时，IPSec 保护的数据流为 GRE 封装后的数据流。ACL 的源和目的网段为 GRE 隧道的源端地址和 GRE 隧道的目的端地址，即隧道两端网关接口地址。假设 R1 地址为 172.16.10.1/24，R2 地址为 172.16.20.1/24。

R1 的配置如下

[R1] acl number 3001
[R1-acl-adv-3001] rule permit ip source172.16.10.1 0 destination 172.16.20.1 0
[R1-acl-adv-3001] quit

R2 的配置如下

[R2] acl number 3001
[R2-acl-adv-3001] rule permit ip source 172.16.20.1 0 destination 172.16.10.1 0
[R2-acl-adv-3001] quit

3．配置 IPSec 安全提议

IPSec 安全提议是安全策略或者安全框架的一个组成部分，它包括 IPSec 使用的安全协议、认证/加密算法以及数据的封装模式，定义了 IPSec 的保护方法，为 IPSec 协商 SA 提供各种安全参数。IPSec 隧道两端设备需要配置相同的安全参数。

（1）通过命令 ipsec proposal proposal-name，创建 IPSec 安全提议并进入 IPSec 安全提议视图。

（2）通过命令 transform{ah|esp|ah-esp}，配置安全协议，默认情况下，IPSec 安全提议采用 ESP 协议。

（3）配置安全协议的认证/加密算法。例如通过命令 ah authentication-algorithm{md5|sha1| sha2-256|sha2-384|sha2-512|sm3}，设置 AH 协议采用的认证算法。默认情况下，AH 协议采用 SHA2-256 认证算法。

（4）通过命令 encapsulation-mode {transport|tunnel}，选择安全协议对数据的封装模式，默认情况下，安全协议对数据的封装模式采用隧道模式。

4．配置 IPSec 安全策略

IPSec 安全策略是创建 SA 的前提，它规定了对哪些数据流采用哪种保护方法。配置 IPSec 安全策略时，通过引用 ACL 和 IPSec 安全提议，将 ACL 定义的数据流和 IPSec 安全提议定义的保护方法关联起来，并可以指定 SA 的协商方式、IPSec 隧道的起点和终点、所需要的密钥和 SA 的生存周期等。一个 IPSec 安全策略由名称和序号共同唯一确定，相同名称的 IPSec 安全策略为一个 IPSec 安全策略组。

ISAKMP 方式 IPSec 安全策略适用于对端 IP 地址固定的场景，ISAKMP 方式 IPSec 安全策略直接在 IPSec 安全策略视图中定义需要协商的各参数，协商发起方和响应方参数必须配置相同。配置了 ISAKMP 方式 IPSec 安全策略的一端可以主动发起协商。

（1）通过命令 ipsec policy policy-name seq-number isakmp，创建 ISAKMP 方式 IPSec 安全策略，并进入 ISAKMP 方式 IPSec 安全策略视图，默认情况下，系统不存在 IPSec 安全策略。

（2）通过命令 security acl acl-number [dynamic-source]，在 IPSec 安全策略中引用 ACL，默认情况下，IPSec 安全策略没有引用 ACL。

（3）通过命令 proposal proposal-name，在 IPSec 安全策略中引用 IPSec 安全提议，默认情况下，IPSec 安全策略没有引用 IPSec 安全提议。

（4）通过命令 ike-peer peer-name，在 IPSec 安全策略中引用 IKE 对等设备，默认情况下，IPSec 安全策略没有引用 IKE。

5．接口上应用 IPSec 安全策略组

为使接口能对数据流进行 IPSec 保护，需要在该接口上应用一个 IPSec 安全策略组。当取消 IPSec 安全策略组在接口上的应用后，此接口便不再具有 IPSec 的保护功能。IPSec 安全策略组是所有具有相同名称、不同序号的 IPSec 安全策略的集合。

接口应用 IPSec 安全策略组的配置原则如下。

（1）IPSec 安全策略应用到的接口一定是建立隧道的接口，且该接口一定是到对端私网路

由的出接口。如果将 IPSec 安全策略应用到其他接口会导致 VPN 业务不通。

（2）一个接口只能应用一个 IPSec 安全策略组，一个 IPSec 安全策略组也只能应用到一个接口上。

（3）当 IPSec 安全策略组应用于接口后，不能修改该安全策略组下安全策略的引用的 ACL、引用的 IKE。

6．测试和验证 IPSec

该任务涉及使用 display ipsec global config、ping 和相关的命令来测试和验证 IPSec 加密工作是否正常，并为之排除故障。

10.6.2　IPSec 配置举例

某公司由总部和分支机构构成，通过 IPSec 实现网络安全，具体网络拓扑结构和主路由器及分支路由器上的配置如下。

1．网络拓扑

网络结构如图 10-30 所示。

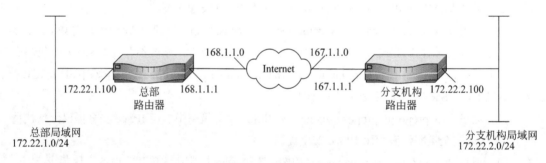

图 10-30　网络结构图

2．配置与测试

两路由器之间的地址分配如表 10-9 所示（该表可用于多种配置使用）。

表 10-9　路由器地址分配表

	总　　部	分　支　机　构
内部网段网号	172.22.1.0	172.22.2.0
因特网段网号	168.1.1.0	167.1.1.0

续表

	总　　部	分 支 机 构
路由器内部端口 IP 地址	172.22.1.100	172.22.2.100
路由器 Internet 端口 IP 地址	168.1.1.1	167.1.1.1
路由器串口 IP 地址	202.96.1.1	202.96.1.2
隧道端口 IP 地址	192.168.1.1	192.168.1.2

两端路由器配置分别如下。

（1）分别在总部路由器 R1 和分支机构路由器 R2 配置接口地址和静态路由。

```
<Huawei> system-view
[Huawei] sysname R1
[R1] interface gigabitethernet 1/0/0
[R1-GigabitEthernet1/0/0] ip address 168.1.1.1 255.255.255.0
[R1-GigabitEthernet1/0/0] quit
[R1] interface gigabitethernet 2/0/0
[R1-GigabitEthernet2/0/0] ip address 172.22.1.100 255.255.255.0
[R1-GigabitEthernet2/0/0] quit
[R1] ip route-static 167.1.1.1 255.255.255.0 168.1.1.2      （到对端下一跳的地址是 168.1.1.2）
[R1] ip route-static 172.22.2.0 255.255.255.0 168.1.1.2


<Huawei> system-view
[Huawei] sysname R2
[R2] interface gigabitethernet 1/0/0
[R2-GigabitEthernet1/0/0] ip address 167.1.1.1 255.255.255.0
[R2-GigabitEthernet1/0/0] quit
[R2] interface gigabitethernet 2/0/0
[R2-GigabitEthernet2/0/0] ip address 172.22.2.100 255.255.255.0
[R2-GigabitEthernet2/0/0] quit
[R2] ip route-static 168.1.1.0 255.255.255.0 167.1.1.2      （到对端下一跳的地址是 167.1.1.2）
[R2] ip route-static 172.22.1.0 255.255.255.0 167.1.1.2
```

（2）分别在 R1 和 R2 上配置 ACL，定义各自要保护的数据流。

```
#在 R1 上配置 ACL，定义由子网 172.22.1.0/24 去子网 172.22.2.0/24 的数据流
[R1] acl number 3101
[R1-acl-adv-3101] rule permit ip source 172.22.1.0 0.0.0.255 destination 172.22.2.0 0.0.0.255
[R1-acl-adv-3101] quit
```

#在 R2 上配置 ACL，定义由子网 172.22.2.0/24 去子网 172.22.1.0/24 的数据流

[R2] acl number 3101

[R2-acl-adv-3101] rule permit ip source 172.22.2.0 0.0.0.255 destination 172.22.1.0 0.0.0.255

[R2-acl-adv-3101] quit

（3）分别在 R1 和 R2 上创建 IPSec 安全提议。

#在 R1 上配置 IPSec 安全提议

[R1] ipsec proposal tran1

[R1-ipsec-proposal-tran1] esp authentication-algorithm sha2-256

[R1-ipsec-proposal-tran1] esp encryption-algorithm aes-128

[R1-ipsec-proposal-tran1] quit

#在 R2 上配置 IPSec 安全提议

[R2] ipsec proposal tran1

[R2-ipsec-proposal-tran1] esp authentication-algorithm sha2-256

[R2-ipsec-proposal-tran1] esp encryption-algorithm aes-128

[R2-ipsec-proposal-tran1] quit

此时分别在 R1 和 R2 上执行 display ipsec proposal 会显示所配置的信息。

（4）分别在 R1 和 R2 上配置 IKE 对等体。

#在 R1 上配置 IKE 安全提议

[R1] ike proposal 5

[R1-ike-proposal-5] encryption-algorithm aes-128

[R1-ike-proposal-5] authentication-algorithm sha2-256

[R1-ike-proposal-5] dh group14

[R1-ike-proposal-5] quit

#在 R1 上配置 IKE 对等体，并根据默认配置，配置预共享密钥和对端 ID

[R1] ike peer spub

[R1-ike-peer-spub] undo version 2

[R1-ike-peer-spub] ike-proposal 5

[R1-ike-peer-spub] pre-shared-key cipher huawei

[R1-ike-peer-spub] remote-address 167.1.1.1

[R1-ike-peer-spub] quit

#在 R2 上配置 IKE 安全提议

[R2] ike proposal 5

[R2-ike-proposal-5] encryption-algorithm aes-128

[R2-ike-proposal-5] authentication-algorithm sha2-256

[R2-ike-proposal-5] dh group14

[R2-ike-proposal-5] quit

#在 R2 上配置 IKE 对等体，并根据默认配置，配置预共享密钥和对端 ID

[R2] ike peer spua

[R2-ike-peer-spua] undo version 2

[R2-ike-peer-spua] ike-proposal 5

[R2-ike-peer-spua] pre-shared-key cipher huawei

[R2-ike-peer-spua] remote-address 192.168.1.1

[R2-ike-peer-spua] quit

（5）分别在 R1 和 R2 上创建安全策略。

#在 R1 上配置 IKE 动态协商方式安全策略

[R1] ipsec policy map1 10 isakmp

[R1-ipsec-policy-isakmp-map1-10] ike-peer spub

[R1-ipsec-policy-isakmp-map1-10] proposal tran1

[R1-ipsec-policy-isakmp-map1-10] security acl 3101

[R1-ipsec-policy-isakmp-map1-10] quit

#在 R2 上配置 IKE 动态协商方式安全策略

[R2] ipsec policy use1 10 isakmp

[R2-ipsec-policy-isakmp-use1-10] ike-peer spua

[R2-ipsec-policy-isakmp-use1-10] proposal tran1

[R2-ipsec-policy-isakmp-use1-10] security acl 3101

[R2-ipsec-policy-isakmp-use1-10] quit

此时分别在 R1 和 R2 上执行 display ipsec policy 会显示所配置的信息。

（6）分别在 RouterA 和 RouterB 的接口上应用各自的安全策略组，使接口具有 IPSec 的保护功能。

#在 R1 的接口上引用安全策略组

[R1] interface gigabitethernet 1/0/0

[R1-GigabitEthernet1/0/0] ipsec policy map1

[R1-GigabitEthernet1/0/0] quit

#在 R2 的接口上引用安全策略组

[R2] interface gigabitethernet 1/0/0

[R2-GigabitEthernet1/0/0] ipsec policy use1
[R2-GigabitEthernet1/0/0] quit

（7）测试配置结果。

配置成功后，总部和分支机构的 PC 执行 ping 操作正常，它们之间的数据传输将被加密，执行命令 display ipsec statistics 可以查看数据包的统计信息

#在 R1 上执行 display ike sa 操作，结果如下
[R1] display ike sa
```
         Conn-ID        Peer           VPN      Flag(s)      Phase
---------------------------------------------------------------------------------
         16           167.1.1.1        0        RD|ST        v1:2
         14           167.1.1.1        0        RD|ST        v1:1
```

Number of SA entries   : 2
Number of SA entries of all cpu : 2
Flag Description:
RD--READY   ST--STAYALIVE   RL--REPLACED   FD--FADING   TO--TIMEOUT
HRT--HEARTBEAT   LKG--LAST KNOWN GOOD SEQ NO.   BCK--BACKED UP
M--ACTIVE   S--STANDBY   A--ALONE   NEG--NEGOTIATING

10.6.3　常见的故障

1. IKE SA 协商失败

IPSec 业务不通时，执行命令 display ike sa，发现 IKE SA 没有协商成功。IKE SA 协商失败时，显示信息为空、Flag 参数为空或者 Peer 参数为 0.0.0.0。

排错方法 1：使用命令 display ike proposal，查看 IKE 对等体间的 IKE 安全提议是否一致，如果不一致需要配置一致。例如检查发现认证算法不一致。

IKE 协商的发起方：

ike proposal 10
authentication-algorithm sha2-256

IKE 协商的响应方：

ike proposal 10
authentication-algorithm sha2-384

排错方法 2：使用命令 display ike peer，查看对等体视图下的配置是否有遗漏或配置错误。检查是否配置对端 IP 地址。

采用 ACL 方式建立 IPSec 隧道时，如果 IKE 协商采用主模式，则设备必须指定对端的 IP 地址，而且两端指定的对端 IP 地址要相互匹配。

例如 IKE 协商的发起方和响应方的 IP 地址分别为 10.1.1.2 和 10.2.1.2，配置如下所示。

IKE 协商的发起方：

```
ike peer mypeer1
remote-address 10.2.1.2
```

IKE 协商的响应方：

```
ike peer mypeer2
remote-address 10.1.1.2
```

对端 outbound 的 spi 值与本端的 inbound 不同或配置的策略不同（esp、ah）。

判断方法和解决方案为：检查双方的配置信息，尤其是在 IPSec-manual 方式下检查双方的 SPI 值是否按方向（inbound、outbound）匹配。而在 IPSec-isakmp 下，则可能是协商出错。

2．IPSec SA 协商失败

问题描述：IPSec 业务不通时，执行命令 display ike sa，发现 IPSec SA 没有协商成功，第二阶段的显示信息未显示或 Flag 参数为空。

排错方法 1：执行命令 display ipsec proposal，查看 IKE 对等体间的 IPSec 安全提议是否一致，如果不一致需要配置一致。例如检查发现 ESP 协议采用的认证算法不一致。

IKE 协商的发起方：

```
ipsec proposal prop1
esp authentication-algorithm sha2-512
```

IKE 协商的响应方：

```
ipsec proposal prop2
esp authentication-algorithm sha2-384
```

排错方法 2：使用命令 display ipsec policy，查看 IPSec 安全策略视图下的配置是否有遗漏或配置错误。检查 IPSec 安全策略中引用的 ACL 是否一致。

当 IPSec 隧道两端的 ACL 规则镜像配置时，任意一方发起协商都能保证 SA 成功建立；当

IPSec 隧道两端的 ACL 规则非镜像配置时，只有发起方的 ACL 规则定义的范围是响应方的子集时，SA 才能成功建立。因此，建议 IPSec 隧道两端配置的 ACL 规则互为镜像，即一端配置的 ACL 规则的源地址和目的地址分别为另一端配置的 ACL 规则的目的地址和源地址。

例如 IKE 协商的发起方源/目的地址为 172.16.10.2/172.16.20.2，IKE 协商的响应方源/目的地址为 172.16.20.2/172.16.10.2。

IKE 协商的发起方：

```
acl number 3001
rule 5 permit ip source 172.16.10.0 0.0.0.255 destination 172.16.20.0 0.0.0.255
ipsec policy map1 10 isakmp
security acl 3001
```

IKE 协商的响应方：

```
acl number 3001
rule 5 permit ip source 172.16.20.0 0.0.0.255 destination 172.16.10.0 0.0.0.255
ipsec policy map2 10 isakmp
security acl 3001
```

检查 IPSec 安全策略中引用的 IKE 对等体中内容是否一致，如果不一致需要配置一致。例如 IKE 协商的发起方的引用的 IKE 对等体为 spub。

```
ipsec policy map1 10 isakmp
ike-peer spub
```

其 IKE 对等体的相关配置。

```
ike peer spub
undo version 2
pre-shared-key   cipher   %^%#JvZxR2g8c;a9~FPN~n'$7`DEV&=G(=Et02P/%\*!%^%#        // 密 钥 为
Huawei@123
ike-proposal 5
remote-address 59.74.144.1
```

检查 IPSec 安全策略中引用的 IPSec 安全提议中内容是否一致，如果不一致需要配置一致。例如 IKE 协商的发起方的引用的 IPSec 安全提议为 tran1。

```
ipsec policy policy1 100 isakmp
proposal tran1
```

IPSec 安全提议的相关配置为：

```
ipsec proposal tran1
esp authentication-algorithm sha2-256
esp encryption-algorithm aes-128
```

10.7　IPv6 配置与部署

由于从 IPv4 向 IPv6 过渡是大势所趋，所以目前有许多从 IPv4 向 IPv6 过渡的技术。本节通过实例介绍采用双栈、隧道策略实现从 IPv4 向 IPv6 过渡的技术。

1. 双栈策略

双栈策略是指在网络节点中同时具有 IPv4 和 IPv6 两个协议栈，这样，它既可以接收、处理、收发 IPv4 的分组，也可以接收、处理、收发 IPv6 的分组。对于主机来讲，"双栈"是指其可以根据需要对业务产生的数据进行 IPv4 封装或者 IPv6 封装；对于路由器来讲，"双栈"是指在一个路由器设备中维护 IPv6 和 IPv4 两套路由协议栈，使得路由器既能与 IPv4 主机也能与 IPv6 主机通信，分别支持独立的 IPv6 和 IPv4 路由协议，IPv4 和 IPv6 路由信息按照各自的路由协议进行计算，维护不同的路由表。IPv6 数据报按照 IPv6 路由协议得到的路由表转发，IPv4 数据报按照 IPv4 路由协议得到的路由表转发。双栈策略的优点是概念清晰、易于理解、网络规划相对简单，同时在 IPv6 逻辑网络中可以充分发挥 IPv6 协议的所有优点（例如安全性、路由约束和流的支持等方面）。

双栈策略存在以下缺点：对网元设备的要求较高，要求其不仅支持 IPv4 路由协议，而且支持 IPv6 路由协议，这就要求其维护大量的协议和数据。另外，网络升级改造将涉及网络中的所有网元设备，投资大、建设周期比较长。

2. 隧道策略

隧道策略是 IPv4/IPv6 过渡中经常使用到的一种机制。所谓"隧道"，简单地讲就是利用一种协议来传输另一种协议的数据的技术。在 IPv6 发展初期，必然有许多局部的纯 IPv6 网络，这些 IPv6 网络被 IPv4 骨干网络隔离开来，为了使这些孤立的"IPv6 岛"互通，采取隧道技术的方式来解决。利用穿越现存 IPv4 因特网的隧道技术将许多个"IPv6 孤岛"连接起来，逐步扩大 IPv6 的实现范围。隧道技术的工作机理就在 IPv6 网络与 IPv4 网络间的隧道入口处，路由器将 IPv6 的数据分组封装入 IPv4 中，IPv4 分组的源地址和目的地址分别是隧道入口和出口的

IPv4 地址。在隧道的出口处再将 IPv6 分组取出转发给目的节点。目前应用较多的隧道技术有构造隧道、6to4 隧道以及 MPLS 隧道等。目前的隧道技术主要实现了在 IPv4 数据包中封装 IPv6 数据包，随着 IPv6 技术的发展和广泛应用，未来将会出现在 IPv4 数据包中封装 IPv6 数据包的隧道技术。隧道技术能够充分利用现有的网络投资，因此在过渡初期是一种方便的选择。但是，在隧道的入口处会出现负载协议数据包的拆分，在隧道的出口处会出现负载协议数据包的重组，这就增加了隧道出、入口的实现复杂度，不利于大规模的应用。

10.7.1　IPv6-over-IPv4 GRE 隧道配置

IPv6-over-IPv4 隧道是将 IPv6 报文封装在 IPv4 报文中，让 IPv6 数据包穿过 IPv4 网络进行通信。对于采用隧道技术的设备来说，在隧道的入口处，将 IPv6 的数据报封装进 IPv4，IPv4 报文的源地址和目的地址分别是隧道入口和隧道出口的 IPv4 地址；在隧道的出口处，再将 IPv6 报文取出转发到目的节点。隧道技术只要求在隧道的入口和出口处进行修改，对其他部分没有要求，容易实现。但是，隧道技术不能实现 IPv4 主机与 IPv6 主机的直接通信。

使用标准的 GRE 隧道技术，可以在 IPv4 的 GRE 隧道上承载 IPv6 数据报文。GRE 隧道是两点之间的连路，每条连路都是一条单独的隧道。GRE 隧道把 IPv6 作为乘客协议，将 GRE 作为承载协议。所配置的 IPv6 地址是在 Tunnel 接口上配置的，所配置的 IPv4 地址是 Tunnel 的源地址和目的地址（隧道的起点和终点）。

IPv6-over-IPv4GRE 隧道的相关配置命令及功能如表 10-10 所示。

表 10-10　GRE 隧道的相关配置命令及功能

命　　令	功　　能
interface tunnel *interface-number*	创建 Tunnel 接口
tunnel-protocol gre	指定 Tunnel 为 GRE 模式
source{*ip-address*|*interface-type interface-number*}	指定 Tunnel 的源地址或源接口
ipv6 enable	使能接口的 IPv6 功能
ipv6 address {ipv6-addressprefix-length|ipv6-address/prefix-length}	设置 Tunnel 接口的 IPv6 地址

下面通过一个具体的实例来实现 IPv6-over-IPv4GRE 隧道配置。

路由器 R1 和 R2 经 IPv4 网络连接，路由器以太口分别连接两个 IPv6 网段。通过 Tunnel 将 IPv6 的数据包封装到 IPv4 的数据包中，实现点到点的数据传输。网络拓扑图如图 10-31 所示。

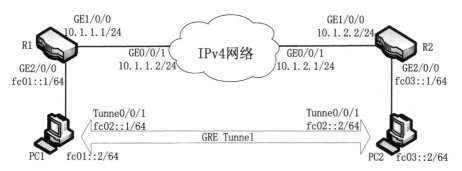

图 10-31　IPv6-over-IPv4GRE 隧道

（1）配置 R1 和 R2 的物理接口地址。

<Huawei> system-view
[Huawei] sysname R1
[R1] interface gigabitethernet 1/0/0
[R1-GigabitEthernet1/0/0] ip address 10.1.1.1 255.255.255.0
[R1-GigabitEthernet1/0/0] quit
[R1] ipv6
[R1] interface gigabitethernet 2/0/0
[R1-GigabitEthernet2/0/0] ipv6 enable
[R1-GigabitEthernet2/0/0] ipv6 address fc01::1 64
[R1-GigabitEthernet2/0/0] quit

<Huawei> system-view
[Huawei] sysname R2
[R2] interface gigabitethernet 1/0/0
[R2-GigabitEthernet1/0/0] ip address 10.1.2.2 255.255.255.0
[R2-GigabitEthernet1/0/0] quit
[R2] ipv6
[R2] interface gigabitethernet 2/0/0
[R2-GigabitEthernet2/0/0] ipv6 enable
[R2-GigabitEthernet2/0/0] ipv6 address fc03::1 64
[R2-GigabitEthernet2/0/0] quit

（2）配置 R1 和 R2 的 IPV4 静态路由。

[R1] ip route-static 10.1.2.2 255.255.255.0 10.1.1.2

[R2] ip route-static 10.1.1.1 255.255.255.0 10.1.2.1

（3）配置 R1 和 R2 的 Tunnel 接口。

[R1] interface tunnel 0/0/1
[R1-Tunnel0/0/1] tunnel-protocol gre
[R1-Tunnel0/0/1] ipv6 enable
[R1-Tunnel0/0/1] ipv6 address fc02::1 64
[R1-Tunnel0/0/1] source 10.1.1.1
[R1-Tunnel0/0/1] destination 10.1.2.2
[R1-Tunnel0/0/1] quit

[R2] interface tunnel 0/0/1
[R2-Tunnel0/0/1] tunnel-protocol gre
[R2-Tunnel0/0/1] ipv6 enable
[R2-Tunnel0/0/1] ipv6 address fc02::2 64
[R2-Tunnel0/0/1] source 10.1.2.2
[R2-Tunnel0/0/1] destination 10.1.1.1
[R2-Tunnel0/0/1] quit

（4）配置 R1 和 R2 的 Tunnel 静态路由。

[R1] ipv6 route-static fc03::1 64 tunnel 0/0/1

[R2] ipv6 route-static fc01::1 64 tunnel 0/0/1

（5）检查配置结果。

#在 R2 上 Ping R1 的 IPv4 地址，可收到返回的报文
[R2] ping 10.1.1.1
PING 10.1.1.1: 56　data bytes, press CTRL_C to break
　　Reply from 10.1.1.1: bytes=56 Sequence=1 ttl=255 time=66 ms
　　Reply from 10.1.1.1: bytes=56 Sequence=2 ttl=255 time=48 ms
　　Reply from 10.1.1.1: bytes=56 Sequence=3 ttl=255 time=48ms
　　Reply from 10.1.1.1: bytes=56 Sequence=4 ttl=255 time=12 ms
　　Reply from 10.1.1.1: bytes=56 Sequence=5 ttl=255 time=46 ms
　　--- 10.1.1.1 ping statistics ---
　　5 packet(s) transmitted
　　5 packet(s) received
　　0.00% packet loss

round-trip min/avg/max = 12/44/66 ms

#在 R2 上 Ping R1 的 IPv6 地址，可收到返回的报文

[R2] ping ipv6 fc01::1

PING fc01::1 : 56　　data bytes, press CTRL_C to break

    Reply from fc01::1　　　　bytes=56 Sequence=1 hop limit=64　　time = 36 ms

    Reply from fc01::1　　　　bytes=56 Sequence=2 hop limit=64　　time = 34 ms

    Reply from fc01::1　　　　bytes=56 Sequence=3 hop limit=64　　time = 36 ms

    Reply from fc01::1　　　　bytes=56 Sequence=4 hop limit=64　　time = 36 ms

    Reply from fc01::1　　　　bytes=56 Sequence=5 hop limit=64　　time = 38 ms

    --- fc01::1 ping statistics ---

    5 packet(s) transmitted

    5 packet(s) received

    0.00% packet lossround-trip min/avg/max = 34/36/38 ms

10.7.2　ISATAP 隧道配置

站内自动隧道寻址协议（Intra-Site Automatic Tunnel Addressing Protocol，ISATAP）过渡技术采用了双栈和隧道技术实现从 IPv4 向 IPv6 的过渡。ISATAP 隧道是点到点的自动隧道技术，它将 IPv4 地址置入 IPv6 地址中，当两台 ISATAP 主机通信时，可自动抽取出 IPv4 地址建立 Tunnel 通信，并且不需要通过其他特殊网络设备，只要彼此间 IPv4 网络通畅即可。

当双栈主机使用 ISATAP 隧道时，IPv6 报文的目的地址和隧道接口的 IPv6 地址都要采用特殊的地址——ISATAP 地址。ISATAP 地址格式为 Prefix（64bit）:0:5EFE:IPv4ADDR，其中，0:5EFE 是 IANA 规定的格式，IPv4ADDR 是单播 IPv4 地址，它嵌入到 IPv6 地址的低 32 位。ISATAP 地址的前 64 位是通过向 ISATAP 路由器发送请求得到的，如果需要和其他网络的 ISATAP 客户端或者 IPv6 网络通信，必须通过 ISATAP 路由器拿到全球单播地址前缀（2001:、2002:、3ffe:开头），通过路由器与其他 IPv6 主机和网络通信。其原理如图 10-32 所示。

ISATAP 隧道可以用于 IPv4 网络中 IPv6 路由器与 IPv6 路由器、主机与路由器的连接。由于不要求隧道节点具有全球唯一的 IPv4 地址，可以用于内部私有网络中各双栈主机进行 IPv6 通信，所以 ISATAP 隧道适用于 IPv4 网络中 IPv6 主机之间的通信或 IPv4 网络中 IPv6 主机接入到 IPv6 网络的通信。

下面通过一个具体的实例来实现 ISATAP 隧道配置。

路由器 ISATAP 以太口连接 IPv6 和网络 IPv4 网络，通过 ISATAP 隧道将 IPv6 的数据包封装到 IPv4 的数据包中，实现 IPv6 Host 和 ISATAP Host 的数据传输。网络拓扑图如图 10-33 所示。

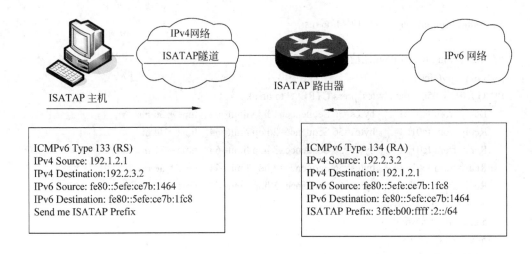

图 10-32　ISATAP 隧道获取 ISATAP 地址

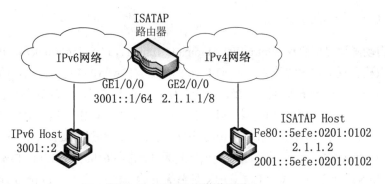

图 10-33　ISATAP 隧道配置

ISATAP 隧道的相关配置命令及功能如表 10-11 所示。

表 10-11　ISATAP 隧道相关配置命令及功能

命　　令	功　　能
tunnel-protocol ipv6-ipv4 isatap	配置 Tunnel 接口的隧道协议为 ipv6-ipv4 并使用 isatap 隧道
ipv6 address 2001::/64 eui-64	配置接口的 EUI-64 格式的全球单播地址
source gigabitethernet 2/0/0	用来配置 Tunnel 源地址或源接口
undo ipv6 nd ra halt	用来使能系统发布 RA 报文功能
netsh interface ipv6 isatap set router	用来为用户端添加静态路由（windows）
display ipv6 interface Tunnel 0/0/2	用来查看接口的 IPv6 信息

（1）配置 ISATAP 路由器。

#使能 IPv4/IPv6 双协议栈，配置各接口地址
```
<Huawei> system-view
[Huawei]sysname Router
[Router] ipv6
[Router] interface gigabitethernet 1/0/0
[Router-GigabitEthernet1/0/0] ipv6 enable
[Router-GigabitEthernet1/0/0] ipv6 address 3001::1/64
[Router-GigabitEthernet1/0/0] quit
[Router] interface gigabitethernet 2/0/0
[Router-GigabitEthernet2/0/0] ip address 2.1.1.1 255.0.0.0
[Router-GigabitEthernet2/0/0] quit
```

#配置 ISATAP 隧道
```
[Router] interface tunnel 0/0/2
[Router-Tunnel0/0/2] tunnel-protocol ipv6-ipv4 isatap
[Router-Tunnel0/0/2] ipv6 enable
[Router-Tunnel0/0/2] ipv6 address 2001::/64 eui-64
[Router-Tunnel0/0/2] source gigabitethernet 2/0/0
[Router-Tunnel0/0/2] undo ipv6 nd ra halt
[Router-Tunnel0/0/2] quit
```

（2）配置 ISATAP 主机。
ISATAP 主机上的具体配置与主机的操作系统有关，以 Windows 7 操作系统的主机为例。

#使用如下的命令添加一条到边界路由器的静态路由（在 Windows 7 系统中，IPv6 协议默认已经安装）
```
C:\> netsh interface ipv6 isatap set router 2.1.1.1
C:\> netsh interface ipv6 isatap set router 2.1.1.1 enabled
```

#在主机上查看 ISATAP 接口的信息
```
C:\>ipconfig/all
隧道适配器 isatap.{895CA398-8C4F-4332-9558-642844FCB01B}:
      连接特定的 DNS 后缀 .......:
      描述...............: Microsoft ISATAP Adapter #5
      物理地址.............: 00-00-00-00-00-00-00-E0
      DHCP 已启用 ...........: 否
      自动配置已启用.........: 是
      IPv6 地址 ............: 2001::200:5efe:2.1.1.2(首选)
      本地链接 IPv6 地址........: fe80::200:5efe:2.1.1.2%30(首选)
```

默认网关..............: fe80::5efe:2.1.1.1%30

DNS 服务器 ....: fec0:0:0:ffff::1%1

fec0:0:0:ffff::2%1

fec0:0:0:ffff::3%1

TCPIP 上的 NetBIOS ....: 已禁用

主机获取了 2001::/64 的前缀，自动生成地址 2001::200:5efe:2.1.1.2，ISATAP 隧道已经成功建立。

（3）配置 IPv6 网络主机。

#在 IPv6 网络中的主机上配置一条到边界路由器隧道的静态路由，使两个不同网络的 PC 通过 ISATAP 隧道互通

C:\> netsh interface ipv6 set route 2001::/64 3001::1

（4）检查配置结果。

#在 ISATAP 路由器上查看 Tunnel0/0/2 的 IPv6 状态为 Up

[Router] display ipv6 interface Tunnel 0/0/2

Tunnel0/0/2 current state : UP

IPv6 protocol current state : UP

IPv6 is enabled, link-local address is FE80::5EFE:201:101

Global unicast address(es):

2001::5EFE:201:101, subnet is 2001::/64

Joined group address(es):

FF02::1:FF01:101

FF02::2

FF02::1

MTU is 1500 bytes

ND reachable time is 30000 milliseconds

ND retransmit interval is 1000 milliseconds

ND advertised reachable time is 0 milliseconds

ND advertised retransmit interval is 0 milliseconds

ND router advertisement max interval 600 seconds, min interval 200 seconds

ND router advertisements live for 1800 seconds

Hosts use stateless autoconfig for addresses

#在 ISATAP 路由器上 Ping 向 Window XP 系统的 ISATAP 主机隧道接口的全球单播地址

[Router] ping ipv6 2001::5efe:2.1.1.2

PING 2001::5efe:2.1.1.2 : 56   data bytes, press CTRL_C to break

Reply from 2001::5EFE:201:102   bytes=56 Sequence=1 hop limit=64   time = 4 ms

Reply from 2001::5EFE:201:102　　　bytes=56 Sequence=2 hop limit=64　　time = 3 ms

Reply from 2001::5EFE:201:102　　　bytes=56 Sequence=3 hop limit=64　　time = 2 ms

Reply from 2001::5EFE:201:102　　　bytes=56 Sequence=4 hop limit=64　　time = 2 ms

Reply from 2001::5EFE:201:102　　　bytes=56 Sequence=5 hop limit=64　　time = 2 ms

--- 2001::5efe:2.1.1.2 ping statistics ---

5 packet(s) transmitted

5 packet(s) received

0.00% packet loss

round-trip min/avg/max = 2/2/4 ms

在 Window XP 系统的 ISATAP 主机上 Ping 向 ISATAP 路由器的全球单播地址，以及从 ISATAP 主机上 Ping 向 IPv6 网络主机，检查结果与上列相似，配置成功。

10.8　访问控制列表

10.8.1　ACL 的基本概念

访问控制列表（ACL）根据源地址、目标地址、源端口或目标端口等协议信息对数据包进行过滤，从而达到访问控制的目的。这种技术最初只在路由器上使用，后来扩展到三层交换机，甚至有些新的二层交换机也开始支持 ACL 了。

ACL 是由编号或名字组合起来的一组语句。编号和名字是路由器引用 ACL 语句的索引。编号的 ACL 语句被赋予唯一的数字，而命名的 ACL 语句有一个唯一的名字。有了编号或名字，路由器就可以找到需要的 ACL 语句了。

ACL 包括 permit/deny 两种动作，表示允许/拒绝，匹配（命中规则）是指存在 ACL，且在 ACL 中查找到了符合匹配条件的规则。不论匹配的动作是"permit"还是"deny"，都称为"匹配"。而不匹配（未命中规则）是指不存在 ACL，或 ACL 中无规则，再或者在 ACL 中遍历了所有规则都没有找到符合匹配条件的规则。

ACL 在系统视图模式下配置，生成的 ACL 命令需要被应用才能起效。

ACL 分为基本 ACL、高级 ACL、二层 ACL 和用户 ACL 这几种类型。标准 ACL 只能根据分组中的 IP 源地址进行过滤，例如可以允许或拒绝来自某个源设备的所有通信。扩展 ACL 不仅可以根据源地址或目标地址进行过滤，还可以根据不同的上层协议和协议信息进行过滤。例如，可以对 PC 与远程服务器的 Telnet 会话进行过滤。表 10-12 比较了几种 ACL 过滤功能的区别。

表 10-12 ACL 分类

分类	规则定义描述	编号范围
基本 ACL	仅使用报文的源 IP 地址、分片信息和生效时间段信息来定义规则	2000～2999
高级 ACL	既可使用 IPv4 报文的源 IP 地址，也可使用目的 IP 地址、IP 协议类型、ICMP 类型、TCP 源/目的端口、UDP 源/目的端口号、生效时间段等来定义规则	3000～3999
二层 ACL	使用报文的以太网帧头信息来定义规则，如根据源 MAC（Media Access Control）地址、目的 MAC 地址、二层协议类型等	4000～4999
用户 ACL	既可使用 IPv4 报文的源 IP 地址，也可使用目的 IP 地址、IP 协议类型、ICMP 类型、TCP 源端口/目的端口、UDP 源端口/目的端口号等来定义规则	6000～6031

当一个分组经过时，路由器按照一定的步骤找出与分组信息匹配的 ACL 语句对其进行处理。路由器自顶向下逐个处理 ACL 语句，首先把第一个语句与分组信息进行比较，如果匹配，则路由器将允许（Permit）或拒绝（Deny）分组通过；如果第一个语句不匹配，则照样处理第二个语句，直到找出一个匹配的。如果在整个列表中没有发现匹配的语句，则路由器丢弃该分组。于是，可以对 ACL 语句的处理规则总结出以下要点。

（1）一旦发现匹配的语句，就不再处理列表中的其他语句。

（2）语句的排列顺序很重要。

（3）如果整个列表中没有匹配的语句，则分组被丢弃。

需要特别强调 ACL 语句的排列顺序。如果有两条语句，一个拒绝来自某个主机的通信，另一个允许来自该主机的通信，则排在前面的语句将被执行，排在后面的语句将被忽略。所以在安排 ACL 语句的顺序时要把最特殊的语句排在列表的最前面，把最一般的语句排在列表的最后面，这是 ACL 语句排列的基本原则。例如，下面的两条语句组成一个标准 ACL。

```
rule deny ip destination 172.16.0.0 0.0.255.255
rule permit ip destination 172.16.10.0 0.0.0.255
```

第一条语句表示表示拒绝目的 IP 地址为 172.16.0.0/16 网段地址的报文通过，第二条语句表示表示允许目的 IP 地址为 172.16.10.0/24 网段地址的报文通过，该网段地址范围小于172.16.0.0/16 网段范围。如果路由器收到一个目的地址为 172.16.10.0 的分组，则首先与第一条语句进行匹配，该分组被拒绝通过，第二条语句就被忽略了。如果要达到预想的结果——允许来自 172.16.10.0 子网 172.16.10.0/24 的所有通信，则两条语句的顺序必须互换。

```
rule permit ip destination 172.16.10.0 0.0.0.255
rule deny ip destination 172.16.0.0 0.0.255.255
```

ACL 除了按照配置顺序规则（config 模式）执行以外，还有按照自动排序规则（auto 模式）。自动排序是指系统使用"深度优先"的原则，将规则按照精确度从高到低进行排序，并按照精确度从高到低的顺序进行报文匹配。规则中定义的匹配项限制越严格，规则的精确度就越高，即优先级越高，系统越先匹配。

例如，在 auto 模式的高级 ACL 3001 中，先后配置以下两条规则。

```
rule deny ip destination 172.16.0.0 0.0.255.255
rule permit ip destination 172.16.10.0 0.0.0.255
```

配置完上述两条规则后，ACL 3001 的规则排序如下。

```
#
acl number 3001 match-order auto
 rule 5 permit ip destination 172.16.10.0 0.0.0.255
 rule 10 deny ip destination 172.16.0.0 0.0.255.255
#
```

此时，如果再插入一条新的规则 rule deny ip destination 10.1.1.1 0（目的 IP 地址范围是主机地址，优先级高于以上两条规则），则系统将按照规则的优先级关系，重新为各规则分配编号。插入新规则后，ACL 3001 新的规则排序如下。

```
#
acl number 3001 match-order auto
 rule 5 deny ip destination 172.16.10.1 0
 rule 10 permit ip destination 172.16.10.0 0.0.0.255
 rule 15 deny ip destination 172.16.0.0 0.0.255.255
#
```

10.8.2　ACL 配置命令

1．配置基本 ACL 的命令

使用编号（2000~2999）创建一个数字型的基本 ACL，并进入基本 ACL 视图，操作命令如下。

acl [number] *acl-number* [match-order { auto | config }]，

或者使用名称创建一个命名型的基本 ACL，并进入基本 ACL 视图操作命令为：

acl name *acl-name* { basic | *acl-number* } [match-order { auto | config }]，

如果创建 ACL 时未指定 match-order 参数，则该 ACL 默认的规则匹配顺序为 config；创建 ACL 后，ACL 的默认步长为 5。如果该值不能满足管理员部署 ACL 规则的需求，则可以对 ACL

步长值进行调整；（可选）执行命令 description text，配置 ACL 的描述信息。

配置基本 ACL 的规则的操作命令如下。

rule [rule-id] { deny | permit } [source { source-address source-wildcard | any } | vpn-instance vpn-instance-name | [fragment | none-first-fragment] | logging | time-range time-name]

以上步骤仅是一条 permit/deny 规则的配置步骤。实际配置 ACL 规则时，需根据具体的业务需求，决定配置多少条规则以及规则的先后匹配顺序。

1）ACL 语句的删除

删除 ACL，系统视图下执行命令：

undo acl { [number] acl-number | all }或 undo acl name acl-name

一般可以直接删除 ACL，不受引用 ACL 的业务模块影响（简化流策略中引用 ACL 指定 rule 的情况除外），即无须先删除引用 ACL 的业务配置。

2）调整 ACL 步长

在网络维护过程中，需要管理员为原 ACL 添加新的规则。由于 ACL 的默认步长是 5，在系统分配的相邻编号的规则之间，最多只能插入 4 条规则。调整步长，在 ACL 视图下执行step step，配置 ACL 步长。

3）查看与清除 ACL 信息

确认设备 ACL 资源的分配情况，在任意视图下查看 ACL 资源信息的命令如下。

display acl resource [slot slot-id]

若显示信息中的计数非零，表示设备仍存在空余的 ACL 资源。

确认需要清除 ACL 的运行信息后，在用户视图下清除 ACL 统计信息的命令如下。

reset acl counter { name acl-name | acl-number | all }

4）通配符掩码

ACL 规定使用通配符掩码来说明子网地址，通配符掩码就是子网掩码按位取反的结果。通配符掩码 0.0.0.0 表示 ACL 语句中的 32 位地址要求全部匹配，因而叫作主机掩码。例如：192.168.1.1 0.0.0.0 表示主机 192.168.1.1 的 IP 地址，实际上路由器把这个地址转换为 host 192.168.1.1，注意这里的关键字 host。

通配符掩码 255.255.255.255 表示任意地址都是匹配的，通常与地址 0.0.0.0 一起使用，例如：0.0.0.0 255.255.255.255，路由器将把这个地址转换为关键字 any。表 10-13 给出了几个使用通配符掩码的例子。

表 10-13　通配符掩码的例子

IP 地址	通配符掩码	匹　　　配
0.0.0.0	255.255.255.255	匹配任何地址（关键字 any）
172.16.1.1	0.0.0.0	匹配 host 172.16.1.1
172.16.1.0	0.0.0.255	匹配子网 172.16.1.0/24
172.16.2.0	0.0.1.255	匹配子网 172.16.2.0/23（172.16.2.0～172.16.3.255）
172.16.0.0	0.0.255.255	匹配子网 172.16.0.0/16（172.16.0.0～172.16.255.255）

2．配置基本 ACL 实例

【例 10.1】配置基于源 IP 地址（主机地址）过滤报文的规则。在 ACL 2001 中配置规则，允许源 IP 地址是 172.16.10.3 主机地址的报文通过。

```
<Huawei> system-view
[Huawei] acl 2001
[Huawei-acl-basic-2001] rule permit source 172.16.10.3 0
```

【例 10.2】配置基于源 IP 地址（网段地址）过滤报文的规则。在 ACL 2001 中配置规则，仅允许源 IP 地址是 172.16.10.3 主机地址的报文通过，拒绝源 IP 地址是 172.16.10.0/24 网段其他地址的报文通过，并配置 ACL 描述信息为 Permit only 172.16.10.3 through。

```
<Huawei> system-view
[Huawei] acl 2001
[Huawei-acl-basic-2001] rule permit source 172.16.10.3 0
[Huawei-acl-basic-2001] rule deny source 172.16.10.0 0.0.0.255
[Huawei-acl-basic-2001] description Permit only 172.16.10.3 through
```

【例 10.3】配置基于时间的 ACL 规则。创建时间段 working-time（周一到周五每天 8:00 到 18:00），并在名称为 work-acl 的 ACL 中配置规则，在 working-time 限定的时间范围内，拒绝源 IP 地址是 172.16.10.0/24 网段地址的报文通过。

```
<Huawei> system-view
[Huawei] time-range working-time 8:00 to 18:00 working-day
[Huawei] acl name work-acl basic
[Huawei-acl-basic-work-acl] rule deny source 172.16.10.0 0.0.0.255 time-range working-time
```

【例 10.4】配置基于 IP 分片信息、源 IP 地址（网段地址）过滤报文的规则。在 ACL 2001 中配置规则，拒绝源 IP 地址是 172.16.10.0/24 网段地址的非首片分片报文通过。

```
<Huawei> system-view
```

[Huawei] acl 2001
[Huawei-acl-basic-2001] rule deny source 172.16.10.0 0.0.0.255 none-first-fragment

3. 配置高级 ACL 的命令语法

创建高级 ACL 与基本 ACL 相近似，当 IP 承载的协议类型为 UDP 时，在配置高级 ACL 规则时执行的命令如下。

rule [*rule-id*] { deny | permit }{ *protocol-number* | udp } [destination { *destination-address destination-wildcard* | any } | destination-port { eq *port* | gt *port* | lt *port* | range *port-start port-end* } | source { *source-address source-wildcard* | any } | source-port { eq *port* | gt *port* | lt *port* | range *port-start port-end* } | logging | time-range *time-name* | vpn-instance *vpn-instance-name* | [dscp *dscp* | [tos *tos* | precedence *precedence*] *] | [fragment | none-first-fragment] | vni *vni-id*]

当 IP 承载的协议类型为 ICMP、TCP、GRE\IGMP\IPINIP\ODPF 时，命令格式同样包含了（上层）协议、源和目标 IP 地址及通配符掩码、协议信息等内容。

其中，操作符（operator）如表 10-14 所示，用于限定特定的端口号。表 10-15 列出了常用的 TCP 和 UDP 端口号，在配置命令中使用时可以直接写端口号，也可以写与协议对应的关键字。

表 10-14 用于 TCP 和 UDP 端口号的操作符

操 作 符	解 释	操 作 符	解 释
lt	小于	neg	不等于
gt	大于	range	指定范围
eq	等于		

表 10-15 常用 TCP 和 UDP 端口号

传 输 协 议	上 层 协 议	端 口 号	命令参数关键字
TCP	文件传输协议——数据	20	ftp-data
TCP	文件传输协议——控制	21	ftp
TCP	远程连接	23	telnet
TCP	简单邮件传输协议	25	smtp
UDP	域名服务	53	dns
UDP	简单文件传输协议	69	tftp
TCP	超文本传输协议	80	www
UDP	简单网络管理协议	161	snmp
UDP	简单网络管理协议	162	snmp-trap
UDP	路由信息协议	520	rip

4. 配置高级 ACL 实例

【**例 10.5**】配置基于 ICMP 协议类型、源 IP 地址（主机地址）和目的 IP 地址（网段地址）过滤报文的规则。在 ACL 3001 中配置规则，允许源 IP 地址是 172.16.10.3 主机地址且目的 IP 地址是 172.16.20.0/24 网段地址的 ICMP 报文通过。

```
<Huawei> system-view
[Huawei] acl 3001
[Huawei-acl-adv-3001] rule permit icmp source 172.16.10.3 0 destination 172.16.20.0 0.0.0.255
```

【**例 10.6**】配置基于 TCP 协议类型、TCP 目的端口号、源 IP 地址（主机地址）和目的 IP 地址（网段地址）过滤报文的规则。

步骤 1：在名称为 deny-telnet 的高级 ACL 中配置规则，拒绝 IP 地址是 172.16.10.3 的主机与 172.16.20.0/24 网段的主机建立 Telnet 连接。

```
<Huawei> system-view
[Huawei] acl name deny-telnet
[Huawei-acl-adv-deny-telnet] rule deny tcp destination-port eq telnet source 172.16.10.3 0 destination
172.16.20.0 0.0.0.255
```

步骤 2：在名称为 no-web 的高级 ACL 中配置规则，禁止 172.16.10.3 和 172.16.10.4 两台主机访问 Web 网页（HTTP 协议用于网页浏览，对应 TCP 端口号是 80），并配置 ACL 描述信息为 Web access restrictions。

```
<Huawei> system-view
[Huawei] acl name no-web
[Huawei-acl-adv-no-web] description Web access restrictions
[Huawei-acl-adv-no-web] rule deny tcp destination-port eq 80 source 172.16.10.3 0
[Huawei-acl-adv-no-web] rule deny tcp destination-port eq 80 source 172.16.10.4 0
```

10.8.3　ACL 综合应用

使用高级 ACL 可以限制用户在特定时间访问特定服务器。

【**实例 1**】某公司通过 Router 实现各部门之间的互连。公司要求禁止销售部门在上班时间（8:00 至 18:00）访问工资查询服务器（IP 地址为 192.168.10.10），财务部门不受限制，可以随时访问，拓扑结构如图 10-34 所示。

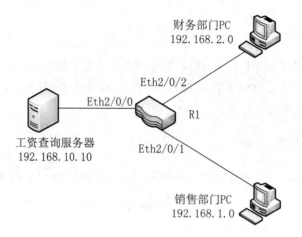

图 10-34 ACL 综合应用实例 1

步骤 1：配置接口加入 VLAN，并配置 VLANIF 接口的 IP 地址。

#将 Eth2/0/1～Eth2/0/2 分别加入 VLAN10、20，Eth2/0/0 加入 VLAN100，并配置各 VLANIF 接口的 IP 地址。下面配置以 Eth2/0/1 和 VLANIF 10 接口为例，其他接口配置类似

<Huawei> system-view
[Huawei] sysname R1
[R1] vlan batch 10 20 100
[R1] interface ethernet 2/0/1
[R1-Ethernet2/0/1] port link-type trunk
[R1-Ethernet2/0/1] port trunk allow-pass vlan 10
[R1-Ethernet2/0/1] quit
[R1] interface vlanif 10
[R1-Vlanif10] ip address 192.168.1.1 255.255.255.0
[R1-Vlanif10] quit

步骤 2：配置时间段。

#配置 8:00 至 18:00 的周期时间段
[R1] time-range satime 8:00 to 18:00 working-day

步骤 3：配置 ACL 规则。

#配置销售部门到工资查询服务器的访问规则
[R1] acl 3001
[R1-acl-3001] rule deny ip source 192.168.1.0 0.0.0.255 destination 192.168.10.10 0.0.0.0 time-range

satime

    [Router-acl-3001] quit

步骤 4：配置基于 ACL 的流分类。

#配置流分类 c_xs，对匹配 ACL 3001 的报文进行分类

    [R1] traffic classifier c_xs

    [R1-classifier-c_xs] if-match acl 3001

    [R1-classifier-c_xs] quit

步骤 5：配置流行为。

#配置流行为 b_xs，动作为拒绝报文通过

    [R1] traffic behavior b_xs

    [R1-behavior-b_xs] deny

    [R1-behavior-b_xs] quit

步骤 6：配置流策略。

#配置流策略 p_xs，将流分类 c_xs 与流行为 b_xs 关联

    [R1] traffic policy p_xs

    [R1-trafficpolicy-p_xs] classifier c_xs behavior b_xs

    [R1-trafficpolicy-p_xs] quit

步骤 7：应用流策略。

#由于销售部门访问服务器的流量从接口 Eth2/0/1 进入 Router，所以可以在 Eth2/0/1 接口的入方向应
  用流策略 p_xs

    [R1] interface ethernet2/0/1

    [R1-Ethernet2/0/1] traffic-policy p_xs inbound

    [R1-Ethernet2/0/1] quit

步骤 8：检查配置结果。

#查看 ACL 规则的配置信息

    [R1] display acl all

     Total quantity of nonempty ACL number is 1

    Advanced ACL 3001, 1 rule

    Acl's step is 5

     rule 5 deny ip source 192.168.1.0 0.0.0.255 destination 192.168.10.10 0 time-range satime(Active)

#查看流策略的应用信息
[R1] display traffic-policy applied-record

    Policy Name: p_xs
    Policy Index: 6
      Classifier:c_xs   Behavior:b_xs
----
 *interface Ethernet2/0/1
   traffic-policy p_xs inbound
     slot 0   :   success

【实例 2】通过园区网络连接到多个运营商时，使用策略路由实现分流，如图 10-35 所示。

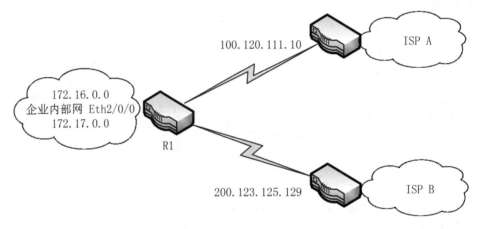

图 10-35　ACL 综合应用实例 2

    某企业通过路由器 R1 连接互联网，由于业务需要，与两家运营商 ISP A 和 ISP B 相连。企业网内的数据流从业务类型上可以分为两类，一类来自于网络 172.16.0.0/16，另一类来自于网络 172.17.0.0/16。对于来自于 172.16.0.0/16 网络的数据流，管理员希望其能够通过运营商 ISP A 访问 Internet，而对于来自 172.17.0.0/16 网络的数据流，管理员希望其通过运营商 ISP B 访问 Internet。

    步骤 1：创建 ACL，匹配两个网段。

[R1]acl 2015
[R1-acl-basic-2015]rule 5 permit source 172.16.0.0 0.0.255.255
[R1-acl-basic-2015]quit

[R1]acl 2016

[R1-acl-basic-2016]rule 5 permit source 172.17.0.0 0.0.255.255

[R1-acl-basic-2016]quit

步骤 2：在 R1 创建流分类，匹配 ACL 命中的流量。

[R1]traffic classifier c1

[R1- classifier-c1]if-match acl 2015

[R1- classifier-c1]quit

[R1]traffic classifier c2

[R1- classifier-c2]if-match acl 2016

[R1- classifier-c2]quit

步骤 3：创建流行为，配置重定向。

[R1]traffic behavior b1

[R1- behavior-b1]redirect ip-nexthop 100.120.111.10

[R1- behavior-b1]quit

[R1]traffic behavior b2

[R1- behavior-b2]redirect ip-nexthop 200.123.125.129

[R1- behavior-b2]quit

步骤 4：创建流策略，在接口上应用流策略。

[R1] traffic policy p1

[R1-trafficpolicy-p1] classifier c1 behavior   b1

[R1-trafficpolicy-p1] classifier c2 behavior   b2

[R1-trafficpolicy-p1] quit

[R1] interface Ethernet 2/0/0

[R1- Ethernet 2/0/0] traffic p1 inbound

[R1- Ethernet 2/0/0] quit

步骤 5：检查配置。

在路由器 R1 上使用 display traffic-policy applied-record 流策略生效情况，通过检查可以看到两条流策略状态都是 success，确定配置正确。

[R1] display traffic-policy applied-record

Policy Name :   p1

Policy Index：　4
    Classifier:c1　　　Behavior:b1
    Classifier:c2　　　Behavior:b2

Interface　Ethernet2/0/0
  traffic-policy　p1　inbound
   slot　15：　　success
   slot　5：　　success

第 11 章 网 络 管 理

计算机网络的组成越来越复杂，一方面是网络互连的规模越来越大，另一方面是联网设备越来越多种多样。异构型的网络设备、多协议栈互连、性能需求不同的各种网络业务更增加了网络管理的难度和管理费用，单靠管理员手工管理已经无能为力。所以，研究网络管理的理论，开发先进的网络管理技术，采用自动化的网络管理工具就是一项迫切的任务了。本章讲述网络管理系统的体系结构、管理信息库和 SNMP 协议、网络管理工具的使用方法，以及网络系统的可靠性和网络存储的基本概念。

11.1 网络管理系统体系结构

11.1.1 网络管理系统的层次结构

网络管理系统组织成如图 11-1 所示的层次结构。在网络管理站中最下层是操作系统和硬件。操作系统之上是支持网络管理的协议簇，例如 OSI、TCP/IP 等通信协议，以及专用于网络管理的 SNMP、CMIP 协议等。协议栈上面是网络管理框架（Network Management Framework），这是各种网络管理应用工作的基础结构。

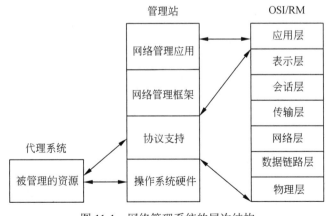

图 11-1　网络管理系统的层次结构

各种网络管理框架的共同特点如下。

（1）管理功能分为管理站（Manager）和代理（Agent）两部分。

（2）为存储管理信息提供数据库支持，例如关系数据库或面向对象的数据库。

（3）提供用户接口和用户视图（View）功能，例如管理信息浏览器。

（4）提供基本的管理操作，例如获取管理信息、配置设备参数等操作过程。

网络管理应用是用户根据需要开发的软件，这种软件运行在具体的网络上，实现特定的管理目标，例如故障诊断和性能优化，或者业务管理和安全控制等。

图 11-1 把被管理资源画在单独的框中，表明被管理资源可能与管理站处于不同的系统中。网络管理涉及监视和控制网络中的各种硬件、固件和软件元素，例如网卡、集线器、中继器、主机、外围设备、通信软件、应用软件和实现网络互连中间件等。有关资源的管理信息由代理进程控制，代理进程通过网络管理协议与管理站对话。

11.1.2　网络管理系统的配置

网络管理系统的配置如图 11-2 所示。每一个网络节点都包含一组与管理有关的软件，叫作网络管理实体（Network Management Entity，NME）。

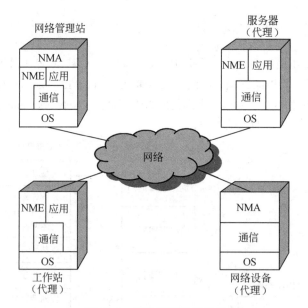

图 11-2　网络管理系统配置

网络管理实体完成下面的任务：

（1）收集有关网络通信的统计信息。

（2）对本地设备进行测试，记录设备状态信息。

（3）在本地存储有关信息。

（4）响应网络控制中心的请求，发送管理信息。

（5）根据网络控制中心的指令设置或改变设备参数。

网络中至少有一个节点（主机或路由器）担当管理站的角色（Manager）。除了 NME 之外，管理站中还有一组软件，叫作网络管理应用（Network Management Application，NMA）。NMA 提供用户接口，根据用户的命令显示管理信息，通过网络向 NME 发出请求或指令，以便获取有关设备的管理信息，或者改变设备的配置状态。

网络中的其他节点在 NME 的控制下与管理站通信，交换管理信息。这些节点中的 NME 模块叫作代理模块，网络中任何被管理的设备（主机、交换机、路由器或集线器等）都必须实现代理模块。所有代理在管理站监视和控制下协同工作，实现集成的网络管理。这种集中式网络管理策略的好处是管理人员可以有效地控制整个网络资源，根据需要平衡网络负载，优化网络性能。

然而对于大型网络，集中式管理往往显得力不从心，正在让位于分布式的网络管理策略。这种向分布式管理演化的趋势与集中式计算模型向分布式计算模型演化的总趋势是一致的。图 11-3 提出了一种可能的分布式网络管理配置方案。

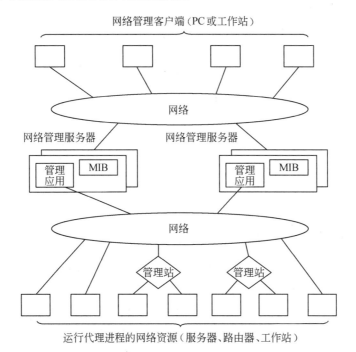

图 11-3　分布式网络管理系统

在这种配置中，分布式管理系统代替了单独的网络控制主机。地理上分布的网络管理客户端与一组网络管理服务器交互作用，共同完成网络管理功能。这种管理策略可以实现分部门管理，即限制每个客户端只能访问和管理本部门的部分网络资源，而由一个中心管理站实施全局管理。同时，中心管理站还能对管理功能较弱的客户端发出指令，实现更高级的管理。分布式网络管理的灵活性（Flexibility）和可伸缩性（Scalability）带来的好处日益为网络管理工作者所青睐，这方面的研究和开发是目前网络管理中最活跃的领域。

图 11-2 和图 11-3 中的系统要求每个被管理的设备都能运行代理程序，并且所有管理站和代理都支持相同的管理协议。这种要求有时是无法实现的。例如，有的旧设备可能不支持当前的网络管理标准；小的系统可能无法完整实现 NME 的全部功能；甚至还有一些设备（例如Modem 和多路器等）根本不能运行附加的软件，把这些设备叫作非标准设备。在这种情况下，通常的处理方法是用一个叫作委托代理的设备（Proxy）来管理一个或多个非标准设备。委托代理和非标准设备之间运行制造商专用的协议，而委托代理和管理站之间运行标准的网络管理协议。这样，管理站就可以用标准的方式通过委托代理得到非标准设备的信息。委托代理起到了协议转换的作用，如图 11-4 所示。

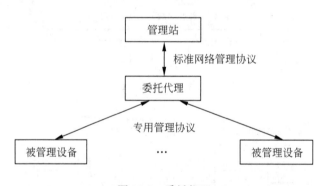

图 11-4　委托代理

11.1.3　网络管理软件的结构

这里所说的网络管理软件包括用户接口软件、管理专用软件和管理支持软件，如图 11-5所示，大约相当于图 11-1 中管理站的上三层。

用户通过网络管理接口与管理专用软件交互作用，监视和控制网络资源。接口软件不仅存在于管理站上，而且也可能出现在代理系统中，以便对网络资源实施本地配置、测试和排错。有效的网络管理系统需要统一的用户接口，而不论主机和设备出自何方厂家，运行什么操作系统，这样才可以方便地对异构型网络进行监控。接口软件还要有一定的信息处理能力，对大量的管理信息要进行过滤、统计、化简和汇总，以免传递的信息量太大而阻塞网络通道。最后，理想的用户接口应该是图形用户接口，而非命令行或表格形式。

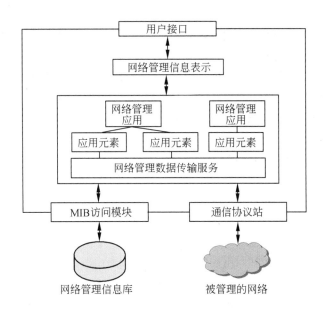

图 11-5　网络管理软件的结构

　　管理专用软件画在图 11-5 中心的大方框中。足够复杂的网管软件可以支持多种网络管理应用，例如配置管理、性能管理和故障管理等。这些应用能适用于各种网络设备和网络配置，虽然在实现细节上可能有所不同。图 11-5 还表示出用大量的应用元素支持少量管理应用的设计思想。应用元素实现通用的基本管理功能（例如产生报警、对数据进行分析等），可以被多个应用程序调用。传统的模块化设计方法可提高软件的重用性，提高实现的效率。网络管理软件的最低层提供网络管理数据传输服务，用于在管理站和代理之间交换管理信息。管理站利用这种服务接口可以检索设备信息，配置设备参数，代理则通过服务接口向管理站报告设备事件。

　　管理支持软件包括 MIB 访问模块和通信协议栈。代理中的管理信息库（Management Information Base，MIB）包含反映设备配置和设备行为的信息，以及控制设备操作的参数。管理站的 MIB 中除了保留本地节点专用的管理信息外，还保存着管理站控制的所有代理的相关信息。MIB 访问模块具有基本的文件管理功能，使得管理站或代理可以访问 MIB，同时该模块还能把本地的 MIB 格式转换为适于网络管理系统传送的标准格式。通信协议栈支持节点之间的通信。由于网络管理协议位于应用层，原则上任何通信体系结构都能胜任，虽然具体的实现可能有特殊的通信要求。

11.2　网络监控系统的组成

网络管理功能可分为网络监视和网络控制两大部分，统称网络监控（Network Monitoring）。网络监视是指收集系统和子网的状态信息，分析被管理设备的行为，以便发现网络运行中存在的问题。网络控制是指修改设备参数或重新配置网络资源，以便改善网络的运行状态。具体来说，网络监控要解决的问题如下。

（1）管理信息的定义。监视哪些管理信息，从哪些被管理资源获得管理信息。

（2）监控机制的设计。如何从被管理资源得到需要的信息。

（3）管理信息的应用。根据收集到的管理信息实现什么管理功能。

下面首先说明前两个问题，即管理信息的定义和监控机制。

11.2.1　管理信息的组成

对网络监控有用的管理信息可以分为以下 3 类：

（1）静态信息。包括系统和网络的配置信息，例如路由器的端口数和端口编号，工作站的标识和 CPU 类型等，这些信息不经常变化。

（2）动态信息。与网络中出现的事件和设备的工作状态有关，例如网络中传送的分组数、网络连接的状态等。

（3）统计信息。即从动态信息推导出的信息，例如平均每分钟发送的分组数、传输失败的概率等。

这些信息组成的管理信息库如图 11-6 所示。配置数据库中存储着计算机和网络的基本配置信息，传感器数据库中存储着传感器的设置信息。传感器是一组软件，用于实时地读取被管理设备的有关参数。配置数据库和传感器数据库共同组成静态数据库。动态数据库存储着由传感器收集的各种网络元素和网络事件的实时数据。统计数据库中的管理信息是由动态信息计算出来的。图 11-6 表示出这 3 种数据库的关系。

网络监控功能一方面要确定从哪里收集管理信息，另一方面还要确定管理信息应该存储在什么地方。静态信息是由网络元素直接产生的，通常由驻留在这些网络元素（例如路由器）中的代理进程收集和存储，必要时传送给监视器。如果网络元素（例如 Modem）中没有代理进程，则可以由委托代理收集这些静态信息，并传送给监视器。

动态信息通常也是由产生有关事件的网络元素收集和存储的。例如，工作站建立的网络连接数就存储在该工作站中。然而对于一个局域网来说，网络中各个设备的行为和有关数据可以由连接在网络中的一个专用主机来收集和记录，这个主机叫作远程网络监视器，它的作用是收集整个子网的通信数据，例如一段时间内一对主机交换的分组数，或网络中出现的冲突次数等。

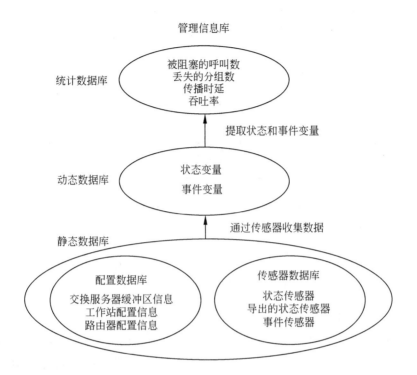

图 11-6 管理信息库的组成

统计信息可以由任何能够访问动态信息的系统产生。当然,统计信息也可以由网络监视器自己产生,这就要求把所有需要的原始数据传送给监视器,再由监视器进行分析和计算。如果原始数据的量很大,则这种监控方式可能会消耗很多网络带宽。如果对存储动态信息的系统进行了分析和计算,则不仅节约了网络带宽,而且也节省了监视器的处理时间。

11.2.2 网络监控系统的配置

网络监控系统的配置如图 11-7 (a) 所示。监控应用程序是监控系统的用户接口,它完成性能监视、故障监视和计费监视等功能。管理功能负责与其他网络元素中的代理进程通信,把需要的监控信息提供给监控应用程序。这两个模块都处于管理站中。管理对象表示被监控的网络资源中的管理信息,所有管理对象遵从网络管理标准的规定。管理对象中的信息通过代理功能提供给管理站。图 11-7 (b) 中增加了监控代理功能。这个模块的作用是专门对管理信息进行计算和统计分析,并且把计算的结果提供给管理站。在管理站来看,监控代理的作用和一般代理是一样的,然而它管理着多个代理系统。

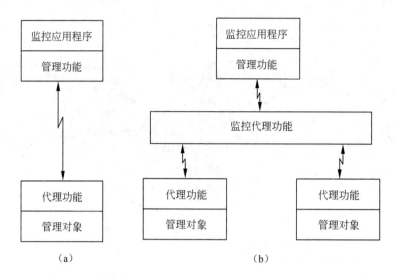

图 11-7　网络监控系统的体系结构

　　实际上，这些功能模块可以处于不同的网络元素中，组成多种形式的监控系统。如果管理站本身就是一个被监控的网络元素，则它应该包含监控应用程序、管理功能、代理进程以及一组反映自身管理信息的对象。监视器的状态和行为对整个网络监控系统的性能起决定作用，因而监视器也应该时刻监视自身的通信情况。一般情况下，监视器与代理系统处于不同的网络元素中，它们通过网络交换管理信息。另外，一个管理站/监视器可以监控多个代理系统，也可以只监控一个代理系统；而一个代理系统可能代理一个或多个网络元素，甚至代理整个局域网；监视器可能与被监控的网络元素处于同一子网中，也可能通过远程网络互连。

11.2.3　网络监控系统的通信机制

　　对监视器有用的管理信息是由代理收集和存储的，那么代理怎样把这些信息传送给监视器呢？有两种技术可用于代理和监视器之间的通信。一种叫作轮询（Polling），另一种叫作事件报告（Event Reporting）。轮询是一种请求—响应式的交互作用，即由监视器向代理发出请求，询问它所需要的信息数值，代理响应监视器的请求，从它所保存的管理信息库中取得请求的信息，返回给监视器。请求可以采用各种不同的形式，例如列出一些变量的名字，要求代理返回变量的值。或者给出一种匹配模式，要求代理搜索与模式匹配的所有变量的值。监视器可能要查询它所管理的系统的配置，或者周期地询问被管理系统配置改变的情况；监视器也可能在收到一个报警后用轮询方式详细调查某个区域的真实情况，或者根据用户的要求通过轮询生成一个配置报告。

事件报告是由代理主动发送给管理站的消息。代理可以根据管理站的要求（周期、内容等）定时地发送状态报告，也可能在检测到某些特定事件（例如状态改变）或非正常事件（例如出现故障）时生成事件报告，发送给管理站。事件报告对于及时发现网络中的问题是很有用的，特别是对于监控状态信息不经常改变的管理对象更有效。

在已有的各种网络监控系统中都设置了轮询和事件报告两种通信机制，但强调的重点有所不同。传统的通信管理网络主要依赖事件报告，而 SNMP 强调轮询方法，OSI 系统管理则采取了这两种极端方法的中间道路。然而无论是 SNMP 或是 OSI，以及某些专用的管理系统都允许用户根据具体情况决定使用何种通信方式。影响通信方式选择的主要因素如下。

（1）传送监控信息需要的通信量。

（2）对危急情况的处理能力。

（3）对网络管理站的通信时延。

（4）被管理设备的处理工作量。

（5）消息传输的可靠性。

（6）网络管理应用的特殊性。

（7）在发送消息之前通信设备失效的可能性。

11.3 网络管理功能域

网络管理有 5 大功能域，即故障管理（Fault Management）、配置管理（Configuration Management）、计费管理（Accounting Management）、性能管理（Performance Management）和安全管理（Security Management），简写为 F-CAPS。传统上，性能、故障和计费管理属于网络监视功能，另外两种属于网络控制功能。

11.3.1 性能管理

网络监视中最重要的是性能监视，然而要能够准确地测量出对网络管理有用的性能参数却是不容易的。可选择的性能指标很多，有些很难测量，或计算量很大，但不一定很有用；有些有用的指标则没有得到制造商的支持，无法从现有的设备上检测到。还有些性能指标互相关联，要互相参照才能说明问题。这些情况都增加了性能测量的复杂性。这一小节介绍性能管理的基本概念，给出对网络管理有用的两类性能指标：面向服务的性能指标和面向效率的性能指标。当然，网络最主要的目标是向用户提供满意的服务，因而面向服务的性能指标应具有较高的优先级。下面前 3 个指标是面向服务的性能指标，后两个是面向效率的性能指标。

1．可用性

可用性是指网络系统、网络元素或网络应用对用户可利用的时间的百分比。有些应用对可用性很敏感，例如飞机订票系统，若宕机一小时，就可能减少数十万元的票款；而股票交易系统如果中断运行一分钟，就可能造成几千万元的损失。实际上，可用性是网络元素可靠性的表现，而可靠性是指网络元素在具体条件下完成特定功能的概率。如果用平均无故障时间 MTBF（Mean Time Between Failure）来度量网络元素的故障率，则可用性 A 可表示为 MTBF 的函数。

$$A = \frac{MTBF}{MTBF + MTTR}$$

其中，MTTR（Mean Time To Repair）为发生失效后的平均维修时间。由于网络系统由许多网络元素组成，所以系统的可靠性不仅与各个元素的可靠性有关，还与网络元素的组织形式有关。根据一般可靠性理论，由元素串、并联组成的系统的可用性与网络元素的可用性之间的关系如图 11-8 所示。从图 11-8（a）可以看出，若两个元素串联，则可用性减少。例如，两个 Modem 串联在链路的两端，若单个 Modem 的可用性 $A=0.98$，并假定链路其他部分的可用性为 1，则整个链路的可用性 $A=0.98×0.98=0.9604$。从图 11-8（b）可以看出，若两个元素并联，则可用性增加。例如，终端通过两条链路连接到主机，若一条链路失效，另外一条链路自动备份。假定单个链路的可用性 $A=0.98$，则双链路的可用性

$$A=2×0.98-0.98×0.98=1.96-0.960\ 4=0.9996$$

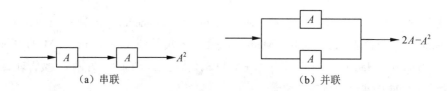

(a) 串联　　　　　　　　　　(b) 并联

图 11-8　串行和并行连接的可用性

【例 11.1】计算双链路并联系统的处理能力。假定一个多路器通过两条链路连接到主机（如图 11-8（b）所示）。在主机业务的峰值时段，一条链路只能处理总业务量的 80%，因而需要两条链路同时工作才能处理主机的全部传送请求。非峰值时段大约占整个工作时间的 40%，只需要一条链路工作就可以处理全部业务。这样，整个系统的可用性 A_f 可表示如下：

$$A_f = （一条链路的处理能力）×（一条链路工作的概率）+$$
$$（两条链路的处理能力）×（两条链路工作的概率）$$

假定一条链路的可用性为 $A=0.9$，则两条链路同时工作的概率为 $A^2=0.81$，而恰好有一条链

路工作的概率为 $A(1-A)+(1-A)A=2A-2A^2=0.18$。则有

$$A_f（非峰值时段）=1.0×0.18+1.0×0.81=0.99$$
$$A_f（峰值时段）=0.8×0.18+1.0×0.81=0.954$$

于是系统的平均可用性为

$$A_f=0.6×A_f（峰值时段）+0.4×A_f（非峰值时段）=0.9684$$

2．响应时间

响应时间是指从用户输入请求到系统在终端上返回计算结果的时间间隔。从用户角度看，这个时间要和人们的思考时间（等于两次输入之间的最小间隔时间）配合，越是简单的工作（例如数据输入）要求响应时间越短。然而从实现角度看，响应时间越短，实现的代价越大。研究表明，系统响应时间对人的生产率的影响是很大的。在交互式应用中，响应时间大于15s，大多数人是不能容忍的。响应时间大于 4s 时，人们的短期记忆会受到影响，工作的连续性会被破坏。尤其是对数据输入人员来说，这种情况下击键的速度会严重受挫，只是在输入完一个段落后才可以有比较大的延迟（例如 4s 以上）。越是注意力高度集中的工作，要求响应时间越短。特别是对于需要记住以前的响应，根据前面的响应决定下一步的输入时，延迟时间应该小于2s。在用鼠标单击图形或进行键盘输入时，要求的响应时间更小，可能在 0.1s 以下。这样人们会感到计算机是同步工作的，几乎没有等待时间。图 11-9 表示应用 CAD 进行集成电路设计时生产

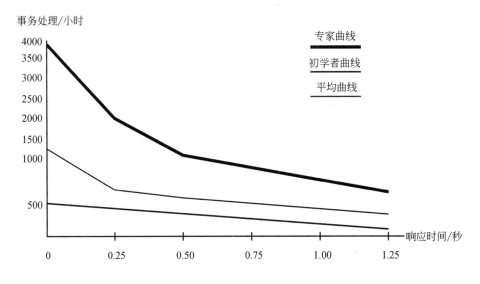

图 11-9　系统响应时间与生产率的关系

率（每小时完成的事务处理数）与响应时间的关系。可以看出，当响应时间小于 1s 时事务处理的速率明显加快，这和人的短期记忆以及注意力集中的程度有关。

网络的响应时间由系统各个部分的处理延迟时间组成，分解系统响应时间的成分对于确定系统瓶颈有用。图 11-10 表示出系统响应时间 RT 由 7 部分组成。

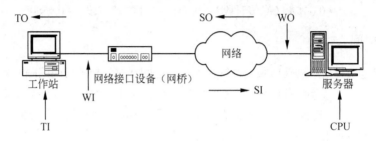

RT=TI+WI+SI+CPU+WO+SO+TO

RT：响应时间	CPU：CPU 处理延迟
TI：入口终端延迟	WO：出口排队时间
WI：入口排队时间	SO：出口服务时间
SI：入口服务时间	TO：出口终端延迟

图 11-10 系统响应时间的组成

- 入口终端延迟：指从终端把查询命令送到通信线路上的延迟。终端本身的处理时间是很短的，这个延迟主要是由从终端到网络接口设备（例如 PAD 设备或网桥）的通信线路引起的传输延迟。假若线路数据速率为 2400bps=300BPS，则每个字符的时延为 3.33μs。假如平均每个命令含 100 个字符，则输入命令的延迟时间为 0.33s。

- 入口排队时间：即网络接口设备的处理时间。接口设备要处理多个终端输入，还要处理提交给终端的输出，所以输入的命令通常要进入缓冲区排队等待。接口设备越忙，排队时间越长。

- 入口服务时间：指从网络接口设备通过传输网络到达主机前端的时间，对于不同的网络，这个传输时间的差别是很大的。如果是公共交换网，这个时延是无法控制的；如果是专用网、租用专线或用户可配置的设备，这个时延还可以进一步分解，以便按照需要规划和控制网络。

- CPU 处理延迟：前端处理机、主机和磁盘等设备处理用户命令、做出回答需要的时间。这个时间通常是管理人员无法控制的。

- 出口排队时间：在前端处理机端口等待发送到网络上去的排队时间。这个时间与入口排队时间类似，其长短取决于前端处理机繁忙的程度。

- 出口服务时间：通过网络把响应报文传送到网络接口设备的处理时间。
- 出口终端延迟：终端接收响应报文的时间，主要是由通信延迟引起的。

响应时间是比较容易测量的，是网络管理中重要的管理信息。

3. 正确性

这是指网络传输的正确性。由于网络中有内置的纠错机制，所以通常用户不必考虑数据传输是否正确。但是，监视传输误码率可以发现瞬时的线路故障，以及是否存在噪声源和通信干扰，以便及时采取维护措施。

4. 吞吐率

吞吐率是面向效率的性能指标，具体表现为一段时间内完成的数据处理量（Mbps 或分组数每秒），或者接受用户会话的数量，或者处理呼叫的数量等。跟踪这些指标可以为提高网络传输效率提供依据。

5. 利用率

利用率是指网络资源利用的百分率，它也是面向效率的指标。这个参数与网络负载有关，当负载增加时，资源利用率增大，因而分组排队时间和网络响应时间变长，甚至会引起吞吐率降低。当相对负载（负载/容量）增加到一定程度时，响应时间迅速增长，从而引发传输瓶颈和网络拥挤。图 11-11 表示响应时间随相对负载呈指数上升的情况。特别值得注意的是，实际情况往往与理论计算结果相左，造成失去控制的通信阻塞，这是应该设法避免的，所以需要更精确的分析技术。

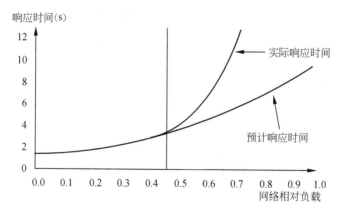

图 11-11　网络响应时间与负载的关系

　　下面介绍一种简单而有效的分析方法，可以正确地评价网络资源的利用情况。基本的思想是观察链路的实际通信量（负载），并且与规划的链路容量（数据速率）比较，从而发现哪些链路使用过度，哪些链路利用不足。分析方法使用了会计工作中常用的成本分析技术，即计算实际的费用占计划成本的比例，从而发现实际情况与理想情况的偏差。对于网络分析来说，就是计算出各个链路的负载占网络总负载的百分率（相对负载），以及各个链路的容量占网络总容量的百分率（相对容量），最后得到相对负载与相对容量的比值。这个比值反映了网络资源的相对利用率。

　　假定有图11-12（a）所示的简单网络，由5段链路组成。表11-1中列出了各段链路的负载和各段链路的容量，并且计算出了各段链路的负载百分率和容量百分率，图11-12（b）是对应的图形表示。可以看出，网络规划的容量（400kbps）比实际的通信量（200kbps）大得多，而且没有一条链路的负载大于它的容量。但是，各个链路的相对利用率（相对负载/相对容量）不同，有的链路使用得太频繁（例如链路3，25/15=1.67），而有的链路利用不足（例如链路5，25/45=0.55）。这个差别是有用的管理信息，它可以指导我们如何调整各段链路的容量，获得更合理的负载分布和链路利用率，从而减少资源浪费，提高性能价格比。

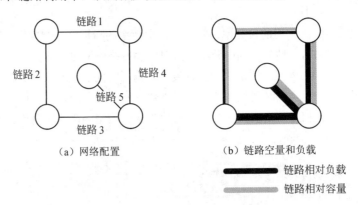

（a）网络配置　　　　　　　　　（b）链路空量和负载

━━━━━ 链路相对负载

━━━━━ 链路相对容量

图 11-12　网络利用率分析

表 11-1　网络负载和容量分析

	链路 1	链路 2	链路 3	链路 4	链路 5	合　计
负载（kbps）	30	30	50	40	50	200
容量（kbps）	40	40	60	80	180	400
负载百分率	15	15	25	20	25	100
容量百分率	10	10	15	20	45	100
相对负载/相对容量	1.5	1.5	1.67	1.0	0.55	—

收集到的性能参数组织成性能测试报告，以图形或表格的形式呈现给网络管理员。对于局域网来说，性能测试报告应包括以下内容。

- 主机对通信矩阵。一对源主机和目标主机对之间传送的总分组数、数据分组数、数据字节数以及它们所占的百分比。
- 主机组通信矩阵。一组主机之间通信量的统计，内容与上一条类似。
- 分组类型直方图。各种类型的原始分组（例如广播分组、组播分组等）的统计信息，用直方图表示。
- 数据分组长度直方图。不同长度（字节数）的数据分组的统计。
- 吞吐率——利用率分布。各个网络节点发送/接收的总字节数和数据字节数的统计。
- 分组到达时间直方图。不同时间到达的分组数的统计。
- 信道获取时间直方图。在网络接口单元（NIU）排队等待发送、经过不同延迟时间的分组数的统计。
- 通信延迟直方图。从发出原始分组到分组到达目标的延迟时间的统计。
- 冲突计数直方图。经受不同冲突次数的分组数的统计。
- 传输计数直方图。经过不同试发送次数的分组数的统计。

另外，还应包括功能全面的性能评价程序（对网络当前的运行状态进行分析）和人工负载生成程序（产生性能测试数据），帮助管理人员进行管理决策。

11.3.2　故障管理

故障监视就是要尽快地发现故障，找出故障原因，以便及时采取补救措施。在复杂的系统中，发现和诊断故障是不容易的。首先是有些故障很难观察到，例如分布处理中出现的死锁就很难发现。其次是有些故障现象不足以表明故障原因，例如发现远程节点没有响应，但是否低层通信协议失效不得而知。更有些故障现象具有不确定性和不一致性，引起故障的原因很多，使得故障定位复杂化。例如，终端死机、线路中断、网络拥塞或主机故障都会引起同样的故障现象，到底问题出在哪儿，需要复杂的故障定位手段。故障管理可分为以下 3 个功能模块。

（1）故障检测和报警功能。故障监视代理要随时记录系统出错的情况和可能引起故障的事件，并把这些信息存储在运行日志数据库中。在采用轮询通信的系统中，管理应用程序定期访问运行日志记录，以便发现故障。为了及时检测重要的故障问题，代理也可以主动向有关管理站发送出错事件报告。另外，对出错报告的数量、频率要有适当地控制，以免加重网络负载。

（2）故障预测功能。对各种可以引起故障的参数建立门限值，并随时监视参数值变化，一旦超过门限值，就发送警报。例如，由于出错产生的分组碎片数超过一定值时发出警报，表示线路通信恶化，出错率上升。

（3）故障诊断和定位功能。即对设备和通信线路进行测试，找出故障原因和故障地点，例如可以进行下列测试。

- 连接测试。
- 数据完整性测试。
- 协议完整性测试。
- 数据饱和测试。
- 连接饱和测试。
- 环路测试。
- 功能测试。
- 诊断测试。

故障监视还需要有效的用户接口软件，使得故障发现、诊断、定位和排除等一系列操作都可以交互地进行。

11.3.3　计费管理

计费监视主要是跟踪和控制用户对网络资源的使用，并把有关信息存储在运行日志数据库中，为收费提供依据。不同的系统，对计费功能要求的详尽程度也不一样。在有些提供公共服务的网络中，要求收集的计费信息很详细、很准确，例如要求对每一种网络资源、每一分钟的使用、传送的每一个字节数都要计费，或者要求把费用分摊给每一个账号、每一个项目，甚至每一个用户。而有的内部网络就不一定要求这样细了，只要求把总的运行费用按一定比例分配给各个部门就可以了。需要计费的网络资源如下。

- 通信设施。LAN、WAN、租用线路或 PBX 的使用时间。
- 计算机硬件。工作站和服务器机时数。
- 软件系统。下载的应用软件和实用程序的费用。
- 服务。包括商业通信服务和信息提供服务（发送/接收的字节数）。

计费数据组成计费日志，其记录格式应包括下列信息。

- 用户标识。
- 连接目标的标识符。
- 传送的分组数/字节数。
- 安全级别。
- 时间戳。
- 指示网络出错情况的状态码。
- 使用的网络资源。

11.3.4 配置管理

配置管理是指初始化、维护和关闭网络设备或子系统。被管理的网络资源包括物理设备（例如服务器、路由器）和底层的逻辑对象（例如传输层定时器）。配置管理功能可以设置网络参数的初始值/默认值，使网络设备初始化时自动形成预定的互联关系。当网络运行时，配置管理监视设备的工作状态，并根据用户的配置命令或其他管理功能的请求改变网络配置参数。例如，若性能管理检测到响应时间延长，并分析出性能降级的原因是由于负载失衡，则配置管理将通过重新配置（例如改变路由表）改善系统响应时间。又例如，故障管理检测到一个故障，并确定了故障点，则配置管理可以改变配置参数，把故障点隔离，恢复网络正常工作。配置管理应包含下列功能模块。

- 定义配置信息。
- 设置和修改设备属性。
- 定义和修改网络元素间的互联关系。
- 启动和终止网络运行。
- 发行软件。
- 检查参数值和互联关系。
- 报告配置现状。

最后两项属于配置监视功能，即管理站通过轮询随时访问代理保存的配置信息，或者代理通过事件报告及时向管理站通知配置参数改变的情况。下面解释配置控制的其他功能。

1. 定义配置信息

配置信息描述网络资源的特征和属性，这些信息对其他管理功能是有用的。网络资源包括物理资源（例如主机、路由器、网桥、通信链路和 Modem 等）和逻辑资源（例如定时器、计数器和虚电路等）。设备的属性包括名称、标识符、地址、状态、操作特点和软件版本。配置信息可以有多种组织方式。简单的配置信息组织成由标量组成的表，每一个标量值表示一种属性值，SNMP 采用这种方法。在 OSI 系统管理中，管理信息定义为面向对象的数据库。对象的值表示被管理设备的特性，对象的行为（例如通知）代表了管理操作，对象之间的包含关系和继承关系则规范了它们之间的互相作用。另外，还有一些系统用关系数据库表示管理信息。

管理信息存储在与被管理设备最接近的代理或委托代理中，管理站通过轮询或事件报告访问这些信息。网络管理员可以在管理站提供的用户界面上说明管理信息值的范围和类型，用于设置被管理资源的属性。网络控制功能还允许定义新的管理对象，在指定的代理中生成需要的管理对象或数据元素。产生新数据的过程可以是联机的、动态的，或是脱机的、静态的。

2. 设置和修改属性

配置管理允许管理站远程设置和修改代理中的管理信息值，但是修改操作要受到下面两种限制：

（1）只有授权的管理站才可以实行修改操作，这是网络安全所要求的。

（2）有些属性值反映了硬件配置的实际情况，是不可改变的，例如主机 CPU 类型、路由器的端口数等。

对配置信息的修改可以分为以下 3 种类型：

- 只修改数据库。管理站向代理发送修改命令，代理修改配置数据库中的一个或多个数据值。如果修改操作成功，则向管理站返回肯定应答，否则返回否定应答，在这个交互过程中不发生其他作用。例如，管理站通过修改命令改变网络设备的负责人（姓名、地址和电话等）。
- 修改数据库，也改变设备的状态。除了修改数据值之外，还改变了设备的运行状态。例如，把路由器端口的状态值置为 disabled，则所有网络通信不再访问该端口。
- 修改数据库，同时引起设备的动作。由于现行网络管理标准中没有直接指挥设备动作的命令，所以通常用管理数据库中的变量值控制被管理设备的动作。当这些变量被设置成不同的值时，设备随即执行对应的操作过程。例如，路由器数据库中有一个初始化参数，可取值为 true 或 false。若设置此参数值为 true，则路由器开始初始化，过程结束时重置该参数为 false。

3. 定义和修改关系

关系是指网络资源之间的联系、连接以及网络资源之间相互依存的条件，例如拓扑结构、物理连接、逻辑连接、继承层次和管理域等。继承层次是管理对象之间的继承关系，而管理域是被管理资源的集合，这些网络资源具有共同的管理属性或者受同一管理站控制。

配置管理应该提供联机修改关系的操作，即用户在不关闭网络的情况下可以增加、删除或修改网络资源之间的关系。例如在 LAN 中，节点之间逻辑链路控制子层的连接可以由管理站来修改。一种 LLC 连接叫作交换连接，即节点的 LLC 实体接受上层软件的请求或者响应终端用户的命令与其他节点建立的 SAP 之间的连接。另外，管理站还可以建立固定（或永久）连接，管理软件也可以按照管理命令的要求释放已建立的固定连接或交换连接，或者为一个已有的连接指定备份连接，以便在主连接失效时替换它。

4. 启动和终止网络运行

配置管理给用户提供启动和关闭网络和子网的操作。启动操作包括验证所有可设置的资源属性是否已正确设置，如果有设置不当的资源，则要通知用户；如果所有的设置都正确无误，则向用户发回肯定应答。同时，关闭操作完成之前应允许用户检索设备的统计信息或状态信息。

5. 发行软件

配置管理还提供向端系统（主机、服务器和工作站等）和中间系统（交换机、路由器和应用网关等）发行软件的功能，即给系统装载指定的软件，更新软件版本和配置软件参数等功能。除了装载可执行的软件之外，这个功能还包括下载驱动设备工作的数据表，例如路由器和网桥中使用的路由表。如果出于计费、安全或性能管理的需要，路由决策中的某些特殊情况不能仅根据数学计算的结果处理，可能还需要人工干预，所以还应提供人工修改路由表的用户接口。

11.3.5　安全威胁

早期的计算机信息安全主要由物理的和行政的手段控制，例如不许未经授权的用户进入终端室（物理的），或者对可以接近计算机的人员进行严格的审查等（行政的）。然而自从有了网络，特别是有了开放的因特网，情况就完全不同了。人们迫切地需要自动的管理工具，以控制存储在计算机中的信息和网络传输中信息的安全。安全管理提供这种安全控制工具，同时也要保护网络管理系统本身的安全。下面首先分析计算机网络面临的安全威胁。

1. 安全威胁的类型

为了理解对计算机网络的安全威胁，首先定义安全需求。计算机和网络需要以下 3 个方面的安全性。

（1）保密性（secrecy）。计算机网络中的信息只能由授予访问权限的用户读取（包括显示、打印等，也包含暴露"信息存在"这样的事实）。

（2）数据完整性（integrity）。计算机网络中的信息资源只能被授予权限的用户修改。

（3）可用性（availability）。具有访问权限的用户在需要时可以利用网络资源。

所谓对计算机网络的安全威胁，就是破坏了这 3 个方面的安全性要求。下面从计算机网络提供信息的途径来分析安全威胁的类型。通常，从源到目标的信息流动的各个阶段都可能受到威胁。图 11-13 画出了信息流被危害的各种情况。

（1）信息从源到目标传送的正常情况。

（2）中断（interruption）。通信被中断，信息变得无用或者无法利用，这是对可用性的威胁。例如破坏信息存储硬件、切断通信线路、侵犯文件管理系统等。

（3）窃取（interception）。未经授权的入侵者访问了网络信息，这是对保密性的威胁。入侵者可以是个人、程序或计算机，可通过搭线捕获线路上传送的数据，或者非法复制文件和程序等。

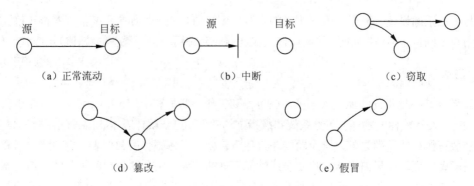

图 11-13 对网络通信的安全威胁

（4）篡改（modification）。未经授权的入侵者不仅访问了信息资源，而且篡改了信息，这是对数据完整性的威胁。例如改变文件中的数据、改变程序的功能、修改网上传送的报文等。

（5）假冒（fabrication）。未经授权的入侵者在网络信息中加入了伪造的内容，这也是对数据完整性的威胁。例如向网络用户发送虚假的消息、在文件中插入伪造的记录等。

2．对计算机网络的安全威胁

图 11-14 所示为对计算机网络的各种安全威胁，分别解释如下。

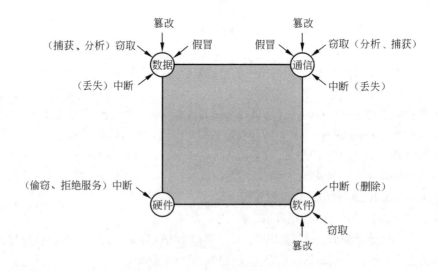

图 11-14 对计算机网络资源的安全威胁

（1）对硬件的威胁。主要是破坏系统硬件的可用性，例如有意或无意的损坏，甚至是盗窃网络器材等。小型的 PC、工作站和局域网的广泛使用增加了这种威胁的可能性。

（2）对软件的威胁。操作系统、实用程序和应用软件可能被改变、损坏，甚至被恶意删除，从而不能工作，失去可用性。特别是有些修改使得程序看起来似乎可用，但是做了其他的工作，这正是各种计算机病毒的特长。另外，软件的非法复制还是一个至今没有解决的问题，所以软件本身也不安全。

（3）对数据的威胁。主要有 4 个方面的威胁，即数据可能被非法访问，破坏了保密性；数据可能被恶意修改或者假冒，破坏了完整性；数据文件可能被恶意删除，从而破坏了可用性；甚至在无法直接读取数据文件的情况下（例如文件被加密），还可以通过分析文件大小或者文件目录中的有关信息推测出数据的特点。这种分析技术是一种更隐蔽的计算机犯罪手段，网络黑客们乐而为之。

（4）对网络通信的威胁。可分为被动威胁和主动威胁两类，如图 11-15 所示。被动威胁并不改变数据流，而是采用各种手段窃取通信线路上传输的信息，从而破坏了保密性。例如，偷听或监视网络通信，从而获知电话谈话、电子邮件和文件的内容；还可以通过分析网络通信的特点（通信的频率、报文的长度等）猜测出传输中的信息。由于被动威胁不改变信息的内容，所以是很难检测的，数据加密是防止这种威胁的主要手段。与其相反，主动威胁则可能改变信息流，或者生成伪造的信息流，从而破坏了数据的完整性和可用性。主动攻击者不必知道信息的内容，但可以改变信息流的方向，或者使传输的信息被延迟、重放、重新排序，可能产生不同的效果，这些都是对网络通信的篡改。主动攻击还可能影响网络的正常使用，例如改变信息流传输的目标、关闭或破坏通信设施，或者以垃圾报文阻塞信道，这种手段叫拒绝服务。假冒（或伪造）者则可能利用前两种攻击手段之一，冒充合法用户以博取非法利益。例如，攻击者捕获了合法用户的认证报文，不必知道认证码的内容，只需重放认证报文就可以冒充合法用户使用计算机资源。其实，完全防止主动攻击是不可能的，只能及时地检测它，在它还没有造成危害或没有造成大的危害时消除它。

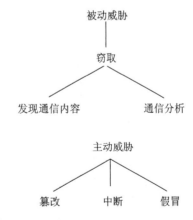

图 11-15　计算机网络的被动威胁和主动威胁

3. 对网络管理的安全威胁

由于网络管理是分布在网络上的应用程序和数据库的集合，以上讨论的各种威胁都可能影响网络管理系统，造成管理系统失灵，甚至发出了错误的管理指令，破坏了计算机网络的正常运行。对于网络管理有 3 个方面的安全威胁值得提出。

（1）伪装的用户。没有得到授权的用户企图访问网络管理应用和管理信息。

（2）假冒的管理程序。无关的计算机系统可能伪装成网络管理站实施管理功能。

（3）侵入管理站和代理间的信息交换过程。网络入侵者通过观察网络活动窃取了敏感的管理信息，更严重的危害是篡改管理信息，或中断管理站和代理之间的通信。

11.3.6　安全管理

系统或网络的安全设施由一系列安全服务和安全机制的集合组成。下面分 3 个方面讨论安全设施的管理问题。

1．安全信息的维护

网络管理中的安全管理是指保护管理站和代理之间信息交换的安全。安全管理使用的操作与其他管理使用的操作相同，差别在于使用的管理信息的特点。有关安全的管理对象包括密钥、认证信息、访问权限信息以及有关安全服务和安全机制的操作参数的信息等。安全管理要跟踪进行中的网络活动和试图发动的网络活动，以便检测未遂的或成功的攻击，并挫败这些攻击，恢复网络的正常运行。细分一下，对于安全信息的维护可以列出以下功能。

（1）记录系统中出现的各类事件（例如用户登录、退出系统和文件复制等）。

（2）追踪安全审计试验，自动记录有关安全的重要事件，例如非法用户持续试验不同口令字企图登录等。

（3）报告和接收侵犯安全的警示信号，在怀疑出现威胁安全的活动时采取防范措施，例如封锁被入侵的用户账号，或强行停止恶意程序的执行等。

（4）经常维护和检查安全记录，进行安全风险分析，编制安全评价报告。

（5）备份和保护敏感的文件。

（6）研究每个正常用户的活动形象，预先设定敏感资源的使用形象，以便检测授权用户的异常活动和对敏感资源的滥用行为。

2．资源访问控制

一种重要的安全服务就是访问控制服务，这包括认证服务和授权服务，以及对敏感资源访问授权的决策过程。访问控制服务的目的是保护各种网络资源，这些资源中与网络管理有关的内容如下。

- 安全编码。
- 源路由和路由记录信息。
- 路由表。
- 目录表。

- 报警门限。
- 计费信息。

安全管理记录用户的活动属性（Profile）以及特殊文件的使用属性，检查可能出现的异常访问活动。安全管理功能使管理人员能够生成和删除与安全有关的对象，改变它们的属性或状态，影响它们之间的关系。

3．加密过程控制

安全管理能够在必要时对管理站和代理之间交换的报文进行加密。安全管理也能够使用其他网络实体的加密方法。此外，这个功能还可以改变加密算法，具有密钥分配能力。

11.4　简单网络管理协议

在 20 世纪 80 年代末，随着对网络管理系统的迫切需求和网络管理技术的日臻成熟，国际标准化组织开始制订关于网络管理的国际标准。首先是 ISO 在 1989 年颁布了 ISO DIS 7498-4（X.700）文件，定义了网络管理的基本概念和总体框架，后来在1991 年发布的两个文件中规定了网络管理提供的服务和网络管理协议，即 ISO 9595 公共管理信息服务定义（Common Management Information Service，CMIS）和 ISO 9596 公共管理信息协议规范（Common Management Information Protocol，CMIP）。在1992 年公布的 ISO 10164 文件中规定了系统管理功能（System Management Functions，SMFs），而 ISO 10165 文件则定义了管理信息结构（Structure of Management Information，SMI）。这些文件共同组成了 ISO 的网络管理标准。这是一个非常复杂的协议体系，管理信息采用了面向对象的模型，管理功能包罗万象，另外还有一些附加的功能和一致性测试方面的说明。由于其复杂性，有关 ISO 管理的实现进展缓慢，很少有适用的网管产品。

另一方面，随着 20 世纪 90 年代初 Internet 的迅猛发展，有关 TCP/IP 网络管理的研究活动十分活跃，另一类网络管理标准正在迅速流传和广泛应用。TCP/IP 网络管理方面最初使用的是 1987 年 11 月提出的简单网关监控协议（Simple Gateway Monitoring Protocol，SGMP），在此基础上改进成简单网络管理协议第一版（Simple Network Management Protocol，SNMPv1），陆续公布在 1990 和 1991 年的几个 RFC（Request For Comments）文件中，即 RFC 1155（SMI）、RFC1157（SNMP）、RFC1212（MIB 定义）和 RFC1213（MIB-2 规范）。由于其简单性和易于实现，SNMPv1 得到了许多制造商的支持和广泛的应用。几年以后，在第一版的基础上改进功能和安全性，又产生了第二版 SNMPv2（RFC1902-1908，1996）和 SNMPv3（RFC2570-2575 Apr.1999）。

在同一时期，用于监控局域网通信的标准——远程网络监控（Remote Monitoring，RMON）也出现了，这就是 RMON-1（1991）和 RMON-2（1995）。这一组标准定义了监视网络通信的管理信息库，是 SNMP 管理信息库的扩充，与 SNMP 协议配合可以提供更有效的管理性能，也得到了广泛应用。

另外，IEEE 定义了局域网的管理标准，即 IEEE 802.1b LAN/MAN 管理。这个标准用于管理物理层和数据链路层的 OSI 设备，因而叫做 CMOL（CMIP over LLC）。

为了适应电信网络的管理需要，ITU-T 在 1989 年定义了电信网络管理标准（Telecommunications Management Network，TMN），即 M.30 建议（蓝皮书）。

11.4.1　SNMPv1

Internet 最初的网络管理框架由 4 个文件定义，如图 11-16 所示，这就是 SNMPv1。RFC1155 定义了管理信息结构，规定了管理对象的语法和语义。SMI 主要说明了怎样定义管理对象和怎样访问管理对象。RFC1212 说明了定义 MIB 模块的方法，而 RFC1213 定义了 MIB-2 管理对象的核心集合，这些管理对象是任何 SNMP 系统必须实现的。最后，RFC1157 是 SNMPv1 协议的规范文件。

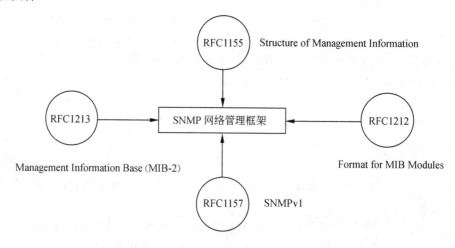

图 11-16　SNMPv1 网络管理框架的定义

1．SNMP 体系结构

图 11-17 所示为 Internet 网络管理的体系结构。由于 SNMP 定义为应用层协议，所以它依赖于 UDP 数据报服务。同时，SNMP 实体向管理应用程序提供服务，它的作用是把管理应用程序的服务调用变成对应的 SNMP 协议数据单元，并利用 UDP 数据报发送出去。

其之所以选择 UDP 协议而不是 TCP 协议，是因为 UDP 效率较高，这样实现网络管理不会太多地增加网络负载。但由于 UDP 不是很可靠，所以 SNMP 报文容易丢失。为此，对 SNMP

实现的建议是对每个管理信息要装配成单独的数据报独立发送，而且报文应短一些，不要超过 484 字节。

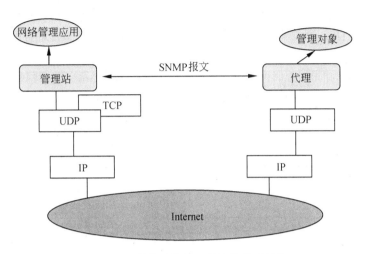

图 11-17　简单网络管理协议的体系结构

每个代理进程管理若干被管理对象，并且与某些管理站建立团体（Community）关系，如图 11-18 所示。团体名作为团体的全局标识符，是一种简单的身份认证手段。一般来说，代理进程不接受没有通过团体名验证的报文，这样可以防止未授权的管理命令。同时，在团体内部也可以实行专用的管理策略。

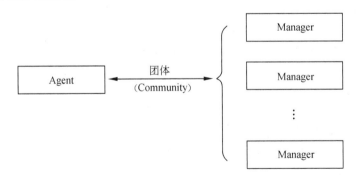

图 11-18　SNMPv1 的团体关系

2．SNMP 协议数据单元

根据 RFC1157 给出的定义，SNMPv1 PDU 的格式如图 11-19 所示。在 SNMP 管理中，管理站和代理之间交换的管理信息构成了 SNMP 报文。报文由 3 个部分组成，即版本号、团体名和协议数据单元（PDU）。报文头中的版本号是指 SNMP 的版本，RFC1157 为第一版。团体名用于身份认证。SNMP 共有 5 种管理操作，但只有 4 种 PDU 格式。管理站发出的 3 种请求报文 GetRequest、GetNextRequest 和 SetRequest 采用的格式是一样的，代理的应答报文格式只有一种 GetResponsePDU。关于 PDU 中各个字段的含义，解释如下。

SNMP 报文

版本号	团体名	SNMP PDU

GetRequestPDU、GetNextRequestPDU 和 SetRequestPDU

PDU 类型	请求标识	0	0	变量绑定表

GetResponsePDU

PDU 类型	请求标识	错误状态	错误索引	变量绑定表

TrapPDU

PDU 类型	制造商ID	代理地址	一般陷入	特殊陷入	时间戳	变量绑定表

变量绑定表

名字1	值1	名字2	值2	…	名字n	值n

图 11-19　SNMP 报文格式

从图 11-19 中可以看出，除了 Trap 之外的 4 种 PDU 格式是相同的，共有 5 个字段。

- PDU 类型：共 5 种类型的 PDU。
- 请求标识（request-id）：赋予每个请求报文唯一的整数，用于区分不同的请求。由于在具体实现中请求多是在后台执行，当应答报文返回时要根据其中的请求标识与请求报文配对。请求标识的另一个作用是检测由不可靠的传输服务产生的重复报文。
- 错误状态（error-status）：表示代理在处理管理站的请求时可能出现的各种错误。
- 错误索引（error-index）：当错误状态非 0 时指向出错的变量。
- 变量绑定表（variable-binding）：变量名和对应值的表，说明要检索或设置的所有变量及其值。在检索请求报文中，变量的值应为 0。

3．SNMP 协议的操作

SNMP 报文在管理站和代理之间传送，包含 GetRequest、GetNextRequest 和 SetRequest 的报文由管理站发出，代理以 GetResponse 响应。所有报文发送和应答序列如图 11-20 所示。一般来说，管理站可连续发出多个请求报文，然后等待代理返回的应答报文。如果在规定的时间内收到应答，则按照请求标识进行配对，即应答报文必须与请求报文有相同的请求标识。

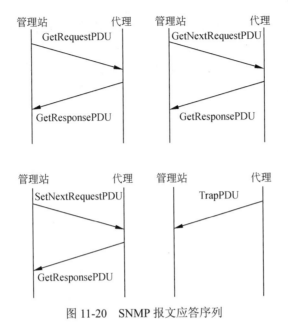

图 11-20 SNMP 报文应答序列

当一个 SNMP 协议实体发送报文时执行下面的过程：首先按照 ASN.1 的格式构造 PDU，交给认证进程。认证进程检查源和目标之间是否可以通信，如果通过这个检查，则把有关信息（版本号、团体名和 PDU）组装成报文。最后经过 BER 编码，交传输实体发送出去，如图 11-21 所示。

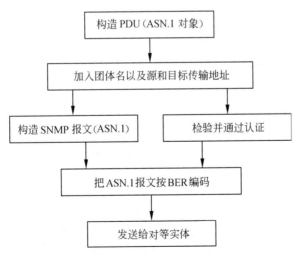

图 11-21 生成和发送 SNMP 报文

当一个 SNMP 协议实体接收到报文时执行下面的过程：首先按照 BER 编码恢复 ASN.1 报文，然后对报文进行语法分析、验证版本号和认证信息等。如果通过分析和验证，则分离出协议数据单元，并进行语法分析，必要时经过适当处理后返回应答报文。在认证检验失败时可以生成一个陷入报文，向发送站报告通信异常情况。无论何种检验失败，都丢弃报文。接收处理过程如图 11-22 所示。

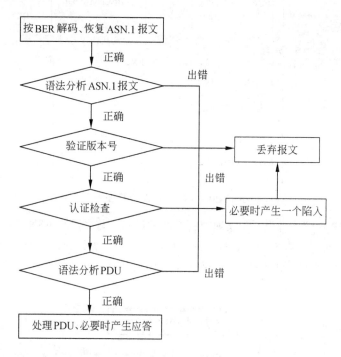

图 11-22　接收和处理 SNMP 报文

4．SNMPv1 的实现问题

SNMP 网络管理是一种分布式应用，在这种应用中，管理站和代理之间的关系可以是一对多的关系，即一个管理站可以管理多个代理，从而管理多个设备。另一方面，管理站和代理之间还可能存在多对一的关系。代理控制自己的管理信息库，也控制着多个管理站对管理信息库的访问。另外，委托代理也可能按照预定的访问策略控制对其代理设备的访问。

RFC1157 提供的认证和控制机制是最基本的团体名验证功能。可以看出，SNMP 的安全机制是很不安全的，仅仅用团体名验证来控制访问权限是不够的。而且团体名以明文的形式传输，很容易被第三者窃取，这也是 SNMP 的简单性使然。由于这个缺陷，很多 SNMP 的实现只允许

Get 和 Trap 操作，通过 Set 操作控制网络设备是被严格限制的。

SNMP 定义的陷入类型是很少的，虽然可以补充设备专用的陷入类型，但专用的陷入往往不能被其他制造商的管理站理解，所以管理站主要靠轮询收集信息。轮询的频率对管理的性能影响很大。如果管理站在启动时轮询所有代理，以后只是等待代理发来的陷入，这样很难掌握网络的最新动态。例如，不能及时了解网络中出现的拥塞。

另外，需要一种能提高网络管理性能的轮询策略，以决定合适的轮询频率。通常轮询频率与网络的规模和代理的多少有关，而网络管理性能还取决于管理站的处理速度、子网数据速率、网络拥塞程度等众多的因素，所以很难给出准确的判断规则。为了使问题简化，假定管理站一次只能与一个代理作用，轮询只是采用 get 请求/响应这种简单形式，而且管理站的全部时间都用来轮询，于是有下面的不等式

$$N \leqslant T / \Delta$$

其中：N——被轮询的代理数；

　　　T——轮询间隔；

　　　Δ——单个轮询需要的时间。

　　Δ 与下列因素有关：

（1）管理站生成一个请求报文的时间。

（2）从管理站到代理的网络延迟。

（3）代理处理一个请求报文的时间。

（4）代理产生一个响应报文的时间。

（5）从代理到管理站的网络延迟。

（6）管理站处理一个响应报文的时间。

（7）为了得到需要的管理信息，交换请求/响应报文的数量。

【例 11.2】假设有一个 LAN，每 15 分钟轮询所有被管理设备一次（这在当前的 TCP/IP 网络中是典型的），管理报文的处理时间是 50ms，网络延迟为 1ms（每个分组 1000 字节），没有产生明显的网络拥塞，Δ 大约是 0.202s，则

$$N \leqslant T/\Delta = 15 \times 60/0.202 = 4500$$

即管理站最多可支持 4500 个设备。

【例 11.3】在由多个子网组成的广域网中，网络延迟更大，数据速率更小，通信距离更远，而且还有路由器和网桥引入的延迟，总的网络延迟可能达到半秒钟，Δ 大约是 1.2s，于是有

$$N \leqslant T/\Delta = 15 \times 60/1.2 = 750$$

管理站可支持的设备最多为 750 个。

这个计算关系到 4 个参数，即代理数目、报文处理时间、网络延迟和轮询间隔。如果能估计出 3 个参数，就可计算出第 4 个。所以可以根据网络配置和代理数量确定最小轮询间隔，或者根据网络配置和轮询间隔计算出管理站可支持的代理设备数。最后，当然还要考虑轮询给网络增加的负载。

11.4.2　SNMPv2

为了扩展 SNMPv1 的功能，IETF 组织了两个工作组，一个组负责协议功能和管理信息库的扩展，另一个组负责 SNMP 的安全方面，1992 年 10 月正式开始工作。这两个组的工作进展非常快，功能组的工作在 1992 年 12 月完成，安全组在 1993 年 1 月完成。1993 年 5 月发布了 12 个 RFC 文件（1441-1452）作为 SNMPv2 标准的草案。后来有一种意见认为，SNMPv2 的高层管理框架和安全机制实现起来太复杂，对代理的配置很困难，限制了网络发现能力，失去了 SNMP 的简单性。又经过几年的实验和论证，决定丢掉安全功能，把增加的其他功能作为新标准颁布，并保留了 SNMPv1 的报文封装格式，因而叫作基于团体的 SNMP（Community-based SNMP），简称 SNMPv2c。新的 RFC（1901-1908）文件集在 1996 年 1 月发布。

SNMPv2 既可以支持完全集中的网络管理，又可以支持分布式网络管理。在分布式网络管理的情况下，有些系统既是管理站又是代理，作为代理系统，它可以接受上级管理系统的查询命令，提供本地存储的管理信息；作为管理站，它可以要求下级代理系统提供有关被管理设备的汇总信息。此外，中间管理系统还可以向它的上级系统发出陷入报告。

具体地说，SNMPv2c 对 SNMP 的增强主要在以下 3 个方面。

（1）管理信息结构的扩充。

（2）管理站之间的通信能力。

（3）新的协议操作。

SNMPv2 引入了新的数据类型，增强了对象的表达能力，提供了更完善的表操作功能。SNMPv2 还定义了新的 MIB 功能组，包含了关于协议操作的通信消息，以及有关管理站和代理系统配置的信息。在协议操作方面，引入了两种新的 PDU，分别用于大块数据的传送和管理站之间的通信。

SNMPv2 共有 6 种协议数据单元，分为 3 种 PDU 格式，如图 11-23 所示。注意，GetRequest、GetNextRequest、SetRequest、InformRequest 和 Trap 这 5 种 PDU 与 Response PDU 具有相同的格式，只是它们的错误状态和错误索引字段被置为 0，这样就减少了 PDU 格式的种类。

这些协议数据单元在管理站和代理系统之间或者两个管理站之间交换，以完成需要的协议操作，它们的交换序列如图 11-24 和图 11-25 所示。下面解释管理站和代理系统对这些 PDU 的处理和应答过程。

PDU 类型	请求标识	0	0	变量绑定表

（a）GetRequest、GetNextRequest、SetRequest、InformRequest 和 Trap PDU

PDU 类型	请求标识	错误状态	错误索引	变量绑定表

（b）Response PDU

PDU 类型	请求标识	非重复数 N	最大后继数 M	变量绑定表

（c）GetBulkRequest PDU

变量名 1	值 1	变量名 2	值 2	⋯	变量名 n	值 n

（d）变量绑定表

图 11-23　SNMPv2 PDU 格式

图 11-24　管理站和代理之间的通信

图 11-25　管理站和管理站之间的通信

1. GetRequestPDU

Get 操作用于检索管理信息库中的变量，一次可以检索多个变量的值。接收 GetRequest 的 SNMP 实体以请求标识符相同的 GetResponse 报文响应。在 SNMPv1 中，GetResponse 操作具有原子性，即只要有一个变量的值检索不到，就不返回任何值。SNMPv2 的响应方式与 SNMPv1 不同，SNMPv2 允许部分响应。如果由于任何其他原因而处理失败，则返回一个错误状态 genErr，对应的错误索引指向有问题的变量。如果生成的响应 PDU 太大，超过了本地的或请求方的最大报文限制，则放弃这个 PDU，构造一个新的响应 PDU，其错误状态为 tooBig，错误索引为 0，变量绑定表为空。

改变 Get 响应的原子性是一个重大进步。在 SNMPv1 中，如果 Get 操作的一个或多个变量不存在，代理就返回错误 noSuchName，剩下的事情完全由管理站处理：要么不向上层返回值；要么去掉不存在的变量，重发检索请求，然后向上层返回部分结果。由于生成部分检索算法的复杂性，很多管理站并不支持这一功能。

2．GetNextRequestPDU

GetNext 命令检索变量名指示的下一个对象实例，用在对表对象的搜索中。在 SNMPv2 中，这种检索请求的格式和语义与 SNMPv1 基本相同，唯一的差别就是改变了响应的原子性。

3．GetBulkRequestPDU

这是 SNMPv2 对原标准的主要增强，目的是以最少的交换次数检索最大量的管理信息。这种块检索操作的工作过程是这样的：假设 GetBulkRequestPDU 变量绑定表中有 L 个变量，GetBulk PDU 的"非重复数"字段的值为 N，则对前 N 个变量应各返回一个后继值。再设 GetBulk PDU 的"最大后继数"字段的值为 M，则对其余的 $R=L–N$ 个变量应该各返回最多 M 个后继值。如果可能，总共返回 $N+R\times M$ 个值，这些值的分布如图 11-26 所示。如果在任何一步查找过程中遇到不存在后继的情况，则返回错误状态 endOfMibView。

4．SetRequestPDU

这个请求 PDU 的格式和语义与 SNMPv1 的基本相同，其语义是设置或改变 MIB 变量的值，其差别是处理响应的方式不同。SNMPv2 实体分两个阶段处理这个请求的变量绑定表，首先是检验操作的合法性，然后是更新变量。如果至少有一个变量绑定对的合法性检验没有通过，则不进行下一阶段的更新操作。所以这个操作与 SNMPv1 一样，是原子性的。如果没有检查出错误，就可以给所有指定变量赋予新值。若有至少一个赋值操作失败，则所有赋值被撤销，并返回错误状态 commitFailed，错误索引指向问题变量的序号。但是，若不能全部撤销所赋的值，则返回错误状态 undoFailed，错误索引字段置 0。

5．TrapPDU

陷入是由代理发给管理站的非确认性消息。SNMPv2 的陷入采用与 Get 等操作相同的 PDU

格式，这一点也是与原标准不同的。TrapPDU 的变量绑定表中应包含发出陷入的时间、发出陷入的对象标识符以及代理系统选择的其他变量的值。

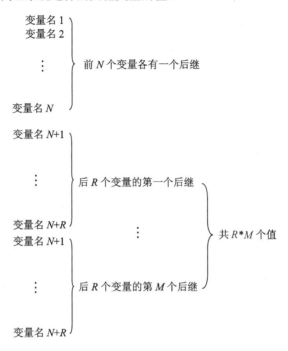

图 11-26　GetBulkRequest 检索得到的值

6. InformRequestPDU

SNMPv2 增加的管理站之间的通信机制是分布式网络管理所需要的功能，为此引入了通知报文 InformRequest 和管理站数据库（manager-to-manager MIB）。Inform 是管理站之间发送的消息，PDU 格式与 Get 等操作相同，变量绑定表的内容与陷入报文一样，但这个消息需要应答。管理站收到通知请求后首先要决定应答报文的大小，如果应答报文大小超过本地或对方的限制，则返回错误状态 tooBig。如果接收的请求报文不是太大，则把有关信息传送给本地的应用实体，返回一个错误状态为 noErr 的响应报文，其变量绑定表与收到的请求 PDU 相同。

11.4.3　SNMPv3

SNMPv3 在前两版的基础上重新定义了网络管理框架和安全机制，新开发的网络管理系统都支持 SNMPv3。

在前两版中叫作管理站和代理的东西在 SNMPv3 中统一叫作 SNMP 实体（SNMP entity）。实体是体系结构的一种实现，由一个或多个 SNMP 引擎（SNMP engine）和一个或多个 SNMP 应用（SNMP Application）组成。图 11-27 显示了 SNMP 实体的组成元素。

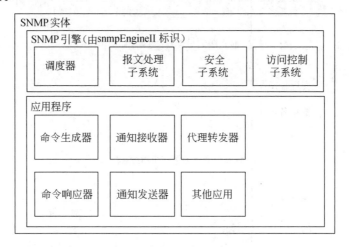

图 11-27　SNMP 实体

1．SNMP 引擎

SNMP 引擎提供下列服务：

（1）发送和接收报文。

（2）认证和加密报文。

（3）控制对管理对象的访问。

SNMP 引擎有唯一的标识 snmpEngineID，由于 SNMP 引擎和 SNMP 实体具有一一对应的关系，所以 snmpEngineID 也是对应的 SNMP 实体的唯一标识。SNMP 引擎具有复杂的结构，它包含以下部分：

（1）一个调度器（Dispatcher），其作用是发送/接收 SNMP 报文。

（2）一个报文处理子系统（Message Processing Subsystem），其功能是按照预定的格式准备要发送的报文，或者从接收的报文中提取数据。

（3）一个安全子系统（Security Subsystem），提供安全服务，例如报文的认证和加密。一个安全子系统可以有多个安全模块，以便提供各种不同的安全服务。

（4）一个访问控制子系统（Access Control Subsystem），提供授权服务，即确定是否允许访问一个管理对象，或者是否可以对某个管理对象实施特殊的管理操作。

2．应用程序

SNMPv3 的应用程序分为 5 种，如图 11-27 所示。

- 命令生成器（command generators）。建立 SNMP Read/Write 请求，并且处理这些请求的响应。
- 命令响应器（command responders）。接收 SNMP Read/Write 请求，对管理数据进行访问，并按照协议规定的操作产生响应报文，返回给读/写命令的发送者。
- 通知发送器（notification originators）。监控系统中出现的特殊事件，产生通知类报文，并且要有一种机制，以决定向何处发送报文，使用什么 SNMP 版本和安全参数等。
- 通知接收器（notification receivers）。监听通知报文，并对确认型通知产生响应。
- 代理转发器（proxy forwarders）。在 SNMP 实体之间转发报文。

3．基于用户的安全模型（USM）

SNMPv3 把对网络协议的安全威胁分为主要的和次要的两类。标准规定安全模块必须提供防护的两种主要威胁如下。

- 修改信息。就是某些未经授权的实体改变了进来的 SNMP 报文，企图实施未经授权的管理操作，或者提供虚假的管理对象。
- 假冒。即未经授权的用户冒充授权用户的标识，企图实施管理操作。

标准还规定安全模块必须对下面两种次要威胁提供防护。

- 修改报文流。由于 SNMP 协议通常是基于无连接的传输服务，重新排序报文流、延迟或重放报文的威胁都可能出现。这种威胁的危害性在于通过报文流的修改可能实施非法的管理操作。
- 消息泄漏。SNMP 引擎之间交换的信息可能被偷听，对这种威胁的防护应采取局部的策略。

下面两种威胁是安全体系结构不必防护的，因为它们不是很重要，或者说这种防护没有多大作用。

- 拒绝服务。因为在很多情况下拒绝服务和网络失效是无法区别的，所以可以由网络管理协议来处理，安全子系统不必采取措施。
- 通信分析。即由第三者分析管理实体之间的通信规律，从而获取需要的信息。由于通常都是由少数管理站来管理整个网络的，所以管理系统的通信模式是可预见的，因而防护通信分析就没有多大作用了。

因此，RFC2574 把安全协议分为以下 3 个模块：

- 时间序列模块。提供对报文延迟和重放攻击的防护。
- 认证协议。提供完整性和数据源认证，使用了一种叫作报文认证码的协议。MAC 通常用于共享密钥的两个实体之间，使用散列函数作为密码，所以也叫作 HMAC。HMAC 可以结合任何重复加密的散列函数，例如 MD5 和 SHA-1。可见，HMAC-MD5-96 认证协议就是使用散列函数 MD5 的报文认证协议。

- 加密模块。防止报文内容的泄露。数据的加密使用 DES 算法，使用 56 位的密钥，按照 CBC（Cipher Block Chaining）模式对 64 位长的明文进行替代和替换，最后产生的密文也被分成 64 位的块。

另外，SNMPv3 还对用户密钥进行了局部化处理。用户通常使用可读的 ASCII 字符串作为口令字，密钥局部化就是把用户的口令字变换成他/她与一个 SNMP 引擎共享的密钥。虽然用户在整个网络中可能只使用一个口令，但是通过密钥局部化以后，用户与每一个 SNMP 引擎共享的密钥都是不同的。这样的设计可以防止一个密钥值的泄露对其他 SNMP 引擎造成危害。密钥局部化过程的主要思想是把口令字和相应的 SNMP 引擎标识作为输入，运行一个散列函数（例如 MD5 或 SHA），得到一个固定长度的伪随机序列，作为加密密钥。

4．基于视图的访问控制（VACM）模型

当一个 SNMP 实体处理检索或修改请求时都要检查是否允许访问指定的管理对象，以及是否允许执行请求的操作。另外，当 SNMP 实体生成通知报文时，也要用到访问控制机制，以决定把消息发送给谁。在 VACM 模型中要用到以下概念。

- SNMP 上下文（context）：简称上下文，是 SNMP 实体可以访问的管理信息的集合。一个管理信息可以存在于多个上下文中，而一个 SNMP 实体也可以访问多个上下文。在一个管理域中，SNMP 上下文由唯一的名字 contextName 标识。
- 组（group）：由二元组<securityModel，securityName>的集合构成。属于同一组的所有安全名 securityName 在指定的安全模型 securityModel 下的访问权限相同。组的名字用 groupName 表示。
- 安全模型（securityModel）：表示访问控制中使用的安全模型。
- 安全级别（securityLevel）：在同一组中成员可以有不同的安全级别，即 noAuthNoPriv（无认证不保密）、authNoPriv（有认证不保密）和 authPriv（有认证要保密）。任何一个访问请求都有相应的安全级别。
- 操作（operation）：指对管理信息执行的操作，例如读、写和发送通知等。

11.5　管理数据库 MIB-2

11.5.1　被管理对象的定义

SNMP 环境中的所有被管理对象组织成树型结构，如图 11-28 和图 11-29 所示。这种层次树结构有以下 3 个作用。

（1）表示管理和控制关系。从图 11-28 可以看出，上层的中间节点是某些组织机构的名字，说明这些机构负责它下面子树的管理。有些中间节点虽然不是组织机构名，但已委托给某个组织机构代管，例如 org(3)由 ISO 代管，而 internet(1)由 IAB（Internet Architecture Board）代管等。树根没有名字，默认为抽象语法表示 ASN.1。

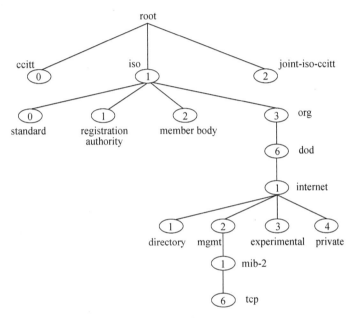

图 11-28　注册层次

（2）提供了结构化的信息组织技术。从图 11-29 可以看出，下层的中间节点代表的子树是与每个网络资源或网络协议相关的信息集合。例如，有关 IP 协议的管理信息都放置在 ip(4)子树中。这样，沿着树层次访问相关信息很方便。

（3）提供了对象命名机制。树中的每个节点都有一个分层的编号。叶子节点代表实际的管理对象，从树根到树叶的编号串联起来，用圆点隔开，就形成了管理对象的全局标识。例如，internet 的标识符是 1.3.6.1，或者写为{iso(1)org(3)dod(6)1}。

internet 下面的 4 个节点需要解释。directory(1)是 OSI 的目录服务（X.500）。mgmt(2)包括由 IAB 批准的所有管理对象，而 mib-2 是 mgmt(2)的第一个孩子节点。experimental(3)子树用来标识在因特网上实验的所有管理对象。最后，private(4)子树是为私有企业管理信息准备的，目前这个子树只有一个孩子节点 enterprises(1)。如果一个私有企业（例如 ABC 公司）向 Internet 编码机构申请注册，并得到一个代码 100，该公司为它的令牌环适配器赋予代码为 25。这样，令牌环适配器的对象标识符就是 1.3.6.1.4.1.100.25。把 internet 节点划分为 4 个子树，为 SNMP

的实验和改进提供了非常灵活的管理机制。

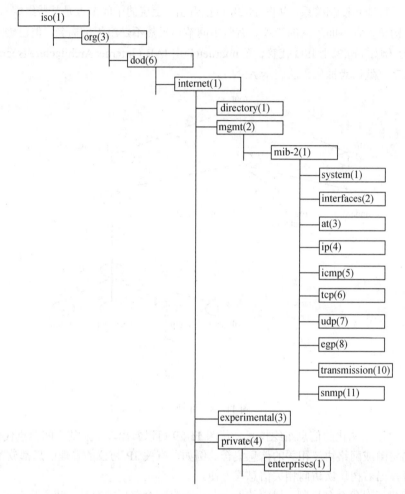

图 11-29　MIB-2 的分组结构

SNMP MIB 中的每个对象属于一定的对象类型，并且有一个具体的值。对象类型的定义采用 ASN.1 描述，对象实例是对象类型的具体实现，只有实例才可以绑定到特定的值。

SNMP MIB 的宏定义最初在 RFC1155 中说明，叫作 MIB-1。后来对 RFC1212 进行了扩充，叫作 MIB-2。图 11-30 是 RFC1212 中对象类型的定义，对其中关键的成分解释如下。

- SYNTAX：语法子句说明被管理对象的类型、组成和值的范围，以及与其他对象的关系。对象类型的定义是一种语法描述，对象实例是对象类型的具体实现，只有实例才可以绑定到特定的值。在 MIB 中使用了 ASN.1 中的 5 种通用类型，如表 11-2 所示。

```
OBJECT-TYPE MACRO::=
 BEGIN
    TYPE NOTATION::="SYNTAX" type(TYPE ObjectSyntax)
             "ACCESS" Access
             "STATUS" Status
             DescrPart
             ReferPart
             IndexPart
             DefValPart
    VALUE NOTATION::=value (VALUE ObjectName)
    Access::="read-only"|"read-write"|"write-only"|"not-accessible"
    Status::="mandatory"|"optional"|"obsolete"|"deprecated"
    DescrPart::="DESCRIPTION" value(description DisplayString) | empty
    ReferPart::="REFERENCE" value(reference DisplayString) | empty
    IndexPart::="INDEX" "{" IndexTypes "}"
    IndexTypes::=IndexType|IndexTypes "," IndexType
    IndexType::=value(indexobject ObjectName)|type (indextype)
    DefValPart::="DEFVAL" "{" value(defvalue ObjectSyntax) "}" | empty
    DisplayString::=OCTET STRING SIZE(0..255)
 END
```

图 11-30　管理对象的宏定义（RFC1212）

表 11-2　ASN.1 的通用类型

类　型　名	值　集　合	解　　释
INTEGER	整数	包括正、负整数和 0
OCTET STRING	位组串	由 8 位组构成的串，例如 IP 地址就是由 4 个 8 位组构成的串
NULL	NULL	空类型不代表任何类型，只是占有一个位置
OBJECT IDENTIFIER	对象标识符	MIB 树中的节点用分层的编号表示，例如 1.3.6.1.2.1
SEQUENCE（OF）	序列	可以是任何类型组成的序列，如果有 OF，则是同类型对象的序列，否则是不同类型对象的序列

- ACCESS：定义 SNMP 协议访问对象的方式。可选择的访问方式有只读（read-only）、读/写（read-write）、只写（write-only）和不可访问（not-accessible）4 种。
- STATUS：说明实现是否支持这种对象。状态子句中定义了必要的（mandatory）和任选的（optional）两种支持程度。过时的（obsolete）是指旧标准支持但新标准不支持

的类型。如果一个对象被说明为可取消的（deprecated），则表示当前必须支持这种对象，但在将来的标准中可能被取消。

- DesctPart：这个子句是任选的，用文字说明对象类型的含义。
- ReferPart：这个子句也是任选的，用文字说明可参考在其他 MIB 模块中定义的对象。
- IndexPart：用于定义表对象的索引项。
- DefValPart：这个子句是任选的，定义了对象实例的默认值。
- VALUE NOTATION：指明对象的访问名。

另外，RFC1155 文件还根据网络管理的需要定义了下列应用类型。

- NetworkAddress：可以有多种网络地址，但目前定义的只有 IP 地址。
- IpAddress：32 位的 IP 地址，定义为 4 个字节的串。
- Counter：计数器类型是一个非负整数，其值可增加，但不能减少，达到最大值 $2^{32}-1$ 后回零，再从头开始增加，如图 11-31（a）所示。计数器可用于计算接收到的分组数或字节数等。
- Gauge：计量器类型是一个非负整数，其值可增加，也可减少。计量器的最大值也是 $2^{32}-1$。与计数器不同的地方是计量器达到最大值后不回零，而是锁定在 $2^{32}-1$，如图 11-31（b）所示。计量器可用于表示存储在缓冲队列中的分组数。

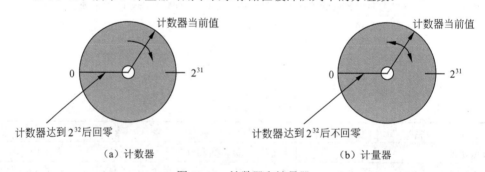

图 11-31　计数器和计量器

- TimeTicks：时钟类型是非负整数。时钟的单位是百万分之一秒，可表示从某个事件（例如设备启动）开始到目前经过的时间。
- Opaque：不透明类型，即未知数据类型，可以表示任意类型。这种数据在编码时按字符串处理，管理站和代理都能解释这种类型。

SNMPv2 增加了两种新的数据类型 Unsigned32 和 Counter64。Unsigned32 和 Gauge32 都是 32 位的整数，但是在 SNMPv2 中赋予了不同的语义。Counter64 和 Counter32 一样，都表示计数器，只能增加，不能减少。当增加到 $2^{64}-1$ 或 $2^{32}-1$ 时回零，从头再增加。而且 SNMPv2 规定，计数器没有定义的初始值，所以计数器的单个值是没有意义的，只有连续两次读计数器得到的增加值才是有意义的。

SNMPv2 规范澄清了原来标准中一些含糊不清的地方。首先是在 SNMPv2 中规定 Gauge32 的最大值可以设置为小于 2^{32} 的任意正数 MAX，而在 SNMPv1 中 Gauge32 最大值总是 2^{32}–1。显然，这样规定更细致了，使用更方便了。其次是 SNMPv2 明确了当计量器达到最大值时可自动减少。在 RFC1155 中只是说计量器的值"锁定"在最大值，对锁定的含义并没有定义，人们总是在"计量器达到最大值时是否可以减少"的问题上争论不休。

11.5.2　MIB-2 的功能组

RFC1213 定义了 MIB-2，包含 11 个功能组，共 171 个对象。下面解释主要的功能组。

（1）系统组（System group）。提供了系统的一般信息。表 11-3 所示为系统组的对象。

表 11-3　系统组对象

对　　象	语　　法	访问方式	功　能　描　述
sysDescr（1）	DisplayString（SIZE（0..255））	RO	有关硬件和操作系统的描述
sysObjectID（2）	OBJECT IDENTIFIER	RO	系统制造商标识
sysUpTime（3）	Timeticks	RO	系统运行时间
sysContact（4）	DisplayString（SIZE（0..255））	RW	系统管理人员描述
sysName（5）	DisplayString（SIZE（0..255））	RW	系统名
sysLocation（6）	DisplayString（SIZE（0..255））	RW	系统的物理位置
sysServices（7）	INTEGER（0..127）	RO	系统服务

（2）Interface 组。接口组包含关于主机接口的配置信息和统计信息，如表 11-4 所示。

表 11-4　接口组对象

对　　象	语　　法	访问方式	功　能　描　述
ifNumber	INTEGER	RO	网络接口数
ifTable	SEQUENCE OF ifEntry	NA	接口表
ifEntry	SEQUENCE	NA	接口表项
ifIndex	INTEGER	RO	唯一的索引
ifDescr	DisplayString（SIZE（0..255））	RO	接口描述信息、制造商名、产品名和版本等
ifType	INTEGER	RO	物理层和数据链路层协议确定的接口类型
ifMtu	INTEGER	RO	最大协议数据单元大小（位组数）

对　　象	语　　法	访问方式	功　能　描　述
ifSpeed	Gauge	RO	接口数据速率
ifPhysAddress	PhysAddress	RO	接口物理地址
ifAdminStatus	INTEGER	RW	管理状态 up（1）down（2）testing（3）
ifOperStatus	INTEGER	RO	操作状态 up（1）down（2）　testing（3）
ifLastChange	TimeTicks	RO	接口进入当前状态的时间
ifInOctets	Counter	RO	接口收到的总字节数
ifInUcastPkts	Counter	RO	输入的单点传送分组数
ifInNUcastPkts	Counter	RO	输入的组播分组数
ifInDiscards	Counter	RO	丢弃的分组数
ifInErrors	Counter	RO	接收的错误分组数
ifInUnknownPorotos	Counter	RO	未知协议的分组数
ifOutOctets	Counter	RO	通过接口输出的分组数
ifOutUcastPkts	Counter	RO	输出的单点传送分组数
ifOutNUcastPkts	Counter	RO	输出的组播分组数
ifOutDiscards	Counter	RO	丢弃的分组数
ifOutErrors	Counter	RO	输出的错误分组数
ifOutQLen	Gauge	RO	输出队列长度
ifSpecfic	OBJECT IDENTIFIER	RO	指向 MIB 中专用的定义

　　接口组中的对象可用于故障管理和性能管理。例如，可以通过检查进/出接口的字节数或队列长度检测网络拥塞；可以通过接口状态获知工作情况；还可以统计出输入/输出的错误率。

$$输入错误率=ifInErrors/（ifInUcastPkts+ifInNUcastPkts）$$
$$输出错误率=ifOutErrors/（ifOutUcastPkts+ifOutNUcastPkts）$$

　　另外，该组可以提供接口发送的字节数和分组数，这些数据可作为计费的依据。

　　（3）地址转换组。地址转换组包含一个表，该表的一行对应系统的一个物理接口，表示网络地址到接口的物理地址的映像关系。MIB-2 中地址转换组的对象已被收编到各个网络协议组中，保留地址转换组仅仅是为了与 MIB-1 兼容。

　　（4）IP 组。IP 组提供了与 IP 协议有关的信息。由于端系统（主机）和中间系统（路由器）都实现了 IP 协议，而这两种系统中包含的 IP 对象又不完全相同，所以有些对象是任选的，这取决于是否与系统有关。IP 组包含的对象如表 11-5 所示。

表 11-5　IP 组对象

对　　象	语　　法	访问方式	功　能　描　述
ipForwarding（1）	INTEGER	RW	IP gateway（1），IP host（2）
ipDefaultTTL（2）	INTEGER	RW	IP 头中的 Time To Live 字段的值
ipInReceives（3）	Counter	RO	IP 层从下层接收的数据报总数
ipInHdrErrors（4）	Counter	RO	由于 IP 头出错而丢弃的数据报
ipInAddrErrors（5）	Counter	RO	地址出错（无效地址、不支持的地址和非本地主机地址）的数据报
ipForwDatagrams（6）	Counter	RO	已转发的数据报
ipInUnknownProtos（7）	Counter	RO	不支持数据报的协议，因而被丢弃
ipInDiscards（8）	Counter	RO	因缺乏缓冲资源而丢弃的数据报
ipInDelivers（9）	Counter	RO	由 IP 层提交给上层的数据报
ipOutRequests（10）	Counter	RO	由 IP 层交给下层需要发送的数据报，不包括 ipForwDatagrams
ipOutDiscards（11）	Counter	RO	在输出端因缺乏缓冲资源而丢弃的数据报
ipOutNoRoutes（12）	Counter	RO	没有到达目标的路由而丢弃的数据报
ipReasmTimeout（13）	INTEGER	RO	数据段等待重装配的最长时间（秒）
ipReasmReqds（14）	Counter	RO	需要重装配的数据段
ipReasmOKs（15）	Counter	RO	成功重装配的数据段
ipReasmFails（16）	Counter	RO	不能重装配的数据段
ipFragOKs（17）	Counter	RO	分段成功的数据段
ipFragFails（18）	Counter	RO	不能分段的数据段
ipFragCreates（19）	Counter	RO	产生的数据报分段数
ipAddrTable（20）	SEQUENCE OF	NA	IP 地址表
ipRouteTable（21）	SEQUENCE OF	NA	IP 路由表
ipNetToMediaTable（22）	SEQUENCE OF	NA	IP 地址转换表
ipRoutingDiscards（23）	Counter	RO	无效的路由项，包括为释放缓冲空间而丢弃路由项

（5）ICMP 组。ICMP 是 IP 的伴随协议，所有实现 IP 协议的节点都必须实现 ICMP 协议。icmp 组包含有关 ICMP 实现和操作的有关信息，它是各种接收的或发送的 ICMP 报文的计数器，如表 11-6 所示。

表 11-6　ICMP 组对象

对　　象	语　　法	访问方式	功　能　描　述
icmpInMsgs（1）	Counter	RO	接收的 icmp 报文总数（以下为输入报文）
icmpInErrors（2）	Counter	RO	出错的 icmp 报文数
icmpInDestUnreachs（3）	Counter	RO	目标不可送达型 icmp 报文
icmpInTimeExcds（4）	Counter	RO	超时型 icmp 报文
icmpInPramProbe（5）	Counter	RO	有参数问题型 icmp 报文
icmpInSrcQuenchs（6）	Counter	RO	源抑制型 icmp 报文
icmpInRedirects（7）	Counter	RO	重定向型 icmp 报文
icmpInEchos（8）	Counter	RO	回声请求型 icmp 报文
icmpInEchoReps（9）	Counter	RO	回声响应型 icmp 报文
icmpInTimestamps（10）	Counter	RO	时间戳请求型 icmp 报文
icmpInTimestampReps（11）	Counter	RO	时间戳响应型 icmp 报文
icmpInAddrMasks（12）	Counter	RO	地址掩码请求型 icmp 报文
icmpInAddrMaskReps（13）	Counter	RO	地址掩码响应型 icmp 报文
icmpOutMsgs（14）	Counter	RO	输出的 icmp 报文总数（以下为输出报文）
icmpOutErrors（15）	Counter	RO	出错的 icmp 报文数
icmpOutDestUnreachs（16）	Counter	RO	目标不可送达型 icmp 报文
icmpOutTimeExcds（17）	Counter	RO	超时型 icmp 报文
icmpOutPramProbe（18）	Counter	RO	有参数问题型 icmp 报文
icmpOutSrcQuenchs（19）	Counter	RO	源抑制型 icmp 报文
icmpOutRedirects（20）	Counter	RO	重定向型 icmp 报文
icmpOutEchos（21）	Counter	RO	回声请求型 icmp 报文
icmpOutEchoReps（22）	Counter	RO	回声响应型 icmp 报文
icmpOutTimestamps（23）	Counter	RO	时间戳请求型 icmp 报文
icmpOutTimestampReps（24）	Counter	RO	时间戳响应型 icmp 报文
icmpOutAddrMasks（25）	Counter	RO	地址掩码请求型 icmp 报文
icmpOutAddrMaskReps（26）	Counter	RO	地址掩码响应型 icmp 报文

（6）TCP 组。TCP 组包含与 TCP 协议的实现和操作有关的信息，这一组的前 3 项与重传有关。当一个 TCP 实体发送数据段后就等待应答，并开始计时。如果超时后没有得到应答，就认为数据段丢失了，因而要重新发送。TCP 组包含的对象如表 11-7 所示。

表 11-7 TCP 组对象

对象	语法	访问方式	功能描述
tcpRtoAlgorithm（1）	INTEGER	RO	重传时间算法
tcpRtoMin（2）	INTEGER	RO	重传时间最小值
tcpRtoMax（3）	INTEGER	RO	重传时间最大值
tcpMaxConn（4）	INTEGER	RO	可建立的最大连接数
tcpActiveOpens（5）	Counter	RO	主动打开的连接数
tcpPassiveOpens（6）	Counter	RO	被动打开的连接数
tcpAttemptFails（7）	Counter	RO	连接建立失败数
tcpEstabResets（8）	Counter	RO	连接复位数
tcpCurrEstab（9）	Gauge	RO	状态为 established 或 closeWait 的连接数
tcpInSegs（10）	Counter	RO	接收的 TCP 段总数
tcpOutSegs（11）	Counter	RO	发送的 TCP 段总数
tcpRetransSegs（12）	Counter	RO	重传的 TCP 段总数
tcpConnTable（13）	SEQUENCE OF	NA	连接表
tcpInErrors（14）	Counter	RO	接收的出错 TCP 段数
tcpOutRests（15）	Counter	RO	发出的含 RST 标志的段数

（7）UDP 组。UDP 组类似于 TCP 组，它包含了关于 UDP 数据报和本地接收端点的详细信息。

（8）EGP 组。EGP 组提供了关于 EGP 路由器发送和接收的 EGP 报文的信息，以及关于 EGP 邻居的详细信息等。

（9）传输组。设置这一组的目的是针对各种传输介质提供详细的管理信息，事实上这不是一个组，而是一个联系各种接口专用信息的特殊节点。前面介绍过的接口组包含各种接口通用的信息，而传输组提供与子网类型有关的专用信息。

11.5.3 SNMPv2 管理信息库

SNMPv2 MIB 扩展和细化了 MIB-2 中定义的管理对象，又增加了新的管理对象。

（1）系统组。SNMPv2 的系统组是 MIB-2 系统组的扩展，图 11-32 所示为这个组的管理对象。可以看出，这个组只是增加了与对象资源（Object Resource）有关的一个标量对象 sysORLastChange 和一个表对象 sysORTable，它仍然属于 MIB-2 的层次结构。所谓对象资源，是指由代理实体使用和控制的、可以由管理站动态配置的系统资源。标量对象 sysORLastChange 记录着对象资源表中描述的对象实例改变状态（或值）的时间。对象资源表是一个只读的表，每一个可动态配置的对象资源占用一个表项。

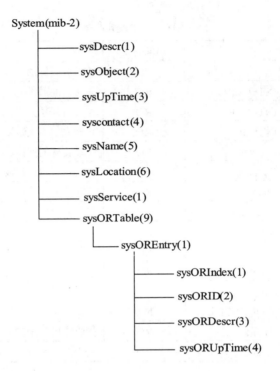

图 11-32　SNMPv2 系统组

（2）SNMP 组。这个组是由 MIB-2 的对应组改造而成的，有些对象被删除了，同时又增加了一些新对象，如图 11-33 所示。

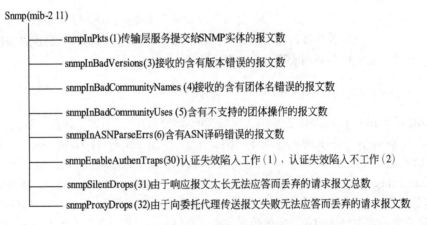

图 11-33　改进的 SNMP 组

（3）MIB 对象组。这个新组包含的对象与管理对象的控制有关，分为两个子组，如图 11-34 所示。第一个子组 snmpTrap 由两个对象组成。

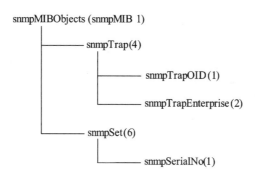

图 11-34　SNMP MIB 对象组

- snmpTrapOID：这是正在发送的陷入或通知的对象标识符，这个变量出现在陷入 PDU 或通知请求 PDU 的变量绑定表中的第二项。
- snmpTrapEnterprise：这是与正在发送的陷入有关的制造商的对象标识符，当 SNMPv2 的委托代理把一个 RFC1157 陷入 PDU 映像到 SNMPv2 陷入 PDU 时，这个变量出现在变量绑定表的最后。

第二个子组 snmpSet 仅有一个对象 snmpSerialNo，这个对象用于解决 set 操作中可能出现的两个问题。

① 一个管理站可能向同一个 MIB 对象发送多个 set 操作，保证这些操作按照发送的顺序在 MIB 中执行是必要的，即使在传送过程中次序发生了错乱也是这样。

② 多个管理站对 MIB 的并发操作可能破坏了数据库的一致性和精确性。

（4）接口组。MIB-2 定义的接口组经过一段时间的使用，发现有很多缺陷。RFC1573 分析了原来的接口组没有提供的功能和其他不足之处。

① 接口编号。MIB-2 接口组定义变量 ifNumber 作为接口编号，而且是常数，这对于允许动态增加/删除网络接口的协议（例如 SLIP/PPP）是不合适的。

② 接口子层。有时需要区分网络层下面的各个子层，而 MIB-2 没有提供这个功能。

③ 虚电路问题。对应一个网络接口可能有多个虚电路。

④ 不同传输特性的接口。MIB-2 接口表记录的内容只适合基于分组传输的协议，不适合面向字符的协议（例如 PPP，EIA RS-232），也不适合面向位的协议（例如 DS1）和固定信息长度传输的协议（例如 ATM）。

⑤ 计数长度。当网络速度增加时，32 位的计数器经常溢出回零。

⑥ 接口速度。ifSpeed 最大为（$2^{32}-1$）bps，但是现在有的网络速度已远远超过这个限制，例如 SONET OC-48 为 2.448Gbps。

⑦ 组播/广播分组计数。MIB-2 接口组不区分组播分组和广播分组，但分别计数有时是有用的。

⑧ 接口类型。ifType 表示接口类型，MIB-2 定义的接口类型不能动态增加，只能在推出新的 MIB 版本时再增加，这个过程一般需要几年时间。

⑨ ifSpecific 问题。MIB-2 对这个变量的定义很含糊。有的实现给这个变量赋予介质专用的 MIB 的对象标识符，有的实现赋予介质专用表的对象标识符，或者是这种表的入口对象标识符，甚至是表的索引对象标识符。

根据以上分析，RFC1573 对 MIB-2 接口组做了一些小的修改，纠正了上面提到的问题。例如，重新规定 ifIndex 不再代表一个接口，而是用于区分接口子层，而且不再限制 ifIndex 的取值必须在 1～ifNumber 之间。这样对应一个物理接口可以有多个代表不同逻辑子层的表行，还允许动态地增加/删除网络接口。RFC1573 废除了有些用处不大的变量，例如 ifInNUcastPkts 和 ifOutNUPkts，它们的作用已经被接口扩展表中的新变量代替。由于变量 ifOutQLen 在实际中很少实现，也被废除了。变量 ifSpecific 由于前述原因也被废除了，它的作用已被 ifType 代替。同时把 ifType 的语法改变为 IANAifType，这种类型可以由 Internet 编码机构（Internet Assigned Number Authorty）随时更新，从而不受 MIB 版本的限制。

11.6　RMON

11.6.1　RMON 的基本概念

通常用于监视整个网络通信情况的设备叫作网络监视器（Monitor）或网络分析器（Analyzer）、探测器（Probe）等。监视器观察 LAN 上出现的每个分组，并进行统计和总结，给管理人员提供重要的管理信息。监视器还能存储部分分组，供以后分析用。监视器也根据分组类型进行过滤并捕获特殊的分组。通常是每个子网配置一个监视器，并且与中央管理站通信，因此叫作远程监视器，如图 11-35 所示。图中监视器可以是一个独立设备，也可以是运行监视器软件的工作站或服务器等。中央管理站具有 RMON 管理能力，能够与各个监视器交换管理信息。RMON 监视器或探测器（RMON Probe）实现 RMON 管理信息库（RMON MIB）。这种系统与通常的 SNMP 代理一样包含一般的 MIB，另外还有一个探测器进程，提供与 RMON 有关的功能。探测器进程能够读/写本地的 RMON 数据库，并响应管理站的查询请求。所以，也把 RMON 探测器称为 RMON 代理。

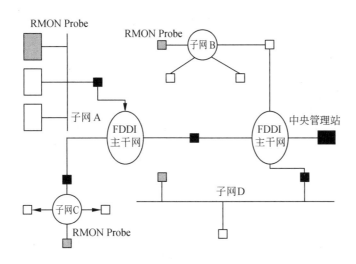

图 11-35　远程网络监视的配置

RMON 定义了远程网络监视的管理信息库，以及 SNMP 管理站与远程监视器之间的接口。一般来说，RMON 的目标就是监视子网范围内的通信，从而减少管理站和被管理系统之间的通信负担。更具体地说，RMON 有下列目标：

（1）离线操作。必要时管理站可以停止对监视器的轮询，有限的轮询可以节省网络带宽和通信费用。

（2）主动监视。如果监视器有足够的资源，通信负载也容许，监视器可以连续地或周期地运行诊断程序，收集并记录网络性能参数。

（3）问题检测和报告。如果主动监视消耗网络资源太多，监视器也可以被动地获取网络数据。

（4）提供增值数据。监控器可以分析收集到的子网数据，从而减轻了管理站的计算任务。

（5）多管理站操作。一个因特网可能有多个管理站，这样可以提高可靠性，或者分布地实现各种不同的管理功能。

11.6.2　RMON 的管理信息库

RMON 规范定义了管理信息库 RMON MIB，它是 MIB-2 下面的第 16 个子树。RMON MIB 分为 10 组，如图 11-36 所示。存储在每一组中的信息都是监视器从一个或几个子网中统计和收集的数据。这 10 个功能组都是任选的，但实现时有下列连带关系：

（1）实现警报组时必须实现事件组，警报就是对某种网络事件的警告。

（2）实现最高 N 台主机组时必须实现主机组，因为最高 N 台主机组是从主机组中提取出来的。

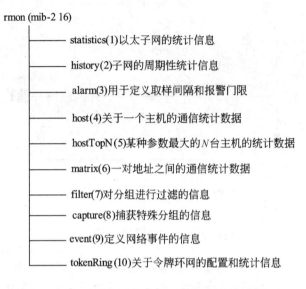

图 11-36　RMON MIB 子树

（3）实现捕获组时必须实现过滤组，经过过滤的分组可以被捕获。

11.6.3　RMON2 的管理信息库

RMON2 监视 OSI/RM 第 3～7 层的通信，能对数据链路层以上的分组进行译码,这使得监视器可以管理 IP 协议等网络层协议，因而能了解分组的源和目标地址，能知道路由器负载的来源，使得监视的范围扩大到局域网之外。监视器也能监视应用层协议，例如电子邮件协议、文件传输协议和 HTTP 协议等，这样监视器就可以记录主机应用活动的数据,可以显示各种应用活动的图表,这些对网络管理人员都是很重要的信息。另外，在网络管理标准中，通常把网络层之上的协议叫作应用层协议，以后提到的应用层包含 OSI 的 5、6、7 层。

RMON2 扩充了原来的 RMON MIB，增加了 9 个新的功能组，如图 11-37 所示。

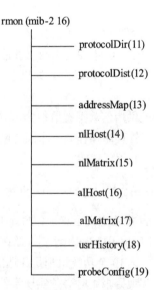

图 11-37　RMON2 MIB

11.7 网络诊断和配置命令

Windows 提供了一组实用程序来实现简单的网络配置和管理功能，这些实用程序通常以 DOS 命令的形式出现。用键盘命令来显示和改变网络配置，感觉就像直接操控硬件一样，不但操作简单方便，而且效果立即显现；不但能详细了解网络的配置参数，而且提高了网络管理的效率。所以，掌握常用的网络管理命令是网络管理人员的基本技能，必须坚持使用，才能驾轻就熟。

Windows 的网络管理命令通常以 exe 文件的形式存储在 system32 目录中，在"开始"菜单中运行命令解释程序 Cmd.exe 进入 DOS 命令窗口，可以执行任何实用程序。下面的一些例子都是在 DOS 窗口中截图的。

11.7.1 ipconfig

ipconfig 命令相当于 Windows 9x 中的图形化命令 winipcfg，是最常用的 Windows 实用程序，可以显示所有网卡的 TCP/IP 配置参数，可以刷新动态主机配置协议（DHCP）和域名系统的设置。ipconfig 的语法如下。

ipconfig [/all] [/renew[*Adapter*]] [/release[*Adapter*]] [/flushdns] [/displaydns] [/registerdns]   [/showclassid *Adapter*]   [/setclassid *Adapter* [*ClassID*]]

对以上命令参数解释如下。

- /?

显示帮助信息，对本章中其他命令有同样作用。

- /all

显示所有网卡的 TCP/IP 配置信息。如果没有该参数，则只显示各个网卡的 IP 地址、子网掩码和默认网关地址。

- /renew [*Adapter*]

更新网卡的 DHCP 配置，如果使用标识符 *Adapter* 说明了网卡的名字，则只更新指定网卡的配置，否则更新所有网卡的配置。这个参数只能用于动态配置 IP 的计算机。使用不带参数的 ipconfig 命令，可以列出所有网卡的名字。

- /release[*Adapter*]

向 DHCP 服务器发送 DHCP Release 请求，释放网卡的 DHCP 配置参数和当前使用的 IP 地址。

- /flushdns

刷新客户端 DNS 缓存的内容。在 DNS 排错期间，可以使用这个命令丢弃负缓存项以及其他动态添加的缓存项。

- /displaydns

显示客户端 DNS 缓存的内容，该缓存中包含从本地主机文件中添加的预装载项，以及最近通过名字解析查询得到的资源记录。DNS 客户端服务使用这些信息快速处理经常出现的名字查询。

- /registerdns

刷新所有 DHCP 租约，重新注册 DNS 名字。在不重启计算机的情况下，可以利用这个参数来排除 DNS 名字注册中的故障，解决客户端和 DNS 服务器之间的手工动态更新问题，可以利用"高级 TCP/IP 设置"来注册本地连接的 DNS 后缀，如图 11-38 所示。

- /showclassid *Adapter*

显示网卡的 DHCP 类别 ID。利用通配符"*"代替标识符 Adapter，可以显示所有网卡的 DHCP 类别 ID。这个参数仅适用于自动配置 IP 地址的计算机，可以根据某种标准把 DHCP 客户端划分成不同的类别，以便于管理。例如，将移动客户划分到租约期较短的类，将固定客户划分到租约期较长的类。

- /setclassid *Adapter*[*ClassID*]

对指定的网卡设置 DHCP 类别 ID。如果未指定 DHCP 类别 ID，则会删除当前的类别 ID。

如果 Adapter 名称包含空格，则要在名称两边

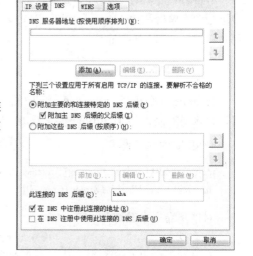

图 11-38　高级 TCP/IP 设置

使用引号（即 "Adapter 名称"）。在网卡名称中可以使用通配符星号"*"，例如，Local*可以代表所有以字符串 Local 开头的网卡，而*Con*可以表示所有包含字符串 Con 的网卡。

ipconfig 命令最适合于自动分配 IP 地址的计算机，使用户可以明确区分 DHCP 或自动专用 IP 地址（APIPA）配置的参数。

举例如下。

（1）如果要显示所有网卡的基本 TCP/IP 配置参数，输入：

ipconfig

（2）如果要显示所有网卡的完整 TCP/IP 配置参数，输入：

ipconfig /all

（3）如果仅更新本地连接的网卡由 DHCP 分配的 IP 地址，输入：

ipconfig /renew "Local Area Connection"

（4）在排除 DNS 名称解析故障时，如果要刷新 DNS 解析器缓存，输入：

ipconfig /flushdns

（5）如果要显示名称以 Local 开头的所有网卡的 DHCP 类别 ID，输入：

ipconfig /showclassid Local*

（6）如果要将“本地连接”网卡的 DHCP 类别 ID 设置为 TEST，输入：

ipconfig /setclassid "Local Area Connection" TEST

图 11-39 是用 ipconfig/all 命令显示的网络配置参数，其中列出了主机名、网卡物理地址和 DHCP 租约期，由 DHCP 分配的 IP 地址、子网掩码、默认网关和 DNS 服务器的 IP 地址等配置参数。图 11-40 是利用参数 showclassid 显示的“本地连接”的类别标识。

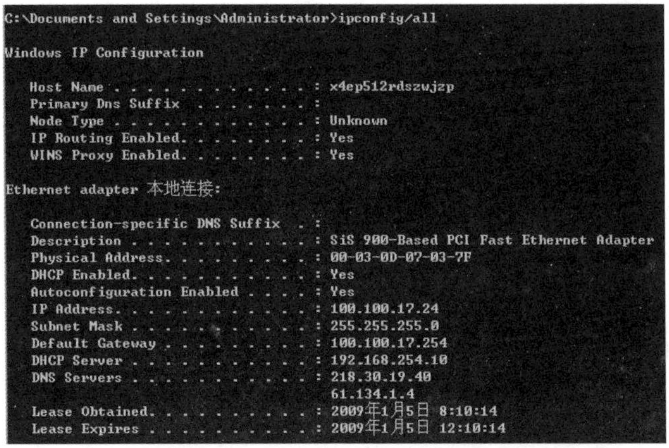

```
C:\Documents and Settings\Administrator>ipconfig/all

Windows IP Configuration

   Host Name . . . . . . . . . . . . : x4ep512rdszwjzp
   Primary Dns Suffix  . . . . . . . :
   Node Type . . . . . . . . . . . . : Unknown
   IP Routing Enabled. . . . . . . . : Yes
   WINS Proxy Enabled. . . . . . . . : Yes

Ethernet adapter 本地连接:

   Connection-specific DNS Suffix  . :
   Description . . . . . . . . . . . : SiS 900-Based PCI Fast Ethernet Adapter
   Physical Address. . . . . . . . . : 00-03-0D-07-03-7F
   DHCP Enabled. . . . . . . . . . . : Yes
   Autoconfiguration Enabled . . . . : Yes
   IP Address. . . . . . . . . . . . : 100.100.17.24
   Subnet Mask . . . . . . . . . . . : 255.255.255.0
   Default Gateway . . . . . . . . . : 100.100.17.254
   DHCP Server . . . . . . . . . . . : 192.168.254.10
   DNS Servers . . . . . . . . . . . : 218.30.19.40
                                       61.134.1.4
   Lease Obtained. . . . . . . . . . : 2009年1月5日 8:10:14
   Lease Expires . . . . . . . . . . : 2009年1月5日 12:10:14
```

图 11-39　ipconfig 命令显示的结果

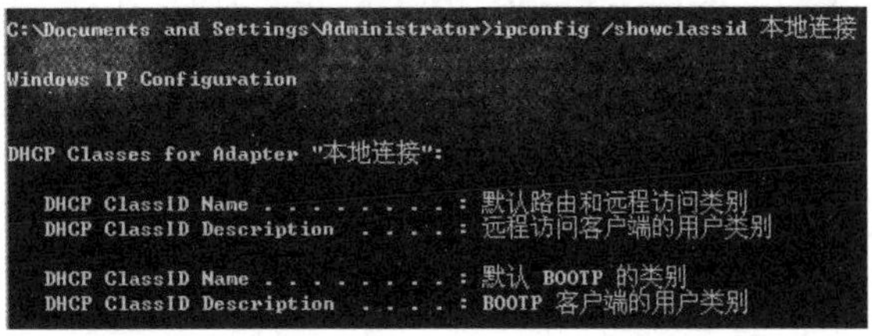

```
C:\Documents and Settings\Administrator>ipconfig /showclassid 本地连接

Windows IP Configuration

DHCP Classes for Adapter "本地连接":

   DHCP ClassID Name . . . . . . . . : 默认路由和远程访问类别
   DHCP ClassID Description  . . . . : 远程访问客户端的用户类别

   DHCP ClassID Name . . . . . . . . : 默认 BOOTP 的类别
   DHCP ClassID Description  . . . . : BOOTP 客户端的用户类别
```

图 11-40　ipconfig/showclassid 命令显示的结果

11.7.2　ping

ping 命令通过发送 ICMP 回声请求报文来检验与另外一个计算机的连接。这是一个用于排除连接故障的测试命令，如果不带参数则显示帮助信息。ping 命令的语法如下。

ping [-t] [-a] [-n *Count*] [-l *Size*] [-f] [-i *TTL*] [-v *TOS*] [-r *Count*] [-s *Count*] [{-j *HostList* | -k *HostList*}] [-w *Timeout*] [*TargetName*]

对以上命令参数解释如下。

- -t

持续发送回声请求直到输入 Ctrl+Break 或 Ctrl+C 被中断，前者显示统计信息，后者不显示统计信息。

- -a

用 IP 地址表示目标，进行反向名字解析，如果命令执行成功，则显示对应的主机名。

- -n *Count*

说明发送回声请求的次数，默认为 4 次。

- -l *Size*

说明了回声请求报文的字节数，默认是 32，最大为 65 527。

- -f

在 IP 头中设置不分段标志，用于测试通路上传输的最大报文长度。

- -i *TTL*

说明 IP 头中 TTL 字段的值，通常取主机的 TTL 值，对于 Windows XP 主机，这个值是 128，最大为 255。

- -v *TOS*

说明了 IP 头中 TOS（Type of Service）字段的值，默认值是 0。

- -r *Count*

在 IP 头中添加路由记录选项，Count 表示源和目标之间的跃点数，其值在 1～9 之间。

- -s *Count*

在 IP 头中添加时间戳（timestamp）选项，用于记录达到每一跃点的时间，Count 的值在 1～4 之间。

- -j *HostList*

在 IP 头中使用松散源路由选项，HostList 指明中间节点（路由器）的地址或名字，最多 9 个，用空格分开。

- -k *HostList*

在 IP 头中使用严格源路由选项，HostList 指明中间节点（路由器）的地址或名字，最多 9

个，用空格分开。

- **-w** *Timeout*

指明等待回声响应的时间（μs），如果响应超时，则显示出错信息 Request timed out，默认超时间隔为 4s。

- *TargetName*

用 IP 地址或主机名表示目标设备。

使用 ping 命令必须安装并运行 TCP/IP 协议，可以使用 IP 地址或主机名来表示目标设备。如果 ping 一个 IP 地址成功，但 ping 对应的主机名失败，则可以断定名字解析有问题。无论名字解析是通过 DNS、NetBIOS，还是通过本地主机文件，都可以用这个方法进行故障诊断。

举例如下。

（1）如果要测试目标 10.0.99.221 并进行名字解析，则输入：

ping -a 10.0.99.221

（2）如果要测试目标 10.0.99.221，发送 10 次请求，每个响应为 1000 字节，则输入：

ping -n 10 -l 1000 10.0.99.221

（3）如果要测试目标 10.0.99.221，并记录 4 个跃点的路由，则输入：

ping -r 4 10.0.99.221

（4）如果要测试目标 10.0.99.221，并说明松散源路由，则输入：

ping -j 10.12.0.1 10.29.3.1 10.1.44.1 10.0.99.221

图 11-41 所示为 ping www.163.com.cn的结果。

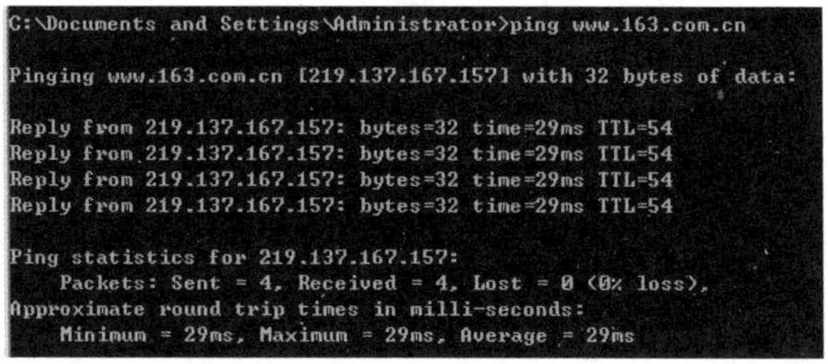

图 11-41　ping 命令的显示结果

11.7.3　arp

arp 命令用于显示和修改地址解析协议缓存表的内容，缓存表项是 IP 地址与网卡地址对。

计算机上安装的每个网卡各有一个缓存表。如果使用不含参数的 arp 命令，则显示帮助信息。arp 命令的语法如下：

arp [-a [*InetAddr*] [-N *IfaceAddr*]] [-g [*InetAddr*] [-N *IfaceAddr*]] [-d *InetAddr* [*IfaceAddr*]] [-s *InetAddr* *EtherAddr* [*IfaceAddr*]]

对以上命令参数解释如下。

- -a [*InetAddr*] [-N *IfaceAddr*]

显示所有接口的 ARP 缓存表。如果要显示特定 IP 地址的 ARP 表项，则使用参数 InetAddr；如果要显示指定接口的 ARP 缓存表，则使用参数-N IfaceAddr。这里，N 必须大写。InetAddr 和 IfaceAddr 都是 IP 地址。

- -g [*InetAddr*] [-N *IfaceAddr*]

与参数-a 相同。

- -d *InetAddr* [*IfaceAddr*]

删除由 InetAddr 指示的 ARP 缓存表项。如果要删除特定接口的 ARP 缓存表项，使用参数 IfaceAddr 指明接口的 IP 地址；如果要删除所有 ARP 缓存表项，使用通配符"*"代替参数 InetAddr。

- -s *InetAddr* *EtherAddr* [*IfaceAddr*]

添加一个静态的 ARP 表项，把 IP 地址 InetAddr 解析为物理地址 EtherAddr。参数 IfaceAddr 指定了接口的 IP 地址。

IP 地址 InetAddr 和 IfaceAddr 用点分十进制表示。物理地址 EtherAddr 由 6 个字节组成，每个字节用两个十六进制数表示，字节之间用连字符"-"分开，例如 00-AA-00-4F-2A-9C。

用参数-s 添加的 ARP 表项是静态的，不会由于超时而被删除。如果 TCP/IP 协议停止运行，ARP 表项都被删除。为了生成一个固定的静态表项，可以在批文件中加入适当的 arp 命令，并在计算机启动时运行批文件。

举例如下。

（1）如果要显示 ARP 缓存表的内容，输入：

arp -a

（2）如果要显示 IP 地址为 10.0.0.99 的接口的 ARP 缓存表，输入：

arp -a -N 10.0.0.99

（3）如果要添加一个静态表项，把 IP 地址 10.0.0.80 解析为物理地址 00-AA-00-4F-2A-9C，则输入：

arp -s 10.0.0.80 00-AA-00-4F-2A-9C

图 11-42 所示为使用 arp 命令添加一个静态表项的例子。

```
C:\Documents and Settings\Administrator>arp -a

Interface: 100.100.17.17 --- 0x10003
  Internet Address      Physical Address      Type
  100.100.17.254        00-0f-e2-29-31-c1     dynamic

C:\Documents and Settings\Administrator>arp -s 202.117.17.254 00-1c-4f-52-2a-8c

C:\Documents and Settings\Administrator>arp -a

Interface: 100.100.17.17 --- 0x10003
  Internet Address      Physical Address      Type
  100.100.17.72         00-1e-8c-ad-f9-ce     dynamic
  100.100.17.75         00-40-d0-53-bf-86     dynamic
  100.100.17.254        00-0f-e2-29-31-c1     dynamic
  202.117.17.254        00-1c-4f-52-2a-8c     static
```

图 11-42　使用 arp 命令的例

11.7.4　netstat

netstat 命令用于显示 TCP 连接、计算机正在监听的端口、以太网统计信息、IP 路由表、IPv4 统计信息（包括 IP、ICMP、TCP 和 UDP 等协议）和 IPv6 统计信息（包括 IPv6、ICMPv6、TCP over IPv6 和 UDP over IPv6 等协议）等。如果不使用参数，则显示活动的 TCP 连接。netstat 命令的语法如下。

netstat [-a] [-e] [-n] [-o] [-p *Protocol*] [-r] [-s] [*Interval*]

对以上参数解释如下。

- -a

显示所有活动的 TCP 连接，以及正在监听的 TCP 和 UDP 端口。

- -e

显示以太网统计信息，例如发送和接收的字节数，以及出错的次数等。这个参数可以与-s 参数联合使用。

- -n

显示活动的 TCP 连接，地址和端口号以数字形式表示。

- -o

显示活动的 TCP 连接以及每个连接对应的进程 ID。在 Windows 任务管理器中可以找到与进程 ID 对应的应用。这个参数可以与-a、-n 和-p 联合使用。

- -p *Protocol*

用标识符 Protocol 指定要显示的协议，可以是 TCP、UDP、TCPv6 或者 UDPv6。如果与参数-s 联合使用，则可以显示协议 TCP、UDP、ICMP、IP、TCPv6、UDPv6、ICMPv6 或 IPv6 的

统计数据。

- -s

显示每个协议的统计数据。默认情况下，统计 TCP、UDP、ICMP 和 IP 协议发送及接收的数据包、出错的数据包、连接成功或失败的次数等。如果与-p 参数联合使用，可以指定要显示统计数据的协议。

- -r

显示 IP 路由表的内容，其作用等价于路由打印命令 route print。

- *Interval*

说明重新显示信息的时间间隔，输入 Ctrl+C 则停止显示。如果不使用这个参数，则只显示一次。

netstat 显示的统计信息分为 4 栏或 5 栏，解释如下。

- Proto：表示协议的名字（例如 TCP 或 UDP）。
- Local Address：本地计算机的地址和端口。通常显示本地计算机的名字和端口名字（例如 ftp），如果使用了-n 参数，则显示本地计算机的 IP 地址和端口号。如果端口尚未建立，则用 "*" 表示。
- Foreign Address：远程计算机的地址和端口。通常显示远程计算机的名字和端口名字（例如 ftp），如果使用了-n 参数，则显示远程计算机的 IP 地址和端口号。如果端口尚未建立，则用 "*" 表示。
- State：表示 TCP 连接的状态，用下面的状态名字表示。
  - ➢ CLOSE_WAIT：收到对方的连接释放请求。
  - ➢ CLOSED：连接已关闭。
  - ➢ ESTABLISHED：连接已建立。
  - ➢ FIN_WAIT_1：已发出连接释放请求。
  - ➢ FIN_WAIT_2：等待对方的连接释放请求。
  - ➢ LAST_ACK：等待对方的连接释放应答。
  - ➢ LISTEN：正在监听端口。
  - ➢ SYN_RECEIVED：收到对方的连接建立请求。
  - ➢ SYN_SEND：已主动发出连接建立请求。
  - ➢ TIMED_WAIT：等待一段时间后将释放连接。

举例如下。

（1）如果要显示以太网的统计信息和所有协议的统计信息，则输入：

netstat -e -s

（2）如果要显示 TCP 和 UDP 协议的统计信息，则输入：

netstat -s -p tcp udp

（3）如果要显示 TCP 连接及其对应的进程 ID，每 4s 显示一次，则输入：

nbtstat -o 4

（4）如果要以数字形式显示 TCP 连接及其对应的进程 ID，则输入：

nbtstat -n -o

图 11-43 是命令 netstat -o 4 显示的统计信息，每 4s 显示一次，直到输入 Ctrl+C 结束。

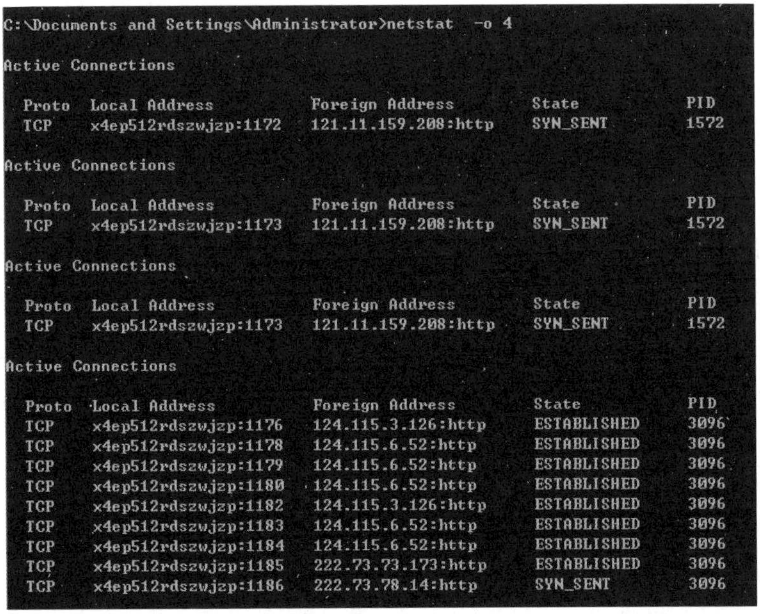

```
C:\Documents and Settings\Administrator>netstat  -o 4

Active Connections

  Proto  Local Address          Foreign Address        State           PID
  TCP    x4ep512rdszwjzp:1172   121.11.159.208:http    SYN_SENT        1572

Active Connections

  Proto  Local Address          Foreign Address        State           PID
  TCP    x4ep512rdszwjzp:1173   121.11.159.208:http    SYN_SENT        1572

Active Connections

  Proto  Local Address          Foreign Address        State           PID
  TCP    x4ep512rdszwjzp:1173   121.11.159.208:http    SYN_SENT        1572

Active Connections

  Proto  Local Address          Foreign Address        State           PID
  TCP    x4ep512rdszwjzp:1176   124.115.3.126:http     ESTABLISHED     3096
  TCP    x4ep512rdszwjzp:1178   124.115.6.52:http      ESTABLISHED     3096
  TCP    x4ep512rdszwjzp:1179   124.115.6.52:http      ESTABLISHED     3096
  TCP    x4ep512rdszwjzp:1180   124.115.6.52:http      ESTABLISHED     3096
  TCP    x4ep512rdszwjzp:1182   124.115.3.126:http     ESTABLISHED     3096
  TCP    x4ep512rdszwjzp:1183   124.115.6.52:http      ESTABLISHED     3096
  TCP    x4ep512rdszwjzp:1184   124.115.6.52:http      ESTABLISHED     3096
  TCP    x4ep512rdszwjzp:1185   222.73.73.173:http     ESTABLISHED     3096
  TCP    x4ep512rdszwjzp:1186   222.73.78.14:http      SYN_SENT        3096
```

图 11-43　命令 netstat -o 4 显示的统计信息

11.7.5　tracert

tracert 命令的功能是确定到达目标的路径，并显示通路上每一个中间路由器的 IP 地址。通过多次向目标发送 ICMP 回声（echo）请求报文，每次增加 IP 头中 TTL 字段的值，就可以确定到达各个路由器的时间。显示的地址是路由器接近源这一边的端口地址。tracert 命令的语法如下：

tracert [-d] [-h *MaximumHops*] [-j *HostList*] [-w *Timeout*] [*TargetName*]

对以上参数解释如下。

- -d

不进行名字解析，显示中间节点的 IP 地址，这样可以加快跟踪的速度。

- -h *MaximumHops*

说明地址搜索的最大跃点数，默认值是 30 跳。

- -j *HostList*

说明发送回声请求报文要使用 IP 头中的松散源路由选项，标识符 HostList 列出必须经过的中间节点的地址或名字，最多可以列出 9 个中间节点，各个中间节点用空格隔开。

- -w *Timeout*

说明了等待 ICMP 回声响应报文的时间（μs），如果接收超时，则显示星号"*"，默认超时间隔是 4s。

- *TargetName*

用 IP 地址或主机名表示的目标。

这个诊断工具通过多次发送 ICMP 回声请求报文来确定到达目标的路径，每个报文中 TTL 字段的值都是不同的。通路上的路由器在转发 IP 数据报之前先要将 TTL 字段减 1，如果 TTL 为 0，则路由器就向源端返回一个超时（Time Exceeded）报文，并丢弃原来要转发的报文。在 tracert 第一次发送的回声请求报文中置 TTL=1，然后每次加 1，这样就能收到沿途各个路由器返回的超时报文，直至收到目标返回的 ICMP 回声响应报文。如果有的路由器不返回超时报文，那么这个路由器就是不可见的，显示列表中用星号"*"表示。

举例如下。

（1）如果要跟踪到达主机 corp7.microsoft.com 的路径，则输入：

tracert corp7.microsoft.com

（2）如果要跟踪到达主机 corp7.microsoft.com 的路径，并且不进行名字解析，只显示中间节点的 IP 地址，则输入：

tracert -d corp7.microsoft.com

（3）如果要跟踪到达主机 corp7.microsoft.com 的路径，并使用松散源路由，则输入：

tracert -j 10.12.0.1 10.29.3.1 10.1.44.1 corp7.microsoft.com

如图 11-44 所示为利用命令 tracert www.163.com.cn 显示的路由跟踪列表。

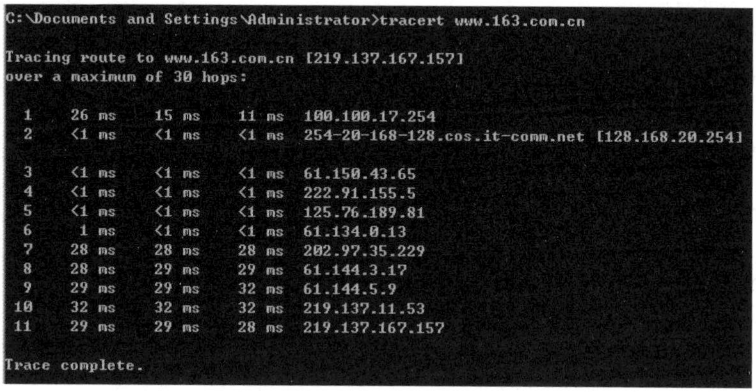

```
C:\Documents and Settings\Administrator>tracert www.163.com.cn

Tracing route to www.163.com.cn [219.137.167.157]
over a maximum of 30 hops:

  1    26 ms    15 ms    11 ms  100.100.17.254
  2    <1 ms    <1 ms    <1 ms  254-20-168-128.cos.it-comm.net [128.168.20.254]

  3    <1 ms    <1 ms    <1 ms  61.150.43.65
  4    <1 ms    <1 ms    <1 ms  222.91.155.5
  5    <1 ms    <1 ms    <1 ms  125.76.189.81
  6     1 ms    <1 ms    <1 ms  61.134.0.13
  7    28 ms    28 ms    28 ms  202.97.35.229
  8    28 ms    29 ms    29 ms  61.144.3.17
  9    29 ms    29 ms    32 ms  61.144.5.9
 10    32 ms    32 ms    32 ms  219.137.11.53
 11    29 ms    29 ms    28 ms  219.137.167.157

Trace complete.
```

图 11-44　tracert 的显示结果

11.7.6　pathping

pathping 结合了 ping 和 tracert 两个命令的功能，可以显示通信线路上每个子网的延迟和丢包率。pathping 在一段时间内向通路中的各个路由器发送多个回声请求报文，然后根据每个路由器返回的数据包计算统计结果。由于 pathping 命令显示了每个路由器（或链路）丢失数据包的程度，所以用户可以据此确定哪些路由器或者子网存在通信问题。pathping 命令的语法如下：

pathping [-n] [-h *MaximumHops*] [-g *HostList*] [-p *Period*] [-q *NumQueries* [-w *Timeout*] [-T] [-R] [*TargetName*]

对以上参数解释如下。

- -n

不进行名字解析，以加快显示速度。

- -h *MaximumHops*

说明了搜索目标期间的最大跃点数，默认是 30。

- -g *HostList*

在发送回声请求报文时使用松散源路由，标识符 HostList 列出了中间节点的名字或地址。最多可以列出 9 个中间节点，用空格分开。

- -p *Period*

说明两次 ping 之间的时间间隔（ms），默认为 1/4s。

- -q *NumQueries*

说明发送给每个路由器的回声请求报文的数量，默认为 100 个。

- -w *Timeout*

说明每次等待回声响应的时间，默认是 3s。

- -T

对发送的回声请求数据包附加上第二层优先标志（例如 802.1p）。这样可以测试出不具备区分第二层优先级能力的设备，这个开关用于测试网络连接提供不同服务质量的能力。

- -R

确定通路上的设备是否支持资源预约协议（RSVP），这个开关用于测试网络连接提供不同服务质量的能力。

- *TargetName*

用 IP 地址或名字表示的目标。

pathping 命令的参数是大小写敏感的，所以 T 和 R 必须大写。为了防止网络拥塞，ping 的频率不能太快，这样也可以防止突发性地丢包。

当使用-p *Period* 参数时，对每一个中间节点一次只发送一个回声请求包，对同一个节点，两次 ping 之间的时间间隔是 Period×跃点数。

当使用-w *Timeout* 参数时，多个回声请求包并行地发出，因此标识符 Timeout 规定的时间并不受由 Period 规定的时间限制。

IEEE 802.1p 标准使得局域网交换机具有以优先级区分信息流的能力，向支持声音、图像和数据的综合业务方面迈进了一步。802.1p 定义了 8 种不同的优先级，分别用于支持时间关键的通信（例如 RIP 和 OSPF 的路由更新报文），延迟敏感的应用（例如交互式语音和视频），可控负载的多媒体流，重要的 SAP 数据以及尽力而为（best-effort）的通信等。符合 802.1p 规范的交换机具有多队列缓冲硬件，可以对较高优先级的分组进行快速处理，使得这些分组能够越过低级别分组而迅速通过交换机。

在传统的单一缓冲区交换机中，当信息传输出现拥塞时，所有分组将平等地排队等待，直到可继续前进。由于传统设备不能识别第二层优先级标签，那些带有优先标签的分组就会被丢弃，所以应用开关 T 可以区分传统交换机与可提供第二层优先级的交换机。

R 参数用于对资源预约协议的测试。RSVP 预约报文在会话开始之前首先发送给通路上的每一个设备。如果设备不支持 RSVP，它返回一个 ICMP "目标不可到达"报文；如果设备支持 RSVP，它返回一个"预约错误信息"报文。有一些设备什么信息也不返回，如果这种情况出现，则显示超时信息。

图 11-45 的例子显示了命令 C:\>pathping -n corp1 的输出。pathping 运行时产生的第一个结果就是路径列表，与 tracert 命令显示的结果相同。接着出现一个大约 125s 的"忙"消息，忙时间的长短随着跃点数的多少有所变化。在这期间，从上述列表中的路由器以及它们之间的链路

收集统计信息，最后显示测试结果。

```
Tracing route to corp1 [10.54.1.196]
over a maximum of 30 hops:
  0   172.16.87.35
  1   172.16.87.218
  2   192.168.52.1
  3   192.168.80.1
  4   10.54.247.14
  5   10.54.1.196
Computing statistics for 125 seconds...
                  Source to Here   This Node/Link
Hop   RTT      Lost/Sent = Pct   Lost/Sent = Pct   Address
  0                                                 172.16.87.35
                                  0/ 100 =  0%     |
  1   41ms      0/ 100 =  0%      0/ 100 =  0%     172.16.87.218
                                 13/ 100 = 13%     |
  2   22ms     16/ 100 = 16%      3/ 100 =  3%     192.168.52.1
                                  0/ 100 =  0%     |
  3   24ms     13/ 100 = 13%      0/ 100 =  0%     192.168.80.1
                                  0/ 100 =  0%     |
  4   21ms     14/ 100 = 14%      1/ 100 =  1%     10.54.247.14
                                  0/ 100 =  0%     |
  5   24ms     13/ 100 = 13%      0/ 100 =  0%     10.54.1.196
Trace complete.
```

图 11-45　命令 pathping 的显示结果

在图 11-45 所示的样本报告中，Node/Link、Lost/Sent=Pct 和 Address 栏显示：在 172.16.87.218 与 192.168.52.1 之间的链路上丢包率是 13%。第二跳和第四跳的路由器也丢失了数据包，但是对于它们转发的通信量不会产生影响。在图中的地址栏（Address）中，以直杠"|"标识由于链路拥塞而产生的丢包，至于路由器丢包的原因，则可能是设备过载了。

11.7.7　nbtstat

这个命令显示 NetBT（NetBIOS over TCP/IP）协议的统计信息，包括本地计算机和远程计算机的 NetBIOS 名字表，以及 NetBIOS 名字缓存。nbtstat 也可以刷新 NetBIOS 名字缓存，刷新已经注册了的 WINS 名字。nbtstat 命令的语法如下。

nbtstat [-a *RemoteName*] [-A *IPAddress*] [-c] [-n] [-r] [-R] [-RR] [-s] [-S] [*Interval*]

对以上参数解释如下。

- -a RemoteName

显示远程计算机的 NetBIOS 名字表，用标识符 RemoteName 指示远程计算机的名字。

- -A IPAddress

显示远程计算机的 NetBIOS 名字表，用标识符 IPAddress 指示远程计算机的 IP 地址。

- -c

显示 NetBIOS 名字缓存的内容。

- -n

显示本地计算机的 NetBIOS 名字表。

- -r

显示 NetBIOS 名字解析的统计数据。在配置了 WINS 的 Windows XP 计算机上，这个参数返回通过广播解析的名字，以及通过 WINS 服务器解析的名字。

- -R

清除 NetBIOS 名字缓存，并从 Lmhosts 文件装载带有标签#PRE 的预加载项目。

- -RR

释放并刷新本地计算机在 WINS 服务器中注册的名字。

- -s

显示 NetBIOS 客户端与服务器的会话，并把目标 IP 地址转换为名字。

- -S

显示 NetBIOS 客户端与服务器的会话，用 IP 地址表示远程计算机。

- *Interval*

多次显示统计数据，显示的间隔时间由标识符 Interval（秒）表示，直至输入 Ctrl+C 停止显示。如果这个参数缺失，只显示一次。

nbtstat 命令行参数是大小写敏感的，所以-A，-R，-RR 和-S 等必须大写。

表 11-8 表示 nbtstat 命令显示的列表栏目的含义。表 11-9 说明了 NetBIOS 连接的状态。

表 11-8　nbtstat 列表栏目的含义

栏　　目	解　　释
Input	接收的字节数
Output	发送的字节数
In/Out	连接是入径（inbound）或出径（outbound）
Life	名字缓存表项的剩余生命期
Local Name	NetBIOS 连接的本地名字
Remote Host	远程计算机的名字或地址
Type	名字的类型，可以是唯一名字（unique）或组名字（group）
Status	已注册（Registered），冲突（Conflict）
State	NetBIOS 连接的状态

表 11-9　NetBIOS 连接的状态

状　态	解　释
Connected	会话已经建立
Associated	连接端点已经产生，并分配了一个 IP 地址
Listening	端点正在等待入径连接
Idle	端点已经打开，但不能解释连接
Connecting	会话处于建立阶段，正在解析目标的名字——地址映射
Accepting	正在解释一个入径会话，连接很快就要建立
Reconnecting	一个会话正在重新连接
Outbound	一个会话处于正在建立连接阶段，TCP 连接已经生成
Inbound	一个入径会话处于建立连接阶段
Disconnecting	会话正在断开阶段
Disconnected	本地计算机发出了释放连接请求，正在等待远端系统的应答

举例如下。

（1）如果要显示远端计算机 CORP07 的 NetBIOS 名字表，则输入：

nbtstat -a CORP07

（2）如果要显示地址为 10.0.0.99 的远端计算机的 NetBIOS 名字表，则输入：

nbtstat -A 10.0.0.99

（3）如果要显示本地计算机的 NetBIOS 名字表，则输入：

nbtstat -n

（4）如果要显示本地计算机 NetBIOS 名字缓存的内容，则输入：

nbtstat -c

（5）如果要清除 NetBIOS 名字缓存，并从本地 Lmhosts 文件重装预加载项目，则输入：

nbtstat -R

（6）如果要释放本地计算机在 WINS 服务器中注册的 NetBIOS 名字并重新注册，则输入：

nbtstat -RR

（7）如果要显示 NetBIOS 会话统计数据，每 5s 显示一次，则输入：

nbtstat -S 5

11.7.8　route

这个命令的功能是显示和修改本地的 IP 路由表，如果不带参数，则给出帮助信息。route 命令的语法如下。

route [-f] [-p] [*Command* [*Destination*] [mask *Netmask*] [*Gateway*] [metric *Metric*]] [if *Interface*]]

对以上参数解释如下。

- -f

删除路由表中的网络路由（子网掩码不是 255.255.255.255）、本地环路路由（目标地址为 127.0.0.0，子网掩码为 255.0.0.0）和组播路由（目标地址为 224.0.0.0，子网掩码为 240.0.0.0）。如果与其他命令（例如 add、change 或 delete）联合使用，在运行这个命令前先清除路由表。

- -p

与 add 命令联合使用时，一条路由被添加到注册表中，当 TCP/IP 协议启动时，用于初始化路由表。在默认情况下，系统重新启动时不保留添加的路由。与 print 命令联合使用时，则显示持久路由列表。对于其他命令，这个参数被忽略。持久路由保存在注册表中的 HKEY_LOCAL_ MACHINE\SYSTEM\CurrentControlSet\Services\Tcpip\Parameters \PersistentRoutes 位置。

- *Command*

表示要运行的命令，可用的命令如表 11-10 所示。

表 11-10　可用的命令

命　　令	用　　途	命　　令	用　　途
add	添加路由	delete	删除路由
change	修改已有的路由	print	打印路由

- *Destination*

说明目标地址，可以是网络地址（IP 地址中对应主机的位都是 0）、主机地址或默认路由 （0.0.0.0）。

- mask *Netmask*

说明了目标地址对应的子网掩码。网络地址的子网掩码依据网络的大小而变化，主机地址的子网掩码为 255.255.255.255，默认路由的子网掩码为 0.0.0.0。如果忽略了这个参数，默认的子网掩码为 255.255.255.255。由于在路由寻址中具有关键作用，所以目标地址不能特异于对应的子网掩码。换而言之，如果子网掩码的某位是 0，则目标地址的对应位不能为 1。

- Gateway

说明下一跃点的 IP 地址。对于本地连接的子网，网关地址是本地子网中分配给接口的 IP 地址。对于远程路由，网关地址是相邻路由器中直接连接的 IP 地址。

- metric *Metric*

说明路由度量值（1～9999）。通常选择度量值最小的路由。度量值可以根据跃点数、链路速率通路可靠性、通路的吞吐率以及管理属性等参数确定。

- if *Interface*

说明接口的索引。使用 route print 命令可以显示接口索引列表。接口索引可以使用十进制数或十六进制数表示。如果忽略 if 参数，接口索引根据网关地址确定。

路由表中可能出现很大的度量值，这是 TCP/IP 协议根据 LAN 接口配置的 IP 地址、子网掩码和默认网关等参数自动计算的度量值。自动计算接口度量值是默认的，就是根据接口的速率调整路由度量，所以最快的接口生成了最低的度量值。如果要消除大的度量值，则要用"高级 TCP/IP 设置"对话框来取消"自动跃点计数"复选框，如图 11-46 所示。

可以用名字表示路由目标，如果在％Systemroot％\System32\Dtivers\Etc\hosts 或 Lmhosts 文件中存在相应表项，也可以用名字表示网关，只要这个名字可以通过标准方法解析为 IP 地址。

在使用命令 print 或 delete 时可以忽略参数 Gateway，使用通配符来代替目标和网关。目标可以用一个星号"*"来代替。如果目标的值中包含星号"*"或问号"？"，也被看作是通配符，用于匹配被打印或被删除的目标路

图 11-46　高级 TCP/IP 设置

由。事实上，星号可以匹配任何字符串，问号则用于匹配任何单个字符。例如，10.*.1、192.168.* 和*224*都是合法的通配符。

如果使用了目标地址与子网掩码的无效组合，则会显示"Route: bad gateway address netmask"的错误信息。当目标地址中的一个或多个位被设置为"1"，而子网掩码的对应位却被设置为"0"时，就会出现这种错误。为了检查这种错误，可以把目标地址和子网掩码都用二进制表示。在子网掩码的二进制表示中，开头有一串"1"，代表网络地址部分，后跟一串"0"，代表主机地址部分。这样就可以确定，目标地址中属于主机的位是否被设置成了"1"。

-p 参数只能在 Windows NT 4.0、Windows 2000/2003 和 Windows XP 中使用，Windows 9x 不支持这个参数。

举例如下。

（1）如果要显示整个路由器的内容，则输入：

route print

（2）如果要显示路由表中以 10.开头的表项，则输入：

route print 10.*

（3）如果对网关地址 192.168.12.1 要添加一条默认路由，则输入：

route add 0.0.0.0 mask 0.0.0.0 192.168.12.1

（4）如果要添加一条到达目标 10.41.0.0（子网掩码为 255.255.0.0）的路由，下一跃点地址为 10.27.0.1，则输入：

route add 10.41.0.0 mask 255.255.0.0 10.27.0.1

（5）如果要添加一条到达目标 10.41.0.0（子网掩码为 255.255.0.0）的持久路由，下一跃点地址为 10.27.0.1，则输入：

route -p add 10.41.0.0 mask 255.255.0.0 10.27.0.1

（6）如果要添加一条到达目标 10.41.0.0 255.255.0.0 的路由，下一跃点地址为 10.27.0.1，度量值为 7，则输入：

route add 10.41.0.0 mask 255.255.0.0 10.27.0.1 metric 7

（7）如果要添加一条到达目标 10.41.0.0 255.255.0.0 的路由，下一跃点地址为 10.27.0.1，接口索引为 0x3，则输入：

route add 10.41.0.0 mask 255.255.0.0 10.27.0.1 if 0x3

（8）如果要删除到达目标 10.41.0.0 255.255.0.0 的路由，则输入：

route delete 10.41.0.0 mask 255.255.0.0

（9）如果要删除路由表中所有以 10.开头的表项，则输入：

route delete 10.*

（10）如果要把目标 10.41.0.0 255.255.0.0 的下一跃点地址由 10.27.0.1 改为 10.27.0.25，则输入：

route change 10.41.0.0 mask 255.255.0.0 10.27.0.25

11.7.9　netsh

netsh 是一个命令行脚本实用程序，可用于修改计算机的网络配置。利用 netsh 也可以建立批文件来运行一组命令，或者把当前的配置脚本用文本文件保存起来，以后可用来配置其他的服务器。

1．netsh 上下文

netsh 利用动态链接库（DLL）与操作系统的其他组件交互作用。netsh 助手（helper）是一种动态链接库文件，提供了称为上下文（context）的扩展特性，这是一组可作用于某种网络组件的命令。netsh 上下文扩大了它的作用，可以对多种服务、实用程序或协议提供配置和监控功能。例如，Dhcpmon.dll 就是一种 netsh 助手文件，它提供了一组配置和管理 DHCP 服务器的命令。

运行 netsh 命令要从 Cmd.exe 提示符开始，然后转到指定的上下文。可使用的上下文取决于已经安装的网络组件。例如，在 netsh 命令提示符（netsh>）下输入 dhcp，就会转到 DHCP 上下文。但是如果没有安装 DHCP 服务，则会出现下面的信息：

The following command was not found: dhcp.

2．使用多个上下文

从一个上下文可以转到另一个上下文，后者叫作子上下文。例如，在路由上下文中可以转到 IP 或 IPX 上下文。

为了显示在某个上下文中可使用的子上下文和命令列表，可以在 netsh 提示符下输入上下文的名字，后跟"？"或 help。例如，为了显示在路由上下文中可使用的子上下文和命令，在 netsh 提示符下输入：

netsh>routing ?

或者

netsh>routing help

为了不改变当前上下文而完成另外一个上下文中的任务，可以在 netsh 提示符下输入命令的上下文路径。例如，要在 IGMP 上下文中添加"本地连接"接口而不改变到 IGMP 上下文，则输入：

netsh>routing ip igmp add interface "Local Area Connection" startupqueryinterval=21

3. 在 cmd.exe 命令提示符下运行 netsh 命令

为了在远程 Windows Server 2003 中运行 netsh 命令，首先要通过"远程桌面连接"连接到正在运行终端服务器的 Windows Server 2003 系统中。在 cmd.exe 命令提示符下输入 netsh，就进入了 netsh> 提示符。netsh 的语法如下：

netsh [-a *AliasFile*] [-c *Context*] [-r *RemoteComputer*] [{*NetshCommand*|-f *ScriptFile*}]

对以上参数解释如下：

- -a *AliasFile*

运行 AliasFile 文件后返回 netsh 提示符。

- -c *Context*

转到指定的 netsh 上下文，可用的上下文如表 11-11 所示。

表 11-11　netsh 上下文

上 　下 　文	解　　　　释
AAAA	配置认证、授权、计费和审计（Authentication, Authorization, Accounting, Auditing，AAAA）数据库，该数据库是 Internet 认证服务器和路由及远程访问服务器要使用的
DHCP	管理 DHCP 服务器
Diag	操作系统和网络服务的管理及故障诊断
Interface	配置 TCP/IP 协议，显示配置和统计信息
RAS	管理远程访问服务器
Routing	管理路由服务器
WINS	管理 WINS 服务器

- -r *RemoteComputer*

配置远程计算机。

- *NetshCommand*

说明要使用的 netsh 命令。

- -f *ScriptFile*

运行脚本后转出 netsh.exe。

关于-r 参数的使用值得用户注意。如果在-r 参数中使用了另外的命令，则 netsh 在远程计算机上执行这个命令，然后返回到 cmd.exe 命令提示符下。如果使用-r 参数而没有使用其他命令，则 netsh 保持在远程模式。这个过程类似于在 netsh 命令提示符下执行 set machine 命令。在使用-r 参数时，只是在当前的 netsh 实例中配置目标机器。在转出并重新进入 netsh 后，目标机器又变成了本地计算机。远程计算机的名字可以是存储在 WINS 服务器上的名字、UNC（Universal Naming Convention）名字，也可以被 DNS 服务器解析的 Internet 名字或者 IP 地址。

4. 在 netsh.exe 提示符下运行 Netsh 命令

在 netsh>提示符下可以使用下面一些命令。

- ..：转移到上一层上下文。
- abort：放弃在脱机模式下所做的修改。
- add helper *DLLName*：在 netsh 中安装 netsh 助手文件 DLLName。
- alias [*AliasName*]：显示指定的别名。

alias [*AliasName*][*string1* [*string2*···]]：设置 AliasName 的别名为指定的字符串。

可以使用别名命令行替换 netsh 命令，或者将其他平台中更熟悉的命令映射到适当的 netsh 命令。下面是使用 alias 的例子，这个脚本设置了两个别名 shaddr 和 shp，并进入 netsh interface ip 上下文：

```
alias shaddr show interface ip addr
alias shp show helpers
interface ip
```

如果在 netsh 命令提示符下输入 shaddr，则被解释为命令 show interface ip addr；如果在 netsh 命令提示符下输入 shp，则被解释为命令 show helpers。

- bye：转出 netsh。
- commit：向路由器提交在脱机模式下所做的改变。
- delete helper *DLLName*：删除 netsh 助手文件 DLLName。
- dump [*FileName*]：生成一个包含当前配置的脚本。如果要把脚本保存在文件中，则使用参数 FileName。如果不带参数，则显示当前配置脚本。
- exec *ScriptFile*：装载并运行脚本文件 ScriptFile。脚本文件运行在一个或多个计算机上。
- exit：从 netsh 转出。
- help：显示帮助信息，可以用/?、?或 h 代替。
- offline：设置为脱机模式。
- online：设置为联机模式。

在脱机模式下做出的配置可以保存起来，通过运行 commit 命令或联机命令在路由器上执行。从脱机模式转到联机模式时，在脱机模式下做出的改变会反映到当前正在运行的配置中，而在联机模式下做出的改变会立即反映到当前正在运行的配置中。

- popd：从堆栈中恢复上下文。
- pushd：把当前的上下文保存在堆栈中。

popd 与 pushd 配合使用，可以改变到新的上下文，运行新的命令，然后恢复前面的上下文。下面是使用这两个命令的例子。这个脚本首先从根脚本转到 interface ip 上下文，添加一个静态路由，然后返回根上下文。

```
netsh>
pushd
netsh>
interface ip
netsh interface ip>
set address local static 10.0.0.9 255.0.0.0 10.0.0.1 1
netsh interface ip>
popd
netsh>
```

- quit：转出 netsh。
- set file {open *FileName*|append *FileName*| *close*}：复制命令提示符窗口的输出到指定的文件。其中的参数如下。
  - ➢ open *FileName*：打开文件 FileName，并发送命令提示符窗口的输出到这个文件。
  - ➢ append *FileName*：附加命令提示符窗口的输出到指定的文件 FileName。
  - ➢ Close：停止发送输出并关闭文件。

如果指定的文件不存在，则 netsh 生成一个新文件；如果指定的文件存在，则 netsh 重写文件中已有的数据。下面的命令生成一个叫作 session.log 的记录文件，并复制 netsh 的输入和输出到这个文件：

```
set file open c:\session.log
```

- set machine [[*ComputerName*=]*string*]：指定当前要完成配置任务的计算机，其中的字符串 string 是远程计算机的名字。如果不带参数，则指本地计算机。

在一个脚本中，可以在多台计算机上执行命令。在一个脚本中，首先利用 set machine 命令说明一个计算机 ComputerA，在这台计算机上运行随后的命令。然后利用 set machine 命令指定另外一台计算机 ComputerB，再在这台计算机上运行命令。

- set mode {online|offline}：设置为联机或脱机模式。
- show {alias|helper|mode}：显示别名、助手或当前的模式。
- unalias *AliasName*：删除指定的别名。

11.7.10　nslookup

nslookup 命令用于显示 DNS 查询信息，诊断和排除 DNS 故障。使用这个工具必须熟悉 DNS 服务器的工作原理（参见本书第 7 章）。nslookup 有交互式和非交互式两种工作方式。nslookup 的语法如下：

- nslookup [-option ...] 　　　　　　　#使用默认服务器，进入交互方式
- nslookup [-option ...] –server 　　　#使用指定服务器 server，进入交互方式
- nslookup [-option ...] host 　　　　 #使用默认服务器，查询主机信息
- nslookup [-option ...] host server 　#使用指定服务器 server，查询主机信息
- ? | /? | /help 　　　　　　　　　　 #显示帮助信息

1. 非交互式工作

所谓非交互式工作，就是使用一次 nslookup 命令后又返回到 cmd.exe 提示符下。如果只查询一项信息，可以进入这种工作方式。nslookup 命令后面可以跟随一个或多个命令行选项（option），用于设置查询参数。每个命令行选项由一个连字符"-"后跟选项的名字，有时还要加一个等号"="和一个数值。

在非交互方式中，第一个参数是要查询的计算机（host）的名字或 IP 地址，第二个参数是 DNS 服务器（server）的名字或 IP 地址，整个命令行的长度必须小于 256 个字符。如果忽略了第二个参数，则使用默认的 DNS 服务器。如果指定的 host 是 IP 地址，则返回计算机的名字；如果指定的 host 是名字，并且没有尾随的句点，则默认的 DNS 域名被附加在后面（设置了 defname），查询结果给出目标计算机的 IP 地址。如果要查找不在当前 DNS 域中的计算机，在其名字后面要添加一个句点"."（称为尾随点）。下面举例说明非交互方式的用法。

（1）应用默认的 DNS 服务器根据域名查找 IP 地址。

C:\>nslookup ns1.isi.edu
Server: ns1.domain.com
Address: 202.30.19.1

Non-authoritative answer:　　　　　 #给出应答的服务器不是该域的权威服务器
Name: ns1.isi.edu
Address: 128.9.0.107　　　　　　　　#查出的 IP 地址

（2）应用默认的 DNS 服务器根据 IP 地址查找域名。

C:\>nslookup 128.9.0.107

Server: ns1.domain.com
Address: 202.30.19.1

Name: ns1.isi.edu　　　　　　　　　#查出的 IP 地址
Address: 128.9.0.107

（3）nslookup 命令后面可以跟随一个或多个命令行选项（option）。例如，要把默认的查询类型改为主机信息，把超时间隔改为 5s，查询的域名为 ns1.isi.edu，则使用下面的命令：

C:\>nslookup -type=hinfo -timeout=5 ns1.isi.edu
Server: ns1.domain.com
Address: 202.30.19.1

isi.edu　　　　　　　　　　　　　　　　#给出了 SOA 记录
　　primary name server = isi.edu　　　　　#主服务器
　　responsible mail addr = action.isi.edu　#邮件服务器
　　serial = 2009010800　　　　　　　　　#查询请求的序列号
　　refresh　　= 7200 <2 hours>　　　　　#刷新时间间隔
　　retry　= 1800 <30 mins>　　　　　　　#重试时间间隔
　　expire　　= 604800 <7 days>　　　　　#辅助服务器更新有效期
　　default TTL = 86400 <1 days>　　　　　#资源记录在 DNS 缓存中的有效期
C:\>

2．交互式工作

如果需要查找多项数据，可以使用 nslookup 的交互工作方式。在 cmd.exe 提示符下输入 nslookup 后按 Enter 键，就进入了交互工作方式，命令提示符变成 ">"。

在命令提示符 ">" 下输入 help 或?，会显示可用的命令列表（如图 11-47 所示）；如果输入 exit，则返回 cmd.exe 提示符。

在交互方式下，可以用 set 命令设置选项，满足指定的查询需要。下面举出几个常用子命令的应用实例。

（1）>set all：列出当前设置的默认选项。

>set all
Server: ns1.domain.com
Address: 202.30.19.1

Set options:

nodebug   #不打印排错信息
defname   #对每一个查询附加本地域名
search   #使用域名搜索列表
.........................（省略）.................................
MSxfr   #使用 MS 快速区域传输
IXFRversion=1   #当前的 IXFR（渐增式区域传输）版本号
srchlist=   #查询搜索列表

```
Commands: (identifiers are shown in uppercase, [] means optional)
NAME - print info about the host/domain NAME using default server
NAME1 NAME2 - as above, but use NAME2 as server
help or ? - print info on common commands
set OPTION - set an option
    all - print options, current server and host
    [no]debug - print debugging information
    [no]d2 - print exhaustive debugging information
    [no]defname - append domain name to each query
    [no]recurse - ask for recursive answer to query
    [no]search - use domain search list
    [no]vc - always use a virtual circuit
    domain=NAME - set default domain name to NAME
    srchlist=N1[/N2/.../N6] - set domain to N1 and search list to N1, N2, etc.
    root=NAME - set root server to NAME
    retry=X - set number of retries to X
    timeout=X - set initial time-out interval to X seconds
    type=X - set query type (for example, A, ANY, CNAME, MX, NS, PTR, SOA, SRV)
    querytype=X - same as type
    class=X - set query class (for example, IN (Internet), ANY)
    [no]msxfr - use MS fast zone transfer
    ixfrver=X - current version to use in IXFR transfer request
server NAME - set default server to NAME, using current default server
lserver NAME - set default server to NAME, using initial server
finger [USER] - finger the optional NAME at the current default host
root - set current default server to the root
ls [opt] DOMAIN [> FILE] - list addresses in DOMAIN (optional: output to FILE)
    -a - list canonical names and aliases
    -d - list all records
    -t TYPE - list records of the given type (for example, A, CNAME, MX, NS, PTR, and so on)
view FILE - sort an 'ls' output file and view it with pg
exit - exit the program
```

图 11-47　nslookup 子命令

（2）set type=mx：这个命令查询本地域的邮件交换器信息。

C:\> nslookup

Default Server: ns1.domain.com
Address: 202.30.19.1
> set type=mx
> 163.com.cn
Server: ns1.domain.com
Address: 202.30.19.1

Non-authoritative answer:
163.com.cn   MX preference = 10, mail exchanger =mx1.163.com.cn
163.com.cn   MX preference = 20, mail exchanger =mx2.163.com.cn
mx1.163.com.cn internet address = 61.145.126.68
mx2.163.com.cn internet address = 61.145.126.30
>

（3）server NAME：由当前默认服务器切换到指定的名字服务器 NAME。类似的命令 lserver 是由本地服务器切换到指定的名字服务器。

C:\> nslookup
Default Server: ns1.domain.com
Address: 202.30.19.1
> server 202.30.19.2
Default Server: ns2.domain.com
Address: 202.30.19.2

（4）ls：这个命令用于区域传输，罗列出本地区域中的所有主机信息。ls 命令的语法如下。

ls [- a |-d | -t type] domain [> filename]

不带参数使用 ls 命令将显示指定域（domain）中所有主机的 IP 地址。-a 参数返回正式名称和别名，-d 参数返回所有数据资源记录，而-t 参数将列出指定类型（type）的资源记录。任选的 filename 是存储显示信息的文件，如图 11-48 所示。

如果安全设置禁止区域传输，将返回下面的错误信息。

*** Can't list domain example.com ： Server failed

（5）set type：该命令的作用是设置查询的资源记录类型。DNS 服务器中主要的资源记录有 A（域名到 IP 地址的映射）、PTR（IP 地址到域名的映射）、MX（邮件服务器及其优先级）、CNAM（别名）和 NS（区域的授权服务器）等类型。通过 A 记录可以由域名查地址，也可以由地址查域名。在图 11-49 中，用 set all 命令显示默认设置，可以看出 type=A+AAAA，这时可以进行正向查询，也可以进行反向查询，如图 11-50 所示。

```
> ls xidian.edu.cn
[ns1.xidian.edu.cn]
xidian.edu.cn.                    NS        server = ns1.xidian.edu.cn
xidian.edu.cn.                    NS        server = ns2.xidian.edu.cn
408net                           A         202.117.118.25
acc                              A         202.117.121.5
ai                               A         202.117.121.146
antanna                          A         219.245.110.146
apweb2k                          A         202.117.116.19
bbs                              A         202.117.112.11
cce                              A         210.27.3.95
cese                             A         219.245.118.199
cnc                              A         210.27.5.123
cnis                             A         202.117.112.16
www.cnis                         A         202.117.112.16
con                              A         202.117.112.6
cpi                              A         219.245.78.155
cs                               A         202.117.112.23
csti                             A         202.117.114.31
cwc                              A         210.27.1.33
cxjh                             A         202.117.112.27
Dec586                           A         202.117.112.15
dingzhg                          A         202.117.117.8
djzx                             A         202.117.121.87
dp                               A         210.27.12.227
dtg                              A         202.117.114.35
dttrdc                           A         219.245.79.48
ecard                            A         202.117.112.199
ecm                              A         202.117.116.79
ecr                              A         202.117.115.9
ee                               A         210.27.6.158
```

图 11-48　ls 命令的输出

```
> server 61.134.1.4              #设置默认服务器
默认服务器:  [61.134.1.4]
Address:  61.134.1.4

> set all
默认服务器:  [61.134.1.4]
Address:  61.134.1.4

设置选项:
  nodebug
  defname
  search
  recurse
  nod2
  novc
  noignoretc
  port=53
  type=A+AAAA                    #查询 A 记录和 AAAA 记录
  class=IN                       可以给出 IPv4 和 IPv6 地址
  timeout=2
  retry=1
  root=A.ROOT-SERVERS.NET.
  domain=
  MSxfr
  IXFRversion=1
  srchlist=
```

图 11-49　set all 显示默认设置

```
> www.tsinghua.edu.cn                      #由域名查地址
服务器: [61.134.1.4]
Address:  61.134.1.4

非权威应答:
名称:    www.d.tsinghua.edu.cn
Addresses: 2001:da8:200:200::4:100
           211.151.91.165                  #得到IPv6和IPv4地址
Aliases:  www.tsinghua.edu.cn

> 211.151.91.165                           #由地址查域名
服务器: [61.134.1.4]
Address:  61.134.1.4

名称:    165.tsinghua.edu.cn               #得到域名
Address:  211.151.91.165
```

图 11-50　查询 A 记录和 AAAA 记录

当查询 PTR 记录时，可以由地址查到域名，但是没有从域名查到地址，而是给出了 SOA 记录，如图 11-51 所示。

```
> set type=ptr                                        #查询PTR记录
> 211.151.91.165                                      #由地址查域名
服务器: [61.134.1.4]
Address:  61.134.1.4

非权威应答:
165.91.151.211.in-addr.arpa     name = 165.tsinghua.edu.cn   #查询成功,得到域名
> www.tsinghua.edu.cn                                 #由域名查地址
服务器: [61.134.1.4]
Address:  61.134.1.4

DNS request timed out.
    timeout was 2 seconds.
非权威应答:
www.tsinghua.edu.cn     canonical name = www.d.tsinghua.edu.cn

d.tsinghua.edu.cn
        primary name server = dns.d.tsinghua.edu.cn   #没有查出地址
        responsible mail addr = szhu.dns.edu.cn           但给出了SOA记录
        serial  = 2007042815
        refresh = 3600 (1 hour)
        retry   = 1800 (30 mins)
        expire  = 604800 (7 days)
        default TTL = 86400 (1 day)
```

图 11-51　查询 PTR 记录

重新查询 A 记录，可以进行双向查询，如图 11-52 所示。

（6）set type=any：对查询的域名显示各种可用的信息资源记录（A、CNAME、MX、NS、PTR、SOA 和 SRV 等），如图 11-53 所示。

```
> set type=a                        #查询 A 记录
> www.tsinghua.edu.cn               #由域名查地址
服务器:  [61.134.1.4]
Address:  61.134.1.4

非权威应答:
名称:    www.d.tsinghua.edu.cn
Address:  211.151.91.165            #查出地址,并出给别名
Aliases:  www.tsinghua.edu.cn

> 211.151.91.165                    #由地址查域名
服务器:  [61.134.1.4]
Address:  61.134.1.4

名称:    165.tsinghua.edu.cn        #查询成功,得到域名
Address:  211.151.91.165

> _
```

```
> set type=any
> baidu.com
服务器:  [218.30.19.40]
Address:  218.30.19.40

非权威应答:
baidu.com        internet address = 202.108.23.59
baidu.com        internet address = 220.181.5.97
baidu.com        nameserver = dns.baidu.com
baidu.com        nameserver = ns2.baidu.com
baidu.com        nameserver = ns3.baidu.com
baidu.com        nameserver = ns4.baidu.com
baidu.com        MX preference = 10, mail exchanger = mx1.baidu.com
>
```

图 11-52　查询 A 记录　　　　　　　　图 11-53　各种信息资源记录

（7）set degug：这个命令与 set d2 的作用类似，都是显示查询过程的详细信息，set d2 显示的信息更多，有查询请求报文的内容和应答报文的内容。图 11-54 是利用 set d2 显示的查询过程。这些信息可用于对 DNS 服务器进行排错。

```
> set d2
> 163.com.cn
服务器:  UnKnown
Address:  218.30.19.40

------------
SendRequest(), len 28
    HEADER:
        opcode = QUERY, id = 2, rcode = NOERROR
        header flags:  query, want recursion
        questions = 1,  answers = 0,  authority records = 0,  additional = 0

    QUESTIONS:
        163.com.cn, type = A, class = IN

------------
Got answer (44 bytes):
    HEADER:
        opcode = QUERY, id = 2, rcode = NOERROR
        header flags:  response, want recursion, recursion avail.
        questions = 1,  answers = 1,  authority records = 0,  additional = 0

    QUESTIONS:
        163.com.cn, type = A, class = IN
    ANSWERS:
    ->  163.com.cn
        type = A, class = IN, dlen = 4
        internet address = 219.137.167.157
        ttl = 86400 (1 day)
------------
非权威应答:
------------
SendRequest(), len 28
    HEADER:
        opcode = QUERY, id = 3, rcode = NOERROR
        header flags:  query, want recursion
        questions = 1,  answers = 0,  authority records = 0,  additional = 0

    QUESTIONS:
        163.com.cn, type = AAAA, class = IN

------------
Got answer (28 bytes):
    HEADER:
        opcode = QUERY, id = 3, rcode = NOERROR
        header flags:  response, want recursion, recursion avail.
        questions = 1,  answers = 0,  authority records = 0,  additional = 0

    QUESTIONS:
        163.com.cn, type = AAAA, class = IN

------------
名称:    163.com.cn
Address:  219.137.167.157

>
```

图 11-54　显示查询过程

11.7.11 net

Windows 中的网络服务都使用以 net 开头的命令。在 cmd.exe 提示符下输入 net /?，则显示 net 命令的列表如下：

NET [ACCOUNTS | COMPUTER | CONFIG | CONTINUE | FILE | GROUP | HELP | HELPMSG | LOCALGROUP | NAME | PAUSE | PRINT | SEND | SESSION | SHARE | START | STATISTICS | STOP | TIME | USE | USER | VIEW]

如果要查看某个 net 命令的使用方法，则输入 net help "命令名"。例如为了显示 accounts 命令的用法，输入 c:\ >net help accounts，结果如图 11-55 所示。

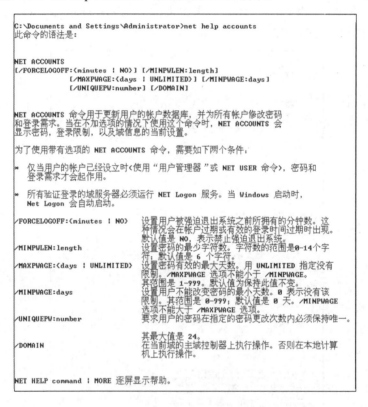

图 11-55 net 帮助命令

下面举出几个常用的 net 命令的例子。

- c:\>net user：显示所有用户的列表。

- c:\>net share：显示共享资源。
- c:\>net start：显示已启动的服务列表。
- c:\>net start telnet：启动 telnet 服务。
- c:\>net stop telnet：停止 telnet 服务。
- c:\>net use：显示已建立的网络连接。
- c:\>net view：显示计算机上的共享资源列表。
- c:\>net send：192.168.10.1 "时间到了，请关机"向地址为 192.168.10.1 的计算机发送消息。

11.8　网络监视和管理工具

用于采集网络数据流并提供数据分析能力的工具称为网络监视器。监视网络的目的是对数据流进行分析，发现网络通信中的问题。网络监视器能提供利用率和数据流量方面的统计数据，还能从网络通信流中捕获数据帧，并筛选、解释、分析这些数据帧的内容，判断其来源和去向。目前大多数网络都是基于以太网构建的，广播通信方式决定了在一台计算机上可以采集到子网内的全部通信流，因此网络监视器的有效范围遍及路由器以内的全部通信主机。

目前最常用的网络监视工具有 Sniffer、NetXray 和 Ethereal 等，其中 Sniffer 的功能最强，使用最为普遍。下面介绍 Sniffer 的功能和使用方法。

11.8.1　网络监听原理

由于以太网采用广播通信方式，所以在网络中传送的分组可以出现在同一冲突域中的所有端口上。在常规状态下，网卡控制程序只接收发送给自己的数据包和广播包，对目标地址不是自己的数据包则丢弃。如果把网卡配置成混杂模式（Promiscuous Mode），它就能接收所有分组，无论是不是发送给自己的。

采用混杂模式的程序可以把网络连接上传输的所有分组都显示在屏幕上。有些协议（例如 FTP 和 Telnet）在传输数据和口令字时不进行加密，采用混杂模式的网络扫描器就可以解读和提取有用的信息，这给网络黑客造成了可乘之机。利用网络监听技术，既可以进行网络监控，解决网络管理中的问题，也可以进行网络窃听，实现网络入侵的目的。

当一个主机采用混杂模式进行网络监听时，它是可以被检查出来的。这里主要有两种方法：一种是根据时延来判断。由于采用混杂模式的主机要处理大量的分组，所以它的负载必定很重，如果发现某个计算机的响应很慢，就可以怀疑它是工作于混杂模式。另外一种方法是使用错误的 MAC 地址和正确的 IP 地址向它发送 ping 数据包，如果它接收并应答了这个数据包，那一定是采用混杂模式进行通信的。

混杂模式通信被广泛地使用在恶意软件中，最初是为了获取根用户权限（Root Compromise），继而进行 ARP 欺骗（ARP Spoofing）。凡是进行 ARP 欺骗的计算机必定把网卡设置成了混杂模式，所以检测那些滥用混杂模式的计算机是很重要的。

11.8.2 　 网络嗅探器

嗅探器（Sniffer）就是采用混杂模式工作的协议分析器，可以用纯软件实现，运行在普通的计算机上；也可以做成硬件，用独立设备实现高效率的网络监控。Sniffer Network Analyzer 是美国网络联盟公司（Network Associates INC，NAI）的注册商标，然而许多采用类似技术的网络协议分析产品也可以叫作嗅探器。NAI 是电子商务和网络安全解决方案的主要供应商，它的产品除了 Sniffer Pro 之外，还有著名的防毒软件 McAfee。

常用的 Sniffer Pro 网络分析器可以运行在各种 Windows 平台上。Sniffer 软件安装完成后在文件菜单中选择 Select Settings，就会出现如图 11-56 所示的界面，在这里可以选择用于监控的网卡，将其置于混杂模式。

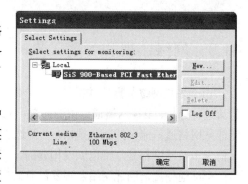

图 11-56 　 设置网卡

11.8.3 　 Sniffer 软件的功能和使用方法

Sniffer Pro 主要包含 4 种功能组件。

（1）监视。实时解码并显示网络通信流中的数据。

（2）捕获。抓取网络中传输的数据包并保存在缓冲区或指定的文件中，供以后使用。

（3）分析。利用专家系统分析网络通信中潜在的问题，给出故障症状和诊断报告。

（4）显示。对捕获的数据包进行解码，并以统计表或各种图形方式显示在桌面上。

网络监控是 Sniffer 的主要功能，其他功能都是为监控功能服务的。网络监控可以提供下列信息。

（1）负载统计数据，包括一段时间内传输的帧数、字节数、网络利用率、广播和组播分组计数等。

（2）出错统计数据，包括 CRC 错误、冲突碎片、超长帧、对准出错和冲突计数等。

（3）按照不同的底层协议进行统计的数据。

（4）应用程序的响应时间和有关统计数据。

（5）单个工作站或会话组通信量的统计数据。

（6）不同大小数据包的统计数据。

图 11-57 所示是 Sniffer 的系统界面，并且给出了监视菜单（Monitor）及其工具栏的解释。当 Sniffer 工作时，单击"主控板"按钮，可以显示网络利用率、数据包数/秒和错误数/秒 3 个计量表。这个窗口下面有以下 3 个选项（如图 11-58 所示）。

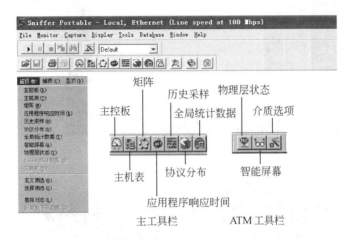

图 11-57　Sniffer 主菜单

图 11-58　Sniffer 主控板

- Network：显示网络利用率等统计信息。
- Detail Errors：显示出错统计信息。
- Size Distribution：显示各种不同大小分组数的统计信息。

单击"主机表"按钮，可以显示通信最多的前 10 个主机的统计数据，如图 11-59 所示。单击"矩阵"按钮，可以显示主机之间进行会话的情况，如图 11-60 所示。其他按钮的使用是类似的，由于 GUI 界面直观易用，读者可以利用帮助信息熟悉 Sniffer 的使用方法。

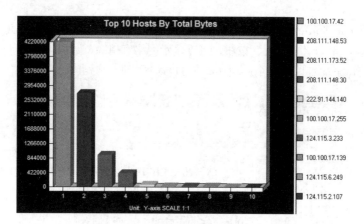

图 11-59　主机表

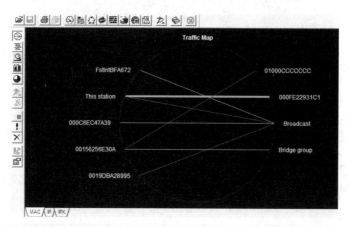

图 11-60　矩阵显示

11.8.4　HP OpenView

　　HP OpenView 由多个功能套件组成，形成了一个集网络管理和系统管理为一体的完整系统。HP OpenView 包括以下套件。

- HP OpenView Operations：一体化的网络和系统管理平台，能支持数百个受控节点和数千个事件。
- HP OpenView Reporter：报告管理软件，为分布式 IT 环境提供灵活易用的报告管理解决方案，通过 Web 浏览器可以发布和访问各种管理报告。
- HP OpenView Performance：端到端的资源和性能管理软件，能收集、统计和记录来自应用、数据库、网络和操作系统的资源及性能测量数据。

- HP OpenView GlancePlus：实时诊断和监控软件，可以显示系统级、应用级和进程级的性能视图，诊断和识别系统运行中的问题和性能瓶颈。
- HP OpenView GlancePlus Pak 2000：全面管理系统可用性的综合性产品。在 GlancePlus Pak 的基础上增加了单一系统事件与可用性管理，可监控系统中的关键事件，使系统处于最佳性能状态。
- HP OpenView Database Pak 2000：服务器与数据库的性能管理软件。它提供强大的系统性能诊断功能，可以检测关键事件并采取修复措施，可提供 200 多种测量数据和 300 多种日志文件。

以上模块既相对独立，又可集成在一起，为企业提供高可用性的系统管理解决方案。

HP OpenView 最初是为网络管理设计的，其基础产品是网络节点管理器（Network Node Manager，NNM）。NNM 作为网络和系统管理的基础平台，可以与第三方管理应用集成在一起，形成强大的综合的网络管理环境。HP OpenView NNM 的主要功能特点介绍如下。

（1）自动发现网络的拓扑结构，全面管理网络中的各种设备。NNM 能够自动发现网络节点，监测网络连接，生成和记录 TCP/IP 网络视图，通过不同色彩表示网络设备的运行状态，发现和监控功能还可以探测广域网上的设备。通过 SNMP Data Presenter，用户可以查询网络的 SNMP 信息。

（2）具有管理大型、多节点网络的能力，可以适应多厂商设备、多操作系统的异构型环境。NNM 可以管理多达 1000 个以上的节点，能够适应地理上分布的网络环境。HP OpenView 是一种支持多厂商应用软件的管理平台，可以支持 21 种操作系统中的智能代理，包括 Windows、NetWare 和不同厂商的各种 UNIX 等。

（3）网络管理采用易于操作的图形界面。HP OpenView 采用图形用户界面，管理人员可以通过熟悉的单击、拖动、菜单选项等技术实现网络管理操作。使用 OpenView Windows 的窗格和缩放功能，在保持全网总图像的同时，可以将视点聚焦于重点子图的关键区域。

（4）与系统管理有机地集成在一起。HP OpenView 的网络管理产品可以紧密地结合到企业整体的资源与系统管理平台中，例如 HP OpenView Operation 中就内嵌了 NNM 模块。其他的网络管理模块都可以在 HP OpenView Operation 的操作平台上执行操作和显示数据。

（5）对搜集到的信息可以进行有针对性地选择。NNM 对于所搜集到的信息具有简化功能，可提供发现过滤和拓扑过滤、图像过滤 3 种过滤方式，使管理人员可以根据需要选择要监控的对象，定制视图显示的内容和管理节点之间传输的信息。

（6）网络管理信息传输不会过多地占用网络资源。NNM 一方面可以对网络中的信息进行过滤，另一方面可以在本地进行网络故障的处理，只把故障事件和处理结果上报给上层控制台，从而减少了网络管理信息传输的通信流量。

（7）分布式的体系结构和远程管理操作。HP OpenView 的分布式解决方案便于协调管理人员的管辖范围，实现分层次的网络管理模式。NNM 能够通过 Web 界面访问网络拓扑和网管数据，在万维网的任何地点都可以进行远程管理操作。采用 HP OpenView Web Launcher 还可以在任何地点启动基于 Java 的 HP OpenView 应用，带有密码校验的登录过程确保了管理的安全性。

（8）故障的发现、显示与排除。NNM 能自动对网络进行监测，搜集网络中的故障和报警信息。NNM 采用事件关联技术，使得网管人员能够快速定位和排除故障。通过高级事件关联引擎把事件与高层次报警关联起来，可以立即发现网络故障的根本原因。

（9）与其他网管工具的集成。HP OpenView 提供了 SNMP 管理信息库的标准管理功能，用户还可以对 MIB 数据库进行扩展。HP OpenView 提供了标准的开发工具，用于开发可集成到管理平台上的应用软件。HP OpenView 已经被众多厂商作为其网络设备管理的平台软件。

（10）功能强大、简单易用的二次开发能力。HP OpenView 提供的各种应用开发包采用图形用户界面，无须具备特殊开发技巧就可以开发网管应用程序。HP OpenView 提供了基于 C 语言的 API，具有功能强大的可供调用的管理函数和公共服务，支持第三方合作伙伴开发多平台的、可扩展的分布式网络管理应用软件。

11.8.5　IBM Tivoli NetView

Tivoli NetView 是 IBM 公司的网络管理工具，能够提供整个网络环境的完整视图，实现对网络产品的管理。它采用 SNMP 协议对网络上的设备进行实时监控，对网络中发生的故障进行报警，从而减少了系统管理的难度和管理工作量。

IBM Tivoli NetView 网络管理解决方案可以实现的功能主要如下。

（1）网络拓扑管理。NetView 能够自动发现联网的 IP 节点，包括路由器、交换机、服务器和 PC 等，并自动生成拓扑连接。NetView 还可以按照地理位置对网络拓扑图形进行定制，使之与实际的网络结构更加吻合。图 11-61 是 Tivoli 网络管理拓扑显示界面。

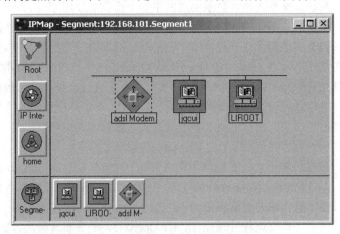

图 11-61　Tivoli 网络管理拓扑显示界面

NetView 提供的 SmartSet 功能可以将具有相同属性的管理对象组成一个集合，例如用户可以把重要的路由器放在一起作为一个集合，进行统一的管理设置。SmartSet 甚至不需要手工加入对象，管理员只需设置加入集合的条件，SmartSet 就能够动态地发现符合条件的设备并自动加入集合视图，从而为管理员提供了很大的便利。

（2）网络故障管理。网络故障管理是网络管理的核心。NetView 的图形化网络拓扑结构可以迅速发现出现故障的资源，并帮助管理员分析故障原因。当网络中的设备出现故障、死机或链路中断时，NetView 会及时在屏幕上显示报警信号，便于网络管理人员进行诊断，并排除故障。

（3）网络性能管理。NetView 的 SnmpCollect 功能可以自动采集重要的网络性能数据，例如 IP 流量、带宽利用率、出错包数量、丢弃包数量和 SNMP 流量等。通过设置各种参数的阈值，NetView 能够自动发出报警信号，或自动运行已定义的管理操作。NetView 可以用图形的方式显示网络性能数据的变化情况，或者将管理数据存放在关系数据库中，以便于以后进行检索和分析。图 11-62 所示为网络性能分析视图。

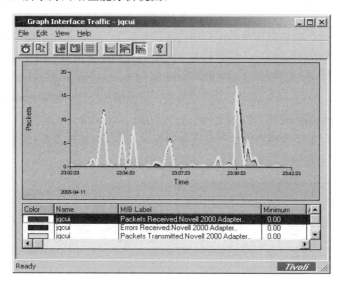

图 11-62　网络性能分析监控显示

Tivoli 数据仓库为网络性能管理提供集中的历史统计和报表分析，能够帮助管理人员从大量数据中及时发掘出可用于判断网络运行状态的数据，能够生成各种报表和图形化的分析报告。

（4）网络设备管理。Tivoli NetView 是使用最广泛的网络管理平台之一，支持业界标准 API，能够与主要网络设备厂商的设备管理软件（如 Cisco Works、Nortel Optivity 和 3com

Transcend 等）方便地进行集成。

（5）管理权限分配。NetView 可以为管理员定义不同的管理角色，不同的管理角色可以被授权管理不同地域范围的设备，没有权限管理的设备不会出现在网络拓扑视图中。

（6）Web 管理功能。NetView 通过 Web 控制台实现了分布式的网络管理。NetView Web 控制台为用户提供了一个灵活、可配置的环境，便于用户远程访问网络设备、浏览交换机的端口、检查路由器的工作状态、查看 MAC 地址等。

（7）支持 MPLS 管理功能。NetView 7.1 支持对多协议标记交换设备的识别，并能对有关 MPLS 的数据进行查询，可以管理 LSR 设备。

（8）交换机的故障定位。IBM Tivoli Switch Analyzer 提供了第二层交换设备的发现功能，能够识别包括第二层和第三层交换设备在内的各种设备之间的关系。正确地关联分析可以区分不同的设备，无论是 IP 寻址的端口，还是第二层交换机上非 IP 寻址的端口、板卡或插件。

11.8.6　CiscoWorks for Windows

CiscoWorks for Windows 是基于 Web 的网络管理解决方案，主要应用于中小型企业网络，提供了一套功能强大、价格低廉且易于使用的监控和配置工具，用于管理 Cisco 的交换机、路由器、集线器、防火墙和访问服务器等设备。使用 Ipswitch 公司的 WhatsUp Gold 工具，还可管理网络打印机、工作站、服务器和其他网络设备。CiscoWorks for Windows 中包含下列组件。

（1）CiscoView。CiscoView 可以提供设备前、后面板的视图，能够以不同颜色动态地显示设备状态，并提供对特定设备组件的诊断和配置功能。CiscoView 启动后可以从设备列表中选择要监视的设备。如果要监视的设备不在设备列表中，则直接输入设备 IP 地址。选择了一个设备之后，将出现有关该设备信息的界面，如图 11-63 所示。

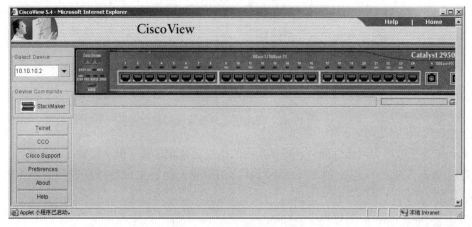

图 11-63　Cisco View 界面

（2）WhatsUp Gold。WhatsUp Gold 是一种基于 SNMP 的图形化网络管理工具，可以通过自动或手工创建网络拓扑结构图管理整个企业网络，支持监视多个设备，具有网络搜索、拓扑发现、性能监测和警报追踪等功能。WhatsUp Gold 的界面如图 11-64 所示。

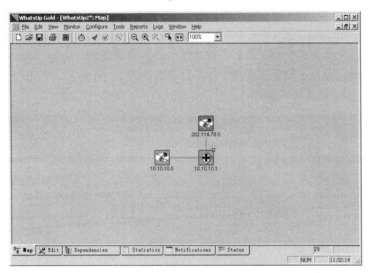

图 11-64　WhatsUp Gold 用户界面

（3）门限管理。门限管理器（Threshold Manager）能够在支持 RMON 的 Cisco 设备上设置门限值并提取事件信息，以增强排除网络故障的能力。在使用 Threshold Manager 之前，必须建立门限模板。Cisco 公司提供了一些预定义的模板，用户也可以定义自己的模板。Threshold Manager 管理界面如图 11-65 所示。

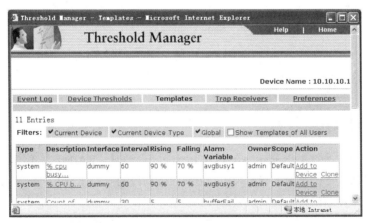

图 11-65　Threshold Manager 管理界面

在图 11-65 中，Event Log 窗口以表格的方式显示越界事件信息，并把 RMON 日志记录保存在被管理设备上；Device Thresholds 窗口用来设置和显示阈值；Templates 窗口用来显示所有默认的或用户定制的模板，也可以建立新的模板；Trap Receivers 窗口可以添加或删除接收陷入事件的管理站点；Preferences 窗口则用来设置 Threshold Manager 的属性。

（4）Show Commands。Show Commands 使得用户不必记住各个设备的命令行语法，使用 Web 浏览器进行简单操作就可以获取设备的系统信息和协议信息。Show Commands 在 Web 页面的左边以树型结构显示了设备所支持的命令列表，如图 11-66 所示。当用户选择了一个命令后，Show Commands 将执行所选择的命令，并显示命令行的输出信息。

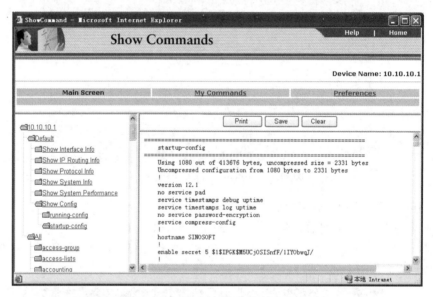

图 11-66　Show Commands 操作界面

11.9　网络存储技术

11.9.1　廉价磁盘冗余阵列

廉价磁盘冗余阵列（Redundant Arrays of Inexpensive Disk，RAID）是美国加利福尼亚大学伯克莱分校在 1987 年提出的，它是利用一台磁盘阵列控制器管理一组（几台到几十台）磁盘驱动器，组成一个可靠的、快速的大容量磁盘系统。

冗余磁盘阵列技术最初的研制目的是为了组合小型的廉价磁盘来代替大容量的昂贵磁盘，

以降低大批量数据存储的费用，同时也希望采用冗余技术提高磁盘数据的可靠性，并能适当提升数据传输的速率。RAID 有时也被称为独立磁盘冗余阵列（Redundant Array of Independent Disk），以强调其可作为一台虚拟的大容量硬盘使用的特点。

RAID 的重要特性是所谓的 EDAP（Extended Data Availability and Protection）概念，强调了这种系统的可扩充性和容错机制。RAID 在不停机的情况下可支持以下功能。

（1）自动检测硬盘故障。

（2）重建硬盘的坏道信息。

（3）硬盘热备份。

（4）硬盘热替换。

（5）扩充硬盘容量。

过去 RAID 一直作为高档 SCSI 硬盘的配套技术在高档服务器中使用，近年来随着技术的发展和产品成本的下降，IDE 硬盘性能有了很大提升，加之 RAID 芯片的普及，使得 RAID 也逐渐应用到个人计算机上。

RAID 规范包含 RAID 0～RAID 7 多个等级，它们的技术特点各不相同，目前投入商业应用的有下列几种。

1. RAID 0

RAID 0 需要两个以上硬盘驱动器，每个磁盘划分为不同的区块，如图 11-67 所示。数据按区块 A1、A2、A3、A4……的顺序存储，数据访问采用交叉存取、并行传输的方式。将数据分布在不同驱动器上，可以提高传输速度，平衡驱动器的负载。但这种系统没有差错控制措施，如果一个盘上的数据出现错误，其他盘上的数据也无用了。RAID 0 不能用于对数据稳定性要求较高的场合。如果进行图像编辑，或其他要求传输速度比较高的场合，使用 RAID 0 比较合适。在所有级别中，RAID 0 的速度是最快的。

2. RAID 1

具有磁盘镜像功能，可利用并行读/写特性将数据分块并同时写入主磁盘和镜像盘，磁盘容量的利用率只有 50％，它是以牺牲磁盘容量为代价换取可靠性的提高。在图 11-68 中，磁盘 1 是主磁盘，磁盘 2 是镜像盘。

RAID 1 控制器能够同时对两个盘进行读/写操作，通过镜像技术提高系统的容错能力。当主硬盘损坏时，镜像硬盘就可以代替主硬盘工作，镜像硬盘相当于一个备份盘，这种硬盘控制模式的安全性是非常高的。RAID 1 的差错校验功能对系统的处理能力有很大影响，通常的 RAID 功能由软件实现，在服务器负载比较重时会影响其工作效率。当系统需要极高的可靠性时，例如进行数据统计，使用 RAID 1 比较合适。RAID 1 技术支持热替换，即在不断电的情况下对故障磁盘进行更换，更换完毕后只要从镜像盘上恢复数据即可。

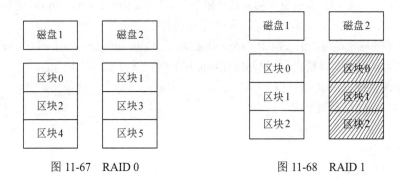

图 11-67　RAID 0　　　　　　　图 11-68　RAID 1

3．RAID 2 和 RAID 3

RAID 2 与 RAID 3 类似，两者都是将数据分块存储在不同的硬盘上实现多模块交叉存取，并在数据访问时提供差错校验功能。RAID 2 使用海明码进行差错校验，需要单独的磁盘存放校验与恢复信息。RAID 2 的实现技术代价昂贵，在商业环境中很少使用。

RAID 3 采用奇偶校验方式，只能查错不能纠错。这种技术需要 3 个以上的驱动器，一个磁盘专门存放奇偶校验码，其他磁盘作为数据盘实现多模块交叉存取，如图 11-69 所示。RAID 3 访问数据时一次处理一个区块，这样可以提高读取和写入的速度，奇偶校验码在写入数据时产生并保存在校验盘上。RAID 3 主要用于图形图像处理等要求吞吐率比较高的场合，对于大量的连续数据可提供良好的传输速率，但对于随机数据，奇偶校验盘会成为写操作的瓶颈。利用单独的奇偶校验盘来保护数据可以使磁盘的利用率提高到 $(n-1)/n$。

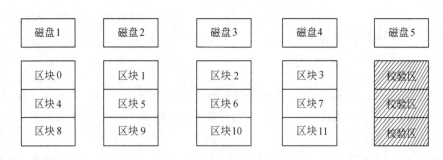

图 11-69　RAID 3

4．RAID 5

这是一种分布式奇偶校验的独立磁盘结构。与 RAID 3 不同的地方是，用来进行纠错的校验信息分布在各个数据盘上，没有专门的校验盘，图 11-70 中的 P01 表示区块 0 和区块 1 按位异或运算后得到的校验和，以此类推。这种校验方式允许任何一台磁盘机损坏，例如磁盘 3 坏了，则可以用区块 0 和区块 1 进行异或运算重新得到 P01，用 P23 和区块 3 进行异或运算重新得到区块 3，以此类推。

RAID 5 的读出效率很高，写入效率一般，对区块式的聚集访问效率不错。由于奇偶校验码分布在不同的磁盘上，允许单个磁盘出错，所以提高了可靠性，也提高了磁盘的利用率。但是它对数据传输的并行性解决得不好，而且控制器的设计也相当复杂。对于 RAID 5 来说，大部分数据传输只对一块磁盘操作，可进行并行访问。

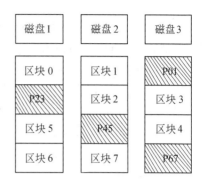

图 11-70　RAID 5

5. RAID 0+1

正如其名字所暗示的一样，RAID 0+1 是 RAID 0 和 RAID 1 的组合形式，也称为 RAID 10。在此以 4 个磁盘组成的 RAID 0+1 为例，其数据存储方式如图 11-71 所示。RAID 0+1 是存储性能和数据安全兼顾的方案。它在提供与 RAID 1 同样的数据安全保障的同时也提供了与 RAID 0 近似的访问速率。

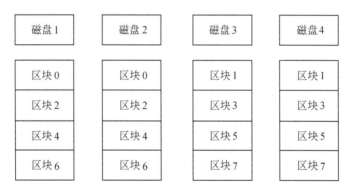

图 11-71　RAID 0+1

由于 RAID 0+1 通过数据的 100%备份提供数据安全保障，因此 RAID 0+1 的磁盘空间利用率与 RAID 1 相同，存储成本很高。

RAID 0+1 的特点使其特别适用于既有大量数据需要存取，同时又对数据安全性要求严格的领域，例如银行、金融、商业超市、仓储库房和各种档案管理等。

6. JBOD 模式

JBOD 代表 Just a Bunch of Drives，它是在逻辑上将几个物理磁盘连接起来的，组成一个大的逻辑磁盘。JBOD 不提供容错，其容量等于所有磁盘容量的总和。从严格意义上说，JBOD 不属于 RAID 的范围，不过现在很多 IDE RAID 控制芯片都带有这种模式。JBOD 就是简单的硬盘容量叠加，但系统处理时并没有采用并行的方式，写入数据的时候是先写一块硬盘，写满了再写第二块硬盘。

实际应用中最常见的是 RAID 0、RAID 1、RAID 5 和 RAID 10。由于在大多数场合，RAID 5 包含了 RAID 2~4 的优点，所以 RAID 2~4 基本退出市场，一般认为 RAID 2~4 只用于 RAID 的开发研究领域。

11.9.2 网络存储

基于 Windows、Linux 和 UNIX 等操作系统的服务器称为开放系统。开放系统的数据存储方式分为内置存储和外挂存储两种，而外挂存储又根据连接的方式分为直连式存储和网络化存储，目前应用的网络化存储方式有两种，即网络接入存储和存储区域网络，如图 11-72 所示。下面介绍开放系统的外挂存储方式。

1. 直连式存储

开放系统的直连式存储（Direct-Attached Storage，DAS）如图 11-73 所示，即在服务器上外挂了一组大容量硬盘，存储设备与服务器主机之间采用 SCSI 通道连接，带宽为 10Mbps、20Mbps、40Mbps 和 80Mbps 等。

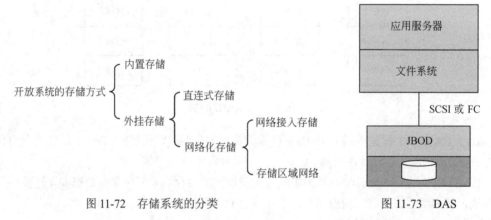

图 11-72　存储系统的分类　　　　　　　　图 11-73　DAS

直连式存储直接将存储设备连接到服务器上，这种方法难以扩展存储容量，而且不支持数据容错功能，当服务器出现异常时，会造成数据丢失。

随着服务器 CPU 处理能力的不断增强，磁盘存储空间越来越大，硬盘数量越来越多，SCSI 通道将会成为 I/O 瓶颈。同时，由于服务器主机的 SCSI ID 资源有限，能够建立的 SCSI 通道连接也有限。无论存储阵列或是服务器主机的扩展，都会造成系统的停机，从而给企业带来经济损失，对于银行、电信和传媒等需要 7×24 小时服务的行业，这是不可接受的。

DAS 已经有近 40 年的使用历史，目前正在让位于日渐兴盛的网络化存储。

2．网络接入存储

网络化存储的出现适应了网络成为主要信息处理平台的发展趋势，它分摊了数据处理和存储管理的功能，计算机负责数据处理，而存储子系统负责数据的存储和管理。网络化存储能够提供灵活的解决方案，利用专用的存储子系统可以实现以下功能。

（1）在多个存储子系统之间合理地分配存储任务。

（2）在多个存储位置之间实现可靠的数据传输。

（3）实现可靠的数据保护和数据恢复功能。

（4）实现多个主机系统对数据的并行访问。

网络接入存储（Network Attached Storage，NAS）是将存储设备连接到现有的网络上来提供数据存储和文件访问服务的设备。NAS 服务器是在专用主机上安装简化了的瘦操作系统（只具有访问权限控制、数据保护和恢复等功能）的文件服务器。NAS 服务器内置了与网络连接所需要的协议，可以直接联网，具有权限的用户都可以通过网络来访问 NAS 服务器中的文件。NAS 服务器直接连接磁盘阵列，它具备磁盘阵列的所有特征：高容量、高效能、高可靠性。NAS 是真正即插即用的产品，物理位置灵活，可放置在工作组内，也可放在其他地点。用户之所以选择 NAS 解决方案，原因是 NAS 价格合理、便于管理、灵活且能实现文件共享。

典型的 NAS 都连接到普通的以太网上，提供预先配置好的磁盘容量和存储管理软件，成为完备的网络存储解决方案，如图 11-74 所示。

3．存储区域网络

存储区域网络（Storage Area Network，SAN）是一种连接存储设备和存储管理子系统的专用网络，专门提供数据存储和管理功能。SAN 可以被看作是负责数据传输的后端网络，而前端网络（或称为数据网络）则负责正常的 TCP/IP 传输。用户也可以把 SAN 看作是通过特定的互连方式连接的若干台存储服务器组成的单独的数据网络，提供企业级的数据存储服务，其拓扑结构如图 11-75 所示。

SAN 是一种特殊的高速网络，采用光纤通道（Fibre Channel）实现互连，通过光纤通道交换机连接存储阵列和文件服务器主机。SAN 不仅可以提供大容量的存储数据，而且地域上可以分散部署，从而缓解了大量数据传输对于局域网通信的影响。SAN 的结构使得文件服务器可以连接到任何存储阵列，不管数据存放在哪里，服务器都可直接访问需要的数据。

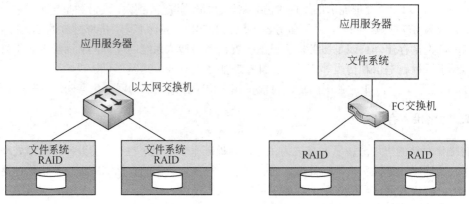

图 11-74　NAS 的体系结构　　　　　图 11-75　SAN 拓扑结构

与 NAS 相比，SAN 具有下面的特点。

（1）SAN 具有无限的扩展能力。由于 SAN 采用了网络结构，文件服务器可以访问 SAN 网络上的任何一个存储设备，因此用户可以自由扩展磁盘阵列、磁带库和服务器等设备，使得整个系统的存储空间和处理能力可以按照用户需求不断扩大。

（2）SAN 采用了为大规模数据传输专门设计的光纤通道技术，所以具有更高的传输速度和更快的处理能力。

图 11-76 表示的是用户存储文件的过程。当客户端把要存储的文件发送给文件服务器时，文件服务器不是把数据存储在本地的硬盘上，而是将其发送给 SAN 网络，如果光纤通道交换机存储在适当的存储设备上，这些文件可以自动地转发到其他存储设备上，以实现数据镜像和系统容灾。

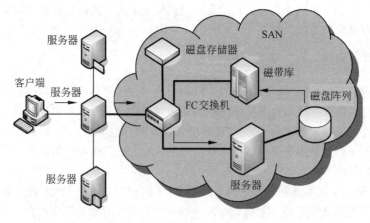

图 11-76　SAN 拓扑结构

第 12 章　网络规划和设计

网络规划和设计是根据网络建设的目标进行需求分析，设计网络的逻辑结构和物理结构，为网络工程的安装和配置准备各种技术文档。网络规划和设计过程是一个迭代和优化的过程，在网络的生命周期中这个过程重复多次，使得建成的网络能够适应技术的发展和应用的变化，为用户提供一个高效适用的网络计算平台。本章重点讲述网络分析和设计过程，并且介绍了结构化综合布线系统和网络故障诊断方法，最后给出了网络部署和配置的实例。

12.1　结构化布线系统

结构化综合布线系统（Structure Cabling System）是基于现代计算机技术的通信物理平台，集成了语音、数据、图像和视频的传输功能，消除了原有通信线路在传输介质上的差别。结构化综合布线系统包括建筑物综合布线系统（Premises Distribution System，PDS）、智能大厦布线系统（Intelligent Building System，IBS）和工业布线系统（Industry Distribution System，IDS）。这里要讲的是建筑物综合布线系统 PDS，这是一种能支持话音和数据通信、支持安全监控和传感器信号传输、支持多媒体和高速网络应用的电信系统，通过一次性布线提供各种通信线路，并且可以根据应用需求变化和技术发展趋势进行扩充，是一种技术先进、具有长远效益的解决方案。

结构化综合布线系统应满足下列要求。

- 标准化：采用国际、国家规范和标准来设计、施工和测试系统，采用符合国际和国家标准、得到国际权威机构认证的产品。
- 实用性：针对实际应用的需要和特点来建设系统，保证系统能满足现在和将来应用的需要。
- 先进性：采用国际最新技术，系统设计应具有一定的超前意识，保证在 5 至 10 年内技术上不落后。
- 开放性：充分考虑整个系统的开放性，系统要兼容不同类型的信号，适应各种网络拓扑结构和各种应用的要求。
- 结构化、层次化：易于管理和维护系统，应具有充足的扩展余地，具有一定的灵活性、较强的可靠性和容错性。

结构化布线系统分为 6 个子系统：工作区子系统、水平布线子系统、干线子系统、设备间子系统、管理子系统和建筑群子系统，如图 12-1 所示。

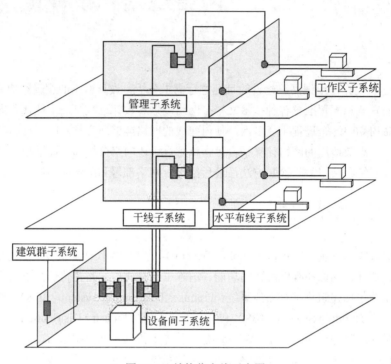

图 12-1　结构化布线示意图

1. 工作区子系统（Work Location）

工作区子系统是由终端设备到信息插座的整个区域。一个独立的需要安装终端设备的区域划分为一个工作区。工作区应支持电话、数据终端、计算机、电视机、监视器以及传感器等多种终端设备。

信息插座的类型应根据终端设备的种类而定。信息插座的安装分为嵌入式（新建筑物）和表面安装（老建筑物）两种方式，信息插座通常安装在工作间四周的墙壁下方，距离地面 30cm，也有的安装在用户办公桌上。通常一个信息插座需要 $9m^2$ 的空间。

2. 水平布线子系统（Horizontal）

各个楼层接线间的配线架到工作区信息插座之间所安装的线缆属于水平布线子系统。水平布线子系统的作用是将干线子系统线路延伸到用户工作区。在进行水平布线时，传输介质中间不宜有转折点，两端应直接从配线架连接到工作区的信息插座。水平布线的布线通道有两种：

一种是暗管预埋、墙面引线方式，另一种是地下管槽、地面引线方式。前者适用于多数建筑系统，一旦铺设完成，不易更改和维护；后者适合于少墙多柱的环境，更改和维护方便。

3. 管理子系统（Administration）

管理子系统设置在楼层的接线间内，由各种交连设备（双绞线跳线架、光纤跳线架）以及集线器和交换机等交换设备组成，交连方式取决于网络拓扑结构和工作区设备的要求。交连设备通过水平布线子系统连接到各个工作区的信息插座，集线器或交换机与交连设备之间通过短线缆互连，这些短线被称为跳线。通过跳线的调整，可以对工作区的信息插座和交换机端口之间进行连接切换。

高层大楼采用多点管理方式，每一楼层要有一个配线间，用于放置交换机、集线器以及配线架等设备。如果楼层较少，宜采用单点管理方式，管理点就设在大楼的设备间内。

4. 干线子系统（Backbone）

干线子系统是建筑物的主干线缆，实现各楼层设备间子系统之间的互连。干线子系统通常由垂直的大对数铜缆或光缆组成，一头端接于设备间的主配线架上，另一头端接在楼层接线间的管理配线架上。

主干子系统在设计时，对于旧建筑物，主要采用楼层牵引管方式铺设，对于新建筑物，则利用建筑物的线井进行铺设。

5. 设备间子系统（Equipment）

建筑物的设备间是网络管理人员值班的场所，设备间子系统由建筑物的进户线、交换设备、电话、计算机、适配器以及保安设施组成，实现中央主配线架与各种不同设备（如 PBX、网络设备和监控设备等）之间的连接。

在选择设备间的位置时，要考虑连接方便性，要考虑安装与维护的方便，设备间通常选择在建筑物的中间楼层。设备间要有防雷击、防过压过流的保护设备，通常还要配备不间断电源。

6. 建筑群子系统（Campus）

建筑群子系统也叫园区子系统，它是连接各个建筑物的通信系统。大楼之间的布线方法有3 种，一种是地下管道敷设方式，管道内敷设的铜缆或光缆应遵循电话管道和入孔的各种规定，安装时至少应预留一到两个备用管孔，以备扩充之用。第二种是直埋法，要在同一个沟内埋入通信和监控电缆，并应设立明显的地面标志。最后一种是架空明线，这种方法需要经常维护。

在进行结构化布线系统设计时，要注意线缆长度的限制，表 12-1 是 EIA/TIA-568 标准提出的布线距离最大值。

表 12-1　布线距离

子　系　统	光纤（m）	屏蔽双绞线（m）	无屏蔽双绞线（m）
建筑群（楼栋间）	2000	800	700
主干（设备间到配线间）	2000	800	700
配线间到工作区信息插座		90	90
信息插座到网卡		10	10

12.2　网络分析与设计过程

12.2.1　网络系统生命周期

一个网络系统从构思开始，到最后被淘汰的过程称为网络生命周期。一般来说，网络生命周期至少应包括网络系统的构思和计划、分析和设计、运行和维护的过程。网络系统的生命周期与软件工程中的软件生命周期非常类似，首先它是一个循环迭代的过程，每次循环迭代的动力都来自于网络应用需求的变更。其次，每次循环过程中都存在需求分析、规划设计、实施调试和运营维护等多个阶段。有些网络仅仅经过一个周期就被淘汰，而有些网络在存活过程中经过多次循环周期，一般来说，网络规模越大、投资越多，则可能经历的循环周期也越长。

常见的迭代周期构成方式主要有以下 3 种。

1．四阶段周期

四阶段周期能够快速适应新的需求变化，强调网络建设周期中的宏观管理，4 个阶段的划分如图 12-2 所示。

图 12-2　四阶段周期

4 个阶段分别为构思与规划阶段、分析与设计阶段、实施与构建阶段和运行与维护阶段，这 4 个阶段之间有一定的重叠，保证了两个阶段之间的交接工作。

构思与规划阶段的主要工作是明确网络设计的需求，同时确定新网络的建设目标。分析与设计阶段的工作在于根据网络的需求进行设计，并形成特定的设计方案。实施与构建阶段的工作则是根据设计方案进行设备购置、安装、调试，建成可试用的网络环境。运行维护阶段提供网络服务，并实施网络管理。

四阶段周期的长处在于工作成本较低、灵活性好，适用于网络规模较小、需求较为明确、网络结构简单的工程项目。

2．五阶段周期

五阶段周期是较为常见的迭代周期划分方式，将一次迭代划分为 5 个阶段。

（1）需求规范。

（2）通信规范。

（3）逻辑网络设计。

（4）物理网络设计。

（5）实施阶段。

在 5 个阶段中，由于每个阶段都是一个工作环节，每个环节完毕后才能进入到下一个环节，类似于软件工程中的"瀑布模型"，形成了特定的工作流程，如图 12-3 所示。

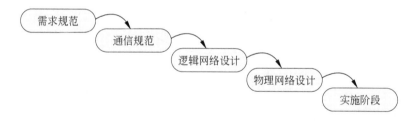

图 12-3　五阶段周期

按照这种流程构建网络，在下一个阶段开始之前，前一阶段的工作已经完成。一般情况下，不允许返回到前面的阶段，如果出现前一阶段的工作没有完成就开始进入下一个阶段，则会对后续的工作造成较大的影响，甚至引起工期拖后和成本超支。

这种方法的主要优势在于所有的计划在较早的阶段完成，系统负责人对系统的具体情况以及工作进度都非常清楚，更容易协调工作。

五阶段周期的缺点是比较死板，不灵活。因为往往在项目完成之前，用户的需求经常会发生变化，这使得已开发的部分需要经常修改，从而影响工作的进程。所以，基于这种流程完成网络设计时，用户的需求确认工作非常重要。

五阶段周期由于存在较为严格的需求和通信分析规范，并且在设计过程中充分考虑了网络的逻辑特性和物理特性，因此较为严谨，适用于网络规模较大、需求较为明确、需求变更较小的网络工程。

3．六阶段周期

六阶段周期是对五阶段周期的补充，是对其缺乏灵活性缺陷的改进，通过在实施阶段前后增加相应的测试和优化过程来提高网络建设工程中对需求变更的适应性。

6 个阶段分别由需求分析、逻辑设计、物理设计、设计优化、实施及测试、监测及性能优化组成，如图 12-4 所示。

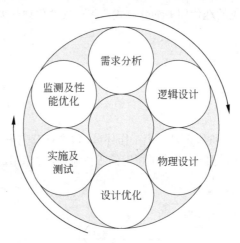

图 12-4   六阶段周期

在需求分析阶段，网络分析人员通过与用户进行交流来确定新系统（或升级系统）的商业目标和技术目标，然后归纳出当前网络的特征，分析当前和将来的网络通信量、网络性能、协议行为和服务质量要求。

逻辑设计阶段主要完成网络的拓扑结构、网络地址分配、设备命名规则、交换及路由协议选择、安全规划、网络管理等设计工作，并且根据这些设计选择设备和服务供应商。

物理设计阶段是根据逻辑设计的结果选择具体的技术和产品，使得逻辑设计成果符合工程设计规范的要求。

设计优化阶段完成工程实施前的方案优化，通过召开专家研讨会、搭建试验平台、网络仿真等多种形式找出设计方案中的缺陷，并进一步优化。

实施及测试阶段根据优化后的方案购置设备，进行安装、调试与测试工作，通过测试和试用发现网络环境与设计方案的偏差，纠正其中的错误，并修改网络设计方案。

监测及性能优化阶段是网络的运营和维护阶段。通过网络管理、安全管理等技术手段，对网络是否正常运行进行实时监控，如果发现问题，则通过优化网络设备配置参数来达到优化网络性能的目的。如果发现网络性能无法满足用户的需求，则进入下一迭代周期。

六阶段周期偏重于网络的测试和优化，侧重于网络需求的不断变更，由于其严格的逻辑设计和物理设计规范，使得这种模式适合于大型网络的建设工作。

12.2.2　网络开发过程

网络开发过程描述了开发网络时必须完成的基本任务，而网络生命周期为描绘网络项目的开发提供了特定的理论模型，因此网络开发过程是指一次迭代过程。

一个网络工程项目从构思到最终退出应用，一般会遵循迭代模型，经历多个迭代周期。每个周期的各种工作可根据新网络的规模采用不同的迭代周期模型。例如在网络建设初期，由于网络规模比较小，因此第一次迭代周期的开发工作应采用四阶段模式。随着应用的发展，需要基于初期建成的网络进行全面的网络升级，可以在第二次迭代周期中采用五阶段或六阶段的模式。

由于中等规模的网络较多，并且应用范围较广，下面主要介绍五阶段迭代周期模型。这种模型也部分适用于要求比较单纯的大型网络，而且采用六阶段周期时也必须完成五阶段周期中要求的各项工作。

将大型问题分解为多个小型可解的简单问题，这是解决复杂问题的常用方法。根据五阶段迭代周期的模型，网络开发过程可以被划分为以下 5 个阶段。

- 需求分析。
- 现有的网络体系分析，即通信规范分析。
- 确定网络逻辑结构，即逻辑网络设计。
- 确定网络物理结构，即物理网络设计。
- 安装和维护。

因此，网络工程被分解成为多个容易理解、容易处理的部分，每个部分的工作构成一个阶段，各个阶段的工作成果都将直接影响到下一阶段的工作开展，这就是五阶段周期被称为流水线的真正含义。

在这 5 个阶段中，每个阶段都必须依据上一阶段的成果完成本阶段的工作，并形成本阶段的工作成果，作为下一阶段的工作依据。这些阶段成果分别为需求规范、通信规范、逻辑网络设计和物理网络设计文档。在大多数网络工程中，网络开发过程可以用图 12-5 来描述。

下面详细介绍网络开发过程的各个阶段，只有理解了开发网络项目的各个阶段，才可以在实际开发过程中灵活运用。

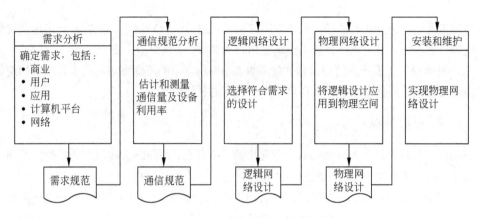

图 12-5　五阶段网络开发过程

1. 需求分析

需求分析是开发过程中最关键的阶段，所有工程设计人员都清楚，如果在需求分析阶段没有明确需求，则会导致以后各阶段的工作严重受阻。在需求阶段需要克服需求收集的困难，很多时候用户不清楚具体需求是什么，或者需求渐渐增加而且经常发生变化，需求调研人员必须采用多种方式与用户交流才能挖掘出网络工程的全面需求。

收集需求信息要和不同的用户（包括经理人员和网络管理员）进行交流，要把交流所得信息进行归纳解释、去伪存真。在这个过程中，很容易出现不同用户群体之间的需求是矛盾的，特别是网络用户和网络管理员之间会出现分歧。网络用户总是希望能够更多、更方便地享用网络资源，而网络管理员更希望网络稳定和易于管理。网络设计人员要在设计工作中根据工程经验均衡考虑各方利益，这样才能保证最终的网络是可用的。

收集需求信息是一项费时的工作，也不可能很快产生非常明确的需求，但是可以明确需求变化的范围，通过网络设计的伸缩性保证网络工程满足用户的需求变化。需求分析有助于设计者更好地理解网络应该具有什么样的功能和性能，最终设计出符合用户需求的网络。

不同的用户有不同的网络需求，收集的需求范围如下。

（1）业务需求。

（2）用户需求。

（3）应用需求。

（4）计算机平台需求。

（5）网络通信需求。

详细的需求描述使得最终的网络更有可能满足用户的要求。需求收集过程必须同时考虑现在和将来的需要，如不适当考虑将来的发展，以后将会很难实现对网络的扩展。

需求分析的输出是产生一份需求说明书，也就是需求规范。网络设计者必须把需求记录在需求说明书中，清楚而细致地总结单位和个人的需要意愿。在写完需求说明书后，管理者与网络设计者应该达成共识，并在文件上签字，这是规避网络建设风险的关键。这时需求说明书就成为开发小组和业主之间的协议，也就是说，业主认可文件中对他们所要的系统的描述，网络开发者同意提供这样的系统。

在形成需求说明书的同时，网络工程设计人员还必须与网络管理部门就需求的变化建立起需求变更机制，明确允许的变更范围。这些内容正式通过后，开发过程就可以进入下一个阶段了。

2. 现有网络系统的分析

如果当前的网络开发过程是对现有网络的升级和改造，必须进行现有网络系统的分析工作。现有网络系统分析的目的是描述资源分布，以便于在升级时尽量保护已有的投资。

升级后的网络效率和当前网络中的各类资源是否满足新的需求是相关的。如果现有的网络设备不能满足新的需求，就必须淘汰旧的设备，购置新设备。在写完需求说明书之后，设计过程开始之前，必须彻底分析现有网络的各类资源。

在这一阶段，应给出一份正式的通信规范说明文档作为下一个阶段的输入。网络分析阶段应该提供的通信规范说明文档包含下列内容。

（1）现有网络的拓扑结构图。

（2）现有网络的容量，以及新网络所需的通信量和通信模式。

（3）详细的统计数据，直接反映现有网络性能的测量值。

（4）Internet 接口和广域网提供的服务质量报告。

（5）限制因素列表，例如使用线缆和设备清单等。

3. 确定网络逻辑结构

网络逻辑结构设计是体现网络设计核心思想的关键阶段，在这一阶段根据需求规范和通信规范选择一种比较适宜的网络逻辑结构，并实施后续的资源分配规划、安全规划等内容。

网络逻辑结构要根据用户需求中描述的网络功能、性能等要求来设计，逻辑设计要根据网络用户的分类和分布形成特定的网络结构。网络逻辑结构大致描述了设备的互联及分布范围，但是不确定具体的物理位置和运行环境。

一个具体的网络设备，在不同的协议层次上其连接关系是不同的，在网络层和数据链路层尤其如此。在逻辑网络设计阶段，一般更关注于网络层的连接图，因为这涉及网络互联、地址分配和网络层流量等关键因素。

网络设计者利用需求分析和现有网络体系分析的结果来设计逻辑网络结构。如果现有的软件、硬件不能满足新网络的需求，现有系统就必须升级。如果现有系统能够继续使用，可以将它们集成到新设计中来。如果不集成旧系统，网络设计小组可以找一个新系统，对它进行测试，确定是否符合用户的需求。

这个阶段最后应该得到一份逻辑设计文档，输出的内容包括以下几点。

（1）网络逻辑设计图。

（2）IP 地址分配方案。

（3）安全管理方案。

（4）具体的软/硬件、广域网连接设备和基本的网络服务。

（5）招聘和培训网络员工的具体说明。

（6）对软/硬件费用、服务提供费用以及员工和培训费用的初步估计。

4. 确定网络物理结构

物理网络设计是逻辑网络设计的具体实现，通过对设备的具体物理分布、运行环境等的确定来确保网络的物理连接符合逻辑设计的要求。在这一阶段，网络设计者需要确定具体的软/硬件、连接设备、布线和服务的部署方案。

网络物理结构设计文档必须尽可能详细、清晰，输出的内容如下。

（1）网络物理结构图和布线方案。

（2）设备和部件的详细列表清单。

（3）软/硬件和安装费用的估算。

（4）安装日程表，详细说明服务的时间以及期限。

（5）安装后的测试计划。

（6）用户的培训计划。

5. 安装和维护

第 5 个阶段可以分为两个小阶段，分别是安装和维护。

（1）安装。这是根据前面的工程成果实施环境准备、设备安装调试的过程。安装阶段的主要输出就是网络本身。安装阶段应该产生的输出如下。

- 逻辑网络结构图和物理网络部署图，以便于管理人员快速了解和掌握网络的结构。
- 符合规范的设备连接图和布线图，同时包括线缆、连接器和设备的规范标识。
- 运营维护记录和文档，包括测试结果和数据流量记录。

在安装开始之前，所有的软/硬件资源必须准备完毕，并通过测试。在网络投入运营之前，必须准备好人员、培训、服务和协议等资源。

（2）维护。网络安装完成后，接受用户的反馈意见和监控网络的运行是网络管理员的任务。

网络投入运行后，需要做大量的故障监测和故障恢复，以及网络升级和性能优化等维护工作。网络维护也是网络产品的售后服务工作。

12.2.3　网络设计的约束因素

网络设计的约束因素是网络设计工作必须遵循的一些附加条件，一个网络设计如果不满足约束条件，将导致该网络设计方案无法实施。所以在需求分析阶段，确定用户需求的同时也应该明确可能出现的约束条件。一般来说，网络设计的约束因素主要来自于政策、预算、时间和应用目标等方面。

1. 政策约束

了解政策约束的目的是为了发现可能导致项目失败的事务安排，以及利益关系或历史因素导致的对网络建设目标的争论意见。政策约束的来源包括法律、法规、行业规定、业务规范和技术规范等。政策约束的具体表现是法律法规条文，以及国际、国家和行业标准等。

在网络开发过程中，设计人员需要与客户就协议、标准、供应商等方面的政策进行讨论，弄清楚客户在信息传输、路由选择、工作平台或其他方面是否已经制定了标准，是否有关于开发和专有解决方案的规定，是否有认可供应商或平台方面的规定，是否允许不同厂商之间的竞争等。在明确了这些政策约束后，才能开展后期的设计工作，以免出现设计失败或重复设计的现象。

2. 预算约束

预算是决定网络设计的关键因素，很多满足用户需求的优良设计因为突破了用户的基本预算而不能实施。如果用户的预算是弹性的，那就意味着赋予了设计人员更多的空间，设计人员可以从用户满意度、可扩展性和易维护性等多个角度对设计进行优化。但是大多数情况下，设计人员面对的是刚性的预算，预算可调整的幅度非常小。在刚性预算下实现满意度、可扩展性、易维护性是需要大量工程设计经验的。

对于预算不能满足用户需求的情况，放弃网络设计工作并不是积极的态度，正确的做法是在统筹规划的基础上将网络建设工作划分为多个迭代周期，同时将网络建设目标分解为多个阶段性目标，通过阶段性目标的实现，达到最终满足用户全部需求的目的，当前预算仅用于完成当前迭代周期的建设目标。

网络预算一般分为一次性投资预算和周期性投资预算。一次性投资预算主要用于网络的初始建设，包括采购设备、购买软件、维护和测试系统、培训工作人员以及设计和安装系统的费用，应根据一次性投资预算的多少进行设备选型，确保网络初始建设的可行性。周期性投资预算主要用于后期的运营维护，包括人员方面的开销、设备维护消耗、软件升级消耗、信息费用以及线路租用费用等。

3. 时间约束

网络设计的进度安排是需要考虑的另一个问题。项目进度表限定了项目最后的期限和重要的阶段。通常，项目进度由客户负责管理，但网络设计者必须就该日程表是否可行提出自己的意见。现在有许多种开发进度表的工具，在全面了解了项目之后，网络设计者要对安排的计划与进度表的时间进行分析，对于存在疑问的地方及时与客户进行沟通。

4. 应用目标的检查和确认

在进行下一阶段的任务之前，需要确定是否了解了客户的应用目标和所关心的事项。通过应用目标检查，可以避免用户需求的缺失，检查形式包括设计小组内部的自我检查和用户主管部门的确认检查。

12.3　网络需求分析

网络需求分析是网络开发过程的起始部分，在这一阶段应明确客户所需的网络服务和网络性能。这一节介绍需求收集和分析的过程，并描述编制需求说明书的方法。

12.3.1　需求分析的范围

在需求分析过程中，需要考虑以下几个方面的需求。
- 业务需求。
- 用户需求。
- 应用需求。
- 计算机平台需求。
- 网络需求。

1. 业务需求

在整个网络开发过程中，应尽量保证设计的网络能够满足用户业务的需求。网络系统是为一个集体提供服务的，在这个集体中存在着职能的分工，也存在着不同的业务需求。一般来说，用户只对自己分管的业务需求很清楚，对于其他用户的需求只有侧面的了解，因此对于集体内的不同用户都需要收集特定的业务信息，包括以下信息。

（1）确定组织机构。业务需求收集的第一步是获取组织机构图，通过组织机构图了解集体中的岗位设置以及岗位职责。典型的组织机构图如图 12-6 所示。

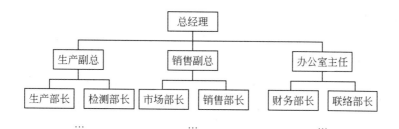

图 12-6　组织机构图

在调查组织机构的过程中，主要与以下两类人员进行重点沟通。

- 决策者：负责审批网络设计方案或决定投资规模的管理人员。
- 信息提供者：负责解释业务战略、长期计划和其他日常业务需求的人员。

（2）确定关键时间点。对于大型项目，必须制定严格的项目实施计划，确定各阶段关键的时间点，这些时间点也是重要的里程碑。在计划设定后，要形成项目建设日程表，以后还要进一步细化。

（3）确定网络投资规模。对于整个网络的设计和实施，费用是一个主要考虑的因素，投资规模将直接影响到网络工程的设计思路、采用的技术路线以及设备的购置和服务水平。

在进行投资预算时，应根据工程建设内容进行核算，将一次性投资（例如设备采购费用）和周期性投资（例如通信费用和人工费用）都纳入考虑范围。在计算系统成本时，有关网络设计、工程实施和系统维护的每一项成本都应该纳入考虑中。

（4）确定业务活动。在设计一个网络项目之前，应通过对业务活动的了解来明确网络的需求。一般情况下，网络工程对业务活动的了解并不需要非常细致，主要是通过对业务类型的分析形成各类业务的网络需求，包括最大用户数、并发用户数、峰值带宽和正常带宽等。

（5）预测增长率。预测增长率是另一类常规需求，通过对网络发展趋势的分析明确网络的伸缩性需求。预测增长率主要考虑以下方面的网络发展趋势。

- 分支机构增长率。
- 网络覆盖区域增长率。
- 用户增长率。
- 应用增长率。
- 通信带宽增长率。
- 存储信息量增长率。

预测增长情况主要采用两种方法，一种是统计分析法，另一种是模型匹配法。统计分析法是基于该网络之前若干年的统计数据形成不同方面的发展趋势，预测未来几年的增长率。模型匹配法是根据不同的行业、领域建立各种增长率的模型，而网络设计者根据当前网络的情况和经验选择模型，对未来几年的增长率进行预测。

（6）确定网络的可靠性和可用性。网络的可用性和可靠性需求是非常重要的，甚至这些指标的参数可能会影响到网络的设计思路和技术路线。一般来说，不同的行业拥有不同的可用性、可靠性要求，网络设计人员在进行需求分析过程中，应首先获取行业的网络可靠性和可用性标准，并根据标准与用户进行交流，确定特殊的要求。有些特殊要求甚至可能是可用性要达到 7×24 个小时、线路故障后立即完成备用线路切换，并不对应用产生影响等非常苛刻的需求。

（7）确定 Web 站点和 Internet 的连接。Web 站点可以自己构建，也可以外包给网络服务供应商。无论采用哪种方式，一个组织的 Web 站点和内部网络一定要反映其自身的业务需求。只有完全理解了一个组织的 Internet 业务策略，才可能设计出具有可靠性、可用性和安全性的网络。

（8）确定网络的安全性。在网络安全设计方面，既不要过分强调网络的安全性，也不要对网络安全不屑一顾。正确的设计思路是调查用户的信息分布，对信息进行分类，根据分类信息的涉密性质、敏感程度、传输与存储方式、访问控制要求等进行安全设计，确保在网络性能与安全保密之间取得平衡。

大多数网络用户的信息是非涉密的，因此提供普通的安全技术措施就可以了。对于有特殊业务的网络，就需要对职员进行严格的安全限制。网络安全需求调查中最关键的是不能出现网络安全需求的扩大化，提倡适度安全。

（9）确定远程接入方式。远程访问是指从因特网或者外部网络访问企业内部网络，当网络用户不在企业网络内部时，可以借助于加密技术或 VPN 技术从远程站点访问内部网络。通过远程访问，在任意时间、任意地点都可以访问组织的网络资源。在需求分析阶段，网络设计者要确定网络是否具有远程访问的功能，或是根据网络的升级需要，以后再考虑网络的远程访问功能。

2. 用户需求

（1）收集用户需求。为了设计出符合用户需求的网络，收集用户需求的过程应从当前的网络用户开始，必须找出用户需要的重要服务或功能。这些服务可能需要网络完成，也可能只需要本地计算机完成。例如，有些用户服务属于局部应用，只需使用用户计算机和外围设备，而有些服务则需要通过网络由工作组服务器或大型机提供。在很多情况下，可通过其他备选方案来满足用户需要的各种服务。

在收集用户需求的过程中需要注意与用户的交流，网络设计者应将技术性语言转化为普通的交流性语言，并且将用户描述的非技术性需求转换为特定的网络属性要求。

（2）收集需求的机制。收集用户需求的机制主要包括与用户群的交流、用户服务和需求归档 3 个方面。

① 与用户群交流。与用户交流是指与特定的个人和群体进行交流。在交流之前，需要先确定这个组织的关键人员和关键群体，再实施交流。在整个设计和实施阶段，应始终保持与关键人员之间的交流，以确保网络工程建设不偏离用户需求。

收集用户需求最常用的方式如下。

* 观察和问卷调查。
* 集中访谈。
* 采访关键人物。

② 用户服务。除了信息化程度很高的用户群体外，大多数用户都不可能用计算机的行业术语来配合设计人员的用户需求收集。设计人员不仅要将问题转化成为普通的业务语言，还应从用户反馈的业务语言中提炼出技术内容，这需要设计人员有大量的工程经验和需求调查经验。

③ 需求归档机制。与其他所有技术性工作一样，必须将网络分析和设计的过程记录下来。需求文档便于保存和交流，也有利于以后说明需求和网络性能的对应关系。所有的访谈、调查问卷等最好能由用户代表进行签字确认，同时应根据这些原始资料整理出规范的需求文档。

（3）用户服务表。用户服务表用于表示收集和归档的需求信息，也用来指导管理人员与网络用户进行讨论。用户服务表是需求服务人员自行使用的表格，不面向用户，类似于备忘录，在收集用户需求时，应利用用户服务表随时纠正信息收集工作的失误和偏差。用户服务表没有固定的格式，表 12-2 是一个简单的例子。

表 12-2　用户服务表

用户服务需求	服务或需求描述
地点	
用户数量	
今后 3 年的期望增长速度	
信息的及时发布	
可靠性/可用性	
安全性	
可伸缩性	
成本	
响应时间	
其他	

3. 应用需求

收集应用需求可以从两个角度出发，一是从应用类型的特性出发，另一个是从应用对资源访问的角度出发。从以上两种角度出发，可以有下面的分类。

（1）按功能分类。按功能对应用进行分类，可以将应用划分为常见功能类型和特定功能类型。

常见功能类型的应用如图 12-7 所示，这些应用类型中的大多数都是日常工作中接触较为频繁、应用范围较广的。

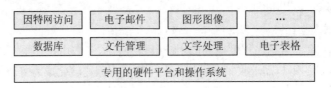

图 12-7　常见功能类型应用

特定功能软件包括控制、维护网络和计算机系统的功能，例如防病毒软件和网络管理系统等。面向特定工作的工具软件主要是行业软件，包括金融计划系统、工程和设计系统、制造控制系统和排版工具等专业软件。

对应用需求按功能分类，依据不同类型的需求特性，可以很快归纳出网络工程中应用对网络的主体需求。

（2）按共享分类。软件可根据其在网络中的用户数进行分类，分别为单用户软件、多用户软件和网络软件。单用户软件运行时只有一个用户可以访问，只能访问本地资源。虽然网络操作系统允许通过远程方式访问单机软件，但是该软件在运行时不可能实现资源共享。多用户软件允许多个用户同时使用，并且提供了用户间共享文件的机制。多用户软件通过分时、线程切换等多种机制实现多个用户并发访问，通过文件加锁机制实现文件共享。网络软件利用所有的网络资源，既可以集中安装在一台服务器上，也可以分布在不同的服务器上，是实现共享的最佳方式，借助于网络和应用协议来完成网络资源的共享。

（3）按响应方式分类。应用可以分为实时和非实时应用两种，不同响应方式具有不同的网络响应性能需求。实时应用软件在收到信息后马上处理，一般不需要用户干预，这对网络带宽、网络延迟等提出了严格的要求。在实时应用中，通常本地进程需要和远程进程保持同步，因此实时应用要求信息传输的速率稳定，具有可预测性。非实时应用更为广泛，非实时并不要求规定的同步机制，只是要求一旦发生请求，则需要在规定的时限内完成响应，因此对带宽、延迟的要求较低，但是对网络设备、计算机平台的缓冲区提出了较高的要求。

（4）按网络模型分类。应用按网络处理模型可以分为单机软件、对等网络软件、C/S 软件、B/S 软件和分布式软件等。单机软件是指不访问网络资源的软件。对等网络软件只运行于因特网内，不区分服务器和客户端的网络软件。C/S 软件是指在网络中区分出服务器和客户端的网络软件系统。B/S 软件是指划分了数据库服务器、应用服务器和客户端的网络软件系统，B/S

软件是三层模式、多层模式的典型代表。分布式软件是指调度网络中的多个资源完成一个任务的网络软件系统。应用采用不同的网络处理模型，会对网络产生不同的需求。

（5）按对资源的访问分类。用户对应用系统的访问要求是网络设计的重要依据，网络工程必须保证用户可以非常顺利地使用软件并获取需要的数据。用户对网络资源的访问是可以通过各种指标进行量化的，这些量化的指标通过统计产生，并直接反映了用户的需求。需要考虑的指标包括。

- 每个应用的用户数量。
- 每个用户平均使用每个应用的频率。
- 使用高峰期。
- 平均访问时间长度。
- 每个事务的平均大小。
- 每次传输的平均通信量。
- 影响通信的定向特性。例如，在一个 C/S 软件系统中，客户端发送至服务器端的请求数据量非常小，但是服务器端返回的数据量较大。

（6）其他需求。由于应用的发展，用户数量不断增长，因此对网络的需求也会随之变化。在获取应用需求时，需要询问用户对应用发展的要求。

对网络的可靠性和可用性，除了从用户的角度获取需求之外，还要对网络中的应用进行分析。需求收集的工作要点在于找出组织中重要应用系统的特殊可靠性和可用性需求，例如在公交公司的企业网络中，对公交车进行调度的软件，其可靠性和可用性需求就是重点。

一个应用对信息更新的需求是由用户对最新信息的需求来决定的，但是用户对信息更新的要求并不等同于应用对数据更新的需求。应用软件在面对相同的信息更新需求时，如果采用了不同的数据传输、存储技术，则会产生不同的数据更新需求，而网络设计直接面向数据更新需求。

这一阶段的输出是应用需求表。应用需求表概括和记录了应用需求的量化指标，通过这些量化指标可直接指导网络设计。表 12-3 为一个典型的应用需求表示例，可根据实际需要进行调整。

表 12-3　应用需求表

用　户　名	应　用　需　求								
（应用程序名）	版本等级	描述	应用类型	位置	平均用户数	使用频率	平均事务大小	平均会话长度	是否实时

4. 计算机平台需求

收集计算机平台需求是网络分析与设计过程中一个不可缺少的步骤，需要调查的计算机平台主要分为个人计算机、工作站、小型机、中型机和大型机 5 类。

（1）个人计算机。由于个人计算机是网络中分布最广、数量最多的节点，虽然技术含量较低，但是应该重点分析。在分析个人计算机需求时，应该考虑微处理器、内存、输入/输出、操作系统以及网络配置等。

在设计网络时，用户会针对 PC 服务器提出最直接的需求，需求收集人员应根据需要进行各类因素的技术指标设计，在设计工作的后期形成设备的招投标技术参数。

（2）工作站。工作站是面向专业应用领域，具备强大的数据运算与图形、图像处理能力，为满足工程设计、动画制作、科学研究、软件开发、金融管理、信息服务和模拟仿真等专业领域而设计开发的高性能终端计算机。典型的工作站包括一个 32 位高速微处理器、64 位浮点处理单元、UNIX 操作系统/X Windows 图形用户界面、加速图形控制器、17～19 英寸彩色显示器和内置的以太网联网功能。

（3）小型机。小型机具有区别于 PC 和服务器的特有体系结构，同时应用了各制造厂家自己的专利技术，有的还采用小型机专用处理器。例如，美国 Sun、日本 Fujitsu（富士通）等公司的小型机是基于 SPARC 处理器架构的，美国 HP 公司的小型机是基于 PA-RISC 架构的。小型机的 I/O 总线也不同于一般的个人计算机，例如 Fujitsu 是 PCI，Sun 是 SBUS。这意味着各公司小型机上的插卡，如网卡、显示卡和 SCSI 卡等可能也是专用的。小型机使用的操作系统一般是基于 UNIX 内核的专用产品，Sun、Fujitsu 使用的操作系统是 Sun Solaris，HP 小型机使用 HP-UX，IBM 小型机使用的是 AIX。

小型机是封闭的专用计算机系统，使用小型机的用户一般是看中 UNIX 操作系统的安全性、可靠性和专用服务器的高速运算能力。在网络工程中，如果用户对应用提出了较为苛刻的安全性、可靠性和专用性的要求，则可以考虑采用小型机作为应用的服务器。

（4）中型机。在当前的网络工程中已经不再严格划分中型机和小型机，更多情况下，中型机相当于小型机中的高档产品。在大多数厂商的非 X86 服务器产品中，一般会存在着多种系列，最常见的产品划分方式为部门级服务器、企业级服务器和电信级服务器。在大多数情况下，可以将部门级、企业级服务器等同于小型机，而将电信级服务器等同于中型机。

（5）大型机。大型机和相关的客户端—服务器产品可以管理大型网络，存储大量重要数据以及驱动数据并保证其数据的完整性。大型机系统具有较高的可用率、高带宽的输入/输出设备、严格的数据备份和恢复机制、高水平的数据集成和安全性能。大型机由 CPU、主存操作员控制台、I/O 通道、通信控制器、磁盘控制器、存储控制器、磁带子系统、显示器和打印机等组件构成，具有物理尺寸大、系统容量大、运行速度高、容错能力强、系统安全性高、事务处理能力强的特点。

大型机目前仍然在金融行业、记账系统、订单处理系统、大型因特网应用、复杂数据处理、联机交易系统和科学计算等领域发挥作用，但是随着计算机小型化的发展，大型机将逐步退出应用市场。在网络设计中，只有全国、全行业级的应用中才会出现大型机的应用需求。

这一阶段的输出是计算机平台需求表。计算机平台需求表是总结用户对计算机平台需求的表格，通过对该表格的填写，为后期的计算机平台参数指标确定工作奠定基础。

5. 网络需求

需求分析的最后工作是考虑网络管理员的需求，这些需求包括以下内容。

1）局域网功能

传统局域网络由二层交换机构成局域网骨干，整个网络是一个广播域。在这样的网络中，网段由交换机的一个端口下连的共享设备形成，网段内部用户之间的通信不需要通过交换设备，而段间通信需要通过交换设备进行存储转发。

现代局域网由三层交换设备构成局域网骨干，这种网络中存在多个广播域，其实就是多个小型局域网，这些小型局域网通过三层设备的路由交换功能互连。在这种局域网络中，网段的概念发生了变化，其实就是一个独立的广播域，一个典型的 VLAN。

无论是哪种网段，都是计算机节点的一种划分方式，但是基于三层交换技术的网段划分方式逐渐成为主流。一般情况下，局域网段和用户群的分布是一致的，但是也存在一定的差异，允许一个网段内部存在多个用户群，也允许一个用户群占据多个网段。

对于升级的网络，可以对现有网段划分方式进行改进，形成新的划分方案。对于新建的网络，要和网络管理员一起商量网段划分的方式。最终都应形成的网段分布需求就是用户群和网段的关系需求。

局域网段的分布主要依据业务上的特殊要求，这会导致不同的网段存在不同的功能要求。在进行网络需求收集时，应该找到各网段所需要的功能清单，并明确各个网段中功能的重要性。

局域网的负载是和应用有关联的，根据局域网络的功能需求，可以分析出局域网络的负载。在进行网络负载分析时，要针对各种应用和功能服务评估服务的平均业务量或文件传输的大小，同时估算用户的访问频率，经过简单计算就可以估算出网络的负载。

对于升级的网络，可以对现有网络通过各种测试工具来获取网络流量分析，从而获取当前网络的负载，作为升级后网络负载的参照。

对于非专用设计标准，根据经验或简单的方法就可以进行评估。对于较为复杂、要求较高的网络，对各种服务的平均业务量、文件传输的大小、用户访问的频率，都应根据实际测试的值来进行局域网负载的计算。

2）网络性能

针对网络的性能需求，主要考虑的是网络容量和响应时间。这里的网络容量和响应时间并不是来自于复杂的网络分析，而是直接来自于网络管理人员的要求。在有些网络工程中，网络管理人员提出的网络容量和响应时间要高于用户和应用的需求。

3）有效性需求

有效性需求指的是在进行网络建设策略的选择时产生的各种过滤条件。有效性条件没有固定的模式，通常要对局域网的拓扑结构、网络设备、服务器主机、存储设备、安全设备、机房设备和产品供应商等设定一些选择标准或过滤条件，不符合过滤条件的设备或设备供应商被排除在选项之外。

在网络设计工作中，这些琐碎的选择条件对设计工作的影响是非常大的，很多项目就是因为在需求调查工作中没有注意有效性条件的收集而导致了最后失败。

4）数据备份和容灾需求

数据备份和容灾需求是网络工程中的重点内容。对于一些特定行业来说，数据是至关重要的，数据一旦丢失，将会造成不可挽回的损失。根据不同的网络工程规模存在两种建设情况，一种是需要建设复杂的数据中心和容灾备份中心，另外一种是仅建立数据备份和容灾机制。

数据中心建设需要收集的需求如下。

* 链路和带宽需求。
* 接入设备需求。
* 互联协议需求。
* 数据中心局域网划分需求。
* 数据中心设备需求。
* 数据库平台需求。
* 安全设备需求。
* 机房及电源需求。
* 数据中心托管及服务需求。
* 数据资源建设规划需求。
* 数据备份管理机制需求。

容灾备份中心的需求内容和数据中心基本一致，但是建设内容稍有差异。在数据中心和容灾备份中心之间关键的是容灾方式。容灾方式分为数据级容灾和应用级容灾，容灾方式存在国际标准，应正确引导网络管理人员，达成数据中心、容灾备份中心、容灾方式建设需求的一致性标准。

相对于建设复杂的数据中心和容灾备份中心这样庞大的工程，建立简单有效的数据备份和容灾机制针对小型网络是合适并有效的。正确备份信息在网络恢复信息时显得尤为重要，必须制订很好的防御和恢复策略，必须执行严格的备份过程和存档处理。在选择备份方针和技术时，必须对整个组织的风险做一下评估，确定各种数据的相对重要性。制订的恢复方案至少应该包括以下内容。

- 选择媒体以供备份，包括磁盘阵列或者磁带库。
- 保护现场数据。
- 保护现场外的备份数据。
- 制定数据应急预案。

5）网络管理需求

网络管理人员的管理思路、产品喜好、管理要求是决定网络管理平台的关键，由于网络管理是网络工程中较为复杂、牵涉面较广的建设内容，需要与网络管理人员重点进行交流，获取明确的管理需求。网络管理建设要从以下方面进行调查。

- 明确网络管理的目的。企业网络管理的主要目的是提高网络可用性、改进网络性能、减少和控制网络费用以及增强网络安全性等，网管员可以根据自身需要进行补充与调整。
- 掌握网络管理的要素。网络管理平台的建设要注意与业务需求结合，建立完整而理想的网络管理解决方案应该根据应用环境和业务流程以及用户需求的端到端关联来管理网络及其所有设备。
- 明晰管理的网络资源。网络资源就是指网络中的硬件设备、网络环境中运行的软件以及所提供的服务等，网络管理员必须明确需要管理的网络资源。
- 注重软件资源管理和软件分发。网络管理系统的软件资源管理和软件分发功能是指优化管理信息的收集。软件资源管理是对企业所拥有的软件授权数量和安装地点进行管理，软件分发则是通过网络把新软件分发到各个站点，并完成安装和配置工作。这些特定的需求必须让管理员明确。
- 应用管理不容忽视。应用管理用于测量和监督特定的应用软件及其对网络传输流量的影响。网络管理员通过应用管理可以跟踪网络用户和运行的应用软件，改善网络的响应时间。网络管理人员应明确在应用管理方面的需求。

选择网管软件要根据网管人员的产品喜好，同时也要明确对网管软件的要求。

- 企业需要哪些管理功能。网管软件都是价格不菲的，所以在为企业选择网管软件时一定要考虑目前与未来企业网络环境发展的需要。一个好的网络管理系统必须适合企业业务发展的需要。
- 网络管理软件支持哪些标准。网管人员需要明确产品对网管协议支持的程度，尤其是 SNMP 和 RMON 协议，需要明确到协议的版本和关键细节。
- 支持各种硬件、软件的范围。不同网管软件对不同产品的支持是不一样的，管理人员需要明确什么样的硬件、软件纳入网络管理范畴才能设定符合要求的产品范围。

- 可管理性。可管理性是由于网管需求对被管理设备提出的需求，可管理性要求是指设备对协议、管理信息库、图形库等各方面的支持，也属于网管平台的需求。

6）网络安全需求

网络安全体系是建设网络工程的重要内容之一，不管网络工程规模如何，都应该存在一个可扩展的总体安全体系框架。对于不同的网络工程项目，允许建设不同的安全体系框架。图12-8是一个可行的安全体系框架，设计人员在进行网络安全需求收集时可以依据这个框架进行安全需求的调查。

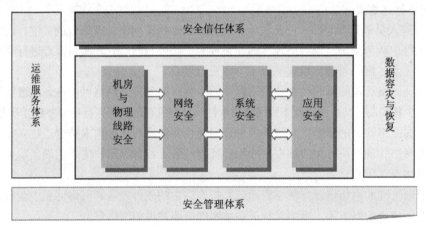

图12-8   安全体系框架的示例

在图12-8所示的安全体系框架中，安全管理体系是整个安全架构的基础，使安全问题可控可管。安全技术措施包括机房及物理线路安全、网络安全、系统安全、应用安全、安全信任体系等。以容灾和恢复为目标的后备保障措施用来对付重大灾难性事件后的网络重建，以安全运行维护支持服务作为外部支撑条件，使安全问题能够及时有效地解决。

基于以上框架，设计人员应该协助网络管理人员对安全管理体系、运营服务体系、数据容灾与恢复、安全信任体系等方面的需求进行确定。同时，对于技术措施需求，可以借鉴表12-4的内容进行明确。

表12-4   技术措施需求表

技术措施层次	需 求 项 目	需 求 项 目	需 求 项 目	需 求 项 目
机房及物理线路安全需求	机房安全	计算机通信线路安全	骨干线路冗余防护	主要设备的防雷击措施
网络安全需求	安全区域划分	安全区域级别	区域内部安全策略	区域边界安全策略
	路由设备安全	网闸	防火墙	入侵检测

续表

技术措施层次	需 求 项 目	需 求 项 目	需 求 项 目	需 求 项 目
网络安全需求	抗 DDOS	VPN	流量管理	网络监控与审计
	网络监控与审计	访问控制		
系统安全需求	身份认证	账户管理	主机系统配置管理	漏洞发现与补丁管理
	内核加固	病毒防护	桌面安全管理	系统备份与恢复
	系统监控与审计	访问控制		
应用安全需求	数据库安全	邮件服务安全	Web 服务安全	应用系统定制安全

7）城域网/广域网的选择

对于一般的网络工程来说，城域网和广域网用于连接局域网，并形成完整的企业网络。城域网/广域网通过连接设备和通信线路实现各远程局域网络之间的互连。城域网/广域网可供选用的连接方案有以下两种：

- 点对点线路交换服务（拨号线路或租用线路）。
- 分组交换服务。

在点对点线路交换服务方式中存在局域网路由设备和线路交换设备两类设备，这些设备之间通过物理线路互连，在路由设备之间建立的是虚拟电路，数据分组仅在路由设备上进行封装和解封，在线路交换设备上以数据帧或信号的方式进行传递。在分组交换方式中，路由器和分组交换设备之间通过分组交换协议互连，数据分组在路由设备、分组交换设备上都存在封装和解封。所以，在点对点线路交换方式中，相当于两台局域网路由器通过虚拟电路直接互连；而在分组交换方式中，两台局域网路由器之间存在由多个路由设备构成的分组网络。

12.3.2　编制需求说明书

通过需求收集工作，网络设计人员获取了大量的需求信息，这些信息由各种独立的表格、散乱的文字以及部分统计数据构成，这些需求信息应整合形成正式的需求说明书，以便于后期设计、实施、维护工作的开展。

需求说明书是网络设计过程中第一个正式的可以传阅的重要文件，其目的在于对收集到的需求信息做清晰的概括整理，这也是用户管理层将正式批阅的第一个文件。

数据准备工作是开始需求说明书编制的前期工作，主要由两个步骤构成：第一步是要将原始数据制成表，从各个表看其内在的联系及模式；第二步是要把大量的手写调查问卷或表格信息转换成电子表格或数据库，由于输入的工作量较大，可以求助于用户单位或雇用临时工。

另外，对于需求收集阶段产生的各种资料，包括手册、报表和原始单据等，无论其介质是纸质的还是电子的，都应该编辑目录并归档，以便于后期查阅。

编写需求说明书的目的是为了能够向管理人员提供决策用的信息，因此说明书应该能做到尽量简明且信息充分，以节省管理人员的时间。

网络需求说明书不存在国际或国家标准，即使存在一些行业标准，也只是规定了需求说明的大致内容要求。这主要是由于网络工程需求涉及的内容较广、个性化较强，而且不同的设计队伍对需求的组织形式也不一样。

对网络需求说明书存在两点要求：首先，无论需求说明书的组织形式如何，网络需求说明书应包含业务、用户、应用、计算机平台和网络5个方面的需求内容；其次，为了规范需求说明书的编制，一般情况下，需求说明书应该包括以下5个部分。

1. 综述

需求说明书的第一部分内容是综述，即对网络工程项目的主要内容、重要性等进行一个简单的描述。综述应包括的内容如下。

（1）对项目的简单概述。

（2）设计过程中各个阶段的清单。

（3）项目各个阶段的状态，包括已完成的阶段和现在正进行的阶段。

2. 需求分析阶段总结

需求分析阶段总结主要是总结需求分析阶段的工作，总结内容如下。

（1）接触过的群体和代表人名单。

（2）标明收集信息的方法（访谈、集中访谈和调查等）。

（3）访谈、调查总次数。

（4）取得的原始资料数量（调查问卷、报表等）。

（5）在调查工作中遇到的各种困难等。

3. 需求数据总结

对需求调查中获取的数据需要认真总结归纳出信息，并通过多种形式进行展现。在对需求数据进行总结时，应注意以下几点。

（1）简单直接。提供的总结信息应该简单易懂，并且将重点放在信息的整体框架上，而不是具体的需求细节。另外，为了方便用户进行阅读，应尽量使用用户的行业术语，而不是技术术语。

（2）说明来源和优先级。对于需求，要按照业务、用户、应用、计算机平台和网络等进行分类，并明确各类需求的具体来源（例如人员、政策等）。

（3）尽量多用图片。图片的使用可以使读者更容易了解数据模式，在需求数据总结中大量地使用图片，尤其是数据表格的图形化展示，是非常有必要的。

（4）指出矛盾的需求。在需求中会存在一些矛盾，需求说明书中应对这些矛盾进行说明，以使设计人员找到解决方法。同时，如果用户人员给出了矛盾中目标的优先级别，则需要特殊标记，以便在无法避免矛盾的时候先实现高级别的目标。

4. 按优先级排队的需求清单

对需求数据进行整理总结之后，按照需求数据的重要性列出数据的优先级别清单。

5. 申请批准部分

在编写需求说明书时，需要预留大量对需求进行确认或者申请批准的内容，确切地说，就是要预留大量用户管理人员签字的空间。由于需求说明书是开展后期设计工作的基础，必须避免用户需求和收集材料的不一致性，因此预留申请批准部分是必需的。

由于需求经常发生变化，因此在编写需求说明书的时候也要考虑到怎样设计修改说明书。如果的确需要修改，最好不要改变原来的数据和信息，可以考虑在需求说明书中附加一部分内容说明修改的原因，解释管理层的决定，然后给出最终的需求说明。

12.4 通信流量分析

通信规范分析最终的目标是产生通信流量，其中必要的工作是分析网络中信息流量的分布问题。在整个过程中，需要依据需求分析的结果产生单个信息流量的大小，依据通信模式、通信边界的分析，明确不同信息流在网络不同区域、边界的分布，从而获得区域、边界上的总信息流量。

12.4.1 通信流量分析的方法

对于部分较为简单的网络，不需要进行复杂的通信流量分布分析，仅采用一些简单的方法，例如 80/20 规则、20/80 规则等。但是对于复杂的网络，仍必须进行复杂的通信流量分布分析。

80/20 规则是传统网络中广泛应用的一般规则。80/20 规则基于这样的可能性：通信流量的 80% 在某个网段中流动，只有 20% 的通信流量访问其他网段，如图 12-9 所示。

利用 80/20 规则进行通信流量分布，对一个网段内部的通信流量不进行严格的分析，仅仅是根据用户和应用需

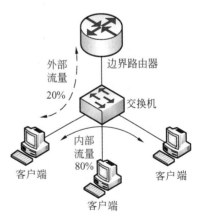

图 12-9 80/20 规则

求进行统计，产生网段内的通信总量大小，认为总量的 80%是在网段内部，而 20%是对网段外部的流量。

80/20 规则不仅仅是一种设计思路，也是一种特殊的优化方法，通过这种方式可以限制用户的不合理需求，是最优化地使用网络骨干和使用昂贵的广域网连接的一种行之有效的方法。例如，如果核心交换机的容量为 100Mbps，局域网至外部的带宽应限制在 20Mbps 以内。

80/20 规则适用于内部交流较多、外部访问相对较少、网络较为简单、不存在特殊应用的网络或网段。

随着因特网络的发展，一些特殊的网络不断产生，例如小区内计算机用户形成的局域网络、大型公司用于实现远程协同工作的工作组网络等。这些网络的特征是网段的内部用户之间相互访问较少，大多数对网络的访问都是对网段外的资源进行访问。对于这些流量分布恰好位于另一个极端的网络或网段，则可以采用 20/80 规则。

利用 20/80 规则进行通信流量分布的设计要根据用户和应用需求的统计产生网段内的通信总量大小，认为总量的 20%是网段内部的流量，而 80%是网段外部的流量。

这是一些简单的规则，但是这些规则是建立在大量的工程经验基础上的，通过这些规则的应用，可以很快完成一个复杂网络中大多数网段的通信流量分析工作，可以合理地减少大型网络中的设计工作量。

12.4.2　通信流量分析的步骤

对于复杂的网络，需要进行复杂的通信流量分析。通信流量分析从对本地网段上和通过网络骨干某个特定部分的通信量进行估算开始，可采用以下步骤。

1. 把网络分成易管理的网段

在通信量分析的过程中，首要任务是依据需求阶段得到的网络分段需求和工程经验将网络工程划分成若干个物理或者逻辑网段，并进行编号，同时选择适当的广域网拓扑结构，最终形成相应的各类网络边界。然后从估算每个网段的通信模式和通信容量开始，分析这些部分之间的信息流动方式，最后才产生通信流量。

网段划分要考虑用户的需求。对于升级的网络，可以对现有网段划分方式进行改进，形成新的划分方案。对于新建网络，则是和网络管理员一起商量网段划分方式。一般情况是按照工作组或部门来划分网段，因为相同工作组或部门中的用户通常使用相同的应用程序，并且具有相同的基本需求。

由于网段属于局域网络范畴，在进行分析工作前，需要确定网段的局域网通信边界。如果网段的通信边界是物理边界，则这个网段需要独立地进行分析。如果多个网段的通信边界是逻辑边界，则这些网段不需要独立地进行分析，而是作为一个整体网段进行分析。

无论是物理网段分析，还是多个虚拟网段构成的整体网段分析，都可以采用局部分析法。局部分析法的实质在于只关注于一个网段，并将该网段边界外的其他部分内容等同于一个外部网络来进行分析。

图 12-10 是一个较为复杂的网络，其中，路由器 A 是一个局域网的物理边界，路由器 C 连接的局域网络较为复杂，存在多个 VLAN，这些 VLAN 的通信边界是逻辑的，而路由器 C 则是这些 VLAN 和其他区域的共同物理边界。

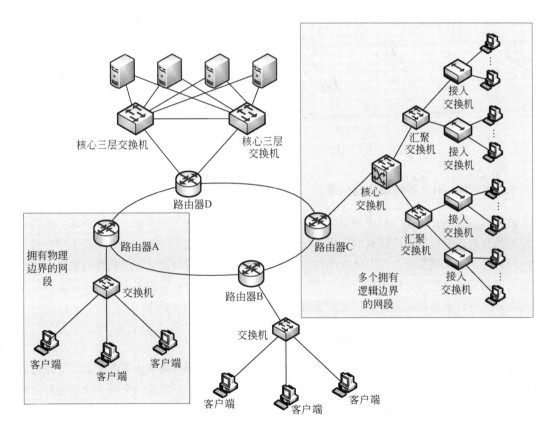

图 12-10 一个复杂网络示意图

在进行局部分析法时，对整个网络进行抽象，形成如图 12-11 所示的网络分段，其中，图 12-11（a）是路由器 A 所连接的物理网段，图 12-11（b）是路由器 C 所连接的多个逻辑网段的抽象图。

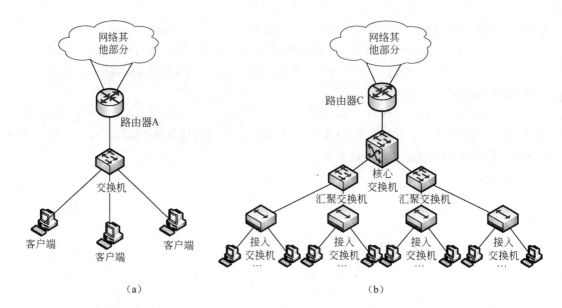

图 12-11　局部分析法所形成的抽象图

2. 确定个人用户和网段的通信量

在通信量分析中，第二步是复查需求说明书中的业务需求、用户需求、应用需求、网络需求部分的内容，并根据通信流量的分析进行再次确定。在需求收集阶段，已经明确了用户对各种应用程序的估算使用量，其中反映流量的主要是应用需求和网络需求。但是这些估算不仅没有包含网络流量，也没有根据通信模式进行流量分布分析。这个步骤的工作在于将需求分析中不同格式的统计表格转化为统一的流量表格，以便于开始后续的分析工作。

3. 确定本地和远程网段上的通信流量分布

确定本地和远程网段上的通信流量分布是分析工作的第三步。这个步骤的重要任务是明确多少通信流量存在于网络内部，多少通信流量是访问其他网段。下面以一个拥有物理边界的网段为例，借助于前两步的分析结果进行通信流量分布分析。

假设一个专用网络中拥有 4 个物理网段，编号为 1～4 号，这 4 个网段直接通过路由器进行连接，如图 12-12 所示。其中的网段 1 为整个网络的核心网段，所有的服务器都托管在网段 1，而网段 2 至网段 4 为普通的工作网段。

网段 2 中的用户主要使用以下几种应用：

- 工作邮件。用户需要通过邮件客户端访问置于网段 1 的邮件服务器。

- 办公自动化系统。办公系统应用服务器位于网段 1，以 B/S 模式提供服务。
- 生产管理系统。服务器位于网段 1，以 B/S 模式提供服务，主要用于满足生产工作管理需要。
- 文件共享服务。服务器位于网段 1，主要采用 Windows 网络文件系统提供 C/S 服务。
- 视频监控。用户可以互相调阅不同网段的视频监控流，不需要经过流媒体服务器的管理，属于典型的 P2P 应用。
- 内部交流。指用户借助于部分局域网通信软件，进行内部交流。

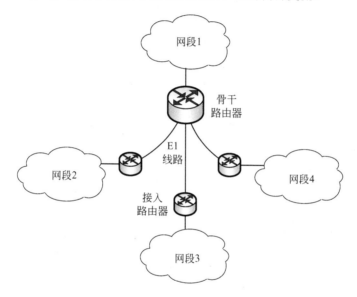

图 12-12　网络示意图

在需求分析中，可以形成如表 12-5 所示的表格。

表 12-5　应用需求分析表

应 用 名 称	平均事务量大小（MB）	平均用户数	平均会话长度	每个会话发生的事务数量	网 络 模 型
工作邮件	1	200	1 分钟	2	C/S
办公自动化系统	0.02	400	1 分钟	4	B/S
生产管理系统	0.05	200	1 分钟	8	B/S
文件共享服务	100	100	10 分钟	1	C/S
视频监控	400	20	1 小时	1	P2P
内部交流	0.01	800	1 分钟	4	P2P

用户可以根据下面的公式计算出应用需要传递信息的速率。

应用总信息传输速率＝平均事务量大小×每字节位数×每个会话事务数×平均用户数／平均会话长度

根据这个公式，计算出结果如下。

工作邮件：$1×8×2×200/60=53Mbps$

办公自动化系统：$0.02×8×4×400/60≈4.3Mbps$

生产管理系统：$0.05×8×8×200/60≈10.7Mbps$

文件共享服务：$100×8×1×100/600≈133.4Mbps$

视频监控：$400×8×1×20/3600≈17.8Mbps$

内部交流：$0.01×8×4×800/60≈4.3Mbps$

同时，由于 3 个工作网段基本上是类似网段，用户在 3 个网段的分布基本一致，所以网段 2 所承担的各应用的比例都是 1/3，各应用的信息传递速率是总速率的 1/3。

由于各应用的通信模式不同，各应用在网段 2 中的通信流量分布也不同，分析通信模式后形成如表 12-6 所示的表格。

表 12-6　应用流量分布表

应　　用	通信模式	通　信　流	网段分布	源网段	目的网段	估　算　流　量
工作邮件	客户端—服务器	①客户端至服务器	发出网段	2	1	$53×50\%=26.5$
		②服务器至客户端	进入网段	1	2	$53×50\%=26.5$
办公自动化系统	浏览器—服务器	①客户端至服务器	发出网段	2	1	$4.3×20\%=0.86$
		④服务器至客户端	进入网段	1	2	$4.3×80\%=3.44$
生产管理系统	浏览器—服务器	①客户端至服务器	发出网段	2	1	$10.7×20\%=2.14$
		④服务器至客户端	进入网段	1	2	$10.7×80\%=8.56$
文件共享服务	客户端—服务器	①客户端至服务器	发出网段	2	1	$133.4×50\%=66.7$
		②服务器至客户端	进入网段	1	2	$133.4×50\%=66.7$
视频监控	对等通信	①P2P 流	进出网段			$17.8×66\%=11.8$
		①P2P 流	网段内部			$17.8×33\%=5.9$
内部交流	对等通信	①P2P 流	网段内部	2	2	$4.3×100\%=4.3$

注意，由于工作邮件、文件共享服务的网络通信模式为客户端—服务器模式，这种模式双向流量大，因此在网段流量分布上应用的总流量在两个方向上各占 50%；办公自动化系统、生产管理系统属于浏览器—服务器模式，在估算时客户端至服务器按 20%进行估算，反向按 80%进行估算，在实际项目中可根据测试情况进行调整；内部交流主要在网段内部，不产生外部流

量；视频监控主要是根据用户在网段的比例，网段内部用户数量为总用户的1/3，其他网段则占2/3。在本例中没有考虑 TCP 协议、IP 协议封装所引起的流量，如果需要考虑这些协议封装增加的流量，则需要统计各应用的平均协议包长度，并根据协议包头长度和有效负载长度算出实际的网络层流量。例如，假设经过统计或者经验，工作邮件的平均 IP 包长度为 1200 字节，则IP 包头为 20 字节、TCP 包头为 20 字节，其余的为有效负载部分，则工作邮件客户端至服务器端应用流量实际产生的网络层流量为 $26.5 \times 1200/1160 \approx 27.4$ Mbps。

基于以上分析，可以形成如表 12-7 所示的总流量分布。

表 12-7　网段 2 总流量分布表

流量分布	源网段	目标网段	应用总流量	网络总流量
网段内部	2	2	5.9+4.3=10.2	$10.2 \times 64/56 \approx 11.7$
访问服务器	2	1	26.5+0.86+2.14+66.7=96.2	$96.2 \times 64/56 \approx 110$
服务器反馈	1	2	26.5+3.44+8.56+66.7=105.2	$105.2 \times 64/56 \approx 120$
外部 P2P	2	其他	11.8	$11.8 \times 64/56 \approx 13.5$

由于以太网的最小帧长为 64 字节，其中有效负载为 56 字节，因此可以根据这种极端情况计算出所需要的最大网络流量。

由表 12-7 可知，网段 2 内部的网络设备必须提供 13.5Mbps 的网络吞吐率，而网段 2 和网段 1 之间的往来流量分别为 110Mbps 和 120Mbps。由网段 2 访问其他网段的双向流量为 13.5Mbps，则内部交换机的吞吐率必须大于 13.5Mbps，网段 2 的边界路由器必须提供大于 110+120+13.5=243.5Mbps；而网段 2 的边界路由器至内部交换设备的连接应提供正向 110+13.5/2 =116.75Mbps，反向 120+13.5/2=126.75Mbps 的传输速率，则在设计时可以采用千兆以太线路并将线路的双向传输速率都限制在 200Mbps 以内。同时，表 12-7 可以作为广域网和网络骨干的计算依据。

需要注意的是，以上仅仅是根据用户需求、应用需求计算网络流量的一个示例，由于不同的设计人员采用的需求分析方式和表格不同，其计算的方法也不同，但是都可以获取网络层流量。例如，有些设计人员喜欢用在线用户数量、每个在线用户的平均流量来进行计算；有些设计人员喜欢用应用的用户每秒事务量和事务量大小来计算流量；还有些设计人员会考虑峰值情况，并以峰值速率作为设计依据，以避免网络在峰值时段出现拥塞。

4. 对每个网段重复上述步骤

对每个网段重复上述步骤，其中个人应用收集的信息是每一个应用和网段都要用到的。然后，确定每一个本地网段的通信量以及该网段对整个广域网和网络骨干的通信量。

5. 分析广域网和网络骨干的通信流量

通过对每个网段的分析，除了形成各网段自身的通信要求外，还可以形成与本网段有关的广域网、骨干网的通信要求。在不同网络工程中，用户对广域网拓扑结构的要求和建议不同，即使拓扑相同，但信息的路由不同，所以对于网络设备的要求也是不同的。因此，对广域网和网络骨干的通信流量分析必须参考用户意见，并且应当做到灵活机动。

通信流量计算完成后，要把它们整理总结成一份文件，该文件将成为最终的通信规范说明书的一部分。同时，用这些新的信息来提高当前逻辑网络图的质量，标明广播域、冲突域和子网的边界。如果通过通信流量计算，表现出了定向通信模式，也应在图上标出。

12.5   逻辑网络设计

网络的逻辑结构设计来自于用户需求中描述的网络行为和性能等要求。逻辑设计要根据网络用户的分类和分布来选择特定的技术，形成特定的网络结构。网络结构大致描述了设备的互联及分布，但是不对具体的物理位置和运行环境进行确定。

逻辑设计过程主要由以下 4 个步骤组成。

（1）确定逻辑设计目标。

（2）网络服务评价。

（3）技术选项评价。

（4）进行技术决策。

12.5.1   逻辑网络设计目标

逻辑网络的设计目标主要来自于需要分析说明书中的内容，尤其是网络需求部分，由于这部分内容直接体现了网络管理部门和人员对网络设计的要求，因此需要重点考虑。一般情况下，逻辑网络设计的目标如下。

（1）合适的应用运行环境。逻辑网络设计必须为应用系统提供环境，并可以保障用户能够顺利地访问应用系统。

（2）成熟而稳定的技术选型。在逻辑网络设计阶段，应该选择较为成熟稳定的技术，越是大型的项目，越要考虑技术的成熟度，以避免错误投入。

（3）合理的网络结构。合理的网络结构不仅可以减少一次性投资，而且可以避免网络建设中出现各种复杂问题。

（4）合适的运营成本。逻辑网络设计不仅仅决定了一次性投资，技术选型、网络结构也直接决定了运营维护等周期性投资。

（5）逻辑网络的可扩充性能。网络设计必须具有较好的可扩充性，以便于满足用户增长、应用增长的需要，保证不会因为这些增长而导致网络重构。

（6）逻辑网络的易用性。网络对于用户是透明的，网络设计必须保证用户操作的单纯性，过多的技术性限制会导致用户对网络的满意度降低。

（7）逻辑网络的可管理性。对于网络管理员来说，网络必须提供高效的管理手段和途径，否则不仅会影响管理工作本身，也会直接影响用户。

（8）逻辑网络的安全性。网络安全应提倡适度安全，对于大多数网络来说，既要保证用户的各种安全需求，又不能给用户带来太多限制。但是对于特殊的网络，必须采用较为严密的网络安全措施。

12.5.2　需要关注的问题

1. 设计要素

设计工作的要素主要如下。

（1）用户需求。

（2）设计限制。

（3）现有网络。

（4）设计目标。

逻辑设计过程就是根据用户的需求，不违背设计限制，对现有网络进行改造或新建网络，最终达到设计目标的工作。

2. 设计面临的冲突

在网络设计工作中，设计目标是一个复杂的整体，由不同维度的子目标构成。这些子目标独立考虑时存在较为明显的优劣关系，例如：

（1）最低的安装成本。

（2）最低的运行成本。

（3）最高的运行性能。

（4）最大的适应性。

（5）最短的故障时间。

（6）最大的可靠性。

（7）最大的安全性。

这些子目标相互之间可能存在冲突，不存在一个网络设计方案，能够使所有的子目标都达到最优。为了找到较为优秀的方案，能够解决这些子目标的冲突，可以采用两种方法：第一种方法较为传统，由网络管理人员和设计人员一起建立这些子目标之间的优先级，尽量让优先级比较高的子目标达到较优；第二种方法是对每种子目标建立权重，对子目标的取值范围进行量化，通过评判函数决定哪种方案最优，而子目标的权重关系直接体现了用户对不同目标的关心度。

3. 成本与性能

成本与性能是最为常见的冲突目标，一般来说，网络设计方案的性能越高，也就意味着更高的成本，包括建设成本和运行成本。

在设计方案时，所有不超过成本限制、满足用户要求的方案都称为可行方案。设计人员只能从可行方案中依据用户对性能和成本的喜好进行选择。

网络建设的成本分为一次性投资和周期性投资。在初期建设过程中，如何合理地规划一次性投资的支付是比较关键的。过早支付费用，容易造成建设单位的风险，对于未按设计方案实施的情况，无法形成制约机制；过晚支付费用，容易造成承建单位的资金压力，导致项目实施质量等多方面的问题。较为合理的支付方式，必须是依据逻辑网络设计的特点将网络工程划分为各个阶段，在每个阶段后实施验收，并支付相应的阶段费用，在工程建设完毕并试运行一段时间后才能支付最后的质量保证费用。

对于运营维护等周期性费用的支付也应考虑合理性，这主要体现在周期划分方式、支付方式等方面。

12.5.3   主要的网络服务

网络设计人员应该依据网络提供的服务要求来选择特定的网络技术，不同的网络，其服务的要求不同，但是对于大多数网络来说，都存在着两个主要的网络服务——网络管理和网络安全，这些服务在设计阶段是必须考虑的。

1. 网络管理服务

网络管理可以根据网络的特殊需要，将其划分为几个不同的大类，其中的重点内容是网络故障诊断、网络的配置及重配置和网络监视。

（1）网络故障诊断。网络故障诊断主要借助于网管软件、诊断软件和各种诊断工具。对于不同类型的网络和技术，需要的软件和工具是不同的，应在设计阶段就考虑到网络工程中各种诊断软件和工具的需要。

（2）网络的配置及重配置。网络的配置及重配置是网络管理的另一个问题，各种网络设备都提供了多种配置方法，同时也提供了配置重新装载的功能。在设计阶段，考虑到网络设备的配置保存和更新需要，提供特定的配置工具以及配置管理工具，对于方便管理人员的工作是非常有必要的。

（3）网络监视。网络监视的需求随着网络规模和复杂性的不同而不同，网络监视是为了预防灾难，使用监视服务来防止和监测网络的运行情况。

2．网络安全

网络安全系统是网络逻辑设计的固有部分，网络设计者可以采用以下步骤来进行安全设计：

（1）明确需要安全保护的系统。首先要明确网络中需要重点包括的关键系统，通过该项工作，可以找出安全工作的重点，避免全面铺开而又无法面面俱到的局面。

（2）确定潜在的网络弱点和漏洞。对于这些重点防护的系统，必须通过对这些系统的数据存储、协议传递和服务方式等的分析，找出可能存在的网络弱点和漏洞。在设计阶段，应依据工程经验对这些网络弱点和漏洞设计特定的防护措施；在实施阶段，再根据实施效果进行调整。

（3）尽量简化安全。安全设计要注意简化问题，不要盲目扩大安全技术和措施的重要性，适当采用一些传统而有效、成本低廉的安全技术来提高安全性是非常有必要的。

（4）安全制度。单纯的技术措施是无法保证网络的整体安全的，必须匹配相应的安全制度。在逻辑设计阶段尚不能制定完备的安全制度，但是对安全制度的大致性要求，包括培训、操作规范和保密制度等框架性要求是必须明确的。

12.5.4　技术评价

根据用户的需求设计逻辑网络，选择正确的网络技术比较关键，在进行选择时应考虑以下因素。

1．通信带宽

所选择的网络技术必须保证足够的带宽，能够为用户访问应用系统提供保障。在进行选择时，不能仅局限于现有的应用要求，还要考虑适当的带宽增长需求。

2．技术成熟性

所选择的网络技术必须是成熟、稳定的技术，有些新的应用技术在尚没有大规模投入应用时还存在着较多不确定因素，而这些不确定因素将会为网络建设带来很多不可估量的损失。虽然新技术的自身发展离不开工程应用，但是对于大型网络工程来说，项目本身不能成为新技术的试验田。因此，尽量使用较为成熟、拥有较多案例的技术是明智的选择。

同时，在面对技术变革的特殊时期，可以采用试点的方式缩小新技术的应用范围，规避技术风险，待技术成熟后再进行大规模应用。

3．连接服务类型

连接服务类型是逻辑设计时必须考虑的问题，传统的连接服务分为面向连接服务与非连接服务，逻辑设计需要在无连接和面向连接的协议之间进行权衡。

由于当前广泛应用的网络协议主要是 TCP/IP 协议族，其网络层协议是提供非连接服务的 IP 协议，因此选择连接服务类型，主要是对 IP 协议底层的承载协议进行选择。如果选择连接服务类型，则可以选择 ATM、SDH 等协议；如果选择非连接服务类型，则可以选择以太网等协议。不同的网络工程，对连接服务类型的需求不同，设计者不能仅局限于一种连接服务进行设计。

4．可扩充性

网络设计者的设计依据是较为详细的需求分析，但是在选择网络技术时不能仅考虑当前的需求，而忽视未来的发展。在大多数情况下，设计人员都会在设计中预留一定的冗余，在带宽、通信容量、数据吞吐量和用户并发数等方面，网络实际需要和设计结果之间的比例应小于一个特定值，以便于未来的发展。一般来说，这个值位于 70%～80%之间，在不同的工程中，可以根据需要进行调整。

5．高投资产出比

选择网络技术最关键的一条不是技术的扩展性、高性能，也不是成本最低等概念，决定设计和网络管理人员采用某种技术的最关键点是技术的投入产出比，尤其是一些借助于网络来实现营运的工程，只有通过投入产出比分析才能最后决定技术的使用。

12.5.5　逻辑网络设计的工作内容

逻辑网络设计工作主要包括以下内容。

（1）网络结构的设计。

（2）物理层技术的选择。

（3）局域网技术的选择与应用。

（4）广域网技术的选择与应用。

（5）地址设计和命名模型。

（6）路由选择协议。

（7）网络管理。

（8）网络安全。

（9）逻辑网络设计文档。

12.6　网络结构设计

传统意义上的网络拓扑是将网络中的设备和节点描述成点，将网络线路和链路描述成线。用于研究网络的方法，随着网络的不断发展，单纯的网络拓扑结构已经无法全面描述网络。因此，在逻辑网络设计中，网络结构的概念正在取代网络拓扑结构的概念成为网络设计的框架。

网络结构是对网络进行逻辑抽象，描述网络中主要连接设备和网络计算机节点分布所形成的网络主体框架，网络结构与网络拓扑结构的最大区别在于：在网络拓扑结构中只有点和线，不会出现任何的设备和计算机节点。网络结构主要是描述连接设备和计算机节点的连接关系。

由于当前的网络工程主要由局域网和实现局域网互连的广域网构成，因此可以将网络工程中的网络结构设计分成局域网结构和广域网结构两个设计部分内容，其中，局域网结构主要讨论数据链路层的设备互连方式，广域网结构主要讨论网络层的设备互连方式。

12.6.1　局域网结构

当前的局域网络与传统意义上的局域网络已经发生了很多变化，传统意义上的局域网络只具备二层通信功能，现代意义上的局域网络不仅具有二层通信功能，同时具有三层甚至多层通信的功能。现代局域网络，从某种意义上说，被称为园区网络更为合适。以下是在进行局域网络设计时常见的局域网络结构。

1．核心局域网结构

单核心局域网结构主要由一台核心二层或三层交换设备构建局域网络的核心，通过多台接入交换机接入计算机节点，该网络一般通过与核心交换机互连的路由设备（路由器或防火墙）接入广域网中。典型的单核心结构如图 12-13 所示。

对单核心结构分析如下。

（1）核心交换设备在实现上多采用二层、三层交换机或多层交换机。

（2）如采用三层或多层设备，可以划分成多个 VLAN，在 VLAN 内只进行数据链路层帧转发。

（3）网络内各 VLAN 之间访问需要经过核心交换设备，并且只能通过网络层数据包转发方式实现。

（4）网络中除核心交换设备以外不存在其他的带三层路由功能设备。

（5）核心交换设备与各 VLAN 设备可以采用 10M/100M/1000M 以太网连接。

（6）节省设备投资。

（7）网络结构简单。

（8）部门局域网络访问核心局域网以及相互之间访问效率高。

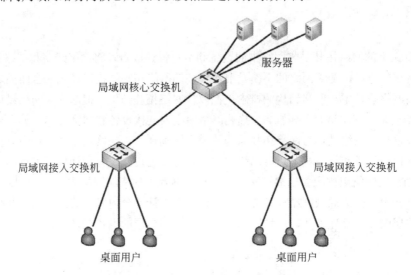

图 12-13　单核心局域网结构

（9）在核心交换设备端口富余的前提下，部门网络接入较为方便。

（10）网络地理范围小，要求部门网络分布比较紧凑。

（11）核心交换机是网络的故障单点，容易导致整网失效。

（12）网络的扩展能力有限。

（13）对核心交换设备的端口密度要求较高。

（14）除非规模较小的网络，否则桌面用户不直接与核心交换设备相连，也就是核心交换机与用户计算机之间应存在接入交换机。

2．双核心局域网结构

双核心结构主要由两台核心交换设备构建局域网核心，该网络一般也是通过与核心交换机互连的路由设备接入广域网，并且路由器与两台核心交换设备之间都存在物理链路。典型的双核心结构如图 12-14 所示。

对双核心结构分析如下。

（1）核心交换设备在实现上多采用三层交换机或多层交换机。

（2）网络内各 VLAN 之间访问需要经过两台核心交换设备中的一台。

（3）网络中除核心交换设备以外不存在其他的具备路由功能的设备。

（4）核心交换设备之间运行特定的网关保护或负载均衡协议，例如 HSRP、VRRP 和

GLBP 等。

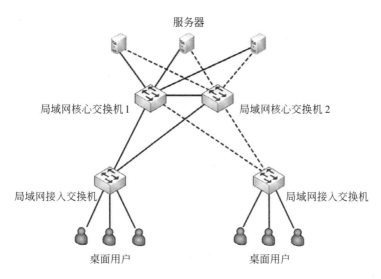

图 12-14　双核心局域网结构

（5）核心交换设备与各 VLAN 设备间可以采用 10M/100M/1000M 以太网连接。

（6）网络拓扑结构可靠。

（7）路由层面可以实现无缝热切换。

（8）部门局域网络访问核心局域网以及相互之间多条路径选择可靠性更高。

（9）在核心交换设备端口富余的前提下，部门网络接入较为方便。

（10）设备投资比单核心高。

（11）对核心路由设备的端口密度要求较高。

（12）核心交换设备和桌面计算机之间存在接入交换设备，接入交换设备同时和双核心存在物理连接。

（13）所有服务器都直接同时连接至两台核心交换机，借助于网关保护协议，实现桌面用户对服务器的高速访问。

3．环型局域网结构

环型局域网结构由多台核心三层设备连接成双 RPR 动态弹性分组环，构建整个局域网络的核心，该网络通过与环上交换设备互连的路由设备接入广域网络。

典型的环型结构如图 12-15 所示。

对环型结构分析如下。

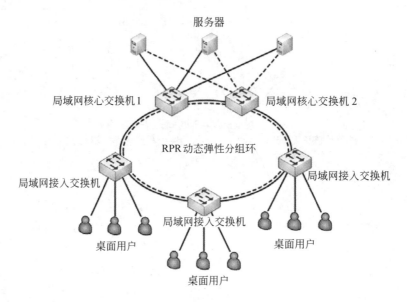

图 12-15　环型局域网结构

（1）核心交换设备在实现上多采用三层交换机或多层交换机。

（2）网络内各 VLAN 之间访问需要经过 RPR 环。

（3）RPR 技术能提供 MAC 层的 50ms 自愈时间，能提供多等级、可靠的 QoS 服务。

（4）RPR 有自愈保护功能，节省光纤资源。

（5）RPR 协议中没有提及相交环、相切环等组网结构，当利用 RPR 组建大型城域网时，多环之间只能利用业务接口进行互通，不能实现网络的直接互通，因此它的组网能力相对 SDH、MSTP 较弱。

（6）由两根反向光纤组成环型拓扑结构。其中，一根顺时针，一根逆时针，节点在环上可以从两个方向到达另一节点。每根光纤可以同时用来传输数据和同向控制信号，RPR 环双向可用。

（7）利用空间重用技术实现空间重用，使环上的带宽得到更为有效的利用。RPR 技术具有空间复用、环自愈保护、自动拓扑识别、多等级 QoS 服务、带宽公平机制和拥塞控制机制、物理层介质独立等特点。

（8）设备投资比单核心高。

（9）核心路由的冗余设计，难度较高，容易形成路由环路。

4．层次局域网结构

层次结构主要定义了根据不同功能要求将局域网络划分层次构建的方式，从功能上定义为核心层、汇聚层和接入层。层次局域网一般通过与核心层设备互连的路由设备接入广域网络。

典型的层次结构如图 12-16 所示。

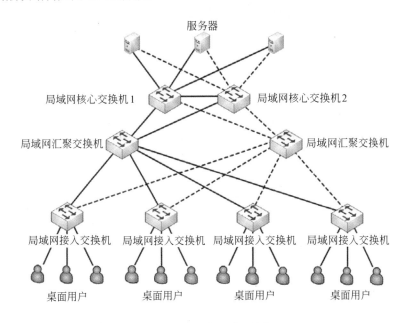

图 12-16　层次局域网结构

对层次结构分析如下。

（1）核心层实现高速数据转发。

（2）汇聚层实现丰富的接口和接入层之间的互访控制。

（3）接入层实现用户接入。

（4）网络拓扑结构故障定位可分级，便于维护。

（5）网络功能清晰，有利于发挥设备的最大效率。

（6）网络拓扑有利于扩展。

12.6.2　层次化网络设计

1．层次化网络设计模型

层次化网络设计模型可以帮助设计者按层次设计网络结构，并对不同层次赋予特定的功能，为不同层次选择正确的设备和系统。一个典型的层次化网络结构包括以下特征。

（1）由经过可用性和性能优化的高端路由器和交换机组成的核心层。

（2）由用于实现策略的路由器和交换机构成的汇聚层。

（3）由用于连接用户的低端交换机等构成的接入层。

在上述网络结构介绍中，层次局域网结构和层次广域网结构就是层次化网络设计模型分别在局域网和广域网设计中的应用。随着用户不断增多，网络复杂度不断增大，层次化网络设计模型成为位于网络主流的园区网络的经典模型。

采用层次化网络设计模型进行设计工作，具有以下优点。

（1）使用层次化模型可以使网络成本降到最低，通过在不同层次设计特定的网络互连设备，可以避免为各层中不必要的特性花费过多的资金。层次化模型可以在不同层次进行更精细的容量规划，从而减少带宽浪费。同时，层次化模型可以使网络管理产生层次性，不同层次的网络运行管理人员的工作职责也不同，培训规模和管理成本也不同，从而减少控制管理成本。

（2）层次化设计模型在设计中可以采用不同层次上的模块化，模块就是层次上的设备及连接集合，这使得每个设计元素简化并易于理解，并且网络层次间交界点也很容易识别，使得故障隔离得到提高，保证了网络的稳定性。

（3）层次化设计使网络的改变变得更加容易，当网络中的一个网元需要改变时，升级的成本限制在整个网络中很小的一个子集中，对网络的整体影响达到最小。

2.　三层模型

层次化模型中最为经典的是三层模型，该模型允许在 3 个层次的路由或交换层上实现流量汇聚和过滤，这使得三层模型的规模可以从中小型公司的网络扩充到大型的国际因特网络。

三层模型主要将网络划分为核心层、汇聚层和接入层，每一层都有着特定的作用。核心层提供不同区域或者下层的高速连接和最优传送路径；汇聚层将网络业务连接到接入层，并且实施与安全、流量负载和路由相关的策略；接入层为局域网接入广域网或者终端用户访问网络提供接入。

（1）核心层设计要点。核心层是因特网络的高速骨干，由于其重要性，在设计中应该采用冗余组件设计，使其具备高可靠性，能快速适应变化。

在设计核心层设备的功能时，应尽量避免使用数据包过滤、策略路由等降低数据包转发处理的特性，以优化核心层获得低延迟和良好的可管理性。

核心层应具有有限的和一致的范围，如果核心层覆盖的范围过大，连接的设备过多，必然引起网络的复杂度加大，导致网络管理性降低。同时，如果核心层覆盖的范围不一致，必然导致大量处理不一致情况的功能都在核心层网络设备中实现，会降低核心网络设备的性能。

对于需要连接因特网和外部网络的网络工程来说，核心层应包括一条或多条连接到外部网络的连接，这样可以实现外部连接的可管理性和高效性。

（2）汇聚层设计要点。汇聚层是核心层和接入层的分界点，应尽量将出于安全性原因对资源访问的控制、出于性能原因对通过核心层流量的控制等都在汇聚层实施。

为了保证层次化的特性，汇聚层应该向核心层隐藏接入层的详细信息，例如，不管接入层划分了多少个子网，汇聚层向核心层路由器进行路由宣告时，仅会宣告多个子网地址汇聚而形成的一个网络。另外，汇聚层也会对接入层屏蔽网络其他部分的信息，例如汇聚层路由器可以不向接入路由器宣告其他网络部分的路由，而仅仅向接入设备宣告自己是默认路由。

为了保证核心层连接运行不同协议的区域，各种协议的转换都应在汇聚层完成。例如，局域网络中运行了传统以太网和弹性分组环网的不同汇聚区域；运行了不同路由算法的区域，可以借助于汇聚层设备完成路由的汇总和重新发布。

（3）接入层设计要点。接入层为用户提供了在本地网段访问应用系统的能力，接入层要解决相邻用户之间的互访需要，并且为这些访问提供足够的带宽。

接入层还应该适当负责一些用户管理功能，包括地址认证、用户认证和计费管理等内容。

接入层还负责一些信息的用户信息收集工作，例如用户的 IP 地址、MAC 地址和访问日志等信息。

3. 层次化设计的原则

层次化网络设计应该遵循一些简单的原则，这些原则可以保证设计出来的网络更加具有层次的特性。

（1）在设计时，设计者应该尽量控制层次化的程度，一般情况下，有核心层、汇聚层和接入层 3 个层次就足够了，过多的层次会导致整体网络性能的下降，并且会提高网络的延迟，同时也不方便网络故障排查和文档编写。

（2）在接入层应当保持对网络结构的严格控制，接入层的用户总是为了获得更大的外部网络访问带宽而随意申请其他的渠道访问外部网络，这是不允许的。

（3）为了保证网络的层次性，不能在设计中随意加入额外连接，额外连接是指打破层次性，在不相邻层间的连接，这些连接会导致网络中的各种问题，例如缺乏汇聚层的访问控制和数据报过滤等。

（4）在进行设计时，应当首先设计接入层，根据流量负载、流量和行为的分析对上层进行更精细的容量规划，再依次完成各上层的设计。

（5）除了接入层的其他层次以外，应尽量采用模块化方式，每个层次由多个模块或者设备集合构成，每个模块间的边界应非常清晰。

12.6.3　网络冗余设计

网络冗余设计允许通过设置双重网络元素来满足网络的可用性需求，冗余降低了网络的单点失效，其目标是重复设置网络组件，以避免单个组件的失效而导致应用失效。这些组件可以是一台核心路由器、交换机，可以是两台设备间的一条链路，可以是一个广域网连接，可以是电源、风扇和设备引擎等设备上的模块。对于某些大型网络来说，为了确保网络中的信息安全，在独立的数据中心之外还设置了冗余的容灾备份中心，以保证数据备份或者应用在故障下的切换。

在网络冗余设计中，对于通信线路常见的设计目标主要有两个：一个是备用路径，另外一个是负载分担。

1．备用路径

备用路径主要是为了提高网络的可用性。当一条路径或者多条路径出现故障时，为了保障网络的连通，网络中必须存在冗余的备用路径。备用路径由路由器、交换机等设备之间的独立备用链路构成，一般情况下，备用路径仅仅在主路径失效时投入使用。

在设计备用路径时主要考虑以下因素。

（1）备用路径的带宽。备用路径带宽的依据，主要是网络中重要区域、重要应用的带宽需要，设计人员要根据主路径失效后哪些网络流量不能中断来形成备用路径的最小带宽需求。

（2）切换时间。切换时间是指从主路径故障到备用路径投入使用的时间，切换时间主要取决于用户对应用系统中断服务时间的容忍度。

（3）非对称。备用路径的带宽比主路径的带宽小是正常的设计方法，由于备用路径在大多数情况下并不投入使用，过大的带宽容易造成浪费。

（4）自动切换。在设计备用路径时，应尽量采用自动切换方式，避免使用手工切换。

（5）测试。备用路径由于长期不投入使用，对线路、设备上存在的问题不容易发现，应设计定期的测试方法，以便于及时发现问题。

2．负载分担

负载分担通过冗余的形式来提高网络的性能，是对备用路径方式的扩充。负载分担通过并行链路提供流量分担来提高性能，其主要的实现方法是利用两个或多个网络接口和路径来同时传递流量。

关于负载分担，在设计时主要考虑以下因素。

（1）当网络中存在备用路径、备用链路时，可以考虑加入负载分担设计。

（2）对于主路径、备用路径都相同的情况，可以实施负载分担的特例——负载均衡，也就是多条路径上的流量是均衡的。

（3）对于主路径、备用路径不相同的情况，可以采用策略路由机制，让一部分应用的流量分摊到备用路径上。

（4）在路由算法的设计上，大多数设备制造厂商实现的路由算法都能够在相同带宽的路径上实现负载均衡，甚至于部分特殊的路由算法，例如在 IGRP 和增强 IERP 中，可以根据主路径和备用路径的带宽比例实现负载分担。

12.6.4　广域网络技术

随着网络规模的不断发展，网络用户的流动性和地域分散特性不断增加。远程企业用户需要借助于特殊的接入方式实现对企业网络的访问，而城市的网络用户也需要借助于同样的技术实现对因特网络的访问，因此这些特殊的技术主要应用于城域网络，可以被称为城域网远程接入技术。

1. 传统的 PSTN 接入技术

PSTN 接入技术是较为经典的远程连接技术，通过在客户计算机和远程的拨号服务器之间分别安装调制解调器实现数字信号在模拟语音信道上的调制，通过公用电话网（PSTN）完成数据传输。

PSTN 接入的传输速率较低，目前常见的速率是 33.6kbps 或者 56kbps。其中 33.6kbps 双向传输速率相同，而 56kbps 双向传输速率不均衡，上行为 33.6kbps。下行为 56kbps。同时，PSTN 的接入速率还要受调制解调器性能和电话线路质量的影响。

PSTN 接入技术主要使用两种协议，分别为 PPP 和 SLIP，其中，SLIP 只能为 TCP/IP 协议提供传输通道，而 PPP 可以为多种网络协议族提供传输通道。因此，PPP 协议也是应用最广的协议。

设计 PPP 协议时需要考虑到口令认证机制，PPP 协议支持两种类型的认证机制，分别为口令认证协议（PAP）和应答握手认证协议（CHAP）。其中，PAP 协议在进行认证时用户的口令以明文方式进行传递，而 CHAP 则利用三次握手和一个临时产生的可变应答值来验证远程节点，因此，在实际应用中应尽量使用 CHAP 作为 PPP 协议的认证机制。

在设计 PSTN 接入时，需要在网络中添加远程访问服务器（RAS），通常是带有拨号服务功能的路由器。这些路由器可以配置内置 Modem 的拨号模块，也可以通过普通模块连接外置 Modem 池实现。RAS 除了可以在自身存储静态的用户名和密码之外，还可以借助于 RADIUS、TACACS 等服务完成对动态用户与口令库的访问，如图 12-17 所示。

2. 综合业务数据网

综合业务数据网（ISDN）是由地区电话服务供应商提供的数字数据传输业务，支持在电话线上传输文本、图像、视频、音乐、语音和其他的媒体数据。在 ISDN 上使用 PPP 协议，以实现数据封装、链路控制、口令认证和协议加载等功能。

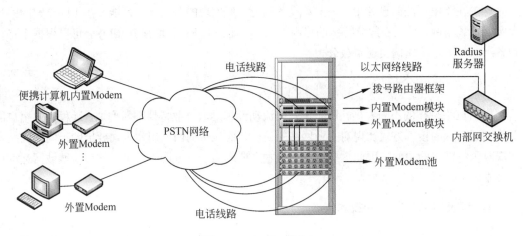

图 12-17   PSTN 接入

ISDN 提供的电路包括 64kbps 的承载用户信息信道（B 信道）和承载控制信息信道（D 信道），同时 ISDN 提供了两种用户接口，分别为基本速率接口和基群速率接口。

基本速率接口主要用于个人用户的远程接入，基群速率接口主要用于企业或者团体的接入，如图 12-18 所示。在个人接入中，通过运营商端 ISDN 交换机提供的接口实现计算机信号和语音信号的分离，计算机信号通过 PRI 接口经路由器进入网络；在企业接入中，两端的路由器通过带有 PRI 接口的路由器互连，完成了两个网络的连接。

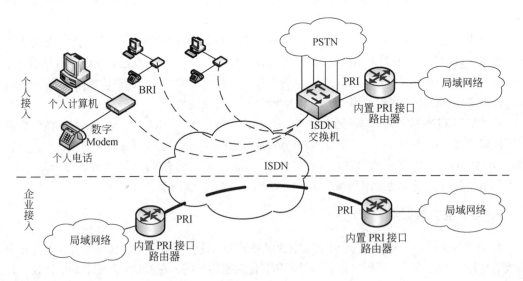

图 12-18   ISDN 接入

3. 线缆调制解调器接入

线缆调制解调器运行在有线电视（CATV）使用的同轴电缆上，可以提供比传统电话线更高的传输速率，典型的 CATV 网络系统提供 25～50Mbps 的下行带宽和 2～3Mbps 的上行带宽。同时，线缆调制解调器的另一个优势是不需要拨号就能实现远程站点访问。

线缆调制解调器需要对传统的单向 CATV 网络进行双向改造形成数字业务网络，可以采用双缆方式（一根上行、一根下行）和单缆方式（高频下行、低频上行）。运营商通常采用混合光纤/铜缆（Hybrid Fiber/Coax，HFC）系统将 CATV 网络和运营商的高速光纤网络连接在一起。HFC 系统使用户能将计算机或者小型局域网连接到用户的同轴电缆上高速地访问因特网或使用 VPN 软件接入到企业网络。

使用线缆调制解调器远程接入必须依赖于运营商一端的线缆调制解调器终结设备（CMTS），该设备向大量的线缆调制解调器提供高速连接。多数运营商都会借助于通用的宽带路由器来实现 CMTS 功能，这些路由器安装在运营商的电缆服务头端，同时提供计算机网络和 PSTN 网络的连接。

如图 12-19 所示，CMTS 的以太口可以直接与以太网相连，同时通过中继线路连接 PSTN 网络，将双向的网络和语音信号调制形成上行和下行的模拟信号，单向的有线电视下行信号以频分复用合入下行信号中。在 HFC 区域中，借助于光收发器、光电转换器等设备完成信号的中继和传递，通常光纤采用双纤，电缆采用单缆；客户端采用 Cable Modem 相连，并分解出有线电视、计算机网络和电话信号。

4. 数字用户线路远程接入

数字用户线路（Digital Subscriber Line，DSL）允许用户在传统的电话线上提供高速的数据传输，用户计算机借助于 DSL 调制解调器连接到电话线上，通过 DSL 连接访问因特网或者企业网络。

DSL 采用尖端的数字调制技术，可以提供比 ISDN 快得多的速率，其实际速率取决于 DSL 的业务类型和很多物理层因素，例如电话线的长度、线径、串扰和噪音等。

DSL 技术存在多种类型，以下是常见的技术类型。

- ADSL：非对称 DSL，用户的上、下行流量不对称，一般具有 3 个信道，分别为 1.544～9Mbps 的高速下行信道，16～640kbps 的双工信道，64kbps 的语音信道。
- SDSL：对称 DSL，用户的上、下行流量对等，最高可以达到 1.544Mbps。
- ISDN DSL：介于 ISDN 和 DSL 之间，可以提供最远距离为 4600～5500m 的 128kbps 双向对称传输。

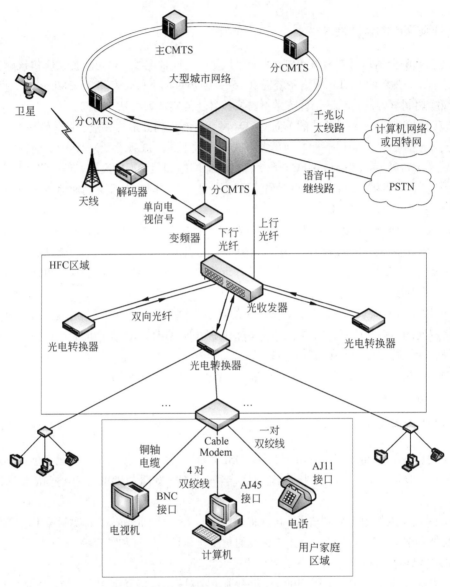

图 12-19　线缆调制解调器远程接入

- HDSL：高比特率DSL，是在两个线对上提供1.544Mbps或在三个线对上提供2.048Mbps 对称通信的技术，其最大特点是可以运行在低质量线路上，最大距离为3700~4600m。
- VDSL：甚高比特率DSL，一种快速非对称DSL业务，可以在一对电话线上提供数据 和语音业务。

　　在这些技术中，ADSL 的应用范围最广，已经成为城域网接入的主要技术。

　　ADSL 接入需要的设备有接入设备（局端设备 DSLAM 和用户端设备 ATU-R）、用户线路和管理服务器。其中，DSLAM 作为 ADSL 的局端收发传送设备，主要由运营商提供，为 ADSL 用户端提供接入和集中复用功能，同时提供不对称数据流的流量控制，用户可以通过 DSLAM 接入到 IP 等数据网和传统的语音电话网；用户端设备 ATU-R 实现 POTS 语音与数据的分离，完成用户端 ADSL 数据的接收和发送，即 ADSL Modem。ADSL 采用双绞线作为承载媒介，语音与数据信号同时承载在双绞线上，无须对现有的用户线路进行改造，有利于宽带业务的扩展。管理服务器主要是宽带接入服务器（BRAS），除了能够提供 ADSL 用户接入的终结、认证、计费和管理等基本 BRAS 业务外，还可以提供防火墙、安全控制、NAT 转换、带宽管理和流量控制等网络业务管理功能，如图 12-20 所示。

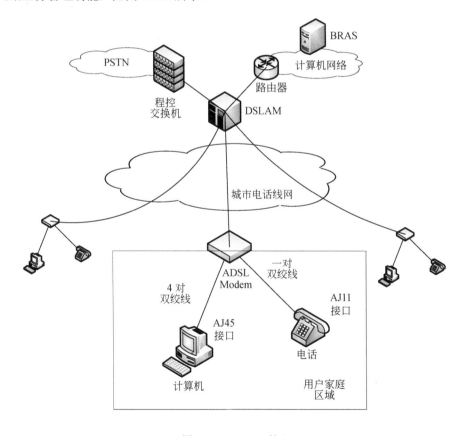

图 12-20　ADSL 接入

在选择城域网远程接入技术时，主要是依据现有城域网的建设情况，并适当考虑租用经费。一般来说，城域网的远程接入主要是由电信运营商提供，设计人员需要根据远程用户的分布、用户是否需要形成专用网络、运营商的线路铺设和租赁费用等情况，与电信运营商技术服务人员进行协商和讨论，形成最终接入方案。

12.6.5 广域网互连技术

1．数字数据网

数字数据网络（Digital Data Network，DDN）是一种利用数字信道提供数据信号传输的数据传输网，是一个半永久性连接电路的公共数字数据传输网络，为用户提供了一个高质量、高带宽的数字传输通道。

DDN 采用同步时分复用，对各层协议透明，因此 DDN 支持任何的传输规程；DDN 不具备交换功能，以点对点方式实现半永久性的电路连接，传输延时小；DDN 采用数字信道传输数据信号，与传输的模拟信号相比，具有传输质量高、速度快、带宽利用率高等优点；DDN 的传输安全可靠，由于采用多路由的网状拓扑结构，单个节点的失效不会导致整个线路的中断。

DDN网络实行分级管理，其网络结构按网络的组建、运营、管理、维护的责任地理区域可以分为一级干线网、二级干线网和本地网三级。一级干线网由设置在各省、自治区和直辖市的节点组成，二级干线网由设置在省内的节点组成，本地网是指城市范围内的网络，由这些网络提供全国范围内的电路连接服务。

利用 DDN 网络实现局域网互联时，必须借助于路由器和 DDN 网络提供的数据终端设备 DTU。DTU 其实是 DDN 专线的调制解调器，直接和 DDN 网络通过专线连接，如图 12-21 所示。

图 12-21　利用 DDN 实现局域网互连

DDN 网络可以为两个终端用户网络之间提供带宽最低为 9.6kbps、最高为 2Mbps 的数据业务。虽然面临各种新型传输技术的挑战，但由于 DDN 可以为任何信号和传输协议提供透明传递，至今为止 DDN 仍在广域网互连技术应用中占据一席之地。

2. SDH

SDH（Synchronous Digital Hierarchy，同步数字体系）是一种将复接、线路传输及交换功能融为一体，并由统一网管系统操作的综合信息传送网络，前身是美国贝尔通信技术研究所提出来的同步光网络（SONET）。SDH 可实现网络的有效管理、实时业务监控、动态网络维护、不同厂商设备间的互通等多项功能，能大大提高网络的资源利用率、降低管理及维护费用，实现灵活可靠和高效的网络运行与维护，因此也是当前最主要的运营商基础设施网络。

SDH 网络是基于光纤的同步数字传输网络，采用分组交换和时分复用（TDM）技术，主要由光纤和挂接在光纤上的分插复用器（ADM）、数字交叉连接（DXC）、光用户环路载波系统（OLC）构成网络的主体，整个网络中的设备由高准确度的主时钟统一控制。SDH 网络基本的运行载体是双向运行的光纤环路，可根据需要采用单环、双环或者多环结构。SDH 支持多种网络拓扑结构，组网方式非常灵活，如图 12-22 所示。

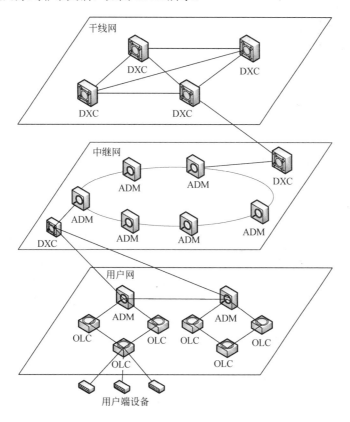

图 12-22　SDH 网结构

SDH 采用的信息结构等级称为同步传送模块 STM-N（Synchronous Transport，N=1，4，16，64），最基本的模块为 STM-1，4 个 STM-1 同步复用构成 STM-4，16 个 STM-1 或 4 个 STM-4 同步复用构成 STM-16。STM-1 的传输速率为 155.520Mbps，而 STM-4 的传输速率为 4×155.520= 622.080Mbps，STM-16 的传输速率为 16×155.520=2 488.320Mbps，并依此类推。SDH 同时也可以提供 E1、E3 等传统传输速率服务。

SDH 是主要的广域网互联技术，利用运营商的 SDH 网络实现互连，可以采用两种方式，分别是 IP OVER SDH 和 PDH 兼容方式。

（1）IP over SDH。即以 SDH 网络作为 IP 数据网络的物理传输网络，并使用链路适配及成帧协议（PPP）对 IP 数据包进行封装，然后按字节同步的方式把封装后的 IP 数据包映射到 SDH 的同步净荷封装中进行连续传输。IP over SDH 为 IP 网络设备提供的接口主要是 POS（Packet Over SONET/SDH）接口，该接口可以提供 STM-1 及其以上的传输速率。

（2）准同步数字系列（Plesiochronous Digital Hierarchy，PDH）兼容方式。由于单纯的 SDH 网络只能提供 STM-1 以上的传输速率，而大多数用户并不需要这么高的数据传输速率，因此 SDH 提供了对传统 PDH 的兼容方式。这种方式在 SDH 中的最低速率同步传输模块 STM-1 中封装了 63 个 E1 信道，可以最多同时向 63 个用户提供 2Mbps 的接入速率。PDH 兼容方式可以提供两种方式的接口：一是传统 E1 接口，例如路由器上的 G.703 转 V35 接口；另一个是封装了多个 E1 信道的 CPOS（Channel POS），路由器通过一个 CPOS 接口接入 SDH 网络，并通过封装的 E1 信道连接多个远程站点。

以上借助于 SDH 网络实现局域网络互联的各种方式如图 12-23 所示。

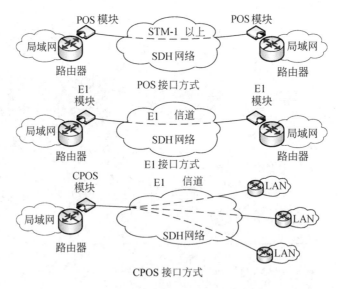

图 12-23　利用 SDH 网络实现局域网互连

无论是 IP over SDH 方式还是 PDH 兼容方式，运营商都可以将线路转换成以太网络链路，以便向用户提供应用更为普遍、成本更加低廉的以太网络接口。其中较为常见的是将多条 E1 信道转换成为以太网，例如两个局域网络之间通过 4 条 E1 信道互联，客户端的光端机或者转换设备将 4 条 E1 信道转换成十兆的以太网线路，如图 12-24 所示。

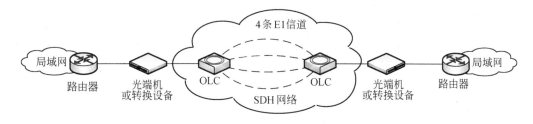

图 12-24　SDH 与以太网转换

3．MSTP

由于具有可靠的业务保护能力，SDH 技术已经成为城域传输网的一种经典选择，但是 SDH 也存在包括带宽瓶颈、多层网络结构指配过于复杂以及支持业务单一等诸多问题，尤其是对可变速率业务的支持方面。SDH 技术对于固定速率的业务（如传统话音业务），很容易将其适配到固定容量通道中，但对于可变速率 VBR 业务和任意速率业务，SDH 则显得不够灵活，特别是传送效率不高。欧洲、东亚及印度的一些运营商已经在新建网络（特别是城域网）中完全摒弃 SDH 技术体系，但是目前国内的 SDH 网络已经庞大得让传统的电信运营商无法从容、坦然地弃之而去，因此被称为下一代 SDH 的 MSTP 应运而生。

基于 SDH 的多业务传送平台（Multi-Service Transport Platform，MSTP）是指基于 SDH 平台同时实现 TDM、ATM、以太网等业务的接入、处理和传送，提供统一网管的多业务节点。基于 SDH 的多业务传送节点除应具有标准 SDH 传送节点所具有的功能外，还具有以下主要功能特征。

（1）具有 TDM 业务、ATM 业务或以太网业务的接入功能。

（2）具有 TDM 业务、ATM 业务或以太网业务的传送功能，包括点到点的透明传送功能。

（3）具有 ATM 业务或以太网业务的带宽统计复用功能。

（4）具有 ATM 业务或以太网业务映射到 SDH 虚容器的指配功能。

MSTP 在网络互连领域主要用于企业用户网络建设和用户接入补充，其中，企业用户网络建设直接体现了 MSTP 多种业务接入、点到多点的透明传送功能。企业客户网络数量较多，地点分布零散，业务需求各不相同，如果把所有企业专网纳入统一的 SDH 传输平台，则投资成本过高。用户可针对企业网络业务的种类、数量并考虑到服务等级、投资成本等因素，分期、分层对企业网络进行优化、改造，在部分企业专网中引入 MSTP 设备，采用环型和星型网络拓扑结合的方式逐步实现对不同等级客户的不同服务质量保障。MSTP 平台可以提供 SDH 网络提供的所有传输带宽，并且能够实现多个网络部分之间共享传输带宽。

具体的建设方案如下：将企业网络服务平台划分为核心层和接入层，将业务发展良好、业务集中、业务种类复杂的企业专网和重点企业用户纳入核心层。通过对光缆线路资源进行优化，在核心层引入 MSTP 设备组成环网，建立专有的重要企业业务平台，提供丰富的业务种类和可定制服务（ATM、Ethernet 以及 2M 专线等业务），网络的结构、容量、管理和发展均以满足重点企业业务的开展为基准。将业务数量少、业务种类较单一、节点多且分布零散的企业分支机构及小型企业纳入接入层。出于成本考虑，接入层仍保持星型组网或光纤直连方式，今后可根据客户业务的发展逐步进行改造。

图 12-25 是利用 MSTP 技术实现一个企业不同局域网络之间连接的示例。MSTP 设备借助于 SDH 网络提供的链路形成 MSTP 业务环，企业的不同局域网借助于路由器之间接入到 MSTP 设备的以太网接口。这些企业网络所有的局域网之间的连接并不需要占用多个 SDH 信道，而是共享一个传统 SDH 信道的带宽，通过这种方式，可以避免企业网络连接对 SDH 网络资源的大量浪费。同时，由于各个局域网络之间访问的透明性、随机性和不确定性，企业用户的网络感受和传统 SDH 互连方式区别不大。

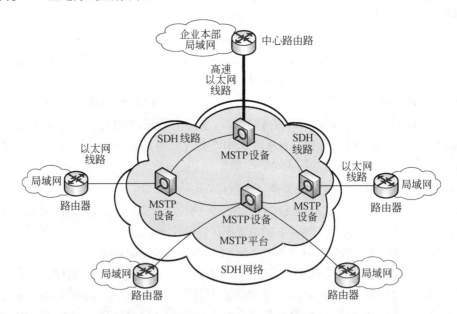

图 12-25　利用 MSTP 平台实现局域网互连

4. 传统 VPN 技术

虚拟专用网是通过公共网络实现远程用户或远程局域网之间的互连，主要采用隧道技术，让报文通过 Internet 或其他商用网络等公共网络进行传输。由于隧道是专用的，使得通过公共网络的专用隧道进行报文传输的过程和通过专用的点对点链路进行报文传输的过程非常相似，由于公共网络可以同时具有多条专用隧道，因而就可以同时实现多组点对点报文传输。

传统的 VPN 技术主要是基于实现数据安全传输的协议来完成，主要包括两个层次的数据安全传输协议，分别为二层协议和三层协议。二层协议主要是对传统拨号协议 PPP 的扩展，通过定义多协议跨越第二层点对点链接的一个封装机制来整合多协议拨号服务至现有的因特网服务供应商，保证分散的远程客户端通过隧道方式经由 Internet 等网络访问企业内部网络。其典型协议为 L2TP，主要用于利用拨号系统实现远程用户安全接入企业网络。三层协议主要定义了在一种网络层协议上封装另一个协议的规范，通过对需要传递的业务数据的网络层分组进行封装，封装后的分组仍然是一个网络层分组，可以在 VPN 寄生的网络上进行传递，使得各个 VPN 部分之间可以借助于隧道进行通信。典型的三层协议包括 IPSec 和 GRE，其中，IPSec 主要是在 IP 协议上实现封装，GRE 是一种规范，可以适用于多种协议的封装。

基于三层协议的 VPN 技术主要用于企业各局域网络之间的连接，分为点对点方式和中心辐射状方式，如图 12-26 所示。在点对点方式（Point-to-Point）下，两个分支局域网络边界上

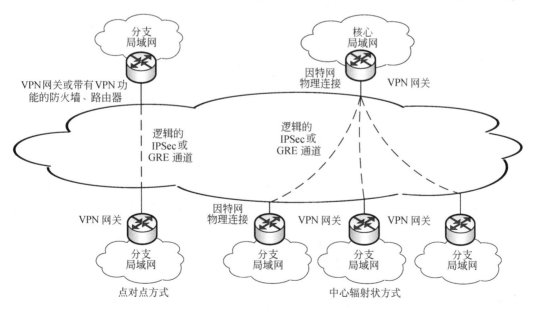

图 12-26　利用三层 VPN 技术实现局域网络互连

部署 VPN 网关或者是带有 VPN 功能的防火墙、路由器，这些 VPN 网关通过物理链路接入因特网，并由 IPSec 协议或 GRE 协议形成两个路由器之间的逻辑隧道，实现局域网络之间的数据传递；在中心辐射状方式（Hub-and-Spoke）下，核心局域网和各分支局域网的边界上都部署 VPN 网关，核心局域网路由器和每个分支局域网路由器之间建立逻辑隧道，完成多个局域网分支的互连，分支局域网之间的访问需要经过中心局域网的转发。

5. MPLS VPN 技术

MPLS 用定长的标签来封装分组，在各种链路层（如 PPP、ATM、帧中继和以太网等）服务的基础上在网络层提供面向连接的服务。MPLS 支持各种路由协议和控制协议，也支持基于策略的约束路由，路由功能强大、灵活，可以满足各种新应用对网络的要求。

MPLS 技术主要是为了提高路由器转发速度而提出的，其核心思想是利用标签交换取代复杂的路由运算和路由交换。该技术实现的核心就是在 IP 数据包之外封装一个 32 位的 MPLS 包头。MPLS 体系中的各个路由设备将根据 MPLS 包头中的标签进行转发，而不是传统方式下根据 IP 包头中的目标地址来转发。MPLS 标签栈可以无限嵌套，从而提供无限的业务支持能力，而 MPLS VPN 就是一个典型的标签嵌套应用。

MPLS VPN 是在网络路由和交换设备上应用 MPLS 技术，简化核心路由器的路由选择方式，结合传统路由技术的标记交换实现的 IP 虚拟专用网络，可用来构造合适带宽的企业网络、专用网络，满足多种灵活的业务需求。采用 MPLS VPN 技术可以把现有的 IP 网络分解成逻辑上隔离的网络，用于解决企业网互连和政府部门网络间的互连，也可以用来提供新的业务，为解决 IP 网络地址不足、QoS 需求和专用网络需求提供较好的解决方案，因此也成为新型电信运营商提供局域网络互连服务的主要手段。

一个典型的 MPLS VPN 承载平台如图 12-27 所示。承载平台上的设备主要由各类路由器组成，这些路由器在 MPLS VPN 平台中的角色各不相同，分别被称为 P 设备、PE 设备、CE 设备。P（Provider Router）路由器是 MPLS 核心网中的路由器，这些路由器只负责依据 MPLS 标签完成数据包的高速转发；PE（Provider Edge Router）路由器是 MPLS 核心网上的边缘路由器，与用户的 CE 路由器互连，PE 设备负责待传送数据包的 MPLS 标签的生成和弹出，负责将数据包按标签发送给 P 路由器或接收来自 P 路由器的包含标签的数据包，PE 路由器还将发起根据路由建立交换标签的动作；CE（Custom Edge）路由器是直接与电信运营商相连的用户端路由器，该设备上不存在任何带有标签的数据包，CE 路由器将用户网络的信息发送给 PE 路由器，以便于在 MPLS 平台上进行路由信息的处理。

如图 12-27 所示，一个企业可以借助于 MPLS VPN 承载平台将由不同 CE 路由器连接的局域网络互连起来形成一个完整的企业网络。在这个 MPLS VPN 平台上，可以存在多个企业网络，这些网络之间除非特殊设置，否则相互之间是逻辑隔离的，不同企业网络之间不能直接互访。用户网络只需要提供 CE 路由器，并连接到 PE 路由器，由平台管理员完成 VPN 的互连工作。

PE 路由器可以同时和多个 CE 路由器建立物理连接，也可以借助于支持 MPLS 协议的交换机通过 VLAN 技术实现和多个 CE 路由器的互连，从而保证多个用户网络的接入。

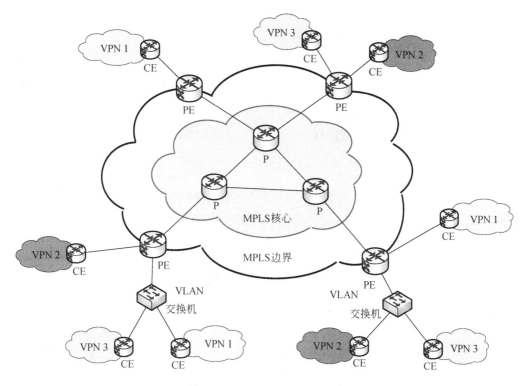

图 12-27　MPLS VPN 承载平台

12.6.6　安全运行与维护

1. 信息安全风险评估工作

1）风险评估的对象

安全风险评估的对象如下。

- 网络结构。
- 网络系统及设备。
- 应用系统。
- 管理制度。
- 人员意识与技能。

- 安全产品和技术应用状况。
- 安全事件处理能力。

2）评估方法

评估方法如下。

- 安全管理审计。
- 工具扫描。
- 网络架构评估。
- 应用系统评估。
- 主机设备和平台安全配置检查。
- 渗透测试和分析。

3）评估要求

安全风险评估服务是网络安全服务的一个重要环节，每年应进行一次信息安全风险评估。为避免出现重大的安全漏洞和隐患，可以在自行评估的基础上定期或不定期地委托具备资格的信息安全风险评测机构进行评估。

2. 应急服务

1）应急响应

应急响应应达到以下要求。

- 设立应急响应中心，合理安排应急响应人员；
- 应针对各种可能情况制定合理的应急响应预案；
- 应制定详细合理的应急响应计划。

应急预案的执行单位可由网络管理中心相关部门执行，也可委托公司、大学或研究机构完成。受委托单位应是具有相关安全资质的中资机构。

2）应急预案的制定

为保证在发生各种信息安全事件情况下能够从容处理并解决安全事件，要求制定应急预案。制定应急响应预案首先应建立应急处理工作小组，负责预案的落实，并且保证预案的传达与实施，应急预案要在相关部门或上级部门进行备案。预案的制定应符合以下要求。

- 应急预案应根据电子政务网实际情况制定，必须切实有效，可操作性强；
- 应急预案的制定和实施中明确各个部门的职责，责任落实到岗、到人；
- 确定应急事件的风险优先次序，对于高风险的应急事件，优先制定应急预案；
- 全面分析系统运行、信息内容和网络的管理与控制等方面的安全威胁；
- 完善应急预案所需的备用资源，包括备用的软件、设备以及人员；
- 对每种应急事件建立应急响应流程；

- 不能判断事件发生原因时，一定要保留现场，保留痕迹，以便追查原因；
- 重大事件要上报有关部门，直至追究行政或刑事责任；
- 对预想到的事件要事先积极采取管理和技术措施尽早解决；
- 应急预案应经常进行培训和演练。

3）应急预案的内容

应急预案应包括以下内容。

- 标题。包括应急事件的名称、事件编号以及事件处理的优先等级。
- 事件描述。包括应急事件发生的背景、现象、可能的影响以及影响范围。
- 涉及范围。包括应急处理工作组人员与部门职责。
- 处理概述。包括描述事件处理的主要环节和要点。
- 处理流程。包括用流程图简述处理过程。
- 流程说明。包括针对流程图的每个步骤，详细描述涉及的具体人员、操作对象（如设备端口号、IP 地址、主机名、文件名、备份介质编号与存放地点等）、操作命令和使用的工具等。
- 演练计划。包括预演环境的建立、参与人员、时间与地点，对上述处理流程实际操作，验证预案的合理性，增强时间处理的熟练与可靠性。
- 参与人员。包括编制人、预案人与审批人，以及需要抄送的部门。

4）应急预案的流程

安全事件应急处理的标准流程如图 12-28 所示。

5）应急响应步骤

安全事件或事故发生后，应急中心根据应急预案进行更具体的应急响应步骤。当入侵或破坏发生时，对应的处理步骤如下。

（1）保护或恢复计算机、网络服务的正常工作，进行应急准备。

- 为一个突发事件的处理取得管理方面支持；
- 组建事件处理队伍（1～10 人）；
- 提供易实现的初步报告。

（2）追查入侵者，识别事件（判定安全事件类型）。

- 初步评估，确定事件来源；
- 保护可追查的线索，立即在磁带上或其他不联机存储设备上备份日志数据。

（3）抑制缩小事件的影响范围。

- 确定系统继续运行的风险如何，决定是否关闭系统及其他措施；
- 根据需求制定相应的应急措施。

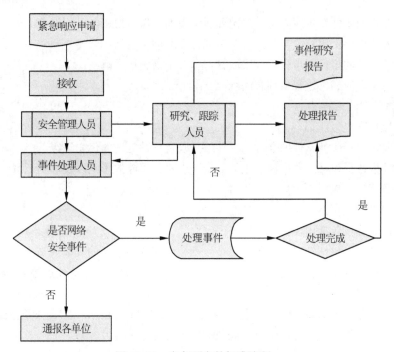

图 12-28　应急预案的标准流程

（4）解决、恢复以及跟踪问题。

* 事件的起因分析、取证追查；
* 漏洞分析、后门检查；
* 提供解决方案，将结果提交专家小组或上级领导审核。

（5）后续工作。

* 检查是不是所有的服务都已经恢复；
* 攻击者所利用的漏洞是否已经解决；
* 其发生的原因是否已经处理；
* 保险措施、法律声明等手续是否已经归档；
* 应急响应步骤是否需要修改；
* 生成紧急响应报告；
* 拟定一份事件记录和跟踪报告；
* 输入专家信息知识库。

3. 安全监控与管理服务

（1）部署要求。安全监控与管理是通过统一集中的安全管理机制来总体配置、调控整

个网络多层面、分布式的安全系统，提高安全预警能力，加强安全应急事件的处理能力，
应符合以下要求。

- 以分布式的体系架构来实现监测和管理功能，在省电子政务网核心局域网以及市、州
政务网络中心分别部署两级监控管理中心。
- 每一级设置独立的数据库，下级网管能够主动或被动地将部分或全部数据上传到上级
系统。
- 上级管理节点能对下级管理节点进行配置和监测数据同步，支持上级管理节点对下级
管理节点的远程管理。
- 管理功能集成于一个管理平台，统一于一个管理图形界面。
- 可监测和管理网络、应用系统和运行环境，形成一套统一的网络与应用系统状态管理
体系。

（2）监控功能要求。监控功能应符合以下要求。

- 应能够采集网络设备、安全设备、服务器和应用系统等的运行状态、性能、故障和事
件信息。
- 应能对安全事件进行过滤、关联分析和告警。
- 应能对网络、主机、数据库、中间件、安全设备和应用系统等 IT 资产进行集中、统一
管理。
- 安全事件处理和风险分析功能。
- 可以统计分析所有事件、风险、通知、资产和其他资源，能够创建报表。

（3）管理功能应符合以下要求。

- 运行值班管理。
- 事件告警处理。
- 运行维护管理。
- 设备辅助信息管理。
- 事件统计与运行考核管理。
- 告警事件处理知识管理。

（4）规模要求。大型网络需要部署安全监控与管理平台，中型网络的核心网络需要部署安
全监控与管理平台。

4. 其他安全服务

（1）定期安全巡检。大中型网络应每月进行一次巡检，旨在发现系统运行过程中是否有新
的风险出现，确定如何修补的方案，并对系统进行加固。

（2）安全加固服务。应当对网络平台中的重要应用服务器定期进行安全加固服务。在加固
之前需要进行安全评估，并针对安全评估后的结果修补系统的漏洞，加强系统的安全配置，进

行全面系统的加固工作。大中型网络宜每季度进行一次，小型网络应每半年进行一次。

（3）安全信息通告服务。网络平台，尤其是大型网络平台，应进行定期的安全信息通告服务。安全信息中应包括最新的安全公告、病毒信息和漏洞信息等内容。安全通告服务以邮件、电话和走访等方式将安全技术和安全信息及时传递给客户。

（4）安全培训。建立信息安全保障体系还要注重信息安全人才的教育与培养。信息安全的保障是靠人、技术和管理共同来实现的，人员的安全意识和安全技术水平将直接影响到整个信息安全系统的有效利用。

12.7　网络故障诊断与故障排除工具

网络环境越复杂，发生故障的可能性就越大，引发故障的原因也就越难确定。网络故障往往具有特定的故障现象，这些现象可能比较笼统，也可能比较特殊。利用特定的故障排除工具及技巧在具体的网络环境下观察故障现象，细致分析，最终必然可以查找出一个或多个引发故障的原因。一旦能够确定引发故障的根源，那么故障都可以通过一系列的步骤得到有效的处理。

12.7.1　网络故障诊断

在排除网络中出现的故障时，使用非系统化的方法可能会浪费大量宝贵的时间及资源，事倍功半，使用系统化的方法往往更为有效。系统化的方法流程如下：定义特定的故障现象，根据特定现象推断出可能发生故障的所有潜在问题，直到故障现象不再出现为止。

图 12-29 给出了一般故障排除模型的处理流程。这一流程并不是解决网络故障时必须严格遵守的步骤，只是为建立特定网络环境中故障排除的流程提供了基础。

（1）在分析网络故障时，要对网络故障有个清晰的描述，并根据故障的一系列现象以及潜在的症结来对其进行准确的定义。

如果要对网络故障做出准确的分析，首先应该了解故障表现出来的各种现象，然后确定可能会产生这些现象的故障根源或现象。例如，主机没有对客户端的服务请求做出响应（一种故障现象），可能产生这一现象的原因主要包括主机配置错误、网络接口卡损坏或路由器配置不正确等。

（2）收集有助于确定故障症结的各种信息。向受故障影响的用户、网络管理员、经理及其他关键人员询问详细的情况，从网络管理系统、协议分析仪的跟踪记录、路由器诊断命令的输出信息以及软件发行注释信息等信息源中收集有用的信息。

（3）依据所收集到的各种信息考虑可能引发故障的症结。利用所收集到的这些信息可以排除一些可能引发故障的原因。例如，根据收集到的信息也许可以排除硬件出现问题的可能性，于是就可以把关注的焦点放在软件问题上。并且，应该充分地利用每一条有用的信息，尽可能地缩小目标范围，从而制定出高效的故障排除方法。

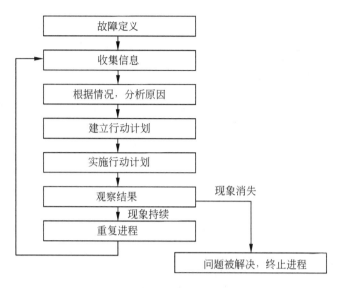

图 12-29　一般性故障问题的解决模型

（4）根据剩余的潜在症结制定故障的排查计划。从最有可能的症结入手，每次只做一处改动。

之所以每次只做一处改动，是因为这样有助于确定针对固定故障的排除方法。如果同时做了两处或多处改动，也许能排除故障，但是难以确定到底是哪些改动消除了故障现象，而且对日后解决同样的故障也没有太大的帮助。

（5）实施制定好的故障排除计划，认真执行每一步骤，同时进行测试，查看相应的现象是否消失。

（6）当做出一处改动时，要注意收集相应操作的反馈信息。通常应该采用在步骤（2）中使用的方法（利用诊断工具并与相关人员密切配合）进行信息的收集工作。

（7）分析相应操作的结果，并确定故障是否已被排除。如果故障已被排除，那么整个流程到此结束。

（8）如果故障依然存在，就得针对剩余的潜在症结中最可能的一个制定相应的故障排除计划。回到步骤（4），依旧每次只做一处改动，重复此过程，直到故障被排除为止。

如果能提前为网络故障做好准备工作，那么网络故障的排除也就变得比较容易了。对于各种网络环境来说，最为重要的是保证网络维护人员总能够获得有关网络当前情况的准确信息。只有利用完整、准确的信息才能够对网络的变动做出明智的决策，才能够尽快、尽可能简单地排除故障。因此，在网络故障的排除过程中，最为关键的是确保当前掌握的信息及资料是最新的。

对于每个已经解决的问题，一定要记录其故障现象以及相应的解决方案。这样，就可以建立一个问题/回答数据库，今后发生类似的情况时，公司里的其他人员也能参考这些案例，从而极大地降低对网络进行故障排除的时间，最小化对业务的负面影响。

12.7.2　网络故障排除工具

排除网络故障的常用工具有多种，总的来说可以分为三类：设备或系统诊断命令、网络管理工具以及专用故障排除工具。

1. 设备或系统诊断命令

许多网络设备及系统本身提供了大量的集成命令来帮助监视并对网络进行故障排除。一些常用的诊断命令如下。

- show：可以用于监测系统的安装情况与网络的正常运行状况，也可以用于对故障区域的定位。
- debug：帮助分离协议和配置问题。
- ping：用于检测网络上不同设备之间的连通性。
- trace：可以用于确定数据包在从一个设备到另一个设备直至目的地的过程中所经过的路径。

2. 网络管理工具

一些厂商推出的网络管理工具（如 Cisco Works、HP OpenView 等）都含有监测以及故障排除功能，这有助于对网络互联环境的管理和故障的及时排除。

3. 专用故障排除工具

在许多情况下，专用故障排除工具可能比设备或系统中集成的命令更有效。例如，在网络通信负载繁重的环境中，运行需要占用大量处理器时间的 debug 命令将会对整个网络造成巨大的影响。然而，如果在"可疑"的网络上接入一台网络分析仪，就可以尽可能少地干扰网络的正常工作，并且很有可能在不打断网络正常工作的情况下获取到有用的信息。下面为一些典型的用于排除网络故障的专用工具。

1）欧姆表、数字万用表及电缆测试器

欧姆表、数字万用表属于电缆检测工具中比较低档的一类。这类设备能够测量诸如交直流电压、电流、电阻、电容以及电缆连续性之类的参数。利用这些参数可以检测电缆的物理连通性。

电缆测试器（扫描器）也可以用于检测电缆的物理连通性。电缆测试器适用于屏蔽双绞线（STP）、非屏蔽双绞线（UTP）、10BaseT、同轴电缆及双芯同轴电缆等。通常，电缆测试器能够提供下述的任一功能。

- 测试并报告电缆状况，其中包括近端串音（near end crosstalk，NEXT）、信号衰减及噪音。
- 实现 TDR、通信检测及布线图功能。
- 显示局域网通信中媒体访问控制层的信息，提供诸如网络利用率、数据包出错率之类的统计信息，完成有限的协议测试功能（例如，TCP/IP 网络中的 ping 测试）。

对于光缆而言，也有类似的测试设备。由于光缆的造价及其安装的成本相对较高，因此在光缆的安装前后都应该对其进行检测。对光纤连续性的测试需要使用可见光源或反射计。光源应该能够提供 3 种主要波长（即 850nm、1300nm 和 1550nm）的光线，配合能够测量同样波长的功率计一起使用，便可以测出光纤传输中的信号衰减与回程损耗。

2）时域反射计与光时域反射计

电缆检测工具中比较高档的是时域反射计（Time Domain Reflectors，TDR），这种设备能够快速地定位金属电缆中的断路、短路、压接、扭结、阻抗不匹配及其他问题。

TDR 的工作原理基于信号在电缆末端的振动。电缆的断路、短路及其他问题会导致信号以不同的幅度反射回来，TDR 通过测试信号反射回来所需要的时间就可以计算出电缆中出现故障的位置。TDR 还可以用于测量电缆的长度。有些 TDR 还可以基于给定的电缆长度计算出信号的传播速度。

对于光纤的测试，则需要使用光时域反射计（Optical Time Domain Reflectors，OTDR）。OTDR 可以精确地测量光纤的长度、定位光纤的断裂处、测量光纤的信号衰减、测量接头或连接器造成的损耗。OTDR 还可以用于记录特定安装方式的参数信息（例如信号的衰减以及接头造成的损耗等）。以后当怀疑网络出现故障时，可以利用 OTDR 测量这些参数并与原先记录的信息进行比较。

3）断接盒、智能测试盘和位/数据块错误测试器

断接盒（breakout boxes）、智能测试盘和位/数据块错误测试器（BERT/BLERT）是用于测量 PC、打印机、调制解调器、信道服务设备/数字服务设备（CSU/DSU）以及其他外围接口数字信号的数字接口测试工具。这类设备可以监测数据线路的状态，捕获并分析数据，诊断数据通信系统中常见的故障。通过监测从数据终端设备到数据通信设备的数据通信，可以发现潜在的问题、确定位组合模式、确保电缆铺设结构的正确。这类设备无法测试诸如以太网、令牌环网及 FDDI 之类的媒体信号。

4）网络监测器

网络监测器能够持续不断地跟踪数据包在网络上的传输，能够提供任何时刻网络活动的精确描述或者一段时间内网络活动的历史记录。网络监测器不会对数据帧中的内容进行解码。网络监测器可以对正常运作下的网络活动进行定期采样，以此作为网络性能的基准。

网络监测器可以收集诸如数据包长度、数据包数量、错误数据包的数量、连接的总体利用率、主机与 MAC 地址的数量、主机与其他设备之间的通信细节之类的信息。这些信息可以用

于概括局域网的通信状况，帮助用户确定网络通信超载的具体位置、规划网络的扩展形式、及时地发现入侵者、建立网络性能基准、更加有效地分散通信量。

5）网络分析仪

网络分析仪（network analyzer）有时也称为协议分析仪（protocol analyzer），它能够对不同协议层的通信数据进行解码，以便于阅读的缩略语或概述形式表示出来，详细表示哪个层被调用（物理层、数据链路层等），以及每个字节或者字节内容起什么作用。

大多数的网络分析仪能够实现以下功能。

- 按照特定的标准对通信数据进行过滤，例如，可以截获发送给特定设备及特定设备发出的所有信息。
- 为截获的数据加上时间标签。
- 以便于阅读的方式展示协议层数据信息。
- 生成数据帧，并将其发送到网络中。
- 与某些系统配合使用，系统为网络分析仪提供一套规则，并结合网络的配置信息及具体操作，实现对网络故障的诊断与排除，或者为网络故障提供潜在的排除方案。

12.7.3　网络故障分层诊断

1. 物理层及其诊断

物理层是 OSI 分层结构体系中最基础的一层，它建立在通信媒体的基础上，实现系统和通信媒体的物理接口，为数据链路实体之间进行透明传输，为建立、保持和拆除计算机和网络之间的物理连接提供服务。

物理层的故障主要表现在设备的物理连接方式是否恰当，连接电缆是否正确。确定路由器端口物理连接是否完好的最佳方法是使用 show interface 命令，检查每个端口的状态，解释屏幕输出信息，查看端口状态、协议建立状态和 EIA 状态。

2. 数据链路层及其诊断

数据链路层的主要任务是使网络层无须了解物理层的特征而获得可靠的传输。数据链路层为通过链路层的数据进行打包和解包、差错检测和一定的校正能力，并协调共享介质。在数据链路层交换数据之前，协议关注的是形成帧和同步设备。查找和排除数据链路层的故障，需要查看路由器的配置，检查连接端口的共享同一数据链路层的封装情况。每对接口要和与其通信的其他设备有相同的封装。通过查看路由器的配置检查其封装，或者使用 show 命令查看相应接口的封装情况。

3. 网络层及其诊断

网络层提供建立、保持和释放网络层连接的手段，包括路由选择、流量控制、传输确认、中断、差错及故障恢复等。排除网络层故障的基本方法是沿着从源到目标的路径查看路由器路由表，同时检查路由器接口的 IP 地址。如果路由没有在路由表中出现，应该通过检查来确定是否已经输入适当的静态路由、默认路由或者动态路由。然后手工配置一些丢失的路由，或者排除一些动态路由选择过程的故障，包括 RIP 或者 IGRP 路由协议出现的故障。例如，对于 IGRP 路由选择信息只在同一自治系统号（AS）的系统之间交换数据，查看路由器配置的自治系统号的匹配情况。

4. 应用层及其诊断

应用层提供最终用户服务，如文件传输、电子信息、电子邮件和虚拟终端接入等。排除网络层故障的基本方法是首先在服务器上检查配置，测试服务器是否正常运行，如果服务器没有问题再检查应用客户端是否正确配置。

12.8　网络规划案例

12.8.1　案例 1

某学校在原校园网的基础上进行网络改造，网络方案如图 12-30 所示。其中，网管中心位于办公楼第三层，采用动态及静态结合的方式进行 IP 地址的管理和分配。

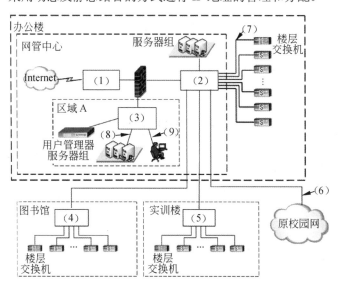

图 12-30　某校园网络改造方案

【问题 1】

设备选型是网络方案规划设计的一个重要方面，请用 200 字以内文字简要叙述设备选型的基本原则。

【问题 2】

从下表 12-8 中为图 12-30 中的（1）～（5）处选择合适的设备，将设备名称写在答题纸的相应位置。

表 12-8　设备表

设备类型	设备名称	数量	性 能 描 述
路由器	Router1	1	模块化接入，固定的广域网接口+可选广域网接口，固定的局域网接口 100/1000Base-T/TX
交换机	Switch1	1	交换容量：1.2T，转发性能：285Mpps，可支持接口类型：100/1000BaseT、GE、10GE，电源冗余：1+1
	Switch2	1	交换容量：140G，转发性能：100Mpps，可支持接口类型：GE，电源冗余：无，20 百/千兆自适应电口
	Switch3	2	交换容量：100G，转发性能：66Mpps，可支持接口类型：FE、GE，电源冗余：无，24 千兆光口

【问题 3】

为图 12-30 中的（6）～（9）处选择介质，填写在答题纸的相应位置。

备选介质：

千兆双绞线　　　百兆双绞线　　　双千兆光纤链路　　　千兆光纤

【问题 4】

请用 200 字以内文字简要叙述针对不同用户分别进行动态和静态 IP 地址配置的优点，并说明图中的服务器以及用户采用哪种方式进行 IP 地址配置（见表 12-9）。

表 12-9　IP 地址配置方式

	IP 地址配置方式
邮件服务器	（1）
网管 PC	（2）
学生 PC	（3）

【问题 5】

通常，有恶意用户采用地址假冒方式盗用 IP 地址，可以采用什么策略防止静态 IP 地址的盗用？

【问题 6】

（1）图 12-30 中的区域 A 是什么区？（请从以下选择）

　　A. 服务区　　　　　B. DMZ 区　　　　C. 堡垒主机　　　　D. 安全区

　　（2）学校网络中的设备或系统有存储学校机密数据的服务器、邮件服务器、存储资源代码的 PC、应用网关、存储私人信息的 PC 和电子商务系统等，这些设备哪些应放在区域 A 中，哪些应放在内网中？请简要说明。

1. 案例分析

　　（1）本案例的问题 1 主要是考查网络设备选型方面的知识。一般而言，在选择网络设备时应当遵循以下原则。

　　① 可靠性。由于升级的往往是核心和骨干网络，其重要性不言而喻，一旦瘫痪则影响巨大。因此，必须将可靠性放在第一位，无论是品牌的选择，还是设备的配置，都将可靠性作为第一考虑。

　　② 性能。作为骨干网络节点，中心交换机、汇聚交换机必须能够提供完全无阻塞的多层交换性能，以保证业务的顺畅。

　　③ 可管理性。一个中大型网络可管理程度的高低直接影响着运行成本和业务质量。因此，所有的节点都应是可网管的，而且需要有一个强有力、简洁的网络管理系统能够对网络的业务流量、运行状况等进行全方位的监控和管理。

　　④ 灵活性和可扩展性。由于校园网络结构复杂，需要交换机能够持续全系列接口，例如光口和电口、百兆、千兆和万兆端口，以及多模光纤接口和长距离的单模光纤接口等。其交换结构也应能根据网络的扩容灵活地扩大容量。其软件应具有独立知识产权，应保证其后续研发和升级，以保证对未来新业务的支持。

　　⑤ 安全性。随着网络的普及和发展，各种各样的攻击也在威胁着网络的安全。不仅仅是接入交换机，骨干层次的交换机也应考虑到安全防范的问题，例如访问控制、带宽控制等，从而有效控制不良业务对整个骨干网络的侵害。

　　⑥ QoS 控制能力。随着网络上的多媒体业务流（语音、视频等）越来越多，人们对核心交换节点提出了更高的要求，不仅要能进行一般的线速交换，还要能根据不同业务流的特点对它们的优先级和带宽进行有效的控制，从而保证重要业务和时间敏感业务的顺畅。

　　⑦ 标准性和开放性。由于网络往往是一个具有多种厂商设备的环境，因此，所选择的设备必须能够支持业界通用的开放标准和协议，以便能够和其他厂商的设备有效的互通。

　　⑧ 性价比。在满足网络需求和网络应用的基础上还应当充分考虑设备的性价比，以达到最大的投资回报率。

　　（2）问题 2 要求考生掌握网络方案设计中设备部署的相关知识，从表中关于路由器设备的性能描述"固定的广域网接口+可选广域网接口"可知，图 12-30 中空（1）处的网络设备应选择路由器（Router1），通过 Router1 的广域网接口连接到 Internet。根据交换容量、包转发能力、可支持接口类型和电源冗余模块等方面对比表中交换机设备 Switch1、Switch2、Switch3 可知，设备 Switch1 的性能和可靠性最好，设备 Switch2 的性能次之，设备 Switch3 的性能稍差一些。仔细分析该校园网的拓扑结构，可知空（2）处的网络设备是校园网的核心层，它必须提供稳定可靠的高速交换，并且能够连接各种接口类型，因此空（2）处的设备应为 Switch1。

空（3）处的网络设备至少需要提供一个百兆/千兆电口用于连接至防火墙的 DMZ 接口，若干个快速以太网电口或光口用于连接服务器组、用户管理器和网络管理工作站。表中关于交换机设备 Switch2 的性能描述"可支持接口类型：GE，20 百/千兆自适应电口"信息可满足以上网络连接要求，因此空（3）处的网络设备应选择交换机 Switch2。

从空（4）和空（5）的位置可知，该设备位于汇聚层。考虑到综合布线系统中各大楼建筑物之间通常采用光纤作为传输介质，结合表中关于交换机设备 Switch3 的性能描述"可支持接口类型：FE、GE，24 千兆光口"信息可知，空（4）和空（5）处的网络设备应选择交换机 Switch3。

（3）问题 3 要求考生掌握网络方案设计中传输介质选择的相关知识。

由 IEEE 802.3ad 工作组制定的链路聚合（Port Trunking）技术支持 IEEE 802.3 协议，是一种用来在两台核心交换机之间扩大通信吞吐量、提高可靠性的技术。该技术可使交换机之间连接最多 4 条负载均衡的冗余连接。核心交换机之间采用双千兆光纤结构，可以保证在任何时刻任意一条链路出现故障时在极短的时间内自动切换到另一条链路上，从而排除单点故障。在如图 12-30 所示的拓扑结构中，新的核心层交换机与原校园网的连接介质应该采用双千兆光纤链路以提高可靠性。

结合工程经验可知，在设计层次化网络方案时，综合考虑到网络应用涉及数据、音频、视频传输，为保证传输带宽和质量，核心层交换机与各层交换机的连接介质一般采用千兆光纤，即空（7）处的传输介质可选择"千兆光纤"。

根据上面的分析可知，空（3）处的交换机 Switch2 可支持千兆以太网（GE）接口类型，且有 20 个百兆/千兆自适应电口。综合考虑到与 Switch2 交换机相连接的服务器组要求较高的通信性能，因此空（8）处的传输介质可选择"千兆双绞线"。空（9）处的传输介质用于连接网管工作站，一般与交换机设备距离不会超过 100m，并且对传输速率和服务质量没有太高的要求，因此空（9）处的传输介质可选择"百兆双绞线"。

（4）本问题比较简单，一方面是考查静态 IP 地址和动态 IP 地址的区别，另一方面是考查哪些设备应配置静态 IP 地址，哪些设备适宜采用动态分配 IP 地址。

在采用静态 IP 地址配置方案时，每个用户都有自己独立且固定的 IP 地址。通常，企业网或校园网中的路由器、交换机、防火墙、各种应用服务器、网络管理工作站、网络打印机等应采用静态 IP 地址分配。因此，本小题邮件服务器、网管 PC 需采用静态 IP 地址。

由于 IP 地址资源的宝贵性，加上用户上网时间和空间的离散性，采用动态 IP 地址配置方案为用户分配一个临时的 IP 地址一方面可避免 IP 地址资源的浪费，另一方面对用户透明，不需要在每台用户计算机上配置 IP 参数,比较简单方便。这种配置方案增加了用户接入的灵活性,适合于客户端的接入场景,因此学生 PC 最好采用动态 IP 地址。

(5)本小题要求考生掌握防止静态 IP 地址盗用的相关知识。IP 地址的修改非常容易,MAC 地址存储在网卡的 EEPROM 中,而且网卡的 MAC 地址是唯一确定的。因此,为了防止内部人员进行非法 IP 盗用(例如盗用权限更高人员的 IP 地址,以获得权限外的信息),可以将内部网络的 IP 地址与 MAC 地址绑定,盗用者即使修改了 IP 地址,也因 MAC 地址不匹配而盗用失败。

(6)本小题要求考生掌握防火墙 DMZ 区概念以及服务器部署的相关知识。防火墙中的 DMZ 区也称为非武装区域,允许外网的用户有限度地访问其中的资源。通常,DMZ 区的安全规则如下。

① 允许外部网络用户访问 DMZ 区的面向外网的应用服务(如 Web、FTP 和 BBS 等)。

② 允许 DMZ 区内的应用服务器及工作站访问 Internet。

③ 禁止 DMZ 区的应用服务器访问内部网络。

④ 禁止外部网络非法用户访问内部网络等。

通常,DMZ 中的服务器不应包含任何商业机密、资源代码或是私人信息。存放机密、私人信息的设备应部署在内部网络中。

由以上分析可知,要保证学校相关信息的机密性,就要避免外部网络的用户和内部网络中未经授权的用户直接访问存储学校机密数据的服务器、存储资源代码的 PC 和存储私人信息的 PC 等,因此需要将这些设备部署在校园网内部网络中以确保其安全。

对于邮件服务器、电子商务系统和应用网关等设备既要允许内、外网主机对其访问,又要保障它们的安全性。因此,这些设备需部署在防火墙的 DMZ 区域中。

2. 案例参考答案

(1)标准化原则:所选择的设备必须基于国际标准或行业标准,因为只有基于标准的产品才有可能与其他厂商的产品互连互通。

可管理性原则:对于大型网络而言,这一点是至关重要的,它不仅关系到系统的性能指标,甚至关系到系统的可用性。主要考查网管系统对所选设备的监管、配置能力,以及设备可以提供的统计信息和故障检测手段,如骨干交换机必须具备端口镜像能力。这对于故障诊断,以及今后的网络规划具有特别重要的价值。

容错冗余性原则:除了在网络设计时要考虑冗余,骨干设备的容错冗余也是必需的。所谓容错,就是设备的某一模块出现故障时是否会影响其他模块,乃至其他设备的正常工作;是否支持热插拔;是否支持备份设备的自动切换等。所谓冗余,就是配置的设备是否可以安装多个相同功能的模块,在工作正常的情况下实施负载分担,当其中一个出现问题时自动切换。

可扩展性原则:主干设备的选择应预留一定的扩展能力,而低端设备够用即可。

保护原有投资原则：根据方案实际需要选型，即根据网络实际带宽性能需求、端口类型和端口密度等选型。尽量让旧设备降级纳入到新系统中，保护用户原有的投资。

（2）空（1）：Router1　　空（2）：Switch1　　空（3）：Switch2

空（4）：Switch3　　空（5）：Switch3

（3）空（6）：双千兆光纤链路　　空（7）：千兆光纤

空（8）：千兆双绞线　　空（9）：百兆双绞线

（4）静态 IP 地址配置优点：每个用户拥有固定的 IP 地址，便于网络的管理以及资源的相互访问，无须配置专用的 IP 地址管理服务器。动态 IP 地址配置优点：可避免 IP 地址资源的浪费，增加了用户入网的灵活性。

空（1）：静态 IP 地址　　空（2）：静态 IP 地址　　空（3）：动态 IP 地址

（5）将 IP 地址与 MAC 地址进行绑定。

（6）区域 A 是 DMZ 区域。区域 A 中放置邮件服务器、应用网关、电子商务系统；内网中放置存储学校机密数据的服务器、存储资源代码的 PC 和存储私人信息的 PC。

DMZ（Demilitarized Zone）可以理解为一个不同于外网或内网的特殊网络区域。DMZ 内通常放置一些不含机密信息的公用服务器，例如 Web、Mail 和 FTP 等。这样，来自外网的访问者可以访问 DMZ 中的服务，但不可能接触到存放在内网中的公司机密或私人信息等。即使 DMZ 中服务器受到破坏，也不会对内网中的机密信息造成影响。

12.8.2　案例 2

某企业网络的拓扑结构如图 12-31 所示，阅读以下关于该企业网络结构的描述，然后回答问题 1 至问题 4。

（1）某企业网络由总公司和分公司组成，其中，分公司的网络自治系统 2（AS 2）采用 OSPF 路由协议，总公司的网络自治系统 1（AS 1）采用 RIPv2 路由协议。

（2）该企业网络有两个出口，一个出口通过 Router1 的 S0 端口连接 ISP1，另一个出口通过 Router1 的 S1 端口连接 ISP2。

（3）路由器 Router1 的 Fa0/0 端口连接 LAN3，该端口的 IP 地址为 192.168.3.1/24。Router1 的 Fa0/0、Fa0/1、Fa0/2 端口启用了 RIPv2 协议。Router1 的 Fa0/3 端口启用了 OSPF 协议。

（4）路由器 Router2 的 Fa0/0 端口连接 LAN 1，其 IP 地址为 192.168.1.1/24，在该端口启用了 RIPv2 协议。

（5）路由器 Router5 的 Fa0/1 端口连接 LAN 2（192.168.2.0/24），该端口的 IP 地址为 192.168.2.1/24。

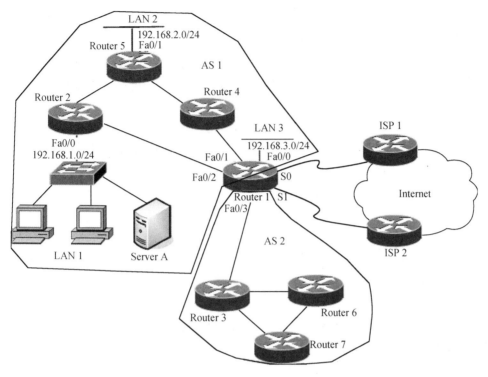

图 12-31　某企业网络拓扑结构图

【问题 1】

与 Router2 连接的局域网 LAN 1 是一个末节网络，而且已接近饱和，为了减少流量，需要过滤进入 LAN 1 的路由更新，可以采用什么方法实现？请写出配置过程。

【问题 2】

LAN 2 中的计算机不需要访问 LAN 3 中的计算机，为了进一步控制流量，网络管理员决定通过访问控制列表阻止 192.168.2.0/24 网络中的主机访问 192.168.3.0/24 网络，请问应将访问控制列表设置在哪台路由器上？如何配置？

【问题 3】

如果希望采用策略路由将来自 192.168.3.0/24 网络去往 Internet 的数据流转发到 ISP1，将来自 192.168.2.0/24 网络去往 Internet 的数据流转发到 ISP2，应如何配置？

【问题 4】

要求自治系统 1 中的路由器 Router2 能学习到自治系统 2（OSPF 网络）中的路由信息，同时 Router3 也能学习到自治系统 1 中的路由信息，应采用什么方法？请写出配置过程。

1. 案例分析

网络管理员可以通过设置路由器何时交换路由更新以及路由更新中应包含哪些信息来优化网络中的路由。本案例主要考查路由优化方面的相关知识，包括路由更新控制、基于策略的路由和路由重发布等。

（1）问题 1 需要过滤进入 LAN 1 的路由更新，可以将连接 LAN 1 的 Fa0/0 端口配置为被动接口。被动接口只接收路由更新不发送路由更新。passive-interface 命令可以用于所有 IP 内部网关协议（包括 RIP、IGRP、EIGRP、OSPF 和 IS-IS），该命令的语法如下。

Router(config-router)# passive-interface *type number*

（2）为了过滤不必要的通信流量，可以通过配置访问列表来实现。问题 2 主要考查配置访问控制列表的原则和方法。访问控制列表（ACL）是应用于路由器接口的指令列表，用于指定哪些数据包可以接收并转发，哪些数据包需要拒绝，ACL 可以限制网络流量、提高网络性能。ACL 的工作原理是读取数据包中第三层及第四层头部中的源 IP、目的 IP 和目的端口等信息，然后根据预先定义好的规则对包进行过滤。

访问控制列表的种类包括标准访问控制列表和扩展访问控制列表。其中标准访问控制列表根据数据包的源 IP 地址决定转发或丢弃数据包，其常用的访问控制列表号为 1～99。扩展访问控制列表基于源 IP、目的 IP、传输层协议和应用服务端口号进行过滤，使用扩展 ACL 可实现更加精确的流量控制，其常用的访问控制列表号为 100～199。

ACL 通过过滤数据包并且丢弃不希望抵达目的地的数据包来控制通信流量。然而能否有效地减少不必要的通信流量，这还要取决于网络管理员把 ACL 部署在哪个地方。其部署原则是标准 ACL 要尽量靠近目的端，扩展 ACL 则要尽量靠近源端。因此，本小题应在路由器 Router5 上配置扩展访问控制列表。

（3）本小题要求考生掌握策略路由的原理及其配置方法。通过策略路由，路由器可以按照事先设置好的规则根据数据包的目的 IP 或源 IP 来选择路由。尽管策略路由可以用于在 AS 中控制数据流，但它通常用于控制 AS 间的路由。

"route-map" 命令用于配置策略路由，其语法如下。

Router(config)# route-map *map-tag* {permit|deny} [*sequence-number*]
Router(config-map-router)#

参数 "map-tag" 是该路由图的标识符，可以将其设置为容易理解的字符串，例如 "ISP2"。"route-map" 命令将把路由器的模式改变为路由图配置模式（config-map-router），在该模式下，可以为路由图配置条件。每个 "route-map" 命令中都有一组 "set" 和 "match" 命令。"match" 命令用于指定匹配准则，"set" 命令用于设置满足匹配条件时要采取的动作。

路由图的运行机理和访问控制列表相似，都是逐行进行检查，遇到匹配就立即进行处理。

（4）本小题要求考生掌握路由重发布相关基本知识及配置方法。为了在因特网络中高效地支持多种路由选择协议，必须在这些不同的路由协议之间共享路由信息。例如，从 RIP 路由进程所学习到的路由可能需要被注入到 IGRP 路由进程中去。在路由选择协议之间交换路由信息的过程称为路由重发布。这种重发布可以是单向的或双向的，单向是指一种路由协议从另一种路由协议那里接收路由，双向是指两种路由选择协议互相接收对方的路由。执行路由重发布的路由器称为边界路由器，因为它处于两个或多个自治系统或者路由域的边界上。

根据本小题的要求，应该在路由器 Router1 上配置双向路由重发布。

2. 案例参考答案

（1）为了阻止路由更新进入 LAN 1，可以将路由器 Router2 的 Fa0/0 端口配置为被动接口。

Router2(config)# router rip
Router2(config-router)# passive-interface fa0/0

（2）应将访问控制列表设置在路由器 Router5 上，配置方法如下。

Router5(config)# access-list 101 deny ip 192.168.2.0 0.0.0.255 192.168.3.0 0.0.0.255
Router5(config)# access-list 101 permit ip any any
Router5(config)# int fa0/1
Router5(config-if)#ip access-group 101 in

（3）可以在路由器 Router1 上配置策略路由，其配置方法如下。

Router1(config)# access-list 1 permit 192.168.3.0 0.0.0.255
Router1(config)# access-list 2 permit 192.168.2.0 0.0.0.255
Router1(config)# route-map ISP1 permit 10
Router1(config-route-map)# match ip address 1
Router1(config-route-map)# set interface serial 0
Router1(config-route-map)# exit
Router1(config)# route-map ISP2 permit 20
Router1(config-route-map)# match ip address 2
Router1(config-route-map)# set interface serial 1

然后将每个路由图应用到路由器 Router1 的适当接口上，这里的适当接口是指数据流进入路由器的接口。

Router1(config)# interface fa0/0

Router1(config-if)# ip policy route-map ISP1
Router1(config-if)# interface fa0/1
Router1(config-if)# ip policy route-map ISP2
Router1(config-if)# interface fa0/2
Router1(config-if)# ip policy route-map ISP2

（4）可以在两个自治系统的边界路由器 Router1 上设置路由重发布，配置过程如下。
配置 OSPF 协议和路由重发布命令：

Router1(config)# router ospf 101
Router1(config-router)# redistribute rip subnets
Router1(config-router)# network ×.×.×.× wildcard area 0

配置 RIP 协议和路由重发布：

Router1(config)# router rip
Router1(config-router)# network ×.×.×.× //配置多条 network 命令
Router1(config-router)# passive-interface fa0/3
Router1(config-router)# redistribute ospf 101 match internal external 1 external 2
Router1(config-router)# default-metric 10